AutoCAD 2024中文版土木工程设计从入门到精通

CAD/CAM/CAE技术联盟　编著

清华大学出版社
北　京

内 容 简 介

《AutoCAD 2024 中文版土木工程设计从入门到精通》详细介绍了 AutoCAD 2024 在土木工程设计中的应用。全书分为 2 篇 13 章，其中第 1 篇为基础知识篇（第 1～5 章），主要讲解 AutoCAD 2024 的基本使用方法和操作技巧；第 2 篇为土木工程施工图篇（第 6～13 章），结合别墅的实际工程实例讲解土木工程 CAD 绘图的具体过程。通过学习，读者可以初步了解别墅结构设计的过程以及需要注意的问题，同时能够对 AutoCAD 的操作方法有更深入的理解。另附赠 4 章线上扩展学习内容，讲解医院办公楼设计的大型实例，包括医院办公楼的结构初步设计、基础层梁钢筋图、板配置及配筋、楼梯详图等内容。本书各章之间紧密联系，前后呼应，形成一个整体。

另外，本书配套资源中还配备了极为丰富的学习资源，具体内容如下：

1．133 集高清同步微课视频，可像看电影一样轻松学习，然后对照书中实例进行练习。

2．52 个经典中小型实例，用实例学习上手更快，更专业。

3．22 项实践与操作，学以致用，动手会做才是硬道理。

4．6 套大型图纸设计方案及其配套的长达 10 小时的视频讲解，可以增强实战能力，拓宽视野。

5．AutoCAD 疑难问题汇总、应用技巧大全、经典练习题、常用图块集、快捷键命令速查手册、快捷键速查手册、常用工具按钮速查手册等，能极大地方便学习，提高学习和工作效率。

6．全书实例的源文件和素材，方便按照书中实例操作时直接调用。

本书适合入门级读者学习使用，也适合有一定基础的读者参考，还可用作职业培训、职业教育的教材。

图书在版编目（CIP）数据

AutoCAD 2024 中文版土木工程设计从入门到精通 / CAD/CAM/CAE 技术联盟编著. —北京：清华大学出版社，2023.11

（清华社“视频大讲堂”大系. CAD/CAM/CAE 技术视频大讲堂）

ISBN 978-7-302-63134-7

Ⅰ.①A…　Ⅱ.①C…　Ⅲ.①土木工程－计算机辅助设计－AutoCAD 软件　Ⅳ.①TU201.4

中国国家版本馆 CIP 数据核字（2023）第 047621 号

责任编辑：贾小红
封面设计：秦　丽
版式设计：文森时代
责任校对：马军令
责任印制：曹婉颖

出版发行：清华大学出版社
网　　址：https://www.tup.com.cn，https://www.wqxuetang.com
地　　址：北京清华大学学研大厦 A 座　　邮　　编：100084
社 总 机：010-83470000　　邮　　购：010-62786544
投稿与读者服务：010-62776969，c-service@tup.tsinghua.edu.cn
质量反馈：010-62772015，zhiliang@tup.tsinghua.edu.cn
印 装 者：北京嘉实印刷有限公司
经　　销：全国新华书店
开　　本：203mm×260mm　　印　　张：25.5　　插　　页：2　　字　　数：780 千字
版　　次：2023 年 12 月第 1 版　　印　　次：2023 年 12 月第 1 次印刷
定　　价：99.80 元

产品编号：094710-01

前 言

Preface

土木工程是建造各类工程设施的科学技术的统称。它既指所应用的材料、设备和所进行的勘测、设计、施工、保养维修等技术活动，也指工程建设的对象（即建造在地上或地下、陆上或水中，直接或间接为人类生活、生产、军事、科研服务的各种工程设施，如房屋、铁路、运输管道、隧道、桥梁、运河、堤坝、港口、电站、飞机场、海洋平台、给水和排水以及防护工程等）。土木工程设计的目的是形成人类生产或生活所需要的、功能良好且舒适美观的空间和通道。它既有物质方面的需要，也有象征精神方面的需求。随着社会的发展，工程结构越来越大型化、复杂化，超高层建筑、特大型桥梁、巨型大坝、复杂的地铁系统不断涌现，不但可满足人们的生活需求，也演变为社会实力的象征。

一、编写目的

鉴于 AutoCAD 强大的功能和深厚的工程应用底蕴，我们力图开发一套全方位介绍 AutoCAD 在各个行业应用实际情况的书籍。具体就每本书而言，不求事无巨细地将 AutoCAD 所有知识点讲解清楚，而是针对本专业或本行业需要，以 AutoCAD 大体知识脉络为线索，以实例为“抓手”，帮助读者掌握利用 AutoCAD 进行本行业工程设计的基本技能和技巧。

二、本书特点

☑ **专业性强**

本书作者有多年的计算机辅助土木工程设计领域工作经验和教学经验。本书是作者总结多年的设计经验以及教学的心得体会，历时多年精心编著而成的，力求全面细致地展现出 AutoCAD 在土木工程设计应用领域的各种功能和使用方法。

☑ **实例丰富**

本书除详细介绍基本土木单元绘制方法，还以别墅为例，讲解了在土木工程设计中使用 AutoCAD 进行结构初步设计、柱设计、梁设计、板设计以及绘制详图等的方法。通过实例的演练，能够帮助读者找到一条学习 AutoCAD 土木工程设计的捷径。

☑ **涵盖面广**

本书在有限的篇幅内，包罗了 AutoCAD 常用的功能以及常见的土木工程设计知识，涵盖了土木工程设计概述、AutoCAD 绘图基础、各种土木工程设计图样绘制方法等知识。“秀才不出屋，能知天下事”，读者只要有本书在手，AutoCAD 土木工程设计知识全精通。

☑ **突出技能提升**

本书从全面提升土木工程设计与 AutoCAD 应用能力的角度出发，结合具体的案例讲解如何利用 AutoCAD 进行土木工程设计，让读者在学习案例的过程中潜移默化地掌握 AutoCAD 软件的操作技巧，同时培养工程设计实践能力，从而独立完成各种土木工程设计。

三、本书的配套资源

本书提供了极为丰富的学习配套资源，使读者能够在最短的时间内学会并掌握这门技术。读者可扫描封底的“文泉云盘”二维码，获取下载方式。

Note

文泉云盘

1．配套教学视频

本书针对实例专门制作了133集同步教学视频，读者可以扫描书中的二维码观看视频，像看电影一样轻松愉悦地学习本书内容，然后对照书中内容加以实践和练习，可以大大提高学习效率。

2．AutoCAD疑难解答、应用技巧等资源

（1）AutoCAD疑难问题汇总：疑难解答的汇总，对入门者非常有用，可以帮助他们扫除学习障碍，少走弯路。

（2）AutoCAD应用技巧大全：汇集了AutoCAD绘图的各类技巧，对提高作图效率很有帮助。

（3）AutoCAD经典练习题：额外精选了不同类型的练习，读者朋友只要认真练习，到了一定程度，就可以实现从量变到质变的飞跃。

（4）AutoCAD常用图块集：汇集了在实际工作中积累的大量图块，读者可以直接使用它们，也可以稍加改动再使用，这对于提高作图效率极为重要。

（5）AutoCAD快捷命令速查手册：汇集了AutoCAD常用快捷命令，读者可以熟记它们以提高作图效率。

（6）AutoCAD快捷键速查手册：汇集了AutoCAD常用快捷键，绘图高手通常会直接用快捷键。

（7）AutoCAD常用工具按钮速查手册：汇集了AutoCAD常用工具按钮。读者可以熟练掌握它们的使用方法，这也是提高作图效率的方法之一。

3．6套不同领域的大型设计图集及其配套的视频讲解

为了帮助读者拓宽视野，本书配套资源赠送了6套设计图纸集、图纸源文件，以及长达10个小时的视频讲解。

4．全书实例的源文件和素材

本书配套资源中包含实例和练习实例的源文件和素材，读者可以在安装AutoCAD 2024软件后，打开并使用它们。

5．线上扩展学习内容

本书附赠4章线上扩展学习内容，主要讲述医院办公楼设计的大型实例，包括医院办公楼的结构初步设计、基础层梁钢筋图、板配置及配筋、楼梯详图等内容。学有余力的读者可以扫描封底的“文泉云盘”二维码，获取学习资源。

四、本书的服务

1．“AutoCAD 2024简体中文版”安装软件的获取

按照本书中的实例进行操作练习，以及使用AutoCAD 2024进行绘图，需要事先在计算机上安装AutoCAD 2024软件。可以登录官方网站联系购买正版软件，或者使用其试用版。

2．关于本书的技术问题或有关本书信息的发布

读者如果遇到有关本书的技术问题，可以扫描封底“文泉云盘”二维码，查看是否已发布相关勘误/解疑文档。如果没有，可在页面下方寻找加入学习群的方式并联系我们，我们将尽快回复。

3．关于手机在线学习

读者可以扫描封底刮刮卡（需刮开涂层）二维码，获取书中二维码的读取权限，再扫描书中二维

码，可在手机上观看对应教学视频。充分利用碎片化时间，提升学习效果。需要强调的是，书中给出的是实例的重点步骤，详细操作过程还需读者通过视频来学习和领会。

五、关于作者

本书由 CAD/CAM/CAE 技术联盟组织编写。CAD/CAM/CAE 技术联盟是一个集 CAD/CAM/CAE 技术研讨、工程开发、培训咨询和图书创作于一体的工程技术人员协作联盟，拥有众多专职和兼职 CAD/CAM/CAE 工程技术专家。

CAD/CAM/CAE 技术联盟负责人由 Autodesk 中国认证考试中心首席专家担任，负责 Autodesk 中国官方认证考试大纲制定、题库建设、技术咨询和师资培训工作，联盟成员精通 Autodesk 系列软件。他们创作的很多教材成为国内具有引导性的旗帜作品，在国内相关专业方向图书创作领域具有举足轻重的地位。

六、致谢

在本书的写作过程中，编辑贾小红和艾子琪女士给予了很大的帮助和支持，提出了很多中肯的建议，在此表示感谢。同时，还要感谢清华大学出版社的其他编辑人员为本书的出版所付出的辛勤劳动。本书的成功出版是大家共同努力的结果，谢谢所有给予支持和帮助的人们。

编　者

目　录

第 1 篇　基础知识篇

Note

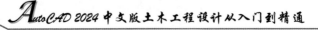

第2篇　土木工程施工图篇

Note

Note

AutoCAD 扩展学习内容

扩展学习

扫码查看

Note

AutoCAD 疑难问题汇总

疑问解答

扫码查看

Note

Note

Note

应用技巧

扫码查看

AutoCAD 应用技巧大全

Note

▶▶第1篇

基础知识篇

本篇主要介绍土木工程设计的基本理论和AutoCAD 2024的基础知识。

对土木工程设计基本理论进行介绍的目的是使读者对土木工程设计的各种基本概念、基本规则有一个感性的认识，了解当前应用于土木工程设计领域的各种计算机辅助设计软件的功能特点和发展概况，帮助读者进行一次全景式的知识扫描。

对AutoCAD 2024的基础知识进行介绍的目的是为下一步土木工程设计案例讲解进行必要的知识准备。这一部分内容主要介绍AutoCAD 2024的基本绘图方法、快速绘图工具的使用以及各种基本土木工程设计模块的绘制方法。

土木工程设计概述

一个建筑物的落成，首先要经过建筑设计，然后进行土木工程设计，最后进行施工。土木工程设计的主要任务是确定结构的受力形式、配筋构造、细部构造等。施工时要根据土木工程设计施工图进行施工，因此绘制明确详细的施工图是十分重要的工作。我国规定了土木工程设计施工图的具体绘制方法及专业符号。本章将结合相关标准，对土木工程施工图的绘制方法及基本要求做简单的介绍。

- ☑ 土木工程设计基本知识
- ☑ 土木工程建筑结构施工图简介
- ☑ 土木工程设计要点
- ☑ 施工图编制

任务驱动&项目案例

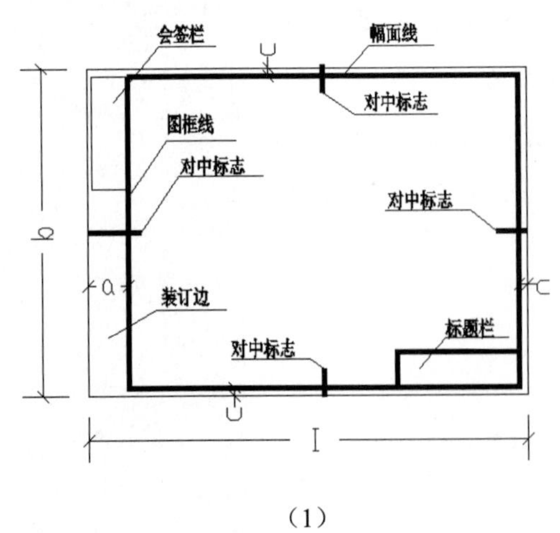

（1）

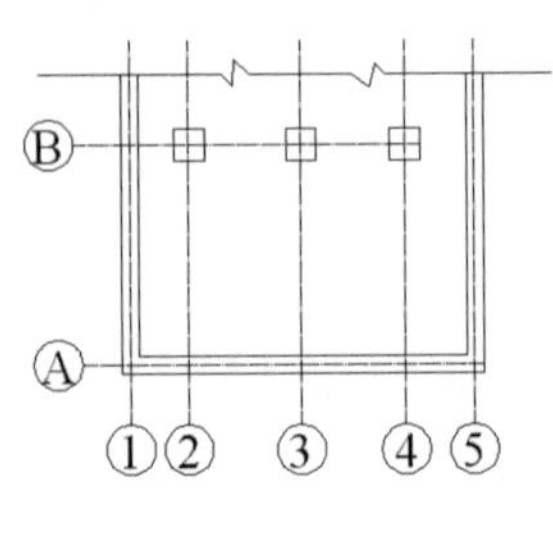

（2）

1.1　土木工程设计基本知识

本节简要介绍土木工程设计的相关基础知识，为后面学习具体的土木工程设计进行理论准备。

1.1.1　建筑结构的功能要求

根据我国《建筑结构可靠性设计统一标准》，建筑结构应该满足的功能要求可以概括为以下 3 方面。

1. 安全性

建筑结构应能承受正常施工和正常使用时可能出现的各种荷载和变形，在偶然事件（如地震、爆炸等）发生时和发生后保持必需的整体稳定性，不致发生倒塌。

2. 适用性

结构在正常使用过程中应具有良好的工作性能。例如，不产生影响使用的过大变形或振幅，不发生足以让使用者不安的过宽的裂缝等。

3. 耐久性

结构在正常维护条件下应具有足够的耐久性，完好使用到设计规定的年限（即设计使用年限）。例如，混凝土不发生严重风化、腐蚀、脱落，钢筋不发生锈蚀等。

良好的土木工程设计应能满足上述要求，以保证设计的结构安全可靠。

1.1.2　结构功能的极限状态

整个结构或者结构的一部分超过某一特定状态即不能满足设计指定的某一功能要求，这个特定状态称为该功能的极限状态，例如，构件即将开裂、倾覆、滑移、压屈、失稳等。即能完成预定的各项功能时，结构处于有效状态；反之，则处于失效状态。有效状态和失效状态的分界称为极限状态，它是结构开始失效的标志。

极限状态可以分为两类。

1. 承载能力极限状态

结构或构件达到最大承载能力或不适于继续承载的变形的状态称为承载能力极限状态。当结构或构件由于材料强度不够而破坏，或因疲劳而破坏，或产生过大的塑性变形而不能继续承载，结构或构件丧失稳定性，结构转变为机动体系时，结构或构件就超过了承载能力极限状态。超过承载能力极限状态后，结构或构件就不能满足安全性的要求。

2. 正常使用极限状态

结构或构件达到正常使用或耐久性能中某项规定限度的状态称为正常使用极限状态。例如，当结构或构件产生影响正常使用的过大变形、裂缝过宽、局部损坏和振动时，可认为结构和构件超过了正常使用极限状态。超过了正常使用极限状态，结构和构件则不能保证适用性和耐久性的功能要求。

结构和构件按承载能力极限状态进行计算后，还应该按正常使用极限状态进行验算。通常在设计时要保证构造措施满足要求，这些构造措施在后面章节的绘图过程中会详细介绍。

Note

1.1.3 土木工程设计方法的演变

随着结构效应及计算方法的进步，土木工程设计方法也从最初的简单考虑安全系数法发展到考虑各种因素的概率设计方法。

1. 容许应力设计方法

对于在弹性阶段工作的构件，容许应力方法有一定的设计可靠性，如钢结构。尽管材料在受荷后期表现出明显的非线性，但是在当时由于设计人员对于线弹性力学更为熟悉，所以在设计具有明显非线性的钢筋混凝土结构时，仍然采用材料力学的方法。

$$\sigma = \frac{My}{EI}$$

式中：σ——切应力，Pa；

M——弯矩设计值，kN·m；

y——到中性轴的距离，mm；

E——弹性模量，N/mm^2；

I——截面惯性矩，m^4。

$$\tau = \frac{QS}{Ib}$$

式中：τ——剪应力，Pa；

Q——剪力，N；

S——面积，m^2；

I——截面惯性矩，m^4；

b——截面宽度，mm。

2. 破损阶段设计方法

破损阶段设计方法相对于容许应力设计方法的最大贡献是，通过大量的钢筋混凝土构件试验，建立了钢筋混凝土构件抗力的计算表达式。

3. 极限状态设计方法

相对于前两种设计方法，极限状态设计方法的创新点在于以下方面。

（1）首次提出两类极限状态：抗力设计值≥荷载效应设计值；裂缝最大值≤裂缝允许值；挠度最大值≤挠度允许值。

（2）提出了不同功能工程的荷载观测值的概念，在观测值的基础上提出了荷载取用值的概念：荷载取用值=大于1的系数×荷载观测值。

（3）提出了材料强度的实测值和取用值的概念：强度取用值＝小于1的系数×强度实测值。

（4）提出了裂缝及挠度的计算方法和控制标准。

尽管极限状态设计方法有创新点，但是也存在某些缺点。

（1）荷载的离散度未给出。

（2）材料强度的离散度未给出。

（3）荷载及强度系数仍为人为经验值。

4. 半概率半经验设计法

半概率半经验设计方法的本质是极限状态设计法，但是与极限状态设计方法相比，又有一定的改进。

（1）对荷载在观测值的基础上通过统计给出标准值。

（2）对材料强度在观测值的基础上通过统计分析给出材料强度标准值。

但是对于荷载及强度系数仍然是人为经验所定。

5. 近似概率设计法

近似概率设计法将随机变量 R 和 S 的分布只用统计平均值 μ 和标准值 σ 来表征，且在运算过程中对极限状态方程进行线性化处理。

但是此设计方法也存在一些缺陷。

（1）根据截面抗力设计出的结构，存在着截面失效不等于构件失效，更不等于结构失效的问题，因此不能很准确地表征结构的抗力效应。

（2）未考虑不可预见的因素的影响。

6. 全概率设计方法

全概率设计方法即全面考虑各种影响因素，并基于概率论的结构优化设计方法。

1.1.4　结构分析方法

结构分析应以结构的实际工作状况和条件为依据，并且在所有的情况下均应对结构的整体进行分析，结构中的重要部分、形状突变部位以及内力和变形有异常变化的部分（例如较大孔洞周围、节点及其附近、支座和集中荷载附近等），必要时应另做更详细的局部分析，结构分析的结果都应有相应的构造措施作保证。

所有的结构分析方法的建立都基于 3 类基本方程，即力学平衡方程、变形协调（几何）条件和本构（物理）关系。其中力学平衡条件必须满足；变形协调条件对有些方法不能严格符合，但应在不同程度上予以满足；本构关系则需合理地选用。

现有的结构分析方法可以归纳为 5 类。各类方法的主要特点和应用范围如下。

1. 线弹性分析方法

线弹性分析方法是最基本、最成熟的结构分析方法，也是其他分析方法的基础和特例，适用于分析一切形式的结构和验算结构的两种极限状态。至今，国内外的大部分混凝土结构的设计仍基于此方法。

它将结构内力的线弹性分析和截面承载力的极限状态设计相结合，应用时简便易行。按此方法设计的结构，其承载力一般偏于安全。少数结构因混凝土开裂部分的刚度减小而发生内力重分布，可能影响其他部分的开裂和变形状况。

考虑到混凝土结构开裂后的刚度减小，应对梁、柱构件分别采取不等的折减刚度值，但各构件（截面）刚度不随荷载大小的变化而变化，故而结构的内力和变形仍可采用线弹性方法进行分析。

2. 考虑塑性内力重分布的分析方法

考虑塑性内力重分布的分析方法一般用来设计超静定混凝土结构，具有充分发挥结构潜力、节约材料、简化设计和方便施工等优点。

3. 塑性极限分析方法

塑性极限分析方法又称塑性分析或极限平衡法。此法在我国主要用于周边有梁或墙等有支撑的双向板设计。工程设计和施工实践经验证明，按此法进行计算和构造设计简便易行，可保证安全。

4. 非线性分析方法

非线性分析方法以钢筋混凝土的实际力学性能为依据，引入相应的非线性本构关系后，可准确地分析结构受力全过程的各种荷载效应，并且可以解决一切体形和受力复杂的结构分析问题。这是一种先进的分析方法，已经被国内一些重要结构的设计采用，并不同程度地被纳入国外的一些主要设计规范中。但这种分析方法比较复杂，计算工作量大，各种非线性本构关系尚不够完善和统一，至今应用范围仍然有限，主要用于重大结构工程，例如水坝、核电站结构等的分析以及地震作用下的结构分析。

5. 试验分析方法

Note

当结构或其部分的体形不规则且受力状态复杂，又无恰当的简化分析方法时，可采用试验分析方法。例如，剪力墙及其孔洞周围，框架和桁架的主要节点，构件的疲劳，平面应变状态的水坝等。

1.1.5 土木工程设计规范及设计软件

（1）在土木工程设计过程中，为了满足结构的各种功能及安全性的要求，必须遵从我国制定的土木工程设计规范，主要有以下几种。

❶ 《混凝土结构设计规范（2015 年版）》（GB 50010—2010）。本规范是为了在混凝土结构设计中贯彻执行国家的技术经济政策，做到技术先进、安全适用、经济合理、确保质量。此规范适用于房屋和一般构筑物的钢筋混凝土、预应力混凝土以及素混凝土承重结构的设计，但是不适用于轻骨料混凝土及其他特种混凝土结构的设计。

❷ 《建筑抗震设计规范（2016 年版）》（GB 50011—2010）。本规范的制定目的是贯彻执行《中华人民共和国建筑法》和《中华人民共和国抗震减灾法》并实行以预防为主的方针，使建筑经抗震设防后，减轻建筑的地震破坏，避免人员伤亡，减少经济损失。

按本规范进行抗震设计的建筑，其抗震设防的目标是：当遭受低于本地区抗震设防烈度的多遇地震影响时，主体结构不受损坏或不需修理可继续使用；当遭受相当于本地区抗震设防烈度的地震影响时，可能损坏，经一般修理或不需修理仍可继续使用；当遭受高于本地区抗震设防烈度的罕遇地震影响时，不致倒塌或发生危及生命的严重破坏。

❸ 《建筑结构荷载规范》（GB 50009—2012）。本规范是为了适应建筑土木工程设计的需要，以符合安全适用、经济合理的要求而制定。此规范是根据《建筑结构可靠性设计统一标准》（GB 50068—2018）制定，适用于建筑工程的土木工程设计，并且设计基准期为 50 年。建筑土木工程设计中涉及的作用包括直接作用（荷载）和间接作用（如地基变形、混凝土收缩、焊接变形、温度变化或地震等引起的作用），规范仅对荷载部分做出规定。

❹ 《高层建筑混凝土结构技术规程》（JGJ 3—2010）。本规程适用于 10 层及 10 层以上或房屋高度超过 28m 的非抗震设计和抗震设防烈度为 6～9 度抗震设计的高层民用建筑结构，其适用的房屋最大高度和结构类型应符合本规程的有关规定。但是本规程不适用于建造在危险地段场地的高层建筑。

高层建筑的设防烈度必须按照国家规定的权限审批、颁发的文件（图件）确定。一般情况下，抗震设防烈度可采用中国地震烈度区划图规定的地震基本烈度；对已编制抗震设防区划的地区，可按批准的抗震设防烈度或设计地震动参数进行抗震设防，并且高层建筑土木工程设计中应注重概念设计，重视结构的选型和平、立面布置的规则性，择优选用抗震和抗风性能好且经济合理的结构体系，加强构造措施。在抗震设计中，应保证结构的整体抗震性能，使整个结构具有必要的承载能力、刚度和延性。

❺ 《钢结构设计标准》（GB 50017—2017）。本规范适用于工业与民用房屋和一般构筑物的钢结构设计，其中，由冷弯成型钢材制作的构件及其连接应符合现行国家标准《冷弯薄壁型钢结构技术规范》（GB 50018—2002）的规定。

本规范的设计原则是根据现行国家标准《建筑结构可靠性设计统一标准》（GB 50068—2018）制定。按本规范设计时，取用的荷载及其组合值应符合现行国家标准《建筑结构荷载规范》（GB 50009—2012）的规定；在地震区的建筑物和构筑物，应符合现行国家标准《建筑抗震设计规范（2016 年版）》（GB 50011—2010）、《中国地震动参数区划图》（GB 18306—2015）和《构筑物抗震设计规范》（GB 50191—2012）的规定。

在钢土木工程设计文件中，应注明建筑结构的设计使用年限、钢材牌号、连接材料的型号（或钢号）和对钢材所要求的力学性能、化学成分及其他的附加保证项目。此外，还应注明所要求的焊缝形式、焊缝质量等级、端面刨平顶紧部位及对施工的要求。

❻ 《木结构设计标准》（GB 50005—2017）。为了贯彻执行国家的技术经济政策，坚持因地制宜、就地取材的原则，合理选用结构方案和建筑材料，做到技术先进、经济合理、安全适用、确保质量。本规范适用于建筑工程中下列砌体的土木工程设计，特殊条件下或有特殊要求的应按专门规定进行设计。

☑ 砖砌体包括烧结普通砖、烧结多孔砖、蒸压灰砂砖、蒸压粉煤灰砖无筋和配筋砌体。

☑ 砌块砌体包括混凝土、轻骨料混凝土砌块无筋和配筋砌体。

☑ 石砌体包括各种料石和毛石砌体。

❼ 《无粘结预应力混凝土结构技术规程》（JGJ 92—2016）。本规程适用于工业与民用建筑和一般构筑物中采用的无粘结预应力混凝土结构的设计、施工及验收。采用的无粘结预应力筋指埋置在混凝土构件中或者体外束。无粘结预应力混凝土结构应根据建筑功能要求和材料供应与施工条件，确定合理的设计与施工方案，编制施工组织设计，做好技术交底，并应由预应力专业施工队伍进行施工，严格执行质量检查与验收制度。

（2）随着设计方法的演变，一般的设计过程都要对结构进行整体有限元分析，因此要借助计算机软件进行分析计算，在国内有以下几种结构分析设计软件。

❶ PKPM 土木工程设计软件。此软件是一套集建筑设计、土木工程设计、设备设计及概预算、施工软件于一体的大型建筑工程综合 CAD 系统，采用独特的人机交互输入方式，使用者不必填写烦琐的数据文件，用鼠标或键盘即可在屏幕上勾画出整个建筑物。软件有详细的中文菜单指导用户操作，提供了丰富的图形输入功能，能够有效地帮助使用者快速输入。实践证明，这种方式容易掌握，而且效率高出传统的方法十几倍。

本系统装有先进的结构分析软件包，容纳了国内最流行的各种计算方法，如平面杆系、矩形及异形楼板、高层三维壳元及薄壁杆系、梁板楼梯及异形楼梯、各类基础、砖混及底框抗震、钢结构、预应力混凝土结构分析等。其中，结构类包含 17 个模块，涵盖了土木工程设计中的地基、板、梁、柱、钢结构、预应力等方面。全部结构计算模块均按新的设计规范编制，全面涵盖了新规范要求的荷载效应组合、设计表达式，抗震设计新概念要求的强柱弱梁、强剪弱弯、节点核心、罕遇地震以及考虑扭转效应的振动耦联计算方面的内容。

同时，本系统具有丰富、成熟的结构施工图辅助设计功能，可完成框架、排架、连梁、结构平面、楼板配筋、节点大样、各类基础、楼梯、剪力墙等施工图绘制，并在自动选配钢筋，按全楼或层、跨剖面归并，布置图纸版面，人机交互干预等方面独具特色。在砖混计算中可考虑构造柱共同工作，可计算各种砌块材料，底框上砖房结构 CAD 适用任意平面的一层或多层底框。还可绘制钢结构平面图、梁柱，门式钢架施工详图及桁架施工图。

❷ SAP2000 结构分析软件。SAP2000 是 CSI 开发的独立的基于有限元的结构分析和设计程序。它提供了功能强大的交互式用户界面，带有很多工具帮助使用者快速和精确创建模型，同时具有分析最复杂工程所需的分析技术。

SAP2000 是面向对象的，即用单元创建模型来体现实际情况。一个与很多单元连接的梁用一个对象建立，和现实世界一样，与其他单元相连接所需要的细分由程序内部处理。分析和设计的结果对整个对象产生报告，而不是对构成对象的子单元，信息提供更容易解释并且和实际结构更协调。

❸ ANSYS 有限元分析软件。ANSYS 软件主要包括 3 个部分：前处理模块、分析计算模块和后处理模块。

前处理模块提供了一个强大的实体建模及网格划分工具，用户可以方便地构造有限元模型；分析计算模块包括结构分析（可进行线性分析、非线性分析和高度非线性分析）、流体动力学分析、电磁

Note

场分析、声场分析、压电分析以及多物理场的耦合分析，可模拟多种物理介质的相互作用，具有灵敏度分析及优化分析能力；后处理模块可将计算结果以彩色等值线、梯度、矢量、粒子流、立体切片、透明及半透明（可看到结构内部）等图形方式显示出来，也可以图表、曲线形式显示或输出。

ANSYS 提供了 100 种以上的单元类型，用来模拟工程中的各种结构和材料。该软件有多种不同版本，可以运行在从个人机到大型机的多种计算机设备上，如 PC、SGI、HP、SUN、DEC、IBM、CRAY 等。

❹ TBSA 系列程序。TBSA 系列程序是由中国建筑科学研究院高层建筑技术开发部研制而成，主要是针对国内高层建筑而开发的分析设计软件。

TBSA、TBWE 多层及高层建筑结构三维空间分析软件，分别采用空间杆—薄壁柱模型和空间杆—墙组元模型，完成构件内力分析和截面设计。

TBSA-F 建筑结构地基基础分析软件，可计算独立、桩、条形、交叉梁系、筏板（平板和梁板）、箱形基础，以及桩与各种承台组成的联合基础；按相互作用原理，结合国家规范，采用有限元法分析；考虑不同地基模式和土的塑性性质、深基坑回弹和补偿、上部结构刚度影响、刚性板和弹性板算法、变厚度板计算；输出结果完善，有表格和平面简图表达方式。

1.2 土木工程设计要点

设计一个建筑物，首先要进行建筑方案设计，然后才能进行土木工程设计。土木工程设计不仅要注意安全性，还要同时关注经济合理性，而后者恰恰是投资方看得见摸得着的，因此土木工程设计必须经过若干方案的计算比较，其结构计算量几乎占土木工程设计总工作量的一半。

1.2.1 土木工程设计的基本过程

为了更加有效地做好建筑土木工程设计工作，要遵循以下步骤。

（1）在建筑方案设计阶段，结构专业应该关注并适时介入，给建筑专业设计人员提供必要的合理化建议，积极主动地改变被动地接受不合理建筑方案的局面，为完成更完美的建筑创作出主意、想办法。

（2）建筑方案设计阶段的结构配合，应选派有丰富土木工程设计经验的设计人员参与，及时给予指点和提醒，避免将不合理的建筑方案提供给投资方。如果建筑方案新颖且可行，只是造价偏高，则需要结构专业提前进行必要的草算，做出大概的造价分析以供建筑专业和投资方参考。

（3）建筑方案一旦确定，结构专业应及时配备人力，对已确定的建筑方案进行结构多方案比较，其中包括竖向及抗侧力体系、楼屋面结构体系以及地基基础的选型等，通过广泛讨论，选择既安全可靠又经济合理的结构方案作为实施方案，必要时应对建筑专业及投资方做全面的汇报。

（4）结构方案确定后，作为结构专业负责人，应及时起草本工程土木工程设计统一技术条件，其中包括工程概况、设计依据、自然条件、荷载取值及地震作用参数、结构选型、基础选型、所采用的结构分析软件及版本、计算参数取值以及特殊结构处理等，以此作为土木工程设计组共同遵守的设计条件，增加协调性和统一性。

（5）加强设计人员的协调和组织，每个设计人员都有其优势和劣势，作为结构专业负责人，应全面掌握每个设计人员的素质情况，在责任与分工上要以能调动起大家的积极性和主动性为前提，充分发挥出每个设计人员的智慧和能力，集思广益。设计中的难点问题的提出与解决应经大家讨论，群策群力，共同提高。

（6）为了在有限的设计周期内完成繁重的土木工程设计工作量，应注意合理安排时间，结构分析与制图最好同步进行，以便及时发现问题并及时解决，同时可以为其他专业返提资料提前做好准备。结构布置作为资料提交各专业前，结构工种负责人应进行全面校审，以免给其他专业造成误解和返工。

（7）基础设计在初步设计期间应尽量考虑完善，以满足提前出图要求。

Note

（8）计算与制图的校审工作应尽量提前介入，尤其是计算参数和结构布置草图等，一定要经校审后再实施计算和制图工作，保证设计前提的正确才能使后续工作顺利有效地进行，同时避免带来本专业内的不必要返工。

（9）校审系统的建立与实施也是保证设计质量的重要措施，结构计算和图纸的最终成果必须至少有 3 个不同设计人员经手，即设计人、校对人和审核人，而每个不同层次的设计人员都应达到相应的资质和水平要求。校审记录应有设计人、校审人和修改人签字并注明修改意见，校审记录随设计成果资料归档备查。

（10）建筑土木工程设计过程中，难免存在某个单项的设计分包情况，对此应格外慎重对待。首先要求承担分包任务的设计方必须具有相应的设计资质、设计水平和资源，签订单项分包协议，明确分包任务，提出问题和成果要求，明确责任分工、设计费用和支付方法等，以免造成设计混乱，出现问题后责任不清，这些问题是土木工程设计中必须解决的。

1.2.2　土木工程设计中需要注意的问题

在对结构进行整体分析后，也要对构件进行验算，根据承载能力极限状态及正常使用极限状态的要求，分别按下列规定进行计算和验算。

（1）承载力及稳定：所有结构构件均应进行承载力（包括失稳）计算；对于混凝土结构失稳的问题不是很严重，尤其是对于钢结构构件，必须进行失稳验算。必要时应进行结构的倾覆、滑移及漂浮验算。有抗震设防要求的结构还应进行结构构件抗震的承载力验算。

（2）疲劳：直接承受吊车的构件应进行疲劳验算；但直接承受安装或检修用吊车的构件，根据使用情况和设计经验可不做疲劳验算。

（3）变形：对使用上需要控制变形值的结构构件应进行变形验算。例如预应力游泳池，变形过大会导致荷载分布不均匀，荷载不均匀会导致超载，严重时会造成结构的破坏。

（4）抗裂及裂缝宽度：对使用上要求不出现裂缝的构件，应进行混凝土拉应力验算；对使用上允许出现裂缝的构件，应进行裂缝宽度验算；对叠合式受弯构件，应进行纵向钢筋拉应力验算。

（5）其他：结构及结构构件的承载力（包括失稳）计算和倾覆、滑移及漂浮验算，均应采用荷载设计值；疲劳、变形、抗裂及裂缝宽度验算，均应采用相应的荷载代表值；直接承受吊车的结构构件，在计算承载力及验算疲劳、抗裂时，应考虑吊车荷载的动力系数。

预制构件还应按制作、运输及安装时相应的荷载值进行施工阶段验算。预制构件吊装的验算，应将构件自重乘以动力系数，动力系数可以取 1.5，再根据构件吊装时的受力情况适当增减。

对于现浇结构，必要时应进行施工阶段的验算。结构应具有整体稳定性，结构的局部破坏不应导致大范围倒塌。

1.3　土木工程建筑结构施工图简介

建筑结构施工图是建筑结构施工中的指导依据，决定工程的施工进度和结构细节，指导工程的施工过程和施工方法。

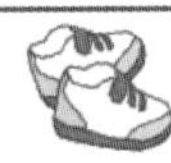

Note

1.3.1 绘图依据

我国建筑业的发展是从 20 世纪 60 年代以后开始的。20 世纪 50 年代到 60 年代，我国的建筑结构施工图的编制方法基本上袭用或参照苏联的标准。20 世纪 60 年代以后，我国开始制定自己的施工图编制标准。经过对 20 世纪 50 年代和 60 年代的建设经验及制图方法的总结，我国编制了第一本建筑制图的国家标准——《建筑制图标准》（GBJ 1—1973），在规范我国当时施工图的制图和编制方法上起到了应有的指导作用。

20 世纪 80 年代，我国进入了改革开放时期，建筑业飞速发展，原有的建筑制图标准已经不能适应当时的需要，因此，经过总结我国的工程实践经验，结合我国国情，对原有的《建筑制图标准》（GBJ 1—1973）进行了必要的修改和补充，编制发布了《房屋建筑制图统一标准》（GBJ 1—1986）、《建筑制图标准》（GBJ 104—1987）、《建筑结构制图标准》（GBJ 105—1987）等 6 项标准。这些标准的制定发布提高了图面质量和制图效率，符合设计、施工和存档等的要求，使房屋建筑制图做到基本统一与清晰简明，更加适应工程建设的需要。

进入 21 世纪，我国建筑业又上了一个新的台阶，建筑结构形式更加多样化，建筑结构更加复杂。制图方法也由过去的人工手绘转变为计算机制图。因此，制图标准也相应地需要更新和修订。在总结了过去几十年的制图和工程经验的基础上，经过研究总结，对原有规范进行了修订和补充，编制发布了《总图制图标准》（GB/T 50103—2010）、《建筑制图标准》（GB/T 50104—2010）、《建筑结构制图标准》（GB/T 50105—2010）作为现代制图的依据。

1.3.2 图纸分类

建筑结构施工图没有明确的分类方法，可以按照建筑结构的类型进行分类。如按照建筑结构的结构形式可以分为混凝土结构施工图、钢结构施工图、木结构施工图等；如按照结构的建筑用途可分为住宅建筑施工图、公共建筑施工图等；在某一个特定的结构工程中，可以将建筑结构施工图按照施工部位细分为总图、设备施工图、基础施工图、标准层施工图、大样详图等。

在进行工程设计时，要对设计所需要的图纸进行编排整理、统一规划，列出详细的图纸名称及图纸目录，便于施工人员管理与查看。

1.3.3 名词术语

各个专业都有其专用的名词术语，建筑结构专业也不例外。如果要熟练掌握建筑结构施工图的绘制方法及应用，就要掌握绘制施工图时及施工图之中出现的各种基本名词术语。

建筑结构施工图中常用的基本名词术语如下。

☑ 图纸：包括已绘图样与未绘图样的带有图标的绘图用纸。

☑ 图幅面（图幅）：图纸的大小规格。一般有 A0、A1、A2、A3 等。

☑ 图线：图纸上绘制的线条。

☑ 图样：图纸上按一定规则绘制的，能表示被绘物体的位置、大小、构造、功能、原理、流程的图。

☑ 图面：一般指绘有图样的图纸的表面。

☑ 图形：指图样的形状。

☑ 间隔：指两个图样、文字或两条线之间的距离。

☑ 间隙：指窄小的间隔。

☑ 标注：单指在图纸上注出的文字、数字等。

☑　尺寸：包括长度、角度。

☑　图例：以图形规定出的画法，代表某种特定的实物。

☑　例图：作为实例的图样。

1.4　施工图编制

一个具体的建筑，其结构施工图往往不是单个图纸或几张图纸所能表达清楚的。一般情况下包括很多单个的图纸。这时，就需要将这些结构施工图编制成册。

1.4.1　编制原则

（1）施工图设计根据已批准的初步设计及施工图设计任务书进行编制。小型或技术要求简单的建筑工程也可根据已批准的方案设计及施工图设计任务书编制施工图。大型和重要的工业与民用建筑工程在施工图编制前宜增加施工图方案设计阶段。

（2）施工图设计的编制必须贯彻执行国家有关工程建设的政策和法令，符合国家（包括行业和地方）现行的建筑工程建设标准、设计规范和制图标准，遵守设计工作程序。

（3）在施工图设计中应因地制宜地积极推广和使用国家、行业和地方的标准设计，并在图纸总说明或有关图纸说明中注明图集名称与页次。当采用标准设计时，应根据其使用条件正确选择。

重复利用其他工程图纸时，要详细了解原图利用的条件和内容，并进行必要的核算和修改。

1.4.2　图纸组成

施工图一般由下列图纸依次组成。

1. 图纸目录

图纸目录包含图纸的名称及图纸所在的页数。图纸目录应按图纸序号排列，先列新绘制图纸，后列选用的重复利用图和标准图。

2. 首页图（总说明）

首页图主要包括本套图纸的标题、总平面图简图及总说明。当设计合同有要求时，还应包括材料消耗总表和钢筋分类总表。

大标题应为本套图纸的工程名称和内容，一般在首页图的最上部由左至右通长书写。

总平面图一般采用1∶1000或1∶1500的比例绘制。结构总平面图应标示出柱网布置和定位轴线，特征轴线应标注编号和尺寸，尺寸单位为 m（米）。当为工业厂房时，还应标示出吊车轮廓线，并标注起重量和工作制。总平面简图宜标注总图坐标；当在总平面简图上不标注总图坐标时，则应在相应的基础平面布置图上标注出总图坐标。

设备基础单独编制时，应绘出厂房定位轴线、主要设备基础轮廓线和定位轴线，还应标注特征定位轴线坐标。

每一个结构单项工程都应编写一份土木工程设计总说明，对多子项工程宜编写统一的结构施工图设计总说明。如为简单的小型单项工程，则设计总说明中的内容可分别写在基础平面图和各层结构平面图上。

土木工程设计总说明应包括以下内容。

（1）本工程土木工程设计的主要依据。

Note

（2）设计±0.000标高所对应的绝对标高值。

（3）图纸中标高、尺寸的单位。

（4）建筑结构的安全等级和设计使用年限，混凝土结构的耐久性要求和砌体结构施工质量控制等级。

（5）建筑场地类别、地基的液化等级、建筑抗震设防类别、抗震设防烈度（设计基本地震加速度及设计地震分组）和钢筋混凝土结构的抗震等级。

（6）人防工程的抗力等级。扼要说明有关地基概况，对不良地基的处理措施及技术要求、抗液化措施及要求、地基土的冰冻深度，地基基础的设计等级。

（7）采用的设计荷载。

（8）选用结构材料的品种、规格、性能及相应产品标准。混凝土结构应说明受力钢筋的保护层厚度、锚固长度、搭接长度、接长方法，预应力构件锚具种类、预留孔洞做法、施工要求及锚具防腐措施等，并对某些构件或部位的材料提出特殊要求。

（9）对水池、地下室等有抗渗要求的建（构）筑物的混凝土，说明抗渗等级，提出需做渗漏试验的具体要求，在施工期间存有上浮可能时，应提出抗浮措施。

（10）所采用的通用做法和标准构件图集；如有特殊构件需作结构性能检验时，应指出检验的方法与要求。

3. 基础平面图

基础平面图主要表示基础的平面位置、基础与墙、柱的定位轴线关系、基础底部的宽度、基础上预留的孔洞、构件、管沟等。

4. 基础详图

基础详图主要表示基础的形状、构造、材料、基础埋置深度和截面尺寸、室内外地面、防潮层位置、所属轴线、基底标高等。

5. 结构平面图

（1）一般建筑的结构平面图均应有各层结构平面图及屋面结构平面图。具体内容为以下方面。

❶ 绘出定位轴线及梁、柱、承重墙、抗震构造柱等定位尺寸，并注明其编号和楼层标高。

❷ 注明预制板的跨度方向、板号、数量及板底标高，标出预留洞大小及位置；预制梁、洞口过梁的位置和型号、梁底标高。

❸ 现浇板应注明板厚、板面标高、配筋（亦可另绘放大比例的配筋图，必要时应将现浇楼面模板图和配筋图分别绘制），标高或板厚变化处绘制局部剖面，有预留孔、埋件、设备基础复杂时亦可放大另绘。

❹ 有圈梁时应注明位置、编号、标高，可用小比例绘制单线平面示意图。

❺ 楼梯间可绘斜线注明编号与所在详图号。

❻ 电梯间应绘制机房结构平面布置（楼面与顶面）图，注明梁板编号、板的厚度与配筋、预留洞大小与位置、板面标高及吊钩平面位置与详图。

❼ 屋面结构平面布置图内容与楼面平面类同，当屋面上有预留洞或其他设施时应绘出其位置、尺寸与详图，女儿墙或女儿墙构造柱的位置、编号及详图。

❽ 当选用标准图中节点或另绘节点构造详图时，应在平面图中注明详图索引号。

（2）单层空旷房屋应绘制构件布置图及屋面结构布置图，应有以下内容。

❶ 构件布置应标示定位轴线，墙、柱、天桥、过梁、门樘、雨篷、柱间支撑、连系梁等的布置、编号、构件标高及详图索引号，并加注有关说明等。

❷ 屋面结构布置图应标示定位轴线（可不绘墙、柱）、屋面结构构件的位置及编号、支撑系统布

置及编号、预留孔的位置、尺寸、节点详图索引号，并加注有关的说明等。

6. 钢筋混凝土构件详图

（1）现浇构件（现浇梁、板、柱及墙等详图）应绘出以下方面。

❶ 纵剖面、长度、定位尺寸、标高及配筋，梁和板的支座；现浇的预应力混凝土构件还应绘出预应力筋定位图并提出锚固要求。

❷ 横剖面、定位尺寸、断面尺寸、配筋。

❸ 需要时可增绘墙体立面。

❹ 若钢筋较复杂不易表示清楚时，宜将钢筋分离绘出。

❺ 对构件受力有影响的预留洞、预埋件，应注明其位置、尺寸、标高、洞边配筋及预埋件编号等。

❻ 曲梁或平面折线梁宜增绘平面图，必要时可绘展开详图。

❼ 一般的现浇结构的梁、柱、墙可采用“平面整体表示法”绘制，标注文字较密时，纵、横向梁宜分二幅平面绘制。

❽ 除总说明已叙述外需特别说明的附加内容。

（2）预制构件应绘出以下方面。

❶ 构件模板图：应表示模板尺寸、轴线关系、预留洞及预埋件位置、尺寸，预埋件编号、必要的标高等；后张预应力构件还需表示预留孔道的定位尺寸、张拉端、锚固端等。

❷ 构件配筋图：纵剖面表示钢筋形式、箍筋直径与间距，配筋复杂时宜将非预应力筋分离绘出；横剖面注明断面尺寸、钢筋规格、位置、数量等。

❸ 需做补充说明的内容。

说明：对形状简单、规则的现浇或预制构件，在满足上述规定的前提下，可用列表法绘出。

7. 节点构造详图

（1）对于现浇钢筋混凝土结构应绘制节点构造详图（可采用标准设计通用详图集）。

（2）预制装配式结构的节点、梁、柱与墙体锚拉等详图应绘出平、剖面，注明相互定位关系，构件代号、连接材料、附加钢筋（或埋件）的规格、型号、性能、数量，并注明连接方法以及对施工安装、后浇混凝土的有关要求等。

（3）需做补充说明的内容。

8. 其他图纸

（1）楼梯图：应绘出每层楼梯结构平面布置及剖面图，注明尺寸、构件代号、标高；楼梯梁、楼梯板详图（可用列表法绘出）。

（2）预埋件：应绘出其平面、侧面、注明尺寸、钢材和锚筋的规格、型号、性能、焊接要求等。

（3）特种结构和构筑物：如水池、水箱、烟囱、烟道、管架、地沟、挡土墙、筒仓、大型或特殊要求的设备基础、工作平台等，均宜单独绘图；应绘出平面、特征部位剖面及配筋，注明定位关系、尺寸、标高、材料品种和规格、型号、性能。

9. 建筑幕墙的土木工程设计文件

（1）按有关规范规定，幕墙构件在竖向、水平荷载作用下的设计计算书。

（2）施工图纸，包括以下方面。

❶ 封面、目录（单另成册时）。

❷ 幕墙构件立面布置图，图中标注墙面材料、竖向和水平龙骨（或钢索）材料的品种、规格、型号、性能。

❸ 墙材与龙骨、各向龙骨间的连接、安装详图。

❹ 主龙骨与主体结构连接的构造详图及连接件的品种、规格、型号、性能。

说明：当建筑幕墙的土木工程设计由有设计资质的幕墙公司按建筑设计要求承担设计时，主体土木工程设计人员应审查幕墙与相连的主体结构的安全性。

Note

10. 钢结构

（1）钢结构设计制图分为钢结构设计图和钢结构施工详图两个阶段。

（2）钢结构设计图应由具有设计资质的设计单位完成，设计图的内容和深度应满足编制钢结构施工详图要求；钢结构施工详图（即加工制作图）一般应由具有钢结构专项设计资质的加工制作单位完成，也可由具有该资质的其他单位完成。

说明：若设计合同未指明要求设计钢结构施工详图，则钢结构设计内容仅为钢结构设计图。

（3）钢结构设计图。

❶ 设计说明：设计依据、荷载资料、项目类别、工程概况、所用钢材牌号和质量等级（必要时提出物理、力学性能和化学成分要求）及连接件的型号、规格、焊缝质量等级、防腐及防火措施。

❷ 基础平面及详图应表达钢柱与下部混凝土构件的连接构造详图。

❸ 结构平面（包括各层楼面、屋面）布置图应注明定位关系、标高、构件（可用单线绘制）的位置及编号、节点详图索引号等；必要时应绘制檩条、墙梁布置图和关键剖面图；空间网架应绘制上、下弦杆和关键剖面图。

❹ 构件与节点详图：简单的钢梁、柱可用统一详图和列表法表示，注明构件钢材牌号、尺寸、规格、加劲肋做法，连接节点详图，施工、安装要求；格构式梁、柱、支撑应绘出平、剖面（必要时加立面）与定位尺寸、总尺寸、分尺寸、注明单构件型号、规格、组装节点和其他构件连接详图。

（4）钢结构施工详图。根据钢结构设计图编制组成结构构件的每个零件的放大图，标注细部尺寸、材质要求、加工精度、工艺流程要求、焊缝质量等级等，宜对零件进行编号，并考虑运输和安装能力确定构件的分段和拼装节点。

1.4.3 图纸编排

图纸编排的一般顺序如下。

（1）按工程类别，先建筑结构，后设备基础、构筑物。

（2）按结构系统，先地下结构，后上部结构。

（3）在一个结构系统中，按布置图、节点详图、构件详图、预埋件及零星钢结构施工图的顺序编排。

（4）按构件详图，先模板图，后配筋图。

AutoCAD 2024 入门

从本章开始，我们将循序渐进地学习 AutoCAD 2024 绘图的有关基本知识，了解如何设置图形的系统参数、样板图，熟悉建立新的图形文件、打开已有文件的方法等，为后面进入系统学习准备必要的知识。

- ☑ 操作界面
- ☑ 基本输入操作
- ☑ 设置绘图环境
- ☑ 图层设置
- ☑ 文件管理
- ☑ 绘图辅助工具

任务驱动&项目案例

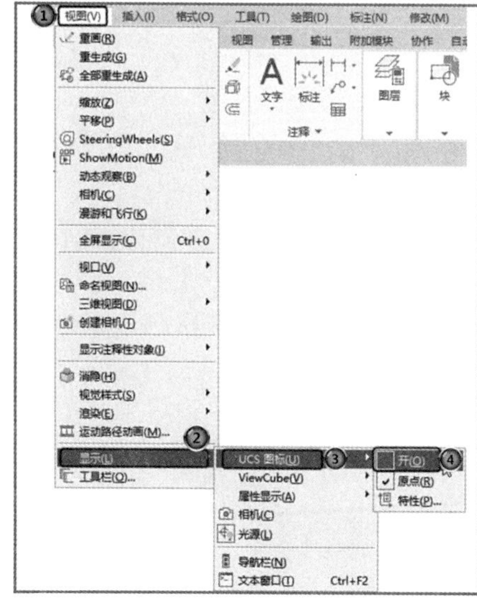

(1)

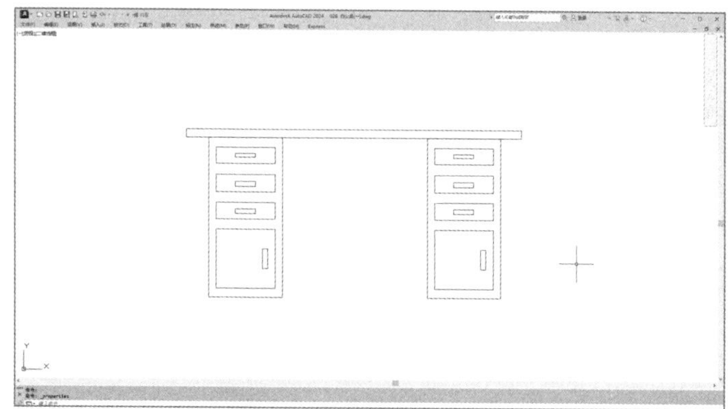

(2)

2.1 操作界面

AutoCAD 2024 的操作界面是 AutoCAD 显示、编辑图形的区域。为了便于使用过 AutoCAD 以前版本的读者学习，本书将采用 AutoCAD 默认界面进行介绍。一个完整的 AutoCAD 2024 的操作界面如图 2-1 所示，包括标题栏、绘图区、十字光标、功能区、坐标系图标、命令行窗口、状态栏和布局标签等。

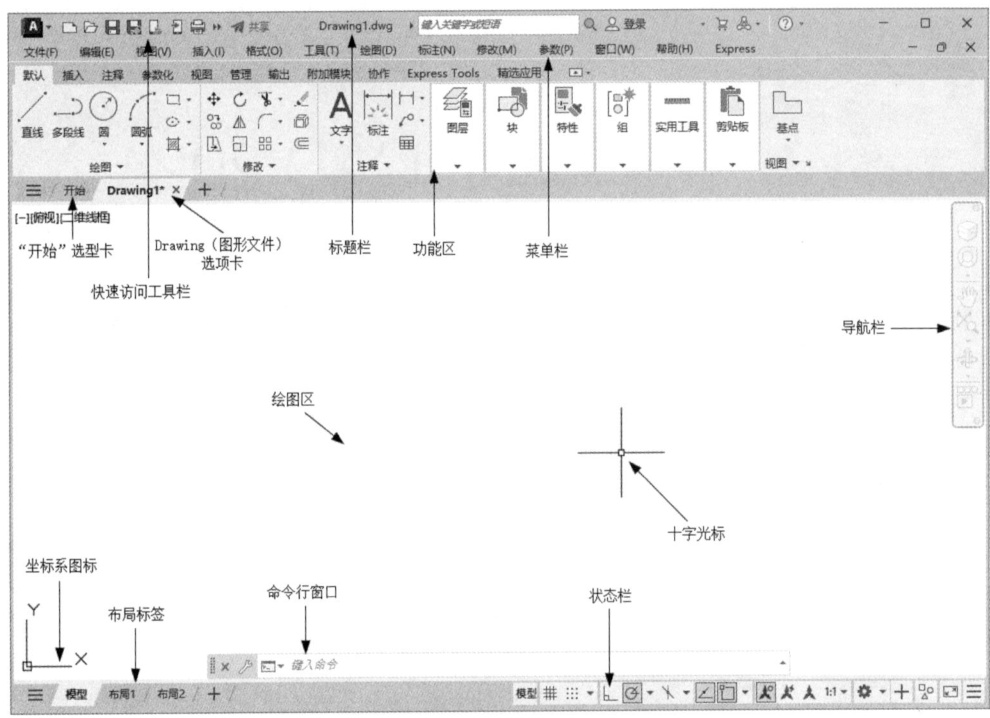

图 2-1　AutoCAD 2024 中文版的操作界面

2.1.1 标题栏

在 AutoCAD 2024 中文版绘图窗口的最上端是标题栏。在标题栏中，显示了系统当前正在运行的应用程序（AutoCAD 2024）和用户正在使用的图形文件。第一次启动 AutoCAD 时，在 AutoCAD 2024 绘图窗口的标题栏中，将显示 AutoCAD 2024 在启动时创建并打开的图形文件的名称 Drawing1.dwg，如图 2-2 所示。

标题栏

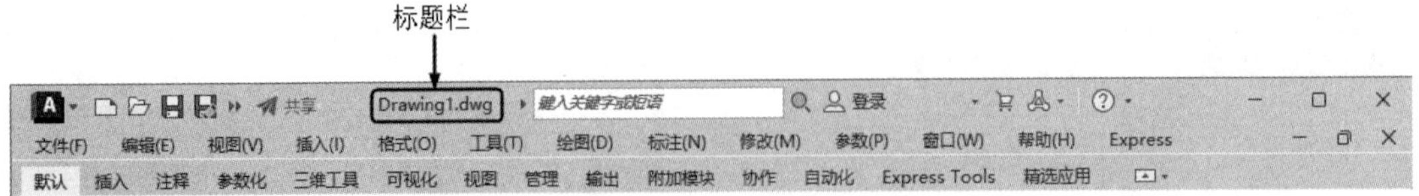

图 2-2　第一次启动 AutoCAD 2024 时的标题栏

2.1.2　绘图区

绘图区是指在标题栏下方的大片空白区域，用于绘制图形，用户完成一幅设计图形的主要工作都在绘图区中进行。

在绘图区中，有一个作用类似光标的十字线，其交点反映了光标在当前坐标系中的位置。在 AutoCAD 中，将该十字线称为光标，如图 2-1 所示，AutoCAD 通过光标显示当前点的位置。十字线的方向与当前用户坐标系的 X 轴、Y 轴方向平行，十字线的长度系统预设为屏幕大小的 5%。

1. 修改绘图窗口中十字光标的大小

光标的长度系统预设为屏幕大小的 5%，用户可以根据绘图的实际需要更改其大小。改变光标大小的方法为：❶在绘图区中右击，打开快捷菜单，选择“选项”命令，屏幕上将打开关于系统配置的“选项”对话框。❷选择“显示”选项卡，❸在“十字光标大小”栏内的文本框中直接输入数值，或者拖动文本框后的滑块，即可调整十字光标的大小，如图 2-3 所示。

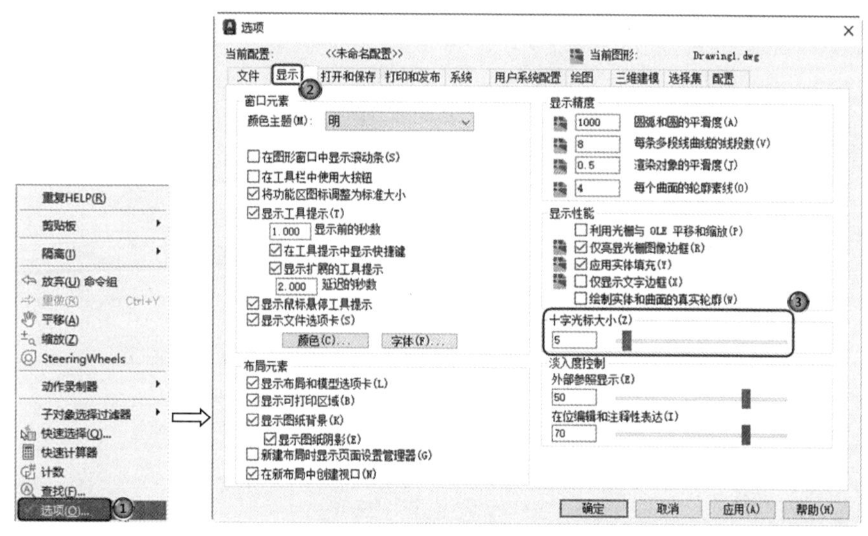

图 2-3　“选项”对话框中的“显示”选项卡

此外，还可以通过设置系统变量 CURSORSIZE 的值，实现对光标大小的更改，其方法是在命令行中输入如下命令。

```
命令：CURSORSIZE↙
输入 CURSORSIZE 的新值 <5>：(在提示下输入新值即可，默认值为 5%)
```

2. 修改绘图窗口的颜色

在默认情况下，AutoCAD 的绘图窗口是黑色背景、白色线条，这不符合绝大多数用户的习惯，因此修改绘图窗口颜色是大多数用户都需要进行的操作。修改绘图窗口颜色的步骤如下。

（1）在绘图区中右击，打开快捷菜单，❶选择“选项”命令，❷选择如图 2-4 所示的“显示”选项卡，❸单击“窗口元素”选项组中的“颜色”按钮，打开如图 2-5 所示的“图形窗口颜色”对话框。

（2）❹在“颜色”下拉列表框中选择需要的窗口颜色，通常按视觉习惯选择白色为窗口颜色，然后❺单击“应用并关闭”按钮，返回“显示”选项卡，❻单击“确定”按钮，退出对话框。

Note

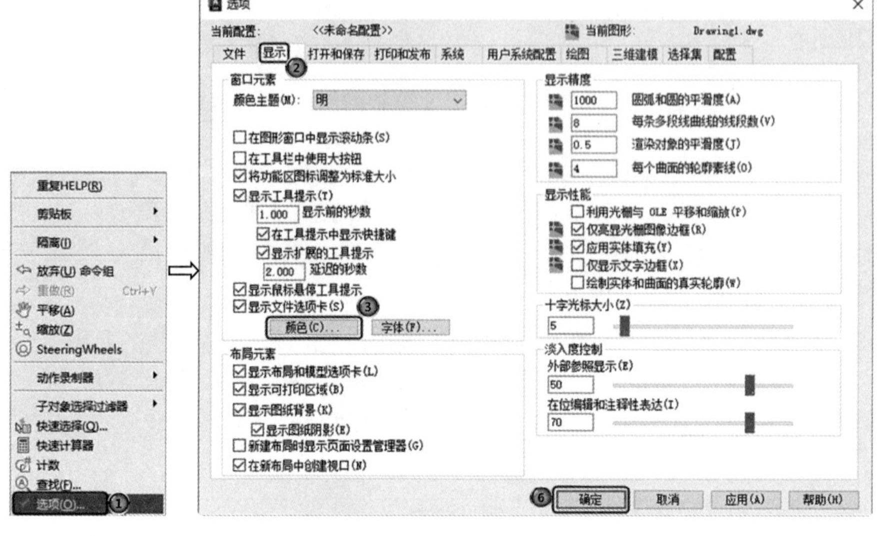

图 2-4 “显示”选项卡

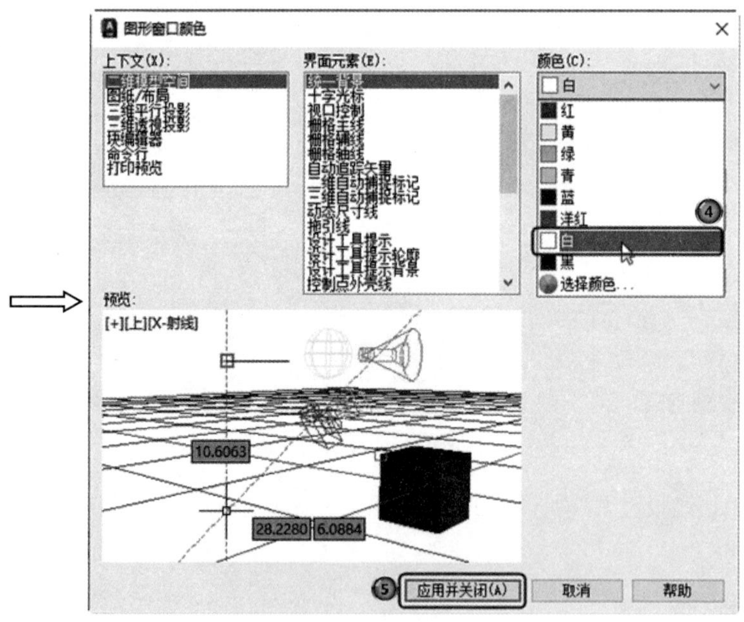

图 2-5 “图形窗口颜色”对话框

2.1.3 坐标系图标

在绘图区域的左下角有一个图标，称为坐标系图标，表示用户绘图时使用的坐标系形式，如图 2-1 所示。坐标系图标的作用是为点的坐标确定一个参照系。根据工作需要，用户可以选择将其关闭，其方法是选择菜单栏中的❶“视图”→❷“显示”→❸“UCS 图标”→❹“开”命令，如图 2-6 所示。

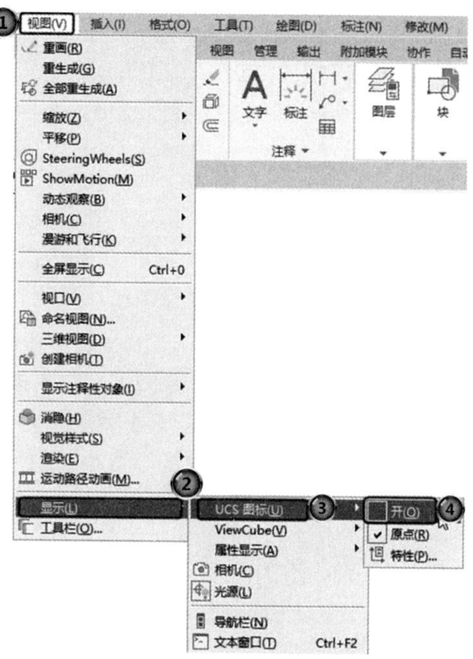

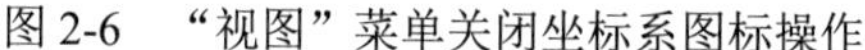
图 2-6　“视图”菜单关闭坐标系图标操作

2.1.4　菜单栏

在 AutoCAD 快速访问工具栏处调出菜单栏，具体操作：①单击“快速访问”工具栏右侧的▼，②在下拉菜单中选择“显示菜单栏”命令，如图 2-7 所示，调出的菜单栏如图 2-8 所示。同其他 Windows 应用软件一样，AutoCAD 的菜单也是下拉形式的，且包含子菜单。

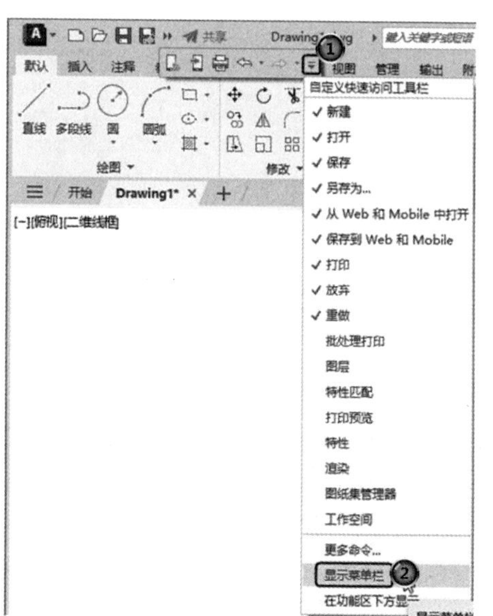

图 2-7　显示菜单栏

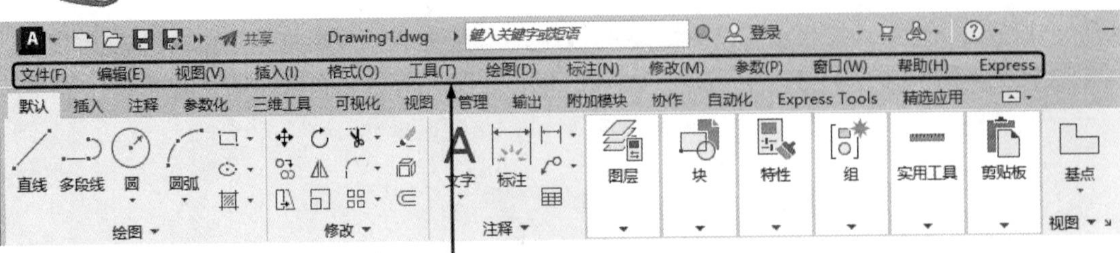

图 2-8　调出的菜单栏

菜单栏位于 AutoCAD 2024 绘图窗口标题栏的下方，其中包含 13 个菜单：“文件”“编辑”“视图”“插入”“格式”“工具”“绘图”“标注”“修改”“参数”“窗口”“帮助”“Express”。

一般来讲，AutoCAD 2024 下拉菜单中的命令有以下 3 种。

（1）带有子菜单的菜单命令：这种类型的命令后面带有小三角形。例如，❶单击“绘图”菜单，❷将鼠标指向其下拉菜单中的“圆”命令，❸进一步下拉出“圆”子菜单中所包含的命令，如图 2-9 所示。

（2）打开对话框的菜单命令：这种类型的命令后面带有省略号。例如，❶单击菜单栏中的“格式”菜单，❷选择其下拉菜单中的“文字样式”命令，如图 2-10 所示。屏幕上就会打开对应的“文字样式”对话框，如图 2-11 所示。

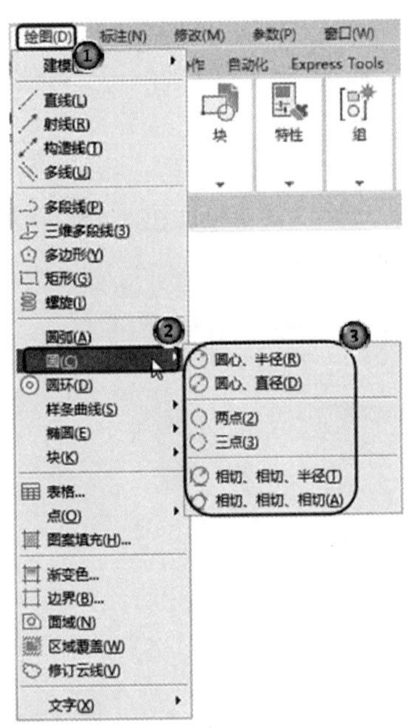

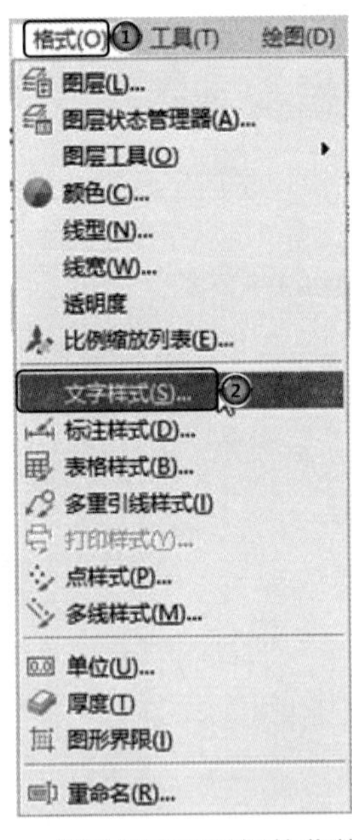

图 2-9　带有子菜单的菜单命令　　　图 2-10　激活相应对话框的菜单命令

（3）直接操作的菜单命令：这种类型的命令将直接进行相应的绘图或其他操作。例如，选择菜单栏中的❶“视图”→❷“重画”命令，系统将刷新显示所有视口，如图 2-12 所示。

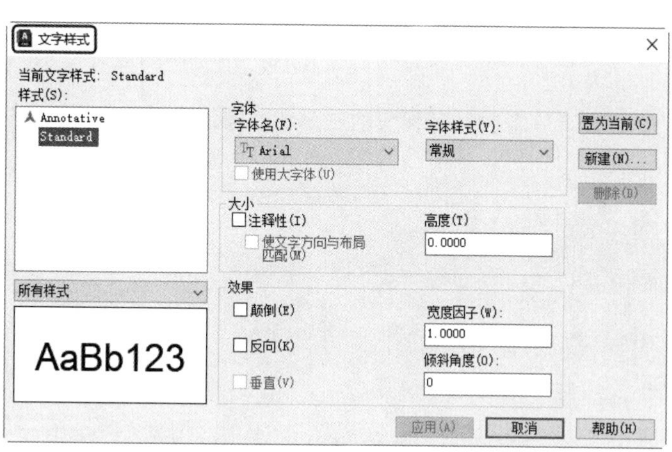

图 2-11　“文字样式”对话框

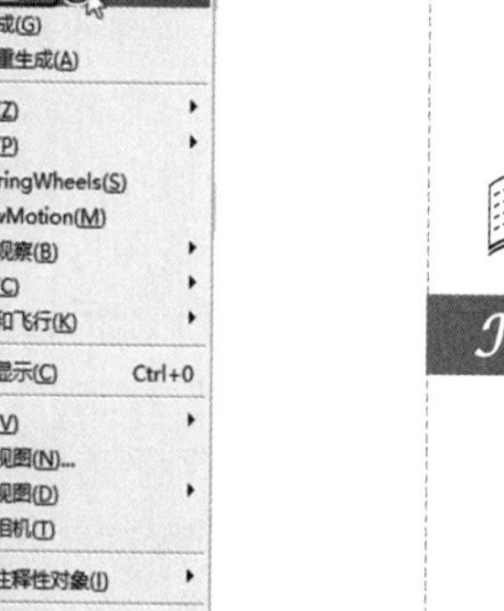

图 2-12　直接执行菜单命令

2.1.5　工具栏

工具栏是一组图标型工具的集合。

1. 设置工具栏

选择菜单栏中的❶“工具”→❷“工具栏”→❸“AutoCAD”命令，系统会自动打开单独的工具栏标签（见图 2-13），❹单击某一个未在界面显示的工具栏名，系统自动在界面打开该工具栏，反之关闭该工具栏。

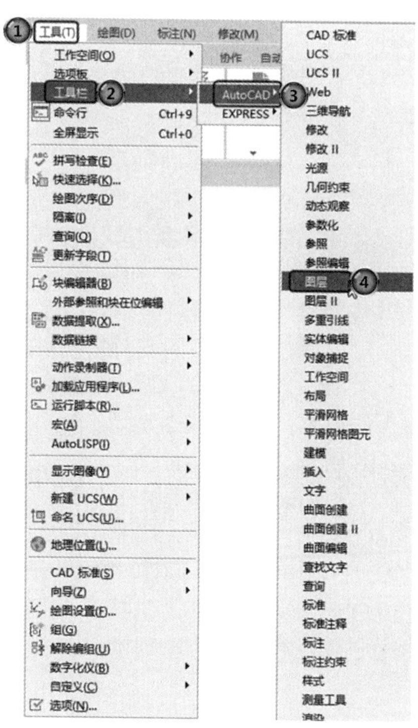

图 2-13　调出工具栏

Note

2. 工具栏的“固定”“浮动”与“打开”

工具栏可以在绘图区“浮动”，如图 2-14 所示，此时该工具栏显示标题并可关闭，用鼠标可以拖动“浮动”工具栏到图形区边界，使其变为“固定”工具栏，此时该工具栏标题隐藏。也可以把“固定”工具栏拖出，使其成为“浮动”工具栏。

在有些图标的右下角带有一个小三角，单击会打开相应的工具栏，按住鼠标左键，将指针移动到某一图标上然后松开鼠标，该图标即为当前图标。单击当前图标即可执行相应命令，如图 2-15 所示。

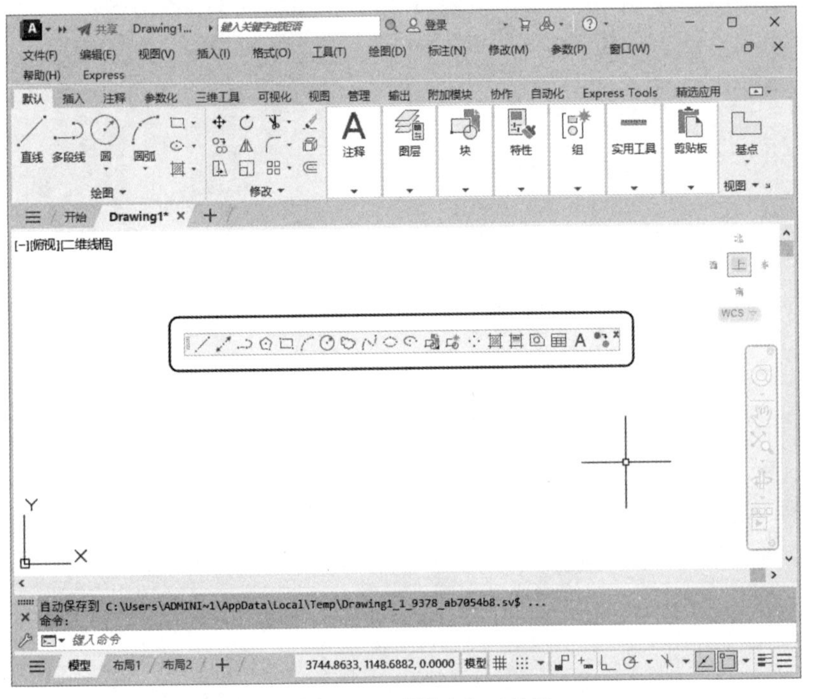

图 2-14 “浮动”工具栏

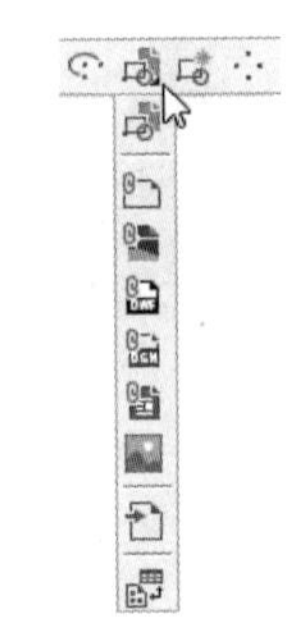

图 2-15 “打开”工具栏

2.1.6 命令行窗口

命令行窗口是输入命令名和显示命令提示的区域，默认的命令行窗口布置在绘图区下方，如图 2-1 所示。对命令行窗口有以下几点需要说明。

（1）移动拆分条，可以扩大与缩小命令行窗口。

（2）可以拖动命令行窗口将其布置在屏幕上的其他位置。

（3）对当前命令行窗口中输入的内容，可以按 F2 键用文本编辑的方法进行编辑，如图 2-16 所示。AutoCAD 文本窗口和命令行窗口相似，可以显示当前 AutoCAD 进程中命令的输入和执行过程，在执行 AutoCAD 某些命令时，会自动切换到文本窗口，列出相关信息。

（4）AutoCAD 通过命令行窗口反馈各种信息，包括出错信息。因此，用户要时刻关注在命令行窗口中出现的信息。

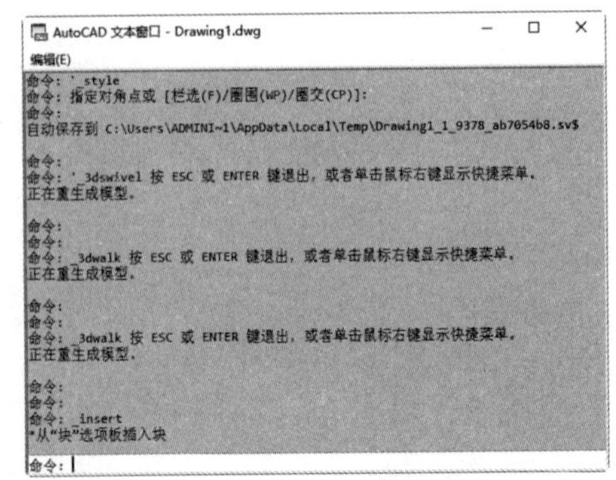

图 2-16 AutoCAD 文本窗口

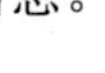

2.1.7　布局标签

AutoCAD 系统默认设定一个模型空间布局标签和“布局 1”“布局 2”两个图样空间布局标签。在这里有两个概念需要解释一下。

1. 布局

布局是系统为绘图设置的一种环境，包括图样大小、尺寸单位、角度设定、数值精确度等，在系统预设的 3 个标签中，这些环境变量都按默认设置。用户可以根据实际需要改变这些变量的值，在此暂且从略。用户也可以根据需要设置符合自己要求的新标签。

2. 模型

AutoCAD 的空间分为模型空间和图样空间。模型空间是通常绘图的环境，而在图样空间中，用户可以创建名为“浮动视口”的区域，以不同视图显示所绘图形。用户可以在图样空间中调整浮动视口并决定所包含视图的缩放比例。如果选择图样空间，则可打印多个视图，用户可以打印任意布局的视图。AutoCAD 系统默认打开模型空间，用户可以通过单击选择需要的布局。

2.1.8　状态栏

状态栏在屏幕的底部，依次显示的有“坐标”“模型空间”“栅格”“捕捉模式”“推断约束”“动态输入”“正交模式”“极轴追踪”“等轴测草图”“对象捕捉追踪”“二维对象捕捉”“线宽”“透明度”“选择循环”“三维对象捕捉”“动态 UCS”“选择过滤”“小控件”“注释可见性”“自动缩放”“注释比例”“切换工作空间”“注释监视器”“单位”“快捷特性”“锁定用户界面”“隔离对象”“图形性能”“全屏显示”“自定义”这 30 个功能按钮。单击部分开关按钮，可以控制这些功能的开关。通过部分按钮也可以控制图形或绘图区的状态。

注意： 默认情况下，状态栏不会显示所有工具，可以通过单击状态栏上最右侧的“自定义”按钮☰，在打开的快捷菜单中选择要添加到状态栏中的工具。状态栏上显示的工具可能会发生变化，具体取决于当前的工作空间以及当前显示的是“模型”选项卡还是“布局”选项卡。下面对部分状态栏中的按钮做简单介绍，如图 2-17 所示。

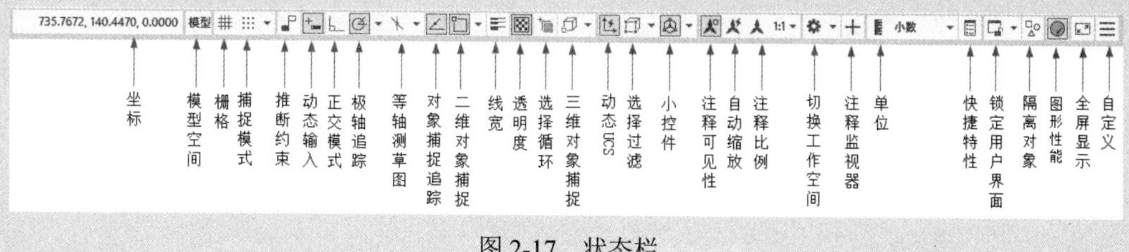

图 2-17　状态栏

（1）坐标：显示工作区光标放置点的坐标。

（2）模型空间：在模型空间与布局空间之间进行转换。

（3）栅格：栅格是覆盖整个坐标系（UCS）XY 平面的直线或点组成的矩形图案。使用栅格类似于在图形下放置一张坐标纸。利用栅格可以对齐对象并直观显示对象之间的距离。

（4）捕捉模式：对象捕捉对于在对象上指定精确位置非常重要。不论何时提示输入点，都可以指定对象捕捉。默认情况下，当光标移到对象的对象捕捉位置时，将显示标记和工具提示。

（5）推断约束：自动在正在创建或编辑的对象与对象捕捉的关联对象或点之间应用约束。

（6）动态输入：在光标附近显示一个提示框（称之为“工具提示”），工具提示中显示出对应的

命令提示和光标的当前坐标值。

（7）正交模式：将光标限制在水平或垂直方向上移动，以便于精确地创建和修改对象。当创建或移动对象时，可以使用“正交”模式将光标限制在相对于用户坐标系（UCS）的水平或垂直方向上。

（8）极轴追踪：使用极轴追踪，光标将按指定角度进行移动。创建或修改对象时，可以使用“极轴追踪”来显示由指定的极轴角度所定义的临时对齐路径。

（9）等轴测草图：通过设定“等轴测捕捉/栅格”，可以很容易地沿3个等轴测平面之一对齐对象。尽管等轴测图形看似三维图形，但它实际上是由二维图形表示的。因此不能期望提取三维距离和面积，也不能从不同视点显示对象或自动消除隐藏线。

（10）对象捕捉追踪：使用对象捕捉追踪，可以沿着基于对象捕捉点的对齐路径进行追踪。已获取的点将显示一个小加号（+），一次最多可以获取7个追踪点。获取点之后，在绘图路径上移动光标，将显示相对于获取点的水平、垂直或极轴对齐路径。例如，可以基于对象的端点、中点或者交点，沿着某个路径选择一点。

（11）二维对象捕捉：使用执行对象捕捉设置（也称为对象捕捉），可以在对象上的精确位置指定捕捉点。选择多个选项后，将应用选定的捕捉模式，以返回距离靶框中心最近的点。按Tab键以在这些选项之间循环。

（12）线宽：分别显示对象所在图层中设置的不同宽度，而不是统一线宽。

（13）透明度：使用该命令，调整绘图对象显示的明暗程度。

（14）选择循环：当一个对象与其他对象彼此接近或重叠时，准确地选择某一个对象是很困难的，单击“选择循环”按钮，打开“选择集”列表框，其中列出了单击对象周围的图形，然后在列表中选择所需的对象即可。

（15）三维对象捕捉：三维中的对象捕捉与在二维中工作的方式类似，不同之处在于在三维中可以投影对象捕捉。

（16）动态UCS：在创建对象时使UCS的XY平面自动与实体模型上的平面临时对齐。

（17）选择过滤：根据对象特性或对象类型对选择集进行过滤。单击“选择过滤”按钮后，系统只选择满足指定条件的对象，其他对象将被排除在选择集之外。

（18）小控件：帮助用户沿三维轴或平面移动、旋转或缩放一组对象。

（19）注释可见性：当图标亮显时，表示显示所有比例的注释性对象；当图标变暗时，表示仅显示当前比例的注释性对象。

（20）自动缩放：注释比例更改时，自动将比例添加到注释对象。

（21）注释比例：单击注释比例右下角的小三角符号打开注释比例列表，如图2-18所示，可以根据需要选择适当的注释比例。

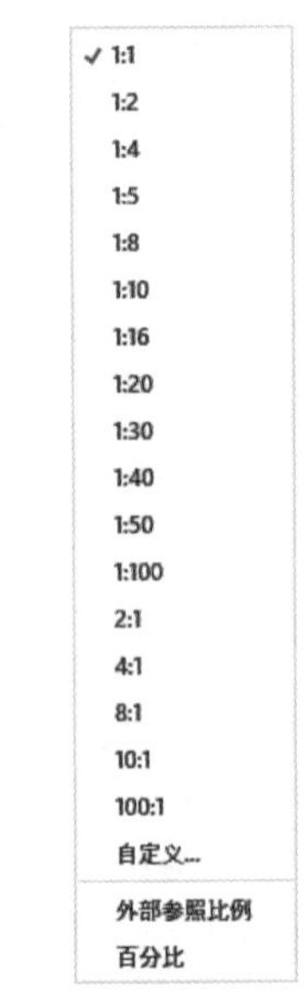

图2-18　注释比例列表

（22）切换工作空间：进行工作空间转换。

（23）注释监视器：打开仅用于所有事件或模型文档事件的注释监视器。

（24）单位：指定线性和角度单位的格式和小数位数。

（25）快捷特性：控制快捷特性面板的使用与禁用。

（26）锁定用户界面：单击该按钮，锁定工具栏、面板和可固定窗口的位置和大小。

（27）隔离对象：当选择隔离对象时，在当前视图中显示选定对象，所有其他对象都暂时隐藏；当选择隐藏对象时，在当前视图中暂时隐藏选定对象，所有其他对象都可见。

（28）图形性能：设定图形卡的驱动程序以及设置硬件加速的选项。

（29）全屏显示：该选项可以清除Windows窗口中的标题栏、功能区和选项板等界面元素，使AutoCAD的绘图窗口全屏显示，如图2-19所示。

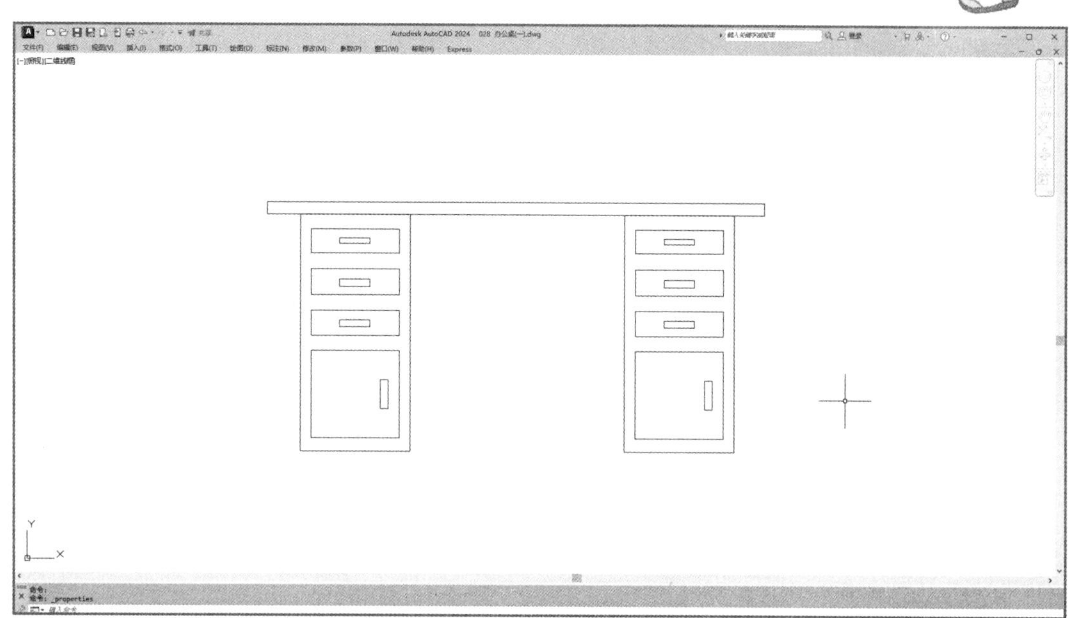

图 2-19　全屏显示

（30）自定义：状态栏可以提供重要信息，而无须中断工作流。使用 MODEMACRO 系统变量可将应用程序所能识别的大多数数据显示在状态栏中。使用该系统变量的计算、判断和编辑功能可以完全按照用户的要求构造状态栏。

2.1.9　滚动条

AutoCAD 2024 的默认界面中是不显示滚动条的，如果我们需要把滚动条调出来，在绘图区中右击，打开快捷菜单，❶选择“选项”命令，如图 2-20 所示，然后❷单击“显示”选项卡，❸选中“窗口元素”选项组中的“在图形窗口中显示滚动条”复选框，如图 2-21 所示，❹单击“确定”按钮，退出对话框。

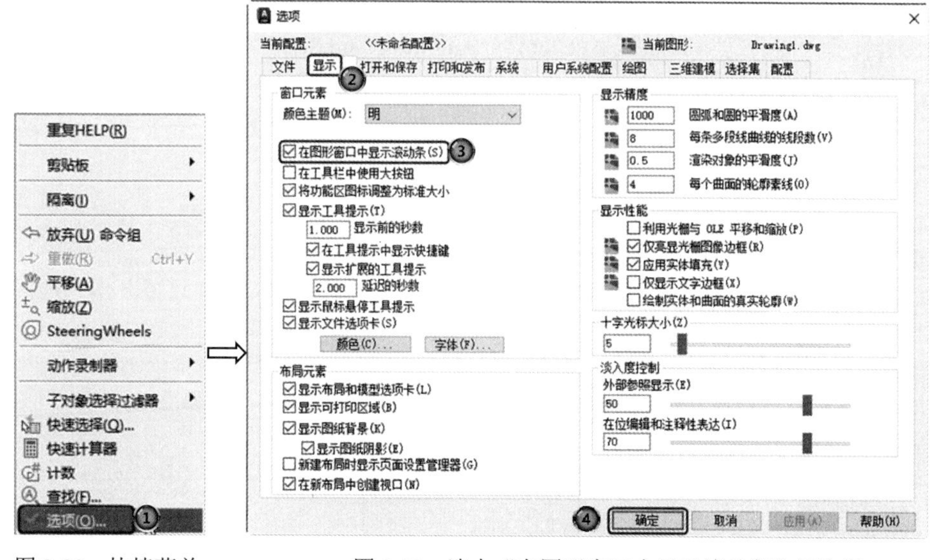

图 2-20　快捷菜单　　　图 2-21　选中“在图形窗口中显示滚动条”复选框

滚动条包括水平和垂直滚动条，用于左右或上下切换绘图窗口视图。用鼠标拖动滚动条中的滑块或单击滚动条两侧的三角按钮即可，如图 2-22 所示。

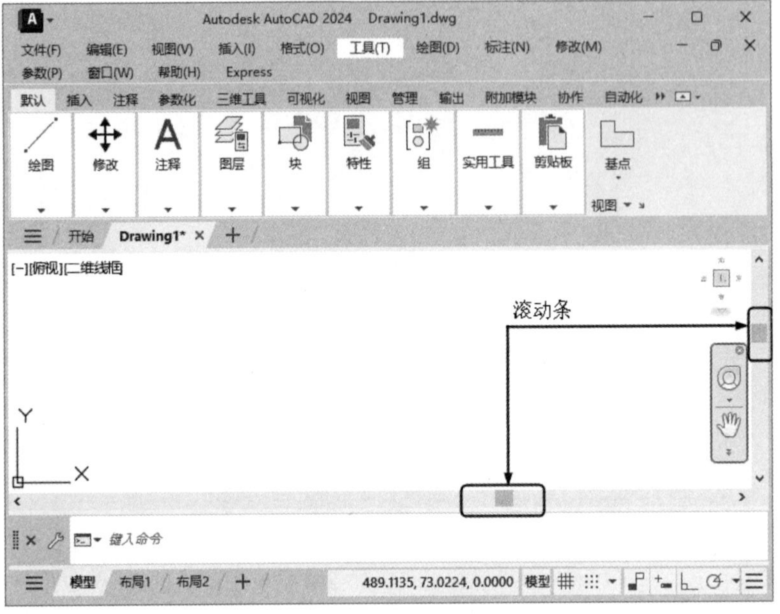

图 2-22 显示滚动条

2.1.10 快速访问工具栏和交互信息工具栏

1. 快速访问工具栏

该工具栏包括“新建”“打开”“保存”“另存为”“从 Web 和 Mobile 中打开”“保存到 Web 和 Mobile”“打印”“放弃”“重做”等几个最常用的工具按钮。用户也可以单击本工具栏后面的下拉按钮设置需要的常用工具。

2. 交互信息工具栏

该工具栏包括“搜索”“Autodesk Account”“Autodesk App Store”“保持连接”“单击此处访问帮助”几个常用的数据交互访问工具。

2.1.11 功能区

在默认情况下，功能区包括 11 个选项卡，分别为“默认”“插入”“注释”“参数化”“视图”“管理”“输出”“附加模块”“协作”“Express Tools”“精选应用”，如图 2-23 所示（所有的选项卡如图 2-24 所示）。每个选项卡都集成了相关的操作工具，方便用户使用。用户可以单击功能区选项后面的按钮控制功能区的展开与收缩。

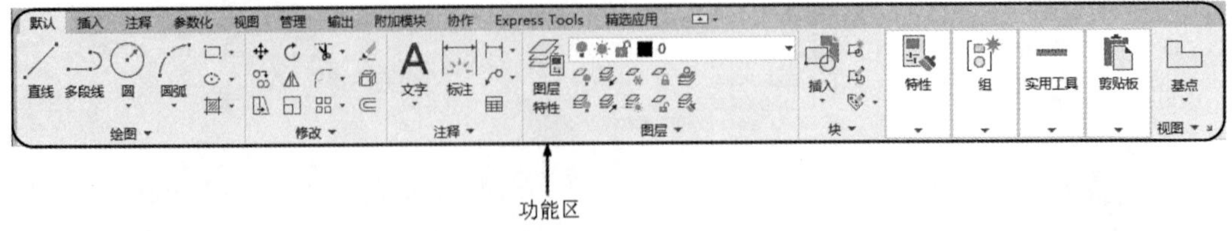

图 2-23 默认情况下显示的选项卡

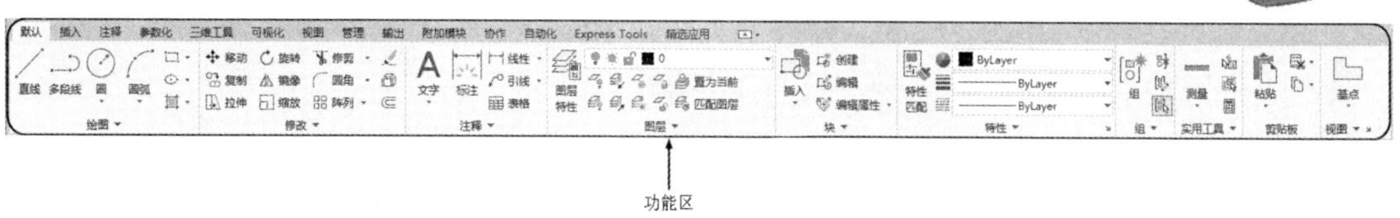

图 2-24　所有的选项卡

1. 设置选项卡

在面板中任意位置右击，打开如图 2-25 所示的快捷菜单。单击某个未在功能区显示的选项卡名称，系统自动在功能区打开该选项卡；反之，关闭选项卡（调出面板的方法与调出选项板的方法类似，这里不再赘述）。

2. 选项卡中面板的“固定”与“浮动”

面板可以在绘图区“浮动”（见图 2-26），将鼠标移动到浮动面板的右上角位置，显示“将面板返回到功能区”注释，如图 2-27 所示，单击即可使它变为“固定”面板。也可以将“固定”面板拖出，使它成为“浮动”面板。

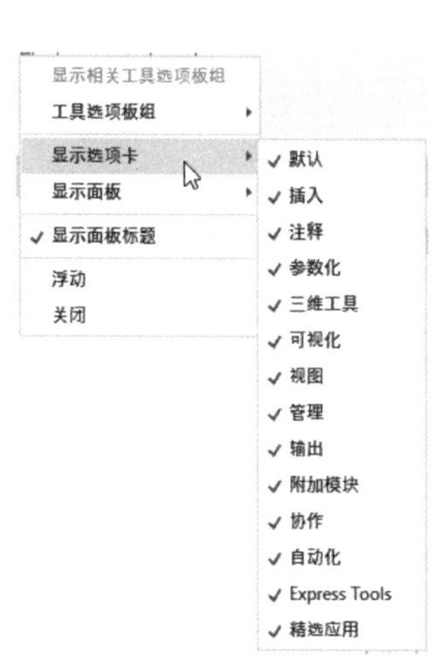

图 2-25　快捷菜单

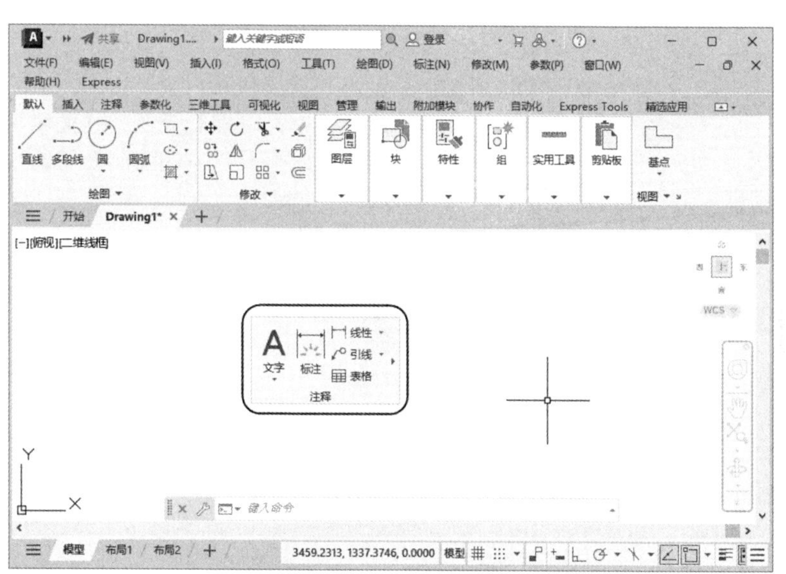

图 2-26　“浮动”面板

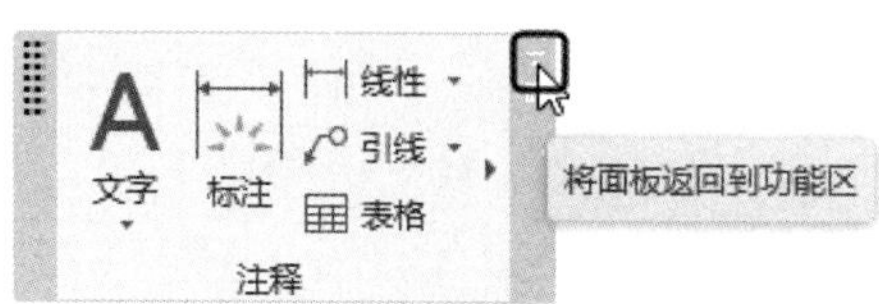

图 2-27　将面板返回到功能区

2.2　设置绘图环境

在 AutoCAD 中，可以利用相关命令对图形单位和图形边界进行具体设置。

Note

2.2.1 图形单位设置

1. 执行方式

☑ 命令行：DDUNITS（或 UNITS）。

☑ 菜单栏："格式"→"单位"。

2. 操作步骤

执行上述命令后，系统打开"图形单位"对话框，如图 2-28 所示。该对话框用于定义单位和角度格式。

3. 选项说明

（1）"长度"与"角度"选项组：指定测量的长度与角度的当前单位及精度。

（2）"插入时的缩放单位"选项组：控制使用工具选项板（如 DesignCenter 或 i-drop）插入当前图形的块的测量单位。如果块或图形创建时使用的单位与该选项指定的单位不同，则在插入这些块或图形时，将对其按比例进行缩放。插入比例是源块或图形使用的单位与目标图形使用的单位之比。如果插入块时不按指定单位缩放，则选择"无单位"选项。

（3）"输出样例"选项组：显示用当前单位和角度设置的例子。

（4）"光源"选项组：控制当前图形中光度控制光源的强度测量单位。

（5）"方向"按钮：单击该按钮，系统打开"方向控制"对话框，如图 2-29 所示。可以在该对话框中进行方向控制设置。

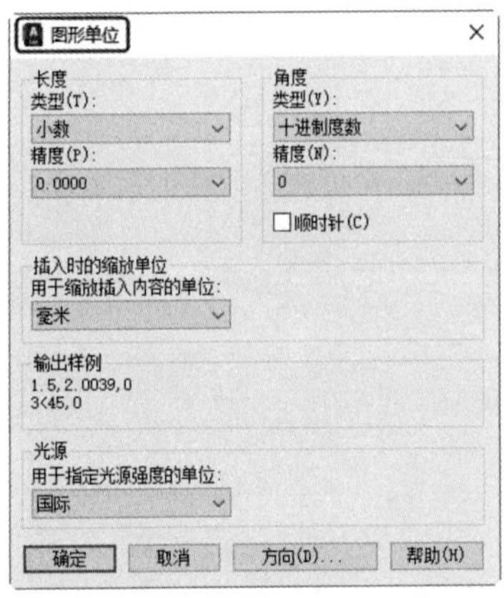

图 2-28 "图形单位"对话框

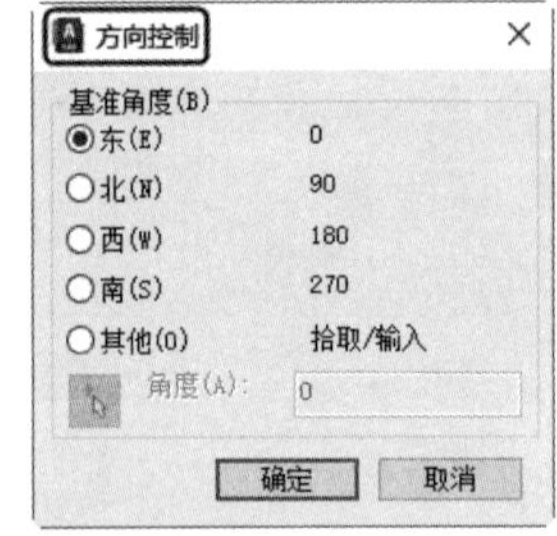

图 2-29 "方向控制"对话框

2.2.2 图形边界设置

绘图界限用于标明用户的工作区域和图纸的边界，为了便于用户准确地绘制和输出图形，避免绘制的图形超出某个范围，就可以使用 AutoCAD 的绘图界限功能。

1. 执行方式

☑ 命令行：LIMITS。

☑ 菜单栏："格式"→"图形界限"。

2. 操作步骤

```
命令：LIMITS↙
```

```
重新设置模型空间界限：
指定左下角点或 [开(ON)/关(OFF)] <0.0000,0.0000>:（输入图形边界左下角的坐标后按 Enter 键）
指定右上角点 <12.0000,9.0000>:（输入图形边界右上角的坐标后按 Enter 键）
```

3. 选项说明

（1）开(ON)：使绘图边界有效。在绘图边界以外拾取的点将被视为无效。

（2）关(OFF)：使绘图边界无效。用户可以在绘图边界以外拾取点或实体。

（3）动态输入角点坐标：使用 AutoCAD 2024 的动态输入功能，可以直接在屏幕上输入角点坐标。首先输入横坐标值，按“,”键（英文状态下），接着输入纵坐标值，按 Enter 键，如图 2-30 所示。也可以在光标位置直接单击以确定角点位置。

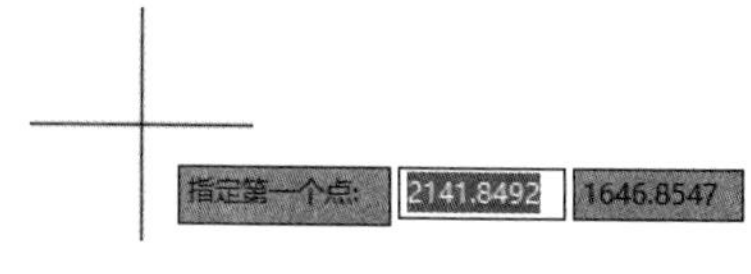

图 2-30 动态输入

2.3 文件管理

本节将介绍有关文件管理的一些基本操作方法，包括新建文件、打开文件、保存文件、另存为等，这些都是进行 AutoCAD 2024 操作的基础知识。

2.3.1 新建文件

1. 执行方式

☑ 命令行：NEW。

☑ 菜单栏：“文件”→“新建”。

☑ 工具栏：快速访问→“新建”🗋。

2. 操作步骤

执行上述命令后，系统打开如图 2-31 所示的“选择样板”对话框。

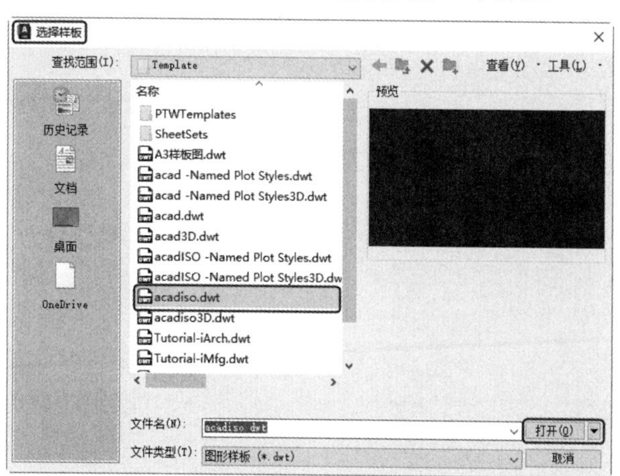

图 2-31 “选择样板”对话框

在使用快速创建图形功能之前必须进行如下设置。

（1）将 FILEDIA 系统变量设置为 1；将 STARTUP 系统变量设置为 0。

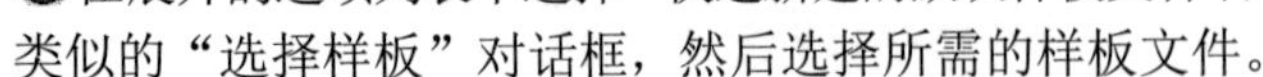

（2）选择菜单栏中的“工具”→“选项”命令，❶在打开的“选项”对话框中选择默认图形样板文件。具体方法是：在如图 2-32 所示的“文件”选项卡下，❷单击“样板设置”前面的“+”图标，❸在展开的选项列表中选择“快速新建的默认样板文件名”选项，❹单击“浏览”按钮，打开与图 2-31 类似的“选择样板”对话框，然后选择所需的样板文件。

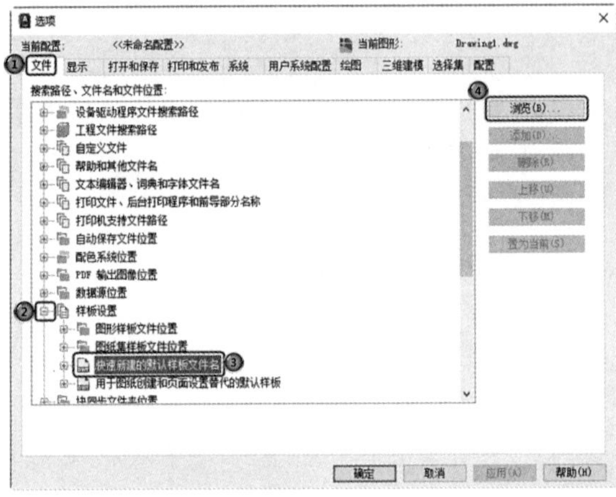

图 2-32　“选项”对话框中的“文件”选项卡

2.3.2　打开文件

1. 执行方式

☑　命令行：OPEN。

☑　菜单栏：“文件”→“打开”。

☑　工具栏：快速访问→“打开”。

2. 操作步骤

执行上述命令后，打开“选择文件”对话框，如图 2-33 所示，在“文件类型”下拉列表框中可选择.dwg 文件、.dwt 文件、.dxf 文件和.dws 文件。其中，.dxf 文件是用文本形式存储的图形文件，能够被其他程序读取，许多第三方应用软件都支持.dxf 格式。

图 2-33　“选择文件”对话框

Note

2.3.3　保存文件

1. 执行方式

☑　命令名：QSAVE（或 SAVE）。
☑　菜单栏：“文件”→“保存”。
☑　工具栏：快速访问→“保存”🖫。

2. 操作步骤

执行上述命令后，若文件已被命名，则 AutoCAD 自动保存；若文件未被命名（即为默认文件名 drawing1.dwg），❶则系统打开“图形另存为”对话框，如图 2-34 所示，❷用户可以命名保存。❸在“保存于”下拉列表框中可以指定保存文件的路径，❹在“文件类型”下拉列表框中可以指定保存文件的类型。

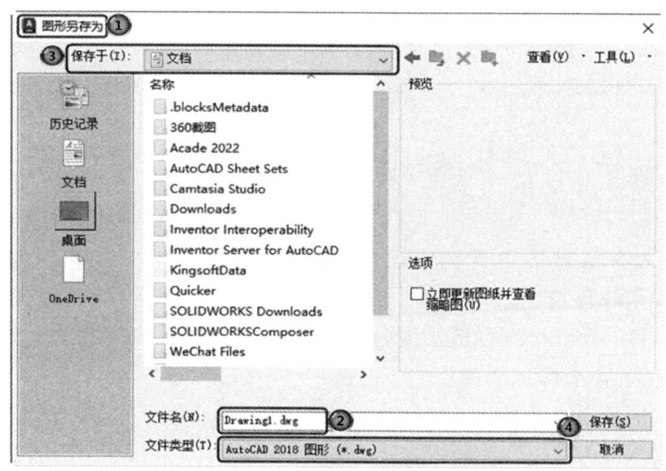

图 2-34　“图形另存为”对话框

为了防止因意外操作或计算机系统故障导致正在绘制的图形文件丢失，可以对当前图形文件设置自动保存。操作步骤如下。

（1）利用系统变量 SAVEFILEPATH 设置所有“自动保存”文件的位置，如 D:\HU\。

（2）利用系统变量 SAVEFILE 存储“自动保存”文件名。该系统变量存储的文件是只读文件，用户可以从中查询自动保存的文件名。

（3）利用系统变量 SAVETIME 指定在使用“自动保存”功能时多长时间保存一次图形。

2.3.4　另存为

1. 执行方式

☑　命令行：SAVEAS。
☑　菜单栏：“文件”→“另存为”。
☑　工具栏：快速访问→“另存为”🖫。

2. 操作步骤

执行上述命令后，打开“图形另存为”对话框，如图 2-34 所示，AutoCAD 用新的文件名保存，并为当前图形更名。

2.4 基本输入操作

Note

在 AutoCAD 中，有一些基本的输入操作方法，这些基本方法是进行 AutoCAD 绘图必备的基础知识，也是深入学习 AutoCAD 功能的前提。

2.4.1 命令输入方式

AutoCAD 交互绘图必须输入必要的指令和参数。AutoCAD 命令输入方式有多种，下面以画直线为例进行讲解。

1. 在命令行窗口输入命令名

命令字符不区分大小写。执行命令时，在命令行提示中经常会出现命令选项。例如，输入绘制直线命令 LINE 后，命令行提示如下。

```
命令：LINE↙
指定第一个点：(在屏幕上指定一点或输入一个点的坐标)
指定下一点或 [放弃(U)]：
```

选项中不带括号的提示为默认选项，因此可以直接输入直线段的起点坐标或在绘图区指定一点。如果要选择其他选项，则应该首先输入该选项的标识字符，如“放弃”选项的标识字符“U”，然后按系统提示输入数据即可。在命令选项的后面有时还带有尖括号，尖括号内的数值为默认数值。

2. 在命令行窗口输入命令缩写字母

可以在命令行窗口中输入命令缩写字母，如 L（Line）、C（Circle）、A（Arc）、Z（Zoom）、R（Redraw）、M（More）、Co（Copy）、PL（Pline）、E（Erase）等。

3. 选择“绘图”菜单中的“直线”命令

选择“直线”命令后，在状态栏中可以看到对应的命令名及命令说明。

4. 单击工具栏中的对应图标

单击“直线”图标后，在状态栏中可以看到对应的命令名及命令说明。

5. 在绘图区打开快捷菜单

如果要输入此前使用过的命令，可以在绘图区右击，打开快捷菜单，在“最近的输入”子菜单中选择需要的命令，如图 2-35 所示。该子菜单中存储最近使用的多个命令，如果是经常重复使用的命令，这种方法就比较快速简便。

6. 在绘图区右击

如果用户要重复使用上次使用的命令，可以直接在绘图区右击，选择“重复选项”命令，系统立即重复执行上次使用的命令，如图 2-36 所示，这种方法适用于重复执行某个命令。

2.4.2 命令的重复、撤销、重做

1. 命令的重复

在命令行窗口中按 Enter 键可重复调用上一个命令，不管上一个命令是完成了，还是被取消了。

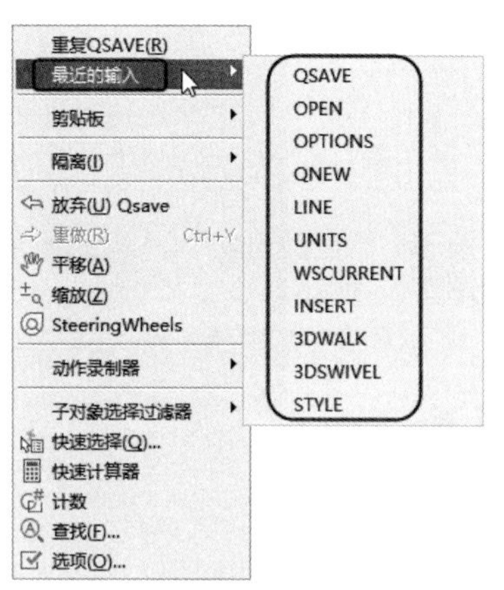

图 2-35　最近使用过的命令

图 2-36　重复执行上次使用的命令

2. 命令的撤销

在命令执行的任何时刻都可以取消和终止命令的执行。执行方式如下。

☑　命令行：UNDO。

☑　菜单栏："编辑"→"放弃"。

☑　快捷键：Esc。

☑　工具栏：快速访问→"放弃"。

3. 命令的重做

已被撤销的命令还可以恢复重做。要恢复撤销的最后一个命令，执行方式如下。

☑　命令行：REDO。

☑　菜单栏："编辑"→"重做"。

☑　工具栏：快速访问→"重做"。

该命令可以一次执行多重放弃和重做操作。单击 UNDO 或 REDO 列表箭头，可以选择要放弃或重做的操作。

2.5　图层设置

AutoCAD 中的图层如同在手工绘图中使用的重叠透明图纸，如图 2-37 所示，可以使用图层来组织不同类型的信息。在 AutoCAD 中，图形的每个对象都位于一个图层上，所有图形对象都具有图层、颜色、线型和线宽这 4 个基本属性。在绘制时，图形对象将创建在当前的图层上。每个 CAD 文档中图层的数量是不受限制的，每个图层都有自己的名称。

图 2-37　图层示意图

2.5.1　建立新图层

新建的 CAD 文档中只能自动创建一个名为 0 的特殊图层。默认情况下，图层 0 被指定使用 7 号颜色、Continuous 线型、默认线宽以及 NORMAL 打印样式。图层 0 不能被删除或重命名。通过创建新的图层，可以将类型相似的对象指定给同一个图层使其相关联。例如，可以将构造线、文字、标注

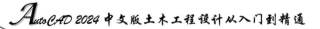

和标题栏置于不同的图层上，并为这些图层指定通用特性。通过将对象分类放到各自的图层中，可以快速有效地控制对象的显示并且方便对其进行更改。

1. 执行方式

☑ 命令行：LAYER。
☑ 菜单栏："格式"→"图层"。
☑ 工具栏："图层"→"图层特性管理器"，如图 2-38 所示。

图 2-38 "图层"工具栏

☑ 功能区："默认"→"图层"→"图层特性"。

2. 操作步骤

执行上述命令后，系统打开"图层特性管理器"选项板，如图 2-39 所示。

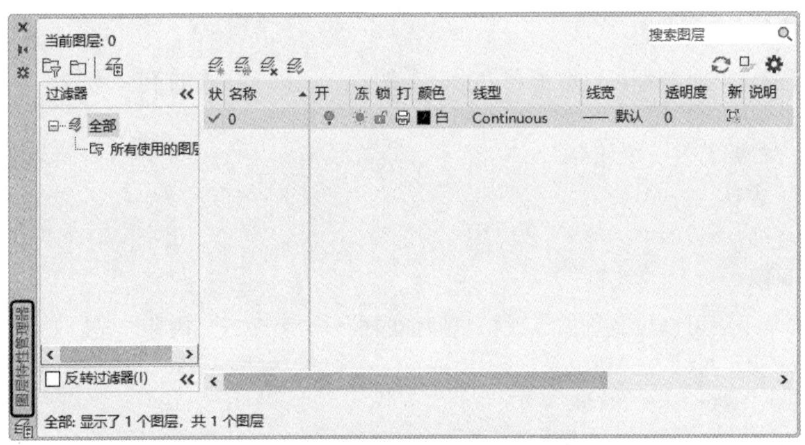

图 2-39 "图层特性管理器"选项板

单击"图层特性管理器"对话框中的"新建图层"按钮，建立新图层，默认的图层名为"图层 1"。可以根据绘图需要更改图层名，例如，改为"实体"图层、"中心线"图层或"标准"图层等。

在一个图形中可以创建的图层数以及在每个图层中可以创建的对象数实际上是无限多的。图层最长可使用 255 个字符的字母、数字命名。图层特性管理器按名称的字母顺序排列图层。

在每个图层属性设置中，包括"状态""名称""开/关闭""冻结/解冻""锁定/解锁""颜色""线型""线宽""透明度""打印样式""打印/不打印""新视口冻结""说明"13 个参数。下面将介绍如何设置图层参数。

注意： 如果要建立多个图层，无须重复单击"新建图层"按钮。更有效的方法是：在建立一个新的图层"图层 1"后，改变图层名，在其后输入一个逗号","（英文输入状态），这样就会自动建立一个新图层"图层 1"，改变图层名，再输入一个逗号，又建立一个新的图层，依次建立各个图层。也可以按两次 Enter 键，建立另一个新的图层。图层的名称也可以更改，直接双击图层名称，输入新的名称即可。

（1）设置图层线条颜色。在工程制图中，整个图形包含多种不同功能的对象，如实体、剖面线与尺寸标注等，为了便于直观地区分它们，有必要针对不同的图形对象使用不同的颜色，例如，实体层使用白色，剖面线层使用青色等。

要改变图层的颜色，单击图层所应的颜色图标，打开“选择颜色”对话框，如图 2-40 所示。这是一个标准的颜色设置对话框，可以使用“索引颜色”“真彩色”和“配色系统”3 个选项卡中的参数来选择颜色。系统显示的 RGB 配比，即 Red（红）、Green（绿）和 Blue（蓝）3 种颜色的配比。

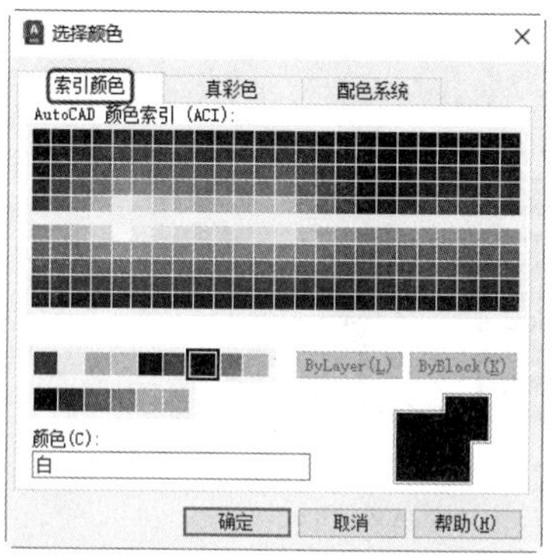

（a）“索引颜色”选项卡

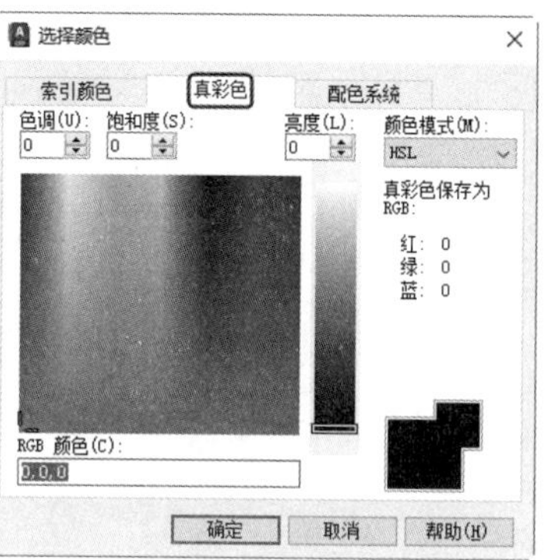

（b）“真彩色”选项卡

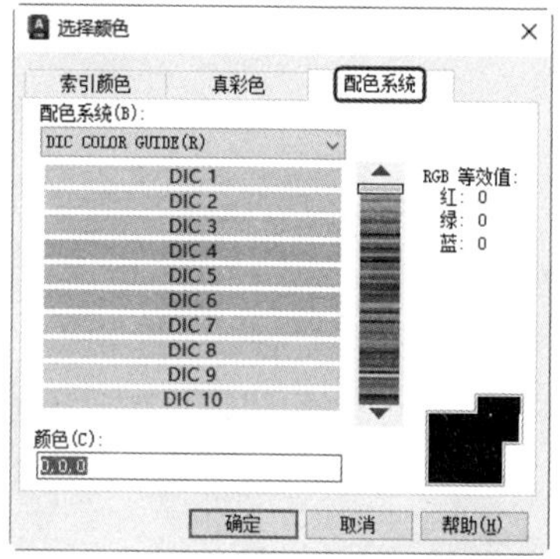

（c）“配色系统”选项卡

图 2-40　“选择颜色”对话框

（2）设置图层线型。线型是指作为图形基本元素的线条的组成和显示方式，如实线、点画线等。在许多绘图工作中，常常以线型划分图层，为某一个图层设置适合的线型，在绘图时，只需将该图层设为当前工作层，即可绘制出符合线型要求的图形对象，极大地提高了绘图的效率。

单击图层所对应的线型图标，打开“选择线型”对话框，如图 2-41 所示。默认情况下，在“已加载的线型”列表框中，系统只添加了 Continuous 线型。单击“加载”按钮，打开“加载或重载线型”对话框，如图 2-42 所示，可以看到 AutoCAD 还提供了许多其他的线型，选择所需线型，单击“确定”按钮，即可把该线型加载到“已加载的线型”列表框中，可以按住 Ctrl 键选择多种线型同时加载。

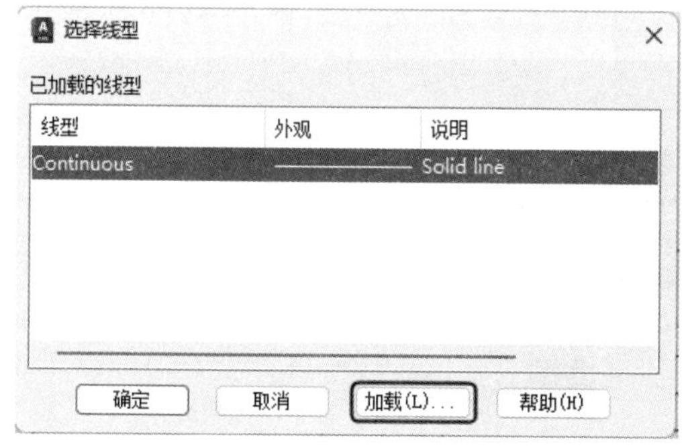

图 2-41　“选择线型”对话框

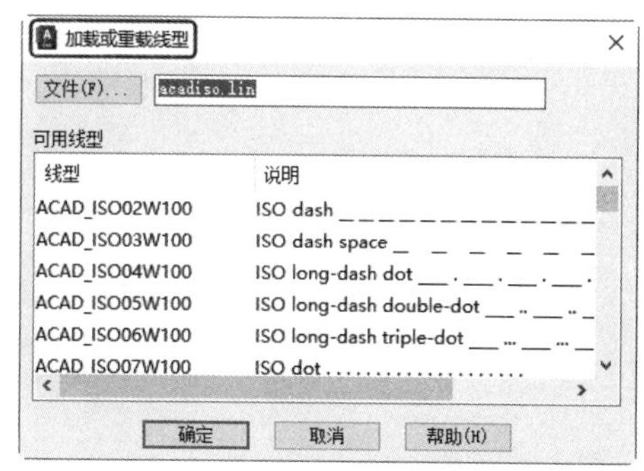

图 2-42　“加载或重载线型”对话框

（3）设置图层线宽。线宽设置就是改变线条的宽度。用不同宽度的线条表现图形对象的类型，也可以提高图形的表达能力和可读性，例如，绘制外螺纹时，大径使用粗实线，小径使用细实线。

单击图层所对应的线宽图标，打开“线宽”对话框，如图 2-43 所示。选择一个线宽，单击“确定”按钮完成对图层线宽的设置。

图层线宽的默认值为 0.25mm。在状态栏为“模型”状态时，显示的线宽同计算机的像素有关。线宽为 0 时，显示为一个像素的线宽。单击状态栏中的“线宽”按钮，屏幕上显示的图形线宽与实际线宽成比例，如图 2-44 所示，但线宽不随着图形的放大和缩小而变化。“线宽”功能关闭时，不显示图形的线宽，图形的线宽均以默认宽度值显示，可以在“线宽”对话框中选择需要的线宽。

Note

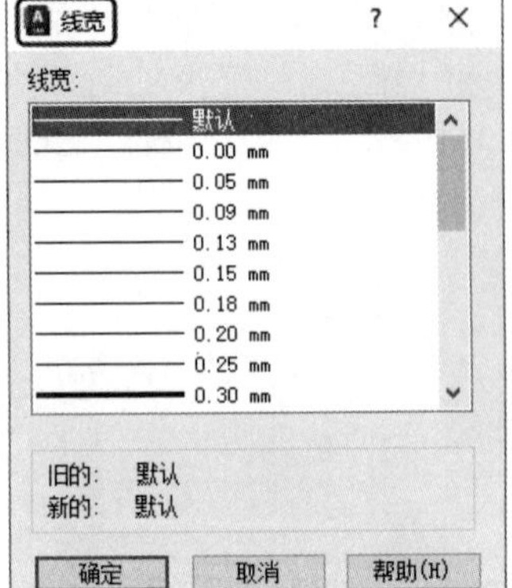

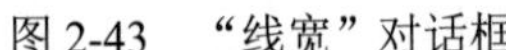
图 2-43 “线宽”对话框

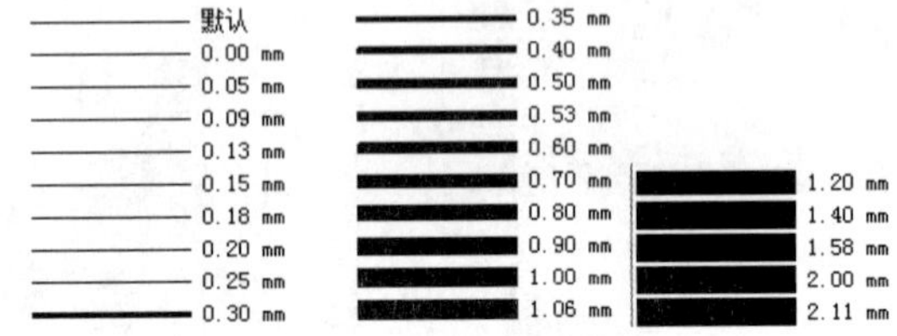

图 2-44 线宽显示效果图

2.5.2 设置图层

除了上面介绍的通过图层管理器设置图层参数的方法，还有其他几种简便方法可以设置图层的颜色、线宽、线型等参数。

1. 直接设置图层

可以直接通过命令行或菜单设置图层的颜色、线宽和线型。

（1）设置颜色。

❶ 执行方式。

☑ 命令行：COLOR。

☑ 菜单栏：“格式”→“颜色”。

❷ 操作步骤。执行上述命令后，系统打开“选择颜色”对话框，如图 2-45 所示，进行颜色设置。

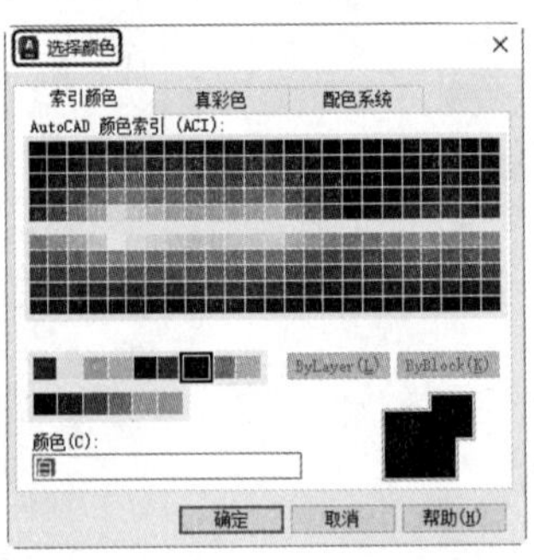

图 2-45 “选择颜色”对话框

（2）设置线型。

❶ 执行方式。

☑ 命令行：LINETYPE。

☑ 菜单栏：“格式”→“线型”。

❷ 操作步骤。执行上述命令后，系统打开“线型管理器”对话框，如图 2-46 所示。该对话框的使用方法与图 2-41 所示的“选择线型”对话框类似。

（3）设置线宽。

❶ 执行方式。

☑ 命令行：LINEWEIGHT 或 LWEIGHT。

☑　菜单栏：“格式”→“线宽”。

❷ 操作步骤。执行上述命令后，系统打开“线宽设置”对话框，如图 2-47 所示。该对话框的使用方法与图 2-43 所示的“线宽”对话框类似。

图 2-46　“线型管理器”对话框

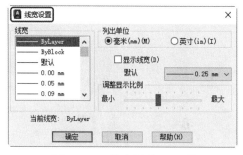

图 2-47　“线宽设置”对话框

2. 利用“特性”面板设置图层

AutoCAD 2024 提供了一个“特性”面板，如图 2-48 所示。用户能够控制和使用面板上的特性快速地查看和改变所选对象的图层、颜色、线型和线宽等特性。“特性”面板同时增强了查看和编辑对象属性的功能。在绘图区选择任何对象都将在面板上自动显示其所在图层、颜色、线型等属性。

也可以在“特性”面板的“颜色”“线型”“线宽”和“打印样式”下拉列表框中选择需要的参数值。如果在“颜色”下拉列表框中选择“更多颜色”选项，如图 2-49 所示，系统将打开“选择颜色”对话框；同样，如果在“线型”下拉列表框中选择“其他”选项，如图 2-50 所示，系统将打开“线型管理器”对话框。

图 2-48　“特性”面板

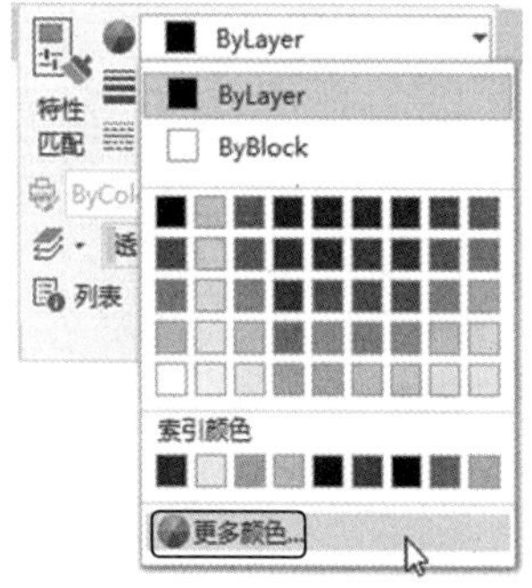

图 2-49　“颜色”下拉列表中“更多颜色”选项

3. 用“特性”对话框设置图层

（1）执行方式。

☑　命令行：DDMODIFY 或 PROPERTIES。

☑　菜单栏：“修改”→“特性”。

☑　工具栏：“标准”→“特性”。

☑　功能区：“视图”→“选项板”→“特性”或“默认”→“特性”→“对话框启动器”。

（2）操作步骤。执行上述命令后，系统打开“特性”选项板，如图 2-51 所示。在其中可以方便地设置或修改图层、颜色、线型、线宽等属性。

图 2-50　“线型”下拉列表中“其他”选项

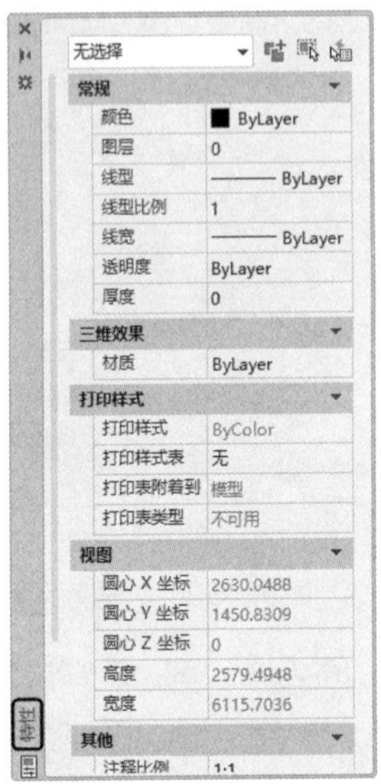

图 2-51　“特性”选项板

2.5.3　控制图层

1. 切换当前图层

不同的图形对象需要绘制在不同的图层中，在绘制前，需要将工作图层切换到所需的图层上来。打开“图层特性管理器”对话框，选择图层，单击“设置当前”按钮完成设置。

2. 删除图层

在“图层特性管理器”对话框的图层列表框中选择要删除的图层，单击“删除图层”按钮即可删除该图层。从图形文件定义中删除选定的图层，只能删除未参照的图层。参照图层包括图层 0 及 DEFPOINTS、包含对象（包括块定义中的对象）的图层、当前图层和依赖外部参照的图层。不包含对象（包括块定义中的对象）的图层、非当前图层和不依赖外部参照的图层都可以删除。

3. 关闭/打开图层

在“图层特性管理器”对话框中单击图标，可以控制图层的可见性。图层打开时，图标小灯泡呈鲜艳的颜色，该图层上的图形可以显示在屏幕上或绘制在绘图仪上。单击该属性图标，图标小灯泡呈灰暗的颜色时，该图层上的图形不显示在屏幕上，而且不能被打印输出，但仍然作为图形的一部分保留在文件中。

4. 冻结/解冻图层

在“图层特性管理器”对话框中单击图标，可以冻结图层或将图层解冻。图标呈雪花灰暗色时，该图层是冻结状态；图标呈太阳鲜艳色时，该图层是解冻状态。冻结图层上的对象不能显示，也不能打印和编辑修改。在冻结了图层后，该图层上的对象不影响其他图层上对象的显示和打印。

5. 锁定/解锁图层

在“图层特性管理器”对话框中单击图标，可以锁定图层或将图层解锁。锁定图层后，该图层

上的图形依然显示在屏幕上并可打印输出，也可以在该图层上绘制新的图形对象，但用户不能对该图层上的图形进行编辑修改操作。可以对当前层进行锁定，也可以对锁定图层上的图形进行查询和对象捕捉操作。锁定图层可以防止对图形的意外修改。

Note

6. 打印样式

在 AutoCAD 2024 中，可以使用一个称为“打印样式”的新的对象特性。打印样式控制对象的打印特性，包括颜色、抖动、灰度、笔号、虚拟笔、淡显、线型、线宽、线条端点样式、线条连接样式和填充样式。打印样式功能给用户提供了很大的灵活性，用户可以设置打印样式来替代其他对象特性，也可以根据需要关闭这些替代设置。

7. 打印/不打印

在“图层特性管理器”对话框中单击图标，可以设定打印时该图层是否打印，以保证在图形显示可见不变的条件下，控制图形的打印特征。打印功能只对可见的图层起作用，对于已经被冻结或被关闭的图层不起作用。

8. 新视口冻结

在“图层特性管理器”对话框中单击图标，显示可用的打印样式，包括默认打印样式 NORMAL。打印样式是打印中使用的特性设置的集合。

2.6　绘图辅助工具

要快速顺利地完成图形绘制工作，有时要借助一些辅助工具，例如用于准确确定绘制位置的精确定位工具和调整图形显示范围与方式的显示工具等。下面简略介绍这两种非常重要的绘图辅助工具。

2.6.1　精确定位工具

在绘制图形时，可以使用直角坐标和极坐标精确定位点，但是有些点（如端点、中心点等）的坐标不知道，要想精确地指定这些点很难，有时甚至不可能。幸好 AutoCAD 2024 已经很好地解决了这个问题。AutoCAD 2024 提供了辅助定位工具，使用这类工具，可以很容易地在屏幕中捕捉到这些点，进行精确的绘图。

1. 栅格

AutoCAD 的栅格由有规则的点的矩阵组成，延伸到指定图形界限的整个区域。使用栅格与在坐标纸上绘图十分相似，利用栅格可以对齐对象并直观显示对象之间的距离。如果放大或缩小图形，可能需要调整栅格间距，使其更适合新的比例。虽然栅格在屏幕上可见，但它并不是图形对象，因此不会被打印成图形中一部分，也不会影响在何处绘图。

可以单击状态栏上的“栅格”按钮或按 F7 键打开或关闭栅格。启用栅格并设置栅格在 X 轴方向和 Y 轴方向上的间距的方法如下。

（1）执行方式。

☑　命令行：DSETTINGS（或 DS，SE 或 DDRMODES）。

☑　菜单栏：“工具”→“绘图设置”。

☑　状态栏：“栅格显示”按钮（仅限于打开与关闭）。

☑　快捷键：按 F7 键（仅限于打开与关闭）。

Note

（2）操作步骤。执行上述命令，❶系统打开“草图设置”对话框，❷选择“捕捉和栅格”选项卡，如图 2-52 所示。

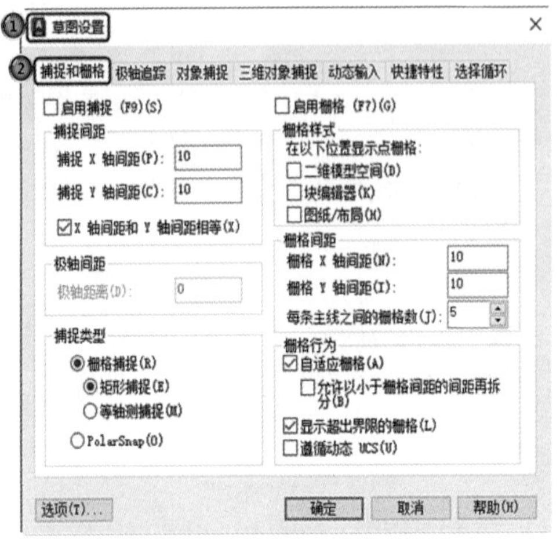

图 2-52 “草图设置”对话框

如果需要显示栅格，选中“启用栅格”复选框。在“栅格 X 轴间距”文本框中输入栅格点之间的水平距离，单位为毫米。如果使用相同的间距设置垂直分布的栅格点，则按 Tab 键；否则，在“栅格 Y 轴间距”文本框中输入栅格点之间的垂直距离。

用户可改变栅格与图形界限的相对位置。默认情况下，栅格以图形界限的左下角为起点，沿着与坐标轴平行的方向填充整个由图形界限所确定的区域。“捕捉”选项组中的“角度”选项可决定栅格与相应坐标轴之间的夹角；“X 基点”和“Y 基点”选项可决定栅格与图形界限的相对位移。

捕捉可以帮助用户直接使用鼠标快捷准确地定位目标点。捕捉模式有几种不同的形式：栅格捕捉、对象捕捉、极轴捕捉和自动捕捉。在下文中将详细讲解。

另外，可以使用 GRID 命令通过命令行方式设置栅格，功能与“草图设置”对话框类似，不再赘述。

注意： 如果栅格的间距设置得太小，当进行“打开栅格”操作时，AutoCAD 将在文本窗口中显示“栅格太密，无法显示”的信息，而不在屏幕上显示栅格点。同样，如果在使用“缩放”命令时将图形缩放得太小，也会出现同样的提示而不显示栅格。

2. 捕捉

捕捉是指 AutoCAD 2024 可以生成一个隐含分布于屏幕上的栅格，这种栅格能够捕捉光标，使得光标只能落到其中的一个栅格点上。捕捉可分为“矩形捕捉”和“等轴测捕捉”两种类型。默认设置为“矩形捕捉”，即捕捉点的阵列类似于栅格，如图 2-53 所示，用户可以指定捕捉模式在 X 轴方向和 Y 轴方向上的间距，也可改变捕捉模式与图形界限的相对位置。捕捉与栅格的不同之处在于：捕捉间距的值必须为正实数，另外，捕捉模式不受图形界限的约束。“等轴测捕捉”表示捕捉模式为等轴测模式，此模式适用于绘制正等轴测图时的工作环境，如图 2-54 所示。在“等轴测捕捉”模式下，栅格和光标十字线呈绘制等轴测图时的特定角度。

在绘制图 2-53 和图 2-54 中的图形时，输入参数点时光标只能落在栅格点上。两种模式的切换方法为：打开“草图设置”对话框，选择“捕捉和栅格”选项卡，在“捕捉类型”选项组中，通过单选按钮可以切换“矩形捕捉”模式与“等轴测捕捉”模式。

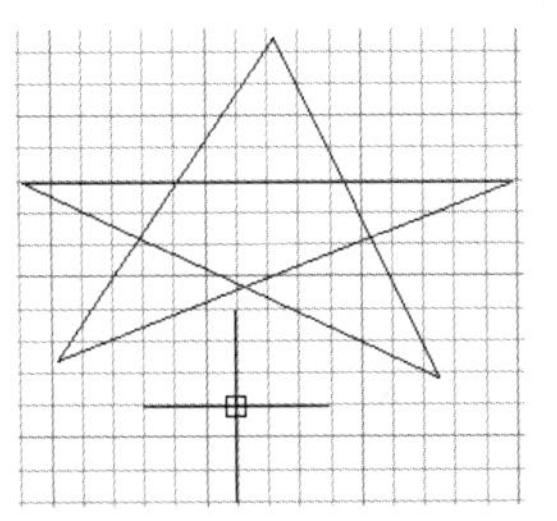

图 2-53 “矩形捕捉”示例

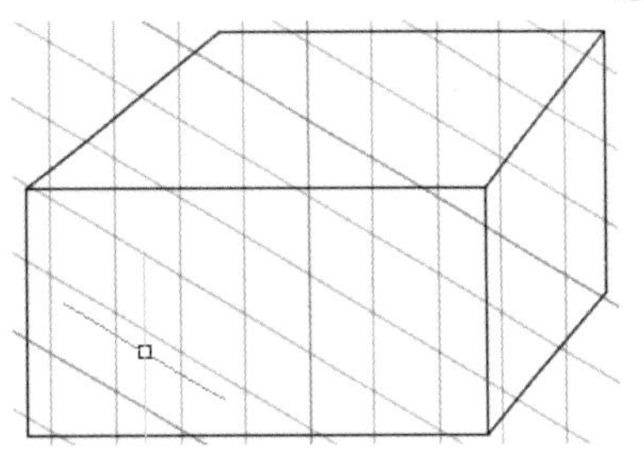

图 2-54 “等轴测捕捉”示例

3. 极轴捕捉

极轴捕捉是在创建或修改对象时，按事先给定的角度增量和距离增量来追踪特征点，即捕捉相对于初始点且满足指定的极轴距离和极轴角的目标点。

极轴追踪设置主要是设置追踪的距离增量和角度增量，以及与之相关联的捕捉模式。这些设置可以通过“草图设置”对话框中的“捕捉和栅格”与“极轴追踪”选项卡来实现，如图 2-55 和图 2-56 所示。

图 2-55 “捕捉和栅格”选项卡

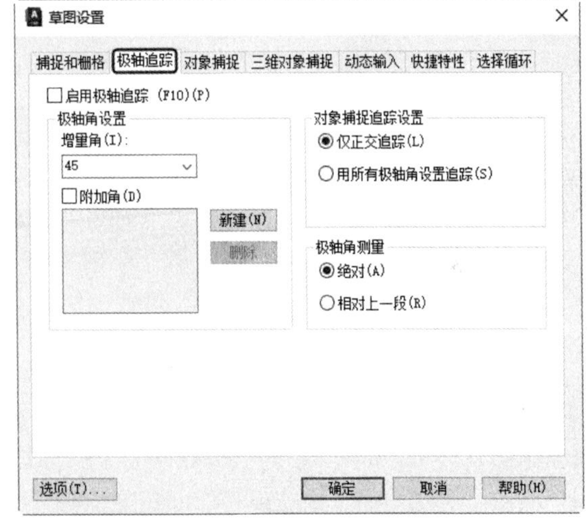

图 2-56 “极轴追踪”选项卡

（1）设置极轴距离。在“草图设置”对话框的“捕捉和栅格”选项卡中，可以设置极轴距离，单位为毫米。绘图时，光标将按指定的极轴距离增量进行移动。

（2）设置极轴角度。在“草图设置”对话框的“极轴追踪”选项卡中，可以设置极轴角增量角度。设置时，可以使用其下拉列表框中的 90°、45°、30°、22.5°、18°、15°、10° 和 5° 的极轴角增量，也可以直接输入指定的其他任意角度。光标移动时，如果接近极轴角，将显示对齐路径和工具栏提示。图 2-57 所示为当极轴角增量设置为 30°，光标移动 90° 时显示的对齐路径。

“附加角”用于设置极轴追踪时是否采用附加角度追踪。选中“附加角”复选框，通过“新建”或“删除”按钮来增加、删除附加角度值。

（3）对象捕捉追踪设置。用于设置对象捕捉追踪的模式。如果选中“仅正交追踪”单选按钮，则当采用追踪功能时，系统仅在水平和垂直方向上显示追踪数据；如果选中“用所有极轴角设置追踪”单选按钮，则当采用追踪功能时，系统不仅可以在水平和垂直方向显示追踪数据，还可以在设置的极轴追踪角度与附加角度所确定的一系列方向上显示追踪数据。

Note

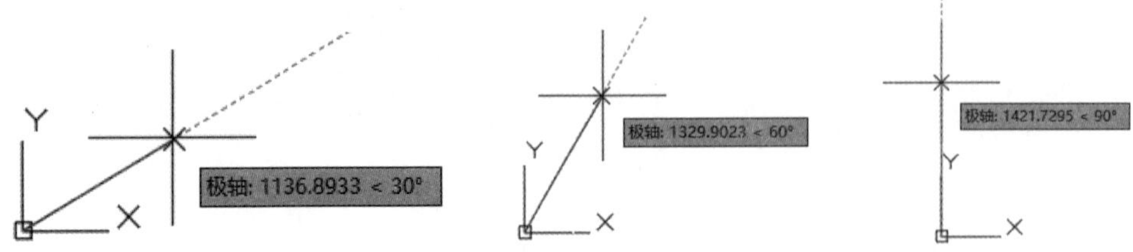

图 2-57　设置极轴角度示例

（4）极轴角测量。用于设置极轴角的角度测量采用的参考基准，“绝对”是相对水平方向逆时针测量，“相对上一段”则是以上一段对象为基准进行测量。

4．对象捕捉

AutoCAD 2024 给所有的图形对象都定义了特征点，对象捕捉则是指在绘图过程中，通过捕捉这些特征点，迅速准确地将新的图形对象定位在现有对象的确切位置上，如圆的圆心、线段中点或两个对象的交点等。在 AutoCAD 2024 中，可以通过选择状态栏中各“对象捕捉”选项，或是在“草图设置”对话框的“对象捕捉”选项卡中选中“启用对象捕捉”复选框启用对象捕捉功能。在绘图过程中，对象捕捉功能的调用可以通过以下方式完成。

（1）“对象捕捉”工具栏。如图 2-58 所示，在绘图过程中，当系统提示需要指定点位置时，可以单击“对象捕捉”工具栏中相应的特征点按钮，再把光标移动到要捕捉的对象上的特征点附近，AutoCAD 会自动提示并捕捉到这些特征点。例如，如果需要用直线连接一系列圆的圆心，可以将“圆心”设置为对象捕捉点。如果有两个可能的捕捉点落在选择区域，AutoCAD 2024 将捕捉离光标中心最近的符合条件的点。还有可能指定点时需要检查哪一个对象捕捉有效，例如，在指定位置有多个对象捕捉符合条件，在指定点之前，按 Tab 键可以遍历所有可能的点。

图 2-58　“对象捕捉”工具栏

（2）对象捕捉快捷菜单。在需要指定点位置时，还可以按住 Ctrl 键或 Shift 键并右击，打开对象捕捉快捷菜单，如图 2-59 所示。从该菜单中同样可以选择某一种特征点执行对象捕捉，把光标移动到要捕捉的对象上的特征点附近，即可捕捉到这些特征点。

（3）使用命令行。当需要指定点位置时，在命令行中输入相应特征点的关键词并把光标移动到要捕捉的对象上的特征点附近，即可捕捉到这些特征点。对象捕捉特征点的关键字如表 2-1 所示。

表 2-1　对象捕捉特征点的关键字

模　式	关　键　字	模　式	关　键　字	模　式	关　键　字
临时追踪点	TT	捕捉	FROM	端点	END
中点	MID	交点	INT	外观交点	APP
延长线	EXT	圆心	CEN	象限点	QUA
切点	TAN	垂足	PER	平行线	PAR
节点	NOD	最近点	NEA	无捕捉	NON

注意：（1）对象捕捉不可单独使用，必须配合绘图命令一起使用。仅当 AutoCAD 提示输入点时，对象捕捉才生效。如果试图在命令提示下使用对象捕捉，AutoCAD 将显示错误信息。

（2）对象捕捉只影响屏幕上可见的对象，包括锁定图层、布局视口边界和多段线上的对象，不能捕捉不可见的对象，如未显示的对象、关闭或冻结图层上的对象或虚线的空白部分。

Note

5. 自动对象捕捉

在绘制图形的过程中，使用对象捕捉的频率非常高，如果每次在捕捉时都要先选择捕捉模式，将使工作效率大幅降低。出于此种考虑，AutoCAD 提供了自动对象捕捉模式。如果启用自动捕捉功能，当光标距指定的捕捉点较近时，系统会自动精确地捕捉这些特征点，并显示出相应的标记以及该捕捉的提示。设置“草图设置”对话框中的“对象捕捉”选项卡，如图 2-60 所示，选中“启用对象捕捉”和“启用对象捕捉追踪”复选框，可以调用自动捕捉。

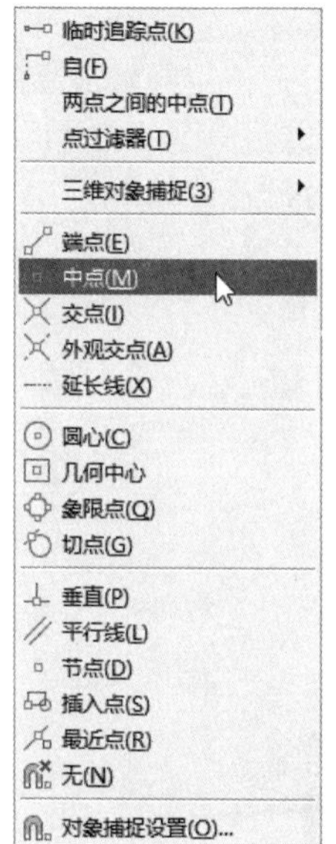

图 2-59 “对象捕捉”快捷菜单

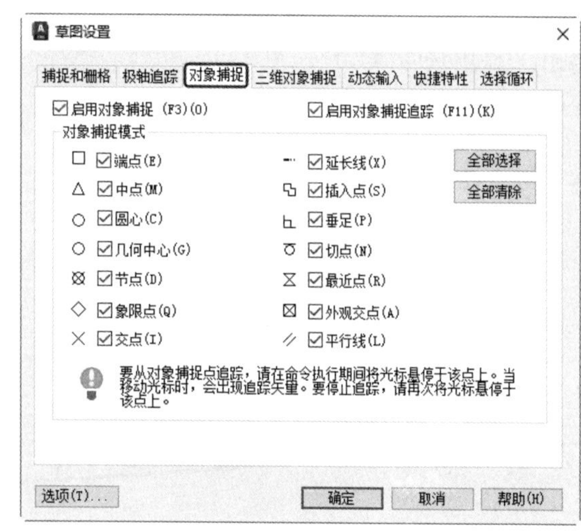

图 2-60 “对象捕捉”选项卡

注意： 用户可以设置经常要用的捕捉方式。一旦设置了捕捉方式，在每次运行时，所设定的目标捕捉方式就会被激活，而不是仅对一次选择有效，当同时使用多种方式时，系统将捕捉距光标最近，同时又是满足多种目标捕捉方式之一的点。当光标距要获取的点非常近时，按 Shift 键将暂时不获取对象点。

6. 正交绘图

正交绘图模式，即在命令的执行过程中，光标只能沿 X 轴或者 Y 轴移动。所有绘制的线段和构造线都将平行于 X 轴或 Y 轴，因此它们相互垂直相交，即正交。使用正交绘图，对于绘制水平和垂直线非常有用，特别是在绘制构造线时经常使用。而且当捕捉模式为等轴测模式时，它还迫使直线平行于 3 个等轴测中的一个。

设置正交绘图时可以直接单击状态栏中的“正交”按钮，或按 F8 键，会在文本窗口中显示开/关提示信息。也可以在命令行中输入“ORTHO”命令，开启或关闭正交绘图。

注意： “正交”模式将光标限制在水平或垂直（正交）轴上。因为不能同时打开“正交”模式和极轴追踪，因此“正交”模式打开时，AutoCAD 会关闭极轴追踪。如果再次打开极轴追踪，AutoCAD 将关闭“正交”模式。

2.6.2 图形显示工具

对于一个较为复杂的图形来说，在观察整幅图形时往往无法对其局部细节进行查看和操作，而当在屏幕上显示一个细部时又看不到其他部分，为解决这类问题，AutoCAD 提供了缩放、平移、视图、

鸟瞰视图和视口命令等一系列图形显示控制命令，可以用来任意放大、缩小或移动屏幕上的图形，或者同时从不同的角度、不同的部位来显示图形。AutoCAD 2024 还提供了重画和重生成命令来刷新屏幕、重新生成图形。

1. 图形缩放

图形缩放命令类似于照相机的镜头，可以放大或缩小屏幕所显示的范围，只改变视图的比例，但是对象的实际尺寸并不会发生变化。当放大图形一部分的显示尺寸时，可以更清楚地查看这个区域的细节；相反，如果缩小图形的显示尺寸，则可以查看更大的区域，如整体浏览。

图形缩放功能在绘制大幅面机械图纸，尤其是装配图时非常有用，是使用频率最高的命令之一。该命令可以透明使用，即可以在其他命令执行时运行。用户完成涉及透明命令的过程后，AutoCAD 会自动返回到用户调用透明命令前正在运行的命令。执行图形缩放命令的方法如下。

（1）执行方式。

☑ 命令行：ZOOM。

☑ 菜单栏："视图"→"缩放"。

☑ 工具栏："标准"→"缩放"。

☑ 功能区："视图"→"导航"→"缩放"（见图 2-61）。

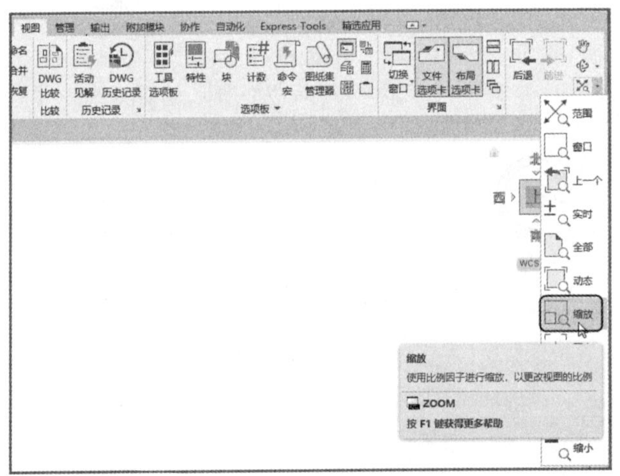

图 2-61 "导航"面板

（2）操作步骤。执行上述命令后，系统提示如下。

```
指定窗口的角点，输入比例因子 (nX 或 nXP)，或者 [全部(A)/中心(C)/动态(D)/范围(E)/上一个(P)/比例(S)/窗口(W)/对象(O)] <实时>:
```

（3）选项说明。

☑ 实时：这是"缩放"命令的默认操作，即在输入"ZOOM"命令后，直接按 Enter 键，将自动调用实时缩放操作。实时缩放可以通过滚动鼠标滚轮进行放大和缩小。在使用实时缩放时，系统会显示一个"+"号或"-"号。当缩放比例接近极限时，AutoCAD 将不再与光标一起显示"+"号或"-"号。需要从实时缩放操作中退出时，可按 Enter 键、Esc 键或是从菜单中选择 Exit 命令退出。

☑ 全部(A)：执行 ZOOM 命令后，在提示文字后输入"A"，即可执行"全部(A)"缩放操作。不论图形有多大，该操作都将显示图形的边界或范围，即使对象不包括在边界以内，也将被显示。因此，使用"全部(A)"缩放选项，可查看当前视口中的整个图形。

Note

☑ 中心(C)：该选项通过确定一个中心点，并以该中心点为基准进行缩放。在操作过程中需要指定中心点以及输入比例或高度。默认新的中心点就是视图的中心点，默认的输入高度就是当前视图的高度，直接按 Enter 键后，图形将不会被放大。输入比例，数值越大，图形放大倍数也将越大。也可以在数值后面紧跟一个 X，如 3X，表示在放大时不是按照绝对值变化，而是按相对于当前视图的相对值缩放。

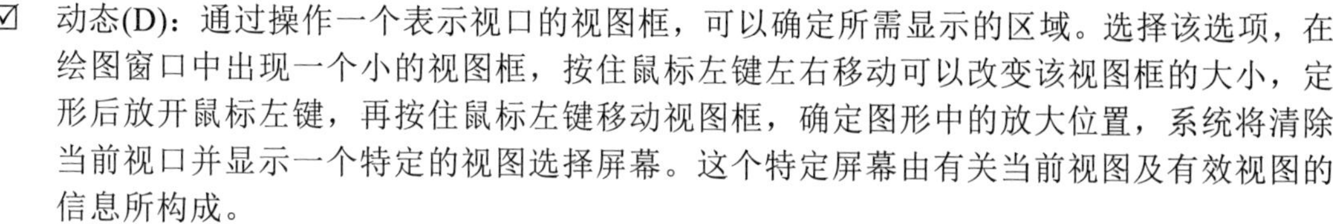

☑ 动态(D)：通过操作一个表示视口的视图框，可以确定所需显示的区域。选择该选项，在绘图窗口中出现一个小的视图框，按住鼠标左键左右移动可以改变该视图框的大小，定形后放开鼠标左键，再按住鼠标左键移动视图框，确定图形中的放大位置，系统将清除当前视口并显示一个特定的视图选择屏幕。这个特定屏幕由有关当前视图及有效视图的信息所构成。

☑ 范围(E)："范围(E)"选项可以使图形缩放至整个显示范围。图形的范围由图形所在的区域构成，剩余的空白区域将被忽略。应用这个选项，图形中所有的对象都尽可能地被放大。

注意： 在绘图时有时会出现无论怎样拖动鼠标也无法缩小图形的情形，这时只需要执行"范围(E)"缩放命令，就可以把图形显示在绘图界面范围内，然后继续拖动鼠标即可正常缩小图形。

☑ 上一个(P)：在绘制一幅复杂的图形时，有时需要放大图形的一部分以进行细节的编辑。当编辑完成后，有时希望回到前一个视图。这种操作可以使用"上一个(P)"选项来实现。当前视口由"缩放"命令的各种选项或"移动"视图、视图恢复、平行投影或透视命令引起的任何变化，系统都将做保存。每一个视口最多可以保存 10 个视图。连续使用"上一个(P)"选项可以恢复前 10 个视图。

☑ 比例(S)："比例(S)"选项提供了 3 种使用方法。在提示信息下，直接输入比例系数，AutoCAD 将按照此比例因子放大或缩小图形的尺寸。如果在比例系数后面加一个 X，则表示相对于当前视图计算的比例因子。使用比例因子的第 3 种方法就是相对于图形空间，例如，可以在图纸空间阵列布排或打印出模型的不同视图。为了使每一张视图都与图纸空间单位成比例，可以使用"比例(S)"选项，每一个视图可以有单独的比例。

☑ 窗口(W)："窗口(W)"选项是最常用的选项。通过确定一个矩形窗口的两个对角来指定所需缩放的区域，对角点可以由鼠标指定，也可以输入坐标确定。指定窗口的中心点将成为新的显示屏幕的中心点。窗口中的区域将被放大或者缩小。调用 ZOOM 命令时，可以在没有选择任何选项的情况下，利用鼠标在绘图窗口中直接指定缩放窗口的两个对角点。

☑ 对象(O)："对象(O)"选项用于缩放以便尽可能大地显示一个或多个选定的对象并使其位于视图的中心。可以在启动 ZOOM 命令前后选择对象。

☑ 实时："实时"选项可以交互缩放以更改视图的比例。选择"实时"选项时光标将变为带有"+"号和"−"号的放大镜。在窗口的中点按住拾取键并垂直移动到窗口顶部则放大 100%；反之，在窗口的中点按住拾取键并垂直向下移动到窗口底部则缩小 100%。达到放大极限时，光标上的"+"号将消失，表示将无法继续放大；达到缩小极限时，光标上的"−"号将消失，表示将无法继续缩小。

松开拾取键时缩放终止。可以在松开拾取键后将光标移动到图形的另一个位置，然后再按住拾取键便可从该位置继续缩放显示。

注意： 这里提到了诸如放大、缩小或移动的操作，仅仅是对图形在屏幕上的显示进行控制，图形本身并没有发生任何改变。

Note

2. 图形平移

当图形幅面大于当前视口时，例如，使用“缩放”命令将图形放大，如果需要在当前视口之外观察或绘制一个特定区域，可以使用“平移”命令来实现。“平移”命令能将在当前视口以外的图形的一部分移动进来进行查看或编辑，但不会改变图形的缩放比例。执行图形平移的方法如下。

（1）执行方式。

☑ 命令行：PAN。

☑ 菜单栏：“视图”→“平移”。

☑ 工具栏：“标准”→“平移”。

☑ 快捷菜单：在绘图窗口中右击，选择“平移”命令。

☑ 功能区：“视图”→“导航”→“平移”。

（2）操作步骤。激活“平移”命令之后，光标将变成一只“小手”形状，可以在绘图窗口中任意移动，以示当前正处于平移模式。按住鼠标左键将光标锁定在当前位置，即“小手”已经抓住图形，然后拖动图形使其移动到所需位置。松开鼠标左键将停止平移图形。可以重复此操作，将图形平移到其他位置。

“平移”命令预先定义了一些不同的菜单选项与按钮，可用于在特定方向上平移图形，在激活“平移”命令后，这些选项可以从“视图”→“平移”菜单中调用。

☑ 实时：“平移”命令中最常用的选项，也是默认选项，前面提到的平移操作都是指实时平移，通过鼠标的拖动来实现任意方向上的平移。

☑ 点：该选项要求确定位移量，这就需要确定图形移动的方向和距离。可以通过输入点的坐标或用鼠标指定点的坐标来确定位移。

☑ 左：该选项移动图形使屏幕左侧的图形进入显示窗口。

☑ 右：该选项移动图形使屏幕右侧的图形进入显示窗口。

☑ 上：该选项移动图形后使屏幕顶部的图形进入显示窗口。

☑ 下：该选项移动图形后使屏幕底部的图形进入显示窗口。

2.7 实践与操作

通过前面的学习，读者对本章知识也有了大体的了解，本节将通过两个操作练习帮助读者进一步掌握本章的知识。

2.7.1 熟悉 AutoCAD 2024 的操作界面

1. 目的要求

通过对绘图界面进行基本操作，熟悉 AutoCAD 2024 的工作环境。

2. 操作提示

（1）运行 AutoCAD 2024，进入 AutoCAD 2024 的操作界面。

（2）调整操作界面的大小。

（3）移动、打开、关闭工具栏。

（4）设置绘图窗口的颜色和十字光标的大小。

（5）利用下拉菜单和工具栏按钮随意绘制图形。

Note

2.7.2　管理图形文件

1. 目的要求

通过基本图形文件管理操作，熟悉 AutoCAD 2024 图形管理相关命令。

2. 操作提示

（1）选择“文件”→“打开”命令，打开“选择文件”对话框。
（2）搜索选择一个图形文件。
（3）添加简单图形。
（4）选择“文件”→“另存为”命令，将图形命名并存盘。

第3章

二维绘图命令

二维图形是指在二维平面空间绘制的图形，主要由一些几何元素组成，如点、直线、圆弧、圆、椭圆、矩形、多边形、多段线、样条曲线、多线等。AutoCAD 提供了大量的绘图工具，可以帮助用户完成二维图形的绘制。本章主要内容包括直线、圆类图形、平面图形、点、多段线、样条曲线和多线等。

☑ 直线类

☑ 圆类图形

☑ 平面图形

☑ 点、多段线

☑ 样条曲线、多线

任务驱动&项目案例

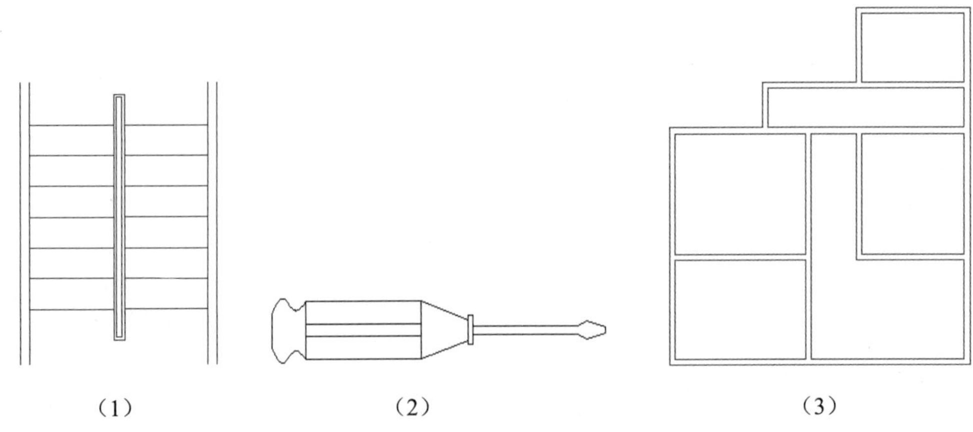

(1)　　(2)　　(3)

3.1 直 线 类

直线类命令包括"直线""射线"和"构造线"等命令。这几个命令是 AutoCAD 中最简单的绘图命令。

3.1.1 绘制直线段

1. 执行方式

☑ 命令行：LINE。
☑ 菜单栏："绘图"→"直线"。
☑ 工具栏："绘图"→"直线"。
☑ 功能区："默认"→"绘图"→"直线"。

2. 操作步骤

```
命令: LINE↙
指定第一个点:（输入直线段的起点，用鼠标指定点或者给定点的坐标）
指定下一点或 [放弃(U)]:（输入直线段的端点，也可以用鼠标指定一定角度后，直接输入直线段的长度）
指定下一点或 [放弃(U)]:（输入下一直线段的端点，输入 U 表示放弃前面的输入，右击或按 Enter 键结束命令）
指定下一点或 [闭合(C)/放弃(U)]:（输入下一直线段的端点，输入 C 使图形闭合并结束命令）
```

3. 选项说明

（1）若按 Enter 键响应"指定第一个点"的提示，则系统会把上次绘线（或弧）的终点作为本次操作的起始点。需要特别指出的是，若上次操作为绘制圆弧，按 Enter 键响应后，则绘出通过圆弧终点并与该圆弧相切的直线段，该线段的长度由鼠标在屏幕上指定的一点与切点之间线段的长度确定。

（2）在"指定下一点"的提示下，用户可以指定多个端点，从而绘出多条直线段。但是，每一条直线段都是一个独立的对象，可以进行单独的编辑操作。

（3）绘制两条以上的直线段后，若用输入 C 响应"指定下一点"的提示，系统会自动连接起始点和最后一个端点，从而绘出封闭的图形。

（4）若用输入 U 响应提示，则会擦除最近一次绘制的直线段。

（5）若设置了正交方式（单击状态栏上的"正交"按钮），则只能绘制水平直线段或垂直直线段。

（6）若设置了动态数据输入方式（单击状态栏上的 DYN 按钮），则可以动态输入坐标或长度值。下面的命令同样可以设置动态数据输入方式，效果与非动态数据输入方式类似。除了特别需要（以后不再强调），一般只按非动态数据输入方式输入相关数据。

3.1.2 实例——利用动态输入绘制标高符号

本实例主要练习执行"直线"命令后，在动态输入功能下绘制标高符号流程图，如图 3-1 所示。

Note

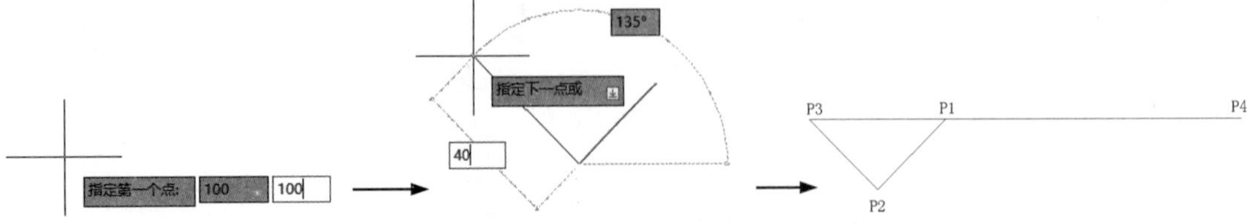

图 3-1　利用动态输入绘制标高符号的流程图

操作步骤

（1）系统默认打开动态输入，如果动态输入没有打开，单击状态栏中的“动态输入”按钮，打开动态输入。单击“默认”选项卡“绘图”面板中的“直线”按钮，在动态输入框中输入 P1 点坐标为（100,100），如图 3-2 所示。按 Enter 键确认 P1 点。

（2）拖动鼠标，在动态输入框中输入长度为 40，按 Tab 键切换到角度输入框，输入角度为 135，如图 3-3 所示，按 Enter 键确认 P2 点。

（3）拖动鼠标，在鼠标位置为 135°时，在动态输入框中输入长度为 40，如图 3-4 所示，按 Enter 键确认 P3 点。

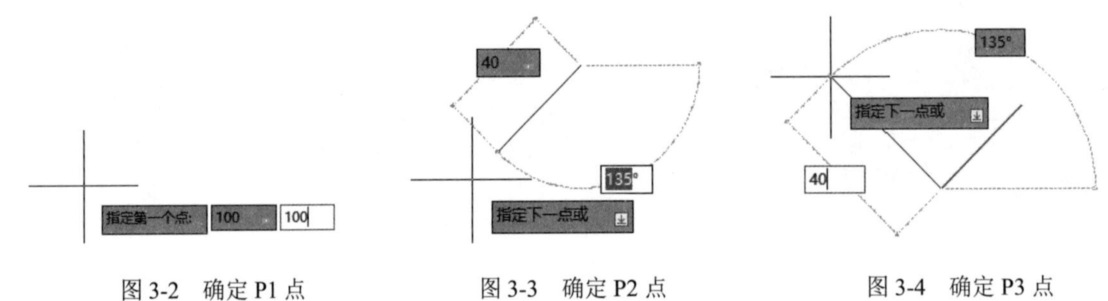

图 3-2　确定 P1 点　　图 3-3　确定 P2 点　　图 3-4　确定 P3 点

（4）拖动鼠标，然后在动态输入框中输入相对直角坐标（@180，0），按 Enter 键确认 P4 点，如图 3-5 所示。也可以拖动鼠标，在鼠标位置为 0°时，动态输入长度为 180，如图 3-6 所示，按 Enter 键确认 P4 点，完成绘制。

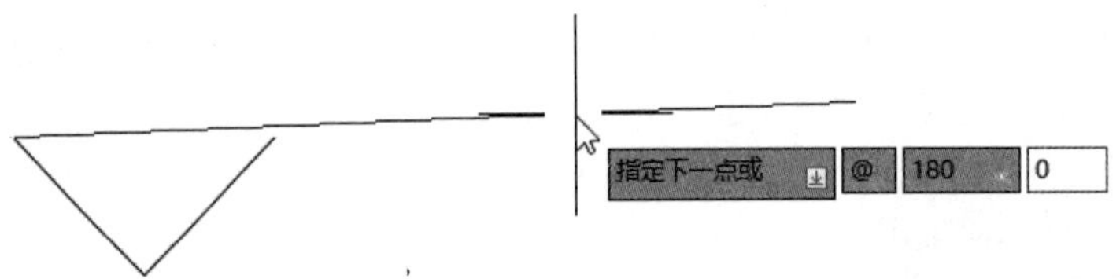

图 3-5　确定 P4 点（相对直角坐标方式）

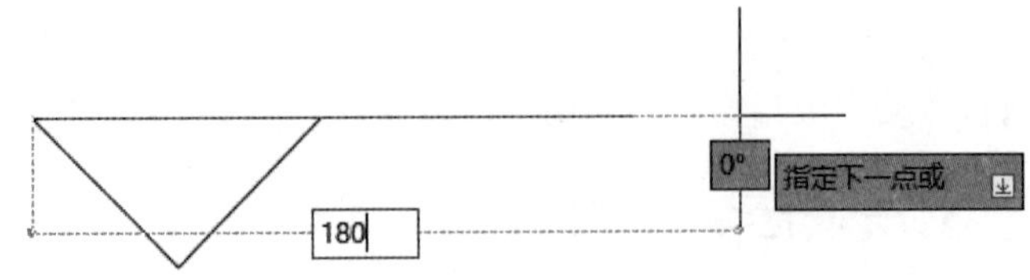

图 3-6　确定 P4 点（动态输入方式）

3.1.3　数据输入方法

在 AutoCAD 2024 中，点的坐标可以用直角坐标、极坐标、球面坐标和柱面坐标表示，每一种坐标又分别具有两种坐标输入方式，即绝对坐标和相对坐标。其中，直角坐标和极坐标最为常用，下面主要介绍它们的输入。

（1）直角坐标法。用点的 X，Y 坐标值表示的坐标。

例如，在命令行中输入点的坐标提示下输入“15,18”，则表示输入了一个 X 和 Y 的坐标值分别为 15 和 18 的点，此为绝对坐标输入方式，表示该点的坐标是相对于当前坐标原点的坐标值，如图 3-7（a）所示。如果输入“@10,20”，则为相对坐标输入方式，表示该点的坐标是相对于前一点的坐标值，如图 3-7（b）所示。

（2）极坐标法。用长度和角度表示的坐标，只能用来表示二维点的坐标。

在绝对坐标输入方式下，表示为“长度<角度”，如“25<50”，其中长度为该点到坐标原点的距离，角度为该点至原点的连线与 X 轴正向的夹角，如图 3-7（c）所示。

在相对坐标输入方式下，表示为“@长度<角度”，如“@25<45”，其中长度为该点到前一点的距离，角度为该点至前一点的连线与 X 轴正向的夹角，如图 3-7（d）所示。

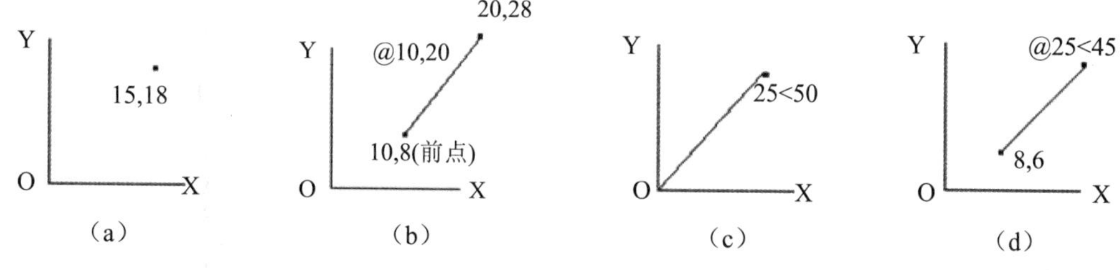

图 3-7　数据输入方法

（3）动态数据输入。单击状态栏中的“动态输入”按钮，系统打开动态输入功能，可以在屏幕上动态地输入某些参数数据，例如，绘制直线时，在光标附近，会动态地显示“指定第一个点”，以及后面的坐标框，当前显示的是光标所在位置，可以输入数据，两个数据之间以逗号隔开，如图 3-8 所示。指定第一个点后，系统动态显示直线的角度，同时要求输入线段长度值，如图 3-9 所示，其输入效果与“@长度<角度”方式相同。

（4）点的输入。绘图过程中，常需要输入点的位置，AutoCAD 提供了如下几种输入点的方式。

☑　用键盘直接在命令行窗口中输入点的坐标。直角坐标有两种输入方式，即“X,Y”（点的绝对坐标值，如“100,50”）和“@X,Y”（相对于前一点的相对坐标值，如“@50,-30”）。坐标值均相对于当前的用户坐标系。

☑　极坐标的输入方式为：长度<角度（其中，长度为点到坐标原点的距离，角度为原点至该点连线与 X 轴的正向夹角，如“20<45”）或“@长度<角度”（相对于前一点的相对极坐标，如“@50 <-30”）。

☑　用鼠标等设备移动光标并单击，在屏幕上直接取点。

☑　用目标捕捉方式捕捉屏幕上已有图形的特殊点（如端点、中点、中心点、插入点、交点、切点、垂足等）。

☑　直接距离输入：先用鼠标拖曳出橡筋线确定方向，然后输入距离，这样有利于准确控制对象的长度等参数。如要绘制一条 10mm 长的线段，命令行提示与操作如下。

```
命令：line↙
指定第一个点：（在绘图区指定一点）
```

```
指定下一点或 [放弃(U)]:
```

这时在屏幕上移动鼠标指明线段的方向（但不要单击确认），如图 3-10 所示，然后在命令行中输入“10”，这样就在指定方向上准确地绘制出了长度为 10mm 的线段。

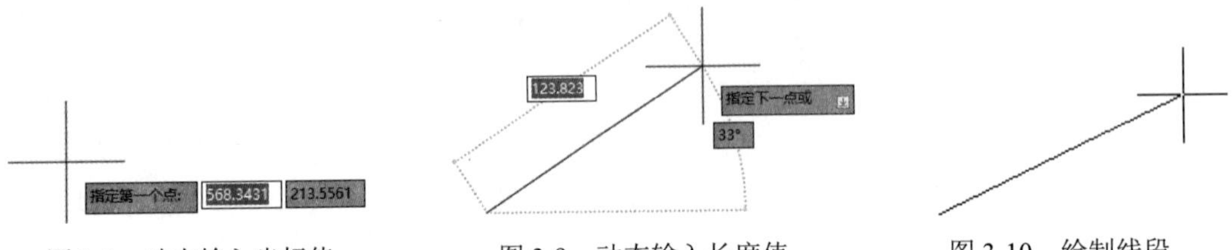

图 3-8　动态输入坐标值　　图 3-9　动态输入长度值　　图 3-10　绘制线段

（5）距离值的输入。在 AutoCAD 2024 命令中，有时需要提供高度、宽度、半径、长度等距离值。AutoCAD 2024 提供了两种输入距离值的方式：一种是在命令行窗口中直接输入数值；另一种是在屏幕上拾取两点，以两点的距离值定出所需数值。

3.1.4　实例——利用命令行输入绘制标高符号

视频讲解

绘制标高符号流程图如图 3-11 所示。

操作步骤

单击状态栏中的“动态输入”按钮，关闭动态输入，单击“默认”选项卡“绘图”面板中的“直线”按钮，命令行提示与操作如下。

```
命令: _line
指定第一个点: 100,100↙（P1 点）
指定下一点或 [放弃(U)]: @40,-135↙
指定下一点或 [放弃(U)]: u↙（输入错误，取消上次操作）
指定下一点或 [放弃(U)]: @40<-135↙（P2 点,如图 3-12 所示）
指定下一点或 [放弃(U)]: @40<135↙（P3 点）
指定下一点或 [闭合(C)/放弃(U)]: @180,0↙（P4 点）
指定下一点或 [闭合(C)/放弃(U)]: ↙（按 Enter 键结束“直线”命令）
```

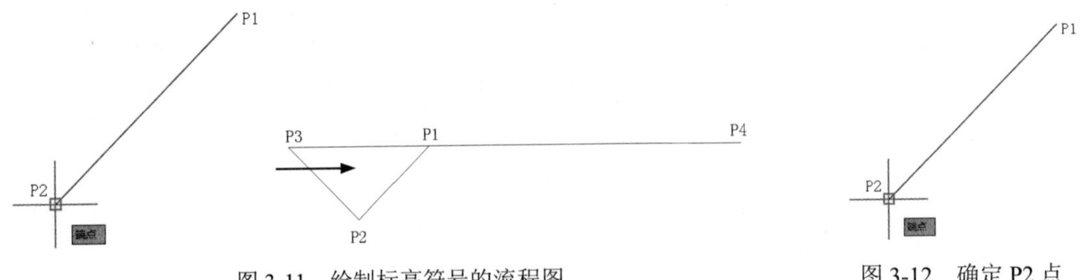

图 3-11　绘制标高符号的流程图　　图 3-12　确定 P2 点

说明：

（1）一般每个命令有 4 种执行方式，这里只给出了命令行执行方式，其他 3 种执行方式的操作方法与命令行执行方式相同。

（2）命令前加一个下画线表示是采用非命令行输入方式执行命令，其效果与命令行输入方式一样。

（3）坐标中的逗号必须在英文状态下输入，否则会出错。

3.2　圆类图形

圆类命令主要包括“圆”“圆弧”“椭圆”“椭圆弧”“圆环”等命令，这几个命令是 AutoCAD 中最简单的圆类命令。

3.2.1　绘制圆

1. 执行方式

☑ 命令行：CIRCLE。
☑ 菜单栏：“绘图”→“圆”。
☑ 工具栏：“绘图”→“圆”。
☑ 功能区：“默认”→“绘图”→“圆”。

2. 操作步骤

```
命令：CIRCLE↙
指定圆的圆心或 [三点(3P)/两点(2P)/切点、切点、半径(T)]：(指定圆心)
指定圆的半径或 [直径(D)]：(直接输入半径数值或用鼠标指定半径长度)
指定圆的直径 <默认值>：(输入直径数值或用鼠标指定直径长度)
```

3. 选项说明

（1）三点(3P)：用指定圆周上三点的方法画圆。
（2）两点(2P)：用指定直径的两端点的方法画圆。
（3）切点、切点、半径(T)：用先指定两个相切对象，后给出半径的方法画圆。

“绘图”→“圆”菜单中有一种“相切、相切、相切”的方法，当选择此方式时，命令行提示如下。

```
指定圆上的第一个点：_tan 到：(指定相切的第一个圆弧)
指定圆上的第二个点：_tan 到：(指定相切的第二个圆弧)
指定圆上的第三个点：_tan 到：(指定相切的第三个圆弧)
```

3.2.2　实例——绘制锚具端视图

视频讲解

绘制如图 3-13 所示的锚具端视图。

操作步骤

（1）单击“默认”选项卡“绘图”面板中的“直线”按钮，在图形空白位置绘制两条十字交叉直线。结果如图 3-14 所示。

（2）单击“默认”选项卡“绘图”面板中的“圆”按钮，绘制圆。命令行提示与操作如下。

```
命令：_circle
指定圆的圆心或 [三点(3P)/两点(2P)/切点、切点、半径(T)]：(指定十字交叉线交点)
指定圆的半径或 [直径(D)]：(适当指定半径大小)
```

Note

结果如图 3-13 所示。

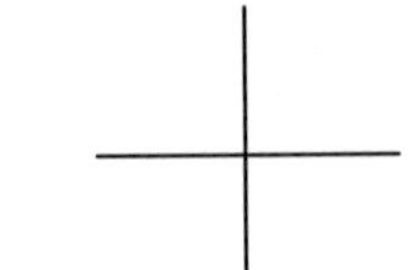

图 3-13　锚具端视图　　图 3-14　绘制十字交叉线

3.2.3　绘制圆弧

1. 执行方式

☑　命令行：ARC（快捷命令：A）。

☑　菜单栏：“绘图”→“圆弧”。

☑　工具栏：“绘图”→“圆弧”。

☑　功能区：“默认”→“绘图”→“圆弧”。

2. 操作步骤

```
命令：ARC↙
指定圆弧的起点或 [圆心(C)]：(指定起点)
指定圆弧的第二个点或 [圆心(C)/端点(E)]：(指定第二点)
指定圆弧的端点：(指定端点)
```

3. 选项说明

（1）用命令行方式绘制圆弧时，可以根据系统提示选择不同的选项，具体功能和选择菜单栏中“绘图”→“圆弧”子菜单提供的 11 种方式相似。这 11 种方式绘制的圆弧分别如图 3-15（a）～图 3-15（k）所示。

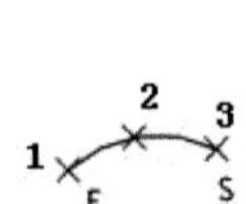

（a）三点

（b）起点、圆心、端点

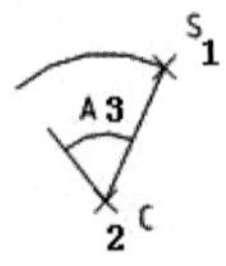

（c）起点、圆心、角度

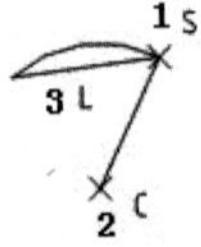

（d）起点、圆心、长度

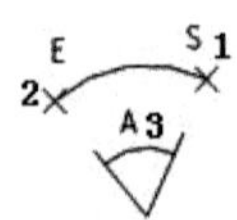

（e）起点、端点、角度

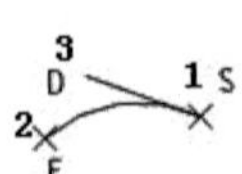

（f）起点、端点、方向

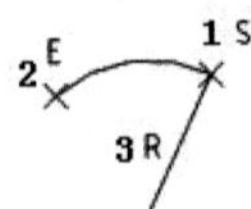

（g）起点、端点、半径

图 3-15　11 种圆弧绘制方法

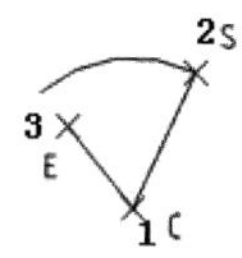

(h) 圆心、起点、端点

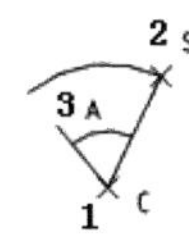

(i) 圆心、起点、角度

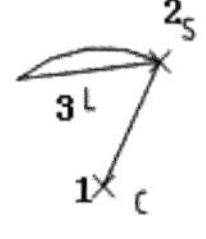

(j) 圆心、起点、长度

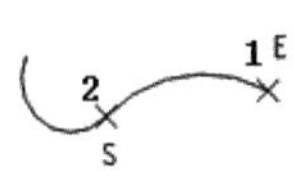

(k) 连续

图 3-15　11 种圆弧绘制方法（续）

（2）需要强调的是“连续”方式，绘制的圆弧与上一线段或圆弧相切，因此继续画圆弧段时，提供端点即可。

3.2.4　实例——绘制带半圆形弯钩的钢筋端部

视频讲解

绘制如图 3-16 所示的带半圆形弯钩的钢筋端部。

操作步骤

（1）单击“默认”选项卡“绘图”面板中的“直线”按钮，绘制直线。命令行提示与操作如下。

```
命令: _line
指定第一个点: 100,100↙
指定下一点或[放弃(U)]: 200,100↙
指定下一点或[放弃(U)]: ↙
```

结果如图 3-17 所示。

（2）单击“默认”选项卡“绘图”面板中的“圆弧”按钮，完成圆弧绘制。命令行提示与操作如下。

```
命令: _arc
指定圆弧的起点或 [圆心(C)]: 100,100↙
指定圆弧的第二个点或 [圆心(C)/端点(E)]: c↙
指定圆弧的圆心: 100,110↙
指定圆弧的端点(按住 Ctrl 键以切换方向)或 [角度(A)/弦长(L)]: a↙
指定夹角(按住 Ctrl 键以切换方向): -180↙
```

结果如图 3-18 所示。

图 3-16　带半圆形弯钩的钢筋端部　　图 3-17　绘制直线　　图 3-18　绘制圆弧

注意： 绘制圆弧时，注意圆弧的曲率是遵循逆时针方向的，所以在选择指定圆弧两个端点和半径模式时，需要注意端点的指定顺序或指定角度的正负值，否则有可能导致圆弧的凹凸形状与预期的相反。

（3）单击“默认”选项卡“绘图”面板中的“直线”按钮，绘制直线。命令行提示与操作如下。

```
命令: _line
指定第一个点: 100,120↙
指定下一点或[放弃(U)]: 110,120↙
```

```
指定下一点或[放弃(U)]: ↙
```

最终结果如图 3-16 所示。

Note

3.2.5 绘制圆环

1. 执行方式

☑ 命令行：DONUT。

☑ 菜单栏："绘图"→"圆环"。

☑ 功能区："默认"→"绘图"→"圆环"◎。

2. 操作步骤

```
命令: DONUT↙
指定圆环的内径 <默认值>:（指定圆环内径）
指定圆环的外径 <默认值>:（指定圆环外径）
指定圆环的中心点或 <退出>:（指定圆环的中心点）
指定圆环的中心点或 <退出>:（继续指定圆环的中心点，则继续绘制具有相同内外径的圆环。按 Enter 键、空格键或右击，结束命令）
```

3. 选项说明

（1）若指定内径为 0，则画出实心填充圆。

（2）用 FILL 命令可以控制圆环是否填充。

```
命令: FILL↙
输入模式 [开(ON)/关(OFF)] <开>:（选择 ON 表示填充，选择 OFF 表示不填充）
```

3.2.6 实例——钢筋横截面

视频讲解

绘制如图 3-19 所示的钢筋横截面。

图 3-19 钢筋横截面

操作步骤

单击"默认"选项卡"绘图"面板中的"圆环"按钮◎，绘制圆环。命令行提示与操作如下。

```
命令: _donut
指定圆环的内径 <0.5000>: 0↙
指定圆环的外径 <1.0000>: 5↙
指定圆环的中心点或 <退出>:（在绘图区指定一点）
指定圆环的中心点或 <退出>: ↙
```

绘制结果如图 3-19 所示。

3.2.7 绘制椭圆与椭圆弧

1. 执行方式

☑ 命令行：ELLIPSE。

☑ 菜单栏："绘图"→"椭圆"→"圆弧"。

☑ 工具栏："绘图"→"椭圆"◯或"绘图"→"椭圆弧"◌。

☑ 功能区："默认"→"绘图"→"轴，端点"。

2. 操作步骤

```
命令：ELLIPSE↙
指定椭圆的轴端点或 [圆弧(A)/中心点(C)]：
指定轴的另一个端点：
指定另一条半轴长度或 [旋转(R)]：
```

3. 选项说明

（1）指定椭圆的轴端点：根据两个端点，定义椭圆的第一条轴。第一条轴的角度确定了整个椭圆的角度。第一条轴既可定义为椭圆的长轴，也可定义为椭圆的短轴。

（2）旋转(R)：通过绕第一条轴旋转圆来创建椭圆。相当于将一个圆绕椭圆轴翻转一个角度后的投影视图。

（3）中心点(C)：通过指定的中心点创建椭圆。

（4）圆弧(A)：该选项用于创建一段椭圆弧。与工具栏中"绘图"→"椭圆弧"功能相同。其中第一条轴的角度确定了椭圆弧的角度。第一条轴既可定义为椭圆弧长轴，也可定义为椭圆弧短轴。选择该选项，命令行提示如下。

```
指定椭圆弧的轴端点或 [中心点(C)]：(指定端点或输入"C")
指定轴的另一个端点：(指定另一端点)
指定另一条半轴长度或 [旋转(R)]：(指定另一条半轴长度或输入"R")
指定起点角度或 [参数(P)]：(指定起始角度或输入"P")
指定端点角度或 [参数(P)/夹角(I)]：
```

其中各选项含义如下。

☑ 角度：指定椭圆弧端点的两种方式之一，光标与椭圆中心点连线的夹角为椭圆弧端点位置的角度。

☑ 参数(P)：指定椭圆弧端点的另一种方式，该方式同样是指定椭圆弧端点的角度，通过以下矢量参数方程式创建椭圆弧。

$$P(u) = c + a\cos u + b\sin u$$

其中，c 为椭圆的中心点，a 和 b 分别为椭圆的长半轴和短半轴，u 为光标与椭圆中心点连线的夹角。

☑ 夹角(I)：定义从起始角度开始的包含角度。

3.3 平面图形

3.3.1 绘制矩形

1. 执行方式

☑ 命令行：RECTANG（快捷命令：REC）。

☑ 菜单栏："绘图"→"矩形"。

☑ 工具栏："绘图"→"矩形"。

☑ 功能区："默认"→"绘图"→"矩形"。

Note

2. 操作步骤

```
命令：RECTANG↙
指定第一个角点或 [倒角(C)/标高(E)/圆角(F)/厚度(T)/宽度(W)]:
指定另一个角点或 [面积(A)/尺寸(D)/旋转(R)]:
```

3. 选项说明

（1）第一个角点：通过指定两个角点来确定矩形，如图 3-20（a）所示。

（2）倒角(C)：指定倒角距离，绘制带倒角的矩形，如图 3-20（b）所示，每一个角点的逆时针和顺时针方向的倒角可以相同，也可以不同，其中第一个倒角距离是指角点逆时针方向的倒角距离，第二个倒角距离是指角点顺时针方向的倒角距离。

（3）标高(E)：指定矩形标高（Z 坐标），即把矩形画在标高为 Z 和 XOY 坐标面平行的平面上，并作为后续矩形的标高值。

（4）圆角(F)：指定圆角半径，绘制带圆角的矩形，如图 3-20（c）所示。

（5）厚度(T)：指定矩形的厚度，如图 3-20（d）所示。

（6）宽度(W)：指定线宽，如图 3-20（e）所示。

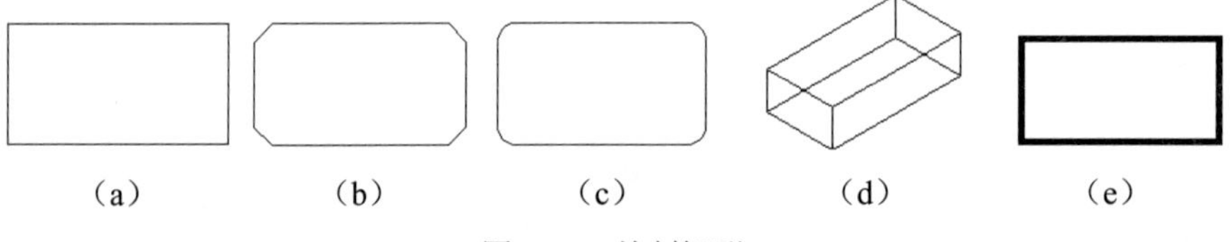

图 3-20　绘制矩形

（7）尺寸(D)：使用长和宽创建矩形。第二个指定点将矩形定位在与第一角点相关的 4 个位置之一的内部。

（8）面积(A)：通过指定面积和长或宽来创建矩形。选择该选项，命令行提示如下。

```
输入以当前单位计算的矩形面积 <20.0000>:（输入面积值）
计算矩形标注时依据 [长度(L)/宽度(W)] <长度>:（按 Enter 键或输入“W”）
输入矩形长度 <4.0000>:（指定长度或宽度）
```

指定长度或宽度后，系统自动计算出另一个维度后绘制出矩形。如果矩形被倒角或圆角，则在长度或宽度计算中，会考虑此设置，如图 3-21 所示。

（9）旋转(R)：旋转所绘制矩形的角度。选择该选项，命令行提示如下。

```
指定旋转角度或 [拾取点(P)] <135>:（指定角度）
指定另一个角点或 [面积(A)/尺寸(D)/旋转(R)]:（指定另一个角点或选择其他选项）
```

指定旋转角度后，系统按指定旋转角度创建矩形，如图 3-22 所示。

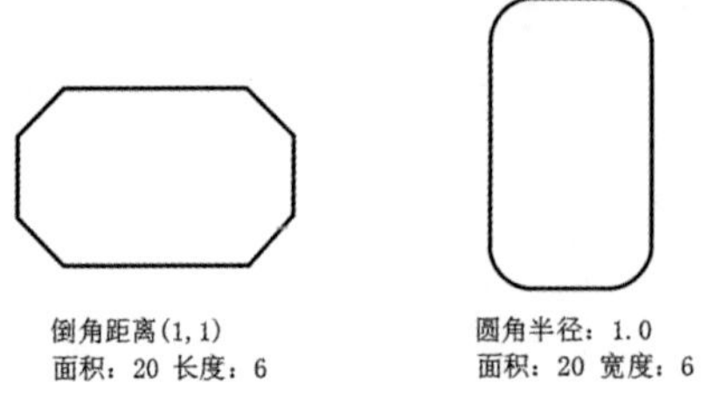

图 3-21　按面积绘制矩形

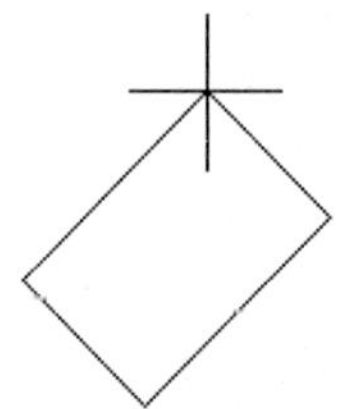

图 3-22　按指定旋转角度创建矩形

Note

视频讲解

3.3.2　实例——机械连接的钢筋接头

绘制如图 3-23 所示的机械连接的钢筋接头。

图 3-23　机械连接的钢筋接头

操作步骤

（1）单击“默认”选项卡“绘图”面板中的“直线”按钮╱，绘制两条直线，如图 3-24 所示。

图 3-24　绘制直线

（2）单击“默认”选项卡“绘图”面板中的“矩形”按钮□，绘制接头。命令行提示与操作如下。

```
命令: _rectang
指定第一个角点或 [倒角(C)/标高(E)/圆角(F)/厚度(T)/宽度(W)]:(在左侧直线上方指定第一角点)
指定另一个角点或 [面积(A)/尺寸(D)/旋转(R)]:(在右侧直线下方指定另一角点)
```

最终结果如图 3-23 所示。

3.3.3　绘制多边形

1. 执行方式

☑　命令行：POLYGON。

☑　菜单栏：“绘图”→“多边形”。

☑　工具栏：“绘图”→“多边形”⬠。

☑　功能区：“默认”→“绘图”→“多边形”⬠。

2. 操作步骤

```
命令: POLYGON↙
输入侧面数<4>:(指定多边形的边数，默认值为 4)
指定多边形的中心点或 [边(E)]:　(指定中心点)
输入选项 [内接于圆(I)/外切于圆(C)] <I>:(指定是内接于圆或外切于圆，I 表示内接于圆，如图 3-25(a)所示，C 表示外切于圆，如图 3-25(b)所示)
指定圆的半径:(指定外接圆或内切圆的半径)
```

3. 选项说明

如果选择“边”选项，则只要指定多边形的一条边，系统就会按逆时针方向创建该正多边形，如图 3-25（c）所示。

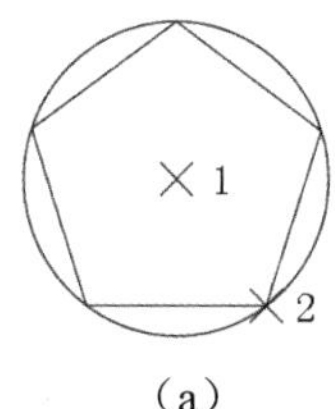

（a）　（b）　（c）

图 3-25　画正多边形

3.4 点

Note

点在 AutoCAD 中有多种不同的表示方式，用户可以根据需要进行设置，也可以设置等分点和测量点。

3.4.1 绘制点

1. 执行方式

☑ 命令行：POINT。

☑ 菜单栏："绘图"→"点"→"单点或多点"。

☑ 工具栏："绘图"→"点" 。

☑ 功能区："默认"→"绘图"→"多点" 。

2. 操作步骤

```
命令：POINT↙
当前点模式：PDMODE=0  PDSIZE=0.0000
指定点：(指定点所在的位置)
```

3. 选项说明

（1）通过菜单栏进行操作时（见图 3-26），"单点"命令表示只输入一个点，"多点"命令表示可输入多个点。

（2）可以单击状态栏中的"对象捕捉"开关按钮，设置点的捕捉模式，帮助用户拾取点。

（3）点在图形中的表示样式共有 20 种。可通过 DDPTYPE 命令或选择菜单栏中的"格式"→"点样式"命令，打开"点样式"对话框来设置点的样式，如图 3-27 所示。

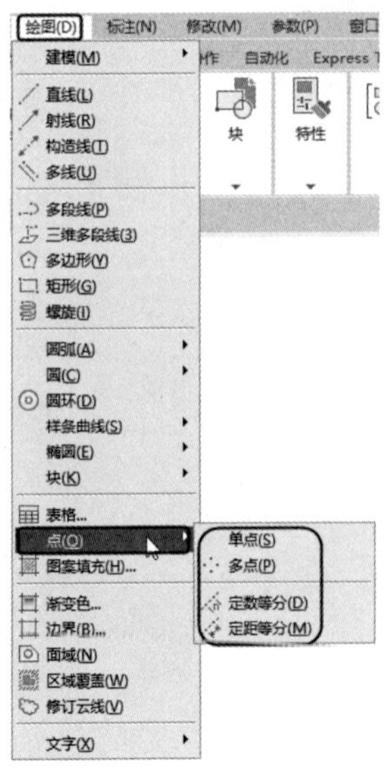

图 3-26 "点"子菜单

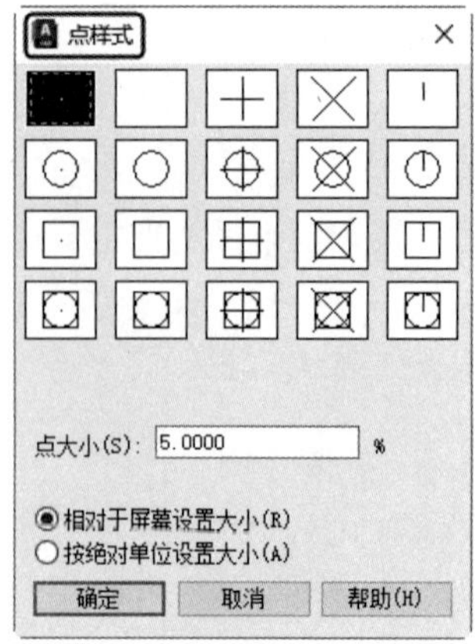

图 3-27 "点样式"对话框

3.4.2　绘制等分点

1. 执行方式

☑　命令行：DIVIDE（快捷命令：DIV）。

☑　菜单栏："绘图"→"点"→"定数等分"。

☑　功能区："默认"→"绘图"→"定数等分"。

2. 操作步骤

```
命令：DIVIDE↙
选择要定数等分的对象：(选择要等分的实体)
输入线段数目或 [块(B)]：(指定实体的等分数)
```

3. 选项说明

（1）等分数范围为 2～32767。

（2）在等分点处，按当前的点样式设置画出等分点。

（3）在第二提示行选择"块(B)"选项时，表示在等分点处插入指定的块（BLOCK）。

3.4.3　绘制测量点

1. 执行方式

☑　命令行：MEASURE（快捷命令：ME）。

☑　菜单栏："绘图"→"点"→"定距等分"。

☑　功能区："默认"→"绘图"→"定距等分"。

2. 操作步骤

```
命令：MEASURE↙
选择要定距等分的对象：(选择要设置测量点的实体)
指定线段长度或 [块(B)]：(指定分段长度)
```

3. 选项说明

（1）设置的起点一般是指指定线段的绘制起点。

（2）在第二提示行选择"块(B)"选项时，表示在测量点处插入指定的块，后续操作与等分点的绘制类似。

（3）在测量点处，按当前的点样式设置画出测量点。

（4）最后一个测量段的长度不一定等于指定分段的长度。

3.4.4　实例——绘制楼梯

绘制如图 3-28 所示的楼梯。

操作步骤

视频讲解

（1）单击"默认"选项卡"绘图"面板中的"直线"按钮╱，绘制墙体与扶手，如图 3-29 所示。

（2）设置点样式。选择菜单栏中的"格式"→"点样式"命令，在打开的"点样式"对话框中

选择×样式，如图 3-30 所示。

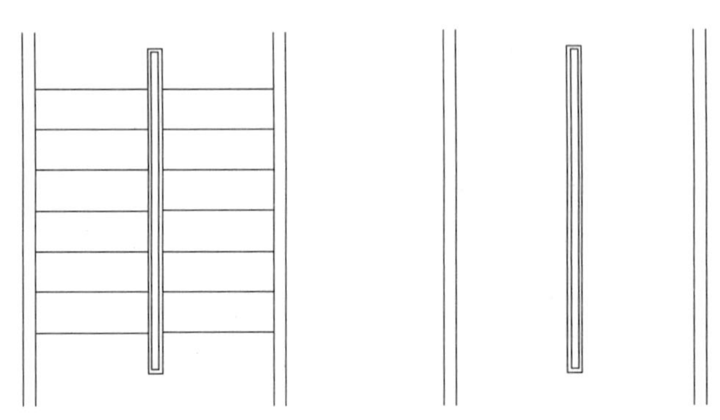

图 3-28　绘制楼梯　　　图 3-29　绘制墙体与扶手

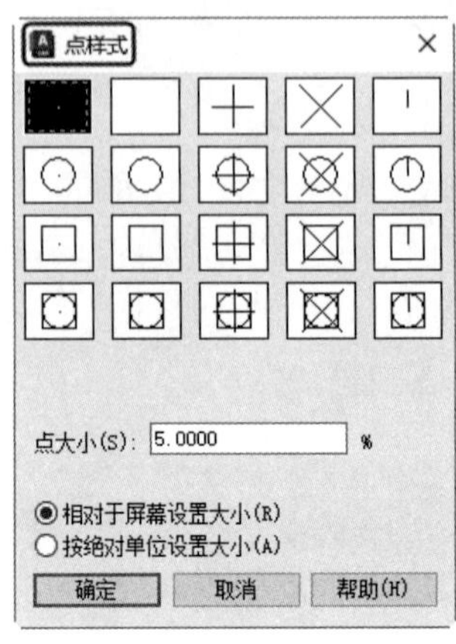

图 3-30　“点样式”对话框

（3）单击“默认”选项卡“绘图”面板中的“定数等分”按钮，以左边扶手外面线段为对象，数目为 8 进行等分，命令行提示与操作如下。

```
命令: _divide
选择要定数等分的对象: 选择“左边扶手外面线段”
输入线段数目或 [块(B)]: 8↙
```

结果如图 3-31 所示。

（4）分别以等分点为起点，左边墙体上的点为终点绘制水平线段，如图 3-32 所示。

（5）删除绘制的等分点，如图 3-33 所示。

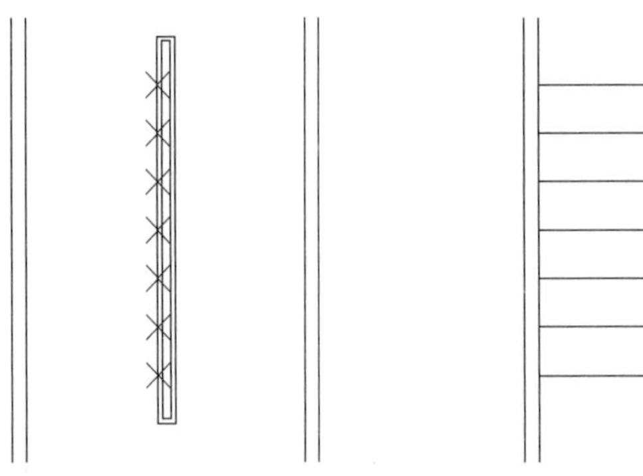

图 3-31　绘制等分点

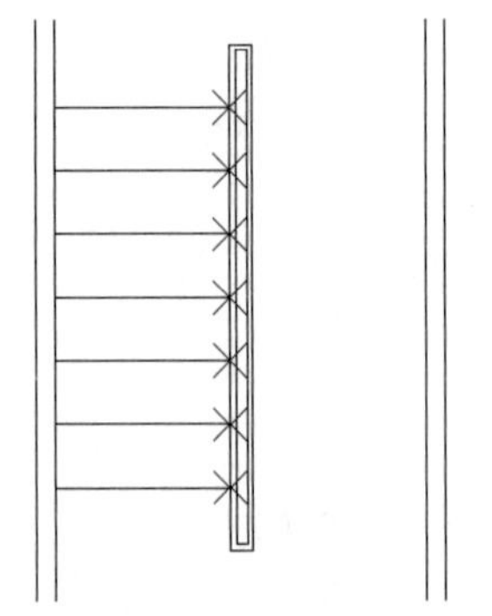

图 3-32　绘制水平线段

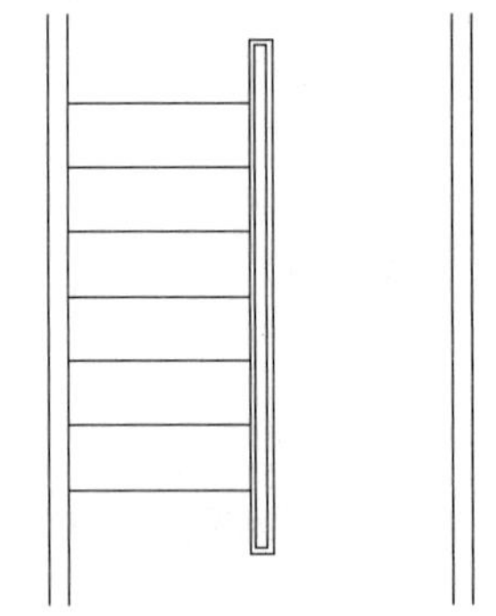

图 3-33　删除等分点

（6）用相同方法绘制另一侧楼梯，最终结果如图 3-28 所示。

3.5　多　段　线

多段线是一种由线段和圆弧组合而成的、不同线宽的多线，这种线由于其组合形式的多样和线宽的不同，弥补了直线或圆弧功能的不足，适合绘制各种复杂的图形轮廓，因而得到了广泛的应用。

3.5.1　绘制多段线

1. 执行方式

☑ 命令行：PLINE（快捷命令：PL）。
☑ 菜单栏："绘图"→"多段线"。
☑ 工具栏："绘图"→"多段线"。
☑ 功能区："默认"→"绘图"→"多段线"。

2. 操作步骤

```
命令: PLINE↙
指定起点:（指定多段线的起点）
当前线宽为 0.0000
指定下一个点或 [圆弧(A)/半宽(H)/长度(L)/放弃(U)/宽度(W)]:（指定多段线的下一点）
```

3. 选项说明

多段线主要由不同长度的连续的线段或圆弧组成，如果在上述提示中选择"圆弧"选项，则命令行提示如下。

```
指定圆弧的端点(按住 Ctrl 键以切换方向)或[角度(A)/圆心(CE)/方向(D)/半宽(H)/直线(L)/半径(R)/第二个点(S)/放弃(U)/宽度(W)]:
```

3.5.2　实例——带半圆形弯钩的钢筋简便绘制方法

视频讲解

绘制如图 3-34 所示的带半圆形弯钩的钢筋。

图 3-34　带半圆形弯钩的钢筋

操作步骤

单击"默认"选项卡"绘图"面板中的"多段线"按钮。命令行提示与操作如下。

```
命令: _pline
指定起点:
当前线宽为 0.0000
指定下一个点或 [圆弧(A)/半宽(H)/长度(L)/放弃(U)/宽度(W)]: @-15,0↙
指定下一点或 [圆弧(A)/闭合(C)/半宽(H)/长度(L)/放弃(U)/宽度(W)]: A↙
指定圆弧的端点(按住 Ctrl 键以切换方向)或 [角度(A)/圆心(CE)/闭合(CL)/方向(D)/半宽(H)/直线(L)/半径(R)/第二个点(S)/放弃(U)/宽度(W)]: @0,-5↙（见图 3-35）
```

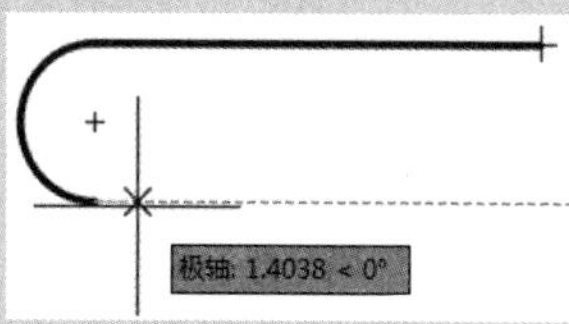

图 3-35　绘制圆弧

```
指定圆弧的端点(按住 Ctrl 键以切换方向)或 [角度(A)/圆心(CE)/闭合(CL)/方向(D)/半宽(H)/直线(L)/半径(R)/第二个点(S)/放弃(U)/宽度(W)]: L↙
```

```
指定下一点或 [圆弧(A)/闭合(C)/半宽(H)/长度(L)/放弃(U)/宽度(W)]: @100,0↙
指定下一点或 [圆弧(A)/闭合(C)/半宽(H)/长度(L)/放弃(U)/宽度(W)]: ↙
```

Note

最终结果如图 3-34 所示。

3.6 样条曲线

AutoCAD 2024 使用一种称为非均匀有理 B 样条（NURBS）曲线的特殊样条曲线类型。NURBS 曲线在控制点之间产生一条光滑的样条曲线，如图 3-36 所示。样条曲线可用于创建形状不规则的曲线，如为汽车设计绘制轮廓线或应用在地理信息系统（GIS）中。

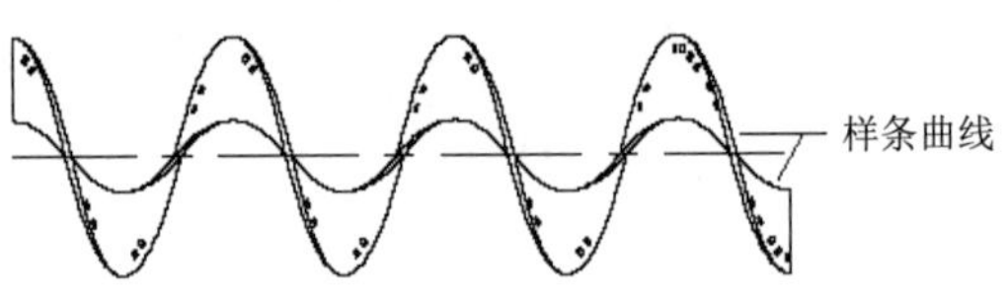

图 3-36　样条曲线

3.6.1 绘制样条曲线

1. 执行方式

☑ 命令行：SPLINE。
☑ 菜单栏："绘图"→"样条曲线"。
☑ 工具栏："绘图"→"样条曲线"。
☑ 功能区："默认"→"绘图"→"样条曲线拟合"。

2. 操作步骤

```
命令: SPLINE↙
当前设置: 方式=拟合    节点=弦
指定第一个点或 [方式(M)/节点(K)/对象(O)]:（指定一点或选择"对象(O)"选项）
输入下一个点或 [起点切向(T)/公差(L)]:（指定一点）
输入下一个点或 [端点相切(T)/公差(L)/放弃(U)]:（指定一点）
输入下一个点或 [端点相切(T)/公差(L)/放弃(U)/闭合(C)]:
```

3. 选项说明

（1）方式(M)：控制是使用拟合点还是使用控制点来创建样条曲线。选项会因用户选择的是使用拟合点创建样条曲线的选项还是使用控制点创建样条曲线的选项而异。

（2）节点(K)：指定节点参数化，它会影响曲线在通过拟合点时的形状。

（3）对象(O)：将二维或三维的二次或三次样条曲线的拟合多段线转换为等效的样条曲线，然后（根据 DELOBJ 系统变量的设置）删除该拟合多段线。

（4）闭合(C)：通过定义与第一个点重合的最后一个点，闭合样条曲线。

用户可以指定一点来定义切向矢量，或者通过使用"切点"和"垂足"对象的捕捉模式使样条曲线与现有对象相切或垂直。

（5）公差(L)：指定样条曲线可以偏离指定拟合点的距离。公差值 0（零）要求生成的样条曲线直

接通过拟合点。公差值适用于所有拟合点（拟合点的起点和终点除外），始终具有为 0（零）的公差。

（6）起点切向(T)：定义样条曲线的第一点和最后一点的切向。

（7）端点相切(T)：停止基于切向创建曲线。可通过指定拟合点继续创建样条曲线。

如果在样条曲线的两端都指定切向，可以通过输入一个点或者使用“切点”和“垂足”对象来捕捉模式使样条曲线与已有的对象相切或垂直。如果按 Enter 键，AutoCAD 2024 将计算默认切向。

Note

3.6.2　实例——螺丝刀

绘制如图 3-37 所示的螺丝刀。

视频讲解

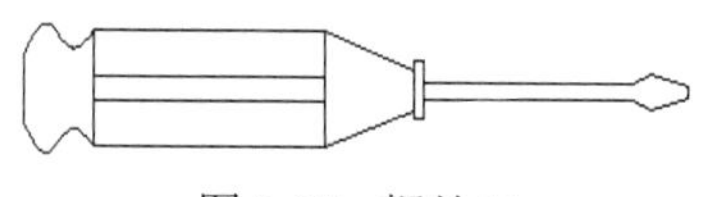

图 3-37　螺丝刀

操作步骤

（1）单击“默认”选项卡“绘图”面板中的“直线”按钮╱，绘制垂直直线，命令行提示与操作如下。

```
命令: _line
指定第一个点: 100,110↙
指定下一点或 [放弃(U)]: 100,86↙
指定下一点或 [退出(E)/放弃(U)]: ↙
```

结果如图 3-38 所示。

（2）单击“默认”选项卡“绘图”面板中的“样条曲线拟合”按钮，命令行提示与操作如下。

```
命令: _SPLINE
当前设置: 方式=拟合　　节点=弦
指定第一个点或 [方式(M)/节点(K)/对象(O)]: _M
输入样条曲线创建方式 [拟合(F)/控制点(CV)] <拟合>: _FIT
当前设置: 方式=拟合　　节点=弦
指定第一个点或 [方式(M)/节点(K)/对象(O)]: 100,110↙
输入下一个点或 [起点切向(T)/公差(L)]: 110,118↙
输入下一个点或 [端点相切(T)/公差(L)/放弃(U)]: 120,112↙
输入下一个点或 [端点相切(T)/公差(L)/放弃(U)/闭合(C)]: 130,118↙
输入下一个点或 [端点相切(T)/公差(L)/放弃(U)/闭合(C)]: ↙
```

重复上述命令绘制另一条样条曲线，其坐标分别为（100,86）、（110,78）、（120,84）、（130,78），结果如图 3-39 所示。

（3）单击“默认”选项卡“绘图”面板中的“矩形”按钮，命令行提示与操作如下。

```
命令: _rectang
指定第一个角点或 [倒角(C)/标高(E)/圆角(F)/厚度(T)/宽度(W)]: 130,78↙
指定另一个角点或 [面积(A)/尺寸(D)/旋转(R)]: 230,118↙
```

结果如图 3-40 所示。

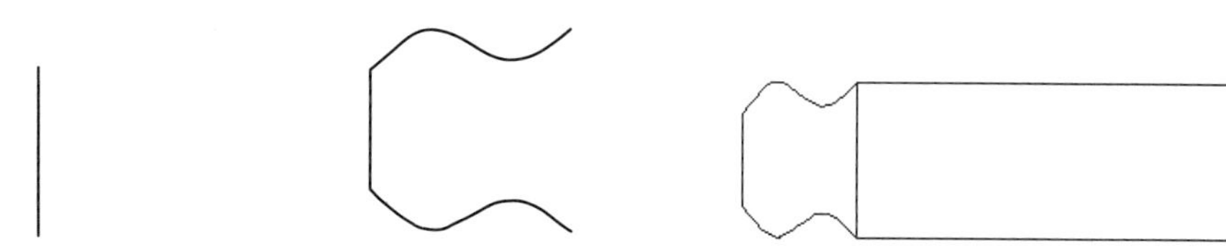

图 3-38　绘制垂直直线　　图 3-39　绘制样条曲线　　图 3-40　绘制矩形 1

（4）单击“默认”选项卡“绘图”面板中的“直线”按钮╱，分别绘制过点（130,102）和（130,94），长为100的水平直线，结果如图3-41和图3-42所示。

Note

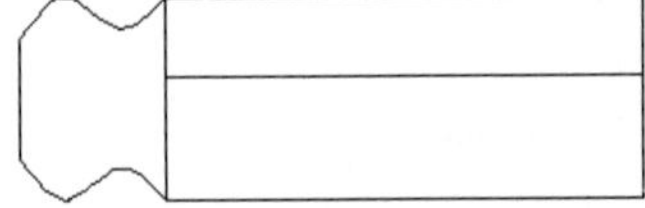

图3-41　绘制直线1

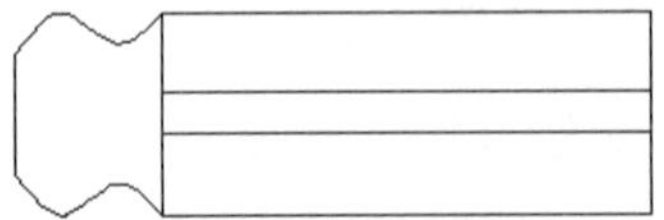

图3-42　绘制直线2

（5）单击“默认”选项卡“绘图”面板中的“直线”按钮╱，绘制从（230,118）到（270,104）和从（230,78）到（270,91）的直线，结果如图3-43所示。

（6）单击“默认”选项卡“绘图”面板中的“矩形”按钮□，角点坐标分别为（270,108）和（274,88），结果如图3-44所示。

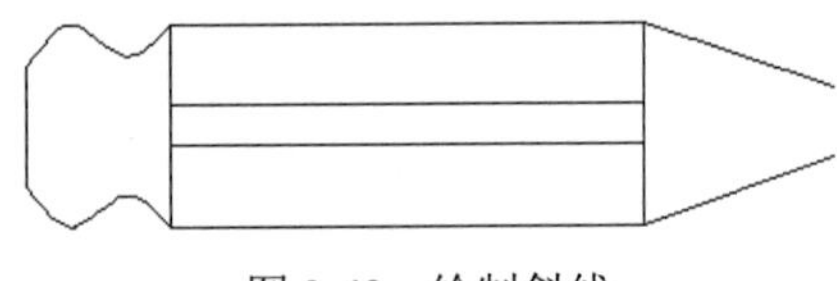

图3-43　绘制斜线

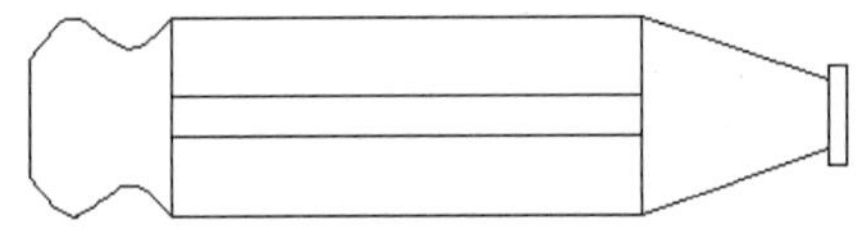

图3-44　绘制矩形2

（7）单击“默认”选项卡“绘图”面板中的“多段线”按钮⊃，命令行提示与操作如下。

```
命令：_pline
指定起点：274,102↙
当前线宽为 0.0000
指定下一个点或 [圆弧(A)/半宽(H)/长度(L)/放弃(U)/宽度(W)]：364,102↙
```

其余点的坐标分别为（372,104）、（388,100）、（388,96）、（372,92）、（364,94）、（274,94）。

最终绘制的图形如图3-37所示。

3.7　多　　线

多线是一种复合线，由连续的直线段复合组成。多线的一个突出优点是能够提高绘图效率，保证图线之间的统一性。

3.7.1　绘制多线

1. 执行方式

☑　命令行：MLINE。

☑　菜单栏：“绘图”→“多线”。

2. 操作步骤

```
命令：MLINE↙
当前设置：对正=上，比例=20.00，样式=STANDARD
指定起点或 [对正(J)/比例(S)/样式(ST)]：(指定起点)
指定下一点：(给定下一点)
指定下一点或 [放弃(U)]：(继续给定下一点，绘制线段。输入 U，则放弃前一段的绘制；右击或按
```

```
Enter 键，结束命令)
    指定下一点或 [闭合(C)/放弃(U)]：(继续给定下一点，绘制线段。输入 C，则闭合线段，结束命令)
```

3. 选项说明

（1）对正(J)：该选项用于给定绘制多线的基准。共有 3 种对正类型："上""无"和"下"。其中，"上(T)"表示以多线上侧的线为基准，以此类推。

（2）比例(S)：选择该项，要求用户设置平行线的间距。输入值为 0 时，平行线重合；值为负时，多线的排列倒置。

（3）样式(ST)：该选项用于设置当前使用的多线样式。

3.7.2 定义多线样式

1. 执行方式

☑ 命令行：MLSTYLE。

2. 操作步骤

```
    命令：MLSTYLE↙
```

系统执行该命令后，自动打开如图 3-45 所示的"多线样式"对话框。在该对话框中，用户可以对多线样式进行定义、保存和加载等操作。

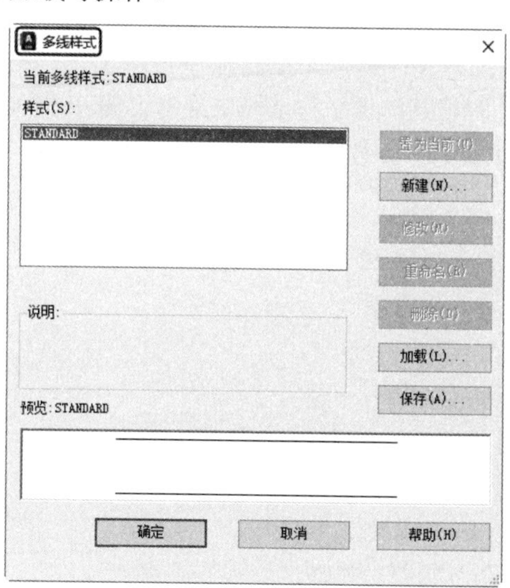

图 3-45　"多线样式"对话框

3.7.3 编辑多线

1. 执行方式

☑ 命令行：MLEDIT。

☑ 菜单栏："修改"→"对象"→"多线"。

2. 操作步骤

执行该命令后，打开"多线编辑工具"对话框，如图 3-46 所示。

Note

视频讲解

利用该对话框，可以创建或修改多线的模式。对话框中分 4 列显示了示例图形。其中，第 1 列管理十字交叉形式的多线，第 2 列管理 T 形多线，第 3 列管理拐角接合点和节点形式的多线，第 4 列管理多线被剪切或连接的形式。

单击示例图形，然后单击“关闭”按钮，即可调用该项编辑功能。

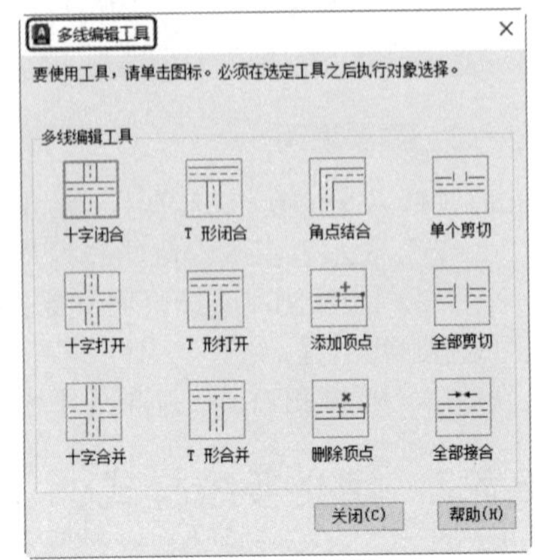

图 3-46　“多线编辑工具”对话框

3.7.4　实例——绘制墙体

绘制如图 3-47 所示的墙体。

操作步骤

（1）单击“默认”选项卡“绘图”面板中的“构造线”按钮↙，绘制出一条水平构造线和一条竖直构造线，组成“十”字形辅助线，如图 3-48 所示，继续绘制辅助线，命令行提示与操作如下。

```
命令: _xline
指定点或 [水平(H)/垂直(V)/角度(A)/二等分(B)/偏移(O)]: O↙
指定偏移距离或 [通过(T)] <通过>: 4200↙
选择直线对象:（选择刚绘制的水平构造线）
指定向哪侧偏移:（指定上边一点）
选择直线对象:（继续选择刚绘制的水平构造线）
```

（2）用相同的方法，将绘制得到的水平构造线依次向上偏移 5100、1800 和 3000，偏移得到的水平构造线如图 3-49 所示。用同样的方法绘制垂直构造线，并依次向右偏移 3900、1800、2100 和 4500，结果如图 3-50 所示。

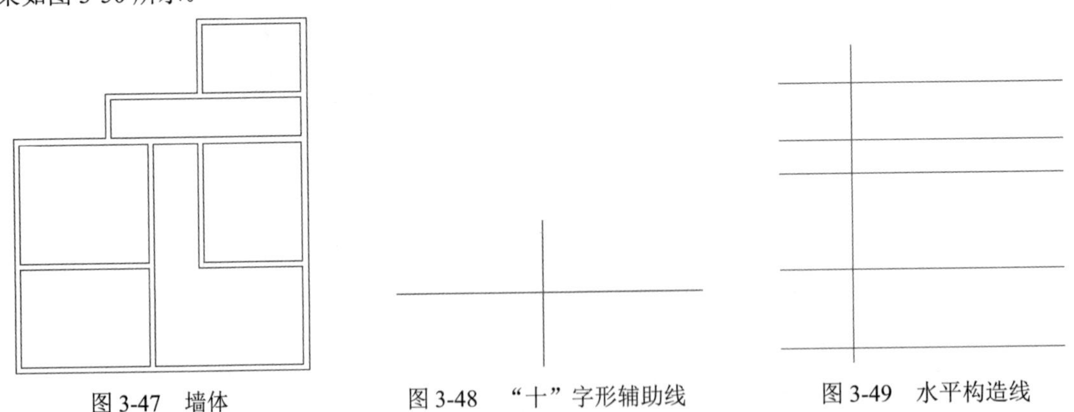

图 3-47　墙体　　图 3-48　“十”字形辅助线　　图 3-49　水平构造线

（3）定义多线样式。在命令行中输入“MLSTYLE”命令，或者选择菜单栏中的“格式”→“多线样式”命令，❶打开如图 3-51 所示的“多线样式”对话框。❷单击“新建”按钮，❸打开如图 3-52 所示的“创建新的多线样式”对话框，❹在该对话框的“新样式名”文本框中输入“墙体线”，❺单击“继续”按钮。

（4）❻打开“新建多线样式”对话框，❼进行如图 3-53 所示的多线样式设置，❽单击“确定”按钮，返回“多线样式”对话框，❾单击“置为当前”按钮，将墙体线样式置为当前，❿单击“确定”按钮，如图 3-54 所示，完成墙体线的设置。

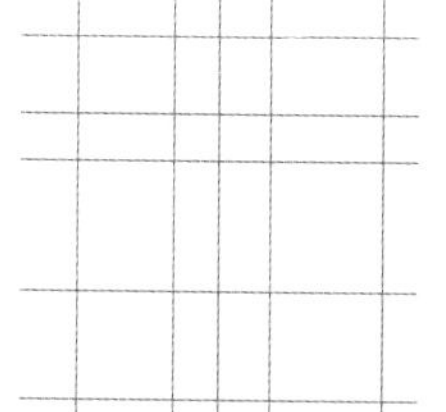

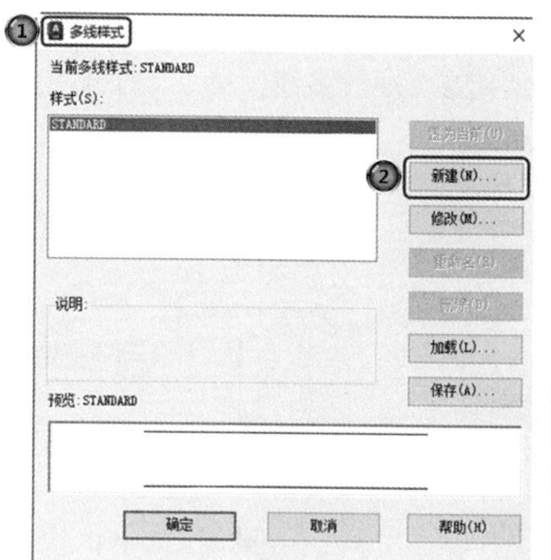

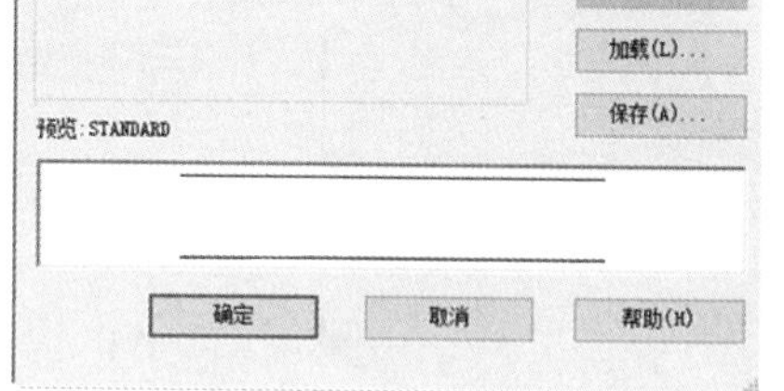

图 3-50　居室的辅助线网格

图 3-51　“多线样式”对话框

图 3-52　“创建新的多线样式”对话框

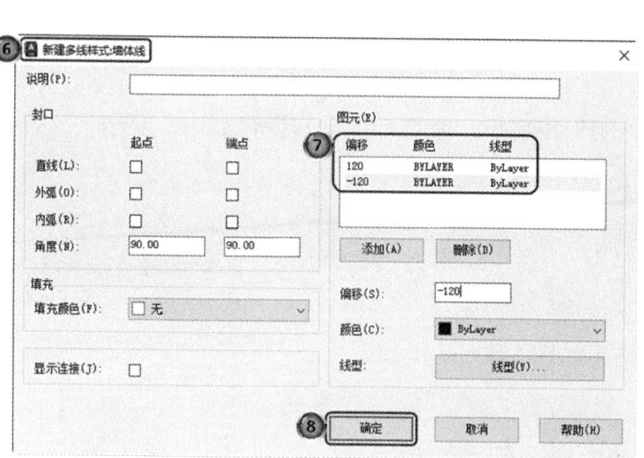

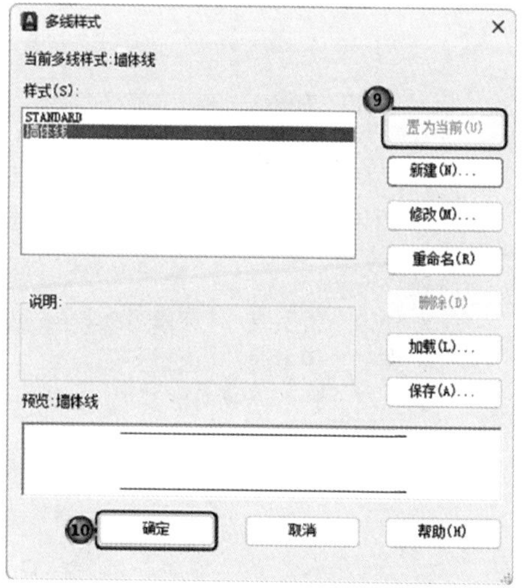

图 3-53　设置多线样式

图 3-54　返回“多线样式”对话框

（5）选择菜单栏中的“绘图”→“多线”命令，绘制多线墙体。命令行提示与操作如下。

```
命令: _mline
当前设置: 对正=上, 比例=20.00, 样式=STANDARD
指定起点或 [对正(J)/比例(S)/样式(ST)]: S↙
输入多线比例 <20.00>: 1↙
当前设置: 对正=上, 比例=1.00, 样式=STANDARD
指定起点或 [对正(J)/比例(S)/样式(ST)]: J↙
输入对正类型 [上(T)/无(Z)/下(B)] <上>: Z↙
当前设置: 对正=无, 比例=1.00, 样式=STANDARD
指定起点或 [对正(J)/比例(S)/样式(ST)]:(在绘制的辅助线交点上指定一点)
指定下一点:(在绘制的辅助线交点上指定下一点)
指定下一点或 [放弃(U)]:(在绘制的辅助线交点上指定下一点)
指定下一点或 [闭合(C)/放弃(U)]:(在绘制的辅助线交点上指定下一点)
指定下一点或 [闭合(C)/放弃(U)]: C↙
```

根据辅助线网格，用相同的方法绘制多线，绘制结果如图 3-55 所示。

（6）选择菜单栏中的“修改”→“对象”→“多线”命令，打开“多线编辑工具”对话框，如图 3-56 所示。

Note

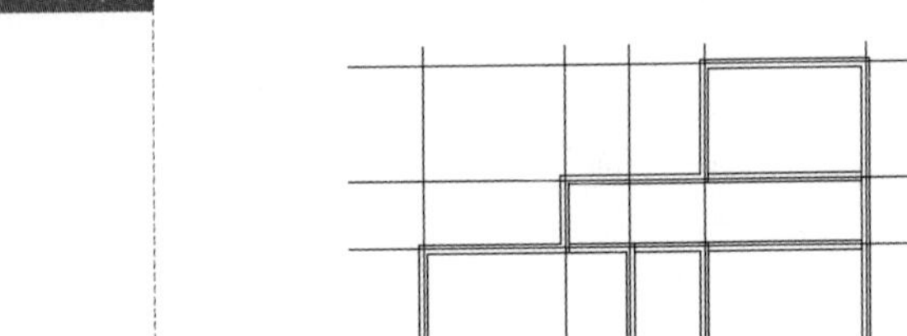

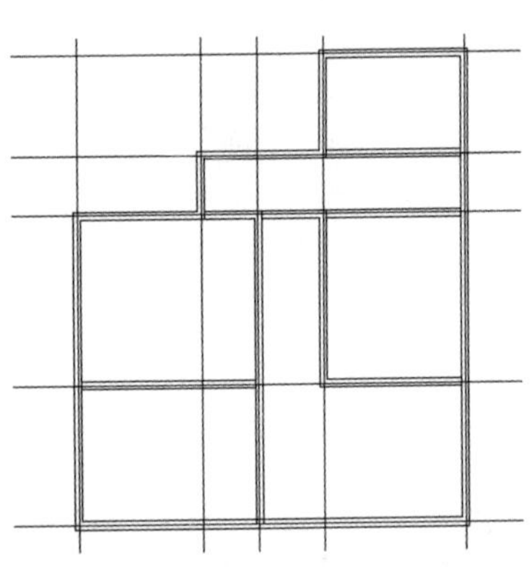

图 3-55　全部多线绘制结果

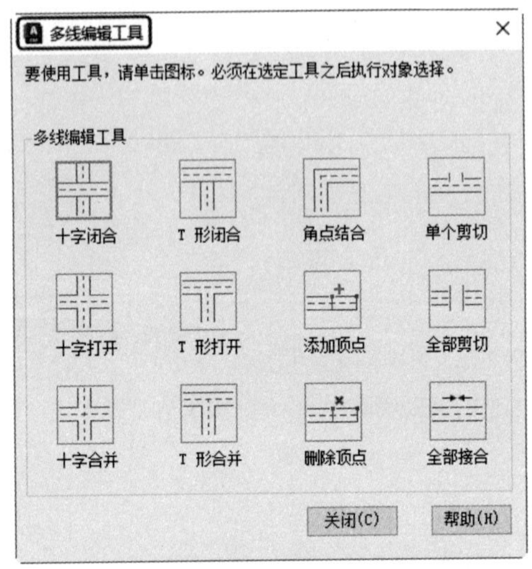

图 3-56　“多线编辑工具”对话框

选择其中的“T 形合并”选项，单击“关闭”按钮后，命令行提示与操作如下。

```
命令：_mledit
选择第一条多线：（选择多线）
选择第二条多线：（选择多线）
选择第一条多线或 [放弃(U)]：↙
```

用同样的方法继续进行多线编辑，最终结果如图 3-47 所示。

3.8　实践与操作

通过前面的学习，读者对本章知识也有了大体的了解。本节将通过几个操作练习帮助读者进一步掌握本章所学知识要点。

3.8.1　绘制阶梯

1. 目的要求

本练习绘制的是如图 3-57 所示的阶梯，主要涉及“直线”和“定数等分”命令。读者可通过本练习灵活掌握直线的绘制方法。

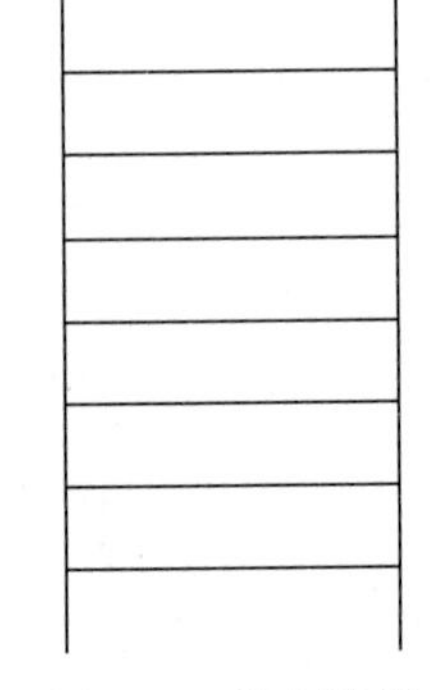

图 3-57　绘制阶梯

2. 操作提示

（1）利用“直线”命令，绘制两边的直线。

（2）利用“定数等分”命令，等分直线。

（3）利用“直线”命令，绘制台阶。

Note

3.8.2　绘制连环圆

1. 目的要求

本练习绘制的是如图 3-58 所示的连环圆，主要涉及“圆”命令。读者可通过本练习灵活掌握圆的绘制方法。

2. 操作提示

利用“圆”命令绘制连环圆。

3.8.3　绘制墙体

1. 目的要求

本练习绘制的是如图 3-59 所示的墙体。读者可通过本练习熟悉和掌握多线的样式设置与绘制方法。

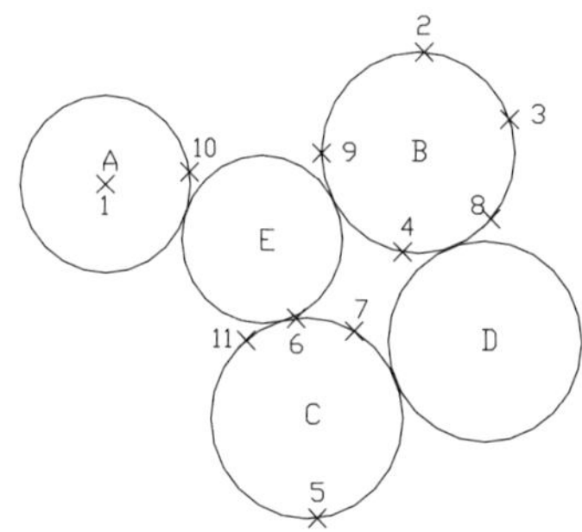

图 3-58　绘制连环圆

图 3-59　绘制墙体

2. 操作提示

（1）定义多线样式。

（2）绘制多线墙体。

（3）编辑多线。

第4章 二维编辑命令

二维图形的编辑操作配合绘图命令的使用可以进一步完成复杂图形对象的绘制工作，并可使用户合理安排和组织图形，保证绘图准确，减少重复，因此，对编辑命令的熟练掌握和使用有助于提高设计和绘图的效率。本章主要内容包括选择对象、删除及恢复类命令、对象编辑、图案填充、复制类命令、改变位置类命令和改变几何特性命令等。

☑ 选择对象
☑ 删除及恢复类命令
☑ 对象编辑
☑ 图案填充
☑ 复制类命令、改变位置类命令
☑ 改变几何特性类命令

任务驱动&项目案例

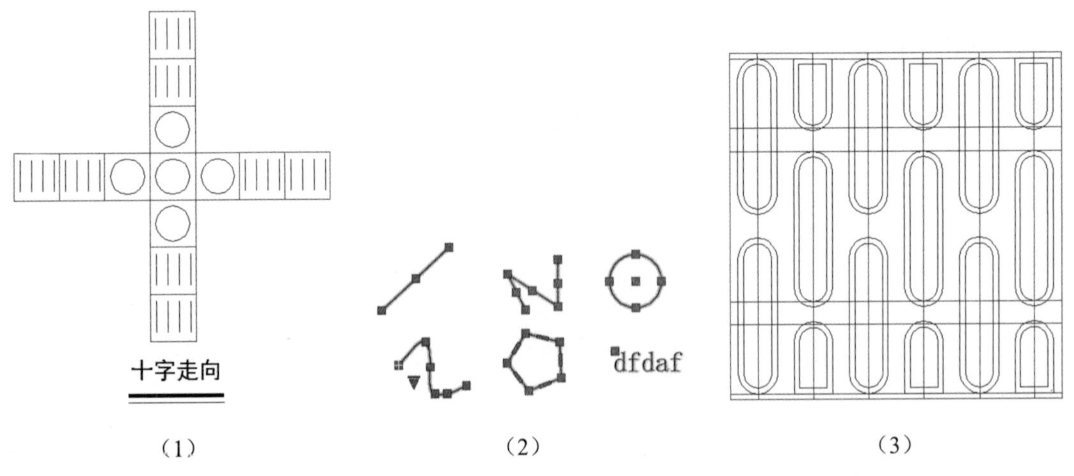

(1)　　(2)　　(3)

4.1 选择对象

AutoCAD 2024 提供了两种编辑图形的途径。

（1）先执行编辑命令，然后选择要编辑的对象。

（2）先选择要编辑的对象，然后执行编辑命令。

这两种途径的执行效果相同，但选择对象是进行编辑的前提。AutoCAD 2024 提供了多种对象选择方法，如点取选择对象、用选择窗口选择对象、用选择线选择对象、用对话框选择对象等。

无论使用哪种方法，AutoCAD 2024 都将提示用户选择对象，且光标的形状由十字光标变为拾取框。下面结合 SELECT 命令说明选择对象的方法。

SELECT 命令可以单独使用，也可以在执行其他编辑命令时被自动调用。命令行提示如下。

```
选择对象：
```

等待用户以某种方式选择对象作为回答。AutoCAD 2024 提供了多种选择方式，可以输入“?”查看这些选择方式。选择选项后，命令行提示如下。

```
需要点或窗口(W)/上一个(L)/窗交(C)/框(BOX)/全部(ALL)/栏选(F)/圈围(WP)/圈交(CP)/编组(G)/添加(A)/删除(R)/多个(M)/前一个(P)/放弃(U)/自动(AU)/单个(SI)/子对象(SU)/对象(O)
选择对象：
```

上面部分选项的含义如下。

☑ 点：该选项表示直接通过点取的方式选择对象。用鼠标或键盘移动拾取框，使其框住要选取的对象，然后单击即可选中该对象并以高亮度显示。

☑ 窗口(W)：用由两个对角顶点确定的矩形窗口选取位于其范围内部的所有图形，与边界相交的对象不会被选中。在指定对角顶点时应该按照从左向右的顺序，如图 4-1 所示。

☑ 上一个(L)：在“选择对象：”提示下输入 L 后按 Enter 键，系统会自动选取最后绘出的一个对象。

☑ 窗交(C)：该方式与上述“窗口”方式类似，区别在于，它不但选中矩形窗口内部的对象，也选中与矩形窗口边界相交的对象。选择的对象如图 4-2 所示。

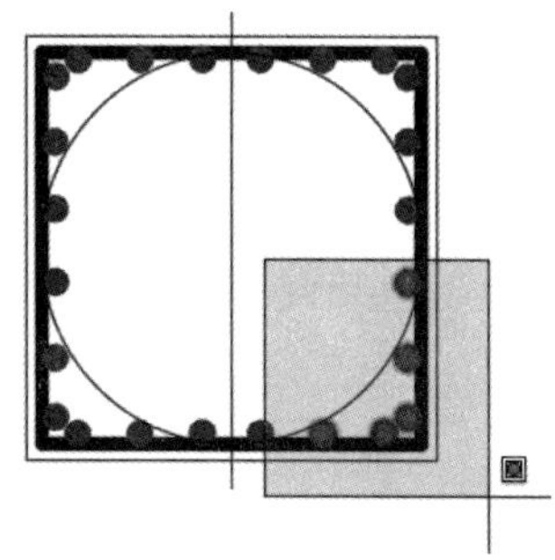

（a）图中深色覆盖部分为选择窗口

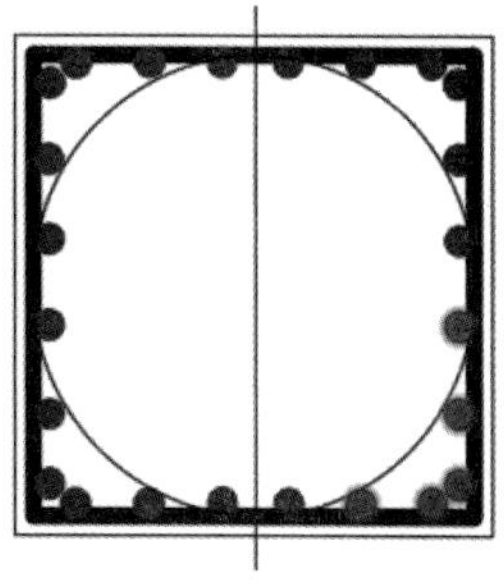

（b）选择后的图形

图 4-1 “窗口”对象选择方式

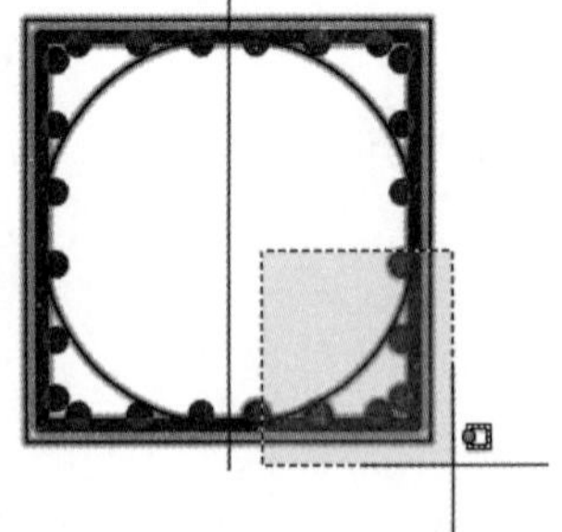

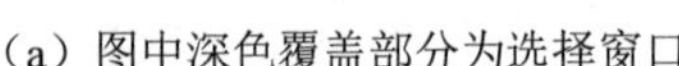

（a）图中深色覆盖部分为选择窗口

（b）选择后的图形

图 4-2 “窗交”对象选择方式

☑ 框(BOX)：使用时，系统根据用户在屏幕上给出的两个对角点的位置而自动引用“窗口”或“窗交”方式。若从左向右指定对角点，则为“窗口”方式；反之，则为“窗交”方式。
☑ 全部(ALL)：选取图面上的所有对象。
☑ 栏选(F)：用户临时绘制一些直线，这些直线不必构成封闭图形，凡是与这些直线相交的对象均被选中，选择的对象如图 4-3 所示。

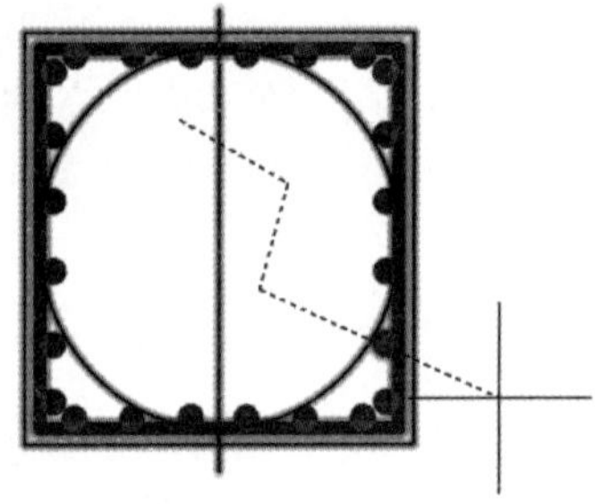

（a）图中虚线为选择栏

（b） 选择后的图形

图 4-3 “栏选”对象选择方式

☑ 圈围(WP)：使用一个不规则的多边形来选择对象。根据提示，用户顺次输入构成多边形的所有顶点的坐标，最后按 Enter 键结束操作，系统将自动连接第一个顶点到最后一个顶点的各个顶点，形成封闭的多边形。凡是被多边形围住的对象均被选中（不包括边界）。选择的对象如图 4-4 所示。

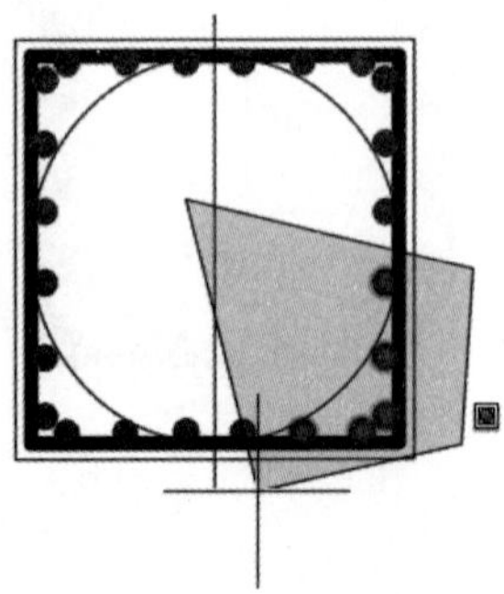

（a）图中十字线所拉出深色多边形为选择窗口

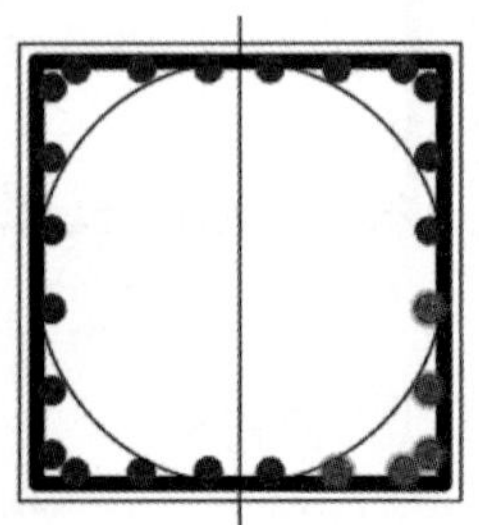

（b）选择后的图形

图 4-4 “圈围”对象选择方式

☑ 圈交(CP)：类似于“圈围”方式，在“选择对象：”提示后输入“CP”，后续操作与“圈围”方式相同。区别在于，与多边形边界相交的对象也被选中。
☑ 编组(G)：使用预先定义的对象组作为选择集。事先将若干个对象组成对象组，用组名引用。
☑ 添加(A)：添加下一个对象到选择集。也可用于从移走模式到选择模式的切换。
☑ 删除(R)：按住 Shift 键选择对象，可以从当前选择集中移走该对象。对象由高亮度显示状态变为正常显示状态。
☑ 多个(M)：指定多个点，不高亮度显示对象。这种方法可以加快在复杂图形上的选择对象过程。若两个对象交叉，两次指定交叉点，则可以选中这两个对象。
☑ 前一个(P)：用关键字 P 回应“选择对象：”的提示，则把上次编辑命令中的最后一次构造的选择集或最后一次使用 Select（DDSELECT）命令预置的选择集作为当前选择集。这种方法适用于对同一选择集进行多种编辑操作的情况。
☑ 放弃(U)：用于取消加入选择集的对象。
☑ 自动(AU)：选择结果视用户在屏幕上的选择操作而定。如果选中单个对象，则该对象为自动选择的结果；如果选择点落在对象内部或外部的空白处，命令行提示如下。

```
选择对象：
```

此时，系统会采取一种窗口的选择方式。对象被选中后，变为虚线形式，并以高亮度显示。

说明： 若矩形框从左向右定义，即第一个选择的对角点为左侧的对角点，矩形框内部的对象被选中，框外部的及与矩形框边界相交的对象不会被选中。若矩形框从右向左定义，矩形框内部及与矩形框边界相交的对象都会被选中。

☑ 单个(SI)：选择指定的第一个对象或对象集，而不继续提示进行下一步的选择。

4.2　删除及恢复类命令

这一类命令主要用于删除图形的某部分或对已被删除的部分进行恢复，包括“删除”“回退”“重做”“清除”等命令。

4.2.1　“删除”命令

如果所绘制的图形不符合要求或错绘了图形，则可以使用“删除”命令将其删除。

1. 执行方式

☑ 命令行：ERASE。
☑ 菜单栏：“修改”→“删除”。
☑ 快捷菜单：选择要删除的对象，在绘图区右击，从打开的快捷菜单中选择“删除”命令。
☑ 工具栏：“修改”→“删除”。
☑ 功能区：“默认”→“修改”→“删除”。

2. 操作步骤

可以先选择对象，然后调用“删除”命令；也可以先调用“删除”命令，再选择对象。选择对象时，可以使用 4.1 节介绍的选择对象的各种方法。

当选择多个对象时，多个对象都被删除；若选择的对象属于某个对象组，则该对象组的所有对象都被删除。

Note

4.2.2 “恢复”命令

若误删除了图形，则可以使用“恢复”命令恢复误删除的对象。

1. 执行方式

☑ 命令行：OOPS 或 U。
☑ 工具栏：快速访问→“放弃”。
☑ 快捷键：Ctrl+Z。

2. 操作步骤

在命令行窗口中输入 OOPS，按 Enter 键。

4.3 对象编辑

在对图形进行编辑时，还可以对图形对象本身的某些特性进行编辑，从而方便地进行图形绘制。

4.3.1 钳夹功能

利用钳夹功能可以快速方便地编辑对象。AutoCAD 在图形对象上定义了一些特殊点，称为夹点，利用夹点可以灵活地控制对象，如图 4-5 所示。

要使用钳夹功能编辑对象，必须先打开钳夹功能，打开方法是选择“工具”→“选项”命令，弹出“选项”对话框，在“选择集”选项卡中选中“启用夹点”复选框。在该选项卡中，还可以设置代表夹点的小方格的尺寸和颜色。

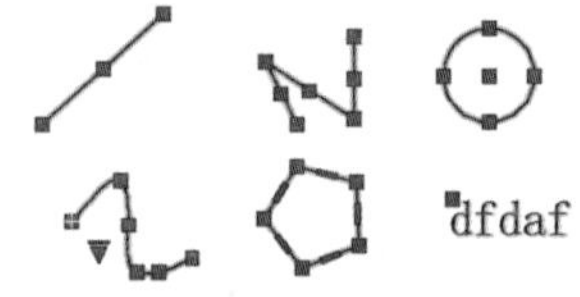

图 4-5　夹点

也可以通过 GRIPS 来控制是否打开钳夹功能，1 代表打开，0 代表关闭。

打开钳夹功能后，应该在编辑对象之前先选择对象。夹点表示了对象的控制位置。

使用夹点编辑对象，要选择一个夹点作为基点，称为基准夹点。然后选择一种编辑操作：删除、移动、复制、选择、旋转和缩放。可以用空格键、Enter 键或键盘上的快捷键循环选择这些功能。

下面仅就其中的拉伸对象操作为例进行讲述，其他操作类似。

在图形上拾取一个夹点，该夹点改变颜色，此点为夹点编辑的基准夹点。命令行提示如下。

```
** 拉伸 **
指定拉伸点或 [基点(B)/复制(C)/放弃(U)/退出(X)]:
```

在上述拉伸编辑提示下，输入“缩放”命令，或右击选择快捷菜单中的“缩放”命令，系统就会转换为“缩放”操作，其他操作类似，这里不再赘述。

4.3.2 修改对象属性

1. 执行方式

☑ 命令行：DDMODIFY 或 PROPERTIES。
☑ 菜单栏：“修改”→“特性或工具”→“选项板”→“特性”。
☑ 工具栏：“标准”→“特性”。

☑　功能区："默认"→"特性"→"对话框启动器"↘。

2．操作步骤

```
命令：DDMODIFY↙
```

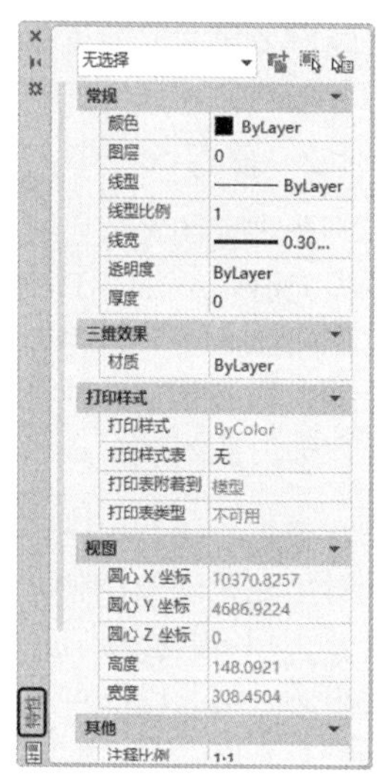

图 4-6　"特性"选项板

AutoCAD 打开"特性"选项板，如图 4-6 所示。利用它可以方便地设置或修改对象的各种属性。

不同的对象属性种类和值不同，修改属性值，对象表现为新的属性。

4.3.3　特性匹配

利用特性匹配功能可以将目标对象的属性与源对象的属性进行匹配，使目标对象的属性与源对象属性相同。利用特性匹配功能可以方便快捷地修改对象属性，并保持不同对象的属性相同。

1．执行方式

☑　命令行：MATCHPROP。

☑　菜单栏："修改"→"特性匹配"。

☑　功能区："默认"→"特性"→"特性匹配"。

2．操作步骤

```
命令：MATCHPROP↙
选择源对象：(选择源对象)
当前活动设置： 颜色 图层 线型 线型比例 线宽 透明度 厚度 打印样式 标注 文字 图案填充 多段线 视口 表格材质 多重引线中心对象
选择目标对象或 [设置(S)]：(选择目标对象)
```

图 4-7 所示为两个属性不同的对象，以左边的圆为源对象，对右边的矩形进行特性匹配，结果如图 4-8 所示。

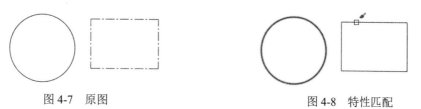

图 4-7　原图

图 4-8　特性匹配

4.4　图案填充

当用户需要用一个重复的图案（pattern）填充某个区域时，可以使用 BHATCH 命令建立一个相关联的填充阴影对象，即图案填充。

4.4.1　基本概念

1．图案边界

当进行图案填充时，首先要确定图案填充的边界。定义边界的对象只能是直线、双向射线、单向射线、多段线、样条曲线、圆弧、圆、椭圆、椭圆弧、面域等对象或用这些对象定义的块，而且作为边界的对象，在当前屏幕上必须全部可见。

Note

2. 孤岛

在进行图案填充时，将位于总填充域内的封闭区域称为孤岛，如图 4-9 所示。在用 BHATCH 命令填充时，AutoCAD 允许用户以拾取点的方式确定填充边界，即在希望填充的区域内任意拾取一点，AutoCAD 会自动确定填充边界，同时确定该边界内的孤岛。如果用户是以拾取点的方式确定填充边界的，则必须精确地拾取这些孤岛，有关知识将在 4.4.2 节中介绍。

3. 填充方式

在进行图案填充时，需要控制填充的范围，AutoCAD 系统为用户设置了以下 3 种填充方式，实现对填充范围的控制。

（1）普通方式：如图 4-10（a）所示，该方式从边界开始，从每条填充线或每个剖面符号的两端向里画，遇到内部对象与之相交时，填充线或剖面符号断开，直到遇到下一次相交时再继续画。采用这种方式时，要避免填充线或剖面符号与内部对象的相交次数为奇数。该方式为系统内部的默认方式。

（2）最外层方式：如图 4-10（b）所示，该方式从边界开始，向里画剖面符号，只要在边界内部与对象相交，则剖面符号由此断开，而不再继续画。

（3）忽略方式：如图 4-10（c）所示，该方式忽略边界内部的对象，所有内部结构都被剖面符号覆盖。

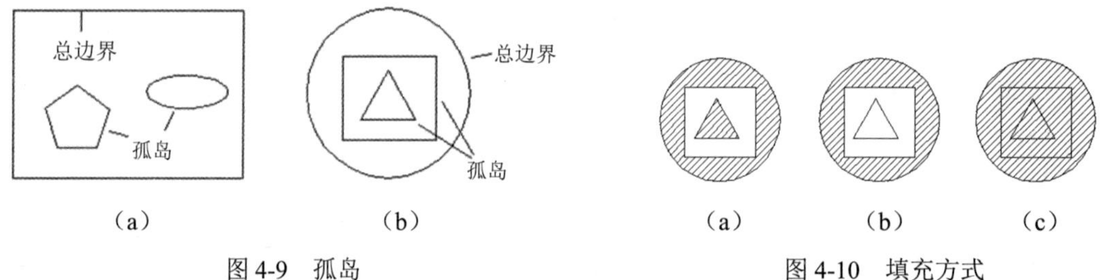

图 4-9　孤岛

图 4-10　填充方式

4.4.2 图案填充的操作

在 AutoCAD 2024 中，可以对图形进行图案填充，图案填充是在“图案填充创建”选项卡中进行的。

1. 执行方式

☑ 命令行：BHATCH。
☑ 菜单栏：“绘图”→“图案填充”。
☑ 工具栏：“绘图”→“图案填充”。
☑ 功能区：“默认”→“绘图”→“图案填充”。

2. 操作步骤

执行上述命令后，系统打开如图 4-11 所示的“图案填充创建”选项卡。

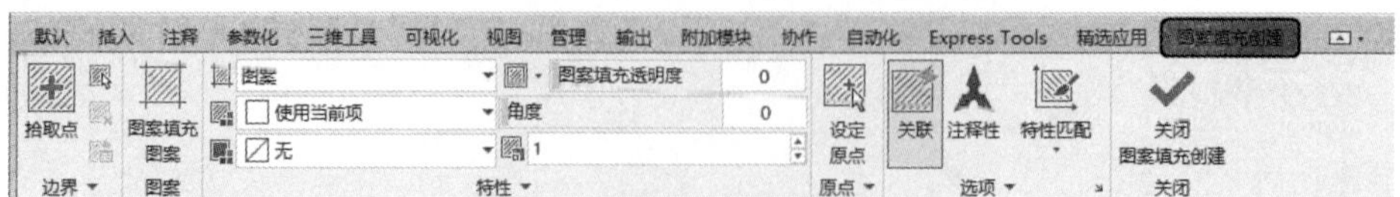

图 4-11　“图案填充创建”选项卡

3. 选项说明

（1）“边界”面板。

☑ 拾取点：通过选择由一个或多个对象形成的封闭区域内的点，确定图案填充边界，如图 4-12 所示。指定内部点时，可以随时在绘图区域中右击以显示包含多个选项的快捷菜单。

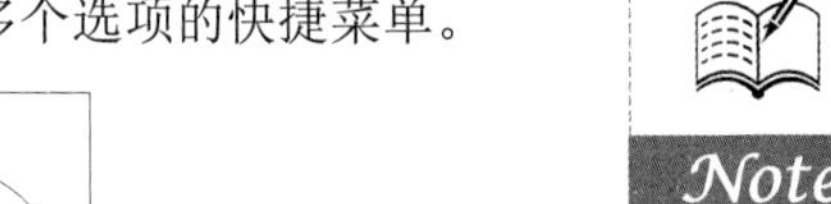

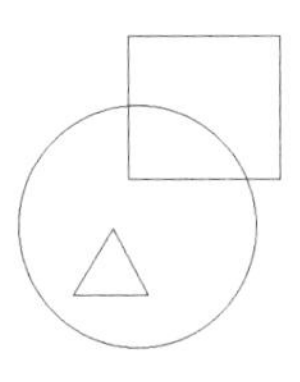

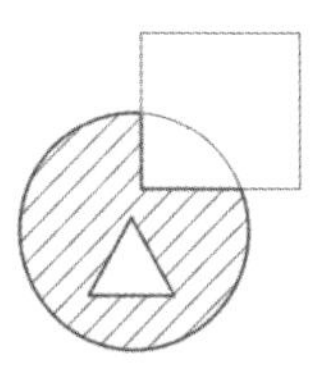

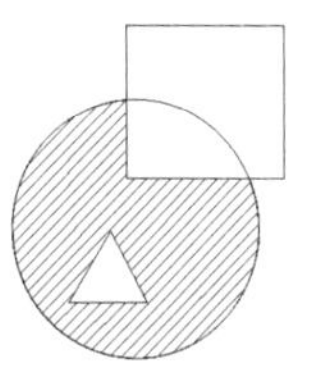

选择一点　　填充区域　　填充结果

图 4-12　边界确定

☑ 选择边界对象：指定基于选定对象的图案填充边界。使用该选项时，不会自动检测内部对象，必须选择选定边界内的对象，以按照当前孤岛检测样式填充这些对象，如图 4-13 所示。

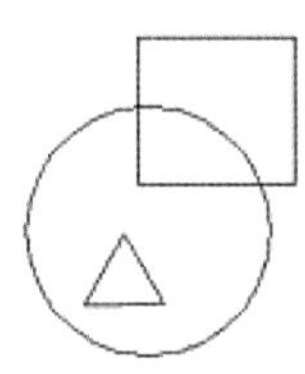

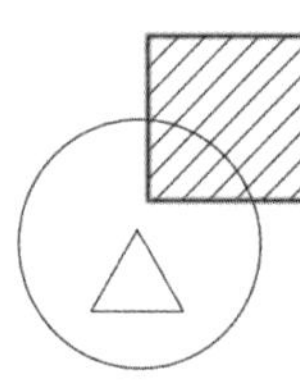

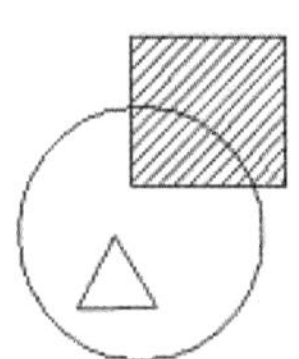

原始图形　　选取边界对象　　填充结果

图 4-13　选取边界对象

☑ 删除边界对象：从边界定义中删除之前添加的任何对象，如图 4-14 所示。

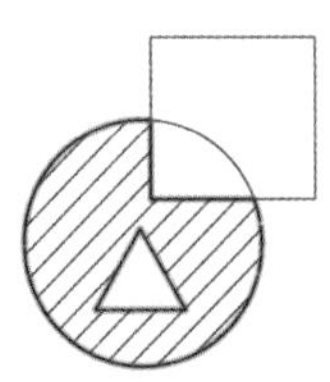

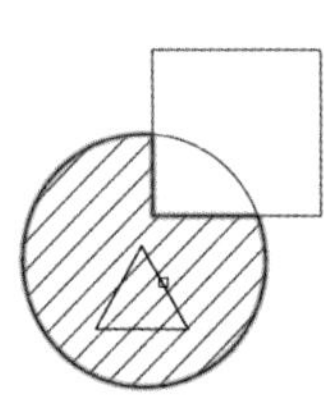

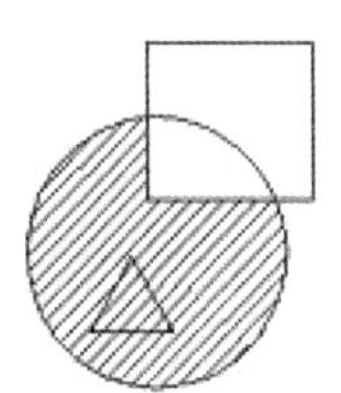

选取边界对象　　删除边界　　填充结果

图 4-14　删除“岛”后的边界

☑ 重新创建边界：围绕选定的图案填充或填充对象创建多段线或面域，并使其与图案填充对象相关联（可选）。

☑ 显示边界对象：选择构成选定关联图案填充对象的边界的对象，使用显示的夹点可修改图案填充边界。

☑ 保留边界对象：指定如何处理图案填充边界对象，包括以下选项。

- 不保留边界：（仅在图案填充创建期间可用）不创建独立的图案填充边界对象。
- 保留边界-多段线：（仅在图案填充创建期间可用）创建封闭图案填充对象的多段线。
- 保留边界-面域：（仅在图案填充创建期间可用）创建封闭图案填充对象的面域对象。
- 选择新边界集：指定对象的有限集（称为边界集），以便通过创建图案填充时的拾取点进行计算。

（2）“图案”面板。

显示所有预定义和自定义图案的预览图像。

（3）“特性”面板。

☑ 图案填充类型：指定是使用纯色、渐变色、图案还是用户定义的填充。
☑ 图案填充颜色：替代实体填充和填充图案的当前颜色。
☑ 背景色：指定填充图案背景的颜色。
☑ 图案填充透明度：设定新图案填充或填充的透明度，替代当前对象的透明度。
☑ 图案填充角度：指定图案填充或填充的角度。
☑ 填充图案比例：放大或缩小预定义或自定义填充图案。
☑ 相对于图纸空间：（仅在布局中可用）相对于图纸空间单位缩放填充图案。使用该选项，能很容易地做到以适合于布局的比例显示填充图案。
☑ 双向：（仅当“图案填充类型”设定为“用户定义”时可用）将绘制第二组直线，与原始直线成90°角，从而构成交叉线。
☑ ISO笔宽：（仅对于预定义的ISO图案可用）基于选定的笔宽缩放ISO图案。

（4）“原点”面板。

☑ 设定原点：直接指定新的图案填充原点。
☑ 左下：将图案填充原点设定在图案填充边界矩形范围的左下角。
☑ 右下：将图案填充原点设定在图案填充边界矩形范围的右下角。
☑ 左上：将图案填充原点设定在图案填充边界矩形范围的左上角。
☑ 右上：将图案填充原点设定在图案填充边界矩形范围的右上角。
☑ 中心：将图案填充原点设定在图案填充边界矩形范围的中心。
☑ 使用当前原点：将图案填充原点设定在HPORIGIN系统变量中存储的默认位置。
☑ 存储为默认原点：将新图案填充原点的值存储在HPORIGIN系统变量中。

（5）“选项”面板。

☑ 关联：指定图案填充或填充为关联图案填充。关联的图案填充或填充在用户修改其边界对象时将会被更新。
☑ 注释性：指定图案填充为注释性。此特性会自动完成缩放注释过程，从而使注释能够以正确的大小在图纸上打印或显示。
☑ 特性匹配。
  ➢ 使用当前原点：使用选定图案填充对象（除图案填充原点）设定图案填充的特性。
  ➢ 用源图案填充原点：使用选定图案填充对象（包括图案填充原点）设定图案填充的特性。
☑ 允许的间隙：设定将对象用作图案填充边界时可以忽略的最大间隙。默认值为0，此值指定对象必须封闭区域而没有间隙。
☑ 创建独立的图案填充：控制当指定了几个单独的闭合边界时，是创建单个图案填充对象，还是创建多个图案填充对象。
☑ 孤岛检测。
  ➢ 普通孤岛检测：从外部边界向内填充。如果遇到内部孤岛，填充将关闭，直到遇到孤岛中的另一个孤岛。
  ➢ 外部孤岛检测：从外部边界向内填充。此选项仅填充指定的区域，不会影响内部孤岛。
  ➢ 忽略孤岛检测：忽略所有内部的对象，填充图案时将通过这些对象。
  ➢ 无孤岛检测：关闭孤岛检测。
☑ 绘图次序：为图案填充或填充指定绘图次序。选项包括不更改、后置、前置、置于边界之后和置于边界之前。

（6）“关闭”面板。

关闭“图案填充创建”：退出 HATCH 并关闭上下文选项卡。也可以按 Enter 键或 Esc 键退出 HATCH。

4.4.3　渐变色的操作

在 AutoCAD 2024 中，对图形进行渐变色图案填充和图案填充一样，都是在“图案填充创建”选项卡中进行的。打开“图案填充创建”选项卡，主要有如下 4 种方法。

☑　命令行：GRADIENT。

☑　菜单栏：“绘图”→“渐变色”。

☑　工具栏：“绘图”→“渐变色”。

☑　功能区：“默认”→“绘图”→“渐变色”。

执行上述命令后系统打开如图 4-15 所示的“图案填充创建”选项卡，各面板中的按钮含义与图案填充类似，这里不再赘述。

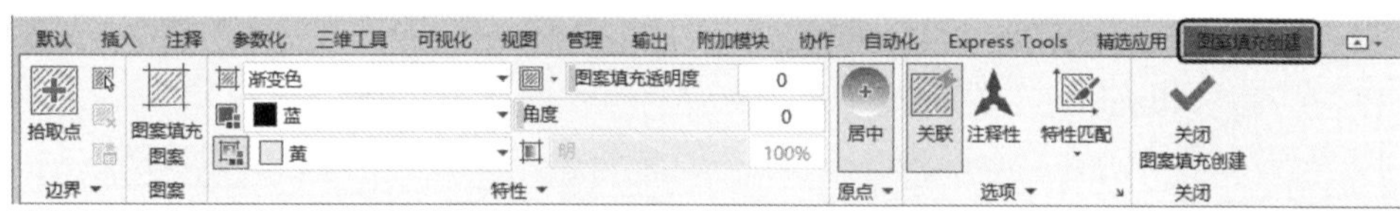

图 4-15　“图案填充创建”选项卡

4.4.4　边界的操作

在 AutoCAD 2024 中，对图形边界的操作是在“边界创建”对话框中进行的。打开“边界创建”对话框，主要有如下两种方法。

☑　命令行：BOUNDARY。

☑　功能区：“默认”→“绘图”→“边界”。

执行上述命令后系统打开如图 4-16 所示的“边界创建”对话框，各面板中的按钮含义如下。

☑　拾取点：根据围绕指定点构成封闭区域的现有对象来确定边界。

☑　孤岛检测：控制 BOUNDARY 命令是否检测内部闭合边界，该边界称为孤岛。

☑　对象类型：控制新边界对象的类型。BOUNDARY 将边界作为面域或多段线对象创建。

☑　边界集：定义通过指定点定义边界时，BOUNDARY 要分析的对象集。

4.4.5　编辑填充的图案

在对图形对象以图案进行填充后，还可以对填充图案进行编辑操作，如更改填充图案的类型、比例等。更改填充图案，主要有如下 6 种方法。

☑　命令行：HATCHEDIT。

☑　菜单栏：“修改”→“对象”→“图案填充”。

☑　工具栏：“修改 II”→“编辑图案填充”。

☑　功能区：“默认”→“修改”→“编辑图案填充”。

☑　快捷菜单：选中填充的图案右击，在打开的快捷菜单中选择“图案填充编辑”命令，如图 4-17 所示。

☑　快捷方法：直接选择填充的图案，打开“图案填充编辑器”选项卡，如图 4-18 所示。

Note

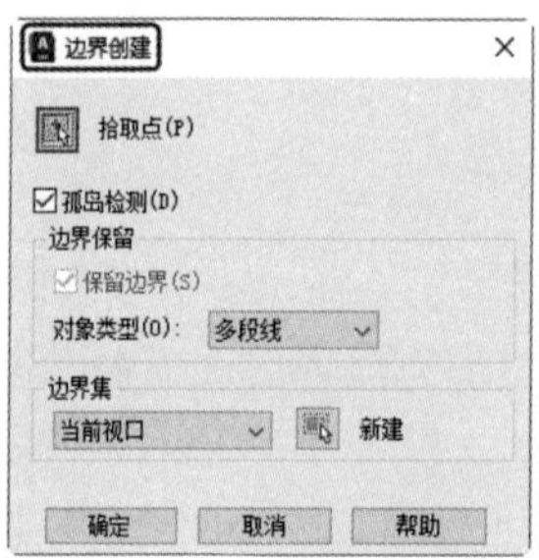

图 4-16 “边界创建”对话框

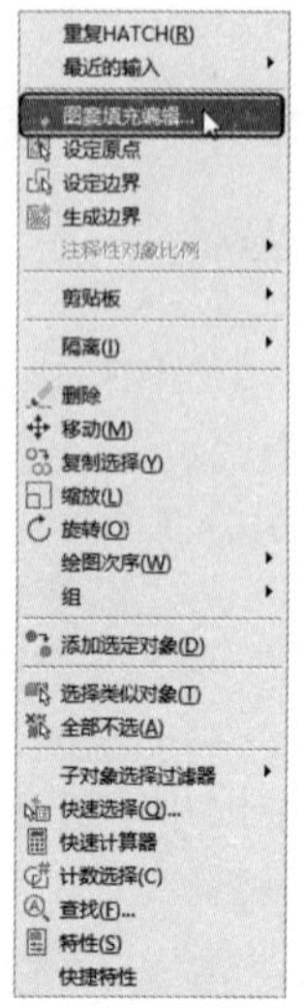

图 4-17 快捷菜单

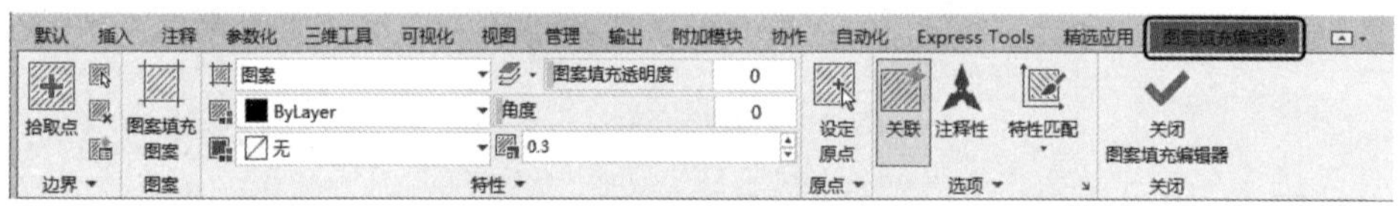

图 4-18 “图案填充编辑器”选项卡

4.4.6 实例——绘制剪力墙

绘制如图 4-19 所示的剪力墙。

视频讲解

操作步骤

（1）单击“默认”选项卡“绘图”面板中的“直线”按钮⁄，绘制连续线段，如图 4-20 所示。

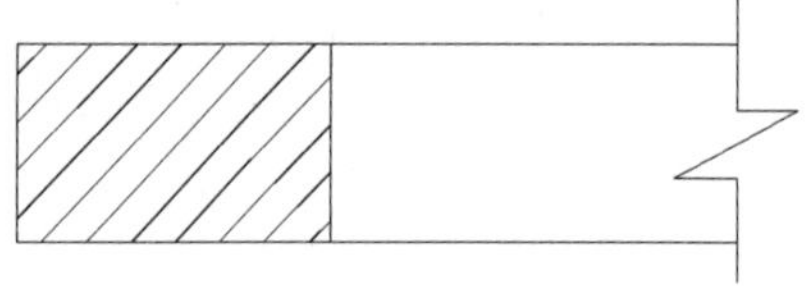

图 4-19 剪力墙

图 4-20 绘制连续线段

（2）单击“默认”选项卡“绘图”面板中的“直线”按钮⁄，绘制折断线，如图 4-21 所示。

（3）同理，在内侧绘制竖向直线，完成剪力墙轮廓线的绘制，如图 4-22 所示。

（4）单击“默认”选项卡“绘图”面板中的“图案填充”按钮▨，❶打开“图案填充创建”选项卡，如图 4-23 所示，❷选择“ANSI31”的填充图案，❸填充的角度为 0°，❹填充比例为 1，❺单击拾取点，用鼠标指定将要填充的区域，进行填充，❻单击“关闭”按钮，关闭选项卡确认后生成如图 4-19 所示的图形。

图 4-21 绘制折断线

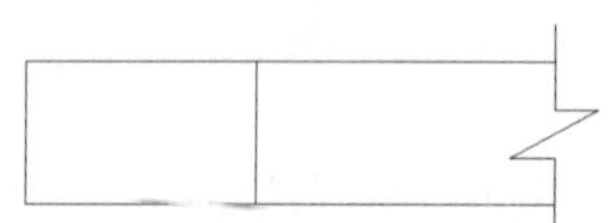

图 4-22 绘制剪力墙轮廓线

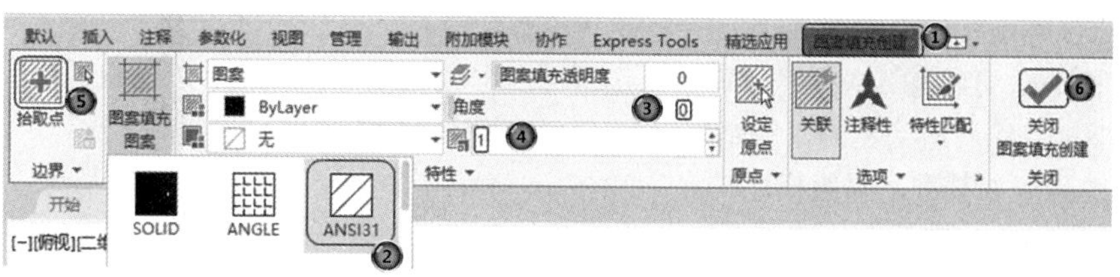

图 4-23　“图案填充创建”选项卡

4.5　复制类命令

本节详细介绍 AutoCAD 2024 的复制类命令。利用这些命令，可以方便地编辑绘制的图形。

4.5.1　“复制”命令

1. 执行方式

☑　命令行：COPY。
☑　菜单栏：“修改”→“复制”。
☑　工具栏：“修改”→“复制”。
☑　快捷菜单：选择要复制的对象，在绘图区右击，从打开的快捷菜单中选择“复制选择”命令。
☑　功能区：“默认”→“修改”→“复制”。

2. 操作步骤

```
命令：COPY↙
选择对象：（选择要复制的对象）
```

用前面介绍的对象选择方法选择一个或多个对象，按 Enter 键，结束选择操作。系统提示如下。

```
当前设置：复制模式=多个
指定基点或 [位移(D)/模式(O)] <位移>:
指定第二个点或 [阵列(A)] <使用第一个点作为位移>:
指定第二个点或 [阵列(A)/退出(E)/放弃(U)] <退出>:
```

3. 选项说明

（1）指定基点。指定一个坐标点后，AutoCAD 2024 把该点作为复制对象的基点，并提示如下。

```
指定位移的第二点或[阵列(A)] <使用第一点作位移>:
```

指定第二个点后，系统将根据这两点确定的位移矢量把选择的对象复制到第二点处。如果此时直接按 Enter 键，即选择默认的“用第一点作位移”，则第一个点被当作相对于 X、Y、Z 的位移。例如，如果指定基点为（2,3）并在下一个提示下按 Enter 键，则该对象从它当前的位置开始，在 X 方向上移动 2 个单位，在 Y 方向上移动 3 个单位。复制完成后，系统提示如下。

```
指定第二个点或 [阵列(A)/退出(E)/放弃(U)] <退出>:
```

这时，可以不断指定新的第二点，从而实现多重复制。

（2）位移(D)。直接输入位移值，表示以选择对象时的拾取点为基准，以拾取点坐标为移动方向，纵横比移动指定位移后所确定的点为基点。例如，选择对象时的拾取点坐标为（2,3），输入位移为5，则表示以（2,3）点为基准，沿纵横比为3∶2的方向移动5个单位所确定的点为基点。

（3）模式(O)。控制是否自动重复该命令。可以设置复制模式是单个还是多个。

Note

4.5.2 实例——十字走向交叉口盲道

视频讲解

绘制如图4-24所示的十字走向交叉口盲道。

操作步骤

1. 绘制盲道交叉口

（1）单击“默认”选项卡“绘图”面板中的“矩形”按钮，绘制30×30的矩形。

（2）在状态栏中单击打开“正交模式”按钮，再单击“默认”选项卡“绘图”面板中的“直线”按钮，沿矩形宽度方向沿中点向上绘制长为10的直线，然后向下绘制长为20的直线，如图4-25所示。

（3）单击“默认”选项卡“修改”面板中的“复制”按钮，复制刚绘制好的直线。水平向右复制的距离分别为3.75、11.25、18.75、26.25，命令行提示与操作如下。

```
命令: _copy
选择对象: 找到 1 个
选择对象: ↙
当前设置: 复制模式=多个
指定基点或 [位移(D)/模式(O)] <位移>:
指定第二个点或 [阵列(A)] <使用第一个点作为位移>: 3.75↙
指定第二个点或 [阵列(A)/退出(E)/放弃(U)] <退出>: 11.25↙
指定第二个点或 [阵列(A)/退出(E)/放弃(U)] <退出>: 18.75↙
指定第二个点或 [阵列(A)/退出(E)/放弃(U)] <退出>: 26.25↙
指定第二个点或 [阵列(A)/退出(E)/放弃(U)] <退出>: ↙
```

（4）单击“默认”选项卡“修改”面板中的“删除”按钮，删除长为10的直线段。完成的图形如图4-26所示。

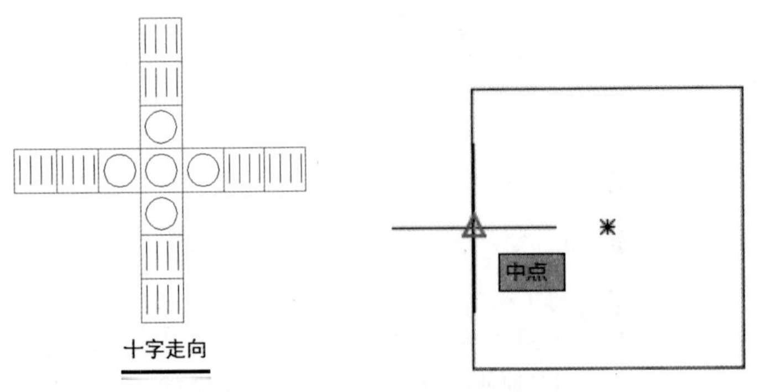

图4-24 十字走向交叉口盲道　　图4-25 矩形宽度方向绘制直线

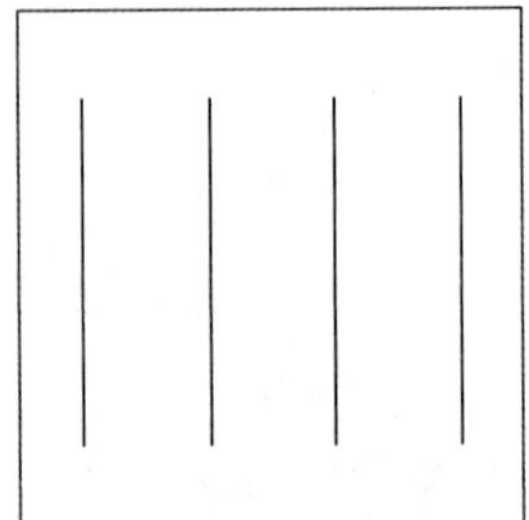

图4-26 交叉口行进盲道

2. 绘制交叉口提示圆形盲道

（1）复制矩形，在状态栏单击打开“对象捕捉”按钮和“对象捕捉追踪”按钮，捕捉矩形

的左上端点为基点，对矩形进行复制，如图 4-27 所示。

（2）单击“默认”选项卡“绘图”面板中的“圆”按钮⊙，绘制半径为 11 的圆。完成的图形如图 4-28 所示。

（3）单击“默认”选项卡“修改”面板中的“复制”按钮，复制十字走向交叉口盲道，如图 4-29 所示。

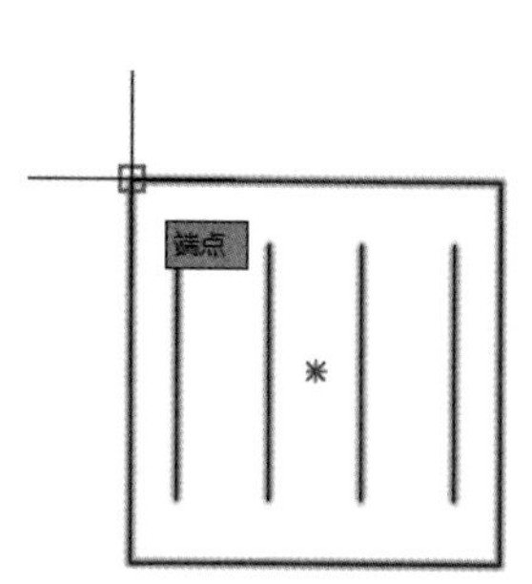

图 4-27　捕捉矩形左上端点

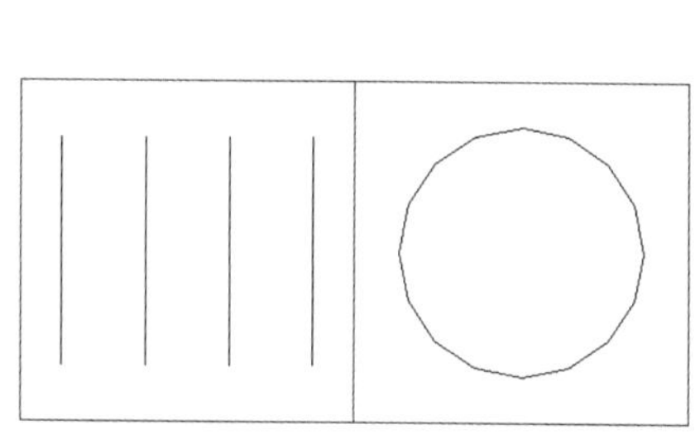

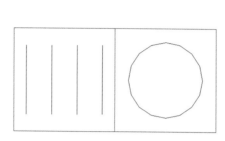

图 4-28　绘制十字走向交叉口

图 4-29　复制十字走向交叉口盲道

（4）单击“默认”选项卡“绘图”面板中的“多段线”按钮，在图形下方绘制一条多段线，然后单击“默认”选项卡“绘图”面板中的“直线”按钮╱，绘制一条直线。

（5）单击“默认”选项卡“注释”面板中的“多行文字”按钮A（此命令在 5.4 节中进行讲解），系统打开“文字编辑器”选项卡，如图 4-30 所示，在文字编辑框内输入文字。

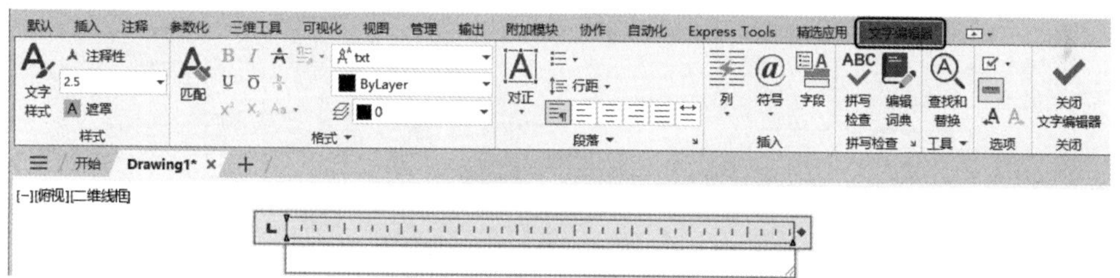

图 4-30　“文字编辑器”选项卡和多行文字编辑器

（6）同理，可以复制完成 L 字走向、T 字走向的绘制。完成的图形如图 4-31 所示。

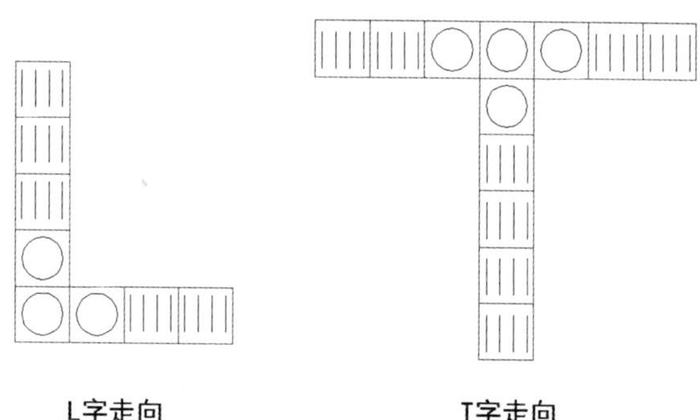

图 4-31　交叉口提示盲道

Note

4.5.3 “偏移”命令

偏移对象是指保持选择的对象的形状、在不同的位置以不同的尺寸大小新建的一个对象。

1. 执行方式

☑ 命令行：OFFSET。
☑ 菜单栏：“修改”→“偏移”。
☑ 工具栏：“修改”→“偏移”⊆。
☑ 功能区：“默认”→“修改”→“偏移”⊆。

2. 操作步骤

```
命令：OFFSET↙
当前设置：删除源=否  图层=源  OFFSETGAPTYPE=0
指定偏移距离或 [通过(T)/删除(E)/图层(L)] <通过>：(指定距离值)
选择要偏移的对象，或 [退出(E)/放弃(U)] <退出>：(选择要偏移的对象。按 Enter 键，结束操作)
指定要偏移的那一侧上的点，或 [退出(E)/多个(M)/放弃(U)] <退出>：(指定偏移方向)
```

3. 选项说明

（1）指定偏移距离：输入一个距离值，或按 Enter 键使用当前的距离值，系统把该距离值作为偏移距离，如图 4-32 所示。

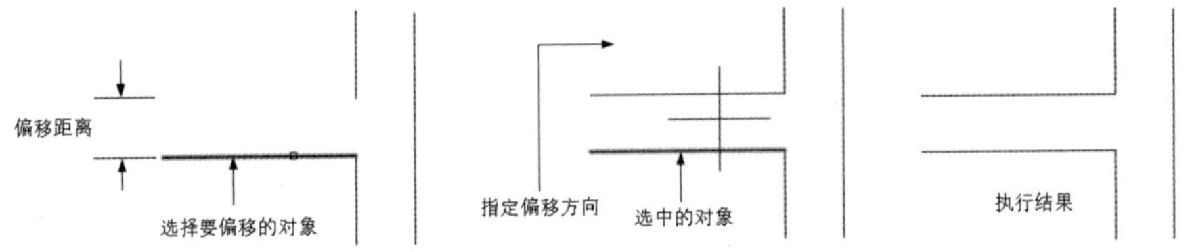

图 4-32　指定偏移对象的距离

（2）通过(T)：指定偏移对象的通过点。选择该选项后系统提示如下。

```
选择要偏移的对象，或 [退出(E)/放弃(U)] <退出>：(选择要偏移的对象，按 Enter 键，结束操作)
指定通过点或 [退出(E)/多个(M)/放弃(U)] <退出>：(指定偏移对象的一个通过点)
```

操作完毕后，系统根据指定的通过点绘出偏移对象，如图 4-33 所示。

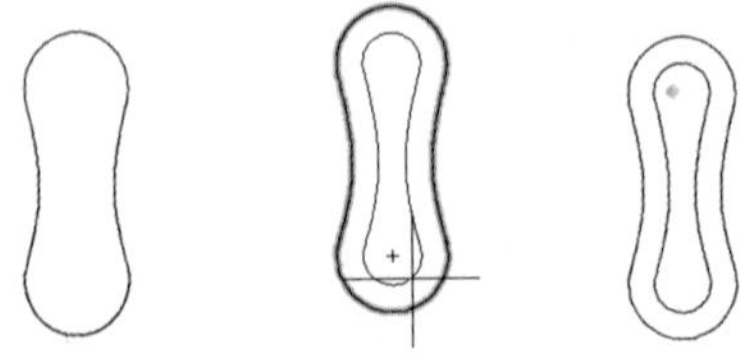

要偏移的对象　指定通过点　执行结果

图 4-33　指定偏移对象的通过点

（3）删除(E)：偏移后，将源对象删除。选择该选项后系统提示如下。

```
要在偏移后删除源对象吗？ [是(Y)/否(N)] <否>：
```

（4）图层(L)：确定将偏移对象创建在当前图层上还是源对象所在的图层上。选择该选项后系统提示如下。

```
输入偏移对象的图层选项 [当前(C)/源(S)] <源>:
```

视频讲解

4.5.4　实例——绘制钢筋剖面

绘制如图 4-34 所示的钢筋剖面。

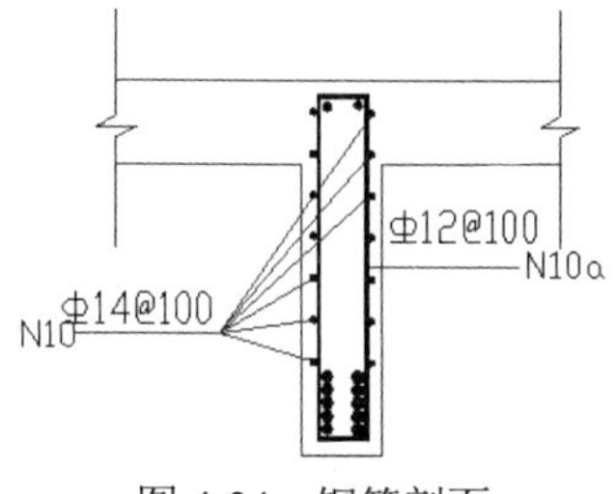

图 4-34　钢筋剖面

操作步骤

1. 设置图层

单击“默认”选项卡“图层”面板中的“图层特性”按钮，❶打开“图层特性管理器”对话框，如图 4-35 所示。❷单击“图层特性管理器”对话框中的“新建图层”按钮，新建图层，❸将图层名称修改为“轮廓线”，❹单击新建的图层“颜色”栏中的色块，❺打开“选择颜色”对话框，如图 4-36 所示，❻选择红色，❼单击“确定”按钮，返回“图层特性管理器”对话框。❽单击“置为当前”按钮，将“轮廓线”图层置为当前图层。

❾使用相同的方法新建“标注尺寸线”“钢筋”和“文字”图层。设置好的图层如图 4-35 所示，最后❿单击“关闭”按钮，返回绘图区。

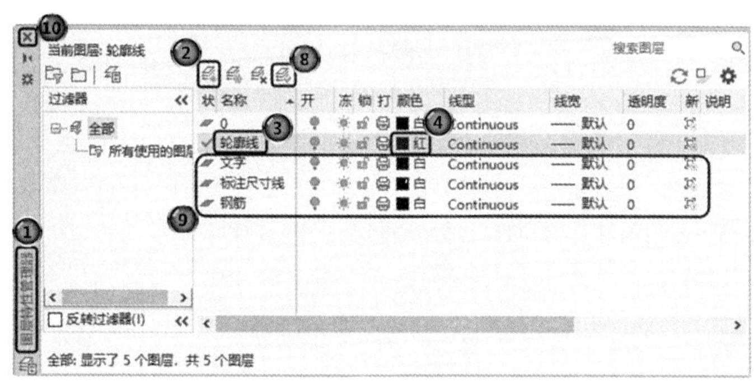

图 4-35　图层设置

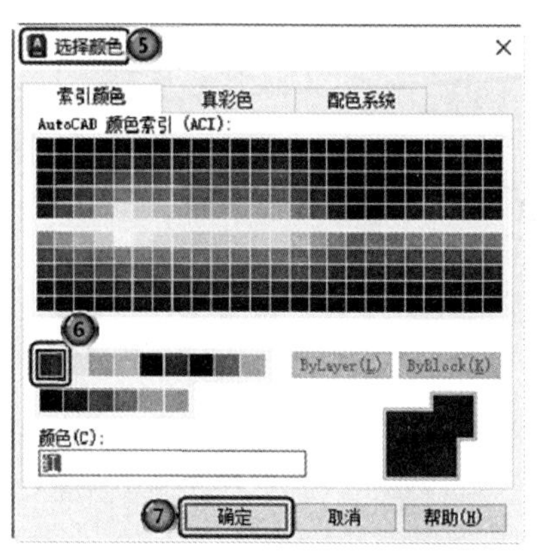

图 4-36　“选择颜色”对话框

2. 绘制直线

在状态栏中单击“正交模式”按钮，打开正交模式，单击“默认”选项卡“绘图”面板中的“直线”按钮，在屏幕上任意指定一点，以坐标点（@-200,0）、（@0,700）、（@-500,0）、（@0,200）、（@1200,0）、（@0,-200）、（@-500,0）和（@0,-700）绘制直线，完成的图形如图 4-37 所示。

3. 绘制折断线

（1）单击“默认”选项卡“绘图”面板中的“直线”按钮，绘制折断线。

（2）单击“默认”选项卡“修改”面板中的“删除”按钮，删除尺寸标注，完成的图形如图 4-38 所示。

4. 绘制钢筋

（1）把“钢筋”图层设置为当前图层，单击“默认”选项卡“修改”面板中的“偏移”按钮，绘制钢筋定位线。命令行提示与操作如下。

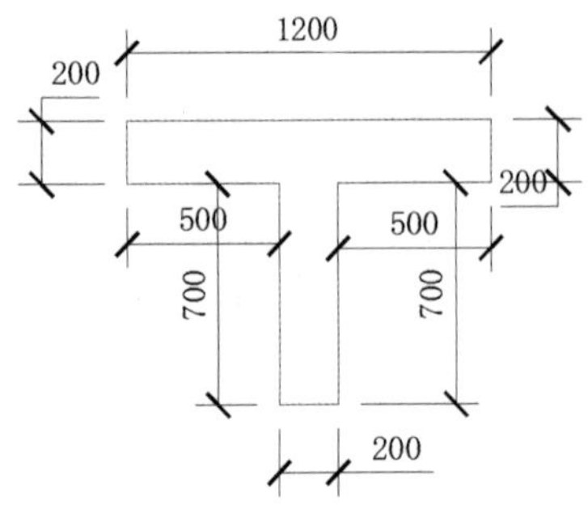

图 4-37　1-1 剖面轮廓线绘制

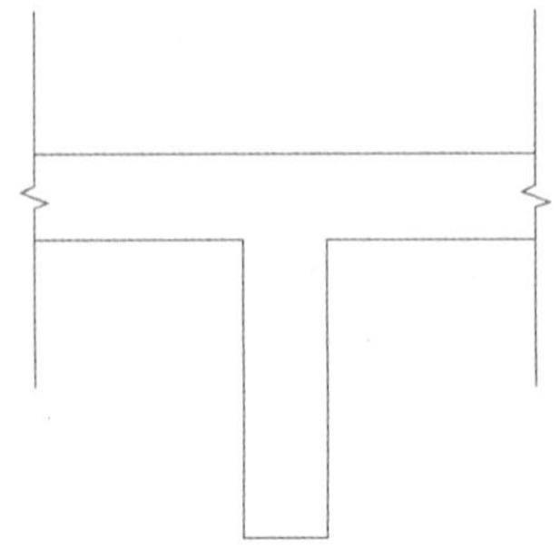

图 4-38　1-1 剖面折断线绘制

```
命令: _offset↙
当前设置: 删除源=否　图层=源　OFFSETGAPTYPE=0
指定偏移距离或 [通过(T)/删除(E)/图层(L)] <通过>: 35↙
选择要偏移的对象，或 [退出(E)/放弃(U)] <退出>:（指定线段 AB）
指定要偏移的那一侧上的点，或 [退出(E)/多个(M)/放弃(U)] <退出>:（指定刚绘制完成的图形内部任意一点）
选择要偏移的对象，或 [退出(E)/放弃(U)] <退出>: ↙
```

用相同的方法，指定偏移距离为 20，要偏移的对象为 AC、BD 和 EF，将其向内进行偏移，如图 4-39 所示。

（2）在状态栏中单击“对象捕捉”按钮，进入对象捕捉模式。单击“极轴追踪”按钮，打开极轴追踪。

（3）单击“默认”选项卡“绘图”面板中的“多段线”按钮，绘制钢筋支架立筋。输入 W 设置线宽为 10，如图 4-40 所示。

（4）单击“默认”选项卡“修改”面板中的“删除”按钮，删除钢筋定位直线，如图 4-41 所示。

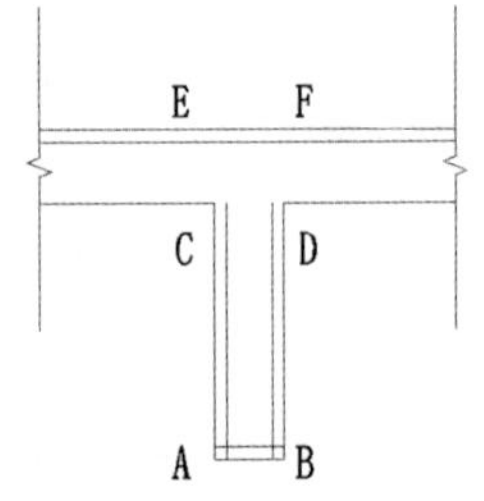

图 4-39　1-1 剖面钢筋定位线绘制

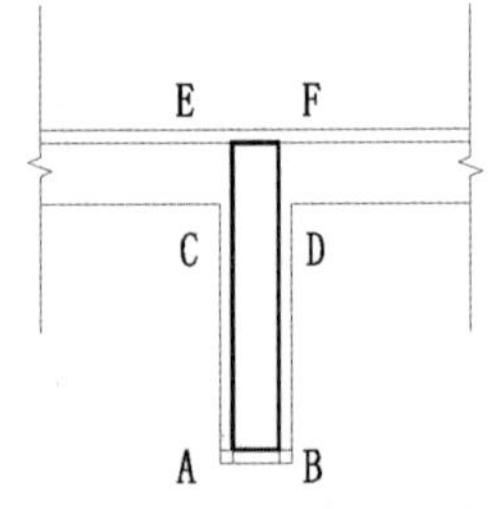

图 4-40　绘制钢筋支架立筋

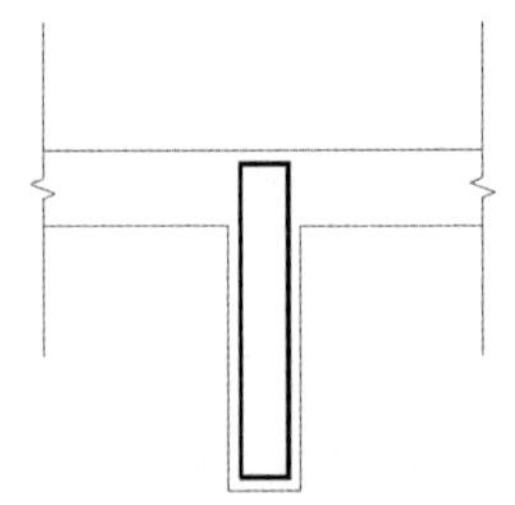

图 4-41　删除钢筋定位直线

（5）单击“默认”选项卡“绘图”面板中的“圆”按钮，绘制直径分别为 14 和 32 的两个圆，完成的图形如图 4-42（a）所示。

（6）单击“默认”选项卡“绘图”面板中的“图案填充”按钮，打开“图案填充创建”选项卡，如图 4-43 所示，拾取填充区域内一点，按 Enter 键，完成的图形如图 4-42（b）所示。

图 4-42　钢筋绘制流程图

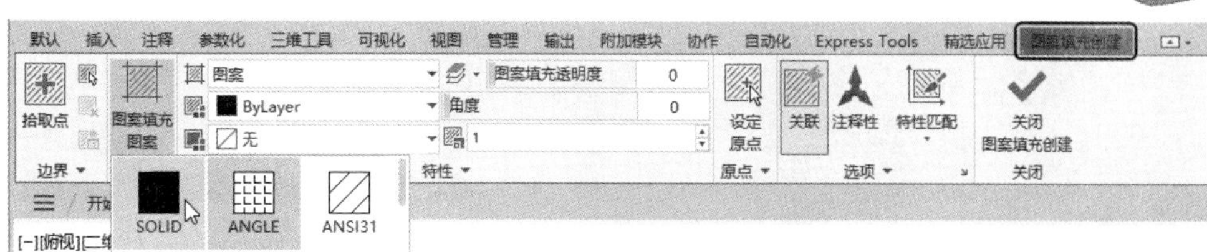

图 4-43　“图案填充创建”选项卡

（7）单击“默认”选项卡“修改”面板中的“复制”按钮，复制刚刚填充好的钢筋到相应的位置，如图 4-34 所示。

4.5.5　“镜像”命令

镜像对象是指把选择的对象以一条镜像线为对称轴进行镜像后的对象。镜像操作完成后，可以保留源对象，也可以将其删除。

1. 执行方式

☑ 命令行：MIRROR。
☑ 菜单栏：“修改”→“镜像”。
☑ 工具栏：“修改”→“镜像”。
☑ 功能区：“默认”→“修改”→“镜像”。

2. 操作步骤

```
命令：MIRROR↙
选择对象：（选择要镜像的对象）
选择对象：↙
指定镜像线的第一点：（指定镜像线的第一个点）
指定镜像线的第二点：（指定镜像线的第二个点）
要删除源对象吗？ [是(Y)/否(N)] <否>：（确定是否删除源对象）
```

这两点确定一条镜像线，被选择的对象以该线为对称轴进行镜像。包含该线的镜像平面与用户坐标系统的 XY 平面垂直，即镜像操作工作在与用户坐标系统的 XY 平面平行的平面上。

4.5.6　实例——道路截面

视频讲解

绘制如图 4-44 所示的道路截面。

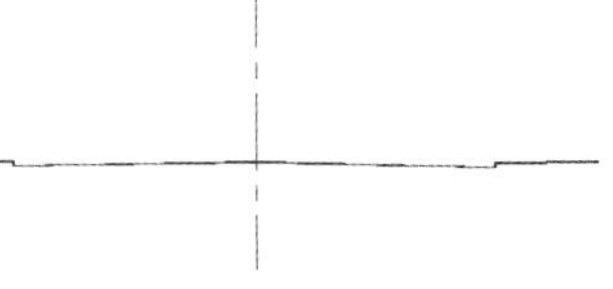

图 4-44　道路截面

操作步骤

（1）新建两个图层，设置“路基路面”图层和“道路中心线”图层的属性，如图 4-45 所示。

❶单击“道路中心线”图层的“线型”栏中的选项，❷打开“选择线型”对话框，如图 4-46 所示，❸单击“加载”按钮，❹打开“加载或重载线型”对话框，如图 4-47 所示。

❺在“可用线型”列表框中选择“CENTER”线型，❻单击“确定”按钮，返回“选择线型”对话框，如图 4-48 所示。❼选择刚刚加载的线型，❽单击“确定”按钮，“道路中心线”图层设置完毕，如图 4-49 所示。

Note

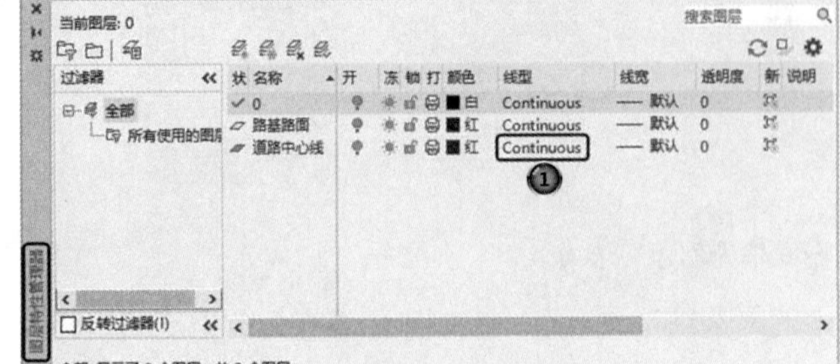

图 4-45　新建图层

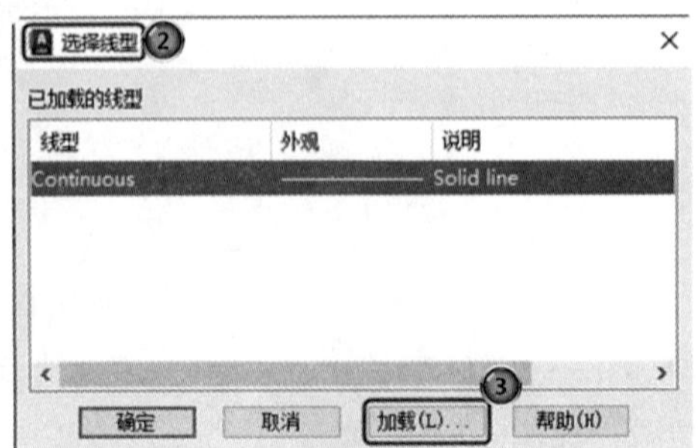

图 4-46　“选择线型”对话框

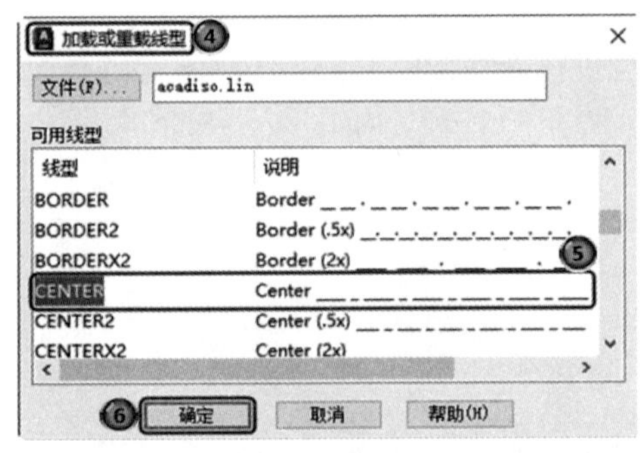

图 4-47　“加载或重载线型”对话框

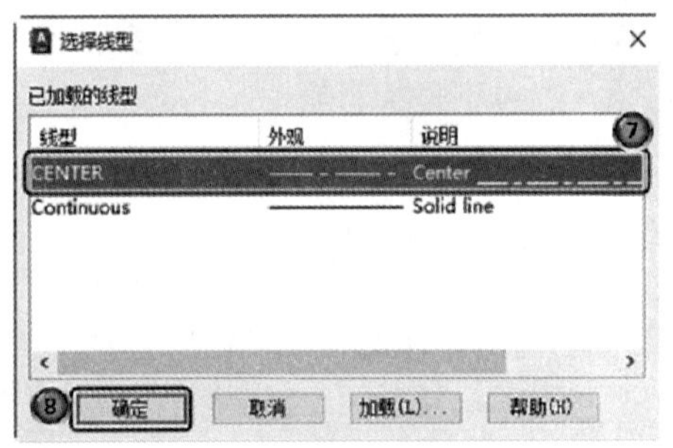

图 4-48　返回“选择线型”对话框

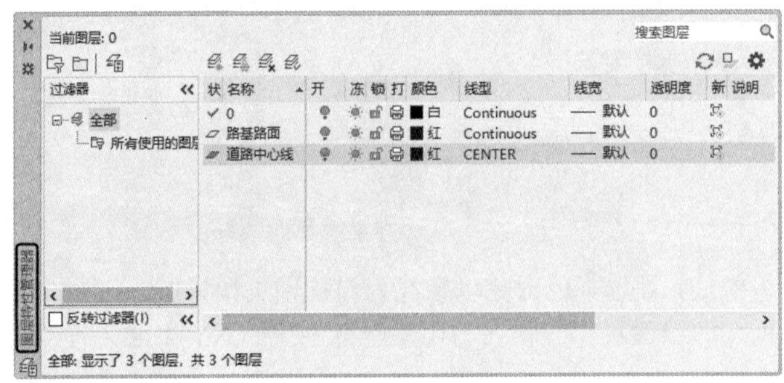

图 4-49　设置“道路中心线”图层

（2）把“路基路面”图层设置为当前图层。在状态栏中单击“正交模式”按钮，进入正交模式。单击“默认”选项卡“绘图”面板中的“直线”按钮，绘制一条水平长为 21 的直线。

（3）把“道路中心线”图层设置为当前图层。❶右击“对象捕捉”按钮，❷在打开的快捷菜单中选择“对象捕捉设置”命令，❸打开“草图设置”对话框，❹单击“全部选择”按钮，选择所有的对象捕捉模式，❺最后单击“确定”按钮，如图 4-50 所示。

（4）单击“默认”选项卡“绘图”面板中的“直线”按钮，绘制道路中心线。完成的图形如图 4-51 所示。

（5）单击“默认”选项卡“修改”面板中的“复制”按钮，将道路路基路面线向下复制 0.14。

（6）单击“默认”选项卡“绘图”面板中的“直线”按钮，连接 DA 和 AE。完成的图形如图 4-52 所示。

Note

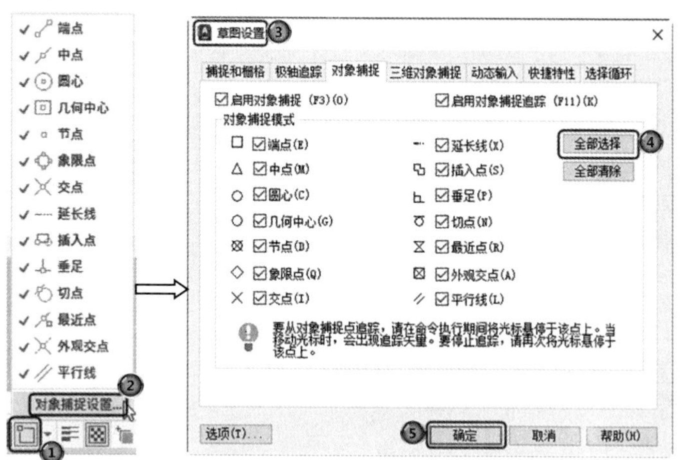

图 4-50　对象捕捉设置

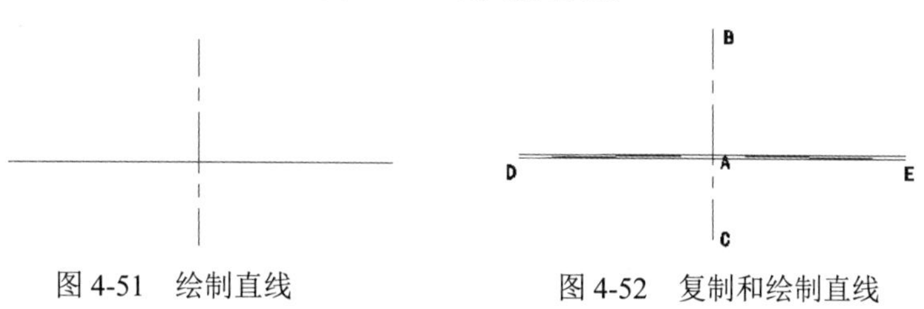

图 4-51　绘制直线　　　　图 4-52　复制和绘制直线

（7）单击“默认”选项卡“绘图”面板中的“直线”按钮╱，指定 E 点为第一点，第二点沿垂直方向向上移动 0.09，沿水平方向向右移动 4.5。

（8）单击“默认”选项卡“修改”面板中的“删除”按钮，删除多余的直线，完成的图形如图 4-53 所示。

（9）单击“默认”选项卡“绘图”面板中的“多段线”按钮，加粗路面路基。指定 A 点为起点，然后输入 W 确定多段线的宽度为 0.05，以加粗 AE、EF 和 FG。完成的图形如图 4-54 所示。

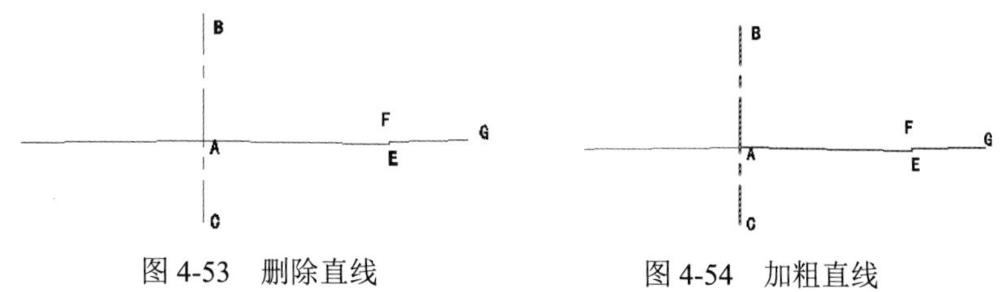

图 4-53　删除直线　　　　图 4-54　加粗直线

（10）单击“默认”选项卡“修改”面板中的“镜像”按钮，镜像多段线 AEFG，命令行提示与操作如下。

```
命令: _mirror↙
选择对象: 指定对角点: 选择多段线 AEFG
选择对象: ↙
指定镜像线的第一点: 选择 AC 线上一点
指定镜像线的第二点: 在 AC 线上选择另一点
要删除源对象吗? [是(Y)/否(N)] <否>: N↙
```

完成的图形如图 4-44 所示。

4.5.7 “阵列”命令

Note

建立阵列是指将对象多重复制选择得到的副本按矩形、路径或环形排列。把副本按矩形排列称为建立矩形阵列，把副本按路径排列称为建立路径阵列，把副本按环形排列称为建立极阵列。建立极阵列时，应该控制复制对象的次数并确定对象是否被旋转；建立矩形阵列时，应该控制行和列的数量以及对象副本之间的距离。

1. 执行方式

☑ 命令行：ARRAY。
☑ 菜单栏：“修改”→“阵列”→“矩形阵列/路径阵列/环形阵列”。
☑ 工具栏：“修改”→“阵列”→“矩形阵列”/“路径阵列”/“环形阵列”。
☑ 功能区：“默认”→“修改”→“阵列”。

2. 操作步骤

```
命令：ARRAY↙
选择对象：(使用对象选择方法)
选择对象：↙
输入阵列类型 [矩形(R)/路径(PA)/极轴(PO)] <矩形>:
```

3. 选项说明

（1）矩形(R)：将选定对象的副本分布到行数、列数和层数的任意组合。选择该选项后系统提示如下。

```
选择夹点以编辑阵列或 [关联(AS)/基点(B)/计数(COU)/间距(S)/列数(COL)/行数(R)/层数(L)/退出(X)] <退出>:(通过夹点调整阵列间距、列数、行数和层数，也可以分别选择各选项输入数值)
```

（2）路径(PA)：沿路径或部分路径均匀分布选定对象的副本。选择该选项后系统提示如下。

```
选择路径曲线：(选择一条曲线作为阵列路径)
选择夹点以编辑阵列或 [关联(AS)/方法(M)/基点(B)/切向(T)/项目(I)/行(R)/层(L)/对齐项目(A)/Z 方向(Z)/退出(X)] <退出>:(通过夹点调整阵行数和层数，也可以分别选择各选项输入数值)
```

（3）极轴(PO)：在绕中心点或旋转轴的环形阵列中均匀分布对象副本。选择该选项后系统提示如下。

```
指定阵列的中心点或 [基点(B)/旋转轴(A)]:(选择中心点、基点或旋转轴)
选择夹点以编辑阵列或 [关联(AS)/基点(B)/项目(I)/项目间角度(A)/填充角度(F)/行(ROW)/层(L)/旋转项目(ROT)/退出(X)] <退出>:(通过夹点调整角度，填充角度；也可以分别选择各选项输入数值)
```

4.5.8 实例——绘制带丝扣的钢筋端部

视频讲解

绘制如图 4-55 所示的带丝扣的钢筋端部。

图 4-55 带丝扣的钢筋端部

操作步骤

（1）首先将线宽设置为 0.35mm，单击“默认”选项卡“绘图”面板中的“直线”按钮，绘制一条长度为 100 的水平直线，然后将线宽设置为 0.35mm，效果如图 4-56 所示。

（2）单击“默认”选项卡“绘图”面板中的“直线”按钮⁄，将水平直线的左端点作为起始点并单击，在命令行中输入“@10,10”，绘制一条 45°的直线，线宽为默认值，如图 4-57 所示。选中斜直线，可以发现直线上有 3 个基准点，单击直线的中点，移动鼠标至水平直线的左端点处单击，即可将斜直线移动到水平直线的左端点位置，如图 4-58 所示。

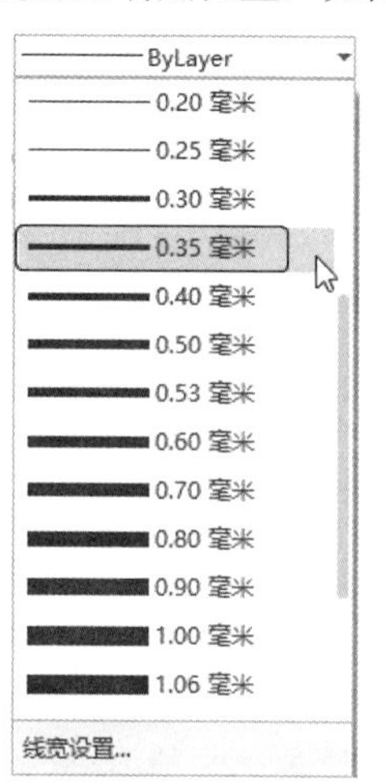

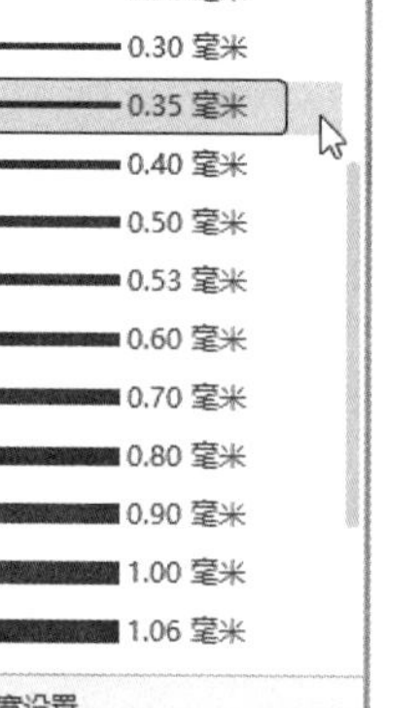

图 4-56　绘制直线及设置线宽

图 4-57　绘制斜直线

图 4-58　移动斜直线

（3）选中斜直线，单击“默认”选项卡“修改”面板中的“矩形阵列”按钮▦，将行数设置为 1，列数设置为 4，间距为 2，命令行提示与操作如下。

```
命令：_arrayrect
选择对象：找到 1 个
选择对象：↙
类型=矩形　关联=是
选择夹点以编辑阵列或 [关联(AS)/基点(B)/计数(COU)/间距(S)/列数(COL)/行数(R)/层数(L)/退出(X)] <退出>：R↙
输入行数或 [表达式(E)] <3>：1↙
指定 行数 之间的距离或 [总计(T)/表达式(E)] <15>：↙
指定 行数 之间的标高增量或 [表达式(E)] <0>：↙
选择夹点以编辑阵列或 [关联(AS)/基点(B)/计数(COU)/间距(S)/列数(COL)/行数(R)/层数(L)/退出(X)] <退出>：col↙
输入列数或 [表达式(E)] <4>：4↙
指定 列数 之间的距离或 [总计(T)/表达式(E)] <15>：2↙
选择夹点以编辑阵列或 [关联(AS)/基点(B)/计数(COU)/间距(S)/列数(COL)/行数(R)/层数(L)/退出(X)] <退出>：
```

最终完成带丝扣的钢筋端部的绘制，如图 4-55 所示。

4.6　改变位置类命令

这一类编辑命令的功能是按照指定要求改变当前图形或图形的某部分的位置，主要包括“移动”“旋转”“缩放”等命令。

Note

4.6.1 “移动”命令

1. 执行方式

☑ 命令行：MOVE。
☑ 菜单栏：“修改”→“移动”。
☑ 工具栏：“修改”→“移动”✥。
☑ 快捷菜单：选择要复制的对象，在绘图区右击，从打开的快捷菜单中选择“移动”命令。
☑ 功能区：“默认”→“修改”→“移动”✥。

2. 操作步骤

```
命令: MOVE↙
选择对象:(选择对象)
```

用前面介绍的对象选择方法选择要移动的对象，按 Enter 键，结束选择。系统继续提示如下。

```
指定基点或位移:(指定基点或移至点)
指定基点或 [位移(D)] <位移>:(指定基点或位移)
指定第二个点或 <使用第一个点作为位移>:
```

命令的选项功能与“复制”命令类似。

4.6.2 “旋转”命令

1. 执行方式

☑ 命令行：ROTATE。
☑ 菜单栏：“修改”→“旋转”。
☑ 工具栏：“修改”→“旋转”↻。
☑ 快捷菜单：选择要旋转的对象，在绘图区右击，从打开的快捷菜单中选择“旋转”命令。
☑ 功能区：“默认”→“修改”→“旋转”↻。

2. 操作步骤

```
命令: ROTATE↙
UCS 当前的正角方向:  ANGDIR=逆时针   ANGBASE=0
选择对象:(选择要旋转的对象)
选择对象: ↙
指定基点:(指定旋转的基点，在对象内部指定一个坐标点)
指定旋转角度，或 [复制(C)/参照(R)] <0>:(指定旋转角度或其他选项)
```

3. 选项说明

（1）复制(C)：选择该选项，旋转对象的同时保留源对象，如图 4-59 所示。
（2）参照(R)：采用参照方式旋转对象时，系统提示如下。

```
指定参照角 <0>:(指定要参考的角度，默认值为 0)
指定新角度或 [点(P)] <0>:(输入旋转后的角度值)
```

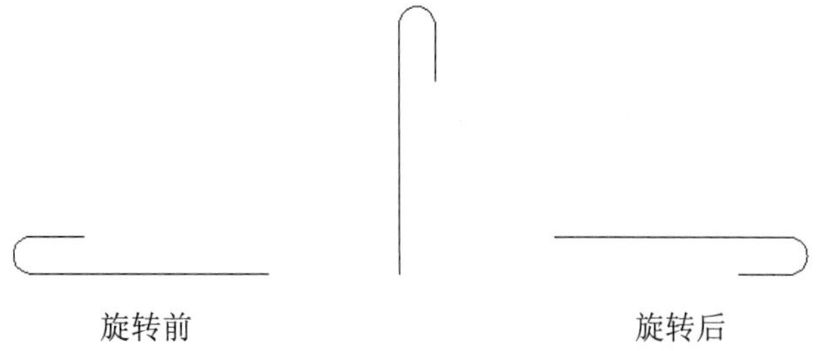

图 4-59　复制旋转

操作完毕后，对象被旋转至指定的角度位置。

说明：可以用拖动鼠标的方法旋转对象。选择对象并指定基点后，从基点到当前光标位置会出现一条连线，鼠标选择的对象会动态地随着该连线与水平方向的夹角的变化而旋转，单击确认旋转操作，如图 4-60 所示。

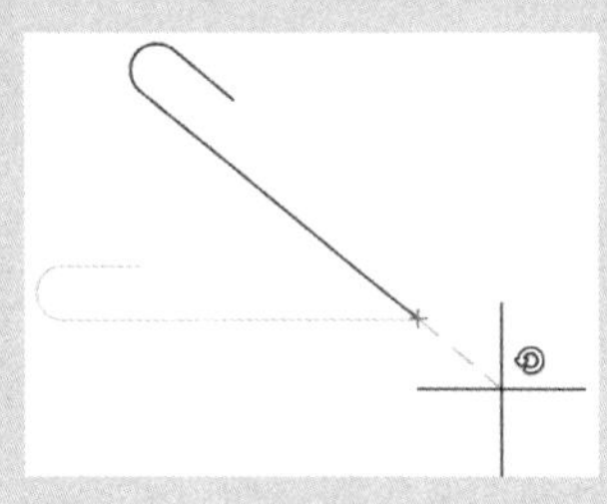

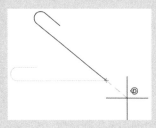

图 4-60　拖动鼠标旋转对象

4.6.3　“缩放”命令

1. 执行方式

☑ 命令行：SCALE。
☑ 菜单栏：“修改”→“缩放”。
☑ 工具栏：“修改”→“缩放” 。
☑ 快捷菜单：选择要缩放的对象，在绘图区右击，从打开的快捷菜单中选择“缩放”命令。
☑ 功能区：“默认”→“修改”→“缩放” 。

2. 操作步骤

```
命令：SCALE↙
选择对象：(选择要缩放的对象)
指定基点：(指定缩放操作的基点)
指定比例因子或 [复制(C)/参照(R)] <1.0000>:
```

3. 选项说明

（1）参照(R)：采用参考方向缩放对象时，系统提示如下。

```
指定参照长度 <1>：(指定参考长度值)
指定新的长度或 [点(P)] <1.0000>：(指定新长度值)
```

若新长度值大于参考长度值，则放大对象；否则，缩小对象。操作完毕后，系统以指定的基点按指定的比例因子缩放对象。如果选择“点(P)”选项，则指定两点来定义新的长度。

（2）指定比例因子：选择对象并指定基点后，从基点到当前光标位置会出现一条线段，线段的

Note

视频讲解

长度即为比例大小。鼠标选择的对象会动态地随着该连线长度的变化而缩放，按 Enter 键，确认缩放操作。

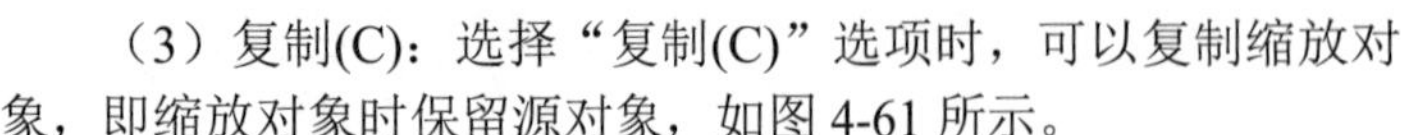

（3）复制(C)：选择“复制(C)”选项时，可以复制缩放对象，即缩放对象时保留源对象，如图 4-61 所示。

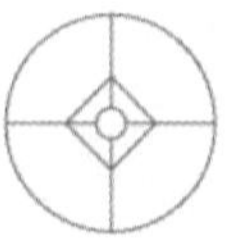

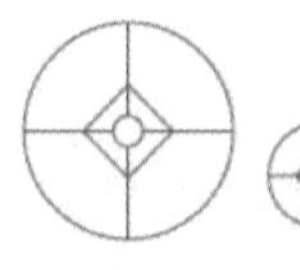

缩放前　　缩放后

图 4-61　复制缩放

4.6.4　实例——双层钢筋配置

绘制如图 4-62 所示的双层钢筋配置图。

操作步骤

（1）单击“默认”选项卡“绘图”面板中的“多段线”按钮，绘制单层钢筋，如图 4-63 所示。

（2）在状态栏中单击“对象捕捉”按钮，进入对象捕捉模式。单击“默认”选项卡“修改”面板中的“旋转”按钮，命令行提示与操作如下。

```
命令: _rotate
UCS 当前的正角方向:  ANGDIR=逆时针   ANGBASE=0
选择对象:（选择刚绘制的多段线）
选择对象: ↙
指定基点:（捕捉多段线的中点，如图 4-64 所示）
指定旋转角度，或 [复制(C)/参照(R)] <0>: C
旋转一组选定对象
指定旋转角度，或 [复制(C)/参照(R)] <0>: 90↙
```

结果如图 4-64 所示。

图 4-62　双层钢筋配置图　　图 4-63　绘制单层钢筋　　图 4-64　捕捉中点

4.7　改变几何特性类命令

这一类编辑命令在对指定对象进行编辑后，使编辑对象的几何特性发生改变，包括“倒角”“圆角”“打断”“修剪”“延伸”“拉长”“拉伸”等命令。

4.7.1　“修剪”命令

1. 执行方式

☑ 命令行：TRIM。
☑ 菜单栏：“修改”→“修剪”。
☑ 工具栏：“修改”→“修剪”。
☑ 功能区：“默认”→“修改”→“修剪”。

2. 操作步骤

```
命令：TRIM↙
当前设置：投影=UCS，边=延伸，模式=标准
选择剪切边...
选择对象或[模式（O）] <全部选择>：(选择用作修剪边界的对象)
```

按 Enter 键，结束对象选择，系统提示如下。

```
选择要修剪的对象，或按住 Shift 键选择要延伸的对象，或 [剪切边（T）/栏选(F)/窗交(C)/模式（O）/投影(P)/边(E)/删除(R)]:
```

3. 选项说明

（1）按住 Shift 键：在选择对象时，如果按住 Shift 键，系统就自动将“修剪”命令转换成“延伸”命令，“延伸”命令将在 4.7.3 节介绍。

（2）边(E)：选择该项时，可以选择对象的修剪方式为延伸或不延伸。

☑　延伸(E)：延伸边界进行修剪。在此方式下，如果剪切边没有与要修剪的对象相交，系统会延伸剪切边直至与要修剪的对象相交，然后再修剪，如图 4-65 所示。

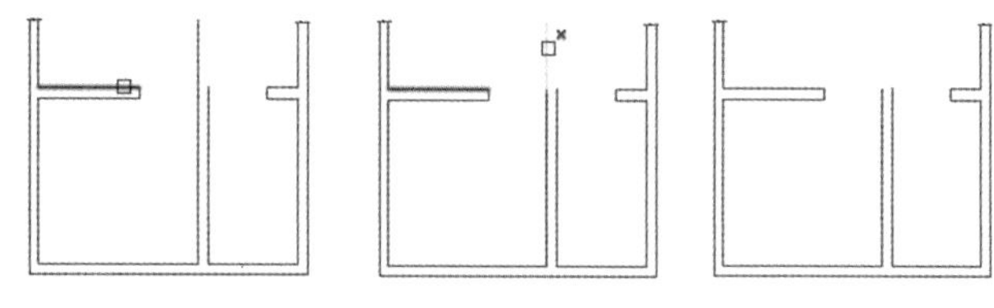

选择剪切边　　选择要修剪的对象　　修剪后的结果

图 4-65　延伸方式修剪对象

☑　不延伸(N)：不延伸边界修剪对象，只修剪与剪切边相交的对象。

（3）栏选(F)：选择该选项时，系统以栏选的方式选择修剪对象，如图 4-66 所示。

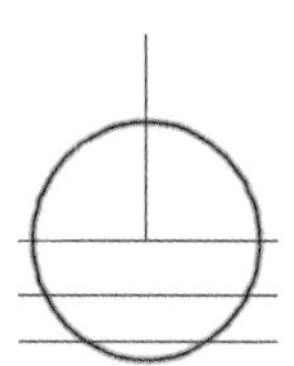

选定剪切边

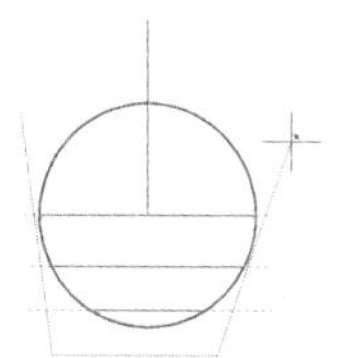

使用栏选方式选定的要修剪的对象

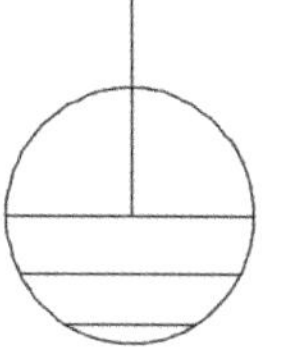

结果

图 4-66　栏选方式选择修剪对象

（4）窗交(C)：选择该选项时，系统以窗交的方式选择修剪对象，如图 4-67 所示。

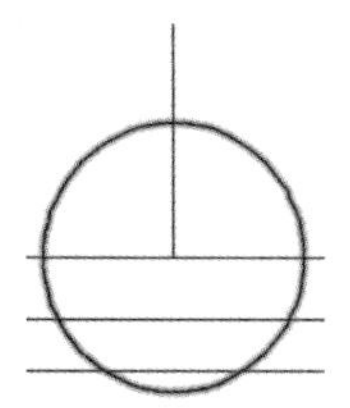

选定要修剪的对象

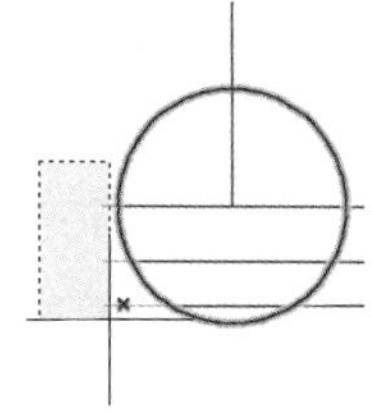

使用窗交方式选择选定的边

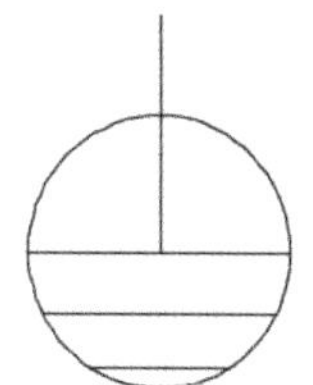

结果

图 4-67　窗交方式选择修剪对象

被选择的对象可以互为边界和被修剪对象，此时系统会在选择的对象中自动判断边界。

4.7.2 实例——行进盲道

绘制如图 4-68 所示的行进盲道。

操作步骤。

1. 新建图层

单击“默认”选项卡“图层”面板中的“图层特性”按钮，在弹出的对话框中新建“盲道”和“材料”图层，其属性如图 4-69 所示。

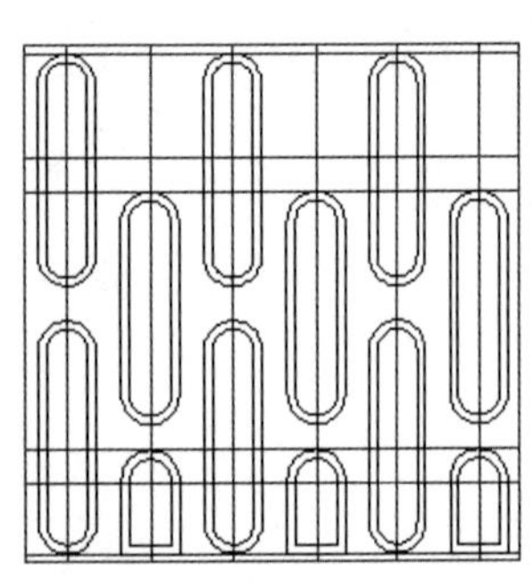

图 4-68 行进盲道

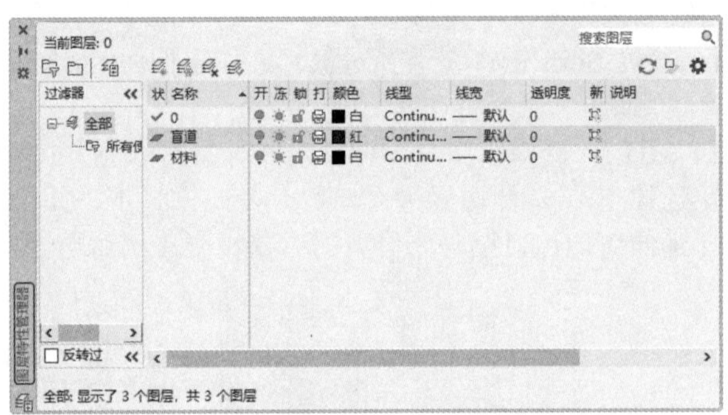

图 4-69 图层设置

2. 行进块材网格

（1）把“盲道”图层设置为当前图层，单击“默认”选项卡“绘图”面板中的“直线”按钮，绘制两条交于端点的长为 300 的直线，完成的图形如图 4-70 所示。

（2）单击“默认”选项卡“修改”面板中的“复制”按钮，复制刚刚绘制好的直线。然后选择 AB，水平向右复制的距离分别为 25、75、125、175、225、275、300。重复“复制”命令，选择 BC，垂直向上复制的距离分别为 5、45、65、215、235、295、300，完成的图形如图 4-71 所示。

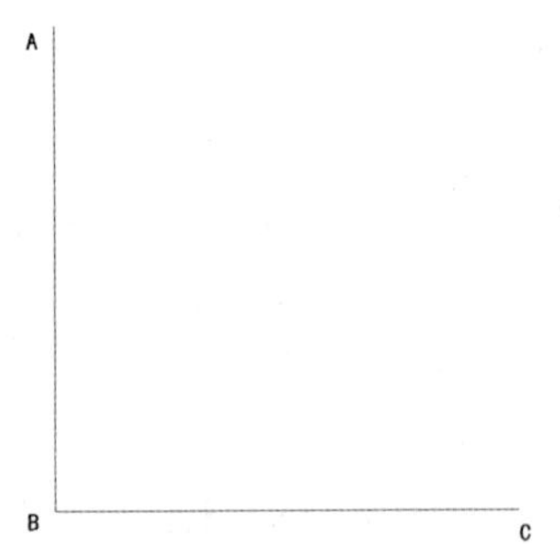

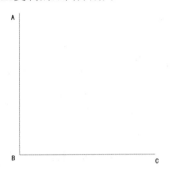

图 4-70 绘制两条交于端点的直线

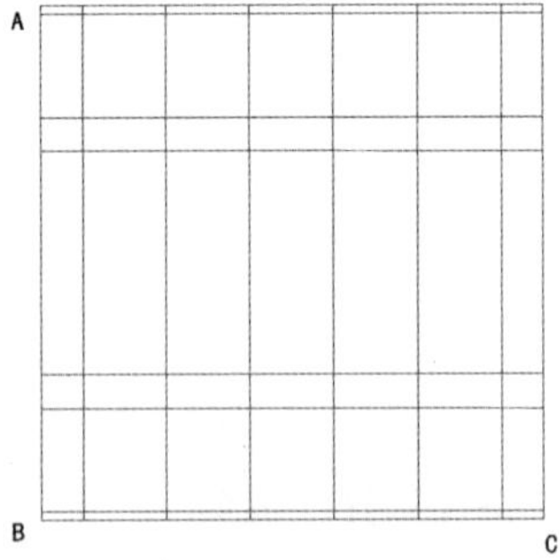

图 4-71 绘制行进块材网格

3. 绘制行进盲道材料

（1）把“材料”图层设置为当前图层，单击“默认”选项卡“绘图”面板中的“直线”按钮，绘制一条垂直的长为 100 的直线，完成的图形如图 4-72（a）所示。

（2）单击“默认”选项卡“修改”面板中的“复制”按钮，复制刚刚绘制好的直线，水平向右复制的距离为 35，完成的图形如图 4-72（b）所示。

（3）单击“默认”选项卡“绘图”面板中的“圆”按钮，绘制半径为 17.5 的圆，完成的图形

如图 4-72（c）所示。

（4）单击“默认”选项卡“修改”面板中的“修剪”按钮，剪切一半上面的圆，命令行提示与操作如下。

```
命令：_trim↙
当前设置：投影=UCS，边=延伸，模式=标准
选择剪切边...
选择对象或[模式（O）] <全部选择>：选择左边竖直线
选择对象：选择右边竖直线
选择对象：↙
选择要修剪的对象，或按住 Shift 键选择要延伸的对象，或 [剪切边(T)/栏选(F)/窗交(C)/模式(O)/投影(P)/边(E)/删除(R)]：
选择要修剪的对象，或按住 Shift 键选择要延伸的对象，或 [[剪切边(T)/栏选(F)/窗交(C)/模式(O)/投影(P)/边(E)/删除(R)/]：选择上半圆
不与剪切边相交
选择要修剪的对象，或按住 Shift 键选择要延伸的对象，或 [剪切边(T)/栏选(F)/窗交(C)/模式(O)/投影(P)/边(E)/删除(R)]：*取消*
```

完成的图形如图 4-72（d）所示。

（5）单击“默认”选项卡“修改”面板中的“镜像”按钮，镜像刚刚剪切过的圆弧，完成的图形如图 4-72（e）所示。

（6）单击“默认”选项卡“修改”面板中的“编辑多段线”按钮，把如图 4-72（e）所示的图形转换为多段线，命令行提示与操作如下。

```
命令：_pedit
选择多段线或 [多条(M)]：(选择图 4-72（e）中的任意一段直线)
选定的对象不是多段线
是否将其转换为多段线？<Y>↙
输入选项 [闭合(C)/合并(J)/宽度(W)/编辑顶点(E)/拟合(F)/样条曲线(S)/非曲线化(D)/线型生成(L)/反转(R)/放弃(U)]：J↙
选择对象：找到 1 个
选择对象：找到 1 个，总计 2 个
选择对象：找到 1 个，总计 3 个
选择对象：找到 1 个，总计 4 个
选择对象：↙
多段线已增加 3 条线段
输入选项 [打开(O)/合并(J)/宽度(W)/编辑顶点(E)/拟合(F)/样条曲线(S)/非曲线化(D)/线型生成(L)/反转(R)/放弃(U)]：↙
```

（7）单击“默认”选项卡“修改”面板中的“偏移”按钮，将刚刚绘制好的多段线向内偏移 5，完成的图形如图 4-72（f）所示。

（8）同理，可以完成另一行进块材的绘制，绘制流程如图 4-73 所示。

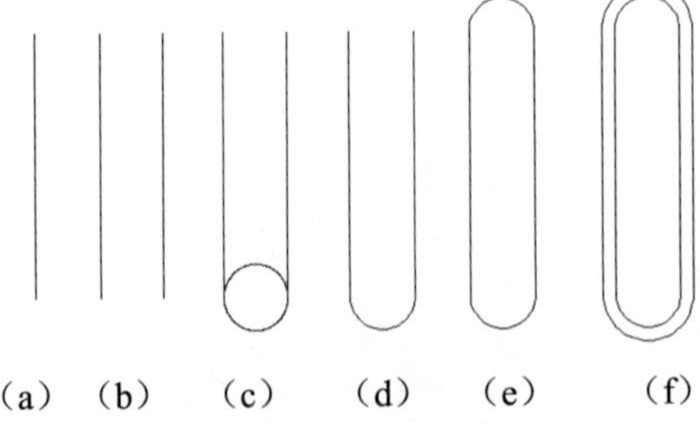

图 4-72　行进块材 1 绘制流程

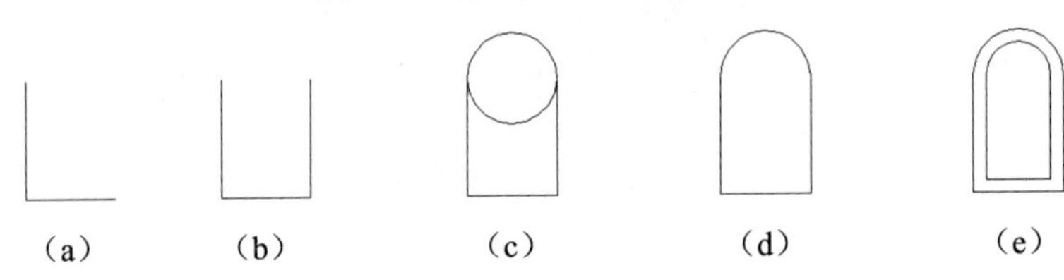

图 4-73　行进块材 2 绘制流程

4. 完成行进盲道平面图

（1）单击“默认”选项卡“修改”面板中的“复制”按钮，复制上述绘制好的行进块材，完成的图形如图 4-74 所示。

（2）单击“默认”选项卡“修改”面板中的“镜像”按钮，镜像行进块材，完成的图形如图 4-68 所示。

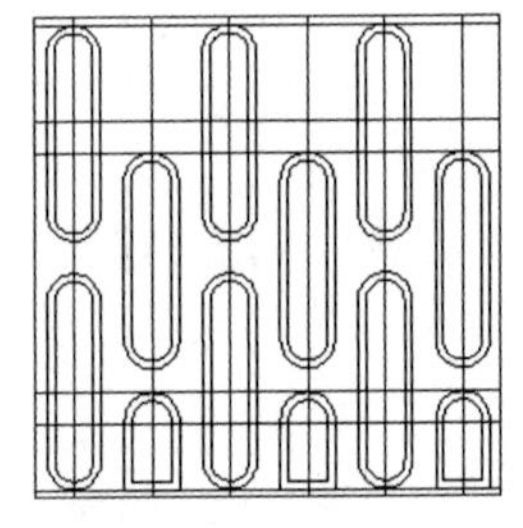

图 4-74　复制后的行进块材

4.7.3　“延伸”命令

延伸可以延伸对象，使它们精确地延伸至由其他对象定义的边界边。在示例中，将直线精确地延伸到由一个圆定义的边界边，如图 4-75 所示。

选择边界

选择要延伸的对象

延伸后的结果

图 4-75　延伸对象 1

1. 执行方式

☑ 命令行：EXTEND。
☑ 菜单栏：“修改”→“延伸”。
☑ 工具栏：“修改”→“延伸”。
☑ 功能区：“默认”→“修改”→“延伸”。

2. 操作步骤

```
命令：EXTEND↙
当前设置：投影=UCS，边=延伸，模式=标准
```

```
选择边界的边...
选择对象或[模式(O)] <全部选择>:(选择边界对象)
```

此时可以通过选择对象来定义边界。若直接按 Enter 键，则选择所有对象作为可能的边界对象。

系统规定可以用作边界对象的对象有直线段、射线、双向无限长线、圆弧、圆、椭圆、二维和三维多段线、样条曲线、文本、浮动的视口、区域。如果选择二维多段线作为边界对象，系统会忽略其宽度而把对象延伸至多段线的中心线上。

选择边界对象后，命令行提示与操作如下。

```
选择要延伸的对象，或按住 Shift 键选择要修剪的对象，或 [边界边(B)/栏选(F)/窗交(C)/模式(O)/投影(P)/边(E)]:
```

3. 选项说明

（1）如果要延伸的对象是适配样条多段线，则延伸后会在多段线的控制框上增加新节点。如果要延伸的对象是锥形的多段线，系统会修正延伸端的宽度，使多段线从起始端平滑地延伸至新的终止端。如果延伸操作导致新终止端的宽度为负值，则取宽度值为 0，如图 4-76 所示。

图 4-76　延伸对象 2

（2）选择对象时，如果按住 Shift 键，系统就自动将“延伸”命令转换成“修剪”命令。

4.7.4　“拉伸”命令

拉伸对象是指拖曳选择的对象，且形状发生改变。拉伸对象时，应指定拉伸的基点和移至点。利用一些辅助工具，如捕捉、钳夹及相对坐标等功能可以提高拉伸的精度，如图 4-77 所示。

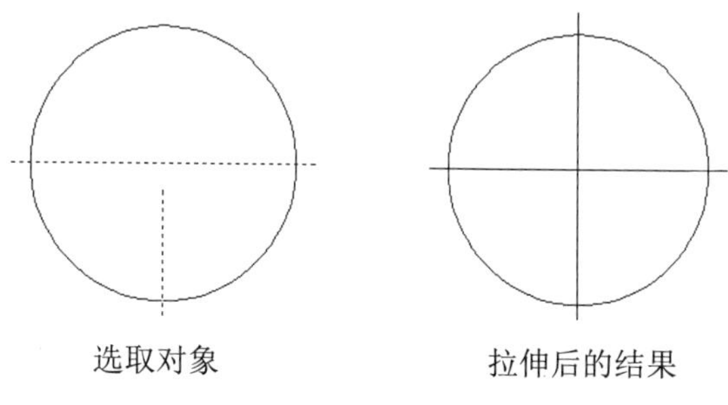

图 4-77　拉伸

1. 执行方式

☑ 命令行：STRETCH。
☑ 菜单栏：“修改”→“拉伸”。
☑ 工具栏：“修改”→“拉伸”。
☑ 功能区：“默认”→“修改”→“拉伸”。

2. 操作步骤

```
命令：STRETCH↙
以交叉窗口或交叉多边形选择要拉伸的对象...
选择对象：C↙
指定第一个角点：
指定对角点：找到 2 个（采用交叉窗口的方式选择要拉伸的对象）
选择对象：↙
指定基点或 [位移(D)] <位移>：（指定拉伸的基点）
指定第二个点或 <使用第一个点作为位移>：（指定拉伸的移至点）
```

Note

此时，若指定第二个点，系统将根据这两点决定的矢量拉伸对象。若直接按 Enter 键，系统会把第一个点作为 X 轴和 Y 轴的分量值。

STRETCH 仅移动位于交叉选择内的顶点和端点，不更改那些位于交叉选择外的顶点和端点。部分包含在交叉选择窗口内的对象将被拉伸。

说明： 执行 STRETCH 命令时，必须采用交叉窗口（C）或交叉多边形（CP）方式选择对象。用交叉窗口选择拉伸对象时，落在交叉窗口内的端点被拉伸，落在外部的端点保持不动。

4.7.5 实例——箍筋绘制

视频讲解

绘制如图 4-78 所示的箍筋。

操作步骤

（1）绘制矩形。单击“默认”选项卡“绘图”面板中的“矩形”按钮▭，绘制一个矩形，如图 4-79 所示。

（2）❶在状态栏的“对象捕捉”按钮▢上右击，打开快捷菜单，如图 4-80 所示。❷选择“对象捕捉设置”命令，❸打开“草图设置”对话框，如图 4-81 所示。❹选中“启用对象捕捉”复选框，❺单击“全部选择”按钮，选择所有的对象捕捉模式。❻再选择“极轴追踪”选项卡，如图 4-82 所示，❼选中“启用极轴追踪”复选框，❽将下面的增量角设置成默认的 45，❾最后单击“确定”按钮，返回绘图状态。

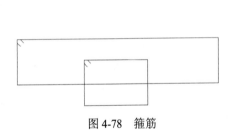

图 4-78 箍筋

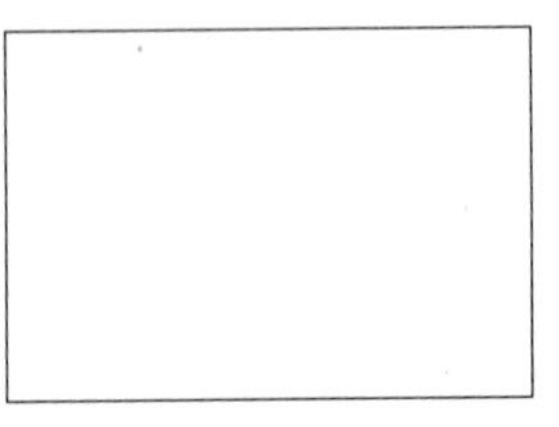

图 4-79 绘制矩形

图 4-80 快捷菜单

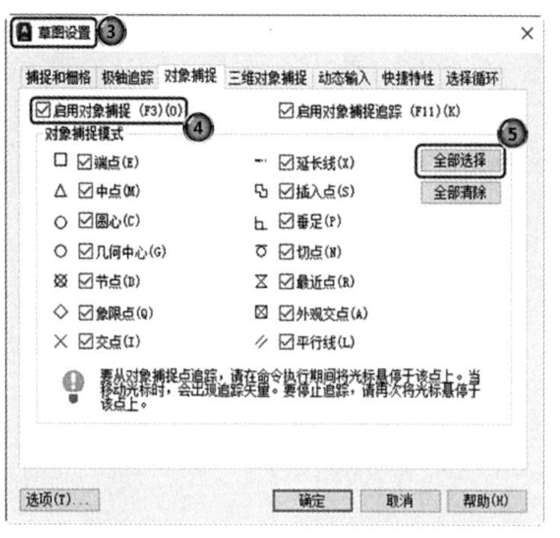

图 4-81　“草图设置”对话框

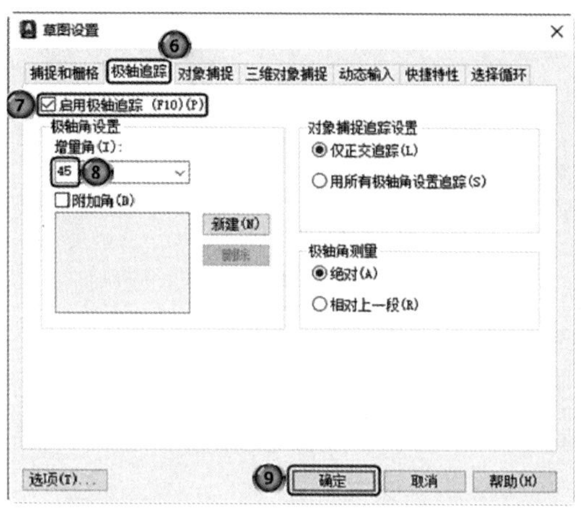

图 4-82　极轴追踪设置

（3）单击“默认”选项卡“绘图”面板中的“直线”按钮╱，捕捉矩形左上角一点为线段起点，如图 4-83 所示，利用极轴追踪功能，在 315° 极轴追踪线上适当指定一点为线段终点，如图 4-84 所示，完成线段绘制，结果如图 4-85 所示。

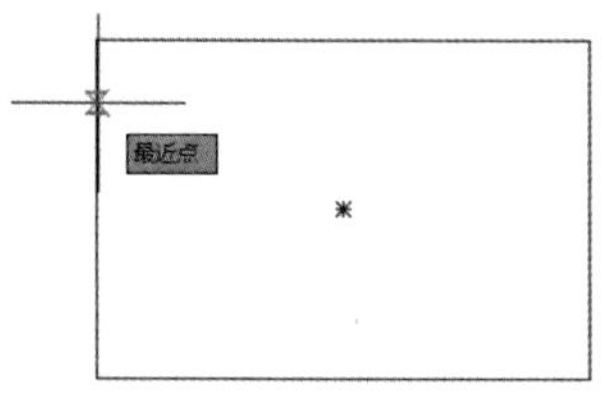

图 4-83　捕捉起点

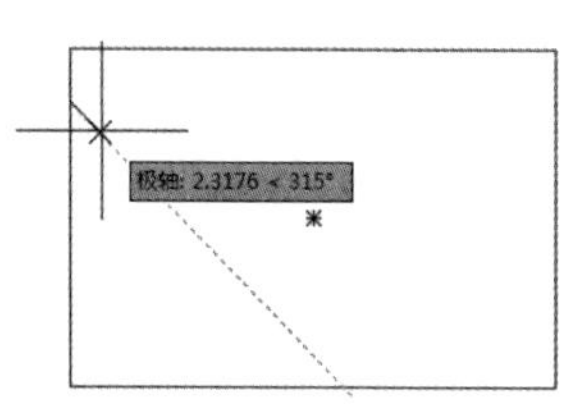

图 4-84　指定终点

图 4-85　绘制线段

（4）单击“默认”选项卡“修改”面板中的“镜像”按钮⚠，选择刚绘制的线段为对象，捕捉矩形左上角为对称线起点，在 315° 极轴追踪线上适当指定一点为对称线终点，如图 4-86 所示，完成线段的镜像绘制，如图 4-87 所示。

（5）单击“默认”选项卡“修改”面板中的“复制”按钮，将刚绘制的图形向右下方适当位置复制，结果如图 4-88 所示。

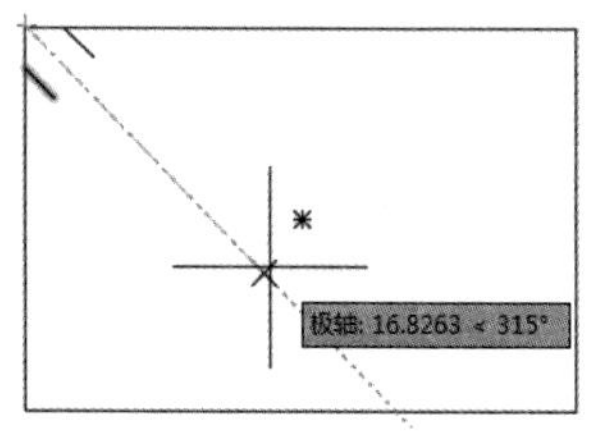

图 4-86　指定对称线

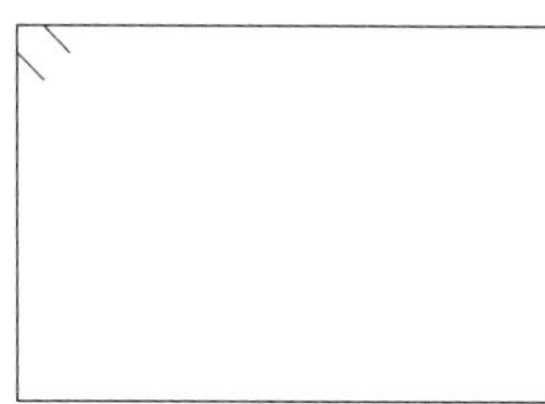

图 4-87　镜像绘制

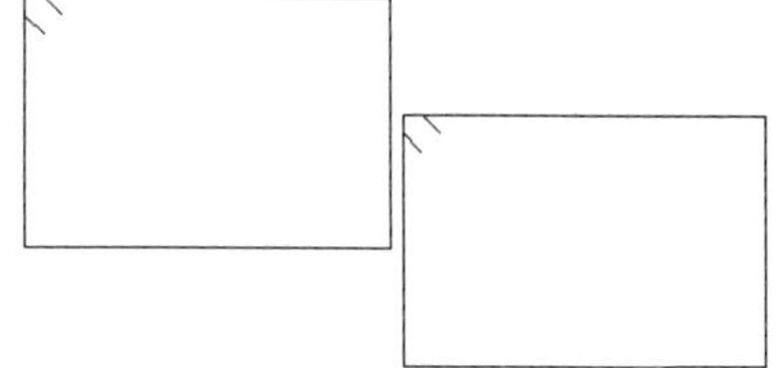

图 4-88　复制图形

（6）单击“默认”选项卡“修改”面板中的“拉伸”按钮，命令行提示和操作如下。

```
命令: _stretch
以交叉窗口或交叉多边形选择要拉伸的对象...
选择对象: C
指定第一个角点:（在第一个矩形左上方适当位置指定一点）
```

Note

```
指定对角点：(在右下方适当位置指定一点，注意不要包含第二个矩形任何图线，如图 4-89 所示)
选择对象：↙（完成对象选择，选中的对象高亮显示，如图 4-90 所示）
指定基点或 [位移(D)] <位移>：(适当指定一点)
指定第二个点或 <使用第一个点作为位移>：(水平向右适当位置指定一点，如图 4-91 所示)
```

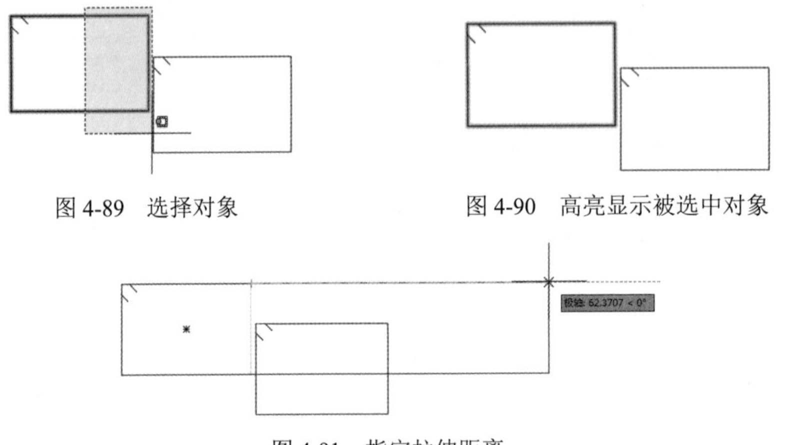

图 4-89　选择对象

图 4-90　高亮显示被选中对象

图 4-91　指定拉伸距离

结果如图 4-78 所示。

4.7.6　“拉长”命令

1. 执行方式

☑　命令行：LENGTHEN。

☑　菜单栏：“修改”→“拉长”。

☑　功能区：“默认”→“修改”→“拉长” ⁄ 。

2. 操作步骤

```
命令：LENGTHEN↙
选择要测量的对象或 [增量(DE)/百分比(P)/总计(T)/动态(DY)]<总计(T)>：(选定对象)
当前长度：30.5001（给出选定对象的长度，如果选择圆弧则还将给出圆弧的包含角）
选择要测量的对象或 [增量(DE)/百分比(P)/总计(T)/动态(DY)]<总计(T)>：DE↙（选择拉长或缩短的方式）
输入长度增量或 [角度(A)] <0.0000>：10↙（输入长度增量数值。如果选择圆弧段，则可输入 A 给定角度增量）
选择要修改的对象或 [放弃(U)]：(选定要修改的对象进行拉长操作)
选择要修改的对象或 [放弃(U)]：(继续选择，按 Enter 键结束命令)
```

3. 选项说明

（1）增量(DE)：用指定增加量的方法来改变对象的长度或角度。

（2）百分比(P)：用指定要修改对象的长度占总长度的百分比的方法来改变圆弧或直线段的长度。

（3）总计(T)：用指定新的总长度或总角度值的方法来改变对象的长度或角度。

（4）动态(DY)：在这种模式下，可以使用拖曳鼠标的方法来动态地改变对象的长度或角度。

4.7.7　“圆角”命令

圆角是指用指定的半径决定的一段平滑的圆弧连接两个对象。系统规定可以使用圆角连接一对直线段、非圆弧的多段线段、样条曲线、双向无限长线、射线、圆、圆弧和椭圆，可以在任何时刻用圆角连接非圆弧多段线的每个节点。

1. 执行方式

☑ 命令行：FILLET。

☑ 菜单栏：“修改”→“圆角”。

☑ 工具栏：“修改”→“圆角”。

☑ 功能区：“默认”→“修改”→“圆角”。

2. 操作步骤

```
命令：FILLET↙
当前设置：模式=修剪，半径=0.0000
选择第一个对象或 [放弃(U)/多段线(P)/半径(R)/修剪(T)/多个(M)]：(选择第一个对象或其他选项)
选择第二个对象，或按住 Shift 键选择对象以应用角点或 [半径(R)]：(选择第二个对象)
```

3. 选项说明

（1）多段线(P)：在一条二维多段线的两段直线段的节点处插入圆滑的弧。选择多段线后，系统会根据指定的圆弧的半径把多段线各顶点用圆滑的弧连接起来。

（2）修剪(T)：决定在圆角连接两条边时是否修剪这两条边，如图 4-92 所示。

（3）多个(M)：可以同时对多个对象进行圆角编辑，而不必重新启用命令。

（4）按住 Shift 键并选择两条直线，可以快速创建零距离倒角或零半径圆角。

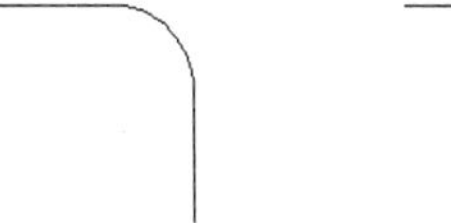

（a）修剪方式　　（b）不修剪方式

图 4-92　圆角连接

4.7.8　实例——带半圆弯钩的钢筋搭接绘制

视频讲解

绘制如图 4-93 所示的带半圆弯钩的钢筋搭接。

操作步骤

（1）单击“默认”选项卡“绘图”面板中的“多段线”按钮，绘制一条水平多段线。

（2）单击“默认”选项卡“绘图”面板中的“多段线”按钮，绘制弯钩，如图 4-94 所示。

图 4-93　带半圆弯钩的钢筋搭接

图 4-94　绘制多段线

（3）单击“默认”选项卡“修改”面板中的“圆角”按钮，对图形进行圆角处理，命令行提示与操作如下。

```
命令：_fillet
当前设置：模式=修剪，半径=2.0000
选择第一个对象或 [放弃(U)/多段线(P)/半径(R)/修剪(T)/多个(M)]：R↙
```

Note

```
指定圆角半径 <2.0000>: 1↙
选择第一个对象或 [放弃(U)/多段线(P)/半径(R)/修剪(T)/多个(M)]: M
选择第一个对象或 [放弃(U)/多段线(P)/半径(R)/修剪(T)/多个(M)]:(选择左边竖直线段)
选择第二个对象，或按住 Shift 键选择对象以应用角点或 [半径(R)]:(选择左上水平线段)
选择第一个对象或 [放弃(U)/多段线(P)/半径(R)/修剪(T)/多个(M)]:(选择右边竖直线段)
选择第二个对象，或按住 Shift 键选择对象以应用角点或 [半径(R)]:(选择右上水平线段)
选择第一个对象或 [放弃(U)/多段线(P)/半径(R)/修剪(T)/多个(M)]: T
输入修剪模式选项 [修剪(T)/不修剪(N)] <修剪>: N
选择第一个对象或 [放弃(U)/多段线(P)/半径(R)/修剪(T)/多个(M)]:(选择左边竖直线段)
选择第二个对象，或按住 Shift 键选择对象以应用角点或 [半径(R)]:(选择下面水平线段)
选择第一个对象或 [放弃(U)/多段线(P)/半径(R)/修剪(T)/多个(M)]:(选择右边竖直线段)
选择第二个对象，或按住 Shift 键选择对象以应用角点或 [半径(R)]:(选择下面水平线段)
选择第一个对象或 [放弃(U)/多段线(P)/半径(R)/修剪(T)/多个(M)]: ↙
```

结果如图 4-95 所示。

图 4-95　圆角处理

（4）单击“默认”选项卡“修改”面板中的“修剪”按钮，修剪多余的竖直线段，结果如图 4-93 所示。

4.7.9　“倒角”命令

倒角是指用斜线连接两个不平行的线型对象，如连接直线段、双向无限长线、射线和多段线等。

1. 执行方式

☑　命令行：CHAMFER。
☑　菜单栏：“修改”→“倒角”。
☑　工具栏：“修改”→“倒角”。
☑　功能区：“默认”→“修改”→“倒角”。

2. 操作步骤

```
命令: CHAMFER↙
(“不修剪”模式) 当前倒角距离 1=0.0000，距离 2=0.0000
选择第一条直线或 [放弃(U)/多段线(P)/距离(D)/角度(A)/修剪(T)/方式(E)/多个(M)]:(选择第一条直线或其他选项)
选择第二条直线，或按住 Shift 键选择直线以应用角点或 [距离(D)/角度(A)/方法(M)]:(选择第二条直线)
```

3. 选项说明

（1）距离(D)：选择倒角的两个斜线距离。斜线距离是指从被连接的对象与斜线的交点到被连接的两对象的可能的交点之间的距离，如图 4-96 所示。这两个斜线距离可以相同，也可以不相同，若二者均为 0，则系统不绘制连接的斜线，而是把两个对象延伸至相交，并修剪超出的部分。

（2）角度(A)：选择第一条直线的斜线距离和角度。采用这种方法斜线连接对象时，需要输入两

个参数：斜线与一个对象的斜线距离和斜线与该对象的夹角，如图 4-97 所示。

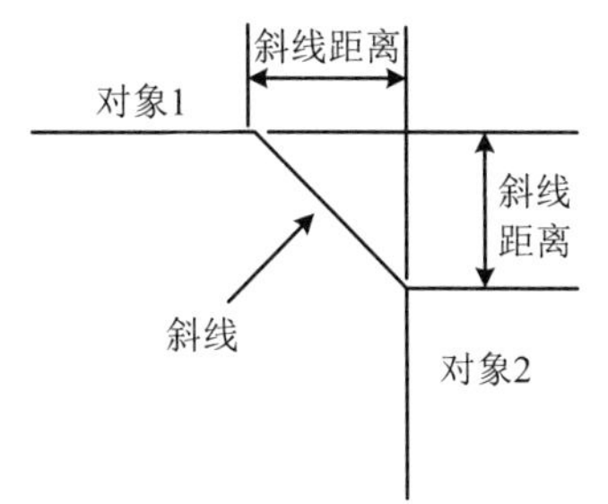

图 4-96 斜线距离

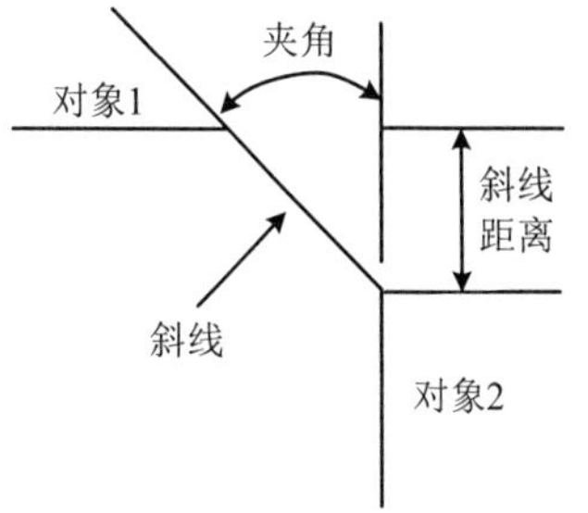

图 4-97　斜线距离与夹角

（3）多段线(P)：对多段线的各个交叉点进行倒角编辑。为了得到最好的连接效果，一般设置斜线为相等的值。系统根据指定的斜线距离把多段线的每个交叉点都作斜线连接，连接的斜线成为多段线新添加的构成部分，如图 4-98 所示。

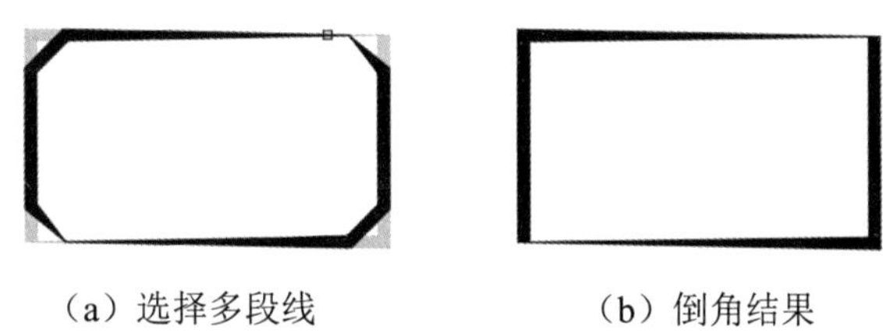

（a）选择多段线　　（b）倒角结果

图 4-98　斜线连接多段线

（4）修剪(T)：与圆角连接命令 FILLET 相同，该选项决定连接对象后是否剪切源对象。

（5）方式(E)：选择采用“距离”或“角度”方式来倒角。

（6）多个(M)：同时对多个对象进行倒角编辑。

说明： 有时用户在执行“圆角”和“倒角”命令时，发现命令不执行或执行后没什么变化，这是因为系统默认圆角半径和斜线距离均为 0，如果不事先设定圆角半径或斜线距离，系统就以默认值执行命令，所以看起来好像没有执行命令。

4.7.10　“打断”命令

1. 执行方式

☑ 命令行：BREAK。
☑ 菜单栏：“修改”→“打断”。
☑ 工具栏：“修改”→“打断”。
☑ 功能区：“默认”→“修改”→“打断”。

2. 操作步骤

```
命令：BREAK↙
选择对象：(选择要打断的对象)
指定第二个打断点或 [第一点(F)]：(指定第二个断开点或输入“F”)
```

3. 选项说明

如果选择“第一点(F)”选项，系统将丢弃前面的第一个选择点，重新提示用户指定两个打断点。

4.7.11 “打断于点”命令

Note

打断于点是指在对象上指定一点，从而把对象在此点拆分成两部分。此命令与“打断”命令类似。

1. 执行方式

☑ 工具栏：“修改”→“打断于点”。
☑ 功能区：“默认”→“修改”→“打断于点”。

2. 操作步骤

输入此命令后，命令行提示如下。

```
命令：breakatpoint↙
选择对象：
指定打断点：
```

4.7.12 实例——花篮螺丝钢筋接头绘制

视频讲解

绘制如图 4-99 所示的花篮螺丝钢筋接头。

图 4-99 花篮螺丝钢筋接头

操作步骤

（1）单击“默认”选项卡“绘图”面板中的“矩形”按钮，绘制一个矩形，如图 4-100 所示。

（2）单击“默认”选项卡“绘图”面板中的“直线”按钮，在矩形内绘制两条竖向直线，如图 4-101 所示。

（3）单击“默认”选项卡“绘图”面板中的“多段线”按钮，绘制钢筋，如图 4-102 所示。

图 4-100 绘制矩形

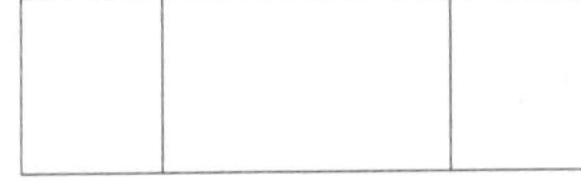

图 4-101 绘制竖向直线

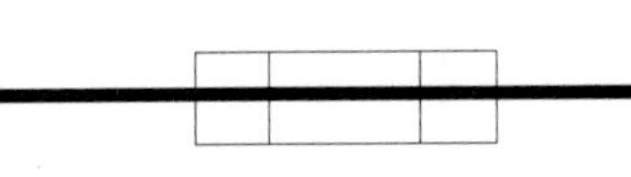

图 4-102 绘制钢筋

（4）单击“默认”选项卡“修改”面板中的“打断”按钮，将多段线打断，如图 4-99 所示，命令行提示与操作如下。

```
命令：_break
选择对象：选择多段线
指定第二个打断点 或 [第一点(F)]：选择多段线上的适当一点
```

4.7.13 “分解”命令

1. 执行方式

☑ 命令行：EXPLODE。
☑ 菜单栏：“修改”→“分解”。
☑ 工具栏：“修改”→“分解”。
☑ 功能区：“默认”→“修改”→“分解”。

2. 操作步骤

```
命令：EXPLODE↙
选择对象：（选择要分解的对象）
```

选择一个对象后，该对象会被分解。系统继续提示该行信息，允许分解多个对象。

4.7.14 “合并”命令

可以将直线、圆弧、椭圆弧和样条曲线等独立的对象合并为一个对象，如图 4-103 所示。

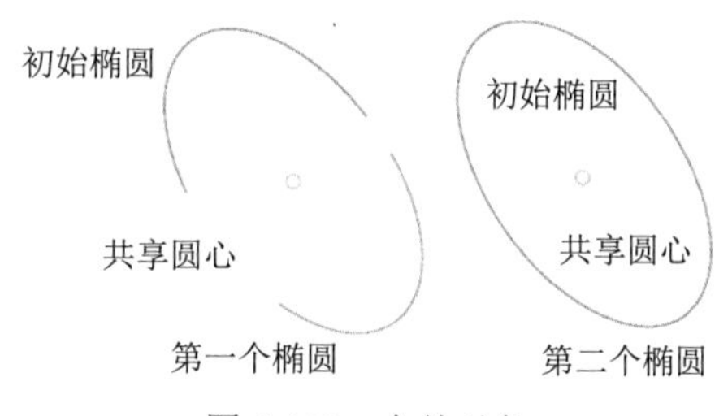

图 4-103　合并对象

1. 执行方式

☑ 命令行：JOIN。
☑ 菜单栏：“修改”→“合并”。
☑ 工具栏：“修改”→“合并”⁺⁺。
☑ 功能区：“默认”→“修改”→“合并”⁺⁺。

2. 操作步骤

```
命令：JOIN↙
选择源对象或要一次合并的多个对象：（选择一个对象）
找到 1 个
选择要合并的对象：（选择另一个对象）
找到 1 个，总计 2 个
选择要合并的对象：↙
2 条直线已合并为 1 条直线
```

4.8 综合实例——桥墩结构图绘制

桥墩由基础、墩身和墩帽组成。本实例将介绍桥墩结构图的绘制方法。结合本实例，以巩固前面所学的编辑命令。

4.8.1 桥中墩墩身及底板钢筋图绘制

使用“矩形”“直线”“圆”命令绘制桥中墩墩身轮廓线；使用“多段线”命令绘制底板钢筋；进行修剪整理，完成桥中墩墩身及底板钢筋图的绘制，如图 4-104 所示。

Note

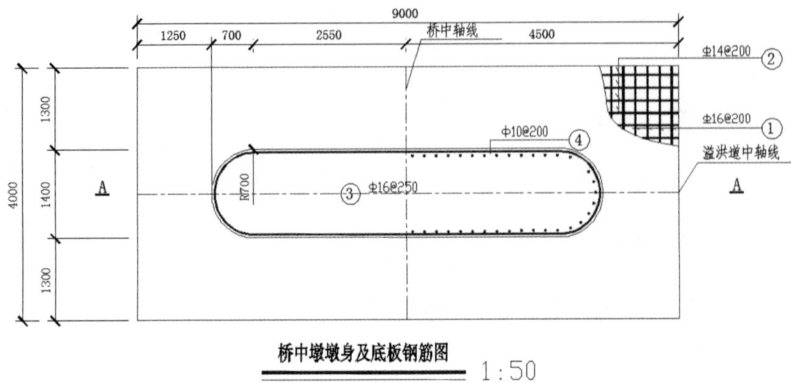

图 4-104　桥中墩墩身及底板钢筋图

1．前期准备以及绘图设置

（1）要根据绘制图形决定绘图的比例，建议采用 1∶1 的比例绘制，1∶50 的比例出图。

（2）建立新文件。打开 AutoCAD 2024 应用程序，建立新文件，将新文件命名为“桥中墩墩身及底板钢筋图.dwg”并保存。

（3）设置图层。设置以下 4 个图层：“尺寸”“定位中心线”“轮廓线”和“文字”。将“轮廓线”图层设置为当前图层。设置好的图层如图 4-105 所示。

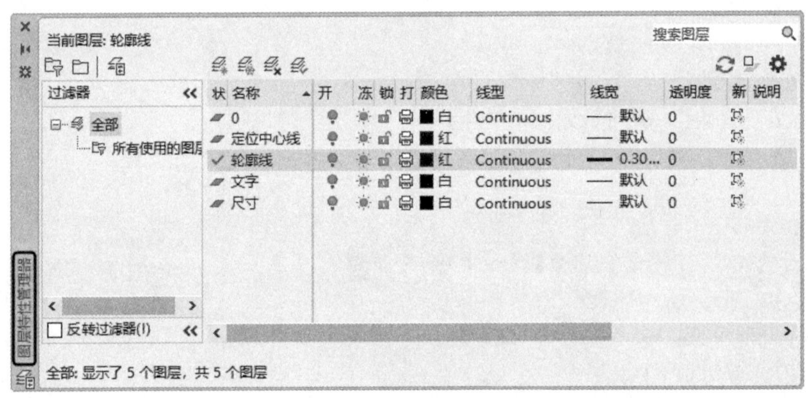

图 4-105　桥中墩墩身及底板钢筋图图层设置

2．绘制桥中墩墩身轮廓线

（1）单击“默认”选项卡“绘图”面板中的“矩形”按钮▭，绘制 9000×4000 的矩形。

（2）把“定位中心线”图层设置为当前图层，在状态栏中单击“正交模式”按钮∟，进入正交模式。单击“对象捕捉”按钮□，打开对象捕捉。单击“默认”选项卡“绘图”面板中的“直线”按钮╱，取矩形的中点绘制两条对称中心线，如图 4-106 所示。

（3）单击“默认”选项卡“修改”面板中的“复制”按钮⁂，复制刚刚绘制好的两条对称中心线。完成的图形和复制尺寸如图 4-107 所示。

（4）单击“默认”选项卡“绘图”面板中的“多段线”按钮⊃，绘制墩身轮廓线。输入 A 指定圆弧的圆心。完成的图形如图 4-108 所示。

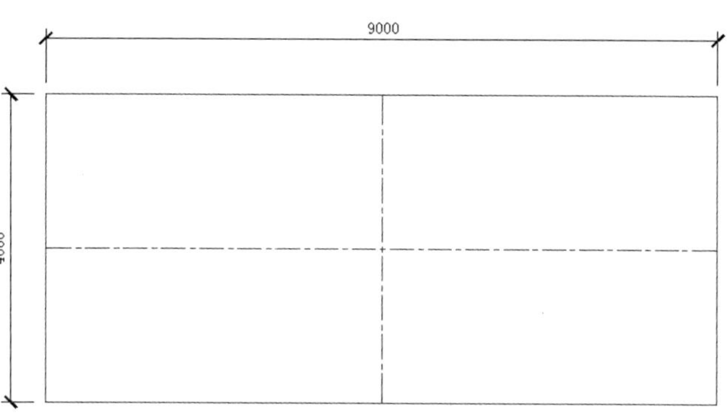

图 4-106　桥中墩墩身及底板钢筋图定位线绘制

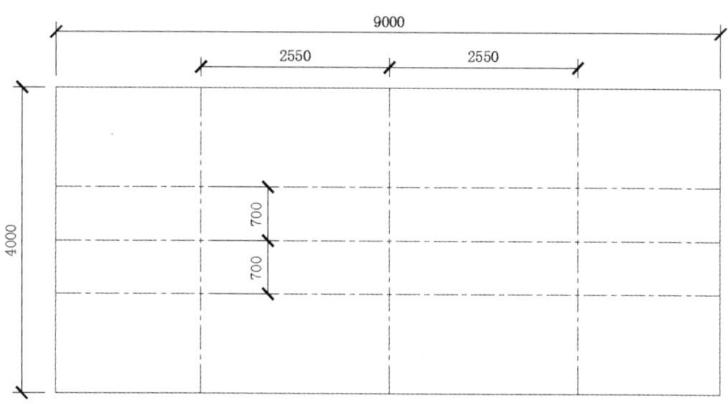

图 4-107　复制桥中墩墩身及底板钢筋图定位线

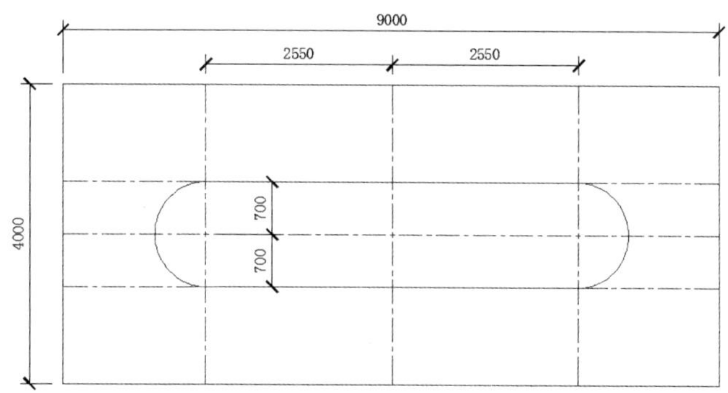

图 4-108　绘制墩身轮廓线

3. 绘制底板钢筋

（1）单击“默认”选项卡“修改”面板中的“偏移”按钮，向内侧偏移刚刚绘制好的墩身轮廓线，指定偏移距离为 50。

（2）单击“默认”选项卡“绘图”面板中的“多段线”按钮，加粗钢筋，输入 W 设置起点和端点的宽度为 25，完成的图形如图 4-109 所示。

（3）单击“默认”选项卡“绘图”面板中的“圆”按钮，绘制一个直径为 16 的圆。

（4）单击“默认”选项卡“绘图”面板中的“图案填充”按钮，打开“图案填充创建”选项卡，在“图案填充图案”下拉列表中选择 SOLID 图例进行填充。

（5）单击“默认”选项卡“修改”面板中的“复制”按钮，复制刚刚填充好的钢筋到相应的位置，完成的图形如图 4-110 所示。

Note

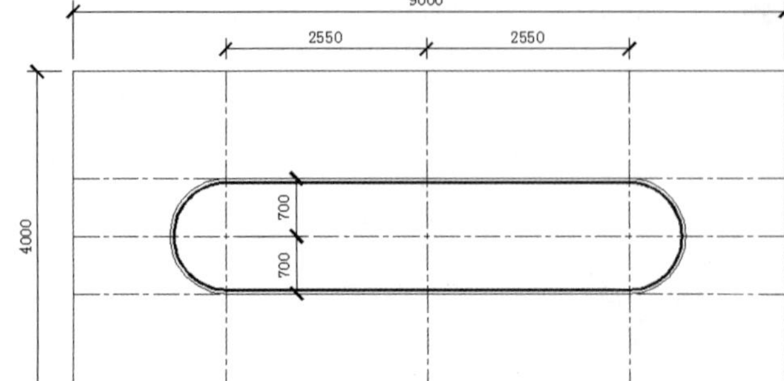

图 4-109　绘制桥中墩墩身钢筋

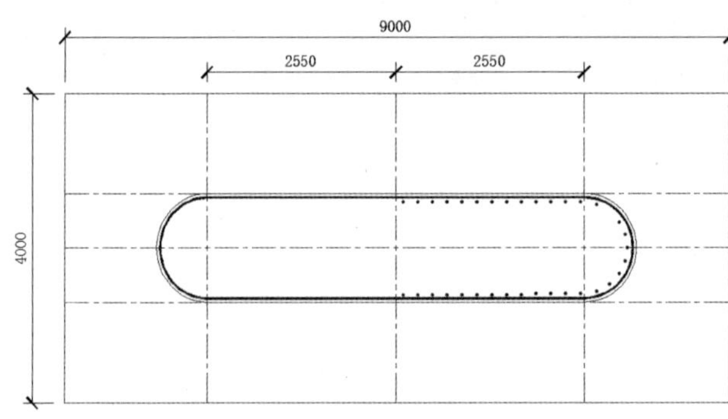

图 4-110　绘制桥中墩墩身主筋

（6）单击“默认”选项卡“绘图”面板中的“样条曲线拟合”按钮，绘制底板配筋折线。

（7）单击“默认”选项卡“绘图”面板中的“多段线”按钮，绘制水平的钢筋线，长度为 1400。重复“多段线”命令，绘制垂直的钢筋线，长度为 1300，完成的图形如图 4-111 所示。

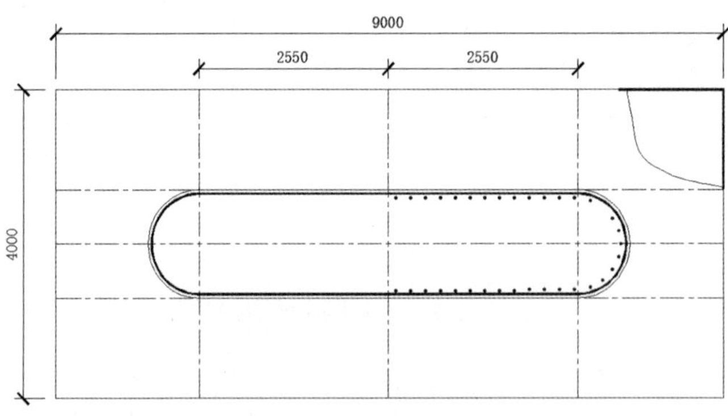

图 4-111　绘制底板钢筋

（8）单击“默认”选项卡“修改”面板中的“矩形阵列”按钮，选择横向底板钢筋为阵列对象，设置行数为 7，列数为 1，行间距为-200。

（9）单击“默认”选项卡“修改”面板中的“矩形阵列”按钮，选择竖向底板钢筋为阵列对象，设置行数为 1，列数为 6，列间距为-200，完成的图形如图 4-112 所示。

（10）单击“默认”选项卡“修改”面板中的“修剪”按钮，剪切多余的部分，完成的图形如图 4-113 所示。

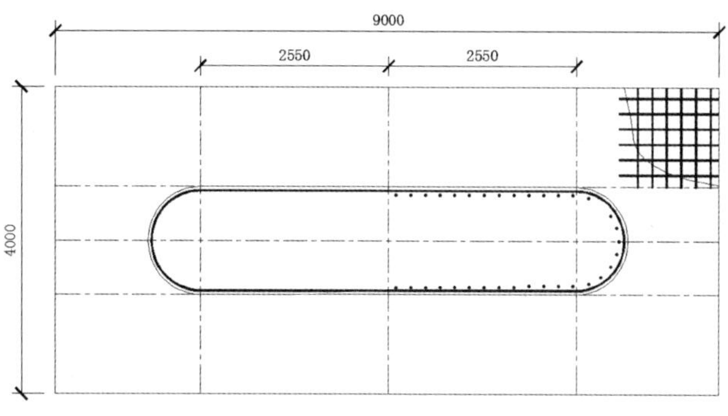

图 4-112　阵列底板钢筋

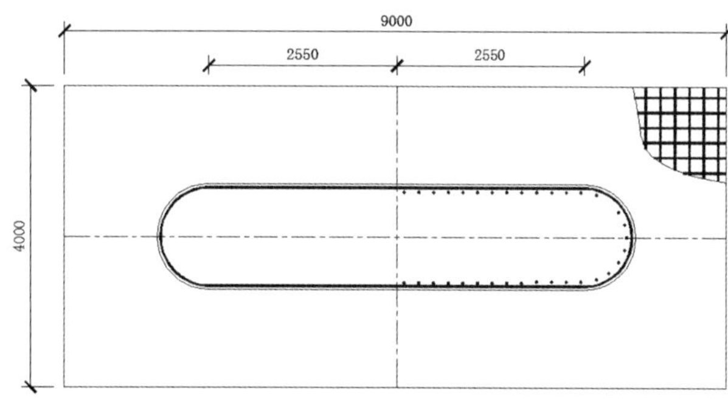

图 4-113　剪切底板钢筋

（11）单击“默认”选项卡“绘图”面板中的“多段线”按钮，绘制剖切线。

4.8.2　桥中墩立面图绘制

使用“直线”“多段线”命令绘制桥中墩立面轮廓线；进行修剪整理，完成桥中墩立面图，如图 4-114 所示。

视频讲解

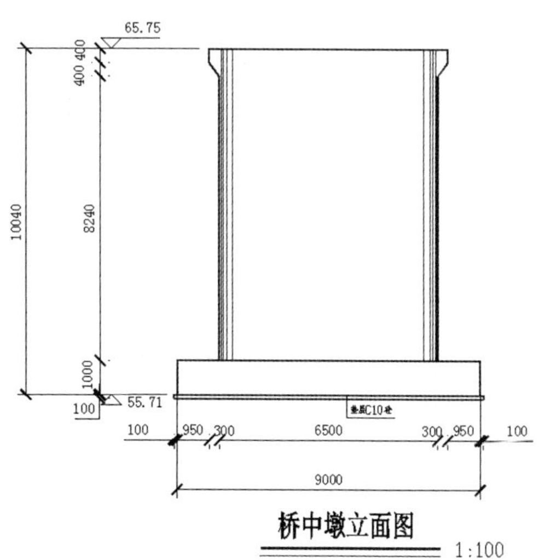

图 4-114　桥中墩立面图

Note

1. 前期准备以及绘图设置

（1）要根据绘制图形决定绘图的比例，建议采用 1∶1 的比例绘制，1∶100 的比例出图。

（2）建立新文件。打开 AutoCAD 2024 应用程序，建立新文件，将新文件命名为“桥中墩立面图.dwg”并保存。

（3）设置图层。设置以下 3 个图层：“尺寸”“轮廓线”和“文字”。将“轮廓线”图层设置为当前图层。设置好的图层如图 4-115 所示。

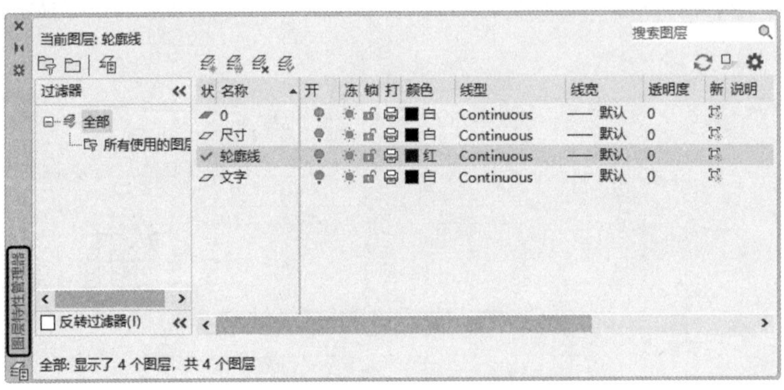

图 4-115　桥中墩立面图图层设置

2. 绘制桥中墩立面定位线

（1）单击“默认”选项卡“绘图”面板中的“矩形”按钮，绘制 9200×100 的矩形。

（2）把“尺寸”图层设置为当前图层，单击“注释”选项卡“标注”面板中的“线性”按钮，标注直线尺寸。完成的图形如图 4-116 所示。

（3）将“轮廓线”图层设置为当前图层，单击“默认”选项卡“绘图”面板中的“直线”按钮，绘制轮廓定位线。以 A 点为起点，绘制坐标分别为（@100,0）、（@0,1000）、（@1250,0）、（@0,8240）、（@-300,0）、（@0,400）和（@3550,0），完成的图形如图 4-117 所示。

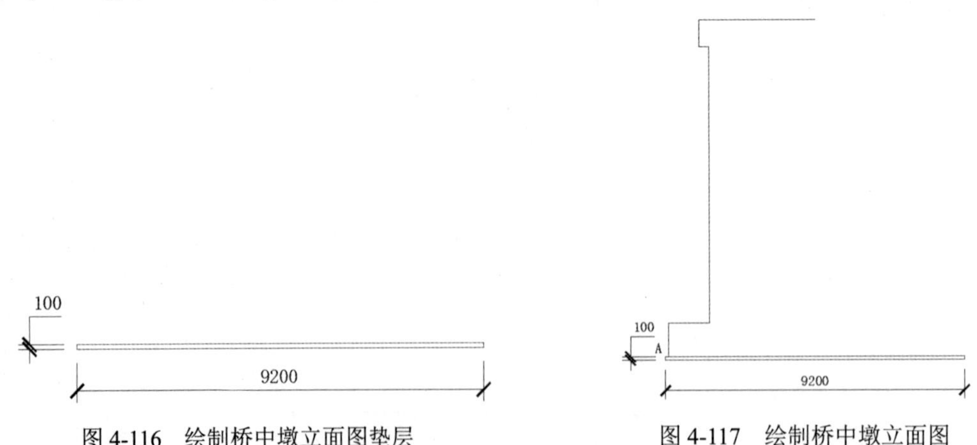

图 4-116　绘制桥中墩立面图垫层

图 4-117　绘制桥中墩立面图

（4）单击“默认”选项卡“修改”面板中的“镜像”按钮，镜像刚刚绘制完的图形，完成的图形如图 4-118 所示。

（5）单击“默认”选项卡“绘图”面板中的“直线”按钮，绘制立面轮廓线，完成的图形如图 4-119 所示。

（6）单击“默认”选项卡“绘图”面板中的“多段线”按钮，加粗桥中墩立面轮廓。输入 W

确定多段线的宽度为 20。

（7）单击“默认”选项卡“修改”面板中的“删除”按钮，删除多余的直线，完成的图形如图 4-120 所示。

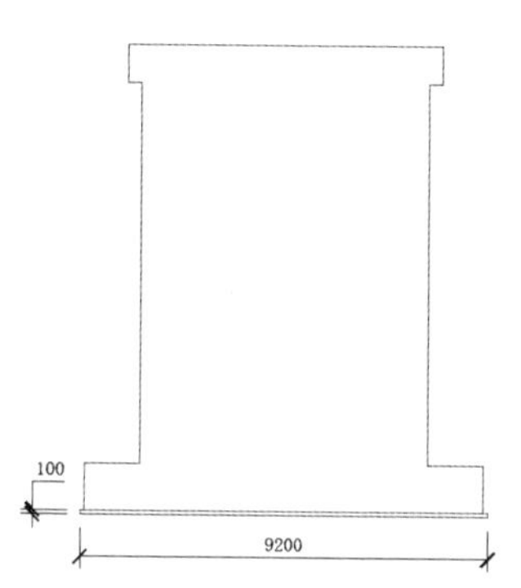

图 4-118　镜像桥中墩立面

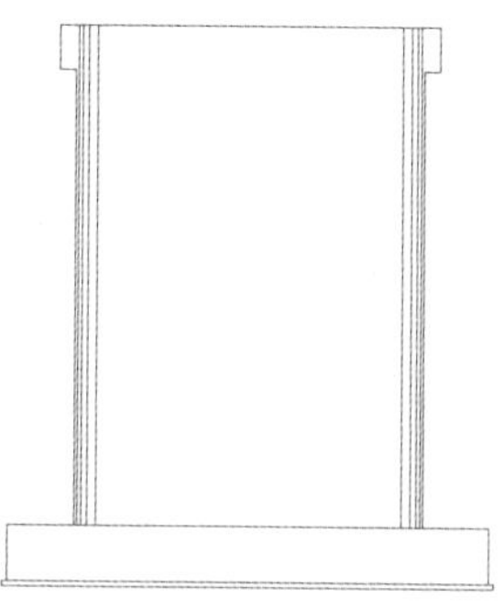

图 4-119　绘制桥中墩立面图

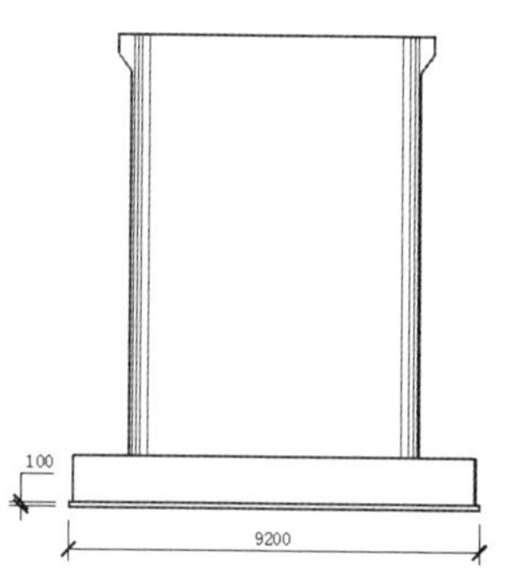

图 4-120　桥中墩立面图轮廓线

4.8.3　桥中墩剖面图绘制

调用桥中墩立面图，使用“偏移”“复制”“矩形阵列”等命令绘制桥中墩剖面钢筋，如图 4-121 所示。

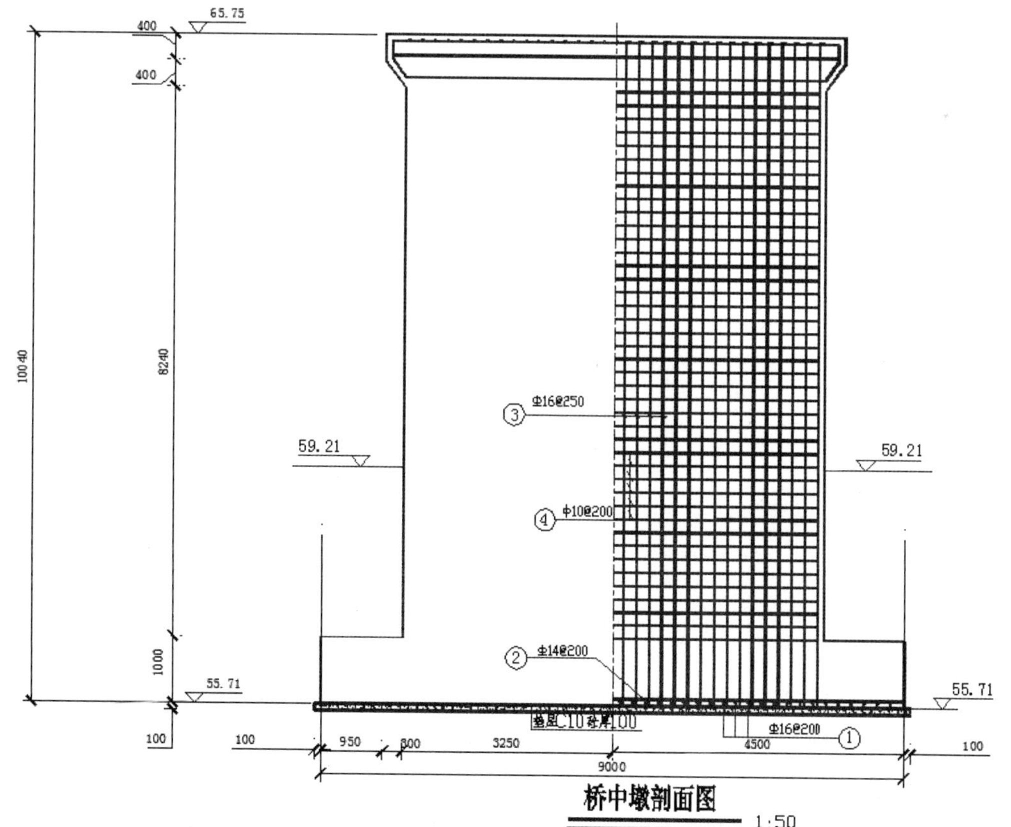

图 4-121　桥中墩剖面图

Note

1. 前期准备以及绘图设置

（1）要根据绘制图形决定绘图的比例，建议采用 1∶1 的比例绘制，1∶50 的比例出图。

（2）建立新文件。打开 AutoCAD 2024 应用程序，建立新文件，将新文件命名为“桥中墩剖面图.dwg”并保存。

（3）设置图层。设置以下 5 个图层：“尺寸”“定位中心线”“轮廓线”“剖面线”“文字”。将“轮廓线”图层设置为当前图层。

2. 调用桥中墩立面图

（1）按 Ctrl+C 快捷键复制桥中墩立面图，然后按 Ctrl+V 快捷键粘贴到桥中墩剖面图中。

（2）单击“默认”选项卡“修改”面板中的“缩放”按钮，设置比例因子为 0.5，将文字缩放 0.5 倍。

（3）单击“默认”选项卡“修改”面板中的“删除”按钮，删除多余的标注和直线。

（4）把“定位中心线”图层设置为当前图层，单击“默认”选项卡“绘图”面板中的“直线”按钮，绘制一条桥中墩立面轴线。

（5）双击文字修改标高和文字。

完成的图形如图 4-122 所示。

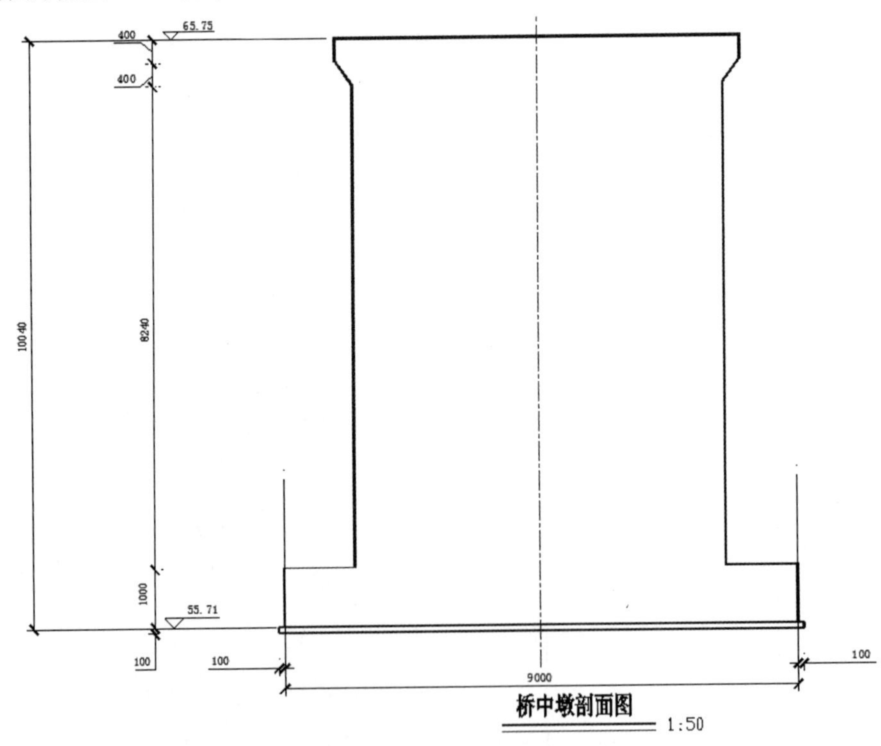

图 4-122　调用和修改桥中墩剖面图

3. 绘制桥中墩剖面钢筋

（1）单击“默认”选项卡“修改”面板中的“偏移”按钮，偏移选择刚刚绘制的桥中墩立面轮廓线。指定的偏移距离为 100，完成的图形如图 4-123 所示。

（2）单击“默认”选项卡“修改”面板中的“延伸”按钮，拉伸钢筋到指定位置，完成的图形如图 4-124 所示。

（3）单击“默认”选项卡“修改”面板中的“矩形阵列”按钮，选择垂直钢筋为阵列对象，

视频讲解

设置行数为 1，列数为 16，列间距为-200，完成的图形如图 4-125 所示。

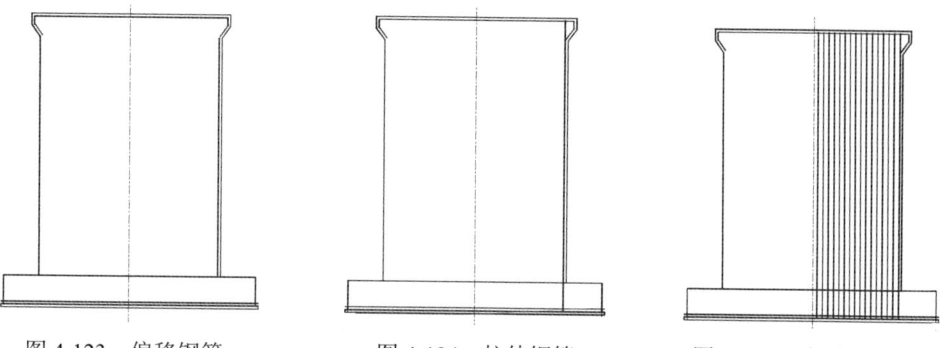

图 4-123　偏移钢筋　　图 4-124　拉伸钢筋　　图 4-125　阵列垂直钢筋

（4）单击“默认”选项卡“修改”面板中的“复制”按钮，复制桥中墩上部钢筋，然后单击“默认”选项卡“修改”面板中的“矩形阵列”按钮，选择横向钢筋为阵列对象，设置行数为 43，列数为 1，行间距为-200，完成的图形如图 4-126 所示。

（5）单击“默认”选项卡“绘图”面板中的“圆”按钮，绘制一个直径为 16 的圆。

（6）将“剖面线”图层设置为当前图层，单击“默认”选项卡“绘图”面板中的“图案填充”按钮，打开“图案填充创建”选项卡，选择 SOLID 图例，进行填充。

（7）单击“默认”选项卡“修改”面板中的“复制”按钮，把绘制好的钢筋复制到相应的位置，完成的图形如图 4-127 所示。

（8）单击“默认”选项卡“修改”面板中的“修剪”按钮，剪切钢筋的多余部分。完成的图形如图 4-128 所示。

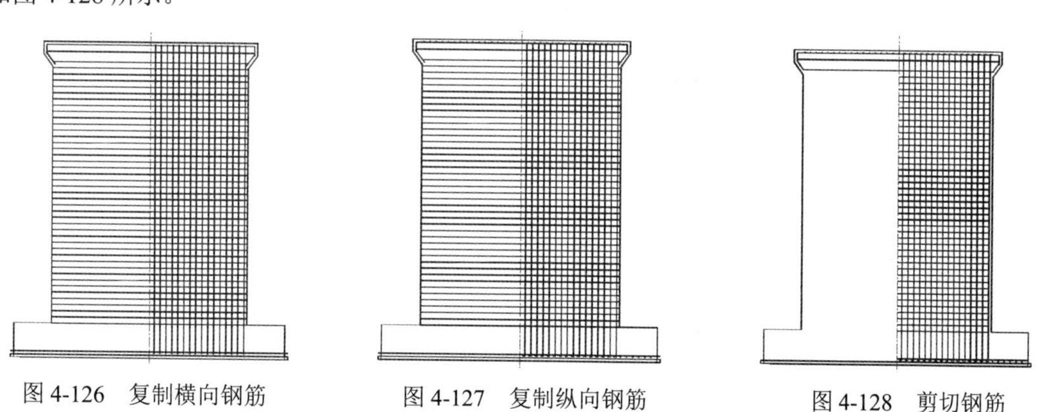

图 4-126　复制横向钢筋　　图 4-127　复制纵向钢筋　　图 4-128　剪切钢筋

（9）单击“默认”选项卡“绘图”面板中的“图案填充”按钮，打开“填充图案创建”选项卡，选择“混凝土 3”图例进行填充，如图 4-129 所示，填充的比例为 15。

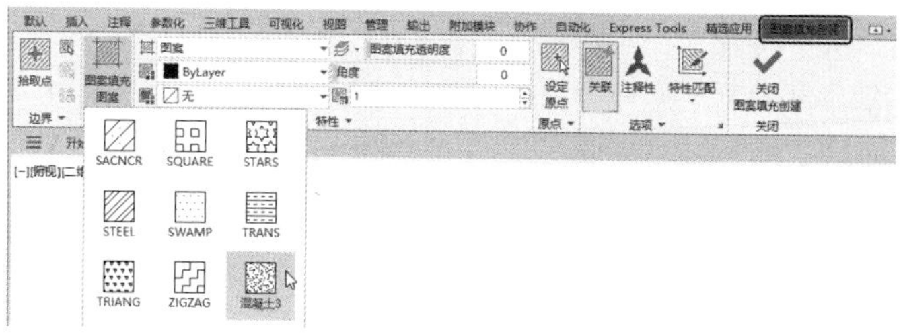

图 4-129　桥中墩剖面垫层填充设置

视频讲解

Note

4. 标注文字

（1）单击“默认”选项卡“注释”面板中的“多行文字”按钮A，标注钢筋编号和型号。

（2）单击“默认”选项卡“修改”面板中的“复制”按钮，把相同的内容复制到指定的位置。注意文字标注时需要把“文字”图层设置为当前图层，完成的图形如图4-130所示。

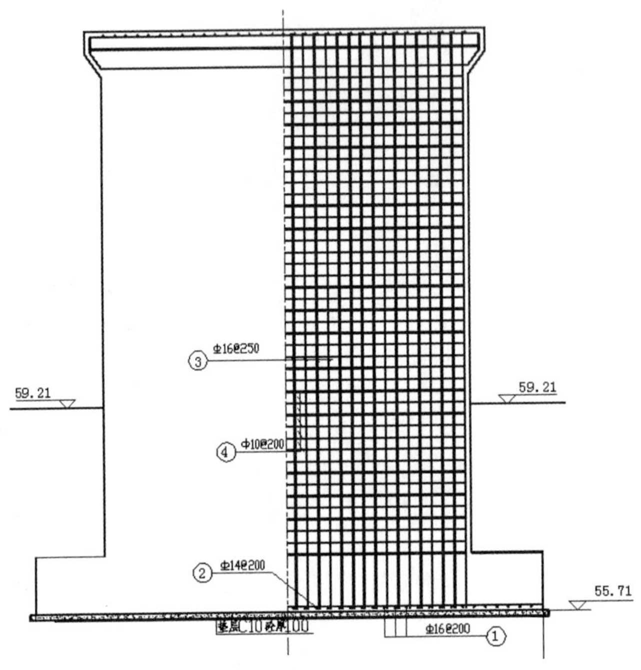

图4-130 桥中墩剖面图文字标注

4.9 实践与操作

4.9.1 绘制桥边墩平面图

1. 目的要求

如图4-131所示，本练习设计的图形除了要用到基本的绘图命令，还要用到“复制”和“偏移”命令。要求读者通过本练习灵活掌握绘图的基本技巧，巧妙利用一些编辑命令来快速灵活地完成绘图作业。

2. 操作提示

（1）利用“直线”和“偏移”命令绘制轴线。

（2）利用“多段线”和“复制”命令绘制轮廓。

4.9.2 绘制桥面板钢筋图

1. 目的要求

如图4-132所示，本练习设计的图形除了要用到基本的绘图命令，还要用到“复制”和“修剪”命令。要求读者通过本练习灵活掌握绘图的基本技巧，巧妙利用一些编辑命令来快速灵活地完成绘图作业。

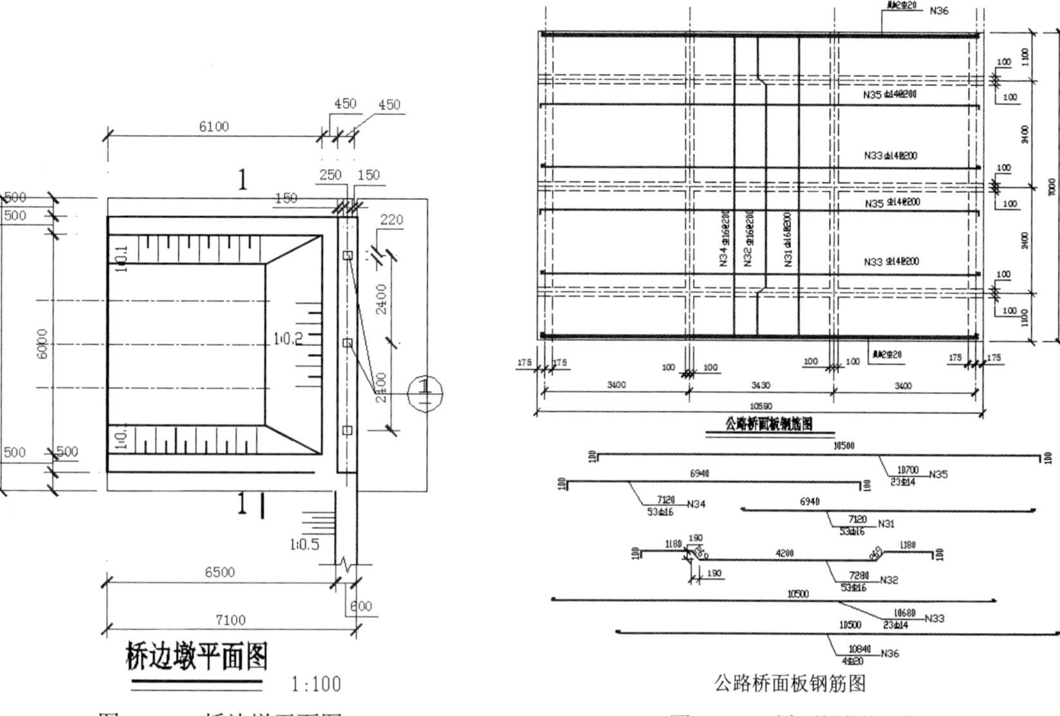

图 4-131　桥边墩平面图　　　　图 4-132　桥面板钢筋图

2. 操作提示

（1）利用“直线”和“复制”命令绘制定位中心线。

（2）利用“直线”“复制”和“修剪”命令绘制纵横梁平面布置。

（3）利用“多段线”和“复制”命令绘制钢筋。

第5章

辅助绘图工具

文字注释是图形中很重要的一部分内容，进行各种设计时，通常不仅要绘出图形，还要在图形中标注一些文字，如技术要求、注释说明等，对图形对象加以解释。AutoCAD 提供了多种写入文字的方法，本章将介绍文本的注释和编辑功能。图表在 AutoCAD 图形中也有大量的应用，如明细表、参数表和标题栏等。AutoCAD 新增的图表功能使绘制图表变得方便快捷。尺寸标注是绘图设计过程中相当重要的一个环节。AutoCAD 2024 提供了方便、准确的标注尺寸功能。图块为快速绘图带来了方便，本章将简要介绍图块的知识。

☑ 图块的操作
☑ 图块的属性
☑ 文本标注
☑ 尺寸标注
☑ 表格

任务驱动&项目案例

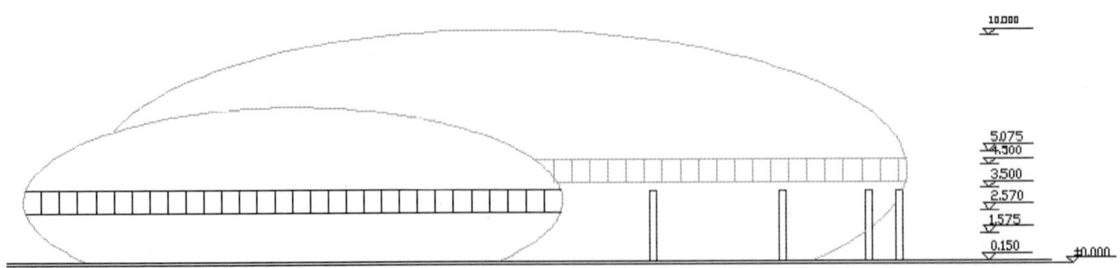

5.1　图块的操作

图块也叫块，是由一组图形对象组成的集合，一组对象一旦被定义为图块，将成为一个整体，拾取图块中任意一个图形对象，即可选中构成图块的所有图形对象。AutoCAD 把一个图块作为一个对象进行编辑修改等操作，用户可根据绘图需要把图块插入图中任意指定的位置，而且在插入时，还可以指定不同的缩放比例和旋转角度。如果需要对图块中的单个图形对象进行修改，那么可以利用“分解”命令把图块分解成若干个对象。图块还可以被重新定义，一旦被重新定义，整个图中基于该块的对象都将随之改变。

5.1.1　定义图块

1. 执行方式

☑　命令行：BLOCK。

☑　菜单栏：“绘图”→“块”→“创建”。

☑　工具栏：“绘图”→“创建块”。

☑　功能区：“插入”→“块定义”→“创建块”。

2. 操作步骤

```
命令：BLOCK↙
```

选择相应的菜单命令或单击工具栏图标，或在命令行中输入 BLOCK 后按 Enter 键，AutoCAD 打开“块定义”对话框，利用该对话框可定义图块并为之命名。

3. 选项说明

（1）“基点”选项组：确定图块的基点，默认值是（0,0,0）；或者在下面的 X（Y、Z）文本框中输入块的基点坐标值；也可以单击“拾取点”按钮临时切换到绘图屏幕，用鼠标在图形中拾取一点后，返回“块定义”对话框，所拾取的点即为图块的基点。

（2）“对象”选项组：该选项组用于选择绘制图块的对象以及设置对象的相关属性。

如图 5-1 所示，把图 5-1（a）中的正五边形定义为图块中的一个对象，图 5-1（b）为选中“删除”单选按钮的结果，图 5-1（c）为选中“保留”单选按钮的结果。

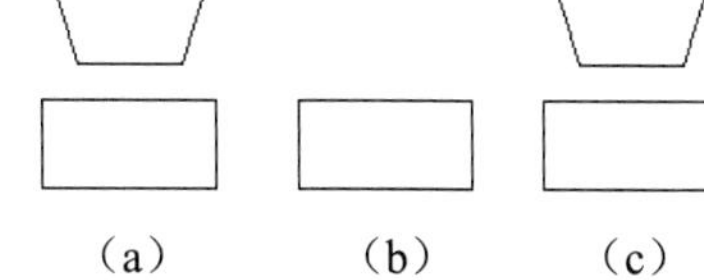

图 5-1　删除图块对象

（3）“设置”选项组：指定在 AutoCAD 设计中心拖动图块时用于测量图块的单位，以及缩放、分解和超链接等设置。

（4）“方式”选项组。

☑　“注释性”复选框：指定块为注释性。

☑　“使块方向与布局匹配”复选框：指定在图纸空间视口中的块参照的方向与布局空间视口的方向匹配。如果未选中“注释性”复选框，则该选项不可用。

☑　“按统一比例缩放”复选框：指定是否阻止块参照按统一比例缩放。

☑　“允许分解”复选框：指定块参照是否可以被分解。

（5）“在块编辑器中打开”复选框：选中该复选框，系统打开块编辑器，可以定义动态块。动态块的内容将在 5.1.4 节中详细讲解。

5.1.2　图块的存盘

用 BLOCK 命令定义的图块保存在其所属的图形当中，该图块只能插入该图中，而不能插入其他的图中，但是有些图块要在许多图中用到，这时可以用 WBLOCK 命令把图块以图形文件的形式（后缀为.dwg）写入磁盘，图形文件可以在任意图形中用 INSERT 命令插入。

1. 执行方式

☑　命令行：WBLOCK。
☑　功能区："插入"→"块定义"→"写块"。

2. 操作步骤

命令：WBLOCK↙

在命令行中输入 WBLOCK 后按 Enter 键，AutoCAD 打开"写块"对话框，如图 5-2 所示，利用该对话框可把图形对象保存为图形文件或把图块转换成图形文件。

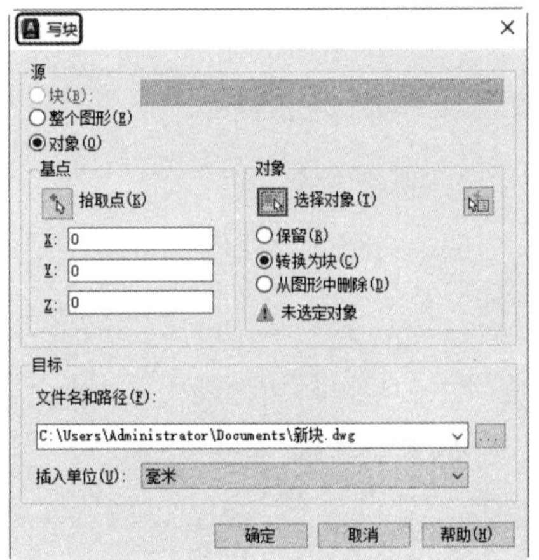

图 5-2　"写块"对话框

3. 选项说明

（1）"源"选项组：确定要保存为图形文件的图块或图形对象。如果选中"块"单选按钮，单击右侧的下拉按钮，在其下拉列表框中选择一个图块，则将其保存为图形文件。如果选中"整个图形"单选按钮，则把当前的整个图形保存为图形文件。如果选中"对象"单选按钮，则把不属于图块的图形对象保存为图形文件。对象的选取通过"对象"选项组来完成。

（2）"目标"选项组：用于指定图形文件的名称、保存路径和插入单位等。

5.1.3　图块的插入

在用 AutoCAD 绘图的过程中，用户可根据需要随时把已经定义好的图块或图形文件插入当前图形的任意位置，在插入的同时可以改变图块的大小、旋转一定角度或把图块分解等。插入图块的方法有多种，本节将逐一进行介绍。

1. 执行方式

☑　命令行：INSERT。
☑　菜单栏："插入"→"块选项板"。
☑　工具栏："插入"→"插入块"或"绘图"→"插入块"。
☑　功能区："默认"→"块"→"插入"下拉菜单或"插入"→"块"→❶"插入"下拉菜单，❷在打开的下拉菜单中选择相应的选项，如图 5-3 所示。

2. 操作步骤

命令：INSERT↙

执行上述命令后，在下拉菜单中选择"最近使用的块"选项，❶系统弹出"块"选项板，如图 5-4 所示。利用该选项板❷可以设置插入点位置、插入比例以及旋转角度，还可以指定要插入的图

块及插入位置。

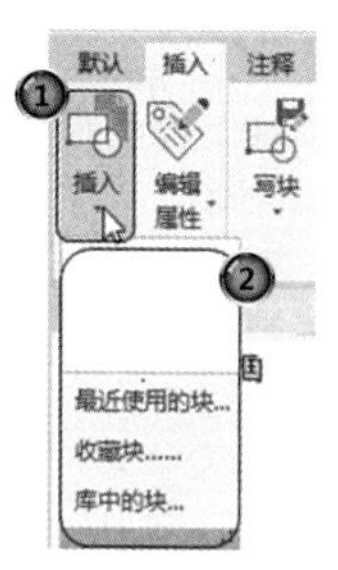

图 5-3 “插入”下拉菜单

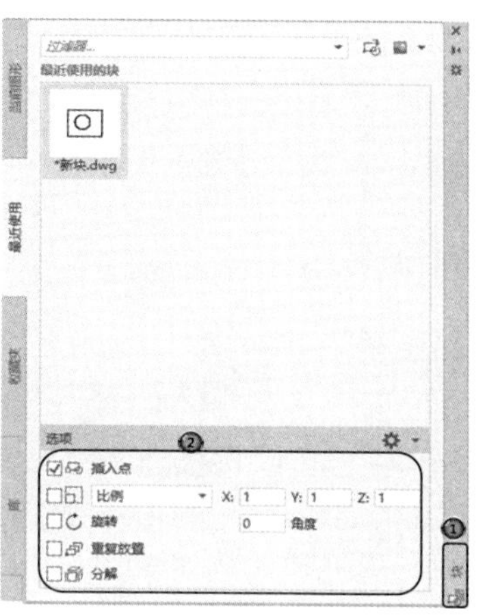

图 5-4 “块”选项板

3. 选项说明

（1）“名称”文本框：指定插入图块的名称。

（2）“插入点”选项组：指定插入点，插入图块时该点与图块的基点重合。可以在屏幕上用鼠标指定该点，也可以通过在下面的文本框中输入坐标值来指定该点。

（3）“比例”选项组：确定插入图块时的缩放比例。图块被插入当前图形中时，可以以任意比例进行放大或缩小，如图 5-5 所示，图 5-5（a）是被插入的图块，图 5-5（b）是取比例系数为 1.5 时插入该图块的结果，图 5-5（c）是取比例系数为 0.5 时插入图块的结果。X 轴方向和 Y 轴方向的比例系数也可以取不同值，图 5-5（d）所示是取 X 轴方向的比例系数为 1，Y 轴方向的比例系数为 1.5。另外，比例系数还可以是一个负数，当为负数时表示插入图块的镜像，其效果如图 5-6 所示。

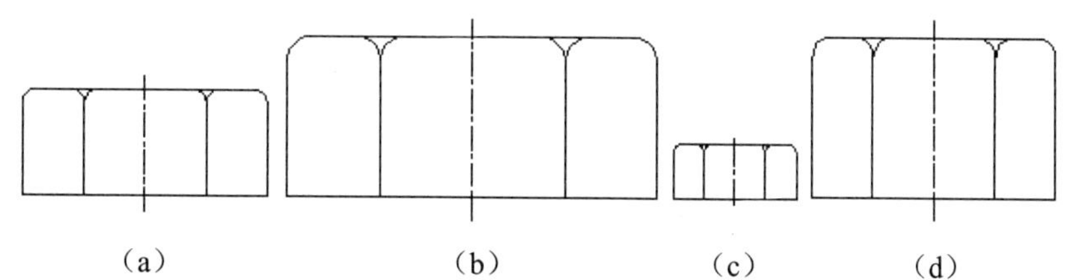

（a） （b） （c） （d）

图 5-5 取不同比例系数插入图块的效果

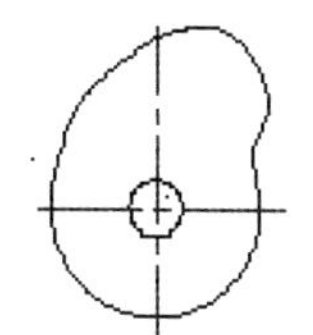

X 比例=1，Y 比例=1

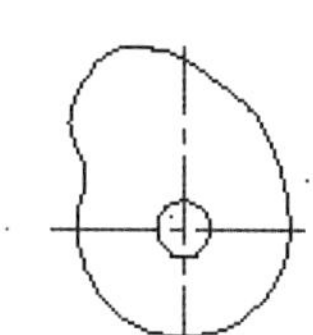

X 比例=−1，Y 比例=1

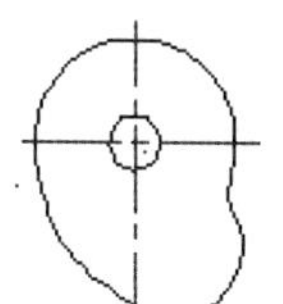

X 比例=1，Y 比例=−1

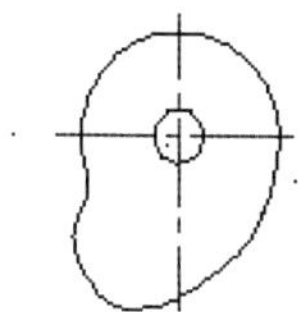

X 比例=−1，Y 比例=−1

图 5-6 取比例系数为负值时插入图块的效果

（4）“旋转”选项组：指定插入图块时的旋转角度。图块被插入当前图形中时，可以绕其基点旋转一定的角度，角度可以是正数（表示沿逆时针方向旋转），也可以是负数（表示沿顺时针方向旋转）。图 5-7（b）是图 5-7（a）的图块旋转 30° 后插入的效果，图 5-7（c）是图 5-7（a）的图块旋转−30° 后插入的效果。

Note

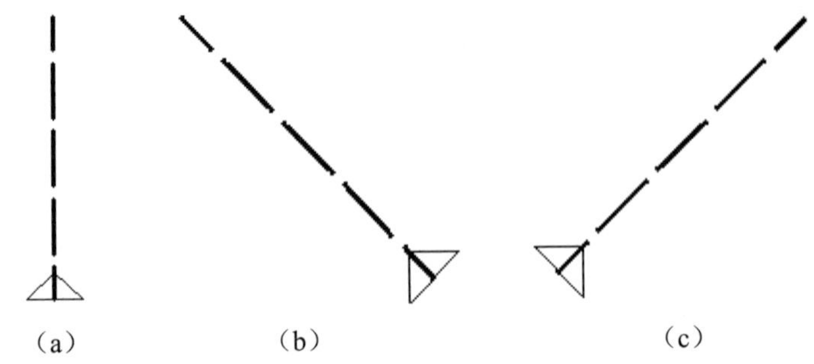

（a）　　（b）　　（c）

图 5-7　以不同旋转角度插入图块的效果

如果选中“在屏幕上指定”复选框，系统将切换到绘图屏幕，在屏幕上拾取一点，AutoCAD 自动测量插入点与该点的连线和 X 轴正方向之间的夹角，并将其作为块的旋转角。也可以在“角度”文本框中直接输入插入图块时的旋转角度。

（5）“分解”复选框：选中该复选框，则在插入块的同时将其分解，插入图形中的组成块的对象不再是一个整体，因此可对每个对象单独进行编辑操作。

5.1.4　动态块

动态块具有灵活性和智能性。用户在操作时可以轻松地更改图形中的动态块参照，通过自定义夹点或自定义特性来操作动态块参照中的几何图形，使用户能根据已有块进行编辑，而不用搜索另一个块以插入或重定义现有的块。

例如，在图形中插入一个门块参照，用户编辑图形时可能需要更改门的大小。如果该块是动态的，并且定义为可调整大小，那么只需拖动自定义夹点或在“特性”对话框中指定不同的大小即可修改门的大小，如图 5-8 所示。用户可能还需要修改门的打开角度，如图 5-9 所示。该门块还可能会包含对齐夹点，使用对齐夹点可以轻松地将门块参照与图形中的其他几何图形对齐，如图 5-10 所示。

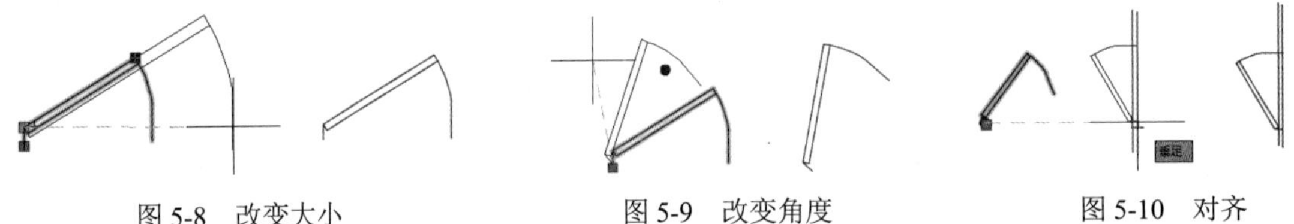

图 5-8　改变大小　　图 5-9　改变角度　　图 5-10　对齐

可以使用块编辑器创建动态块。块编辑器是一个专门的编写区域，用于添加能够使块成为动态块的元素。用户可以从头创建块，也可以向现有的块定义中添加动态行为，还可以像在绘图区域中一样创建几何图形。

1. 执行方式

☑　命令行：BEDIT。
☑　菜单栏：“工具”→“块编辑器”。
☑　工具栏：“标准”→“块编辑器”。
☑　快捷菜单：选择一个块参照。在绘图区域中右击，在打开的快捷菜单中选择“块编辑器”命令。
☑　功能区：“插入”→“块定义”→“块编辑器”。

2. 操作步骤

```
命令：BEDIT↙
```

执行上述命令后，系统打开“编辑块定义”对话框，如图 5-11 所示，单击“确定”按钮后，系统打开“块编写选项板”选项板，如图 5-12 所示。

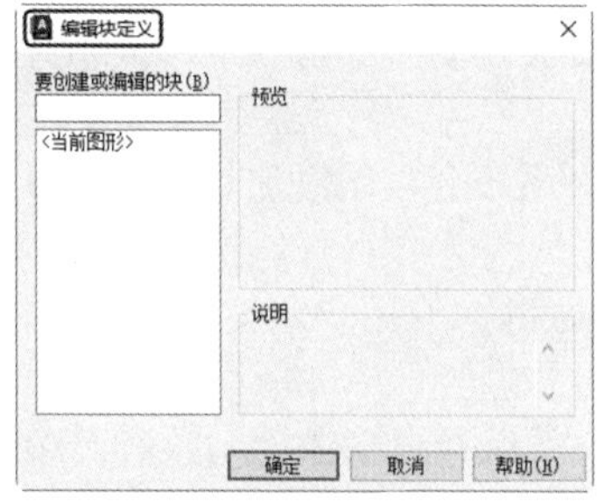

图 5-11　“编辑块定义”对话框

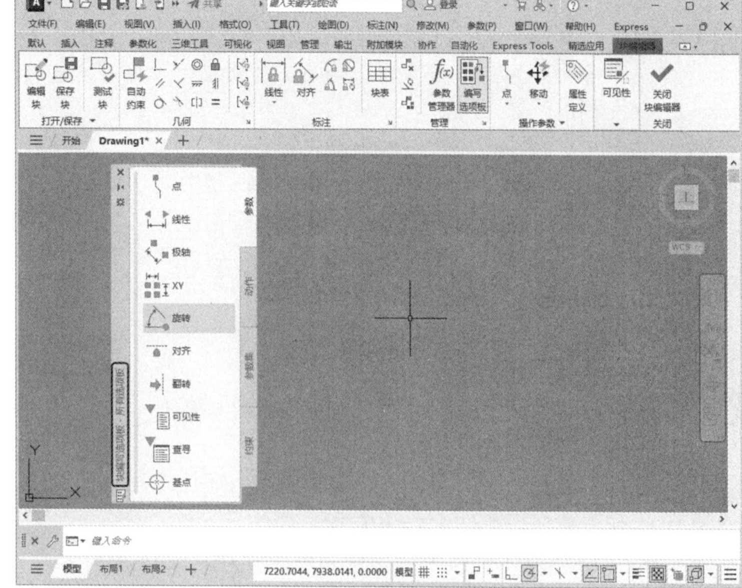

图 5-12　“块编写选项板”选项板

3. 选项说明

该选项板中有 4 个选项卡，分别介绍如下。

（1）“参数”选项卡。提供用于向块编辑器的动态块定义中添加参数的工具。参数用于指定几何图形在块参照中的位置、距离和角度。将参数添加到动态块定义中时，该参数将定义块的一个或多个自定义特性。该选项卡也可以通过 BPARAMETER 命令来打开。

☑ 点：此操作用于向动态块定义中添加一个点参数，并定义块参照的自定义 X 和 Y 特性。点参数定义图形中的 X 方向和 Y 方向的位置。在块编辑器中，点参数类似于一个坐标标注。

☑ 可见性：此操作将用于向动态块定义中添加一个可见性参数，并定义块参照的自定义可见性特性。可见性参数允许用户创建可见性状态并控制对象在块中的可见性。可见性参数总是应用于整个块，并且无须与任何动作相关联。在图形中，单击夹点可以显示块参照中的所有可见性状态的列表。在块编辑器中，可见性参数显示为带有关联夹点的文字。

☑ 查寻：此操作用于向动态块定义中添加一个查寻参数，并定义块参照的自定义查寻特性。查寻参数用于定义自定义查寻特性，用户可以指定或设置该特性，以便从定义的列表或表格中计算出某个值。该参数可以与单个查寻夹点相关联。在块参照中单击该夹点可以显示可用值的列表。在块编辑器中，查寻参数显示为文字。

☑ 基点：此操作用于向动态块定义中添加一个基点参数。基点参数用于定义动态块参照相对于块中的几何图形的基点。基点参数无法与任何动作相关联，但可以属于某个动作的选择集。在块编辑器中，基点参数显示为带有十字光标的圆。

其他参数与上面各项类似，这里不再赘述。

（2）“动作”选项卡。提供用于在块编辑器中向动态块定义中添加动作的工具。动作定义了在图形中操作块参照的自定义特性时，该动态块参照的几何图形将如何移动或变化。应将动作与参数相关联。该选项卡也可以通过命令 BACTIONTOOL 打开。

- ☑ 移动动作✥：此操作用于在用户将移动动作与点参数、线性参数、极轴参数或 XY 参数关联时，将该动作添加到动态块定义中。移动动作类似于 MOVE 命令。在动态块参照中，移动动作将使对象移动指定的距离或角度。
- ☑ 查寻动作：此操作用于向动态块定义中添加一个查寻动作。将查寻动作添加到动态块定义中并将其与查寻参数相关联时，将创建一个查寻表。可以使用查寻表指定动态块的自定义特性和值。

其他动作与上面各项类似，这里不再赘述。

（3）“参数集”选项卡。提供用于在块编辑器中向动态块定义中添加一个参数和至少一个动作的工具。将参数集添加到动态块中时，动作将自动与参数相关联。将参数集添加到动态块中后，双击黄色警示图标（或使用 BACTIONSET 命令），然后按照命令行上的提示将动作与几何图形选择集相关联。该选项卡也可以通过命令 BPARAMETER 打开。

- ☑ 点移动：此操作用于向动态块定义中添加一个点参数。系统会自动添加与该点参数相关联的移动动作。
- ☑ 线性移动：此操作用于向动态块定义中添加一个线性参数。系统会自动添加与该线性参数的端点相关联的移动动作。
- ☑ 可见性集：此操作用于向动态块定义中添加一个可见性参数并允许用户定义可见性状态。无须添加与可见性参数相关联的动作。
- ☑ 查寻集：此操作用于向动态块定义中添加一个查寻参数。系统会自动添加与该查寻参数相关联的查寻动作。

其他参数集与上面各项类似，这里不再赘述。

（4）“约束”选项卡。应用对象之间或对象上的点之间的几何关系或使其永久保持。将几何约束应用于一对对象时，选择对象的顺序以及选择每个对象的点可能会影响对象彼此间的放置方式。

- ☑ 重合：约束两个点使其重合，或者约束一个点使其位于曲线（或曲线的延长线）上。
- ☑ 垂直：使选定的直线位于彼此垂直的位置。
- ☑ 平行：使选定的直线彼此平行。
- ☑ 相切：将两条曲线约束为保持彼此相切或其延长线保持彼此相切。
- ☑ 水平：使直线或点对位于与当前坐标系的 X 轴平行的位置。

其他约束与上面各项类似，这里不再赘述。

5.1.5 实例——绘制指北针图块

视频讲解

本实例绘制一个指北针图块，如图 5-13 所示。应用二维绘图及编辑命令绘制指北针，利用“写块”命令，将其定义为图块。

操作步骤

（1）单击“默认”选项卡“绘图”面板中的“圆”按钮，绘制一个直径为 24 的圆。

（2）单击“默认”选项卡“绘图”面板中的“直线”按钮，绘制圆的竖直直径，结果如图 5-14 所示。

（3）单击“默认”选项卡“修改”面板中的“偏移”按钮，使直径向左右两边各偏移 1.5，结果如图 5-15 所示。

（4）单击“默认”选项卡“修改”面板中的“修剪”按钮，选取圆作为修剪边界，修剪偏移后的直线。

（5）单击“默认”选项卡“绘图”面板中的“直线”按钮，绘制直线。结果如图 5-16 所示。

（6）单击“默认”选项卡“修改”面板中的“删除”按钮，删除多余直线。

（7）单击“默认”选项卡“绘图”面板中的“图案填充”按钮，选择图案填充选项板的 SOLID 图标，选择指针作为图案填充对象进行填充，结果如图 5-13 所示。

（8）在命令行中输入“WBLOCK”命令，①打开“写块”对话框，如图 5-17 所示。②单击“拾取点”按钮，拾取指北针的顶点为基点，③单击“选择对象”按钮，拾取下面的图形为对象，④输入图块名称“指北针图块”并指定路径，⑤单击“确定”按钮，保存图块。

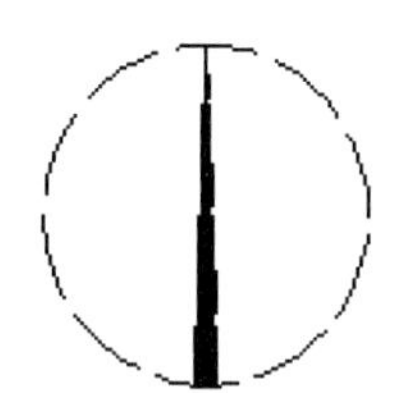

图 5-13　指北针图块

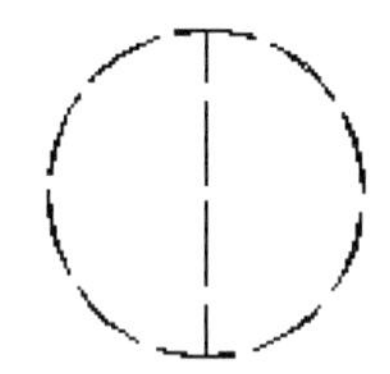

图 5-14　绘制竖直直线

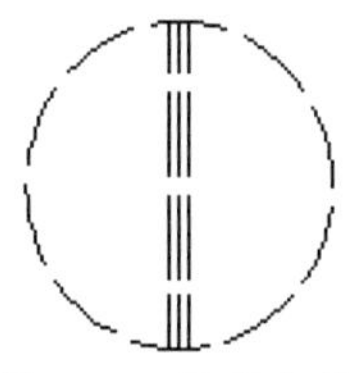

图 5-15　偏移直线

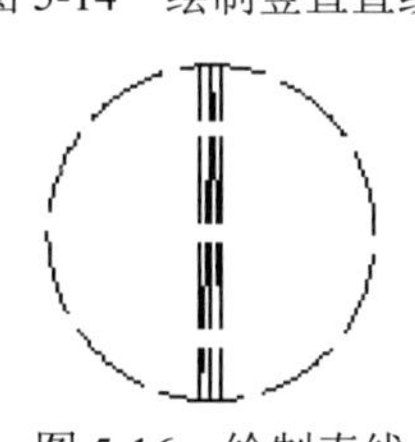

图 5-16　绘制直线

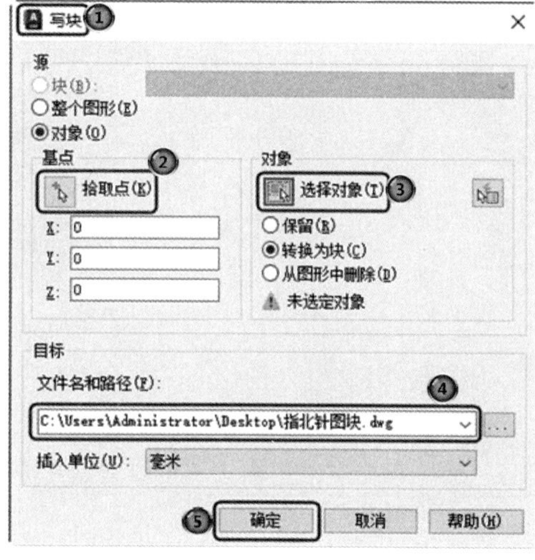

图 5-17　“写块”对话框

5.2　图块的属性

图块除了包含图形对象，还可以包含非图形信息，例如，把一个椅子的图形定义为图块后，还可把椅子的号码、材料、重量、价格以及说明等文本信息一并加入图块当中。图块的这些非图形信息叫作图块的属性，是图块的一个组成部分，与图形对象一起构成一个整体，在插入图块时，AutoCAD 把图形对象连同图块属性一起插入图形中。

5.2.1　定义图块属性

1. 执行方式

☑ 命令行：ATTDEF。

☑ 菜单栏：“绘图”→“块”→“定义属性”。

☑ 功能区：“插入”→“块定义”→“定义属性”。

2. 操作步骤

```
命令：ATTDEF↙
```

选择相应的菜单项或在命令行中输入 ATTDEF 后按 Enter 键，系统打开“属性定义”对话框，如图 5-18 所示。

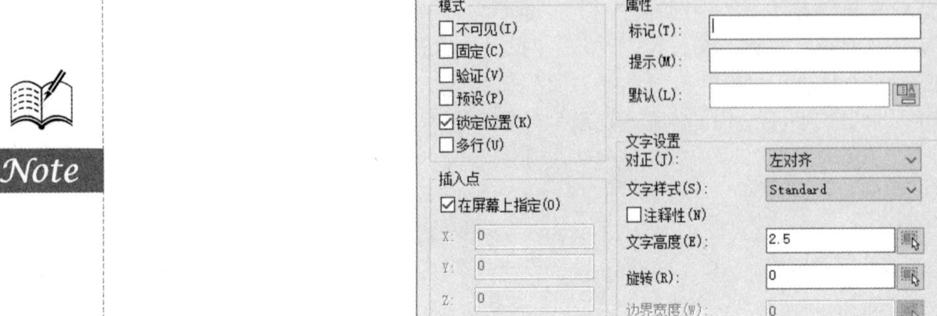

图 5-18 “属性定义”对话框

3. 选项说明

（1）“模式”选项组：用于确定属性的模式。

- ☑ “不可见”复选框：选中该复选框则属性为不可见显示方式，即插入图块并输入属性值后，属性值并不在图中显示。
- ☑ “固定”复选框：选中该复选框则属性值为常量，即属性值在定义属性时给定，在插入图块时，AutoCAD 不再提示输入属性值。
- ☑ “验证”复选框：选中该复选框，当插入图块时，AutoCAD 重新显示属性值并让用户验证该值是否正确。
- ☑ “预设”复选框：选中该复选框，当插入图块时，AutoCAD 自动把事先设置好的默认值赋予属性，而不再提示输入属性值。
- ☑ “锁定位置”复选框：选中该复选框，当插入图块时，AutoCAD 锁定块参照中属性的位置。解锁后，属性值可以相对于使用夹点编辑的块的其他部分进行移动，并且可以调整多行属性值的大小。
- ☑ “多行”复选框：指定属性值可以包含多行文字。选中该复选框后，用户可以指定属性值的边界宽度。

（2）“属性”选项组：用于设置属性值。在每个文本框中 AutoCAD 允许用户输入不超过 256 个字符。

- ☑ “标记”文本框：输入属性标签。属性标签可由除空格和感叹号以外的所有字符组成，AutoCAD 自动把小写字母改为大写字母。
- ☑ “提示”文本框：输入属性提示。属性提示是插入图块时 AutoCAD 要求输入属性值的提示，如果不在此文本框内输入文本，则以属性标签作为提示。如果在“模式”选项组中选中“固定”复选框，即设置属性为常量，则不需设置属性提示。
- ☑ “默认”文本框：设置默认的属性值。可把使用次数较多的属性值作为默认值，也可不设默认值。

（3）“插入点”选项组：确定属性文本的位置。可以在插入时由用户在图形中确定属性文本的位置，也可在 X、Y、Z 文本框中直接输入属性文本的位置坐标值。

（4）“文字设置”选项组：设置属性文本的对正方式、文字样式、字高和旋转角度等。

（5）“在上一个属性定义下对齐”复选框：选中该复选框表示把属性标签直接放在前一个属性的下面，而且该属性继承前一个属性的文字样式、字高和倾斜角度等特性。

📖说明：在动态块中，由于属性的位置包括在动作的选择集中，因此必须将其锁定。

5.2.2　修改属性的定义

在定义图块之前，可以对属性的定义加以修改，不仅可以修改属性标签，还可以修改属性提示和属性默认值。

1. 执行方式

☑　命令行：DDEDIT。
☑　菜单栏："修改"→"对象"→"文字"→"编辑"。
☑　快捷方法：双击要修改的属性定义。

2. 操作步骤

```
命令：DDEDIT↙
当前设置：编辑模式=Multiple
选择注释对象或 [放弃(U)/模式(M)]:
```

在此提示下选择要修改的属性定义，AutoCAD 打开"编辑属性定义"对话框，如图 5-19 所示，该对话框表示要修改的属性的"标记"为"轴号"，"提示"为"输入轴号"，无默认值，可在各文本框中对各项进行修改。

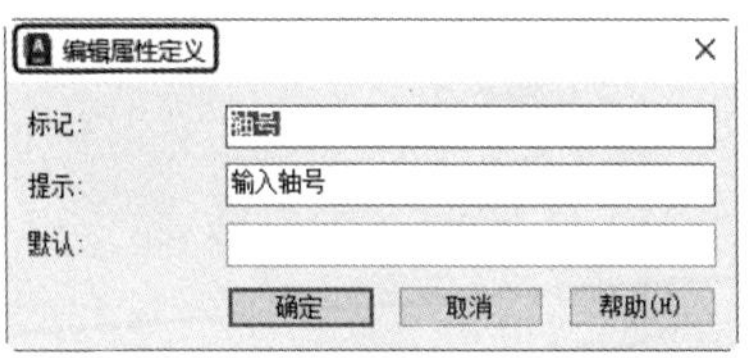

图 5-19　"编辑属性定义"对话框

5.2.3　图块属性编辑

当属性被定义到图块中，甚至图块被插入图形中之后，用户还可以对属性进行编辑。利用 ATTEDIT 命令可以通过对话框对指定图块的属性值进行修改，利用 ATTEDIT 命令不仅可以修改属性值，还可以对属性的位置、文本等其他设置进行编辑。

1. 执行方式

☑　命令行：ATTEDIT。
☑　菜单栏："修改"→"对象"→"属性"→"单个"。
☑　工具栏："修改 II"→"编辑属性"。
☑　功能区："默认"→"块"→"编辑属性"。

2. 操作步骤

```
命令：ATTEDIT↙
选择块参照:
```

执行上述命令后，光标变为拾取框，选择要修改属性的图块，则 AutoCAD 打开如图 5-20 所示的"编辑属性"对话框，该对话框中显示出所选图块包含的前 8 个属性的值，用户可对这些属性值进行修改。如果该图块中还有其他属性，可单击"上一个"或"下一个"按钮对其进行查看和修改。

当用户通过菜单执行上述命令时，系统打开"增强属性编辑器"对话框，如图 5-21 所示。该对话框不仅可以用来编辑属性值，还可以编辑属性的文字选项和图层、线型、颜色等特性值。

另外，用户还可以通过"块属性管理器"对话框来编辑属性，方法是单击"默认"选项卡"块"面板中的"块属性管理器"按钮，❶打开"块属性管理器"对话框，如图 5-22 所示。❷单击"编辑"按钮，❸打开"编辑属性"对话框，如图 5-23 所示。用户可以通过该对话框编辑属性。

Note

图 5-20 “编辑属性”对话框

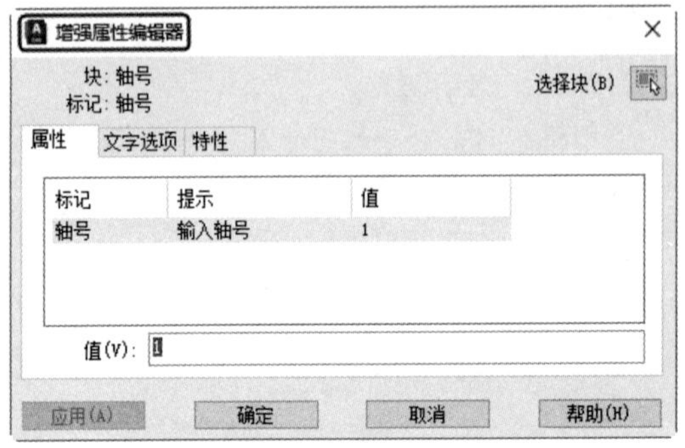

图 5-21 “增强属性编辑器”对话框

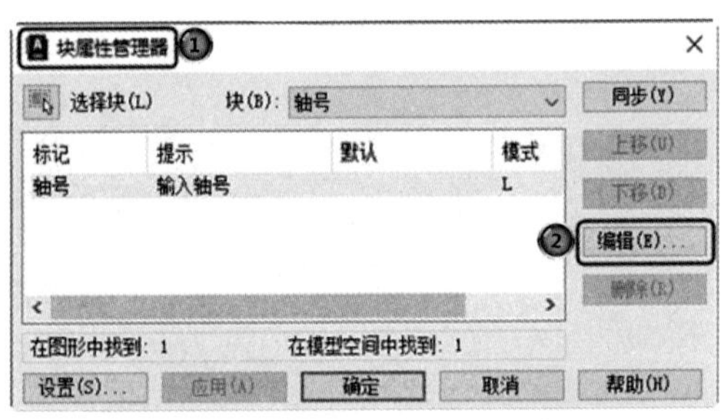

图 5-22 “块属性管理器”对话框

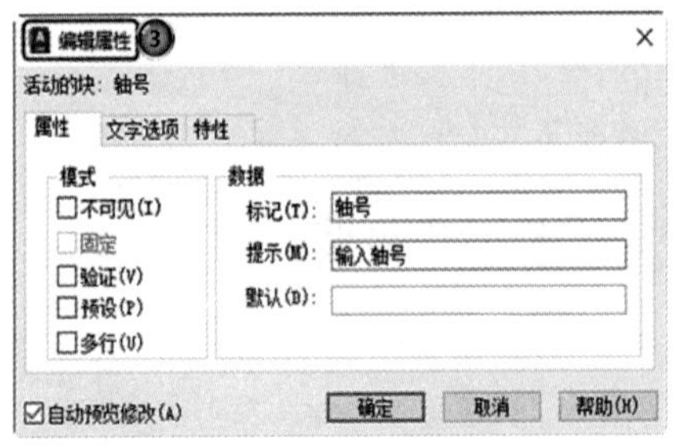

图 5-23 “编辑属性”对话框

5.2.4 实例——标注标高符号

视频讲解

本实例中标注的标高符号如图 5-24 所示。

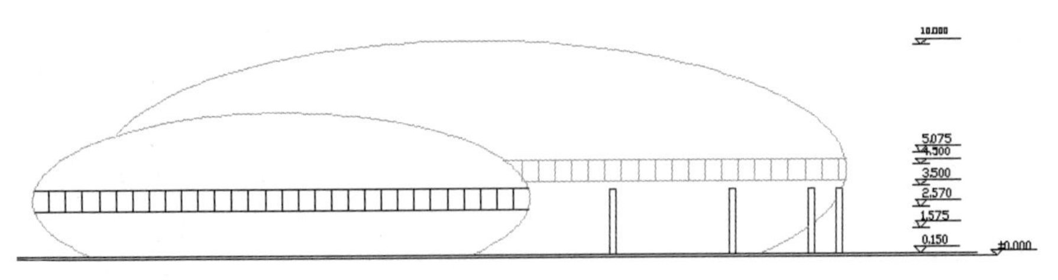

图 5-24 标高符号

操作步骤

（1）单击“默认”选项卡“绘图”面板中的“直线”按钮，绘制如图 5-25 所示的标高符号图形。

图 5-25 绘制标高符号

（2）单击“默认”选项卡“块”面板中的“定义属性”按钮，❶打开“属性定义”对话框，如图 5-26 所示，❷重新设置模式为“验证”，❸属性标记设置为“标高”，提示为“数值”，❹设置文字高度为 150，❺最后单击“确定”按钮。

（3）在命令行中输入“WBLOCK”命令，打开“写块”对话框，如图 5-27 所示。拾取图 5-25 中下尖点为基点，以此图形为对象，输入图块名称并指定路径，确认退出。此时打开“编辑属性”对话框，在对话框中输入标高值 0.150，单击“确认”按钮退出。

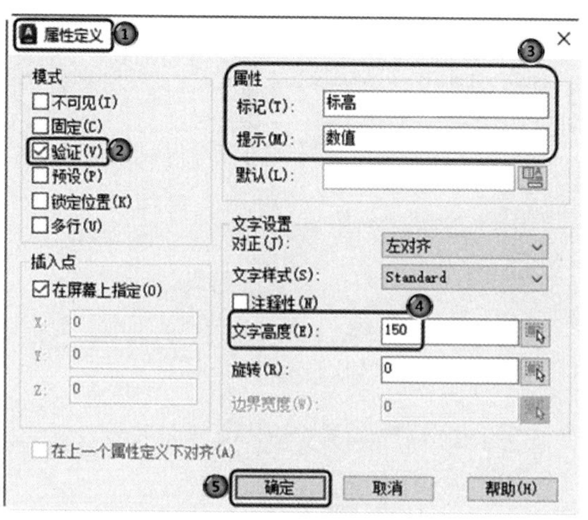

图 5-26　“属性定义”对话框

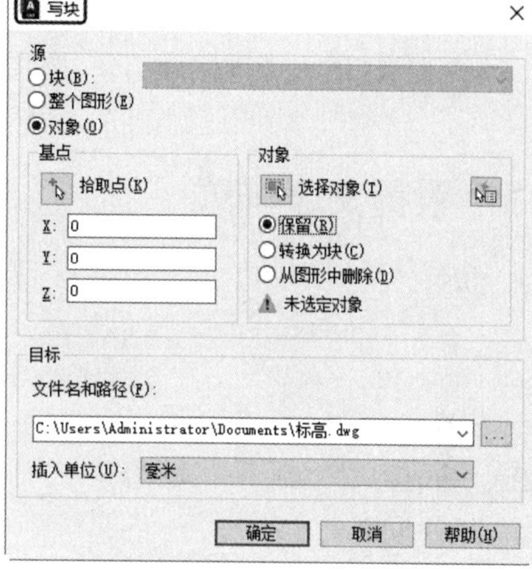

图 5-27　“写块”对话框

（4）单击“插入”选项卡“块”面板中的“插入”按钮，在下拉菜单中选择“最近使用的块”选项，打开“块”选项板，将该图块插入如图 5-24 所示的图形中，这时打开“编辑属性”对话框，在对话框中输入标高数值 0.150，即完成了一个标高的标注。命令行提示与操作如下。

```
命令：_INSERT↙
指定插入点或 [基点(B)/比例(S)/X/Y/Z/旋转(R)]：(在选项板中指定相关参数，如图 5-28 所示)
```

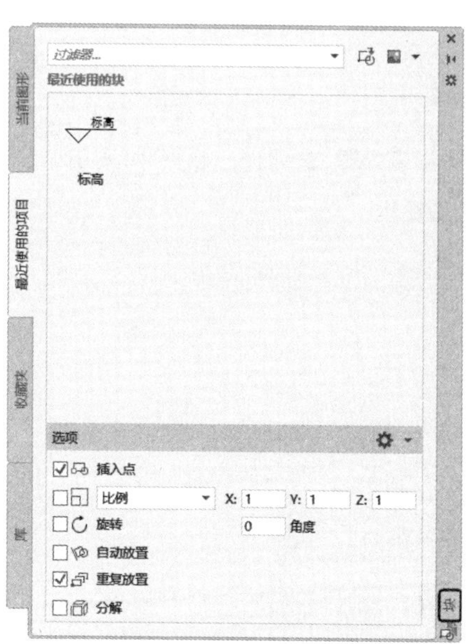

图 5-28　在“块”选项板中指定参数

（5）继续插入标高符号图块，并输入不同的属性值作为标高数值，直到完成所有标高符号标注。

Note

5.3 文本标注

文本是建筑图形的基本组成部分，图签、说明、图纸目录等都要用到文本。本节介绍文本标注的基本方法。

5.3.1 设置文本样式

1. 执行方式

☑ 命令行：STYLE 或 DDSTYLE。

☑ 菜单栏：“格式”→“文字样式”。

☑ 工具栏：“文字”→“文字样式”A。

☑ 功能区：“默认”→“注释”→“文字样式”A或“注释”→“文字”→“对话框启动器”↘。

2. 操作步骤

执行上述命令，系统打开“文字样式”对话框，如图 5-29 所示。利用该对话框可以新建文字样式或修改当前文字样式。图 5-30 和图 5-31 所示为各种文字样式。

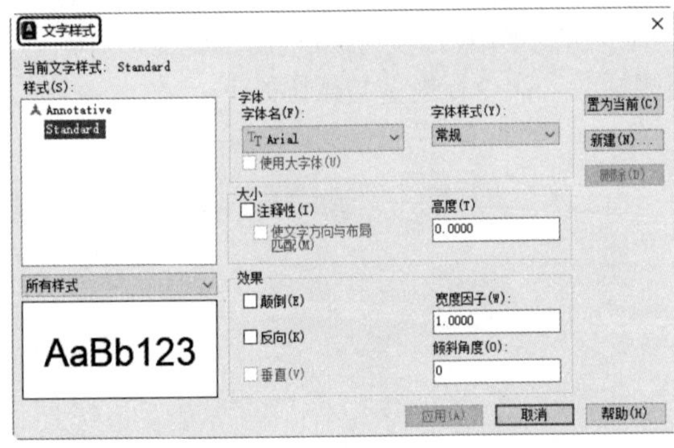

图 5-29 “文字样式”对话框

ABCDEFGHIJKLMN

（a）

ABCDEFGHIJKLMN

（b）

图 5-30 文字倒置标注与反向标注

abcd

a
b
c
d

图 5-31 垂直标注文字

5.3.2 单行文本标注

1. 执行方式

☑ 命令行：TEXT 或 DTEXT。

☑ 菜单栏：“绘图”→“文字”→“单行文字”。

☑ 功能区：“默认”→“注释”→“单行文字”A或“注释”→“文字”→“单行文字”A。

2. 操作步骤

```
命令：TEXT↙
当前文字样式："Standard" 文字高度：150.0000 注释性：否 对正：左
指定文字的起点或 [对正(J)/样式(S)]：
```

3. 选项说明

（1）指定文字的起点：在屏幕上选择一点作为文本的起始点，命令行提示如下。

```
指定高度 <0.2000>：（确定字符的高度）
指定文字的旋转角度 <0>：（确定文本行的倾斜角度）
```

（2）对正(J)：输入 J，确定文本的对齐方式，对齐方式决定与所选的插入点对齐的文本部分。执行此选项，命令行提示如下。

```
输入选项 [左(L)/居中(C)/右(R)/对齐(A)/中间(M)/布满(F)/左上(TL)/中上(TC)/右上(TR)/左中(ML)/正中(MC)/右中(MR)/左下(BL)/中下(BC)/右下(BR)]：
```

选择一个选项作为文本的对齐方式。当文本串水平排列时，AutoCAD 为标注文本串定义了如图 5-32 所示的顶线、中线、基线和底线，各种对齐方式如图 5-33 所示，图中大写字母对应上述提示中各命令。

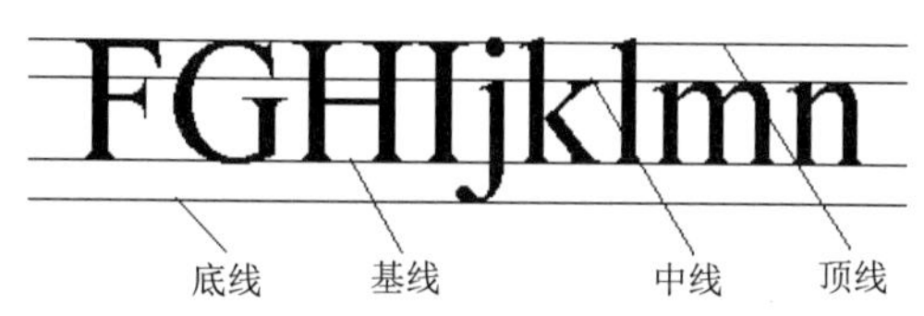

图 5-32　文本行的底线、基线、中线和顶线

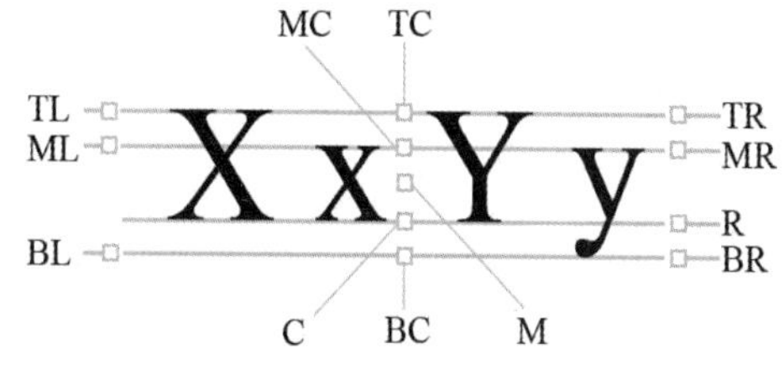

图 5-33　文本的对齐方式

实际绘图时，有时需要标注一些特殊字符，如直径符号、上画线或下画线、温度符号等，由于这些符号不能直接从键盘上输入，AutoCAD 提供了一些控制码，用来实现这些功能。控制码用两个百分号（%%）加一个字符构成，常用的控制码如表 5-1 所示。

表 5-1　AutoCAD 常用控制码

符　号	功　能	符　号	功　能
%%O	上画线	\u+0278	电相位
%%U	下画线	\u+E101	流线
%%D	“度”符号	\u+2261	标识
%%P	正/负符号	\u+E102	界碑线
%%C	直径符号	\u+2260	不相等
%%%	百分号%	\u+2126	欧姆
\u+2248	几乎相等	\u+03A9	欧米加
\u+2220	角度	\u+214A	低界线
\u+E100	边界线	\u+2082	下标 2
\u+2104	中心线	\u+00B2	上标 2
\u+0394	差值		

5.3.3　多行文本标注

1. 执行方式

☑　命令行：MTEXT。

☑ 菜单栏："绘图"→"文字"→"多行文字"。

☑ 工具栏："绘图"→"多行文字" A 或"文字"→"多行文字" A。

☑ 功能区："默认"→"注释"→"多行文字" A 或"注释"→"文字"→"多行文字" A。

2. 操作步骤

```
命令：MTEXT↙
当前文字样式："Standard"  文字高度：1.9122  注释性：否
指定第一角点：(指定矩形框的第一个角点)
指定对角点或 [高度(H)/对正(J)/行距(L)/旋转(R)/样式(S)/宽度(W)/栏(C)]:
```

3. 选项说明

（1）指定对角点：直接在屏幕上拾取一个点作为矩形框的第二个角点，AutoCAD 以这两个点为对角点形成一个矩形区域，其宽度作为将来要标注的多行文本的宽度，而且第一个点作为第一行文本顶线的起点。响应后 AutoCAD 打开"文字编辑器"选项卡和多行文字编辑器，可利用此编辑器输入多行文本并对其格式进行设置。

（2）对正(J)：确定所标注文本的对齐方式。这些对齐方式与 TEXT 命令中的各对齐方式相同，在此不再赘述。选择一种对齐方式后按 Enter 键，AutoCAD 回到上一级提示。

（3）行距(L)：确定多行文本的行间距，这里所说的行间距是指相邻两文本行的基线之间的垂直距离。选择该选项，命令行提示"输入行距类型[至少(A)/精确(E)]<至少(A)>:"。

有两种方式确定行间距："至少"方式和"精确"方式。"至少"方式下，AutoCAD 根据每行文本中最大的字符自动调整行间距。"精确"方式下，AutoCAD 给多行文本赋予一个固定的行间距。可以直接输入一个确切的间距值，也可以输入"nx"的形式，其中"n"是一个具体数，表示行间距设置为单行文本高度的 n 倍，而单行文本高度是本行文本字符高度的 1.66 倍。

（4）旋转(R)：确定文本行的倾斜角度。选择该选项，命令行提示"指定旋转角度<0>:（输入倾斜角度）"输入角度值后按 Enter 键，返回到"指定对角点或[高度(H)/对正(J)/行距(L)/旋转(R)/样式(S)/宽度(W)]:"提示。

（5）样式(S)：确定当前的文字样式。

（6）宽度(W)：指定多行文本的宽度。可在屏幕上拾取一点，将其与前面确定的第一个角点组成的矩形框的宽度作为多行文本的宽度，也可以输入一个数值，精确设置多行文本的宽度。

高手支着：在创建多行文本时，只要指定文本行的起始点和宽度后，AutoCAD 就会打开"文字编辑器"选项卡和多行文字编辑器，如图 5-34 和图 5-35 所示。该编辑器与 Microsoft Word 编辑器界面相似，这样既增强了多行文字的编辑功能，又能使用户更熟悉和方便地使用。

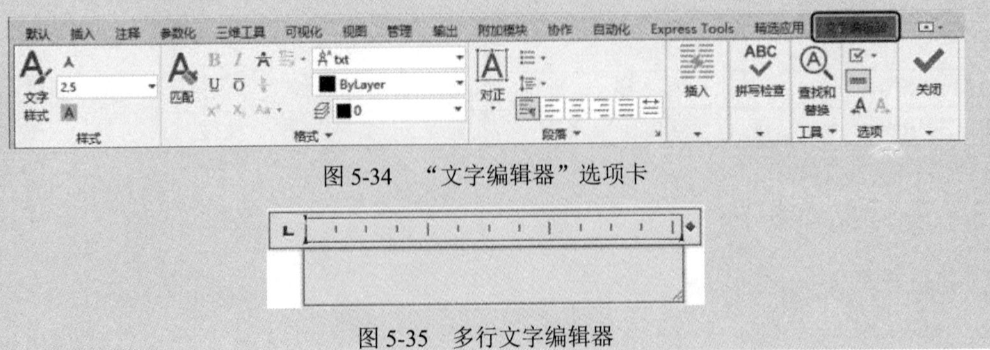

图 5-34 "文字编辑器"选项卡

图 5-35 多行文字编辑器

（7）栏(C)：可以将多行文字对象的格式设置为多栏。可以指定栏和栏之间的宽度、高度及栏数，以及使用夹点编辑栏宽和栏高。其中提供了 3 个栏选项：“不分栏”“静态栏”和“动态栏”。

（8）“文字编辑器”选项卡：用来控制文本文字的显示特性。可以在输入文本文字前设置文本的特性，也可以改变已输入的文本文字特性。要改变已有文本文字显示特性，首先应选择要修改的文本，选择文本的方式有以下 3 种。

Note

☑ 将光标定位到文本文字开始处，按住鼠标左键，拖动到文本末尾。

☑ 双击某个文字，则该文字被选中。

☑ 3 次单击鼠标，则选中全部内容。

下面介绍选项卡中部分选项的功能。

❶ “样式”面板。

☑ “文字高度”下拉列表框：用于确定文本的字符高度，可在文本编辑器中设置输入新的字符高度，也可从此下拉列表框中选择已设定过的高度值。

❷ “格式”面板。

☑ “加粗”**B**和“斜体”*I*按钮：用于设置加粗和斜体效果，但这两个按钮只对 TrueType 字体有效。

☑ “删除线”按钮A：用于在文字上添加水平删除线。

☑ “下画线”U和“上画线”O按钮：用于设置和取消文字的上、下画线。

☑ “堆叠”按钮：为层叠或非层叠文本按钮，用于层叠所选的文本文字，也就是创建分数形式。当文本中某处出现“/”“^”“#”3 种层叠符号之一时，选中需层叠的文字，才可层叠文本。二者缺一不可。符号左边的文字作为分子，右边的文字作为分母进行层叠。AutoCAD 提供了 3 种分数形式。

- ➢ 如选中“abcd/efgh”后单击该按钮，得到如图 5-36 所示的分数形式。
- ➢ 如果选中“abcd^efgh”后单击该按钮，则得到如图 5-37 所示的形式，此形式多用于标注极限偏差。
- ➢ 如果选中“abcd # efgh”后单击该按钮，则创建斜排的分数形式，如图 5-38 所示。

$\frac{abcd}{efgh}$	abcd efgh	abcd/efgh
图 5-36　分数形式文本层叠	图 5-37　上下形式文本层叠	图 5-38　斜排形式文本层叠

如果选中已经层叠的文本对象后单击该按钮，则恢复到非层叠形式。

☑ “倾斜角度”（0/）文本框：用于设置文字的倾斜角度。

举一反三： 倾斜角度与斜体效果是两个不同的概念，前者可以设置任意倾斜角度，后者是在任意倾斜角度的基础上设置斜体效果，如图 5-39 所示。第一行倾斜角度为 0°，非斜体效果；第二行倾斜角度为 12°，非斜体效果；第三行倾斜角度为 12°，斜体效果。

都市农夫
都市农夫
都市农夫

图 5-39　倾斜角度与斜体效果

☑ “追踪”数值框：用于增大或减小选定字符之间的空间。1.0 表示设置常规间距，设置大于 1.0 表示增大间距，设置小于 1.0 表示减小间距。

☑ “宽度因子”下拉列表框：用于扩展或收缩选定字符。1.0 表示设置代表此字体中字母的

常规宽度，可以增大该宽度或减小该宽度。

☑ “上标”按钮x^2：将选定文字转换为上标，即在键入线的上方设置稍小的文字。

☑ “下标”按钮x_2：将选定文字转换为下标，即在键入线的下方设置稍小的文字。

☑ “清除格式”下拉列表：删除选定字符的字符格式，或删除选定段落的段落格式，或删除选定段落中的所有格式。

❸ “插入”面板。

☑ “符号”按钮@：用于输入各种符号。单击该按钮，系统打开符号列表，如图 5-40 所示，可以从中选择符号输入文本中。

☑ “字段”按钮：用于插入一些常用或预设字段。单击该按钮，系统打开“字段”对话框，如图 5-41 所示，用户可从中选择字段，插入标注文本中。

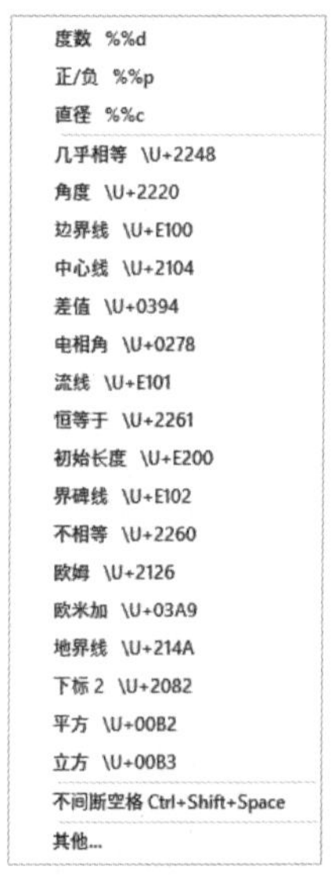

图 5-40 符号列表

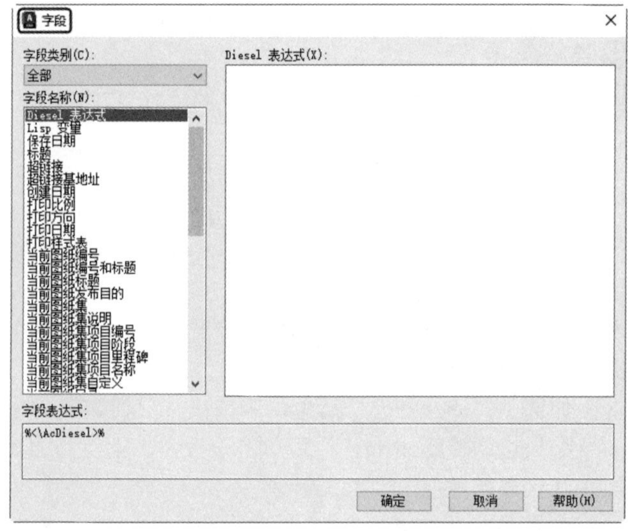

图 5-41 “字段”对话框

➢ 关闭：如果选择该选项，将从应用了列表格式的选定文字中删除字母、数字和项目符号。不更改缩进状态。

➢ 以数字标记：应用将带有句点的数字用于列表中的项的列表格式。

➢ 以字母标记：应用将带有句点的字母用于列表中的项的列表格式。如果列表含有的项多于字母中含有的字母，可以使用双字母继续序列。

➢ 以项目符号标记：应用将项目符号用于列表中的项的列表格式。

➢ 起点：在列表格式中启动新的字母或数字序列。如果选定的项位于列表中间，则选定项下面的未选中的项也将成为新列表的一部分。

➢ 连续：将选定的段落添加到上面最后一个列表然后继续序列。如果选择了列表项而非段落，选定项下面的未选中的项将继续序列。

➢ 允许自动项目符号和编号：在输入时应用列表格式。以下字符可以用作字母和数字后的标点并不能用作项目符号：句点（.）、逗号（,）、右括号（)）、右尖括号（>）、右方括号（]）和右花括号（}）。

➢ 允许项目符号和列表：如果选择该选项，列表格式将应用到外观类似列表的多行文字对象中的所有纯文本。

➢ 拼写检查：确定键入时拼写检查处于打开还是关闭状态。

- ➢ 编辑词典：显示“词典”对话框，从中可添加或删除在拼写检查过程中使用的自定义词典。
- ➢ 标尺：在编辑器顶部显示标尺。拖动标尺末尾的箭头可更改文字对象的宽度。列模式处于活动状态时，还显示高度和列夹点。

☑ 段落：为段落和段落的第一行设置缩进。指定制表位和缩进，控制段落对齐方式、段落间距和段落行距，如图 5-42 所示。

☑ 输入文字：选择该选项，系统打开“选择文件”对话框，如图 5-43 所示。选择任意 ASCII 或 RTF 格式的文件。输入的文字保留原始字符格式和样式特性，但可以在多行文字编辑器中编辑并设置其格式。选择要输入的文本文件后，可以替换选定的文字或全部文字，或在文字边界内将插入的文字附加到选定的文字中。输入文字的文件必须小于 32KB。

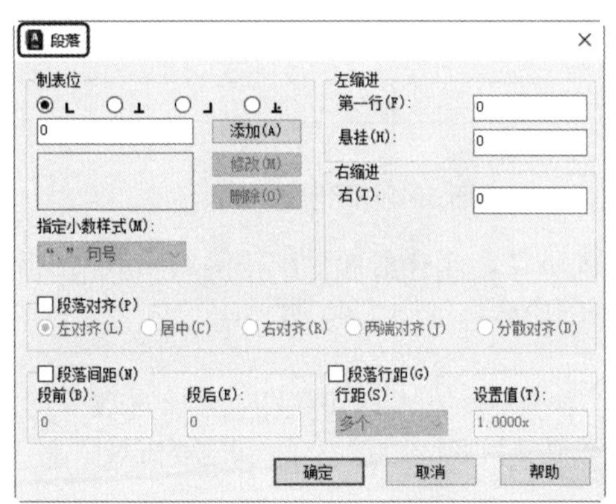

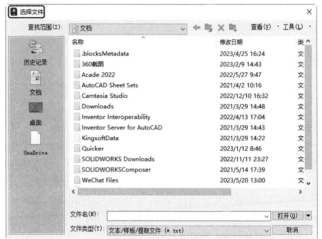

图 5-42 “段落”对话框

图 5-43 “选择文件”对话框

☑ 编辑器设置：显示“文字格式”工具栏的选项列表。有关详细信息，请参见编辑器设置。

高手支着： 多行文字是由任意数目的文字行或段落组成的，布满指定的宽度，还可以沿垂直方向无限延伸。多行文字中，无论行数是多少，单个编辑任务中创建的每个段落集将构成单个对象；用户可对其进行移动、旋转、删除、复制、镜像或缩放操作。

5.3.4 多行文本编辑

1. 执行方式

☑ 命令行：DDEDIT，TEXTEDIT。

☑ 菜单栏：“修改”→“对象”→“文字”→“编辑”。

☑ 工具栏：“文字”→“编辑” 。

☑ 快捷菜单：“修改多行文字”或“编辑文字”。

2. 操作步骤

```
命令：TEXTEDIT↙
当前设置：编辑模式=Multiple
选择注释对象或 [放弃(U)/模式(M)]:
```

要求选择想要修改的文本，同时光标变为拾取框。用拾取框单击对象，如果选取的文本是用 TEXT 命令创建的单行文本，可对其直接进行修改。如果选取的文本是用 MTEXT 命令创建的多行文本，选取后则打开“文字编辑器”选项卡和多行文字编辑器，如图 5-34 和图 5-35 所示，可根据前面的介绍对各项设置或内容进行修改。

5.3.5 实例——绘制坡口平焊的钢筋接头

视频讲解

绘制如图 5-44 所示的坡口平焊的钢筋接头。

操作步骤

（1）单击“默认”选项卡“绘图”面板中的“直线”按钮╱，在图形空白区域任选一点为直线起点绘制一条长为 100 的直线。

（2）单击“默认”选项卡“绘图”面板中的“直线”按钮╱，以步骤（1）绘制的直线的中点为起点，绘制一条长为 10 的竖直直线，如图 5-45 所示。

图 5-44　坡口平焊的钢筋接头　　　图 5-45　绘制直线

（3）单击“默认”选项卡“修改”面板中的“复制”按钮，选择前面绘制的箭头图形为复制对象将其粘贴到图中，以箭头的顶点为复制基点并对准十字的中心，如图 5-46 所示。

（4）单击“对象捕捉”按钮，捕捉线段的中点。

（5）在箭头的尾部水平线上一点绘制两条倾斜度为 45° 的直线。绘制时可先在直线上选取一点，然后在命令行提示输入下一点时输入“@5,5”，绘制一条倾斜角为 45° 的直线，再利用“镜像”命令将其复制到另一侧，如图 5-47 所示。

（6）单击“默认”选项卡“注释”面板中的“文字样式”按钮，❶打开“文字样式”对话框，如图 5-48 所示。

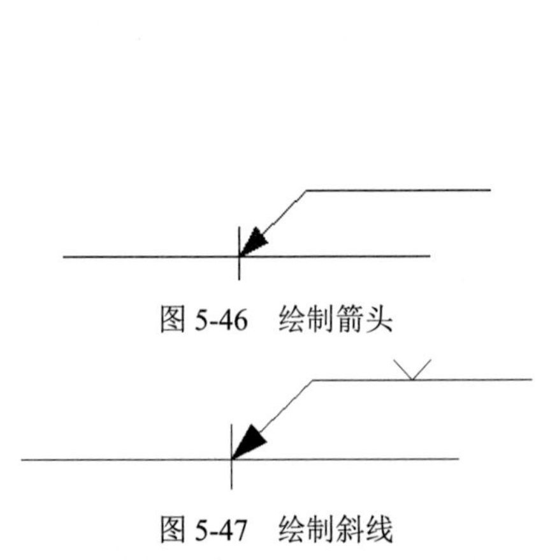

图 5-46　绘制箭头

图 5-47　绘制斜线

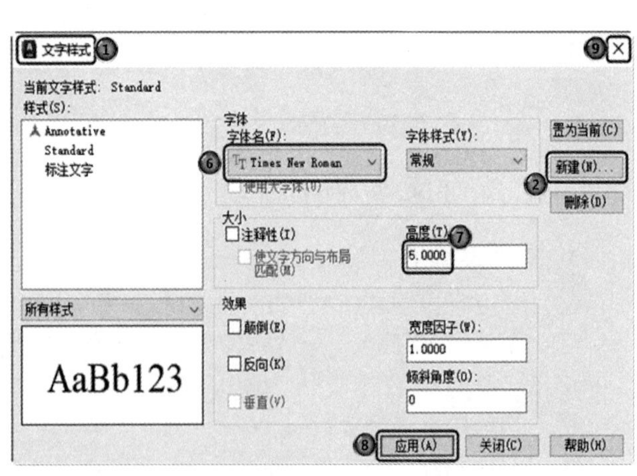

图 5-48　“文字样式”对话框

（7）❷单击“新建”按钮，❸打开“新建文字样式”对话框，❹命名为“标注文字”，❺单击“确定”按钮，如图 5-49 所示。❻在“字体名”下拉列表框中选择 Times New Roman 字体，❼高度设置为 5，❽单击“应用”按钮并❾单击“关闭”按钮，关闭“文字样式”对话框。

（8）单击“默认”选项卡“注释”面板中的“多行文字”按钮A，❶打开“文字编辑器”选项卡和多行文字编辑器，❷在斜直线的上方输入“60°”和“b”，并❸将“b”字符倾斜角度设置为15，❹单击“关闭”按钮，最后将文字移动到适当位置，完成绘制，如图 5-50 所示。

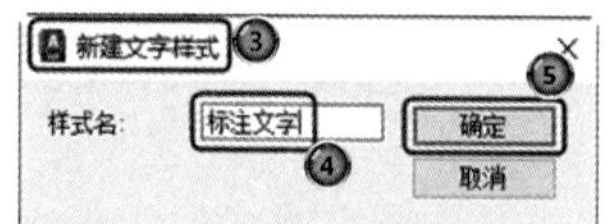

图 5-49　新建文字样式

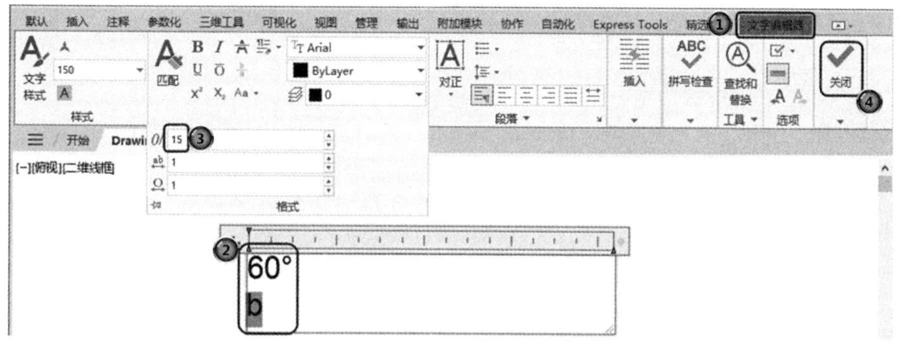

图 5-50　改变文字倾斜角度

最终结果如图 5-44 所示。

5.4　尺寸标注

在本节中尺寸标注相关命令的菜单栏方式集中在“标注”菜单中，工具栏方式集中在“标注”工具栏中，功能区方式集中在“标注”面板，如图 5-51～图 5-53 所示。

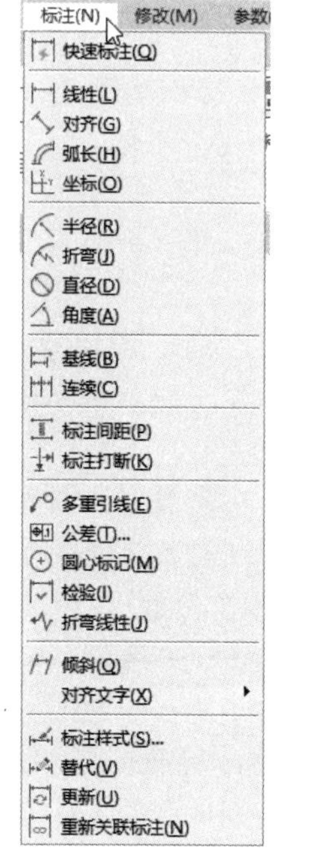

图 5-51　“标注”菜单

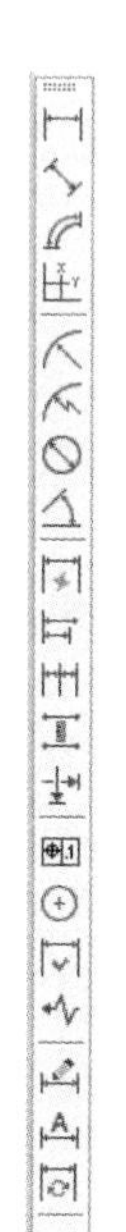

图 5-52　“标注”工具栏

图 5-53　“标注”面板

Note

5.4.1 设置尺寸样式

1. 执行方式

☑ 命令行：DIMSTYLE。

☑ 菜单栏："格式"→"标注样式"或"标注"→"标注样式"。

☑ 工具栏："标注"→"标注样式"。

☑ 功能区："默认"→"注释"→"标注样式"或"注释"→"标注"→"对话框启动器"。

2. 操作步骤

执行上述命令，系统打开"标注样式管理器"对话框，如图5-54所示。利用该对话框可方便直观地设置和浏览尺寸标注样式，包括建立新的标注样式、修改已存在的样式、设置当前尺寸标注样式、样式重命名以及删除一个已有样式等。

3. 选项说明

（1）"置为当前"按钮：单击该按钮，把在"样式"列表框中选中的样式设置为当前样式。

（2）"新建"按钮：定义一个新的尺寸标注样式。❶单击该按钮，打开"创建新标注样式"对话框，如图5-55所示，利用该对话框可创建一个新的尺寸标注样式，❷单击"继续"按钮，系统打开"新建标注样式"对话框，如图5-56所示，利用该对话框可对新样式的各项特性进行设置。

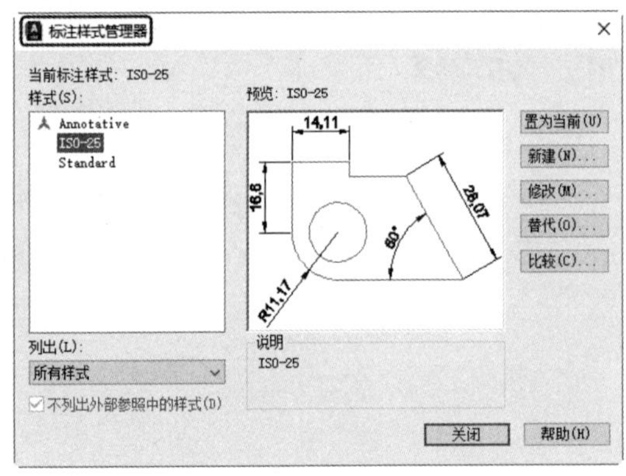

图5-54 "标注样式管理器"对话框

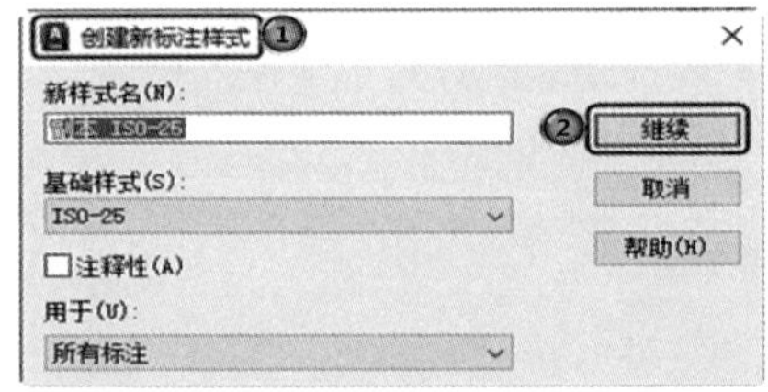

图5-55 "创建新标注样式"对话框

"新建标注样式"对话框中包含7个选项卡，各部分的含义和功能如下。

❶ 线。该选项卡用来对尺寸线、尺寸界线的形式和特性等各个参数进行设置。包括尺寸线的颜色、线宽、超出标记、基线间距、隐藏等参数，以及尺寸界线的颜色、线宽、超出尺寸线、起点偏移量、隐藏等参数。

❷ 符号和箭头。该选项卡对箭头、圆心标记、弧长符号和半径折弯标注的各个参数进行设置，如图5-57所示。包括箭头的大小、引线、形状等参数，圆心标记的类型、大小，弧长符号的位置，半径折弯标注的折弯角度，线性折弯标注的折弯高度因子以及折断标注的折断大小等参数。

❸ 文字。该选项卡对文字的外观、位置、对齐方式等各个参数进行设置，如图5-58所示。包括文字外观的文字样式、颜色、填充颜色、文字高度、分数高度比例、是否绘制文字边框等参数，文字位置的垂直、水平和从尺寸线偏移量等参数。对齐方式有水平、与尺寸线对齐、ISO标准3种方式。图5-59所示为尺寸在垂直方向放置的4种不同情形，图5-60所示为尺寸在水平方向放置的5种不同情形。

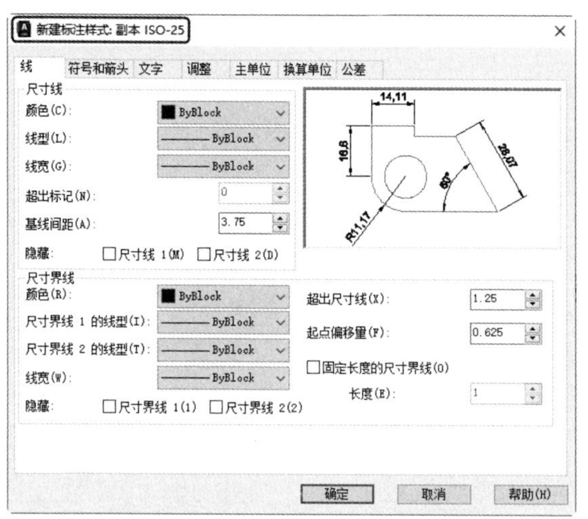

图 5-56　“新建标注样式”对话框

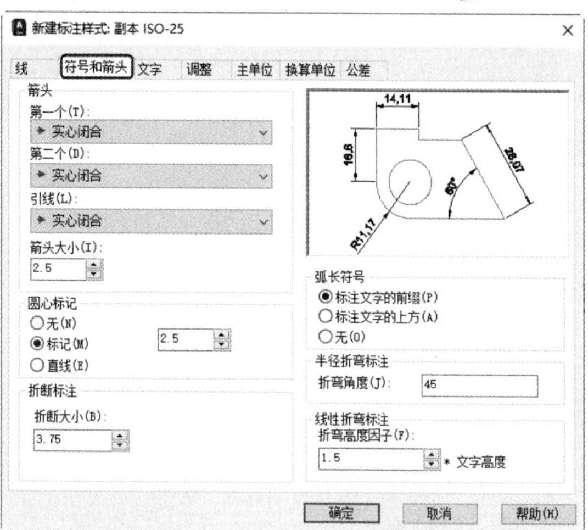

图 5-57　“符号和箭头”选项卡

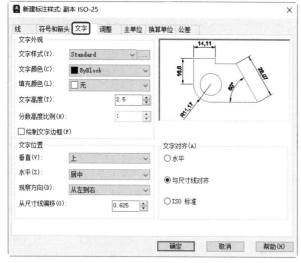

图 5-58　“文字”选项卡

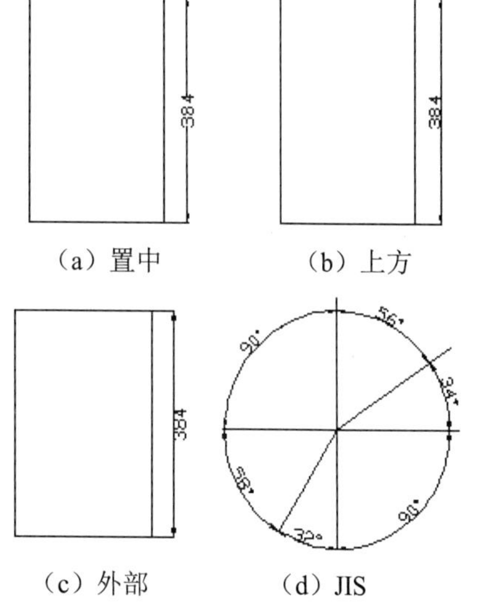

图 5-59　尺寸文本在垂直方向的放置

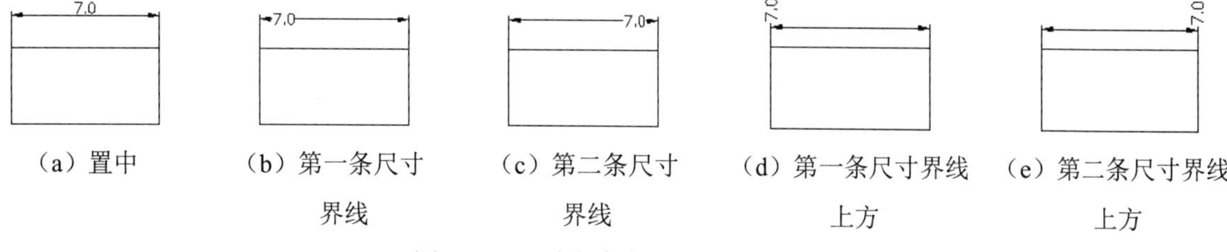

图 5-60　尺寸文本在水平方向的放置

❹ 调整。该选项卡对调整选项、文字位置、标注特征比例、优化等各个参数进行设置，如图 5-61 所示。包括调整选项选择，文字不在默认位置时的放置位置，标注特征比例选择以及调整尺寸要素位置等参数。图 5-62 所示为文字不在默认位置时的放置位置的 3 种不同情形。

Note

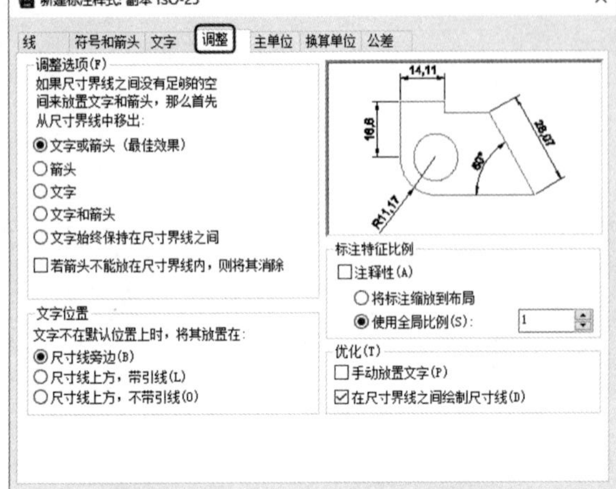

图 5-61　“调整”选项卡

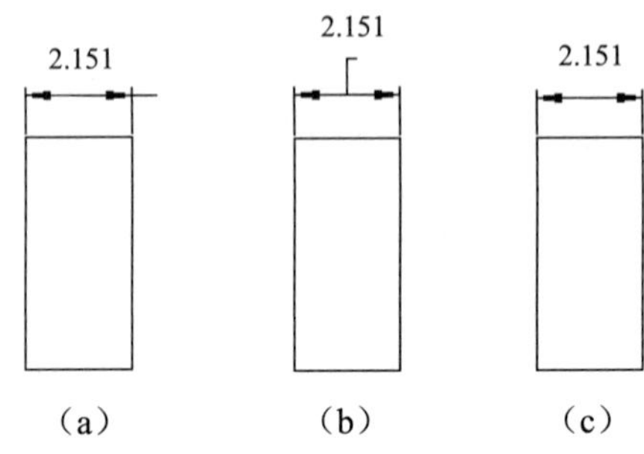

图 5-62　尺寸文本的位置

❺ 主单位。该选项卡用来设置尺寸标注的主单位和精度，以及给尺寸文本添加固定的前缀或后缀。本选项卡包括两个选项组，分别对长度型标注和角度型标注进行设置，如图 5-63 所示。

❻ 换算单位。该选项卡用于对换算单位进行设置，如图 5-64 所示。

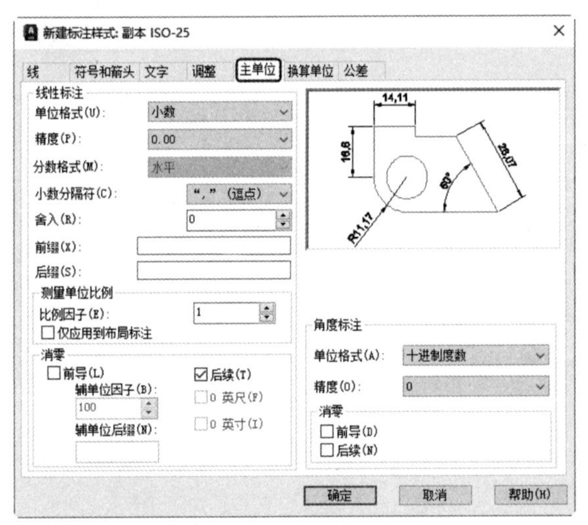

图 5-63　“主单位”选项卡

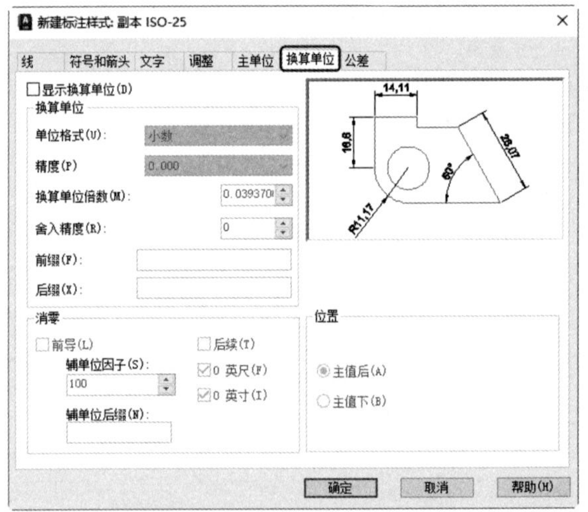

图 5-64　“换算单位”选项卡

❼ 公差。该选项卡用于对尺寸公差进行设置，如图 5-65 所示。其中“方式”下拉列表框列出了 AutoCAD 提供的 5 种标注公差的形式，用户可从中选择。这 5 种形式分别是“无”“对称”“极限偏差”“极限尺寸”和“基本尺寸”，其中“无”表示不标注公差，即上面的通常标注情形。其余 4 种标注情况如图 5-66 所示。在“精度”“上偏差”“下偏差”“高度比例”“垂直位置”等文本框及下拉列表框中可以输入或选择相应的参数值。

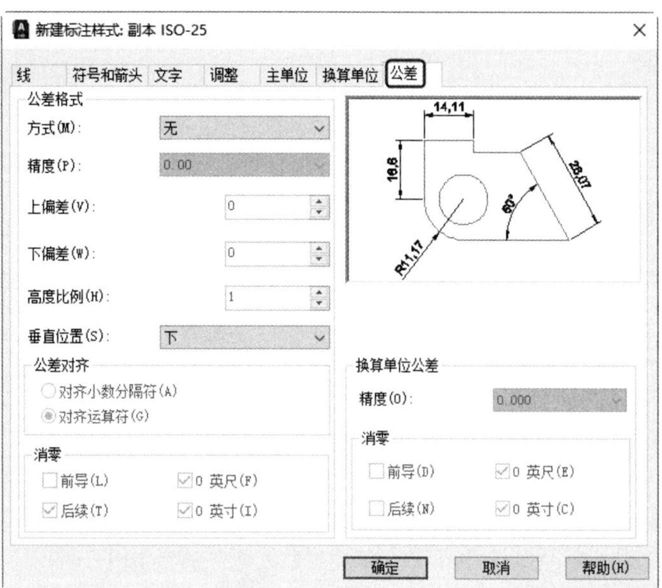

图 5-65　“公差”选项卡

☑ “修改”按钮：修改一个已存在的尺寸标注样式。单击该按钮，AutoCAD 打开“修改标注样式”对话框，该对话框中的各选项与“新建标注样式”对话框中完全相同，可以对已有标注样式进行修改。

☑ “替代”按钮：设置临时覆盖尺寸标注样式。单击该按钮，AutoCAD 打开“替代当前样式”对话框，该对话框中各选项与“新建标注样式”对话框完全相同，用户可改变选项的设置覆盖原来的设置，但这种修改只对指定的尺寸标注起作用，而不影响当前尺寸变量的设置。

☑ “比较”按钮：比较两个尺寸标注样式在参数上的区别或浏览一个尺寸标注样式的参数设置。单击该按钮，AutoCAD 打开“比较标注样式”对话框，如图 5-67 所示。可以把比较结果复制到剪贴板上，然后再粘贴到其他的 Windows 应用软件上。

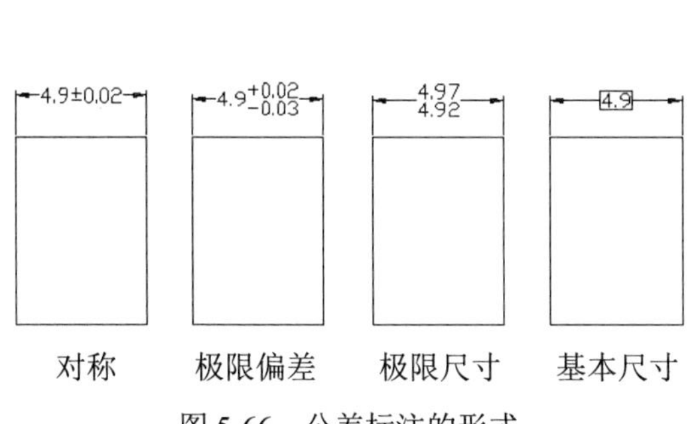

图 5-66　公差标注的形式

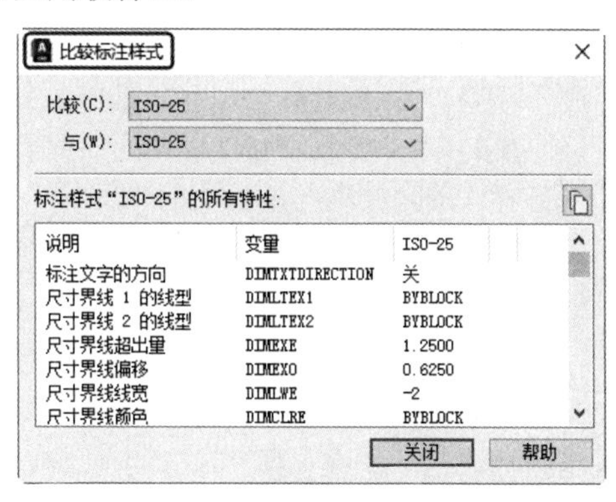

图 5-67　“比较标注样式”对话框

说明： 系统自动在上偏差数值前加“+”号，在下偏差数值前加“−”号。如果上偏差是负值或下偏差是正值，都需要在输入的偏差值前加负号。如下偏差是+0.005，则需要在“下偏差”微调框中输入“−0.005”。

5.4.2 尺寸标注

Note

1. 线性标注

（1）执行方式。

☑ 命令行：DIMLINEAR（快捷命令：DIMLIN）。

☑ 菜单栏："标注"→"线性"。

☑ 工具栏："标注"→"线性"。

☑ 功能区："默认"→"注释"→"线性"或"注释"→"标注"→"线性"。

（2）操作步骤。

```
命令：DIMLINEAR↙
指定第一个尺寸界线原点或 <选择对象>:
```

在此提示下有两种选择，直接按 Enter 键选择要标注的对象或确定尺寸界线的起始点，按 Enter 键并选择要标注的对象或指定两条尺寸界线的起始点后，系统提示如下。

```
指定尺寸线位置或[多行文字(M)/文字(T)/角度(A)/水平(H)/垂直(V)/旋转(R)]:
```

（3）选项说明。

☑ 指定尺寸线位置：确定尺寸线的位置。用户可移动鼠标选择合适的尺寸线位置，然后按 Enter 键或单击，AutoCAD 则自动测量所标注线段的长度并标注出相应的尺寸。

☑ 多行文字(M)：用多行文本编辑器确定尺寸文本。

☑ 文字(T)：在命令行提示下输入或编辑尺寸文本。选择该选项后，系统提示如下。

```
输入标注文字 <默认值>:
```

其中的默认值是 AutoCAD 自动测量得到的被标注线段的长度，直接按 Enter 键即可采用此长度值，也可输入其他数值代替默认值。当尺寸文本中包含默认值时，可使用尖括号"<>"表示默认值。

☑ 角度(A)：确定尺寸文本的倾斜角度。

☑ 水平(H)：水平标注尺寸，不论标注什么方向的线段，尺寸线均水平放置。

☑ 垂直(V)：垂直标注尺寸，不论被标注线段沿什么方向，尺寸线总保持垂直。

☑ 旋转(R)：输入尺寸线旋转的角度值，旋转标注尺寸。

对齐标注的尺寸线与所标注的轮廓线平行；坐标尺寸标注点的纵坐标或横坐标；角度标注标注两个对象之间的角度；直径或半径标注标注圆或圆弧的直径或半径；圆心标记则标注圆或圆弧的中心或中心线，具体由"新建（修改）标注样式"对话框的"符号和箭头"选项卡中的"圆心标记"选项组决定。上面所述这几种尺寸标注与线性标注类似，这里不再赘述。

2. 基线标注

基线标注用于产生一系列基于同一条尺寸界线的尺寸标注，适用于长度尺寸标注、角度标注和坐标标注等。在使用基线标注方式之前，应该先标注出一个相关的尺寸，如图 5-68 所示。基线标注两平行尺寸线间距由"新建（修改）标注样式"对话框的"符号和箭头"选项卡的"尺寸线"选项组中"基线间距"文本框中的值决定。

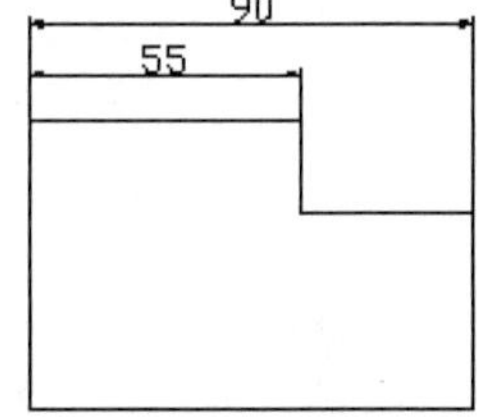

图 5-68 基线标注

（1）执行方式。

☑ 命令行：DIMBASELINE。

☑ 菜单栏："标注"→"基线"。

☑ 工具栏："标注"→"基线"。

☑ 功能区："注释"→"标注"→"基线"。

（2）操作步骤。

```
命令：DIMBASELINE↙
指定第二个尺寸界线原点或 [选择(S)/放弃(U)] <选择>:
```

直接确定另一个尺寸的第二个尺寸界线的起点，AutoCAD 以上次标注的尺寸为基准标注，标注出相应尺寸。按 Enter 键，系统提示如下。

```
选择基准标注:（选取作为基准的尺寸标注）
```

连续标注又叫尺寸链标注，用于产生一系列连续的尺寸标注，后一个尺寸标注均把前一个标注的第二个尺寸界线作为它的第一个尺寸界线。与基线标注一样，在使用连续标注方式之前，应该先标注出一个相关的尺寸。其标注过程与基线标注类似，如图 5-69 所示。

3. 快速标注

快速尺寸标注命令 QDIM 使用户可以交互地、动态地、自动化地进行尺寸标注。在 QDIM 命令中可以同时选择多个圆或圆弧标注直径或半径，也可同时选择多个对象进行基线标注和连续标注，选择一次即可完成多个标注，因此可节省时间，提高工作效率。

（1）执行方式。

☑ 命令行：QDIM。

☑ 菜单栏："标注"→"快速标注"。

☑ 工具栏："标注"→"快速标注"。

☑ 功能区："注释"→"标注"→"快速"。

（2）操作步骤。

```
命令：QDIM↙
关联标注优先级=端点
选择要标注的几何图形:（选择要标注尺寸的多个对象后按 Enter 键）
指定尺寸线位置或 [连续(C)/并列(S)/基线(B)/坐标(O)/半径(R)/直径(D)/基准点(P)/编辑(E)/设置(T)] <连续>:
```

（3）选项说明。

☑ 指定尺寸线位置：直接确定尺寸线的位置，按默认尺寸标注类型标注出相应尺寸。

☑ 连续(C)：产生一系列连续标注的尺寸。

☑ 并列(S)：产生一系列交错的尺寸标注，如图 5-70 所示。

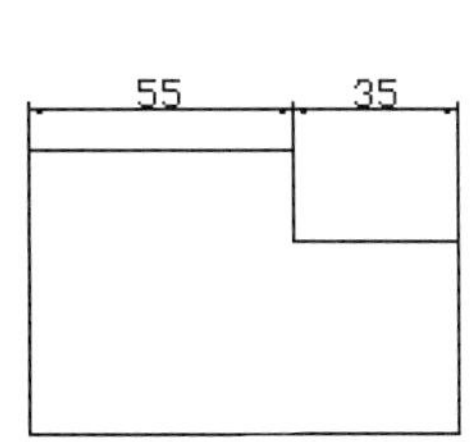

图 5-69 连续标注

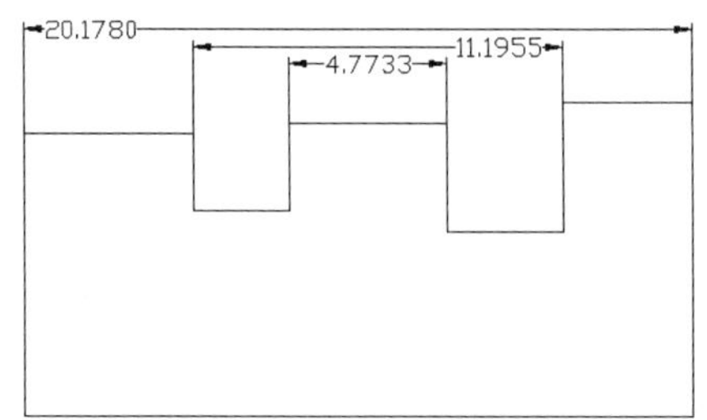

图 5-70 交错尺寸标注

☑ 基线(B)：产生一系列基线标注的尺寸。后面的“坐标(O)”“半径(R)”“直径(D)”含义与此类同。

☑ 基准点(P)：为基线标注和连续标注指定一个新的基准点。

☑ 编辑(E)：对多个尺寸标注进行编辑。系统允许对已存在的尺寸标注添加或移去尺寸点。选择该选项，系统提示如下。

Note

```
指定要删除的标注点或 [添加(A)/退出(X)] <退出>:
```

在此提示下确定要移去的点之后按 Enter 键，AutoCAD 对尺寸标注进行更新。图 5-71 所示为删除中间 4 个标注点后的尺寸标注。

4. 引线标注

（1）执行方式。

☑ 命令行：QLEADER。

（2）操作步骤。

```
命令: QLEADER↙
指定第一个引线点或 [设置(S)] <设置>:
指定下一点:(输入指引线的第二点)
指定下一点:(输入指引线的第三点)
指定文字宽度 <0.0000>:(输入多行文本的宽度)
输入注释文字的第一行 <多行文字(M)>:(输入单行文本或按 Enter 键，打开多行文字编辑器输入多行文本)
输入注释文字的下一行:(输入另一行文本)
输入注释文字的下一行:(输入另一行文本或按 Enter 键)
```

也可以在上面操作过程中选择“设置(S)”，打开“引线设置”对话框进行相关参数设置，如图 5-72 所示。

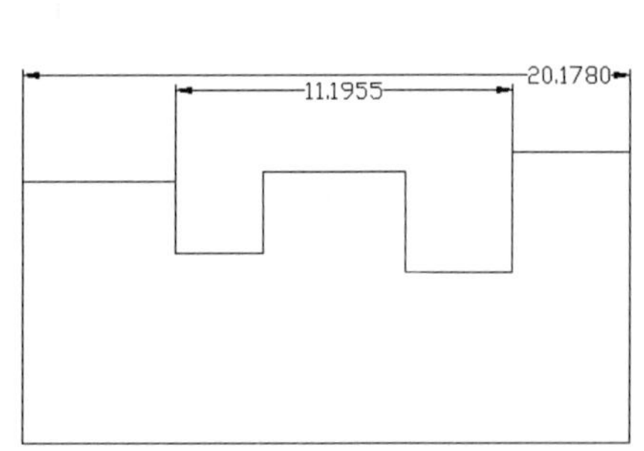

图 5-71　删除标注点

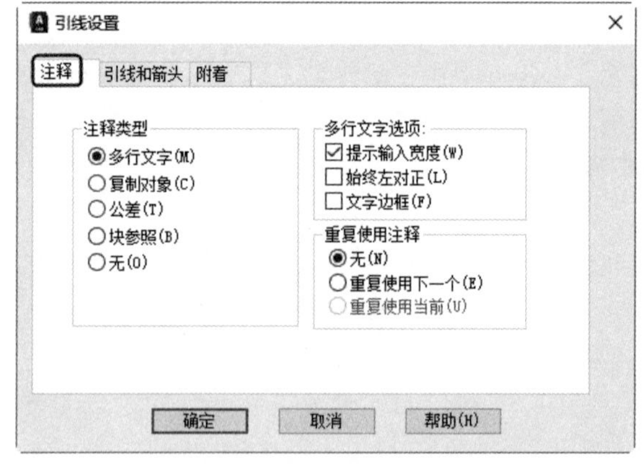

图 5-72　“引线设置”对话框

另外，还有一个名为 LEADER 的命令也可以进行引线标注，与 QLEADER 命令类似，这里不再赘述。

视频讲解

5.4.3　实例——标注居室平面图尺寸和文字

标注如图 5-73 所示的居室平面图尺寸。

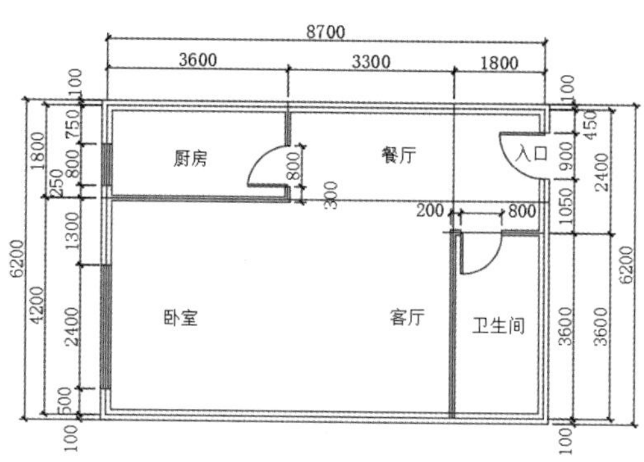

图 5-73　标注居室平面图尺寸

操作步骤

（1）打开“源文件\居室平面图”文件，如图 5-74 所示。

（2）单击“默认”选项卡“注释”面板中的“标注样式”按钮，❶系统打开“标注样式管理器”对话框，如图 5-75 所示。❷单击“新建”按钮，❸打开“创建新标注样式”对话框，如图 5-76 所示，❹设置新样式名为“标注”；❺单击“继续”按钮，❻打开“新建标注样式：标注”对话框，如图 5-77 所示，❼选择“符号和箭头”选项卡，❽设置箭头为“建筑标记”。其他设置默认，❾完成后确认退出。

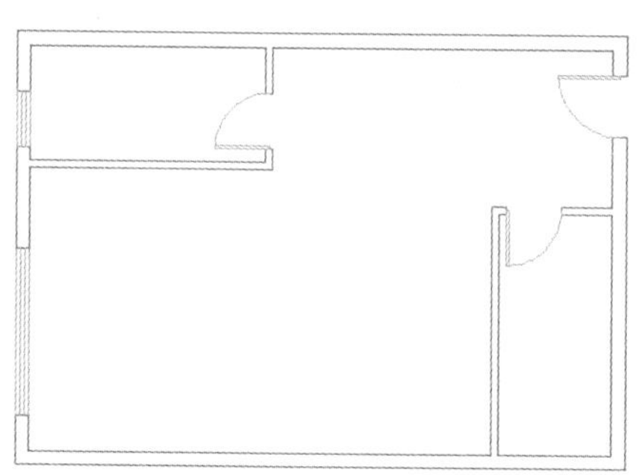

图 5-74　居室平面图

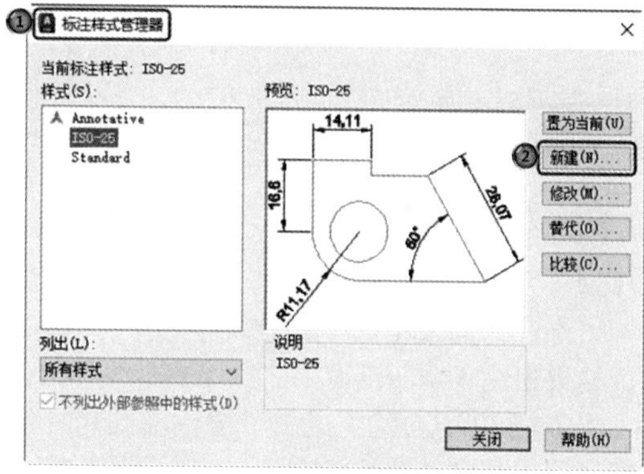

图 5-75　“标注样式管理器”对话框

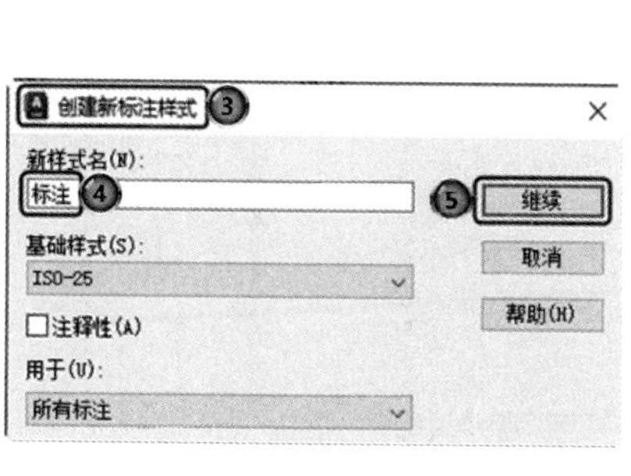

图 5-76　“创建新标注样式”对话框

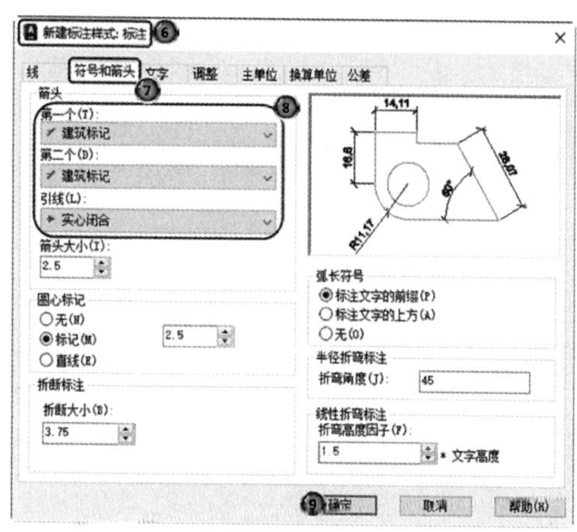

图 5-77　设置“符号和箭头”选项卡

（3）首先将“标注”样式设置为当前状态，并把墙体和轴线的上侧放大显示，如图 5-78 所示；然后单击“注释”选项卡“标注”面板中的“快速”按钮，当命令行提示“选择要标注的几何图形”时，依次选中竖向的 4 条轴线，右击确定选择，向外拖动鼠标到适当位置确定，该尺寸标注完成，如图 5-79 所示。

（4）单击“注释”选项卡“标注”面板中的“快速”按钮，完成竖向轴线尺寸的标注，结果如图 5-80 所示。

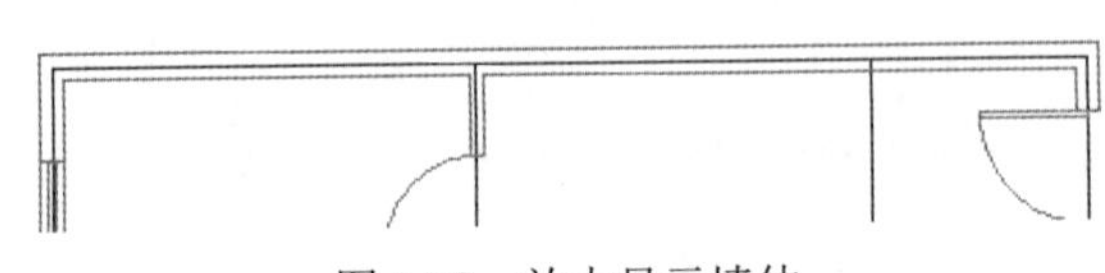

图 5-78　放大显示墙体

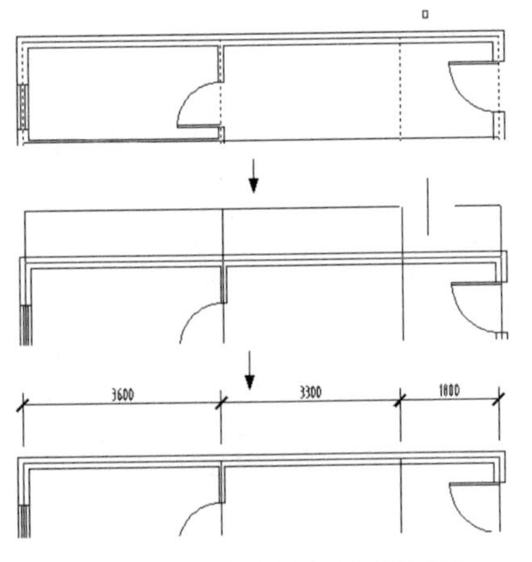

图 5-79　水平标注操作过程示意图

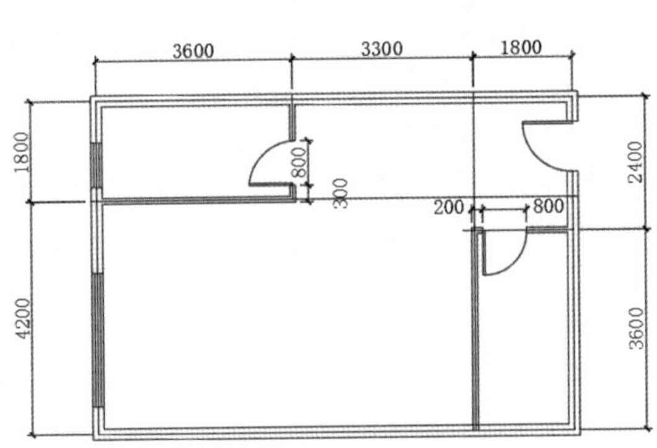

图 5-80　完成轴线标注

（5）对于门窗洞口尺寸，有的地方用“快速标注”不太方便，现改用“线性标注”。单击“注释”选项卡“标注”面板中的“线性”按钮，依次选择尺寸的两个界线原点，完成每一个需要标注的尺寸，结果如图 5-81 所示。

（6）对于其中自动生成指引线标注的尺寸值，先双击文字，然后选中尺寸值，将它们逐个调整到适当位置，结果如图 5-82 所示。为了便于操作，在调整时可暂时将“对象捕捉”功能关闭。

（7）设置其他细部尺寸和总尺寸。采用同样的方法完成其他细部尺寸和总尺寸的标注，结果如图 5-83 所示。注意总尺寸的标注位置。

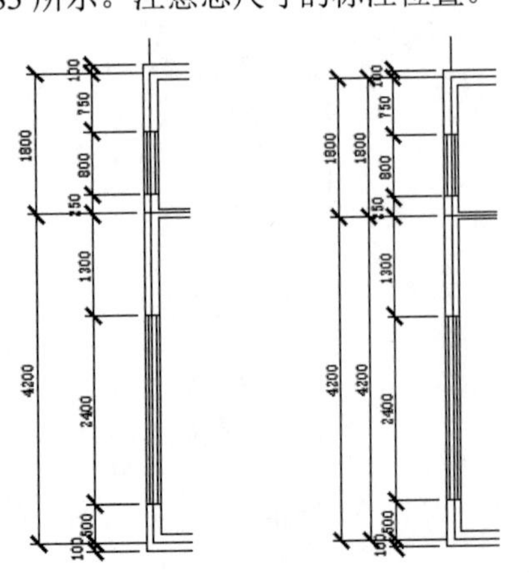

图 5-81　门窗尺寸标注　图 5-82　门窗尺寸调整

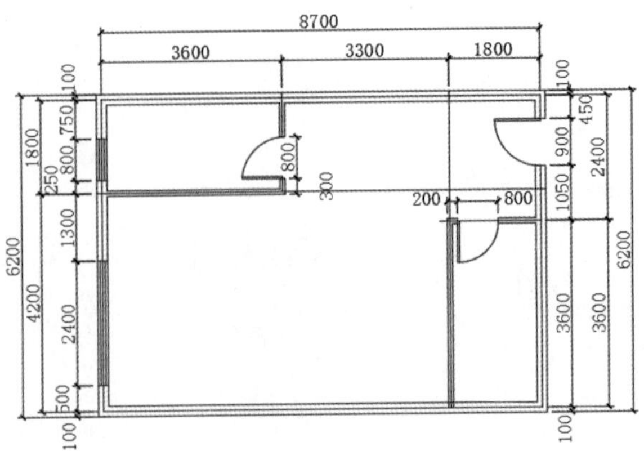

图 5-83　完成尺寸标注

（8）建立“文字”图层，参数如图 5-84 所示，将其置为当前图层。

图 5-84　“文字”图层参数

（9）多行文字标注。单击“默认”选项卡“注释”面板中的“多行文字”按钮A，❶打开“文字编辑器”选项卡，用鼠标在房间中部拉出一个矩形框，打开文字输入窗口，❷将字体设为“宋体”，❸字高为 175，❹在文本框内输入“卧室”，❺单击“关闭”按钮，如图 5-85 所示。

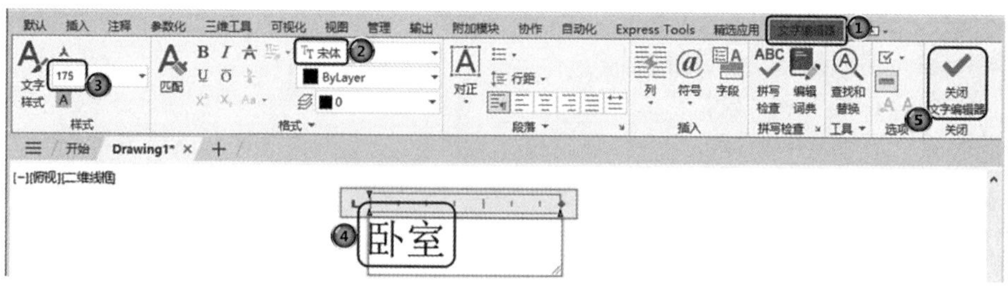

图 5-85　输入文字示意图

（10）单行文字标注。若采用单行文字标注，单击“默认”选项卡“注释”面板中的“单行文字”按钮A，输入“客厅”文字，命令行提示与操作如下。

```
命令：_text↙
当前文字样式："工程字"　文字高度：175.0000　注释性：否　对正：左
指定文字的起点或 [对正(J)/样式(S)]：(用鼠标在客厅位置单击文字起点)
指定文字的旋转角度 <0.0>：(在屏幕上显示的文本框中输入“客厅”)
```

（11）完成文字标注。同理，采用“单行或多行文字”完成其他文字标注，也可以复制已标注的文字到其他位置，然后双击打开进行修改。结果如图 5-86 所示。

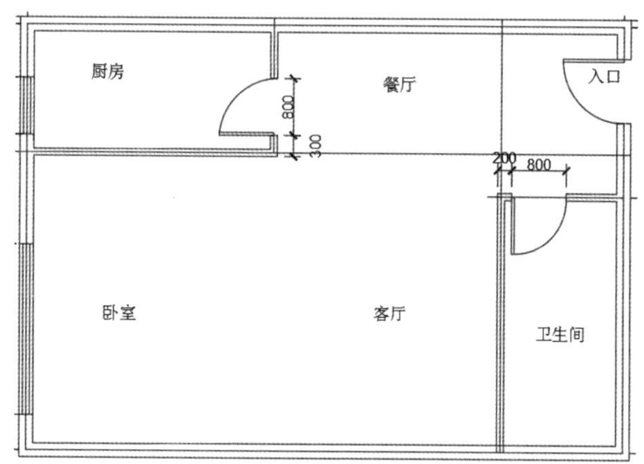

图 5-86　完成文字标注

5.5　表　　格

在以前的版本中，要绘制表格必须采用绘制图线或者图线结合“偏移”或“复制”等编辑命令来

完成，这样的操作过程烦琐而复杂，不利于提高绘图效率。从 AutoCAD 2005 开始，新增加了一个“表格”绘图功能，有了该功能，创建表格就变得非常容易，用户可以直接插入设置好样式的表格，而不用绘制由单独的图线组成的栅格。

Note

5.5.1 设置表格样式

1. 执行方式

☑ 命令行：TABLESTYLE。

☑ 菜单栏：“格式”→“表格样式”。

☑ 工具栏：“样式”→“表格样式管理器”。

☑ 功能区：“默认”→“注释”→“表格样式管理器”或“注释”→“表格”→“对话框启动器”。

2. 操作步骤

执行上述命令，系统打开“表格样式”对话框，如图 5-87 所示。

3. 选项说明

（1）新建：单击该按钮，系统打开“创建新的表格样式”对话框，如图 5-88 所示。输入新的表格样式名后，单击“继续”按钮，系统打开“新建表格样式：Standard 副本”对话框，用户可进行相关设置，如图 5-89 所示。从中可以定义新的表格样式，分别控制表格中数据、列标题和总标题的有关参数，如图 5-90 所示。

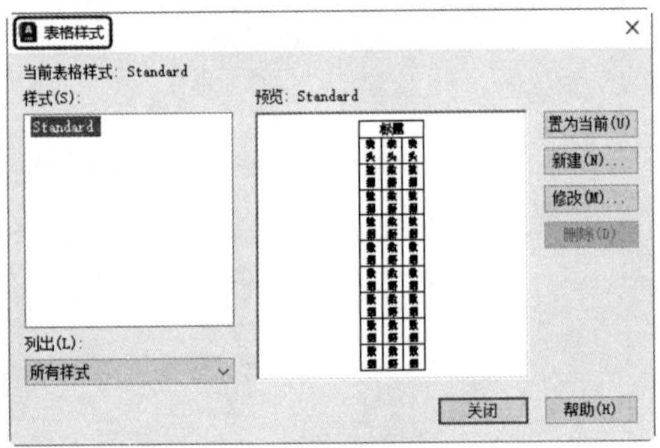

图 5-87 “表格样式”对话框

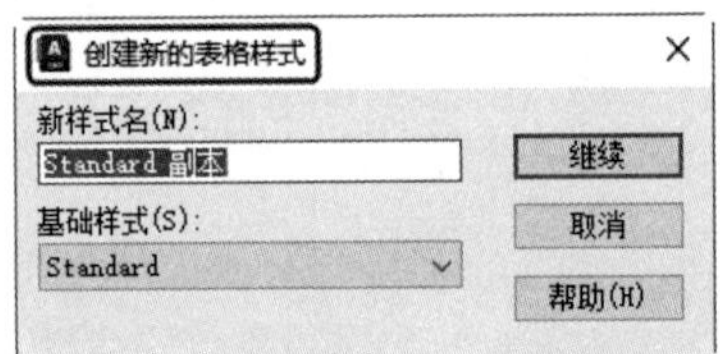

图 5-88 “创建新的表格样式”对话框

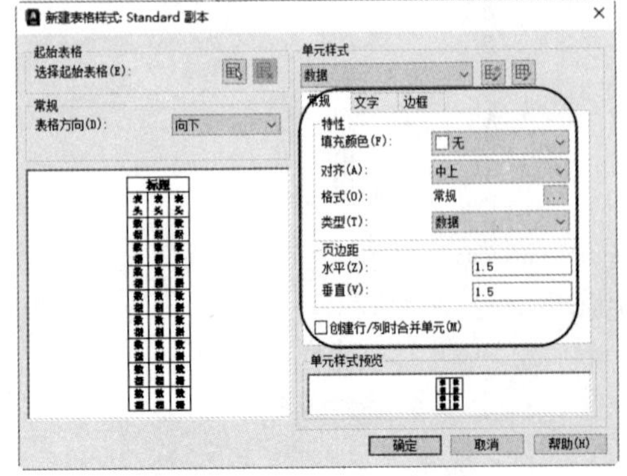

（a）“常规”选项卡设置

（b）“文字”选项卡设置

（c）“边框”选项卡设置

图 5-89 “新建表格样式：Standard 副本”对话框

图 5-91 所示为数据文字样式为 Standard，文字高度为 4.5，文字颜色为“红色”，填充颜色为“黄色”，对齐方式为“右下”；没有表头行，标题文字样式为 Standard，文字高度为 6，文字颜色为“蓝色”，填充颜色为“无”，对齐方式为“正中”；表格方向为“向下”，水平单元边距和垂直单元边距都为 1.5 的表格样式。

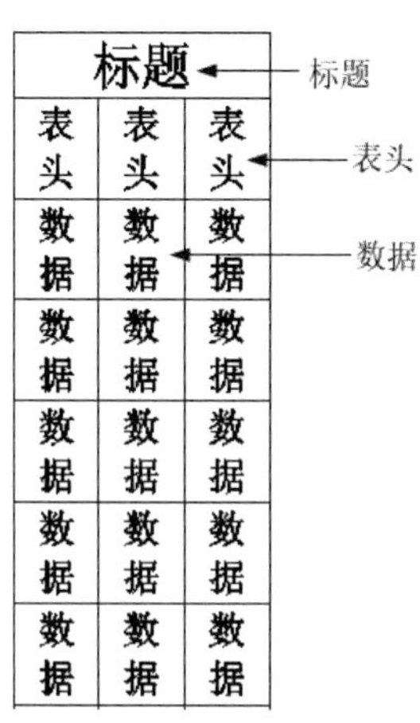

图 5-90　表格样式

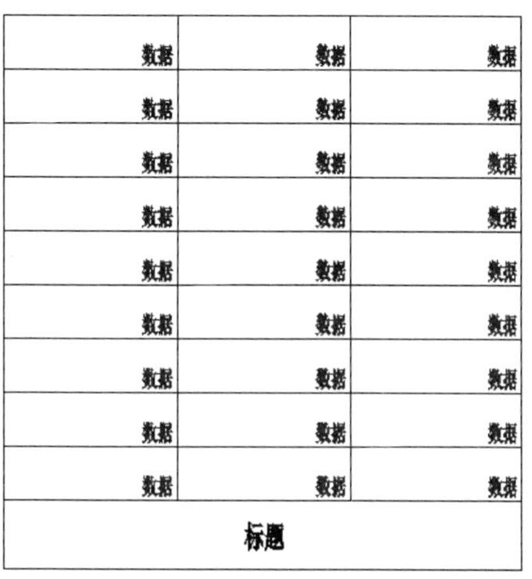

图 5-91　表格示例

（2）修改：对当前表格样式进行修改，方式与新建表格样式相同。

5.5.2　创建表格

1. 执行方式

☑　命令行：TABLE。

☑　菜单栏：“绘图”→“表格”。

☑　工具栏：“绘图”→“表格”。

☑　功能区：“默认”→“注释”→“表格”或“注释”→“表格”→“表格”。

2. 操作步骤

执行上述命令，系统打开“插入表格”对话框，如图 5-92 所示。

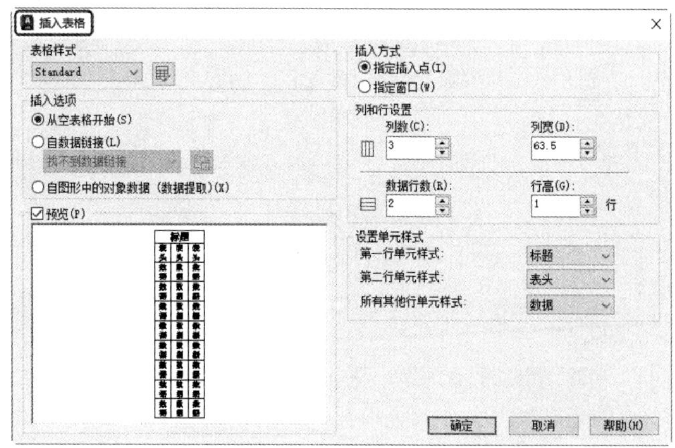

图 5-92　“插入表格”对话框

3. 选项说明

（1）表格样式：在要从中创建表格的当前图形中选择表格样式。通过单击下拉列表框旁边的按钮，用户可以创建新的表格样式。

（2）插入选项：指定插入表格的方式。

☑ 从空表格开始：创建可以手动填充数据的空表格。

☑ 自数据链接：从外部电子表格中的数据创建表格。

☑ 自图形中的对象数据（数据提取）：启动“数据提取”向导。

（3）预览：显示当前表格样式的样例。

（4）插入方式：指定表格位置。

☑ 指定插入点：指定表格左上角的位置。可以使用定点设备，也可以在命令提示下输入坐标值。如果表格样式将表格的方向设置为由下而上读取，则插入点位于表格的左下角。

☑ 指定窗口：指定表格的大小和位置。可以使用定点设备，也可以在命令提示下输入坐标值。选中该单选按钮时，行数、列数、列宽和行高取决于窗口的大小以及列和行设置。

（5）列和行设置：设置列和行的数目和大小。

☑ 列数：选中“指定窗口”单选按钮并指定列宽时，则选定了“自动”选项，且列数由表格的宽度控制。如果已指定包含起始表格的表格样式，则可以选择要添加到此起始表格的其他列的数量。

☑ 列宽：指定列的宽度。选中“指定窗口”单选按钮并指定列数时，则选定了“自动”选项，且列宽由表格的宽度控制。最小列宽为一个字符。

☑ 数据行数：指定行数。选中“指定窗口”单选按钮并指定行高时，则选定了“自动”选项，且行数由表格的高度控制。带有标题行和表格头行的表格样式最少应有 3 行。最小行高为一个文字高。如果已指定包含起始表格的表格样式，则可以选择要添加到此起始表格的其他数据行的数量。

☑ 行高：按照行数指定行高。文字行高基于文字高度和单元边距，这两项均在表格样式中设置。选中“指定窗口”单选按钮并指定行数时，则选定了“自动”选项，且行高由表格的高度控制。

（6）设置单元样式：对于不包含起始表格的表格样式，指定新表格中行的单元格式。

☑ 第一行单元样式：指定表格中第一行的单元样式。默认情况下，使用标题单元样式。

☑ 第二行单元样式：指定表格中第二行的单元样式。默认情况下，使用表头单元样式。

☑ 所有其他行单元样式：指定表格中所有其他行的单元样式。默认情况下，使用数据单元样式。

在上面的“插入表格”对话框中进行相应设置后，单击“确定”按钮，系统在指定的插入点或窗口自动插入一个空表格，并显示“文字编辑器”选项卡，用户可以逐行逐列输入相应的文字或数据，如图 5-93 所示。

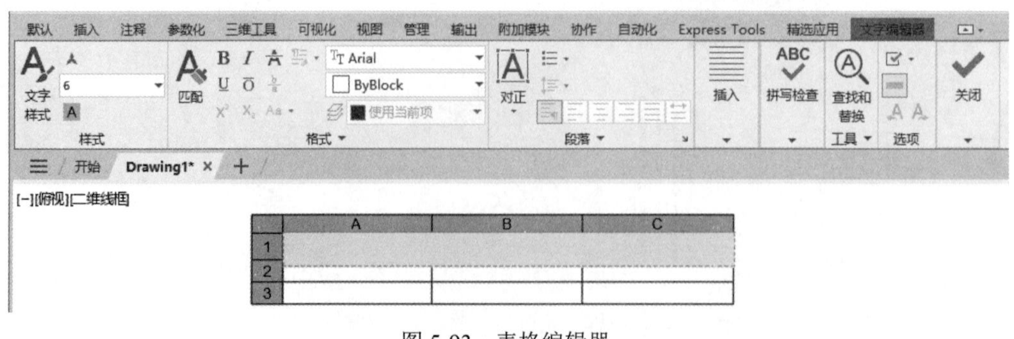

图 5-93　表格编辑器

5.5.3　编辑表格文字

1. 执行方式

☑　命令行：TABLEDIT。

☑　定点设备：表格内双击。

☑　快捷菜单：编辑单元文字。

2. 操作步骤

执行上述命令，系统打开如图 5-93 所示的表格编辑器，用户可以对指定表格单元的文字进行编辑。

5.6　综合实例——土木工程施工图图纸编排

大型土木工程设计往往有很多图纸，这时需要利用表格对所有图纸进行编排管理。下面就结合 AutoCAD 的表格功能讲解某土木工程施工图图纸编排方法。

5.6.1　施工图纸目录

视频讲解

对于一套完整的施工图纸而言，在图纸的第一页便是施工图纸目录，目录一般是采用表格格式，在目录中详细表明了各个施工图纸的图号以及图纸的内容。大体的样式如表 5-2 所示。

表 5-2　图纸目录

图　　号	图 纸 名 称	图　　号	图 纸 名 称
结施－1	图纸目录	结施－18	D 单元二十五层墙体平面图
结施－2	土木工程设计总说明（一）	结施－19	D 单元二十六层墙体平面图
结施－3	土木工程设计总说明（二）	结施－20	D 单元机房层、水箱墙体平面图
结施－4	土木工程设计总说明（三）	结施－21	D 单元剪力墙暗柱配筋表（一）
结施－5	土木工程设计总说明（四）	结施－22	D 单元剪力墙暗柱配筋表（二）
结施－6	D 单元基础模板平面图	结施－23	D 单元墙体和连梁配筋表
结施－7	D 单元基础配筋平面图	结施－24	D 单元地下一层模板平面图
结施－8	D 单元地下一层板配筋图	结施－25	二十六层模板平面图
结施－9	D 单元一层模板平面图	结施－26	二十六层板配筋平面图
结施－10	D 单元一层板配筋平面图	结施－27	电梯机房层模板平面图
结施－11	D 单元二层结构平面图	结施－28	电梯机房层板配筋平面图
结施－12	三至二十四层模板平面图	结施－29	水箱间及屋顶模板平面图
结施－13	三至二十四层板配筋平面图	结施－30	水箱间及屋顶板配筋图
结施－14	二十五层结构平面图	结施－31	D 单元楼梯详图
结施－15	D 单元地下二层墙体平面图	结施－32	D 单元楼梯配筋表
结施－16	D 单元地下一层墙体平面图	结施－33	人防详图及出入口详图
结施－17	D 单元一至二十四层墙体平面图		

一般来说，图纸目录也应该在 AutoCAD 中绘制，并且加上图纸框，形成正规的图纸。

Note

1. 建立新文件

打开 AutoCAD 2024 应用程序，选择菜单栏中的“文件”→“新建”命令，打开“选择样板”对话框，单击“打开”按钮右侧的下拉按钮▾，以“无样板打开—公制”（毫米）方式建立新文件；将新文件命名为“目录.dwg”并保存。

2. 设置图形界限

选择菜单栏中的“格式”→“图形界限”命令或在命令行中输入 LIMITS 并按 Enter 键，命令行提示与操作如下。

```
命令：LIMITS↙
重新设置模型空间界限：
指定左下角点或 [开(ON)/关(OFF)] <0.0000,0.0000>: ↙
指定右上角点 <420.0000,297.0000>: 841,594↙（即使用 A1 图纸）
```

当然，用户可以根据需要自行定义图形的大小。

3. 插入表格

单击“默认”选项卡“注释”面板中的“表格”按钮▦，❶打开“插入表格”对话框，❷并将“列数”设置为 4，❸“列宽”设置为 63.5，❹“行数”设置为 17，❺“行高”设置为 2，❻在“设置单元样式”选项组中，将“第一行单元样式”“第二行单元样式”和“所有其他行单元样式”都设置为“数据”，❼单击“确定”按钮，如图 5-94 所示。

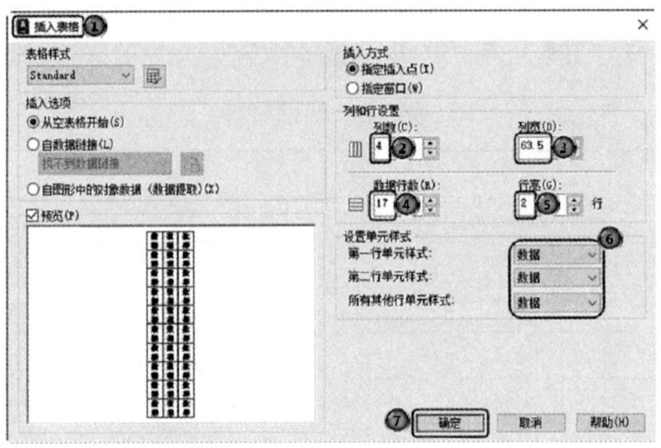

图 5-94 “插入表格”对话框

将表格插入绘图区域，插入后的图形如图 5-95 所示。

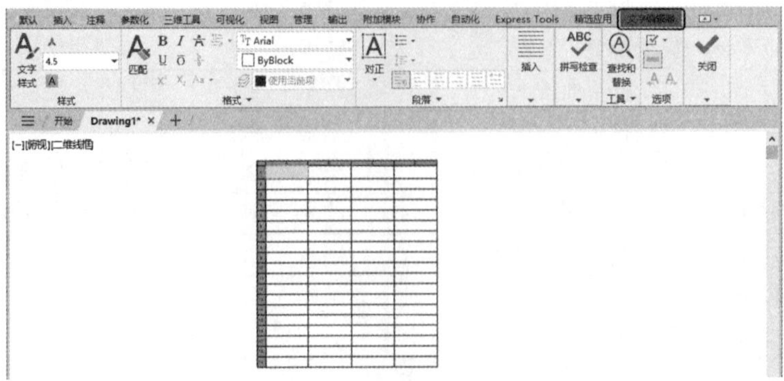

图 5-95 插入后的表格

4. 调整表格

从表 5-2 可以看出，第 1 列和第 3 列比较窄，第 2 列和第 4 列比较宽，这是根据表格内容的多少来决定。

（1）单击第 1 列的任一单元格，选中表格，并将光标放置在右关键点上，如图 5-96 所示。

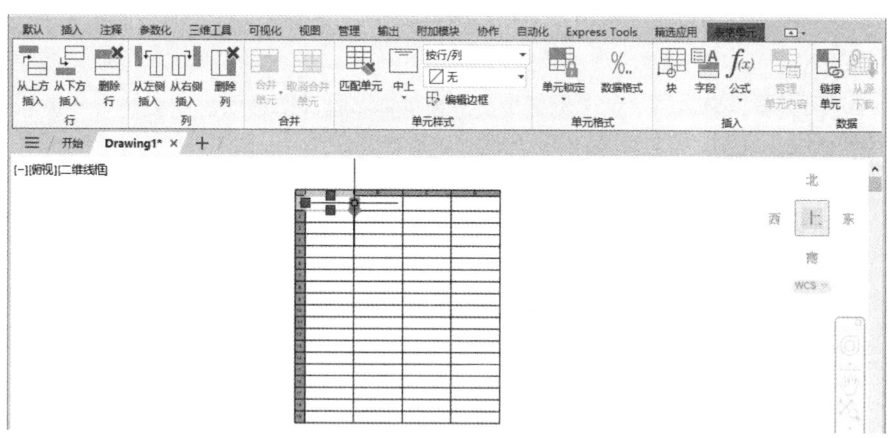

图 5-96　捕捉右关键点

（2）向左拖动右关键点，则第 1 列表格的宽度变小，同理可以将第 3 列表格宽度调小，将第 2 列和第 4 列表格宽度调大。

另外，还可以运用表格特性对列宽进行调整：右击要修改的列中的任一表格，从快捷菜单中选择“特性”命令，如图 5-97 所示。

在打开的“特性”对话框中，将“单元宽度”选项中的数字设置为 50，按 Enter 键，则第 1 列的列宽将变窄，如图 5-98 所示。同理，可以将第 2 列的列宽加大到 120，调整后的表格如图 5-99 所示。

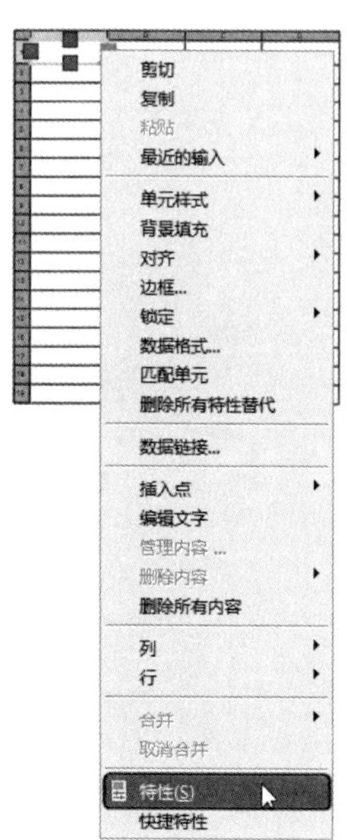

图 5-97　选择“特性”命令

表格

常规	
透明度	ByLayer
单元	
单元样式	按行/列
行样式	数据
列样式	(无)
单元宽度	50
单元高度	19
对齐	中上
背景填充	无
边界颜色	ByBlock
边界线宽	ByBlock
边界线型	ByBlock
水平单元边距	1.5
垂直单元边距	1.5
单元锁定	解锁
单元数据链接	未链接
内容	
单元类型	文字
内容	
文字样式	Standard
文字高度	4.5
文字旋转	0

图 5-98　调整“单元宽度”

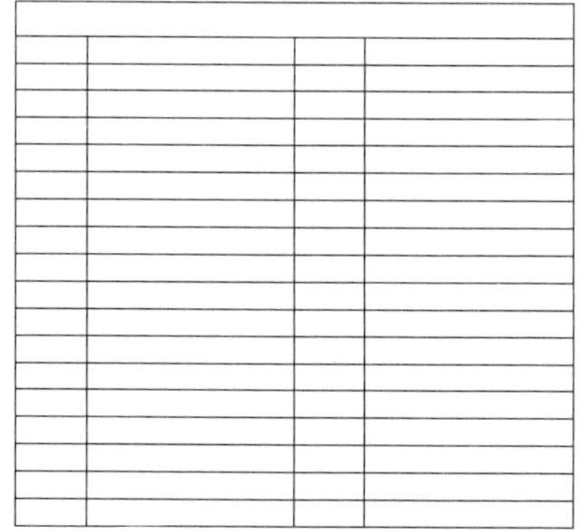

图 5-99　调整后的表格

5. 新建文字样式

单击“默认”选项卡“注释”面板中的“文字样式”按钮，打开“文字格式”对话框，单击“新建”按钮，打开“新建文字样式”对话框，在该对话框中输入新的文字样式的名称，也可以默认为“样式一”，单击“确定”按钮返回“文字样式”对话框。在“字体名”下拉列表框中选择“宋体”，单击“应用”按钮，退出“文字样式”对话框。

Note

6. 输入文字

双击第一行的表格，❶打开“文字编辑器”选项卡，同时，❷被双击的表格处于编辑状态，❸单击“文字样式”按钮，❹选择“样式一”，如图 5-100 所示。

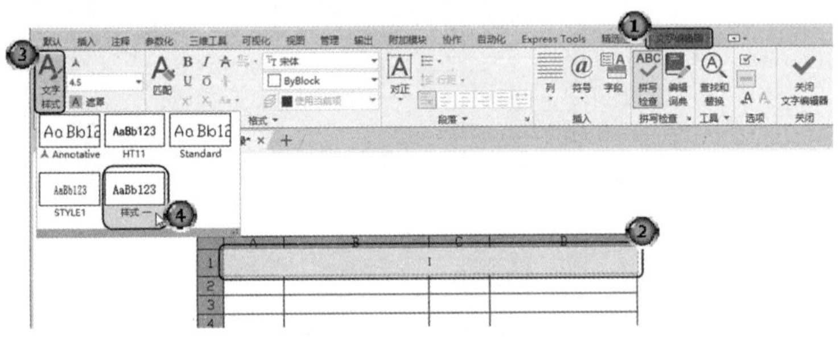

图 5-100　选择字体格式

根据图纸目录输入文字，文字的大小可以通过图 5-100 所示的“文字样式”对话框中字体大小进行调整。最终输入后的结果如图 5-101 所示。

目录			
图号	图纸名称	图号	图纸名称
结施－1	图纸目录	结施－18	D单元地下一层板配筋图
结施－2	结构设计总说明(一)	结施－19	D单元一层模板平面图
结施－3	结构设计总说明(二)	结施－20	D单元一层板配筋平面图
结施－4	结构设计总说明(三)	结施－21	D单元二层结构平面图
结施－5	结构设计总说明(四)	结施－22	三至二十四层模板平面图
结施－6	D单元基础模板平面图	结施－23	三至二十四板配筋平面图
结施－7	D单元基础配筋平面图	结施－24	二十五层结构平面图
结施－8	D单元地下二层墙体平面图	结施－25	二十六层模板平面图
结施－9	D单元地下一层墙体平面图	结施－26	二十六层板配筋平面图
结施－10	D单元一至二十四层墙体平面图	结施－27	电梯机房层模板平面图
结施－11	D单元二十五层墙体平面图	结施－28	电梯机房层板配筋平面图
结施－12	D单元二十六层墙体平面图	结施－29	水箱间及屋顶模板平面图
结施－13	D单元机房层、水箱墙体平面图	结施－30	水箱间及屋顶板配筋图
结施－14	D单元剪力墙暗柱配筋表(一)	结施－31	D单元楼梯详图
结施－15	D单元剪力墙暗柱配筋表(二)	结施－32	D单元楼梯配筋表
结施－16	D单元墙体和连梁配筋表	结施－33	人防详图及出入口详图
结施－17	D单元地下一层模板平面图		

图 5-101　输入文字

说明：如果对输入表格中的文字排版格式不满意，可以统一修改，使用鼠标拖曳出矩形框选中要编辑的文字表格，右击，在打开的快捷菜单中选择“特性”命令，在“特性”对话框中可以修改字体大小、文字在表格中的对齐方式以及文字样式等，如图 5-102 所示。

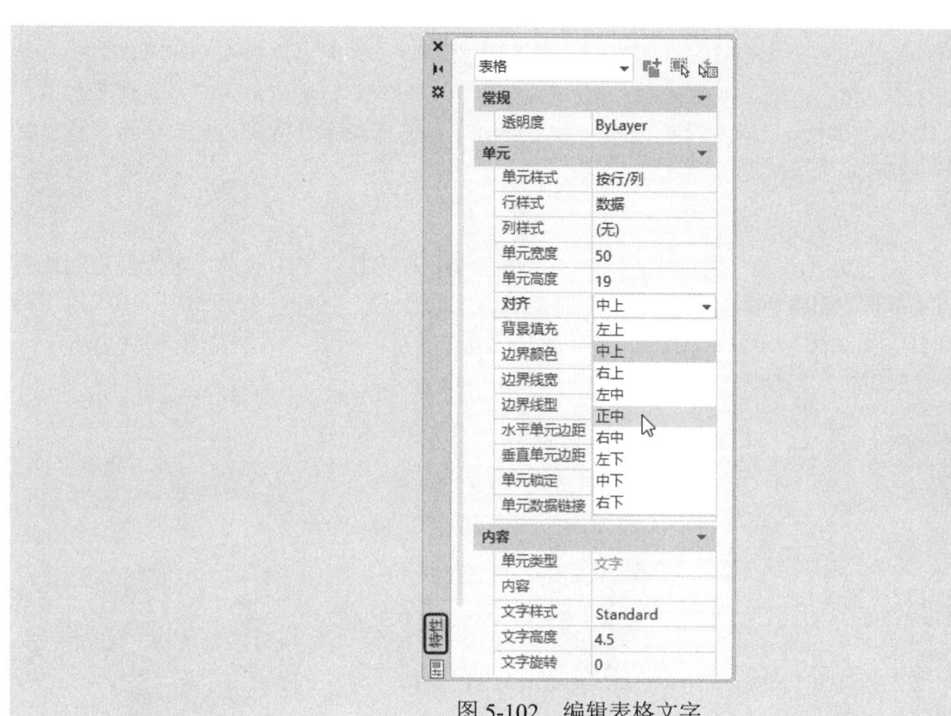

图 5-102　编辑表格文字

7. 创建图签块

在创建块之前要先绘制图签，根据本表格图幅的大小，可采用 A2 图签，根据《房屋建筑制图统一标准》（GB/T 50001—2017）中规定的参数大小进行绘制，绘制方法前面已经介绍过，这里不再赘述，然后将其创建成块，绘制结果如图 5-103 所示。

图 5-103　绘制好的图签

说明： 使用“块定义”对话框创建的块其实并未保存到实际的文件夹中，如果 AutoCAD 一直处于运行状态，则可以随时对块进行“插入”操作，但是如果关闭 AutoCAD，等到下次运行时，此次创建的块已经不存在，因此，此方法创建的块只供临时使用，对于常用的块，可以采用“写入块”方法创建永久模块。

8. 插入图签块

（1）单击“插入”选项卡“块”面板中的“插入”按钮，在下拉菜单中选择“最近使用的块”，打开“块”选项板，如图 5-104 所示，继续单击选项卡右上侧的“”按钮，打开如图 5-105 所示的“选择要插入的文件”对话框，选择已创建好的图块，返回“块”选项板，结果如图 5-106 所示。

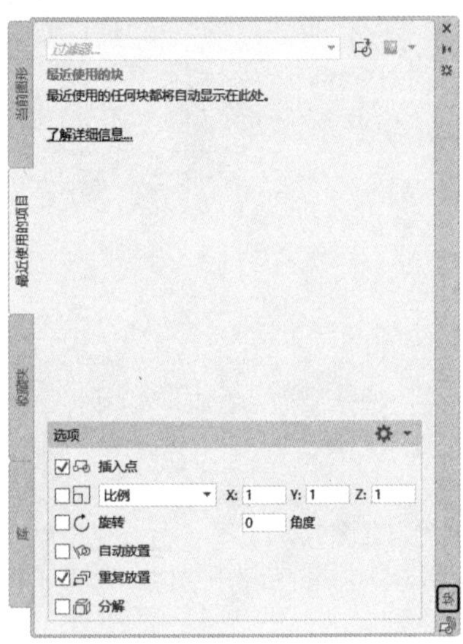

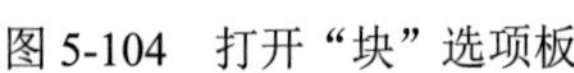
图 5-104　打开“块”选项板

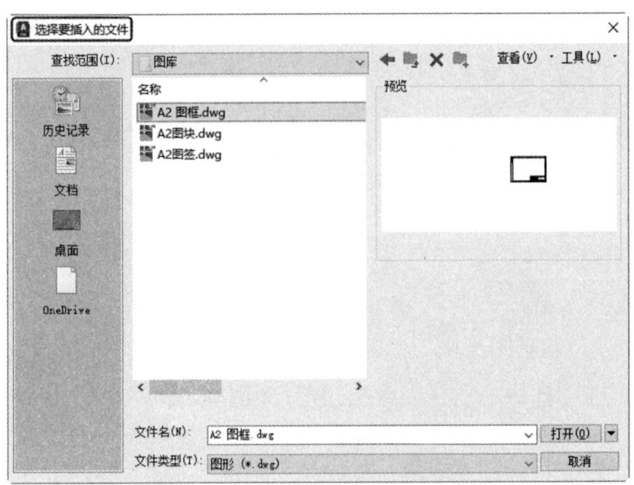

图 5-105　“选择要插入的文件”对话框

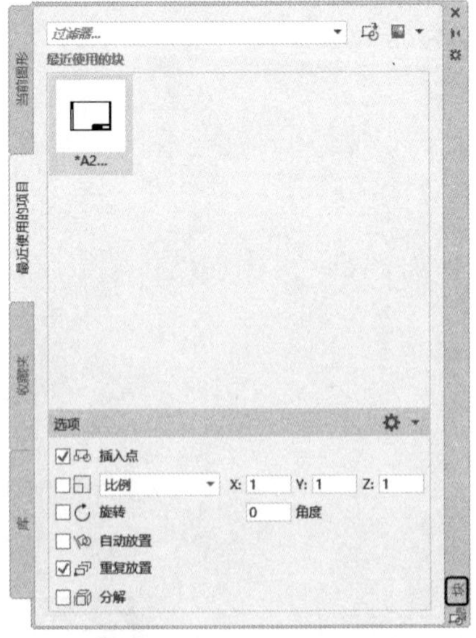

图 5-106　“块”选项板

（2）单击图块，然后将图块移动到绘图区域内，在绘图区域会出现刚绘制的图签块，如图 5-107 所示。

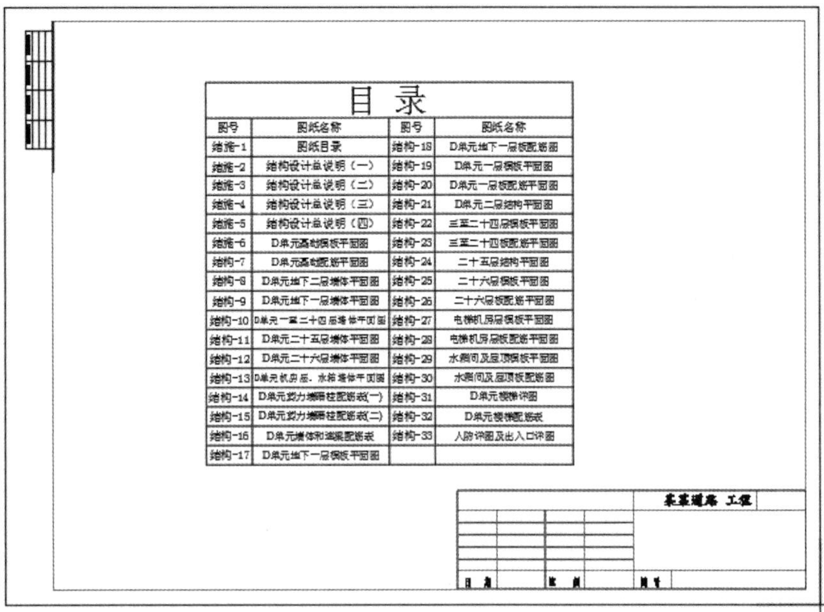

目录			
图号	图纸名称	图号	图纸名称
结施-1	图纸目录	结构-18	D单元地下一层板配筋图
结施-2	结构设计总说明（一）	结构-19	D单元一层模板平面图
结施-3	结构设计总说明（二）	结构-20	D单元一层板配筋平面图
结施-4	结构设计总说明（三）	结构-21	D单元二层结构平面图
结施-5	结构设计总说明（四）	结构-22	三至二十四层模板平面图
结施-6	D单元基础模板平面图	结构-23	三至二十四板配筋平面图
结构-7	D单元基础配筋平面图	结构-24	二十五层结构平面图
结构-8	D单元地下二层墙体平面图	结构-25	二十六层模板平面图
结构-9	D单元地下一层墙体平面图	结构-26	二十六层板配筋平面图
结构-10	D单元一至二十四层墙体平面图	结构-27	电梯机房层模板平面图
结构-11	D单元二十五层墙体平面图	结构-28	电梯机房层板配筋平面图
结构-12	D单元二十六层墙体平面图	结构-29	水箱间及屋顶模板平面图
结构-13	D单元机房层、水箱墙体平面图	结构-30	水箱间及屋顶板配筋图
结构-14	D单元剪力墙暗柱配筋表(一)	结构-31	D单元楼梯详图
结构-15	D单元剪力墙暗柱配筋表(二)	结构-32	D单元楼梯配筋表
结构-16	D单元墙体和连梁配筋表	结构-33	人防详图及出入口详图
结构-17	D单元地下一层模板平面图		

图 5-107　插入图签块

说明：插入的图块是一个整体，要对插入的图块的某部分进行操作，必须先执行“修改”菜单中的“分解”命令。

至此，施工图纸目录绘制完毕。

5.6.2　土木工程设计总说明

设计阶段的施工图应有详细的土木工程设计总说明。土木工程设计总说明应包括以下内容。

（1）工程概况：工程概况介绍一般包括工程的建筑面积及层数、建成后工程的用途、工程的地理位置、工程所采用的基本结构形式，可采用文字说明，也可以采用表格形式。

（2）建筑安全等级和设计使用年限：此项包括建筑结构的安全等级、设计使用年限、建筑抗震设防类别、地基基础设计等级、人防地下室抗力等级。

（3）自然条件：包括基本风压、基本雪压、标准冻深、场地类别、抗震设防烈度、设计基本地震加速度、设计地震分组、建筑耐火等级、地下室放水等级。

（4）建筑标高：例如±0.00 相当于绝地标高 72.50m。

（5）本工程设计所遵循的标准、规范、规程及技术条件：工程设计所遵循的规范基本上包括本章中介绍的，还包括诸如《建筑工程抗震设防分类标准》（GB 50223—2008）、《地下工程防水技术规范》（GB 50108—2008）、《钢筋混凝土连续梁和框架考虑内力重分布设计规程》（CECS 51—1993）、《混凝土结构施工图平面整体表示方法制图规则和构造详图》（16G101—3）等。

（6）本工程所采用的计算程序。

☑　多层及高层建筑结构空间有限元分析与设计软件——SATWE。

☑　基础工程计算机辅助设计软件——JCCAD。

（7）设计采用的活荷载标准值：对于设计中所采用的活荷载要根据《建筑结构荷载规范》中的规定值来取，但是对于大型设备应根据实际情况考虑。

（8）地基基础：在地基基础设计总说明中要包括是否要求对沉降进行观测，在基坑开挖时遇到诸如坟坑、枯井、软弱图层等异常情况的处理方法，基坑开挖时应采取的有效措施，以保证与本工程相邻的已有建筑物的安全等。

Note

（9）主要结构材料。

☑ 混凝土：在混凝土说明中，应详细说明各部分结构构件的混凝土强度等级以及不同构件混凝土中所掺加的外加剂，结构混凝土构件的环境类别，结构混凝土耐久性的基本要求。

☑ 钢筋：应对钢筋直径、钢筋的等级及符号进行详细规定，必要时可对纵向受力钢筋的抗拉强度实测值与屈服强度实测值的比值、屈服强度与标准强度的比值做一限制。

☑ 型钢、钢板：应对型钢、钢板的型号做出明确规定。

☑ 焊条：对于不同等级的钢筋所对应的焊条规格做出明确规定。

☑ 砌体（填充墙）：填充墙材料种类应按建筑施工图的要求选用。此项中应包括砌体强度等级、轻质隔墙的重量等。

（10）钢筋混凝土构造。

主筋保护层厚度：为了达到混凝土耐久性的要求，混凝土的保护层厚度应该符合规范要求，对于不同部位的构件，保护层应满足最小厚度的要求。具体数值可以查看相关规范。

☑ 钢筋接头形式及要求：对钢筋接头，有的可采用机械连接接头，有的采用绑扎连接接头，这要根据不同的构件部位及钢筋所用的直径大小来定。同时还要对接头的部位及有接头的受力钢筋截面面积占受力钢筋总截面面积的百分比进行详细说明。

☑ 后浇带的设置：根据建筑结构施工及设计的需要，应对不同部位后浇带的设置及防水做法做详细的规定，一般来说，应对板、梁、剪力墙等部位后浇带做出详细的施工图。

☑ 现浇钢筋混凝土楼板：主要对板上一些特殊构造进行详细说明，例如，板内主筋的接头位置，上筋可在跨度中间 1/3 内，下筋可在支座处，当板底与梁底平时，板的下部钢筋深入梁内须弯折后置于梁的下部纵向钢筋之上等。对于楼板上开洞，要根据开洞面积大小及板的型式，如单向板、双向板等，配置构造钢筋。现以一工程的楼板说明为例，楼板上的洞均应预留，不得后凿。结构平面图中一般只说明洞口尺寸大于 300mm 的孔洞，施工时必须配合各工种图纸预留全部孔洞。尺寸 300mm 以下的孔洞不另设加强筋，板筋从洞边绕过不得截断。现浇板洞边距梁边小于 200mm 时，该洞边可不设加强筋，但与梁垂直的加强筋应深至梁中心并满足伸过洞边 la。现浇板洞口设加强筋时，原有钢筋在洞口处切断并设弯钩搁置在加强筋上，板上部负筋切断后直钩弯到板底。加筋的长度为单向板或双向板的两个方向沿跨度通长，并锚入支座不小于 5d，环形筋搭接长度及加强筋伸过洞边长度为 40d。单向板的非受力方向洞口加强筋长度为洞宽加两侧各 40d。洞口加筋按结构平面图设置，当结构平面图未表示时，一般需达到如下要求：洞口每侧上下各两根，其截面面积不得小于被洞口截断之板钢筋面积的 1/2，且不小于 2Φ14。

☑ 钢筋混凝土柱：应对柱中箍筋形式、梁柱连接处钢筋设置形式做详细说明。

☑ 钢筋混凝土梁：应对梁内箍筋形式、主次梁的位置、梁上开洞的构造处理、梁的起拱高度等做出规定。

以上对结构总说明的内容做了概述，下面对如何在 AutoCAD 2024 中绘制设计总说明做进一步介绍。

（1）建立新文件。打开 AutoCAD 2024 应用程序，选择菜单栏中的“文件”→“新建”命令，打开“选择样板”对话框，单击“打开”按钮右侧的下拉按钮▾，以“无样板打开—公制”（毫米）方式建立新文件；将新文件命名为“设计总说明.dwg”并保存。

（2）设置图形界限。选择菜单栏中的“格式”→“图形界限”命令，或在命令行中输入 LIMITS，按 Enter 键，命令行提示与操作如下。

```
命令: LIMITS↙
重新设置模型空间界限:
指定左下角点或 [开(ON)/关(OFF)] <0.0000,0.0000>: ↙
指定右上角点 <420.0000,297.0000>: 594,420↙ (即使用 A2 图纸)
```

（3）新建文字样式。单击“默认”选项卡“注释”面板中的“文字样式”按钮，打开“文字样式”对话框，单击“新建”按钮，打开“新建文字样式”对话框，在该对话框中输入新的文字样式的名称，也可以默认为“样式 1”，单击“确定”按钮返回“文字样式”对话框。在“字体名”下拉列表框中选择“宋体”，单击“应用”按钮，退出“文字样式”对话框。

说明： 当新建一个绘图文件时，字体样式都是默认的，所以，在输入字体前要重新对字体样式进行设置，如果想省去第（3）步，可以直接打开以前的绘图文件，将其另存为“设计总说明”文件，然后在绘图区域将原有的图形删除，这样可以直接输入文字，而文字样式还保持上次设置的样式。

（4）单击“默认”选项卡“注释”面板中的“多行文字”按钮A，输入文字。命令行提示与操作如下。

```
命令: _mtext
当前文字样式: "样式一"  文字高度: 4.5  注释性: 否
指定第一角点: (在绘图区域指定第一点) ↙
指定对角点 或 [高度(H)/对正(J)/行距(L)/旋转(R)/样式(S)/宽度(W)/栏(C)]: ↙
```

输入相应的文字，结果如图 5-108 所示。

结构设计总说明
钢筋混凝土构造:
本工程采用混凝土结构平面整体表示方法制图。表示方
法按照国家标准图《混凝土结构施工图平面整体表示
方法制图规则和构造详图》（16G101-1）执行。图中未
表明的构造要求应按照该标准的要求执行。
本工程混凝土主体结构体系类型及抗震等级见下表:

图 5-108　输入文字

（5）插入表格。单击“默认”选项卡“注释”面板中的“表格”按钮，打开“插入表格”对话框，设置“表格样式”选项组，如图 5-109 所示。

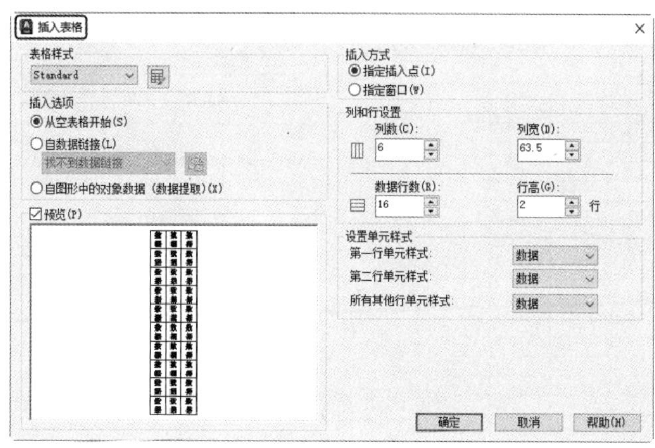

图 5-109　“插入表格”对话框

单击“插入表格”对话框中的“表格样式”按钮，在打开的“表格样式”对话框中单击“修改”按钮，如图 5-110 所示。

在“修改表格样式：Standard”对话框中将对齐方式改为“正中”，“文字高度”改为 6.3，如图 5-111 所示。

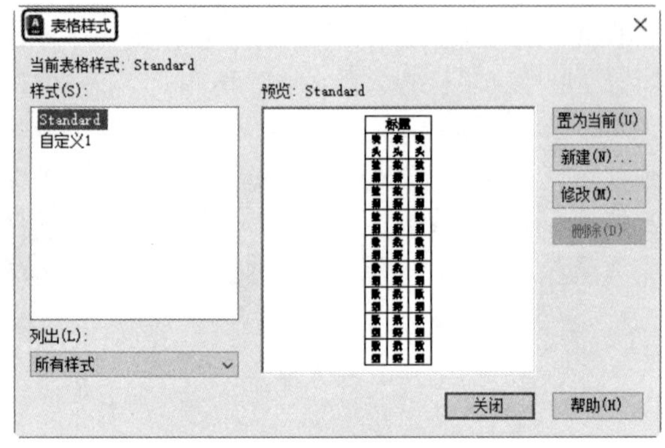

图 5-110 “表格样式”对话框

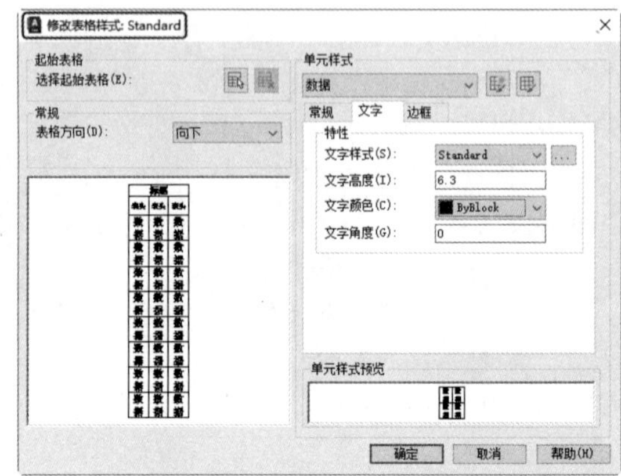

图 5-111 “修改表格样式：Standard”对话框

单击“确定”按钮，返回“插入表格”对话框，“列数”设置为 6，“行数”设置为 16。

（6）合并单元格。❶按 Shift 键选中要合并的单元格，如图 5-112 所示，❷然后选择“合并单元”下拉列表中的“合并全部”选项。

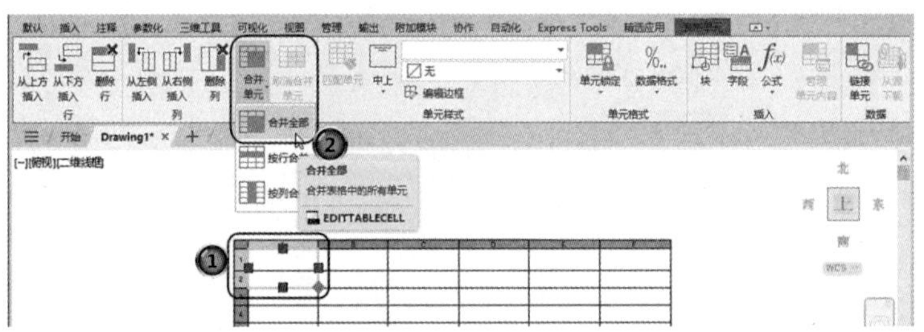

图 5-112 合并单元格

用同样的方法对另外的单元格也进行合并操作，并且调整列的宽度大小，结果如图 5-113 所示。

（7）输入文字。双击要输入文字的表格，进入输入状态，输入相应的文字，并根据需要调整表格大小、宽度，最终输入的结果如图 5-114 所示。

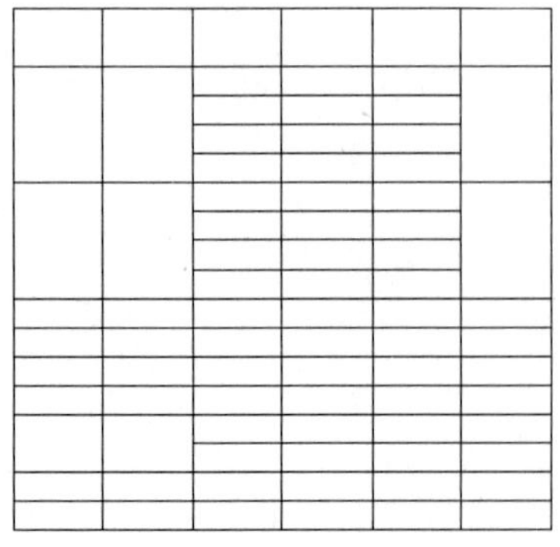

图 5-113 调整后的单元格

	结构类型	范围	剪力墙抗震等级	框架（框支框架）抗震等级	底部加强区范围
A幢	框支剪力墙	-2层	三	三	-1～5层
		-1～5层	一		
		-1～3层			
		6层及以上	三	一	
E幢	框支剪力墙	-2层	三	三	-1～6层
		-1～6层	一		
		-1～4层		一	
		7层及以上	三		
B幢	剪力墙		三		-1～3层
C幢	剪力墙		三		-1～3层
D幢	剪力墙		三	三	-1～3层
商业1	框架			三	
地下车库和商业2	框架			三	
				三	
商业3	框架			三	
商业3	框架			三	

图 5-114 输入文字后的表格

（8）绘制楼板开洞加筋做法。楼板开洞加筋做法详图可直接在绘图区域绘制，标注上必要的尺寸，由于绘制过程只用到了直线的绘制，操作比较简单，不再做详细介绍，打开源文件的图库文件夹中楼板开洞加筋详图文件，将其复制粘贴到图中，结果如图 5-115 所示。

总的结构总说明布置如图 5-116 所示。

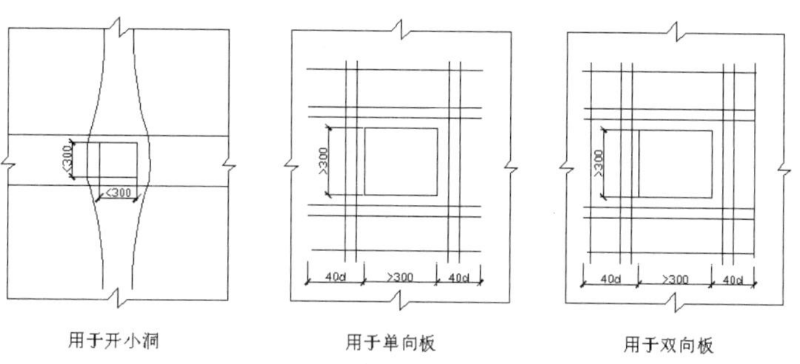

楼板开洞加筋做法

图 5-115　楼板开洞加筋做法详图

结构设计总说明

钢筋混凝土构造：

本工程采用混凝土结构平面整体表示方法制图。表示方法按照国家标准图《混凝土结构施工图平面整体表示方法制图规则和构造详图》（16G10 －1）执行。图中未表明的构造要求应按照该标准的要求执行。

本工程混凝土主体结构体系类型及抗震等级见下表：

	结构类型	范围	剪力墙抗震等级	框架（框支框架）抗震等级	底部加强区范围
A幢	框支剪力墙	−2层	三	三	−1～5层
		−1～5层	一		
		−1～3层			
		6层及以上	三	一	
E幢	框支剪力墙	−2层	三	三	−1～6层
		−1～6层	一		
		−1～4层		一	
		7层及以上	三		
B幢	剪力墙		三		−1～3层
C幢	剪力墙		三		−1～3层
D幢	剪力墙		三	三	−1～3层
商业1	框架			三	
地下车库和商业2	框架			三	
				三	
商业3	框架			三	
商业3	框架			三	

楼板上的洞均应预留，不得后凿。结构平面图中一般只说明洞口尺寸>300mm的孔洞，施工时必须配合各工种图纸预留全部孔洞。尺寸300mm以下的孔洞不另设加强筋，板筋从洞边绕过不得截断。现浇板洞边距梁边<200mm时，该洞边可不设加强筋，但与梁垂直的加强筋应深至梁中心并满足伸过洞边la。现浇板洞口设加强筋时，原有钢筋在洞口处切断并设弯钩搁置在加强筋上，板上部负筋切断后直钩弯到板底。加筋的长度为单向板或双向板的两个方向沿跨度通长，并锚入支座不小于$5d$，环形筋搭接长度及加强筋伸过洞边长度为$40d$。单向板的非受力方向洞口加强筋长度为洞宽加两侧各$40d$。洞口加筋按结构平面图设置，当结构平面图未表示时，一般按如下要求：洞口每侧上下各两根，其截面面积不得小于被洞口截断之板钢筋面积的1/2，且不小于2ϕ14。

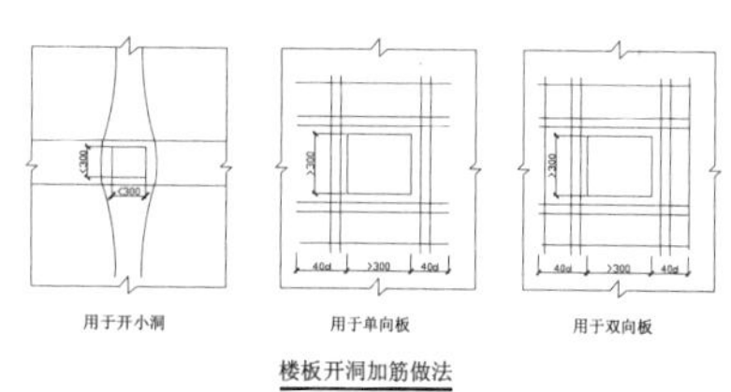

图 5-116　土木工程设计说明布置图

（9）插入图框。由于绘图前设置的绘图区域为 A2 图纸大小，因此可以使用以前已经建立的 A2 图块。

单击“插入”选项卡“块”面板中的“插入”按钮，双击图中的图块，如图 5-117 所示，然后将其插入图中合适的位置。

插入图块后，调整布局，最终结果如图 5-118 所示。

土木工程设计总说明中还包括很多其他的构造措施，在此不一一绘制，但总的来说，施工图中的土木工程设计总说明的形式及绘制方法已经在本章中详细讲述，读者可以通过翻阅实际的施工图纸来加深理解。

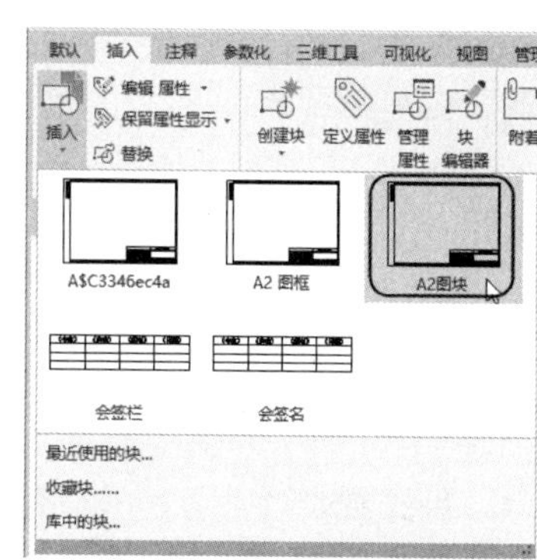

图 5-117　“插入”下拉菜单

结构设计总说明

钢筋混凝土构造：
本工程采用混凝土结构平面整体表示方法制图。表示方法按照国家标准图《混凝土见诶构施工图平面整体表示方法制图规则和构造详图》（16G101−1）执行。图中未表明的构造要求应按照该标准的要求执行。
本工程混凝土主体结构体系类型及抗震等级见下表：

	结构类型	范围	剪力墙抗震等级	框架（框支框架）抗震等级	底部加强区范围
A幢	框支剪力墙	−2层	三	三	−1～5层
		−1～5层	一		
		−1～3层			
		6层及以上	三	一	
E幢	框支剪力墙	−2层	三	三	−1～6层
		−1～6层	一		
		−1～4层		一	
		7层及以上	三		
B幢	剪力墙		三		−1～3层
C幢	剪力墙		三		−1～3层
D幢	剪力墙		三	三	−1～3层
商业1	框架			三	
地下车库和商业2	框架			三	
				三	
商业3	框架			三	
商业3	框架			三	

楼板上的洞均应预留，不得后凿。结构平面图中一般只说明洞口尺寸>300mm的孔洞，施工时必须配合各工种图纸预留全部孔洞。尺寸300mm以下的孔洞不另设加强筋，板筋从洞边绕过不得截断。现浇板洞边距梁边<200mm时，该洞边可不设加强筋，但与梁垂直的加强筋应深至梁中心并满足伸过洞边*l*a。现浇板洞口设加强筋时，原有钢筋在洞口处切断并设弯钩搁置在加强筋上，板上部负筋切断后直钩弯到板底。加筋的长度为单向板或双向板的两个方向沿跨度通长，并锚入支座不小于5*d*，环形筋搭接长度及加强筋伸过洞边长度为40*d*。单向板的非受力方向洞口加强筋长度为洞宽加两侧各40*d*。洞口加筋按结构平面图设置，当结构平面图未表示时，一般按如下要求：洞口每侧上下各两根，其截面面积不得小于被洞口截断之板钢筋面积的1/2，且不小于2Φ14。

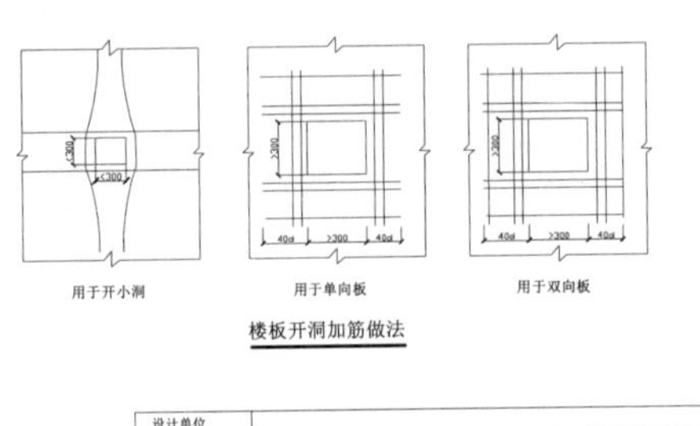

设计单位				
设计人		工程名称	工程号	
审核人			图纸号	
审定人			日　期	

图 5-118　结构总说明整体布局

5.7　实践与操作

通过前面的学习，读者对本章知识也有了大体的了解，本节通过几个操作练习使读者进一步掌握本章知识要点。

5.7.1　绘制柱截面参照表

1. 目的要求

一般来说，柱截面参照表也应该在 AutoCAD 中绘制，并且加上图纸框，形成正规的图纸。绘制如图 5-119 所示的柱截面参照。

2. 操作提示

（1）创建文件。

（2）绘制表格。

（3）文字标注。

5.7.2　给平面图标注尺寸

1. 目的要求

利用前面介绍的尺寸标注工具，为平面图添加尺寸，如图 5-120 所示。

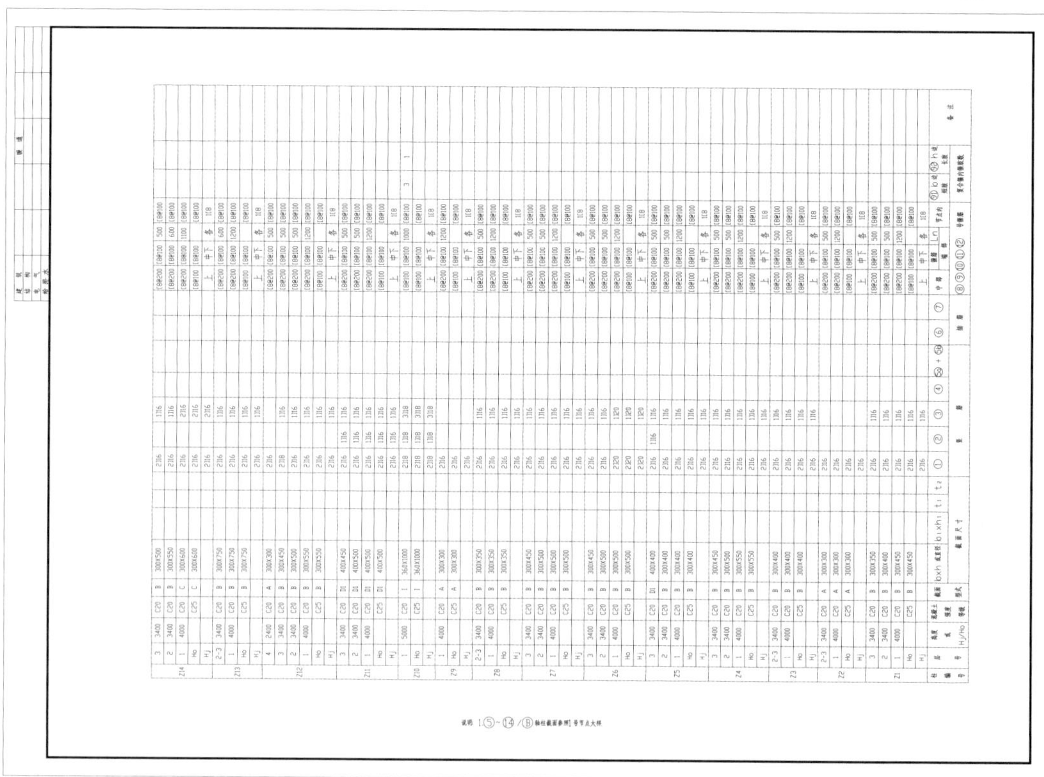

图 5-119 柱截面参照

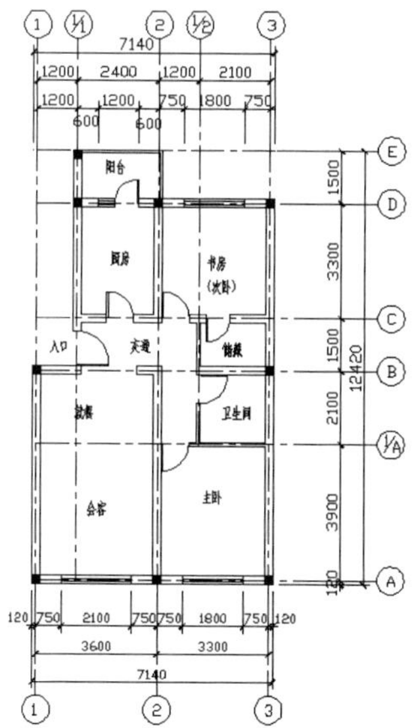

图 5-120 平面图标注尺寸

2. 操作提示

（1）利用“图层”命令设置图层。

（2）设置标注样式，为添加标注做准备。

（3）利用“标注”命令，添加标注完成最终绘制。

▶▶第2篇

土木工程施工图篇

本篇共8章，结合某别墅的实际工程实例讲解土木工程CAD绘图的过程。其中，第6章介绍了此别墅工程基础平面图设计；第7章介绍了基础详图设计；从第8章开始直至第13章，介绍的是工程的深入设计，分别讲解了柱设计、梁设计、板设计、梁设计与板设计详图，楼梯详图及楼梯表的绘制。

通过本篇的学习，读者可以初步了解别墅结构设计的过程以及需要注意的问题，同时能够对AutoCAD的操作方法有更深入的理解。

基础平面图设计

本章以别墅基础平面图设计为例讲述土木工程设计中最基本的基础平面图设计的内容，同时，详细讲解基础平面图设计图纸的绘制方法，使读者在逐步了解设计过程的同时，掌握绘图的操作方法。

- ☑ 基础平面图概述
- ☑ 别墅基础平面布置图设计
- ☑ 别墅基础梁平面配筋图设计
- ☑ 插入图框

任务驱动&项目案例

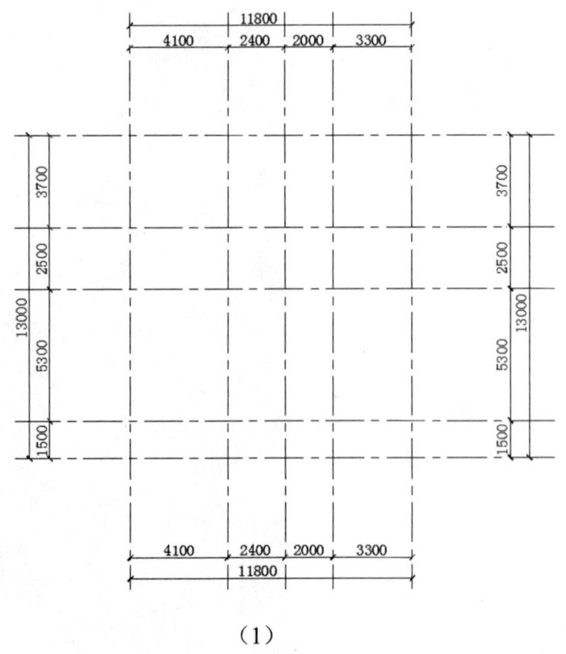

（1）

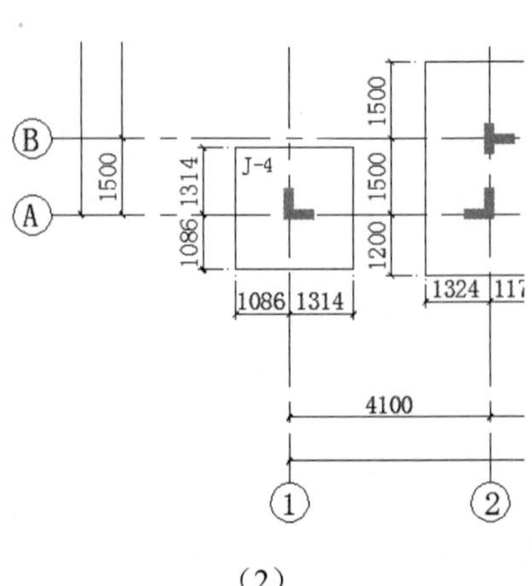

（2）

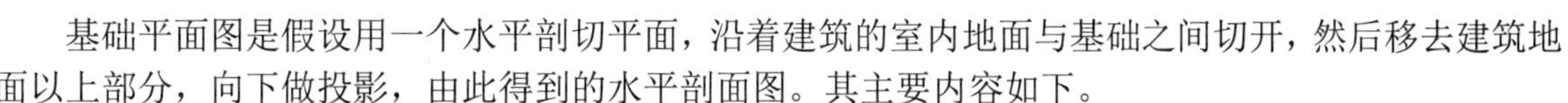

6.1　基础平面图概述

基础平面图是假设用一个水平剖切平面，沿着建筑的室内地面与基础之间切开，然后移去建筑地面以上部分，向下做投影，由此得到的水平剖面图。其主要内容如下。

（1）绘出定位轴线、基础构件（包括承台、基础梁等）的位置、尺寸、底标高、构件编号，基础底标高不同时，应绘出放坡示意。

（2）标明结构承重墙与墙垛、柱的位置与尺寸、编号，当为钢筋混凝土时，此项可绘平面图，并注明断面变化关系尺寸。

（3）标明地沟、地坑和已定设备基础的平面位置、尺寸、标高、无地下室时±0.000 标高以下的预留孔与埋件的位置、尺寸、标高。

（4）提出沉降观测要求及测点布置（宜附测点构造详图）。

（5）说明中应包括基础持力层及基础进入持力层的深度，地基的承载能力特征值，基底及基槽回填土的处理措施与要求，以及对施工的有关要求等。

（6）桩基应绘出桩位平面位置及定位尺寸，说明桩的类型和桩顶标高、入土深度、桩端持力层及进入持力层的深度、成桩的施工要求、试桩要求和桩基的检测要求（若先做试桩时，应单独先绘制试桩定位平面图），注明单桩的允许极限承载力值。

（7）当采用人工复合地基时，应绘出复合地基的处理范围和深度，置换桩的平面布置及其材料和性能要求、构造详图；注明复合地基的承载能力特征值及压缩模量等有关参数和检测要求。

（8）当复合地基另由有设计资质的单位设计时，主体设计方应明确提出对地基承载力特征值和变形值的控制要求。

6.2　别墅基础平面布置图设计

本节以实际工程初步设计的部分图纸的绘制过程为例，详细介绍初步设计图纸的包含内容及绘制方法。

6.2.1　建立新文件

视频讲解

绘制图纸时，首先需要创建新文件。

（1）打开 AutoCAD 2024 应用程序，选择菜单栏中的“文件”→“新建”命令，打开“选择样板”对话框，单击“打开”按钮右侧的下拉按钮▾，以“无样板打开—公制”方式建立新文件；将新文件命名为“基础平面布置图.dwg”并保存。

（2）选择菜单栏中的“格式”→“图形界限”命令，或在命令行中输入 LIMITS 并按 Enter 键，命令行提示与操作如下。

```
命令: LIMITS↙
重新设置模型空间界限:
指定左下角点或 [开(ON)/关(OFF)] <0.0000,0.0000>: ↙
指定右上角点 <420.0000,297.0000>: 59400,42000↙（即使用 A2 图纸）
```

Note

说明：对于在绘图过程使用何种图纸幅面，要根据所绘制的图的尺寸大小及绘图比例来确定。本图采用的是 1∶100 的绘图比例，即在 A1 的图框中可以绘制实际尺寸为 84100mm×59400mm 的图纸，如果图纸的尺寸超出此界限，有两种方法可以解决：一是改变绘图比例；二是增大图框尺寸，例如，使用 A0 尺寸或 A1 加长型图框。

6.2.2 创建新图层

创建新图层是绘制图纸所必需的，本例也不例外。

（1）单击"默认"选项卡"图层"面板中的"图层特性"按钮，打开"图层特性管理器"对话框，如图 6-1 所示。

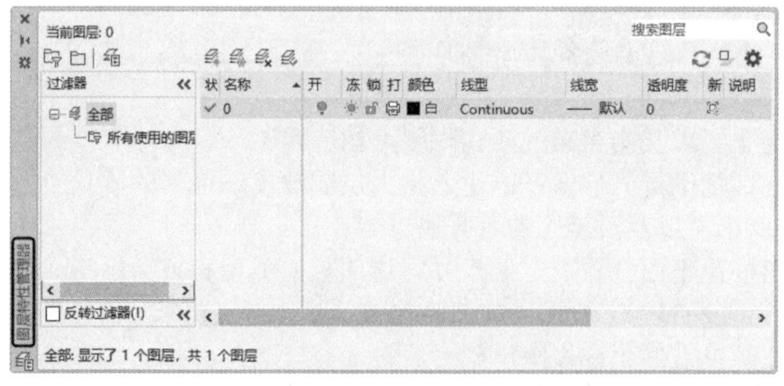

图 6-1 "图层特性管理器"对话框

（2）根据图纸的类型可新建不同的图层，单击"新建图层"按钮，输入图层的名称"轴线"，然后进行颜色、线型的设置，单击线型，打开"选择线型"对话框，如图 6-2 所示，单击"加载"按钮，在弹出的对话框中进行线型的选择，如图 6-3 所示。对于轴线选择 CENTER 线型。

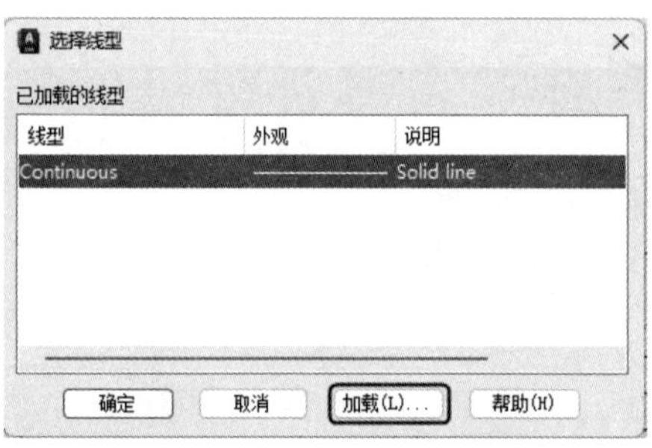

图 6-2 "选择线型"对话框

图 6-3 "加载或重载线型"对话框

（3）同理，可以依次设置其他图层的图层性质，如图 6-4 所示。

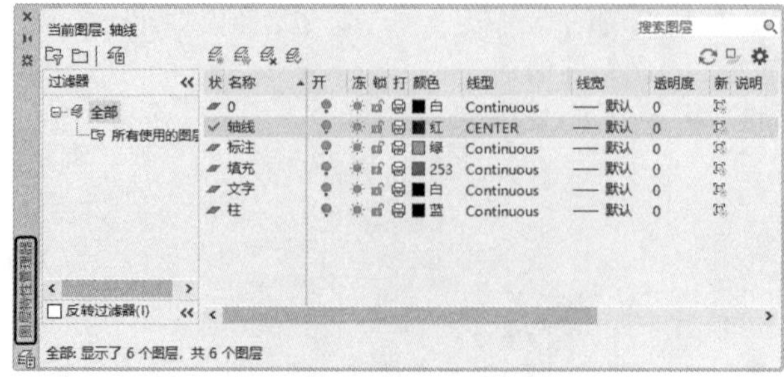

图 6-4 设置图层性质

6.2.3　绘制轴线

在绘图之前，首先要对即将绘图的图纸勾勒一个总的轮廓，并且遵循“先整体，后局部”的原则，即首先要绘制出图纸的大致轮廓，总的定位轴线，然后绘制细部的图形。

（1）单击“默认”选项卡“图层”面板中的“图层特性”按钮，打开“图层特性管理器”对话框，双击“轴线”图层，并将“轴线”图层设置为当前图层。

（2）单击“默认”选项卡“绘图”面板中的“直线”按钮，在图形空白区域选择一点为直线起点，绘制一条长为 22456 的水平轴线。重复“直线”命令，在绘制的水平直线下方选取一点为直线起点，向上绘制长为 23165 的竖直轴线，如图 6-5 所示。

图 6-5　初步定位轴线

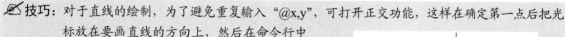

✍技巧：对于直线的绘制，为了避免重复输入“@x,y”，可打开正交功能，这样在确定第一点后把光标放在要画直线的方向上，然后在命令行中可以直接输入直线的长度。或者单击“动态输入 DYN”按钮，这样在绘图区域会随时显示鼠标的位置坐标以及直线的长度，如图 6-6 所示。

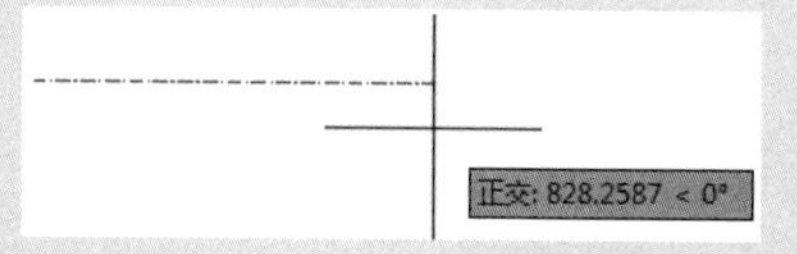

图 6-6　DYN 动态显示

📖说明：有的读者会发现，有的轴线定义的线型为虚线，但是在窗口中运用“直线”命令做出的直线却是实线，这是由于虚线的线型间距不合适。为了改变这种情况，可以通过改变线型全局比例因子来实现。AutoCAD 通过调整线型全局比例因子计算线型每一次重复的长度来增加线型的清晰度。线型比例因子大于 1 将导致线的部分加长——每单位长度内的线型定义的重复值较少。线型比例因子小于 1 将导致线的部分缩短——每单位长度内的线型定义的重复值较多。选择菜单栏中的“格式”→“线型”命令，打开如图 6-7 所示的“线型管理器”对话框，单击“显示细节”按钮，打开具体的细节，此时“显示细节”按钮变为“隐藏细节”按钮。在“全局比例因子”文本框中设置适当数值即可，如图 6-8 所示。

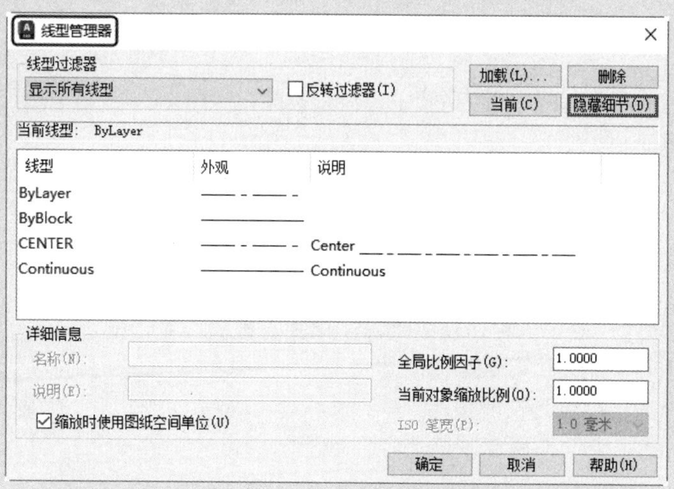

图 6-7　“线型管理器”对话框

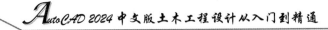

图 6-8　重置全局比例因子

技巧：当采用坐标输入时，可能会使直线超出屏幕显示的范围，通过缩放功能也不能完全显示直线的全部，如果出现这种情况，可以保存并关闭该文件，然后重新启动 AutoCAD，打开文件，此时通过缩放就可以显示全部图形。

（3）单击“默认”选项卡“修改”面板中的“偏移”按钮⊆，选择竖向直线为偏移对象将其向右进行偏移，命令行提示与操作如下。

```
命令: _offset↙
当前设置: 删除源=否  图层=源  OFFSETGAPTYPE=0
指定偏移距离或 [通过(T)/删除(E)/图层(L)] <通过>: 4100↙
选择要偏移的对象，或 [退出(E)/放弃(U)] <退出>: 选择竖向轴线↙
指定要偏移的那一侧上的点，或 [退出(E)/多个(M)/放弃(U)] <退出>: 根据实际进行选择↙
选择要偏移的对象，或 [退出(E)/放弃(U)] <退出>:
```

将刚才偏移过竖直轴线依次向右进行偏移，偏移距离分别为 2400、2000、3300，然后将水平轴线依次向上偏移，偏移距离分别为 1500、5300、2500、3700，如图 6-9 所示。

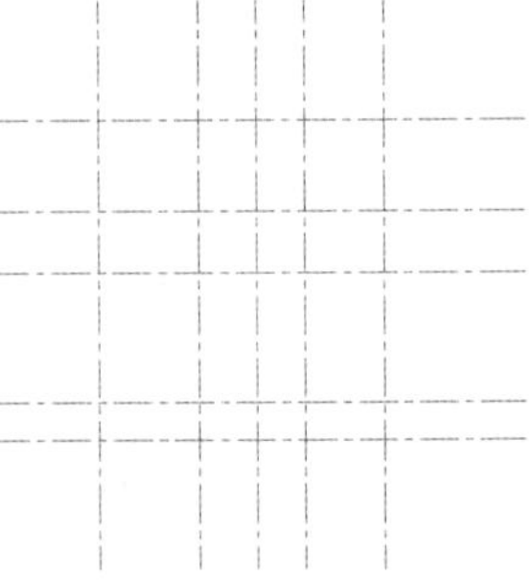

图 6-9　偏移后的轴线

6.2.4　标注轴线

视频讲解

偏移轴线后，最好立刻对轴线的距离及编号进行标注，这样会为后面的绘图定位提供极大的便利。

（1）单击“默认”选项卡“注释”面板中的“标注样式”按钮，打开“标注样式管理器”对话框，单击“修改”按钮，打开“修改标注样式：ISO-25”对话框，在各个选项卡中分别进行设置，如图 6-10～图 6-13 所示。

其余选项默认，单击“确定”按钮返回“标注样式管理器”对话框，单击“置为当前”按钮，然后单击“关闭”按钮，回到绘图区域。

（2）将“标注”图层设置为当前图层，单击“注释”选项卡“标注”面板中的“线性”按钮，对相邻的轴线进行标注，如图 6-14 所示。

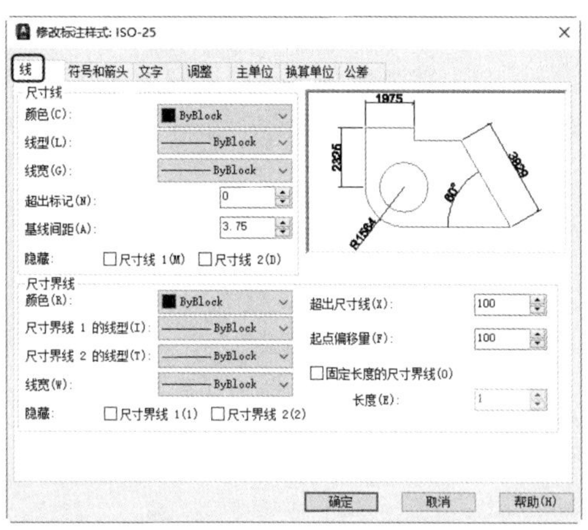

图 6-10　设置"线"选项卡

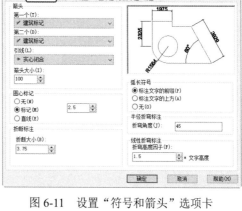

图 6-11　设置"符号和箭头"选项卡

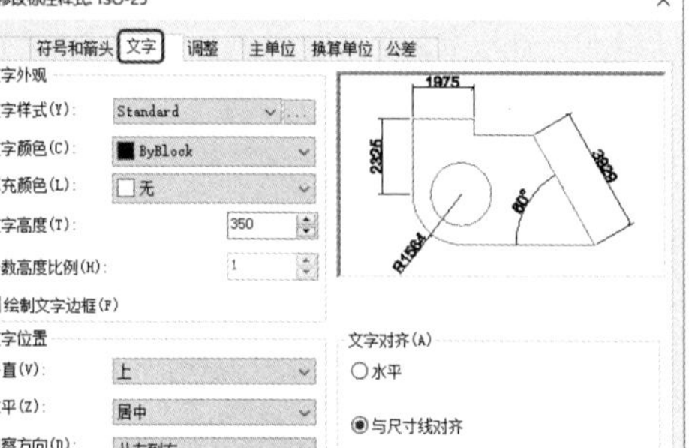

图 6-12　设置"文字"选项卡

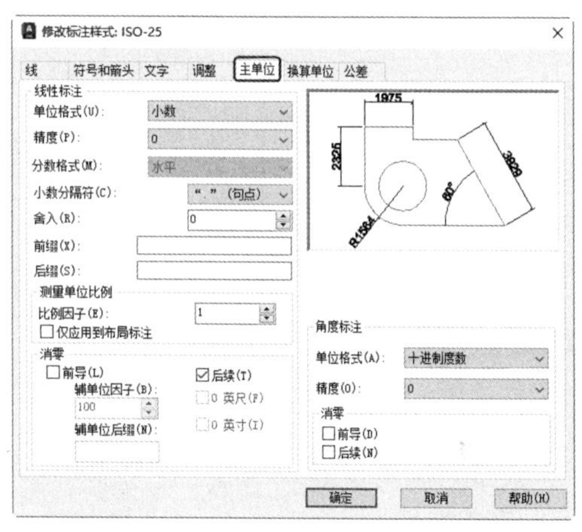

图 6-13　设置"主单位"选项卡

（3）单击"注释"选项卡"标注"面板中的"连续"按钮⊢⊣，同时开启"正交"功能，对轴线进行连续快速标注，最终的标注结果如图 6-15 所示。

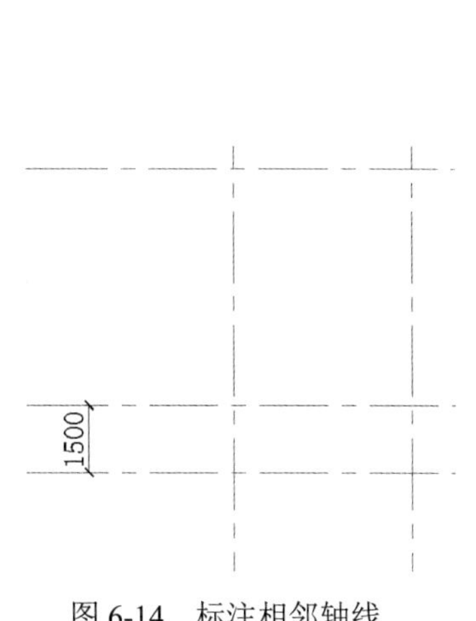

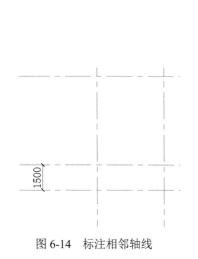

图 6-14　标注相邻轴线

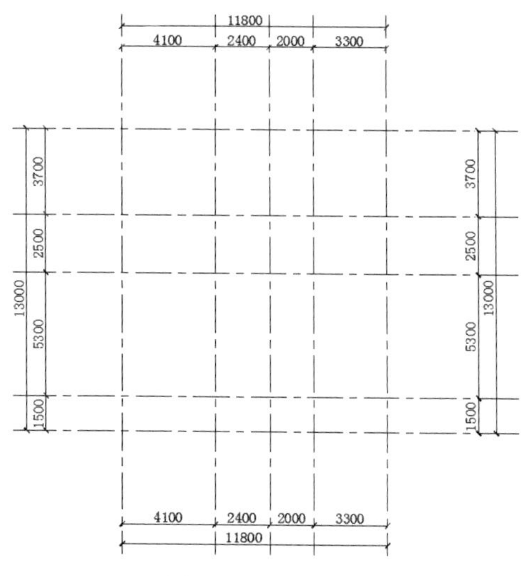

图 6-15　尺寸标注结果

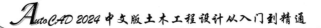

Note

（4）单击“默认”选项卡“绘图”面板中的“圆”按钮，在空白区域绘制半径为400的圆，然后单击“绘图”工具栏中的“多行文字”按钮，在圆内输入文字，文字高度设置为450。

（5）单击“默认”选项卡“修改”面板中的“移动”按钮，将编辑好的编号放置在对应的位置，如图6-16所示。

（6）单击“默认”选项卡“修改”面板中的“复制”按钮，将已创建好的编号复制到各个轴线处，然后依次编辑其中的文字，最终的轴线编号如图6-17所示。

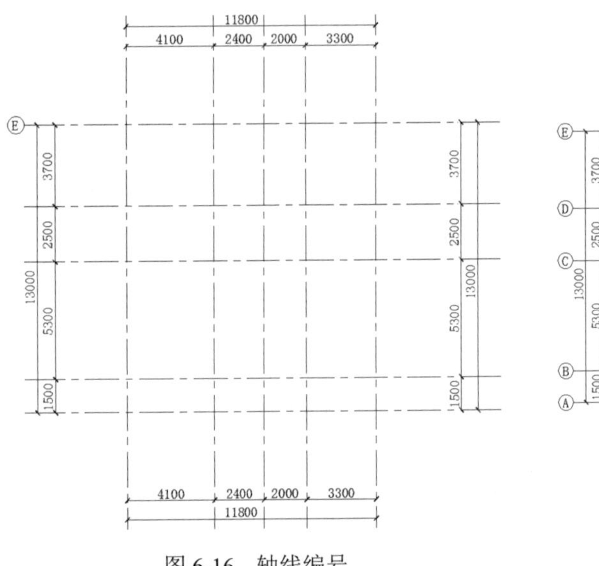

图6-16　轴线编号

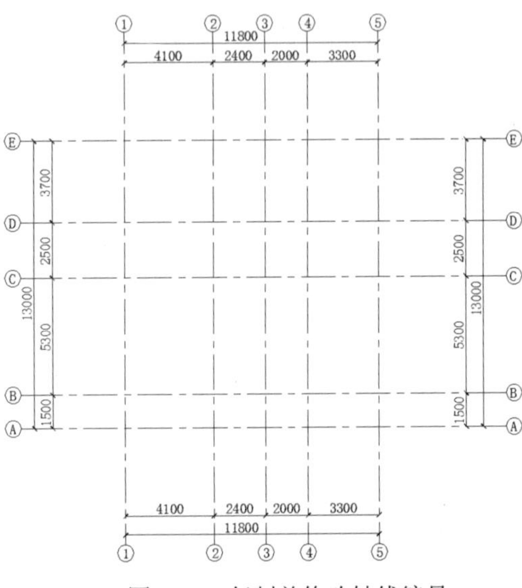

图6-17　复制并修改轴线编号

说明：以上的轴线及编号都是根据《房屋建筑制图统一标准》（GB/T 50001—2017）中的规定绘制的。其中，8.0.1条规定：定位轴线应用0.25b线宽的单点长画线绘制；8.0.2条规定：定位轴线应编号，编号应注写在轴线端部的圆内。圆应用0.25b线宽的实线绘制，直径宜为8～10mm。定位轴线圆的圆心应在定位轴线的延长线上或延长线的折线上。8.0.3条规定：除较复杂需采用分区编号或圆形、折线形外，平面图上定位轴线的编号，宜标注在图样的下方及左侧，或在图样的四面标注。横向编号应用阿拉伯数字，从左至右顺序编写；竖向编号应用大写英文字母，从下至上顺序编写。

6.2.5　绘制构造柱

构造柱是框架结构中的主要组成部分，在设计中一般按照规范构造要求对其进行布置。

（1）单击“默认”选项卡“图层”面板中的“图层特性”按钮，打开“图层特性管理器”对话框，将“柱”图层设置为当前图层。

（2）单击“默认”选项卡“修改”面板中的“偏移”按钮，将1号轴线向左偏移1086，向右偏移1314，然后将A号轴线向上偏移1314，向下偏移1086，如图6-18所示。

（3）单击“默认”选项卡“修改”面板中的“修剪”按钮，修剪掉多余的直线，然后将修剪掉的直线图层设置为“柱”图层，如图6-19所示。

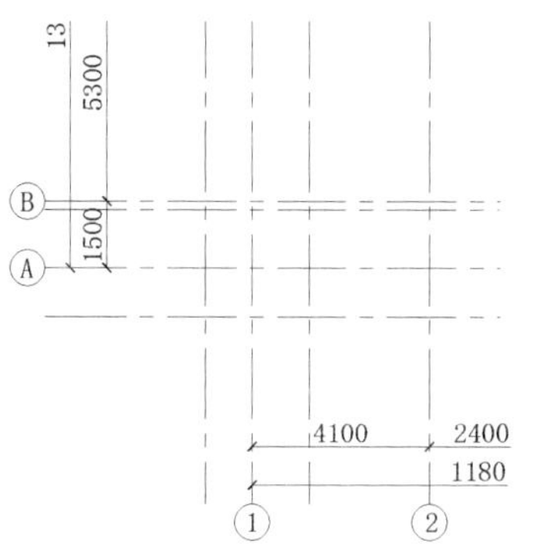

图 6-18　偏移轴线

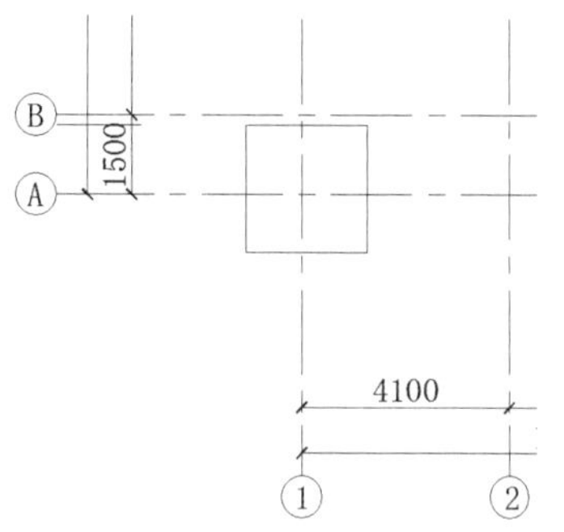

图 6-19　修剪直线

（4）使用同样的方法，绘制其他位置的构造柱图形，如图 6-20 所示。

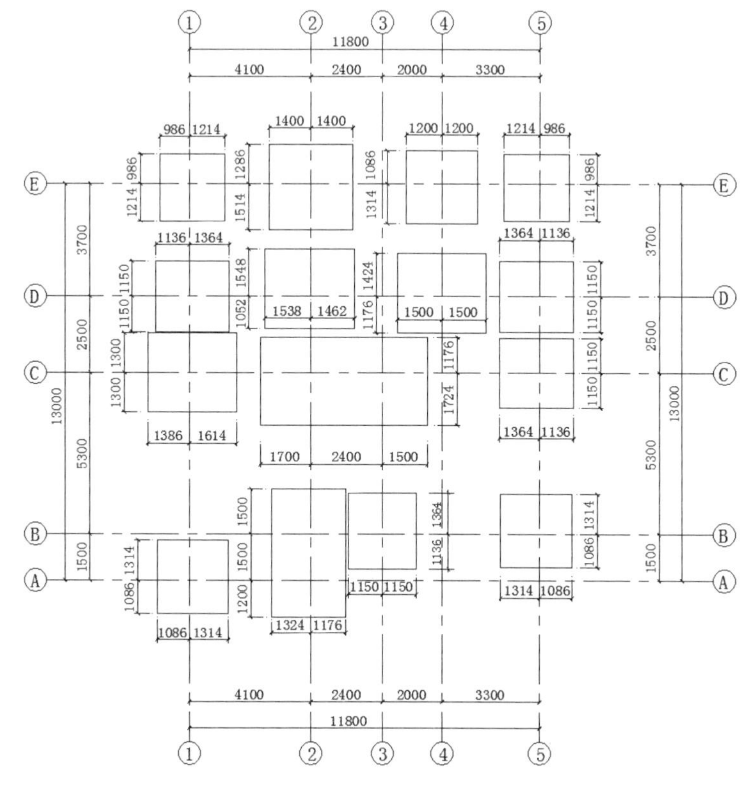

图 6-20　绘制构造柱

6.2.6　绘制框架柱

视频讲解

在初步设计阶段，框架柱截面是根据柱的轴压比来确定，轴压比是指考虑地震作用组合的框架柱和框支柱轴向压力设计值 N 与柱全截面面积 A 和混凝土轴心抗压强度设计值 f_c 乘积之比值；对不进行地震作用计算的结构，取无地震作用组合的轴力设计值，用公式表示为：

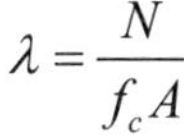

$$\lambda=\frac{N}{f_c A}$$

Note

根据《建筑抗震设计规范》（GB 50011—2010）中的相关规定，柱轴压比限值如表 6-1 所示。

表 6-1　柱轴压比限值

结构类型	抗震等级			
	一	二	三	四
框架结构	0.65	0.75	0.85	0.90
框架－抗震墙，板柱－抗震墙、框架－核心筒及筒中筒	0.75	0.85	0.90	0.95
部分框支抗震墙	0.6	0.7	—	

（1）单击“默认”选项卡“修改”面板中的“偏移”按钮⊆，选取 1 号轴线为偏移对象，将其向左偏移 100，向右依次偏移 80、420，然后将 A 号轴线向上依次偏移 80、420，向下偏移 100，在 A 号轴线与 1 号轴线之间绘制框架柱，如图 6-21 所示。

（2）单击“默认”选项卡“修改”面板中的“修剪”按钮✂，修剪掉多余的直线，然后将修剪掉的直线图层设置为“柱”图层，如图 6-22 所示。

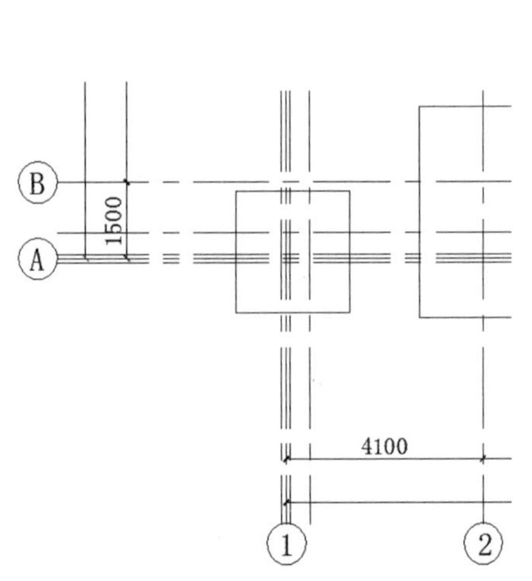

图 6-21　偏移轴线 1

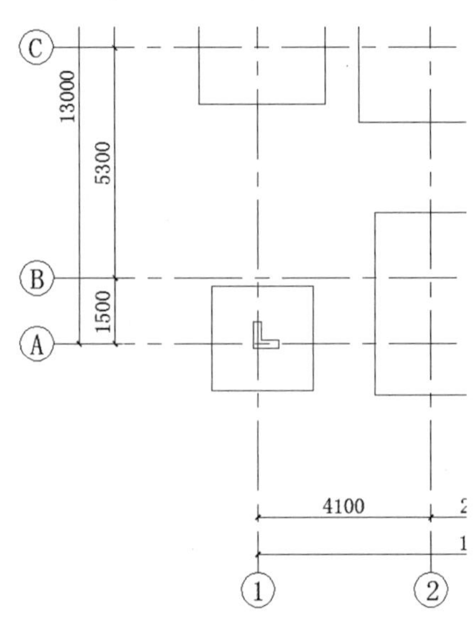

图 6-22　修剪直线 1

（3）单击“默认”选项卡“修改”面板中的“偏移”按钮⊆，选择 1 号轴线为偏移对象，将其向左偏移 100，向右依次偏移 80、420，然后选择 C 号轴线为偏移对象，将其向上依次偏移 90、220，向下依次偏移 90、200，在 C 号轴线与 1 号轴线之间绘制框架柱，如图 6-23 所示。

（4）单击“默认”选项卡“修改”面板中的“修剪”按钮✂，选择步骤（3）中的偏移直线为修剪对象，修剪掉多余的直线，然后将修剪掉的直线图层设置为“柱”图层，如图 6-24 所示。

（5）单击“默认”选项卡“修改”面板中的“偏移”按钮⊆，选择 2 号轴线为偏移对象，将其向左依次偏移 90、200，向右偏移 90，然后将 C 号轴线向上偏移 90，向下依次偏移 90、620，在 C 号轴线与 2 号轴线之间绘制框架柱，如图 6-25 所示。

（6）单击“默认”选项卡“修改”面板中的“修剪”按钮✂，修剪掉多余的直线，然后将修剪掉的直线图层设置为“柱”图层，如图 6-26 所示。

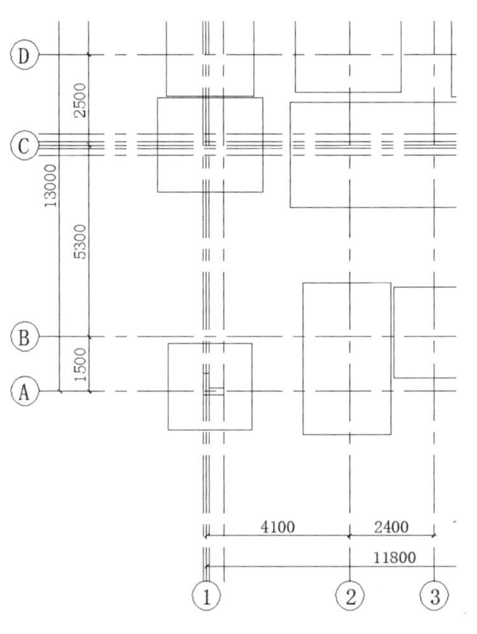

图 6-23　偏移轴线 2

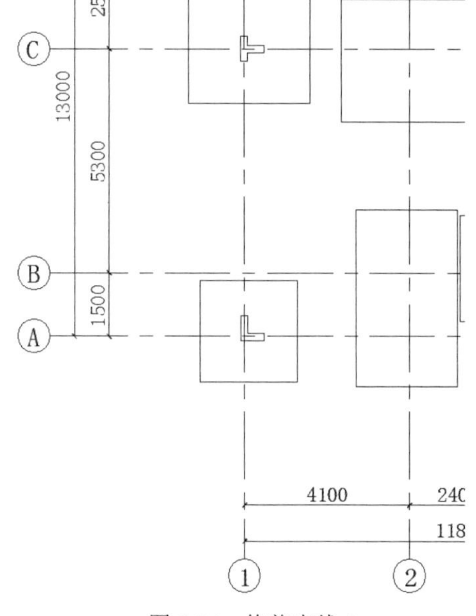

图 6-24　修剪直线 2

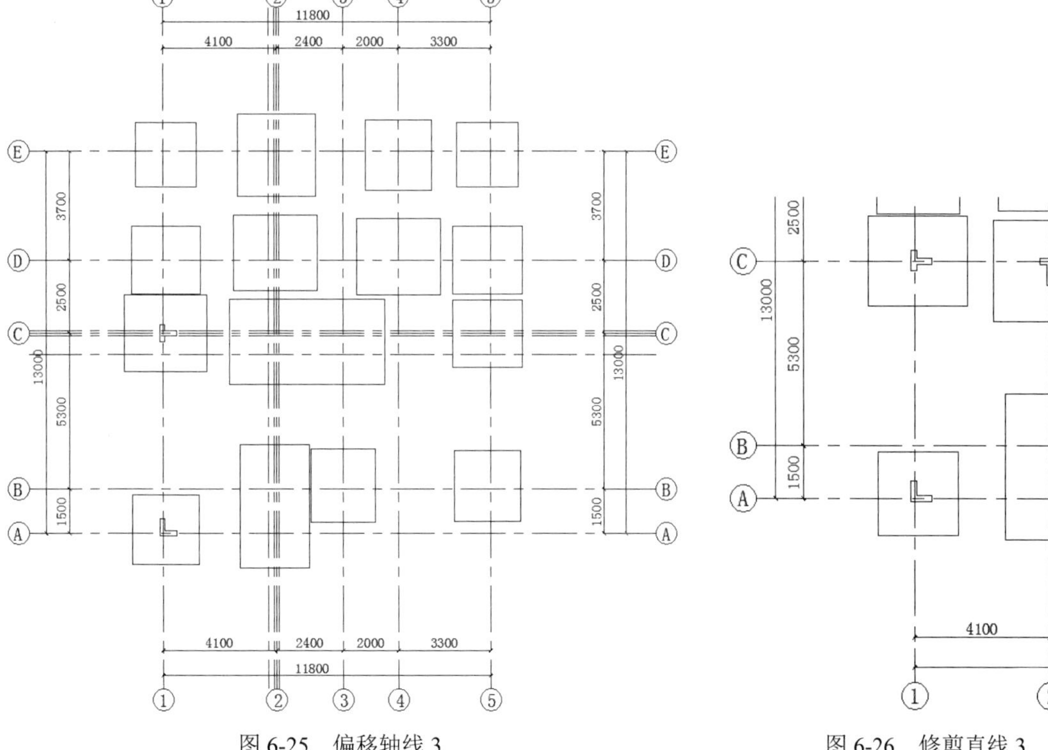

图 6-25　偏移轴线 3

图 6-26　修剪直线 3

（7）单击“默认”选项卡“图层”面板中的“图层特性”按钮，打开“图层特性管理器”对话框，将“填充”图层设置为当前图层。

（8）单击“默认”选项卡“绘图”面板中的“图案填充”按钮，打开“图案填充创建”选项卡，设置如图 6-27 所示，然后选择填充区域填充框架柱，结果如图 6-28 所示。

Note

图 6-27 “图案填充创建”选项卡

（9）在命令行中输入“WBLOCK”命令，打开“写块”对话框，如图 6-29 所示，将框架柱分别保存为块。

（10）单击“插入”选项卡“块”面板中的“插入”按钮，如图 6-30 所示，双击“插入”下拉菜单中的柱图块，将图块插入图中合适的位置，结果如图 6-31 所示。

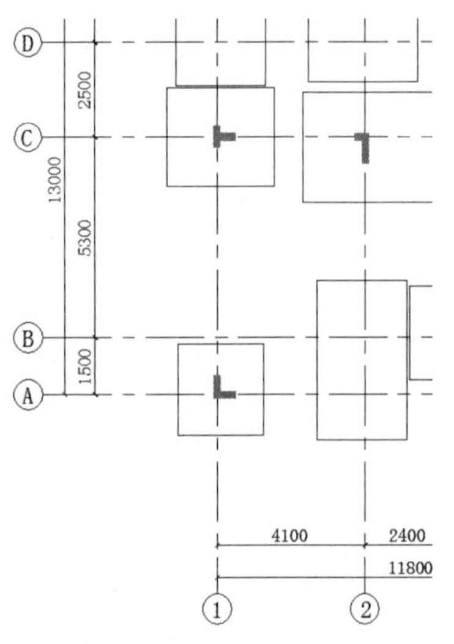

图 6-28 填充框架柱

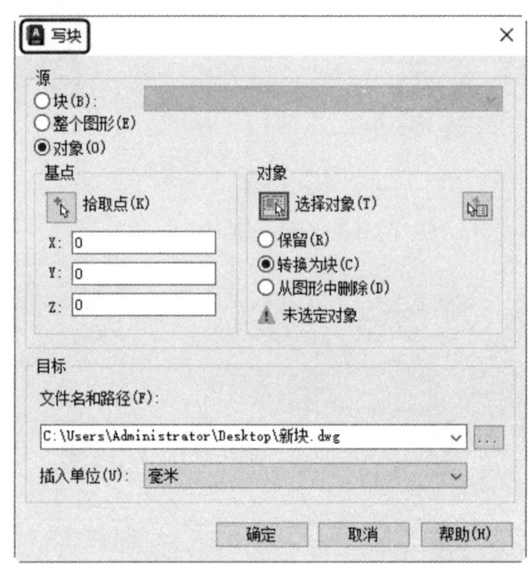

图 6-29 “写块”对话框

图 6-30 “插入”下拉菜单

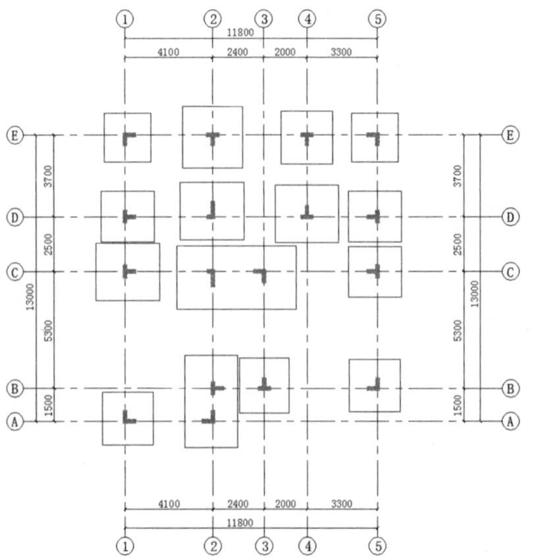

图 6-31 插入框架柱

（11）在布置其他柱子时，可以采用两种方式：一是采用各个“插入”的方法，将绘制好的图块依次插入相应的位置；二是使用“复制”的方法，将绘图区域的块复制到相应的位置。

说明： 在插入图块时，根据图纸的需要，在“角度”文本框中设置合适的角度，调整框架柱，插入合适的位置；采用“复制”的方法时，结合“修改”工具栏中的“旋转”按钮，将框架柱旋转到合适的角度，复制到图中合适的位置。

Note

视频讲解

6.2.7　标注尺寸

标注尺寸包括基础尺寸、轴线间距、总尺寸以及轴线标号。

（1）单击“默认”选项卡“注释”面板中的“标注样式”按钮，打开“标注样式管理器”对话框。

（2）单击“修改”按钮，打开“修改标注样式：ISO-25”对话框，在“线”选项卡中设置“超出尺寸线”数值为 50，“起点偏移量”数值为 50，其他按默认设置；在“符号和箭头”选项卡中设置“第一个”和“第二个”为“建筑标记”，“箭头大小”为 100，其他按默认设置；在“文字”选项卡中设置“文字高度”为 300，“文字位置”选项组中“垂直”设置为“上”，“水平”设置为“居中”，“文字对齐”设置为“与尺寸线对齐”，其他按默认设置。

（3）单击“默认”选项卡“图层”面板中的“图层特性”按钮，打开“图层特性管理器”对话框，将“标注”图层设置为当前图层。

（4）单击“默认”选项卡“注释”面板中的“线性”按钮，标注柱尺寸，如图 6-32 所示。

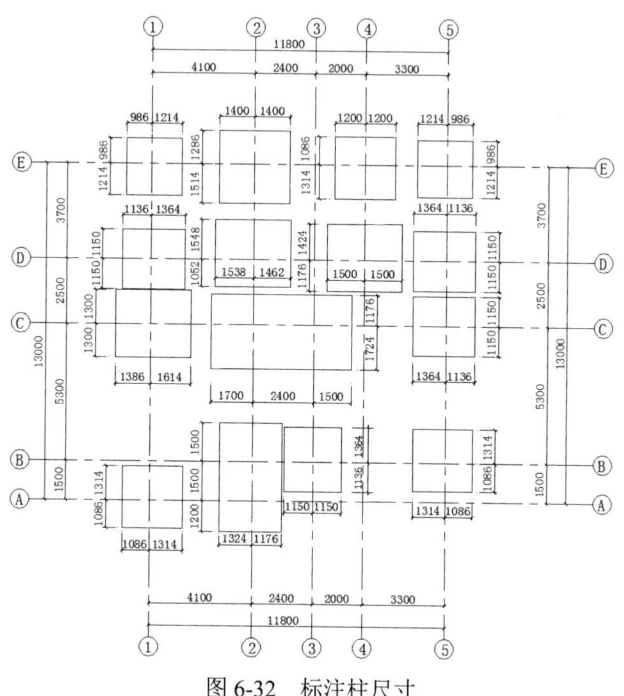

图 6-32　标注柱尺寸

6.2.8　标注文字

视频讲解

基础平面图的文字标注是指标注基础编号，使图形更加清楚，一目了然。

（1）单击“注释”选项卡“文字”面板中的“多行文字”按钮 A，在图中合适的位置标注文字，

结果如图 6-33 所示。

（2）单击“默认”选项卡“修改”面板中的“复制”按钮，将步骤（1）中绘制的文字复制到图中其他位置，对于不同的文字标注，可以双击文字，修改文字内容，最终完成文字的标注，结果如图 6-34 所示。

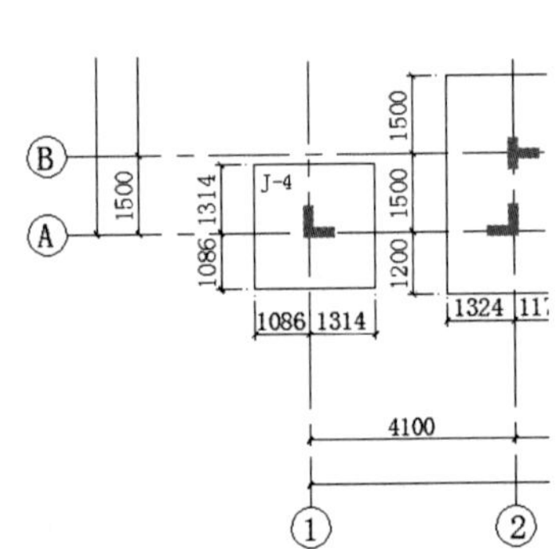

图 6-33　标注文字

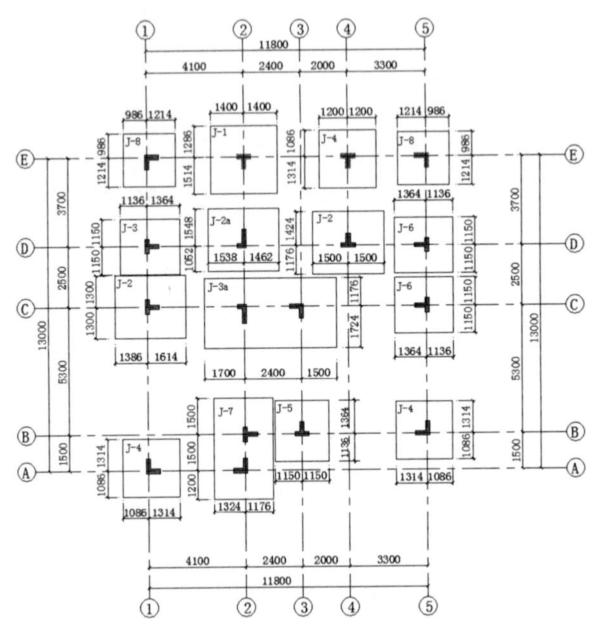

图 6-34　修改文字内容

（3）单击“默认”选项卡“注释”面板中的“多行文字”按钮 A 和“绘图”面板中的“多段线”按钮，为图形标注图名，如图 6-35 所示。

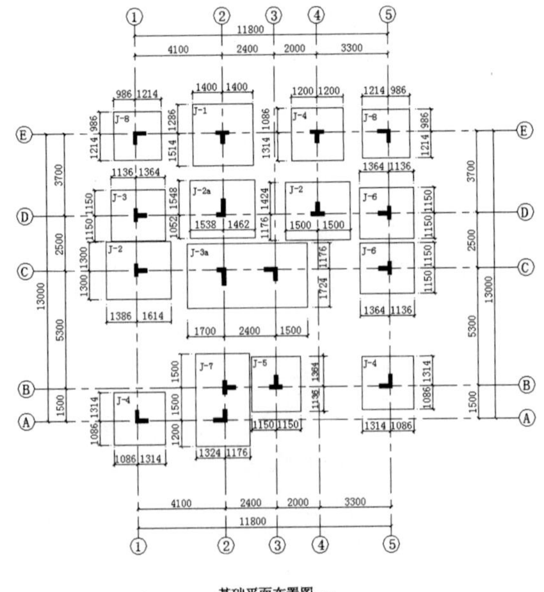

图 6-35　标注图名

✍技巧：对于其他柱的文字标注，相同的文字标注可以采取复制的方法，不相同的可以采取先复制，然后在原来文字的基础上进行修改的方法。

6.3　别墅基础梁平面配筋图设计

基础梁（在建筑图纸中符号为 JL）作为基础的一部分，主要起到柱子间连系的作用，使基础形成较稳定的结构，也有部分抗弯和抗剪的作用，当独立柱之间不均匀沉降时会起到抗剪的作用。一般基础梁的截面较大，截面高度一般建议取 1/4～1/6 跨距，这样基础梁的刚度很大，可以起到基础梁的效果，其配筋由计算确定。

视频讲解

6.3.1　编辑旧文件

绘制别墅基础梁平面配筋图时，在原有的“基础梁平面布置图”基础上进行绘制。

（1）打开 AutoCAD 2024 应用程序，选择菜单栏中的“文件”→“打开”命令，打开“选择文件”对话框，打开 6.2 节绘制的“基础平面布置图”；或者在最近打开的文档列表中选择“基础平面布置图”，双击打开文件，将文件另存为“基础梁平面配筋图.dwg”。

（2）单击“默认”选项卡“修改”面板中的“删除”按钮，选择多余图形为删除对象将其删除，如图 6-36 所示。

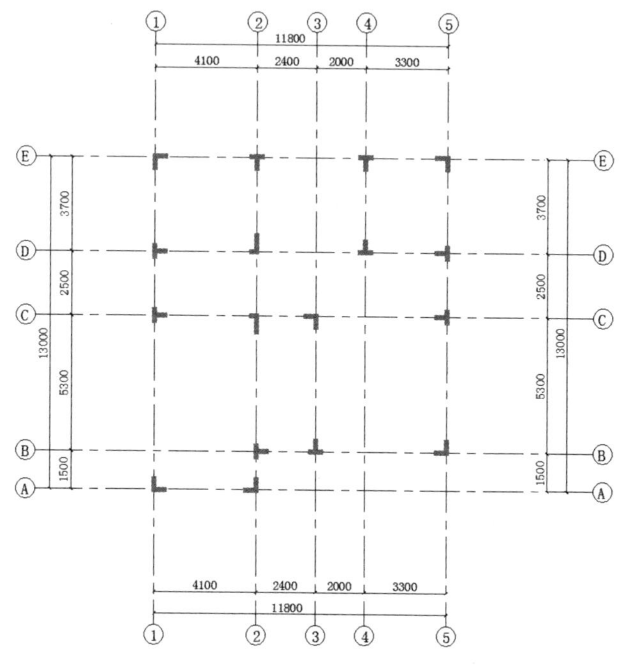

图 6-36　删除多余图形

📖说明：之所以采用打开同一张图纸的方法进行绘制，就是想让读者对同一工程的各个部分都能进行系统的绘制，以此来加深对结构施工图的理解。

Note

6.3.2 绘制框架梁

在初步方案设计阶段，最主要的一个任务就是确定梁的布置方式及尺寸的大小，根据工程经验，混凝土框架梁截面的跨高比一般为 8～12，梁宽为梁高的 1/2～1/3；对于扁梁来说，梁的宽度大于梁的高度，其跨高比一般可以达到 20～25；对于预应力框架梁来说，梁的跨高比为 12～18。

（1）单击“默认”选项卡“图层”面板中的“图层特性”按钮，打开“图层特性管理器”对话框，新建“梁”和“筋”图层，如图 6-37 所示。

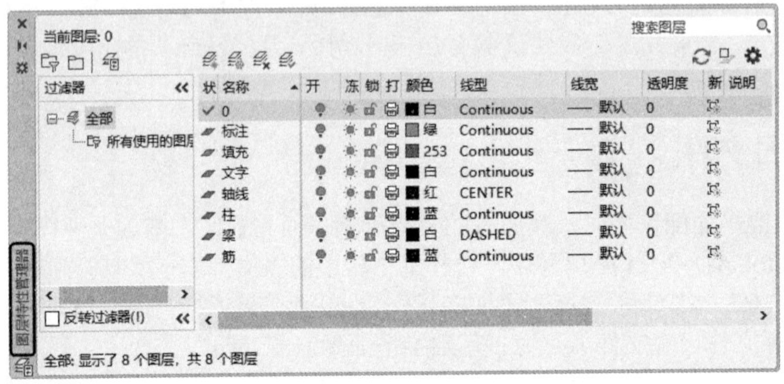

图 6-37　新建图层

（2）将“梁”图层设置为当前图层，单击“默认”选项卡“绘图”面板中的“直线”按钮，绘制梁，如图 6-38 所示。

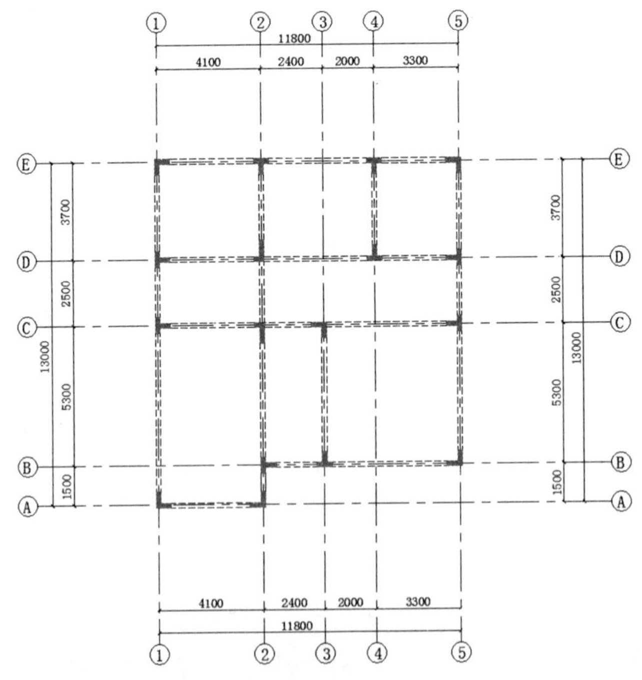

图 6-38　绘制梁

（3）单击“默认”选项卡“修改”面板中的“偏移”按钮，将 1 号轴线向右依次偏移 1265、1535，将 5 号轴线向左偏移 3710，将 D 号轴线向上偏移 1300，如图 6-39 所示。

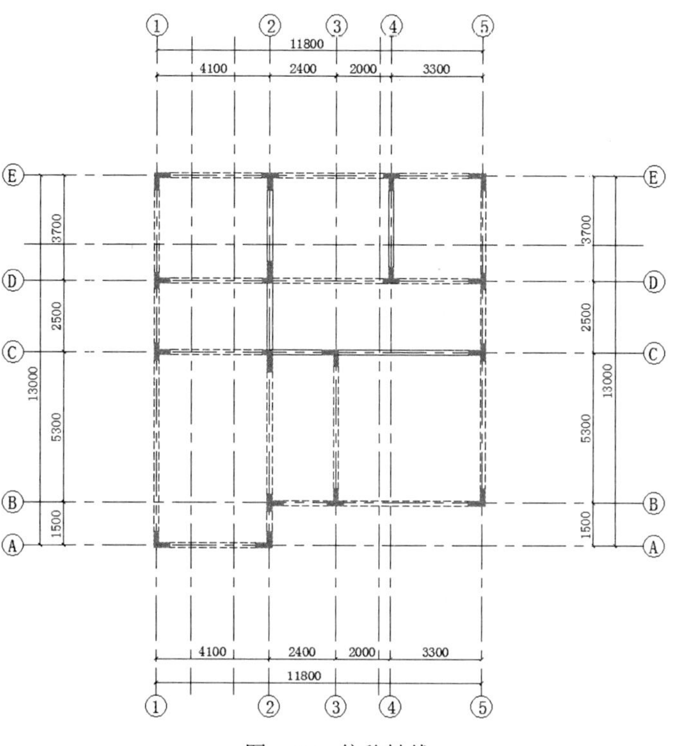

图 6-39　偏移轴线

（4）单击“默认”选项卡“修改”面板中的“修剪”按钮，根据步骤（3）中偏移的轴线绘制其他位置的梁，结果如图 6-40 所示。

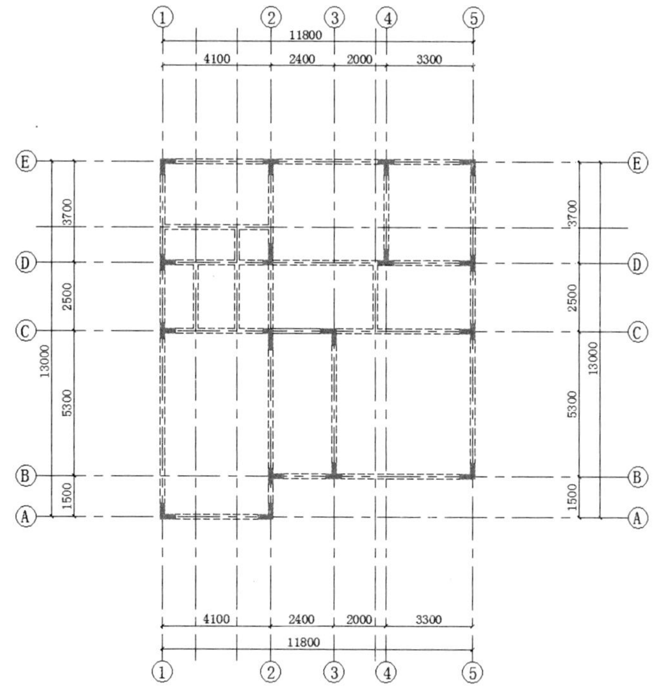

图 6-40　绘制其他位置的梁

6.3.3 绘制吊筋

Note

视频讲解

在次梁与主梁相交处，次梁顶部在负弯矩作用下产生裂缝，集中荷载只能通过次梁的受压区传至主梁的腹部。这种效应约在集中荷载作用点主梁两侧各0.5～0.6倍梁高范围内，可引起主拉破坏斜裂缝。为防止这种破坏，在次梁两侧主梁上设置附加横向钢筋，位于主梁下部或主梁截面高度范围内的集中荷载应全部由附加横向钢筋（吊筋、箍筋）承担。吊筋的作用是由于梁的某部位受到大的集中荷载作用，为了使梁体不产生局部严重破坏，将该集中力传递到梁顶部，同时使梁体的材料发挥各自的作用而设置，主要布置在剪力有大幅突变部位，防止该部位产生过大的裂缝，引起结构的破坏。

（1）单击“默认”选项卡“图层”面板中的“图层特性”按钮，打开“图层特性管理器”对话框，将“筋”图层设置为当前图层。

（2）单击“默认”选项卡“绘图”面板中的“多段线”按钮，设置宽度为20，在图中合适的位置绘制吊筋，如图6-41所示。

（3）单击“默认”选项卡“修改”面板中的“复制”按钮，选择步骤（2）中绘制的吊筋为复制对象，对其进行复制操作，将其放置在图形适当位置。

（4）单击“默认”选项卡“修改”面板中的“旋转”按钮，选择复制对象为旋转对象，将其旋转至合适的角度，如图6-42所示。

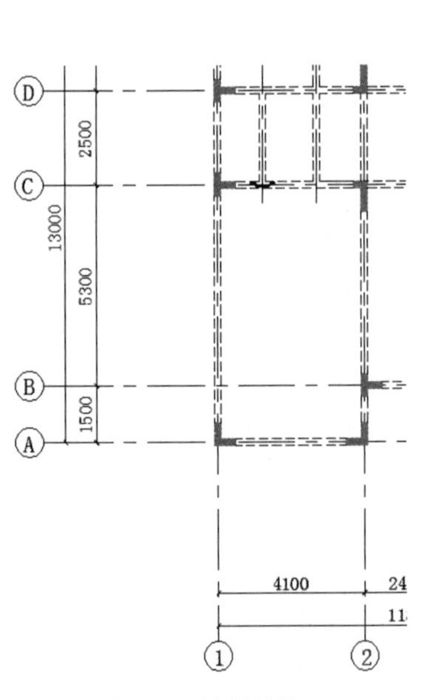

图6-41 绘制吊筋

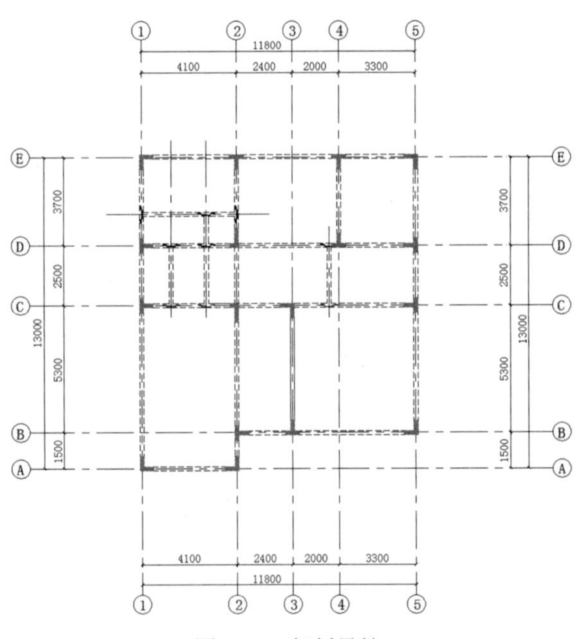

图6-42 复制吊筋

6.3.4 标注尺寸

尺寸由尺寸界线、尺寸线、尺寸起止符号和尺寸数字组成。尺寸界线应用细实线绘画，一般应与被注长度垂直，其一端应离开图样的轮廓线不小于2mm，另一端宜超出尺寸线2～3mm。必要时可利用轮廓线作为尺寸界线。

（1）单击“默认”选项卡“图层”面板中的“图层特性”按钮，打开“图层特性管理器”对话框，将“标注”图层设置为当前图层。

（2）单击“注释”选项卡“标注”面板中的“线性”按钮，为图形标注尺寸，如图6-43所示。

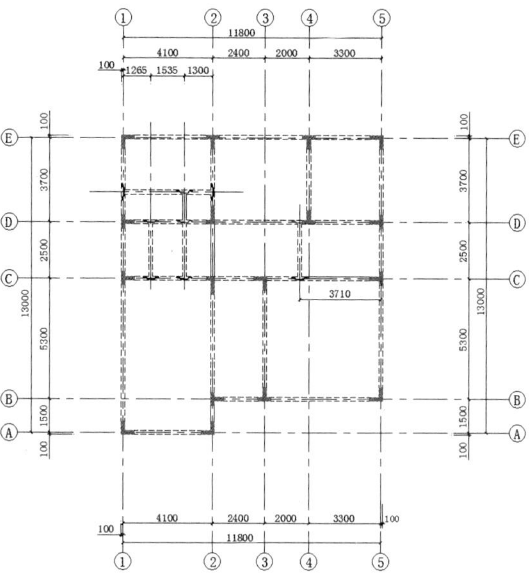

图 6-43　标注尺寸

6.3.5　标注文字

视频讲解

文字标注是基础梁平面配筋图中的重要组成部分，主要标注梁和配筋的一些重要信息，使图形更加清晰，一目了然。

（1）单击“默认”选项卡“注释”面板中的“文字样式”按钮，打开“文字样式”对话框，单击“新建”按钮，新建文字样式并将其命名为“样式 1”，设置字体为 tssdeng.shx，选中“使用大字体”复选框，其他参数保持默认，单击“应用”按钮并将其置为当前样式，如图 6-44 所示。

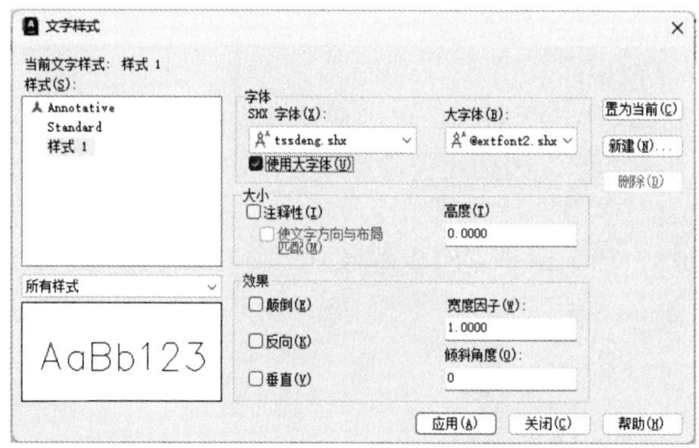

图 6-44　文字样式对话框

（2）单击“默认”选项卡“绘图”面板中的“直线”按钮，在图中合适的位置引出直线。

（3）集中标注。单击“注释”选项卡“文字”面板中的“单行文字”按钮，命令行提示与操作如下。

```
命令：_text
当前文字样式："样式 1"  文字高度：2.5000  注释性：否  对正：左
指定文字的起点 或 [对正(J)/样式(S)]:
指定高度 <2.5000>: 250
```

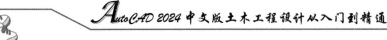

指定文字的旋转角度 <0>:

✍**技巧**：在指定角点时，不必拘泥于固定的位置与大小，打开编辑文本框后，可以使用鼠标来调整编辑区域的大小，如图 6-45 所示。

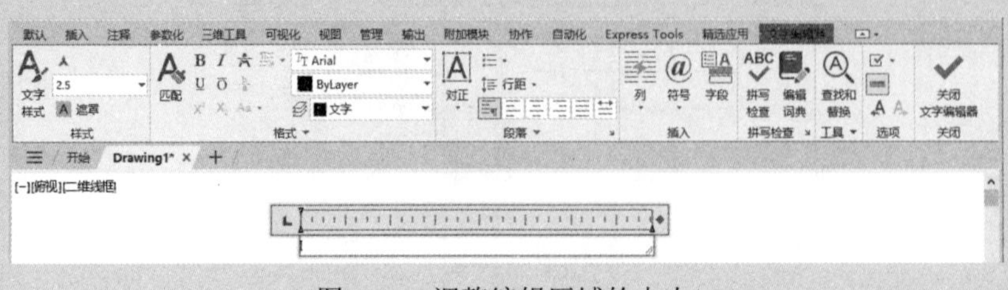

图 6-45 调整编辑区域的大小

Note

（4）由于编辑区域大小的关系，需将图 6-45 中的文字大小调整为 250，调整后的结果如图 6-46 所示。

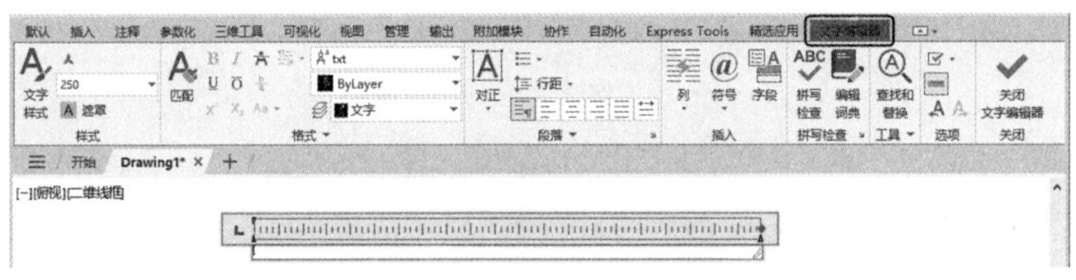

图 6-46 修改字号大小

在文字编辑区域分别输入以下内容。

☑ 梁编号：DL1（1）。

☑ 梁尺寸：180×600。

☑ 箍筋：Φ8@100，即直径为 Φ8 的 I 级钢，加密区间距为 100。

☑ 主筋：2Φ18，即为布置在角部的通长筋。

标注后的结果如图 6-47 所示。

（5）原位标注：从图 6-48 中可以看出，集中标注中只标注出了梁上层的通用配筋值，而对于下部配筋及支座处配筋并未明确标示，因此还需进行原位标注。标注的内容如下。

☑ 支座处配筋：3Φ18。

☑ 梁下部配筋：2Φ18，即无论是支座或是跨中，梁下部配筋均为 2Φ18。

在梁上标注的结果如图 6-48 所示。

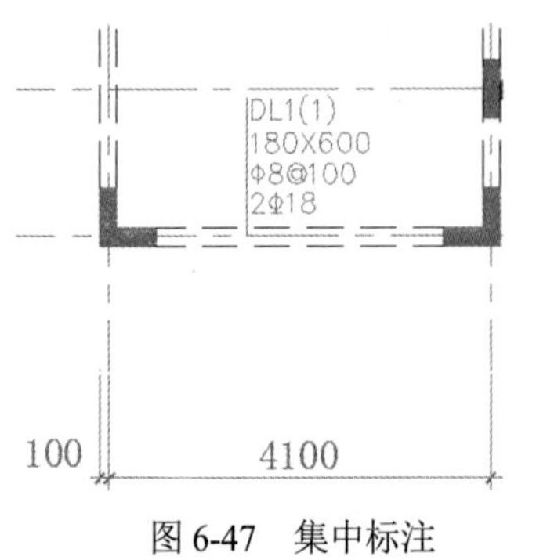

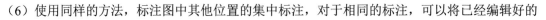

图 6-47 集中标注

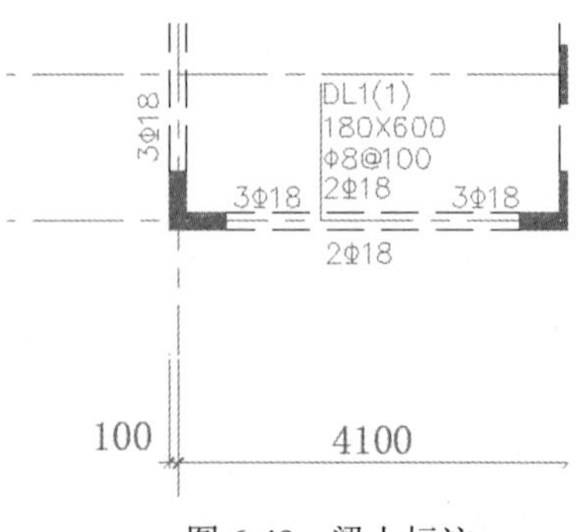

图 6-48 梁上标注

（6）使用同样的方法，标注图中其他位置的集中标注，对于相同的标注，可以将已经编辑好的

集中标注复制过去，然后稍做修改即可。命令行提示与操作如下。

```
命令: _copy
选择对象: 选择集中标注及引线
选择对象: ↙
当前位置:复制模式=多个
指定基点或[位移(D)/模式(O)]: 选择引线的一端点（见图 6-49）
```

✍技巧：在复制的过程中，要尽量选择容易控制的点作为复制的基点，这样容易控制复制的位置。在本次复制中选择引线的一端，可以直接捕捉另一条梁的轴线，即可定位复制的位置。

将图 6-47 中标注的文字复制到 B 轴梁上的结果如图 6-50 所示，双击文字，则可直接进入文字编辑状态。

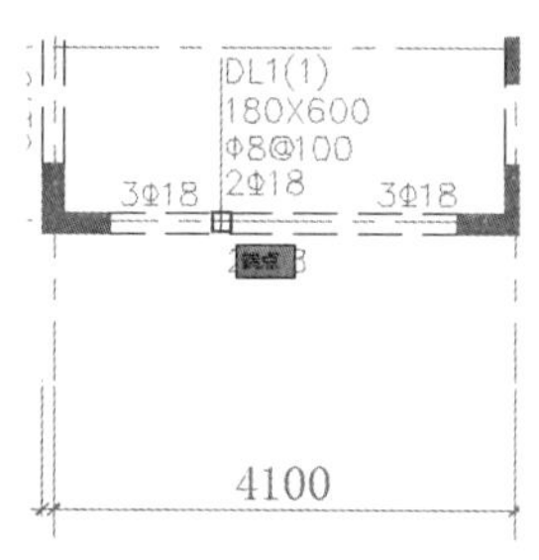

图 6-49 捕捉引线的端点

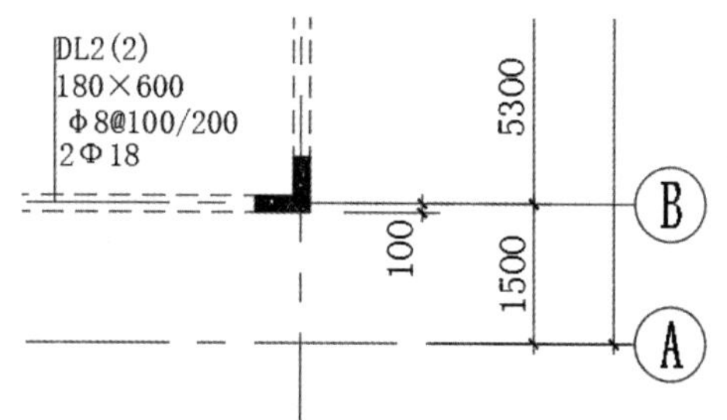

图 6-50 复制集中标注

将梁的编号修改为 DL2（2），箍筋修改为 Φ8@100/200，其余不变。

（7）同理，标注其他位置的文字，结果如图 6-51 所示。

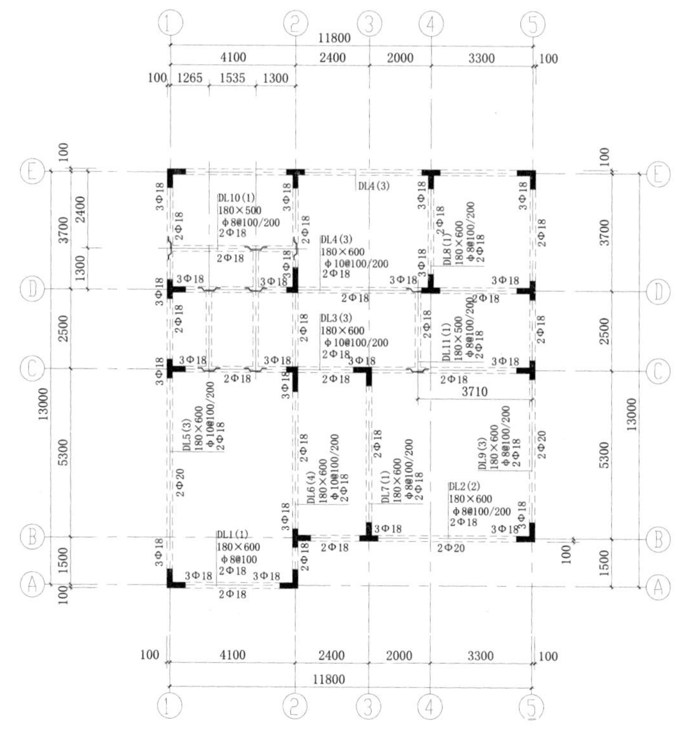

图 6-51 标注文字

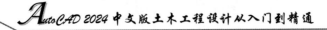

Note

（8）单击“注释”选项卡“文字”面板中的“多行文字”按钮A和“绘图”面板中的“多段线”按钮⊃，为图形标注图名，如图 6-52 所示。

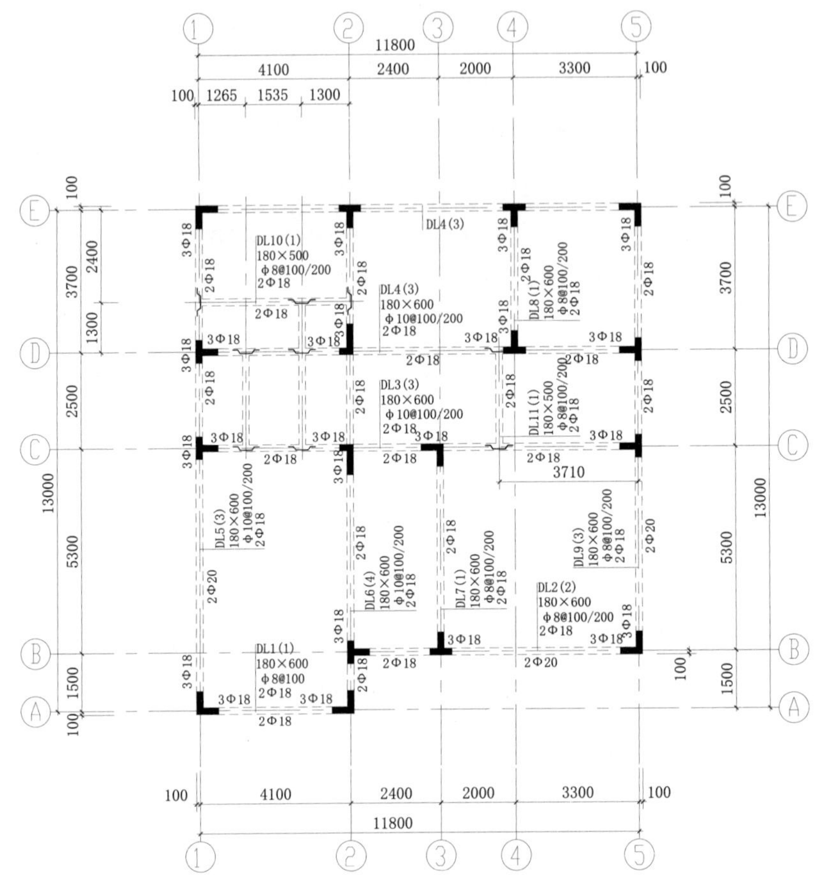

图 6-52　标注图名

（9）单击“注释”选项卡“文字”面板中的“多行文字”按钮A，在图中输入文字说明，如图 6-53 所示。

说明：1. 混凝土强度等级：基础梁为C25，垫层为C10。
钢筋：Φ为Ⅱ级钢 fy=310N/mm²，φ为Ⅰ级钢fy=210N/mm²。
2. 基础梁下设置100厚素混凝土垫层。
3. 基础梁顶标高为-0.50，⌐⌐ 为吊筋，规格为：2⌀18，两边各3⌀10，间距50。
4. 未注明地梁梁边到轴线尺寸的梁，其中心线与轴线重合。
5. 未注明配筋地梁截面为 180×400。
未注明配筋地梁上下纵筋均为2Φ18，箍筋为⌀8@200 。

图 6-53　输入文字

6.4　插入图框

将已经创建好的 A2 图框插入绘图区域，然后将图移入图框中，调整位置，最终结果如图 6-54 所示。

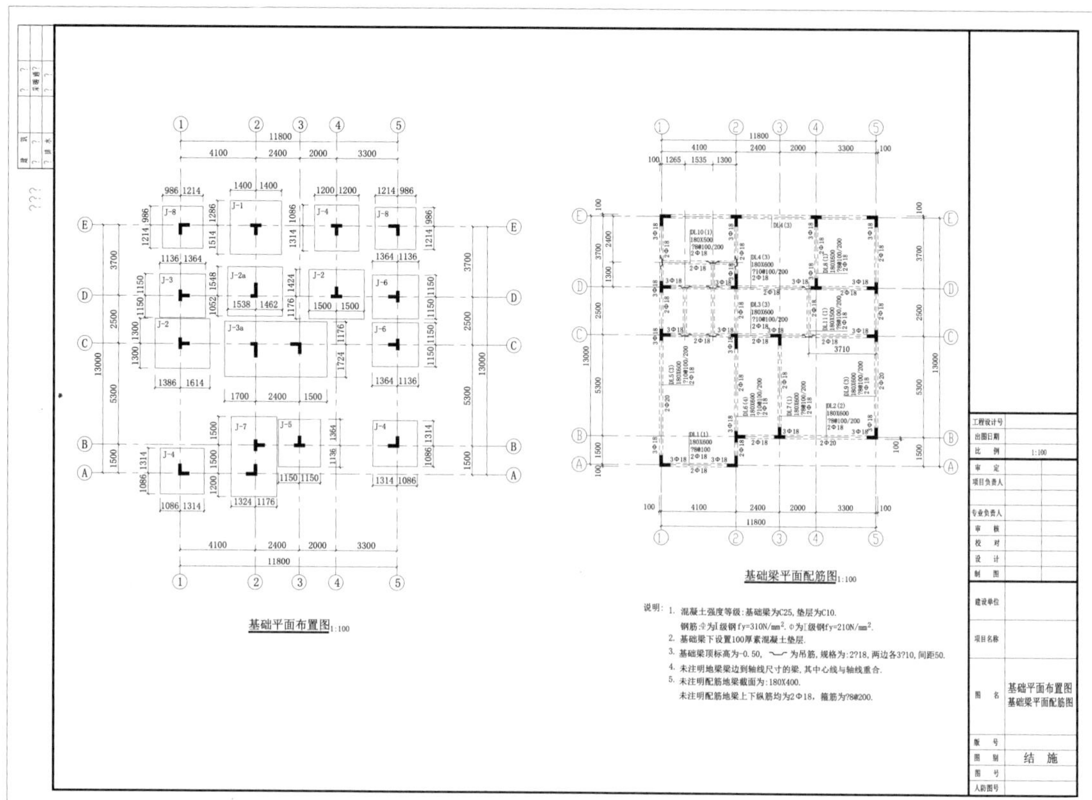

图 6-54　插入图框

6.5　实践与操作

通过前面的学习，读者对本章知识有了大体的了解。本节通过一个操作练习使读者进一步掌握本章知识要点。

1. 目的要求

绘制如图 6-55 所示的初步设计工程，要求读者通过练习熟悉和掌握初步设计工程实例的绘制方法。

2. 操作提示

（1）建立新文件。
（2）创建新图层。
（3）绘制轴线。
（4）标注轴线。
（5）绘制框架梁。
（6）删除多余框架梁。

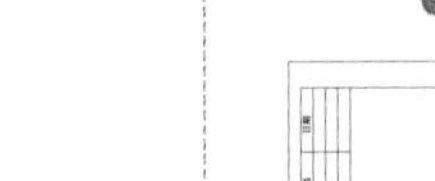

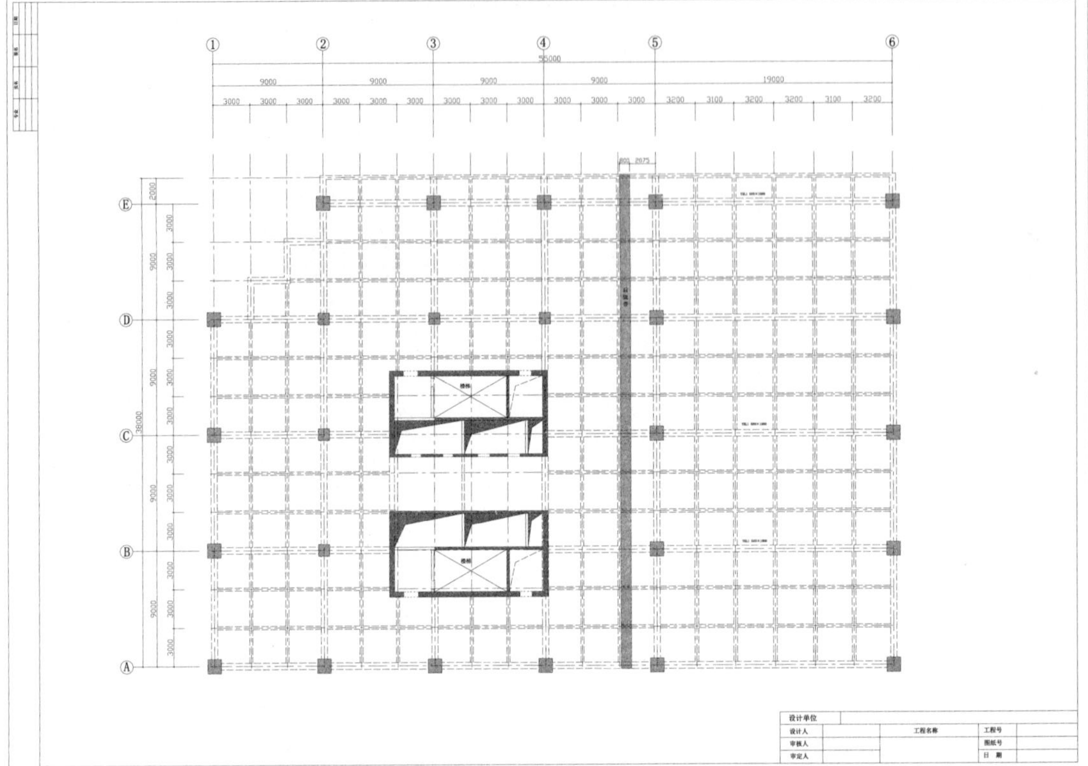

图 6-55　初步设计工程

（7）布置框架柱。

（8）布置剪力墙及楼梯。

基础详图设计

本章以别墅基础详图设计为例讲述土木工程设计中最基本的基础详图设计的内容，同时，详细讲解基础详图设计图纸的绘制方法，使读者在逐步了解设计过程的同时，掌握绘图的操作方法。

☑ 基础详图概述

☑ 别墅基础详图绘制实例一

☑ 别墅基础详图绘制实例二、三

☑ 别墅基础详图柱表绘制实例

任务驱动&项目案例

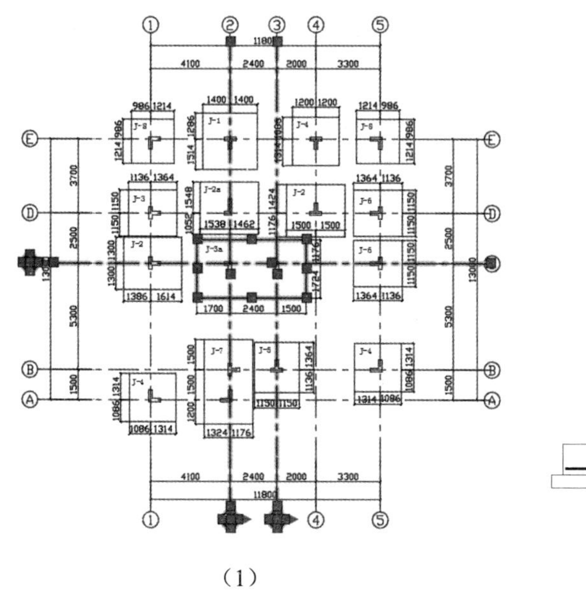

（1）

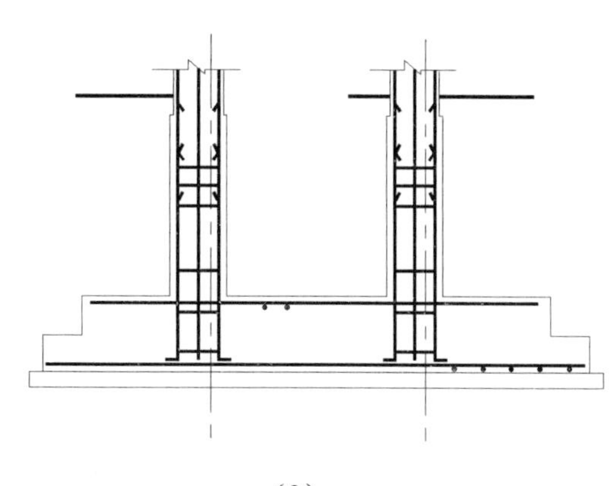

（2）

7.1 基础详图概述

Note

基础详图又称为基础断面图，是假设用一个垂直的剖切平面在指定的部位进行剖切，用较大的比例（如1：50）绘制的断面图。其主要内容如下。

（1）无筋扩展基础应绘出剖面、基础圈梁、防潮层位置，并标注总尺寸、分尺寸、标高及定位尺寸。

（2）扩展基础应绘出平、剖面及配筋、基础垫层，标注总尺寸、分尺寸、标高及定位尺寸等。

（3）桩基应绘出承台梁剖面或承台板平面、剖面、垫层、配筋，标注总尺寸、分尺寸、标高及定位尺寸，桩构造详图（可另图绘制）及桩与承台的连接构造详图。

（4）筏基、箱基可参照现浇楼面梁、板详图的方法表示，但应绘出承重墙、柱的位置。要求设后浇带时应表示其平面位置并绘制构造详图。对箱基和地下室基础，应绘出钢筋混凝土墙的平面、剖面及其配筋，当预留孔洞、预埋件较多或复杂时，可另绘墙的模板图。

（5）基础梁可参照现浇楼面梁详图方法表示。

（6）附加说明基础材料的品种、规格、性能、抗渗等级、垫层材料、杯口填充材料、钢筋保护层厚度及其他对施工的要求。

说明：对形状简单、规则的无筋扩展基础、扩展基础、基础梁和承台板，也可用列表方法表示。

7.2 别墅基础详图绘制实例一

基础详图是指凡在基础平面布置图中或文字说明中都无法交代或交代不清的基础结构构造，用详细的局部大样图来表示。

7.2.1 绘图准备

在正式设计前应该进行必要的准备工作，包括建立文件、设置图层等，下面进行简要介绍。

视频讲解

（1）首先在AutoCAD中新建文件，并保存为“基础大样详图”。单击“默认”选项卡“图层”面板中的“图层特性”按钮，打开“图层特性管理器”对话框，新建“详图”“标注”“文字”“轴线”图层，如图7-1所示。

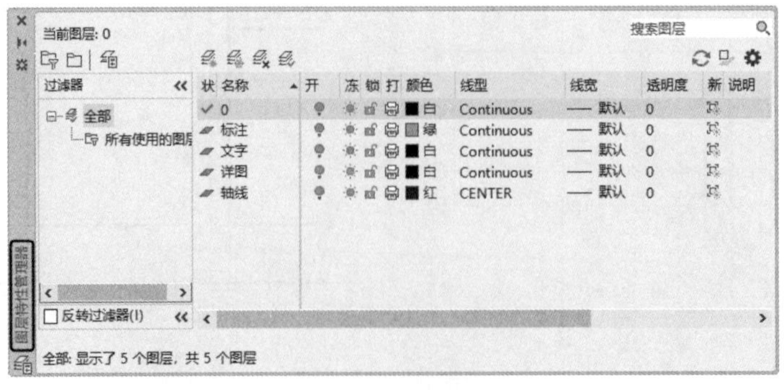

图7-1 设置图层

（2）单击“默认”选项卡“注释”面板中的“标注样式”按钮，打开“标注样式管理器”对话框。单击“修改”按钮，打开“修改标注样式：ISO-25”对话框，将“超出尺寸线”设置为80，“起

点偏移量”设置为 80；箭头为“建筑标记”，“箭头大小”为 100；其文字高度设置为 300。

（3）单击“默认”选项卡“注释”面板中的“文字样式”按钮，打开“文字样式”对话框，单击“新建”按钮，新建文字样式命名为“文字标注”，将文字字体设置为宋体，字符高度为 300，如图 7-2 所示。

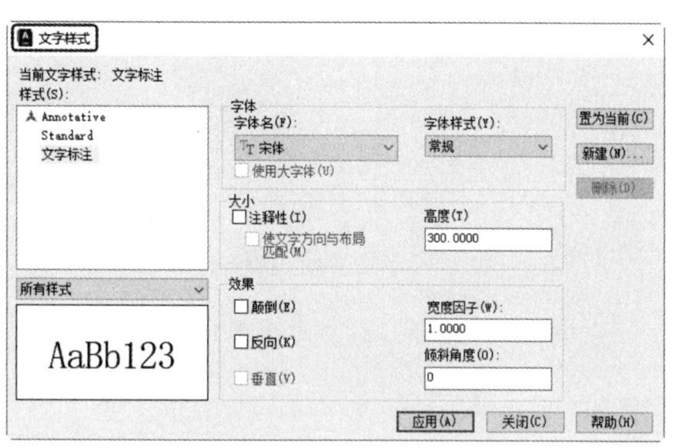

图 7-2　设置文字标注样式

7.2.2　绘制柱截面

估算柱截面的方法是：按柱的受荷面积×（12~14KN）×层数，再除以相应抗震等级的轴压比，就是柱的截面面积，按照已经计算好的截面绘制柱截面。

（1）单击“默认”选项卡“图层”面板中的“图层特性”按钮，打开“图层特性管理器”对话框，将“轴线”图层设置为当前图层。

（2）单击“默认”选项卡“绘图”面板中的“直线”按钮，绘制两条垂直相交的轴线，如图 7-3 所示。

（3）单击“默认”选项卡“绘图”面板中的“矩形”按钮，绘制一个矩形，如图 7-4 所示。

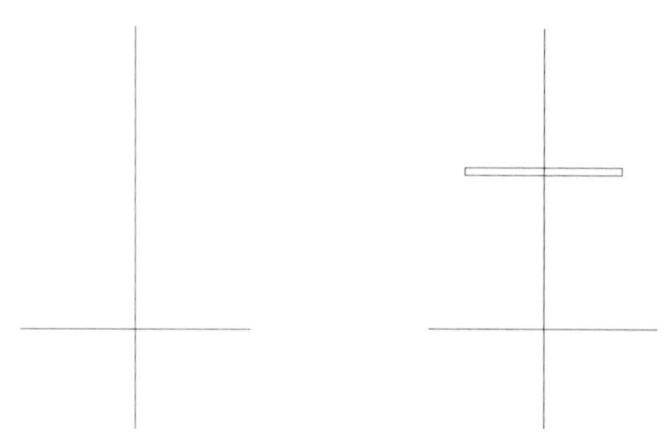

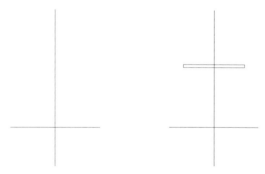

图 7-3　绘制轴线　　　　图 7-4　绘制矩形

（4）单击“默认”选项卡“绘图”面板中的“直线”按钮，在轴线左侧绘制连续线段，如图 7-5 所示。

（5）单击“默认”选项卡“修改”面板中的“镜像”按钮，将步骤（4）中绘制的连续线段镜像到另外一侧，如图 7-6 所示。

（6）单击“默认”选项卡“绘图”面板中的“矩形”按钮，在两条相交的轴线处绘制一个小矩形，如图 7-7 所示。

（7）单击“默认”选项卡“修改”面板中的“偏移”按钮，将小矩形依次向外偏移多个矩形，结果如图 7-8 所示。

Note

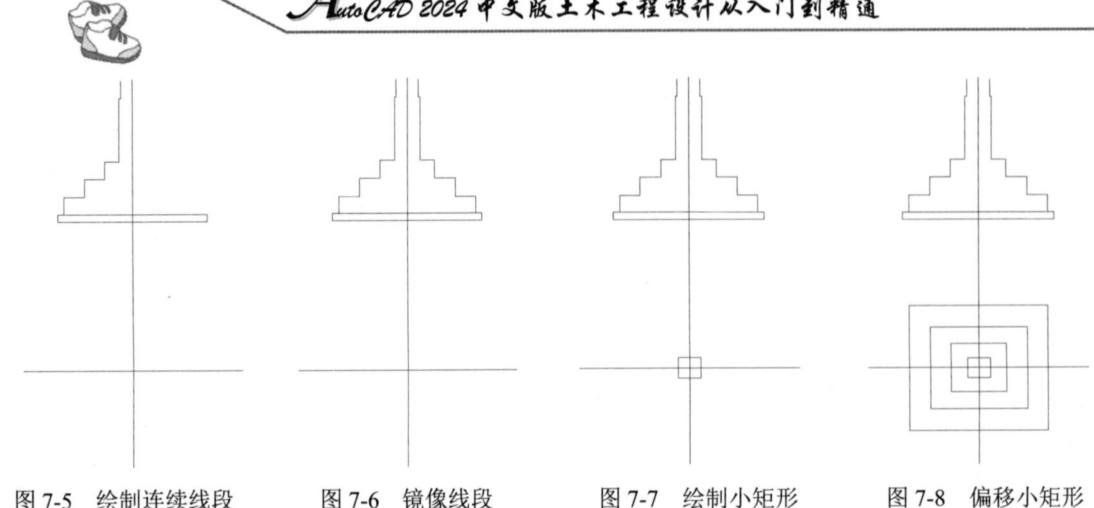

图 7-5　绘制连续线段　　图 7-6　镜像线段　　图 7-7　绘制小矩形　　图 7-8　偏移小矩形

7.2.3　绘制预留柱插筋

视频讲解

基础中，浇筑砼之前先要把柱子插到基础底部，柱子中的钢筋要有弯折，并且露出基础规范要求的长度，就是基础插筋。还有就是框架结构里的构造柱，在浇筑砼之前也要在其位置上插上构造柱的钢筋，等以后砌墙的时候，将构造柱上的钢筋与墙中的钢筋一起绑扎再浇筑。这里预留出的柱的钢筋就是预留柱插筋。下面绘制预留柱插筋。

（1）单击“默认”选项卡“绘图”面板中的“多段线”按钮，沿竖直轴线向下绘制一条多段线，如图 7-9 所示。

（2）单击“默认”选项卡“修改”面板中的“偏移”按钮，将多段线向两侧偏移，如图 7-10 所示。

（3）单击“默认”选项卡“绘图”面板中的“多段线”按钮，以步骤（2）中偏移的多段线的下端点为起点分别向两侧绘制一小段多段线，如图 7-11 所示。

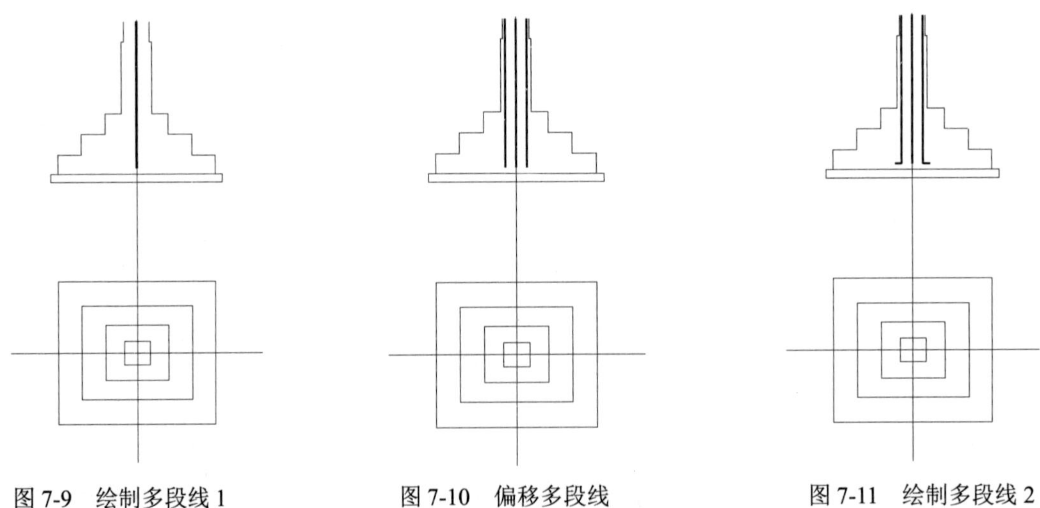

图 7-9　绘制多段线 1　　图 7-10　偏移多段线　　图 7-11　绘制多段线 2

（4）单击“默认”选项卡“绘图”面板中的“多段线”按钮，在图中合适的位置绘制柱箍，如图 7-12 所示。

（5）单击“默认”选项卡“绘图”面板中的“多段线”按钮，在图中合适的位置绘制一个矩形形状的多段线，如图 7-13 所示。

（6）单击“默认”选项卡“绘图”面板中的“圆”按钮⊙，在步骤（5）中绘制的多段线内绘制一个圆，如图 7-14 所示。

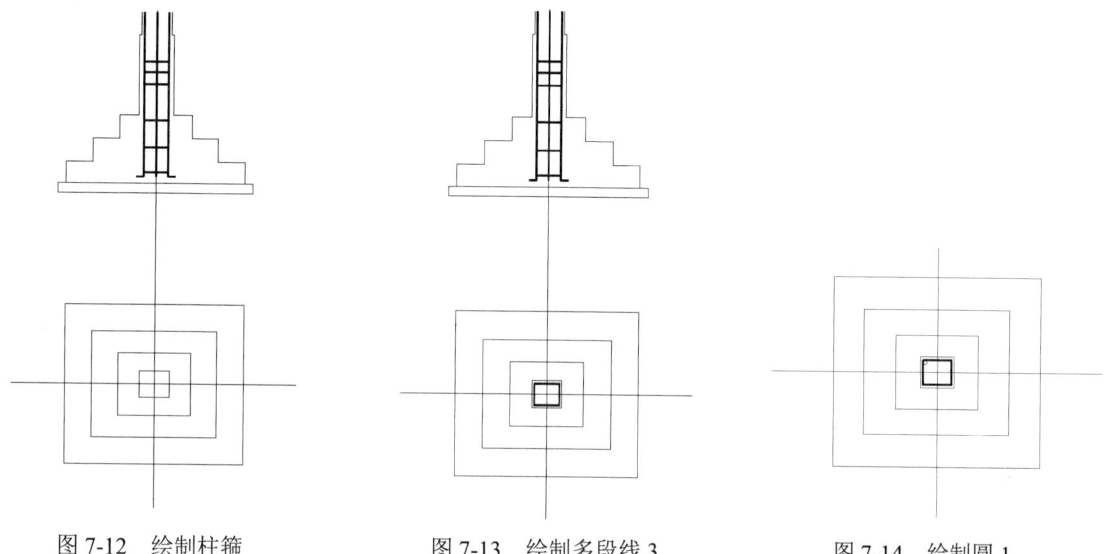

图 7-12　绘制柱箍　　图 7-13　绘制多段线 3　　图 7-14　绘制圆 1

（7）单击“默认”选项卡“绘图”面板中的“图案填充”按钮▨，打开“图案填充创建”选项卡，将“图案填充图案”设置为 SOLID。选择填充区域，然后填充圆，结果如图 7-15 所示。

（8）单击“默认”选项卡“修改”面板中的“复制”按钮，将填充的圆复制到图中其他位置处，完成预留柱插筋的绘制，结果如图 7-16 所示。

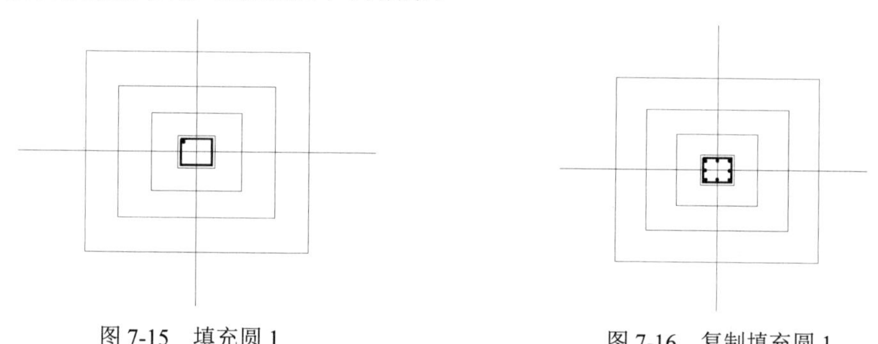

图 7-15　填充圆 1　　图 7-16　复制填充圆 1

7.2.4　绘制底板配筋

基础底板配筋除满足计算和最小配筋率要求，还应符合构造要求。计算最小配筋率时，对阶形或锥形基础截面，可将其截面折算成矩形截面，按照计算好的尺寸绘制底板配筋。

（1）单击“默认”选项卡“绘图”面板中的“多段线”按钮，在图中合适的位置绘制一条水平多段线，如图 7-17 所示。

（2）单击“默认”选项卡“绘图”面板中的“圆”按钮⊙，在步骤（1）中绘制的多段线上绘制一个圆，如图 7-18 所示。

（3）单击“默认”选项卡“绘图”面板中的“图案填充”按钮▨，填充圆，如图 7-19 所示。

Note

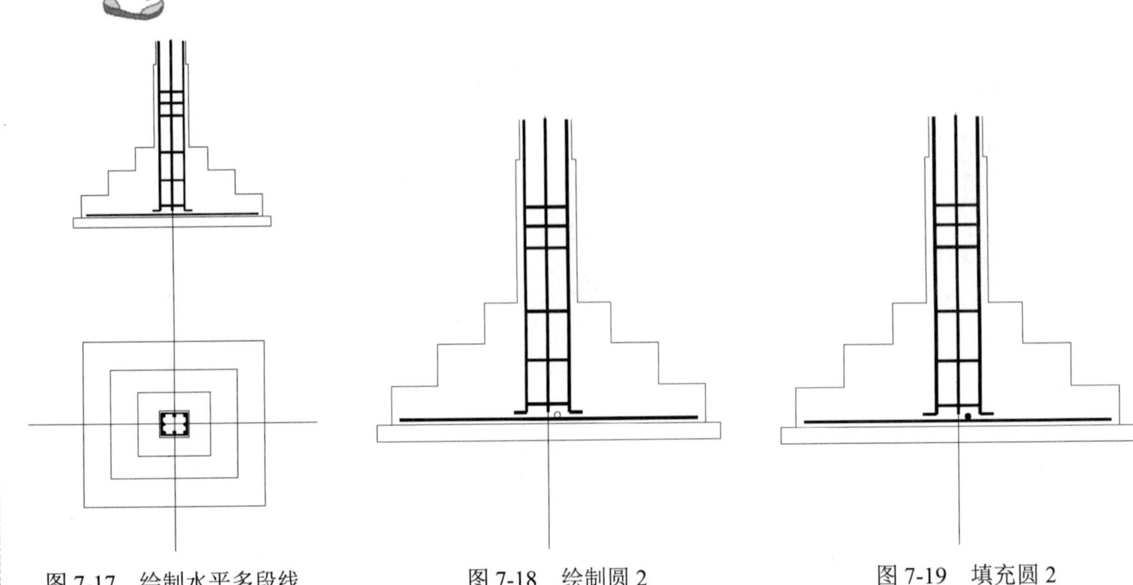

图 7-17 绘制水平多段线　　图 7-18 绘制圆 2　　图 7-19 填充圆 2

（4）单击“默认”选项卡“修改”面板中的“复制”按钮，将填充圆复制到图中其他位置，如图 7-20 所示。

（5）单击“默认”选项卡“绘图”面板中的“样条曲线”按钮，在图中合适的位置绘制一条样条曲线，如图 7-21 所示。

（6）单击“默认”选项卡“修改”面板中的“修剪”按钮，修剪掉多余的直线，如图 7-22 所示。

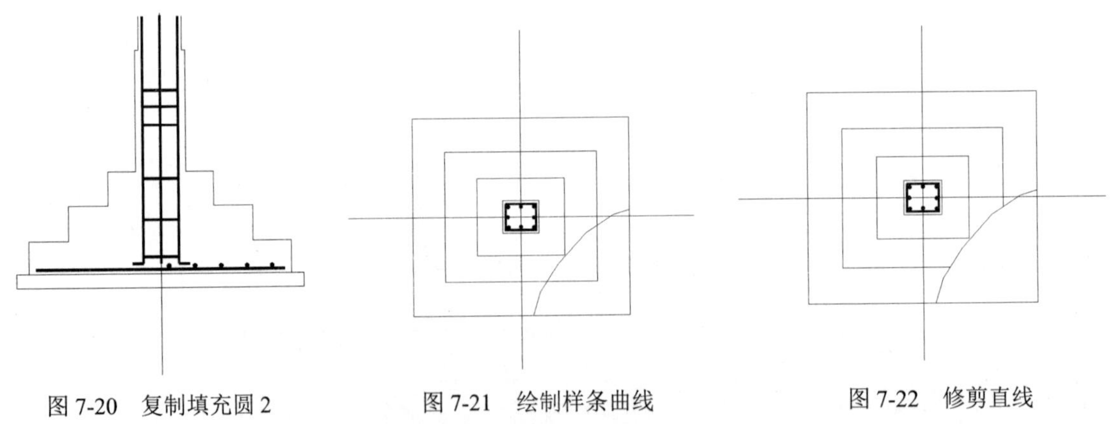

图 7-20 复制填充圆 2　　图 7-21 绘制样条曲线　　图 7-22 修剪直线

（7）单击“默认”选项卡“绘图”面板中的“多段线”按钮，绘制多条多段线，最终完成配筋的绘制，如图 7-23 所示。

（8）单击“默认”选项卡“绘图”面板中的“多段线”按钮，细化图形，如图 7-24 所示。

（9）单击“默认”选项卡“绘图”面板中的“直线”按钮，绘制折断线，结果如图 7-25 所示。

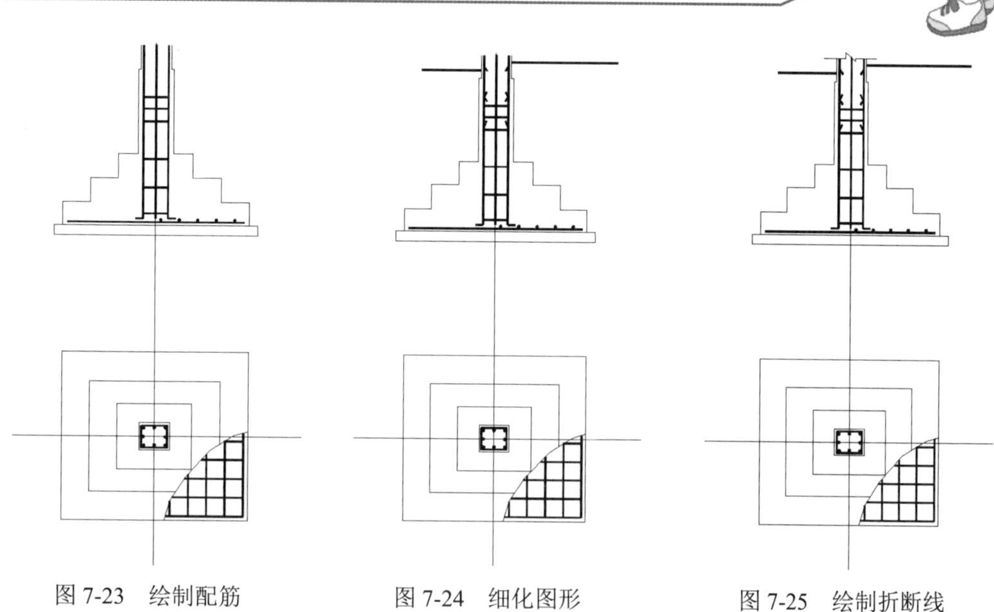

图 7-23 绘制配筋　　图 7-24 细化图形　　图 7-25 绘制折断线

Note

视频讲解

7.2.5 标注尺寸

标注尺寸前首先按照需求对标注样式进行设置，然后再利用“线性”“连续”等命令对图形进行标注。

(1) 单击“默认”选项卡“注释”面板中的“标注样式”按钮，打开“标注样式管理器”对话框。

(2) 单击“修改”按钮，打开“修改标注样式：ISO-25”对话框，在“线”选项卡中设置“超出尺寸线”数值为 50，“起点偏移量”数值为 50，其他按默认设置；在“符号和箭头”选项卡中设置“第一个”和“第二个”为“建筑标记”，“箭头大小”为 100，其他按默认设置；在“文字”选项卡中设置“文字高度”为 300，“文字位置”选项组中“垂直”设置为“上”，“水平”设置为“居中”，“文字对齐”设置为“与尺寸线对齐”，其他按默认设置。

(3) 单击“默认”选项卡“图层”面板中的“图层特性”按钮，打开“图层特性管理器”对话框，将“标注”图层设置为当前图层。

(4) 单击“注释”选项卡“标注”面板中的“线性”按钮，为图形标注尺寸，如图 7-26 所示。

图 7-26 标注尺寸

7.2.6 标注文字

该图的文字标注主要包括标注标高符号，以及其他的文字说明。

(1) 将“文字”图层设置为当前图层，单击“默认”选项卡“绘图”面板中的“直线”按钮，在图中绘制标高符号，如图 7-27 所示。

(2) 单击“默认”选项卡“注释”面板中的“多行文字”按钮 A，输入标高数值，如图 7-28 所示。

(3) 单击“默认”选项卡“修改”面板中的“复制”按钮，将标高复制到图中其他位置，并双击标高数值进行修改，完成其他位置标高的绘制，如图 7-29 所示。

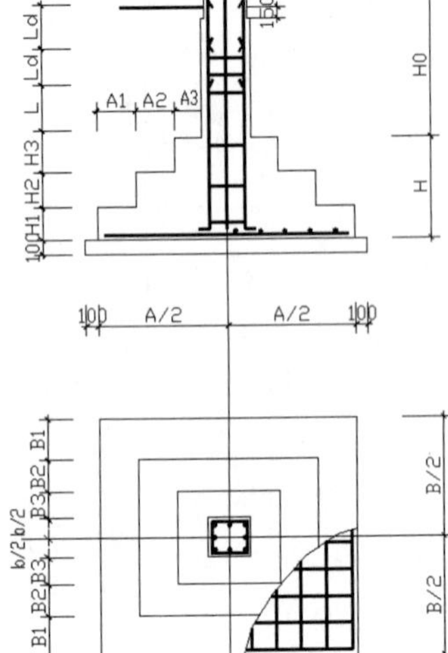

图 7-27　绘制标高符号

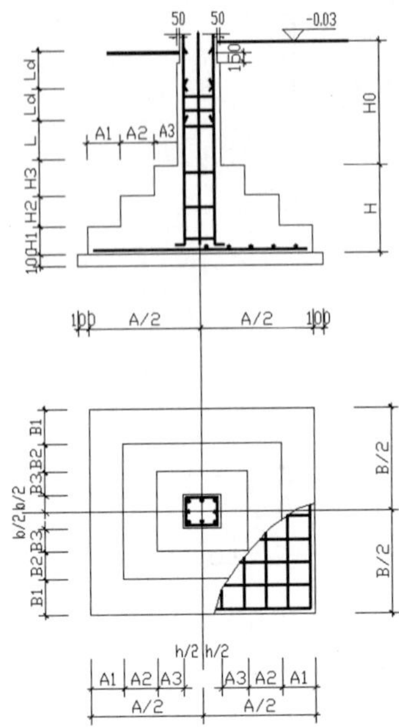

图 7-28　输入标高数值

（4）单击“默认”选项卡“绘图”面板中的“直线”按钮╱，在图中合适的位置引出直线，然后单击“默认”选项卡“注释”面板中的“多行文字”按钮A，标注文字，如图 7-30 所示。

（5）同理，标注图中其他位置的文字，如图 7-31 所示。

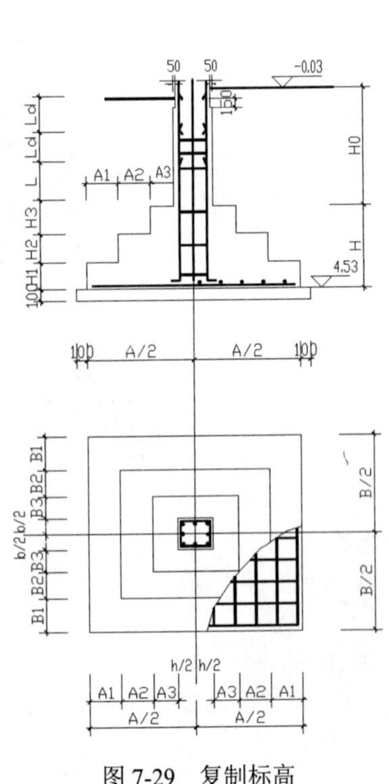

图 7-29　复制标高

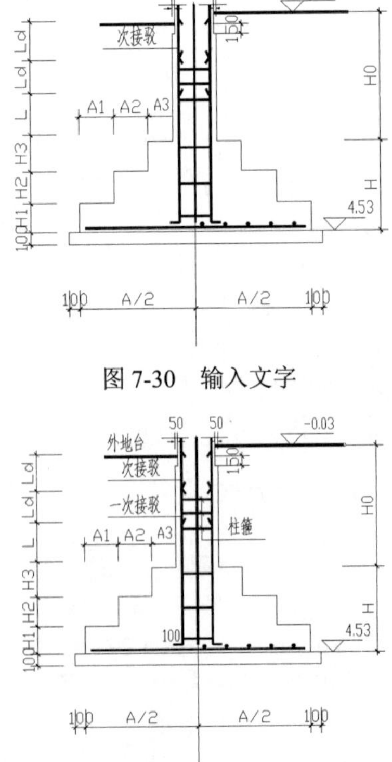

图 7-30　输入文字

图 7-31　标注文字

（6）单击“默认”选项卡“绘图”面板中的“直线”按钮╱，引出直线。

（7）单击“默认”选项卡“绘图”面板中的“圆”按钮和“注释”面板中的“多行文字”按钮A，绘制标号，如图 7-32 所示。

（8）单击“默认”选项卡“修改”面板中的“复制”按钮，将标号复制到图中其他位置，然后双击数字进行修改，完成其他位置标号的绘制，最终结果如图 7-33 所示。

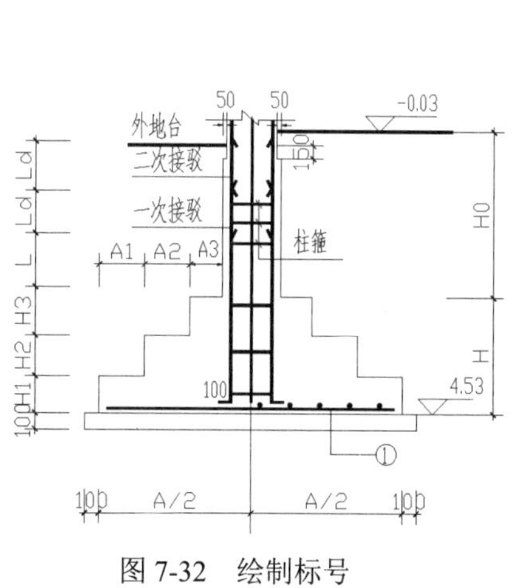

图 7-32 绘制标号

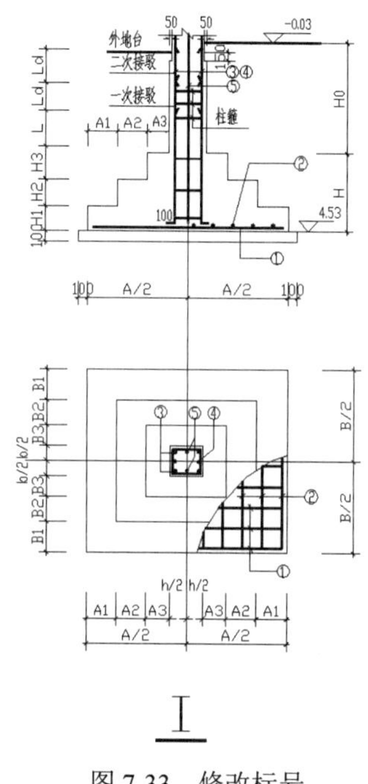

图 7-33 修改标号

7.3 别墅基础详图绘制实例二

与 7.2 节一样，先进行必要的绘图准备，包括图层设置、标注样式设置、文字样式设置等。

7.3.1 绘制柱截面

视频讲解

框架柱一般采用矩形或方形截面。

（1）单击快速访问工具栏中的“打开”按钮，打开“基础平面布置图.dwg”，然后选中 2、3 轴号和 C 号轴号间的柱图形，按 Ctrl+C 快捷键进行复制，如图 7-34 所示，然后按 Ctrl+V 快捷键粘贴到一个新的绘图文件中进行整理，结果如图 7-35 所示。

（2）单击“默认”选项卡“修改”面板中的“偏移”按钮，将矩形柱向内偏移，如图 7-36 所示。

（3）单击“默认”选项卡“绘图”面板中的“矩形”按钮，在图中合适的位置绘制一个矩形，如图 7-37 所示。

Note

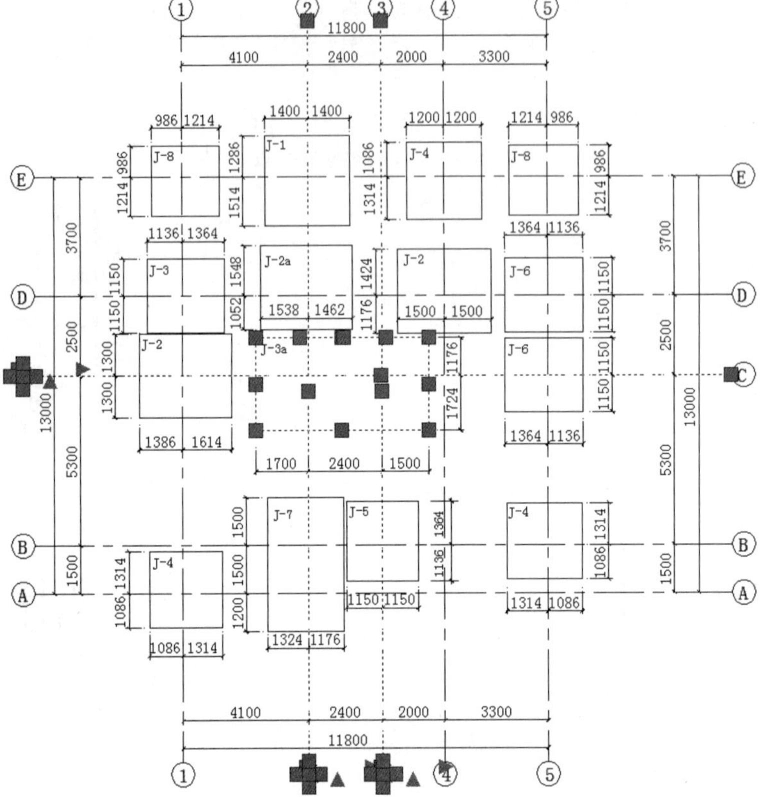

图 7-34　复制部分图形

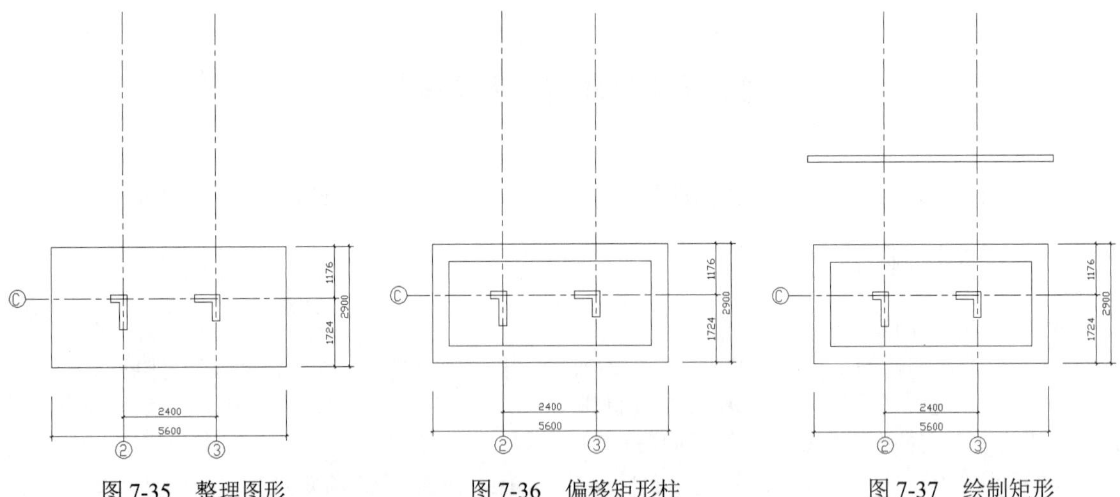

图 7-35　整理图形　　图 7-36　偏移矩形柱　　图 7-37　绘制矩形

(4) 单击“默认”选项卡“绘图”面板中的“直线”按钮╱，绘制连续线段，如图 7-38 所示。

(5) 单击“默认”选项卡“修改”面板中的“镜像”按钮⚠，将步骤（4）中绘制的连续线段镜像到另外一侧，如图 7-39 所示。

(6) 单击“默认”选项卡“绘图”面板中的“直线”按钮╱，绘制连接线段，如图 7-40 所示。

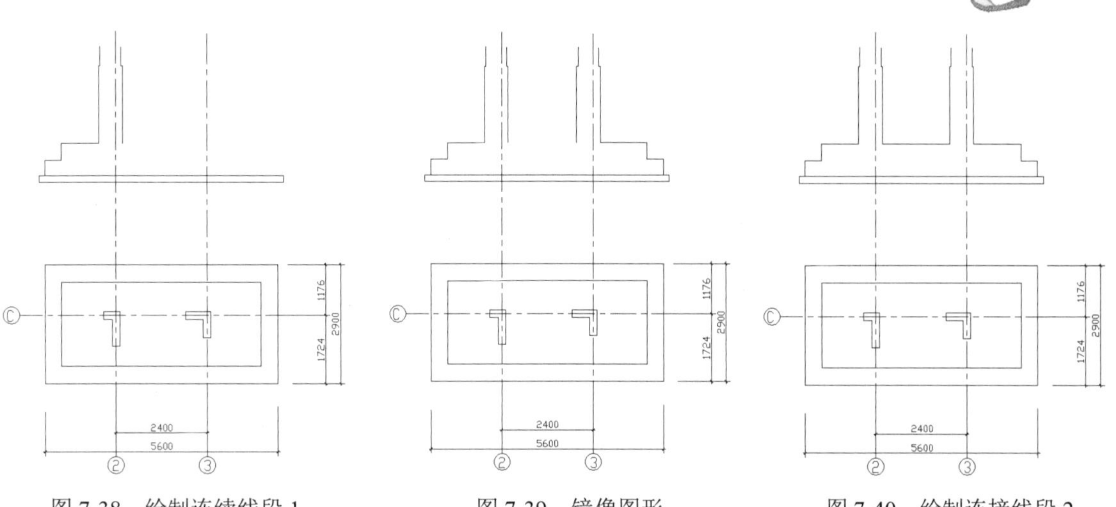

图 7-38　绘制连续线段 1　　图 7-39　镜像图形　　图 7-40　绘制连接线段 2

7.3.2　绘制预留柱插筋

插筋是基钢筋和柱子钢筋搭接锚固，基础预留一定高度的钢筋。插筋有两种情况：一种是垂直构件基础插筋；另一种是垂直构件变截面需要锚固时，上部构件伸入下层构件中的钢筋。

（1）单击“默认”选项卡“绘图”面板中的“多段线”按钮，绘制多条多段线，如图 7-41 所示。

（2）单击“默认”选项卡“绘图”面板中的“多段线”按钮，绘制柱箍，如图 7-42 所示。

（3）单击“默认”选项卡“修改”面板中的“复制”按钮，将多段线复制到另外一侧，如图 7-43 所示。

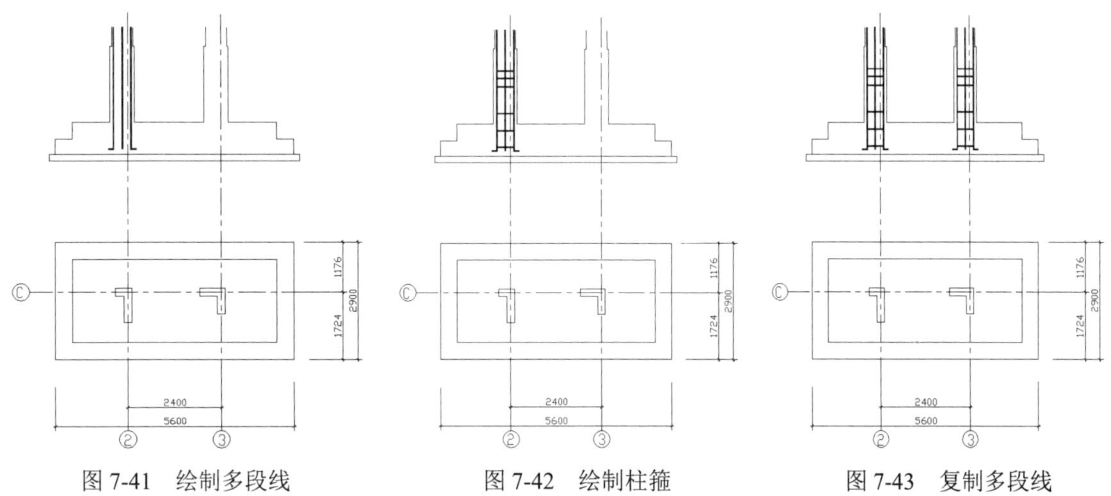

图 7-41　绘制多段线　　图 7-42　绘制柱箍　　图 7-43　复制多段线

7.3.3　绘制底板配筋

基础底板配筋受力筋与分布筋的区分方法：单向板短向的钢筋是受力筋，长向的是分布筋；双向板两向都是受力筋。底板下部钢筋受力筋在下部，分布钢筋在上部。基础底板的上面的钢筋受力筋在上部，分布钢筋在下部。

（1）单击“默认”选项卡“绘图”面板中的“多段线”按钮，绘制两条水平多段线，如图 7-44 所示。

（2）单击“默认”选项卡“绘图”面板中的“圆”按钮，绘制一个圆，如图 7-45 所示。

（3）单击“默认”选项卡“绘图”面板中的“图案填充”按钮，填充圆，如图 7-46 所示。

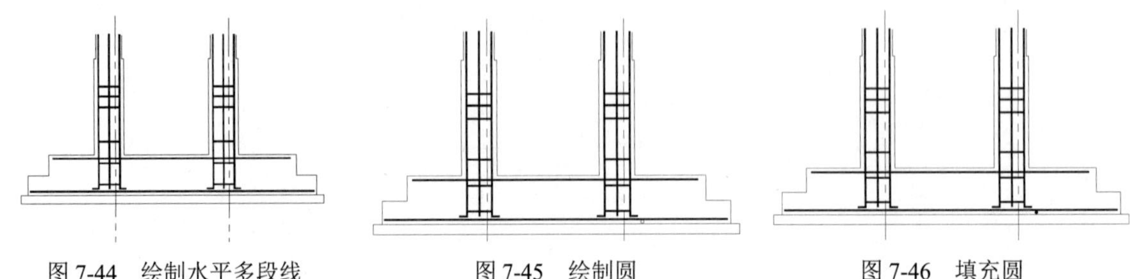

图 7-44　绘制水平多段线　　图 7-45　绘制圆　　图 7-46　填充圆

（4）单击“默认”选项卡“修改”面板中的“复制”按钮，将填充圆复制到图中其他位置，如图 7-47 所示。

（5）单击“默认”选项卡“绘图”面板中的“样条曲线”按钮，在图中合适的位置绘制一条样条曲线，如图 7-48 所示。

（6）单击“默认”选项卡“修改”面板中的“修剪”按钮，修剪掉多余的直线，如图 7-49 所示。

（7）单击“默认”选项卡“绘图”面板中的“多段线”按钮，绘制多段线，完成配筋的绘制，如图 7-50 所示。

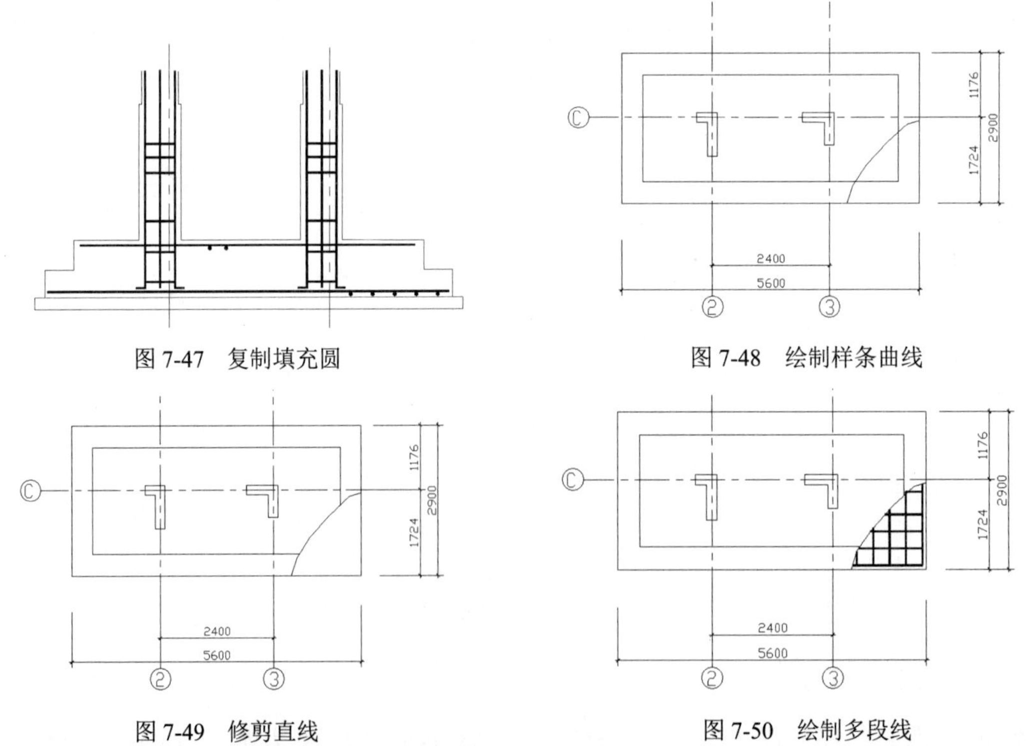

图 7-47　复制填充圆　　图 7-48　绘制样条曲线

图 7-49　修剪直线　　图 7-50　绘制多段线

（8）单击“默认”选项卡“绘图”面板中的“多段线”按钮，细化图形，结果如图 7-51 所示。

（9）单击“默认”选项卡“绘图”面板中的“直线”按钮，绘制折断线，如图 7-52 所示。

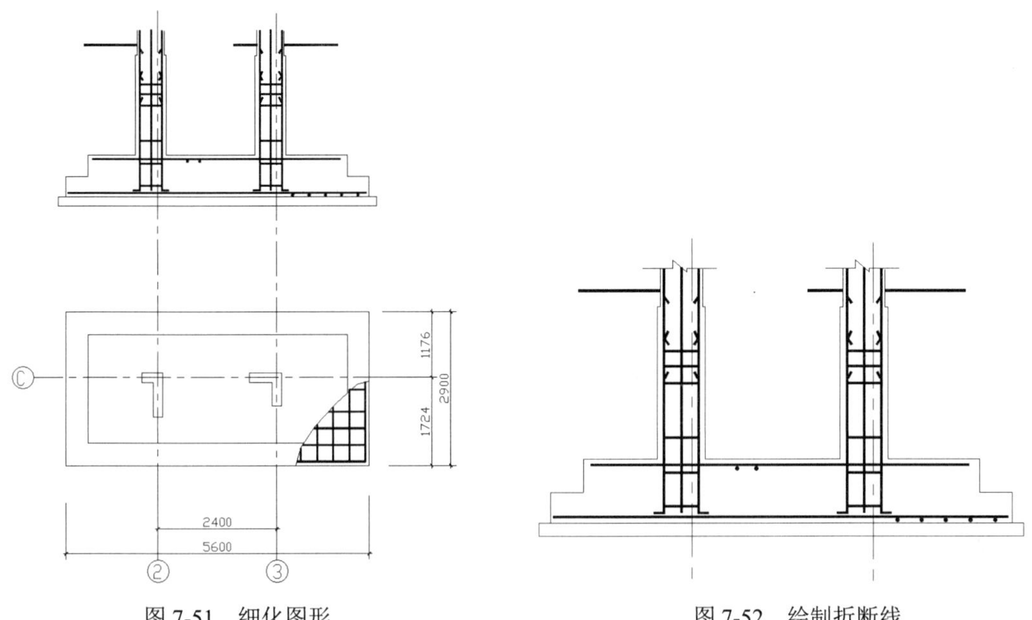

图 7-51　细化图形　　　　图 7-52　绘制折断线

7.3.4　标注尺寸

视频讲解

尺寸标注主要调用“线性”命令。

将“标注”图层设置为当前图层，单击“注释”选项卡“标注”面板中的“线性”按钮⊢⊣，为图形标注尺寸，如图 7-53 所示。

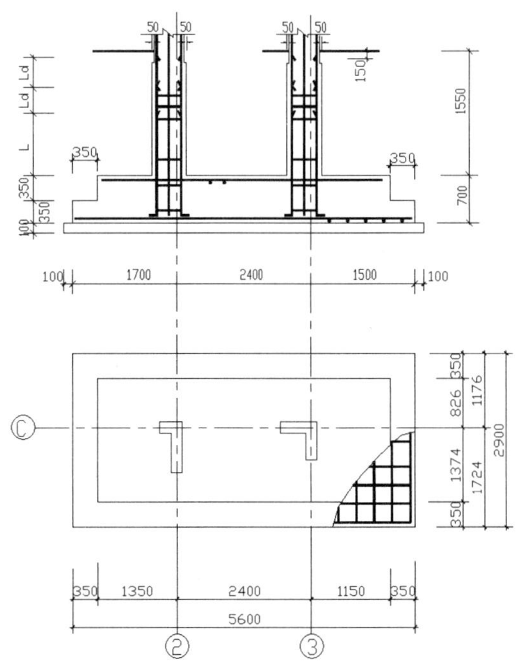

图 7-53　标注尺寸

Note

7.3.5 标注文字

标注文字包括标注标高和文字说明以及轴线编号。

（1）将“文字”图层设置为当前图层，单击“默认”选项卡“绘图”面板中的“直线”按钮╱，在图中绘制标高符号，如图 7-54 所示。

（2）单击“默认”选项卡“注释”面板中的“多行文字”按钮A，输入标高数值，如图 7-55 所示。

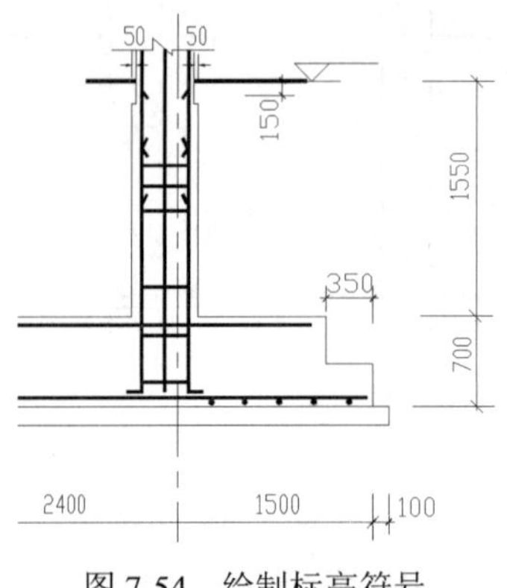

图 7-54　绘制标高符号

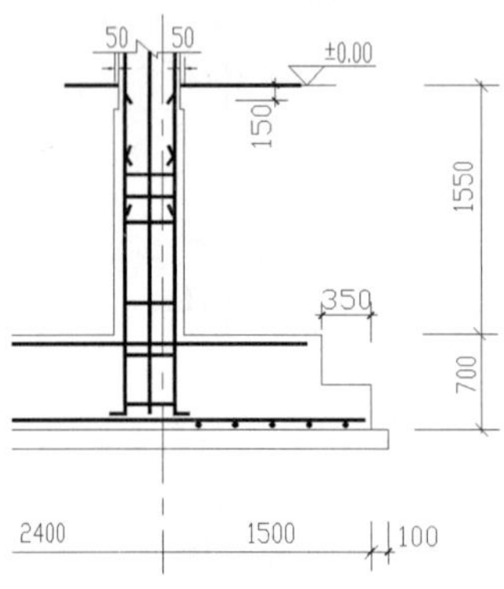

图 7-55　输入标高数值

（3）单击“默认”选项卡“修改”面板中的“复制”按钮，将标高复制到图中其他位置，并双击标高数值进行修改，完成其他位置标高的绘制，如图 7-56 所示。

（4）单击“默认”选项卡“绘图”面板中的“直线”按钮╱，在图中合适的位置引出直线，然后单击“默认”选项卡“注释”面板中的“多行文字”按钮A，标注文字，如图 7-57 所示。

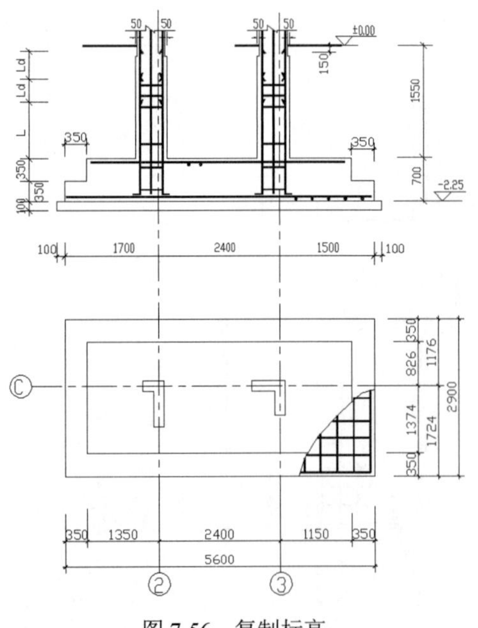

图 7-56　复制标高

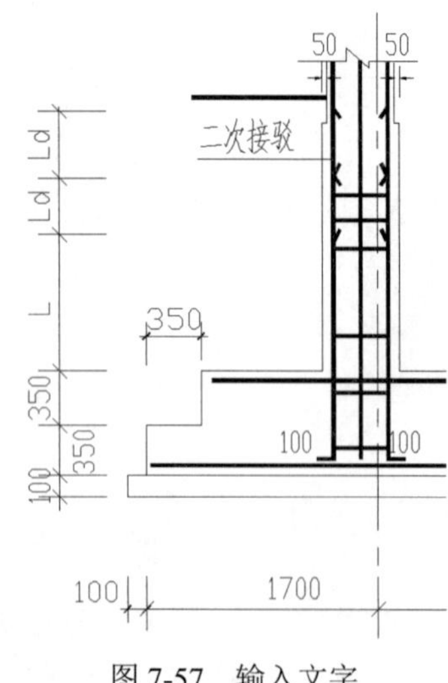

图 7-57　输入文字

（5）同理，标注图中其他位置的文字，如图 7-58 所示。

（6）单击“默认”选项卡“绘图”面板中的“直线”按钮╱，引出直线。

（7）单击“默认”选项卡“绘图”面板中的“圆”按钮和“注释”面板中的“多行文字”按

钮A，绘制标号，如图 7-59 所示。

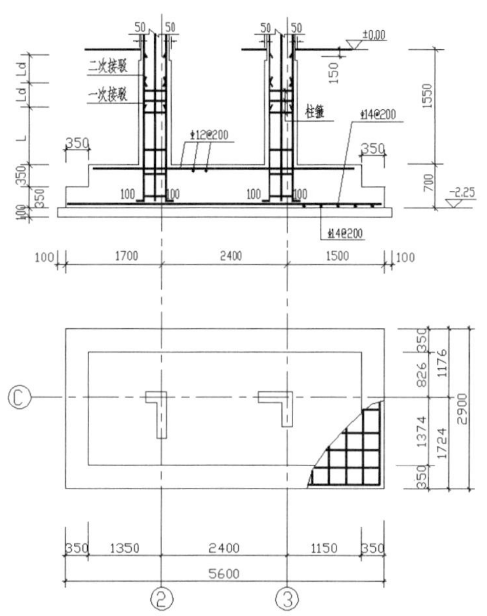

图 7-58　标注文字

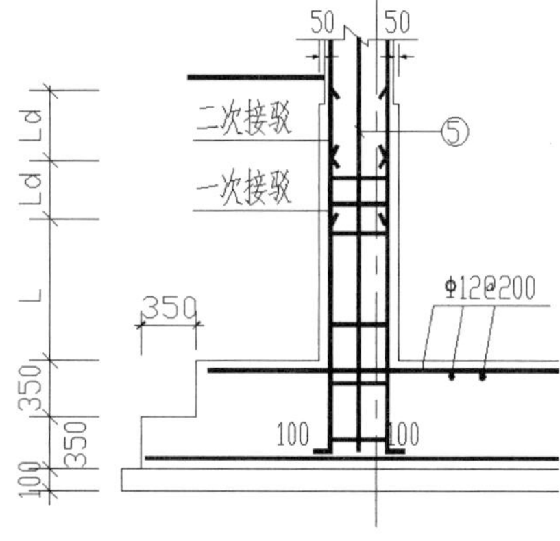

图 7-59　绘制标号

（8）单击“默认”选项卡“修改”面板中的“复制”按钮，将标号复制到图中其他位置，然后双击数字进行修改，完成其他位置标号的绘制，最终结果如图 7-60 所示。

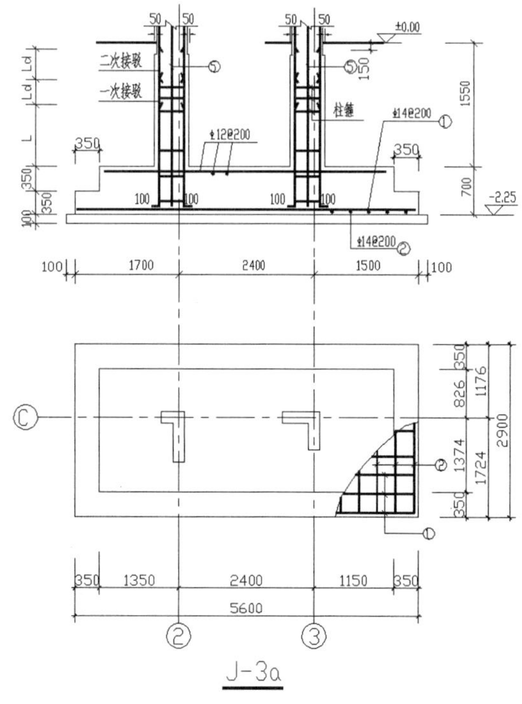

图 7-60　修改标号

Note

7.4 别墅基础详图绘制实例三

基础详图三的绘制方法与详图二类似，这里不再赘述，结果如图 7-61 所示。

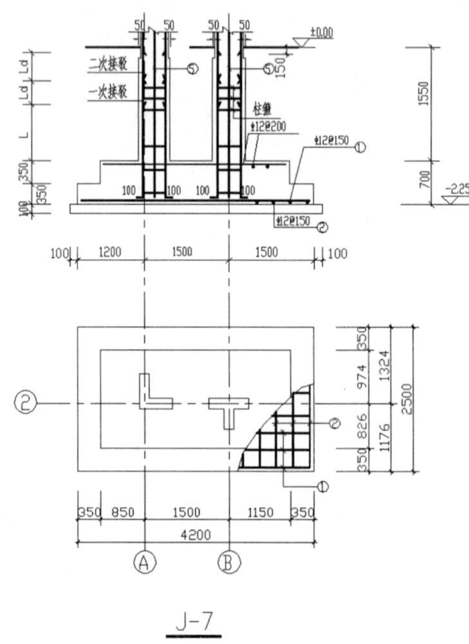

图 7-61 绘制大样详图三

7.5 别墅基础详图柱表绘制实例

视频讲解

利用“多段线”和“偏移”命令绘制表格的大体轮廓，然后利用“修剪”命令修剪多余线段创建圆柱表格，最后利用“多行文字”命令添加文字。也可以利用“表格”命令来创建表格。

操作步骤

（1）将“详图”图层设置为当前图层，单击“默认”选项卡“绘图”面板中的“多段线”按钮，设置线宽为 40，绘制长为 32890，宽为 14400 的多段线，如图 7-62 所示。

（2）单击“默认”选项卡“绘图”面板中的“直线”按钮，绘制直线，然后单击“默认”选项卡“修改”面板中的“偏移”按钮，将最上侧多段线向下偏移 800，如图 7-63 所示。

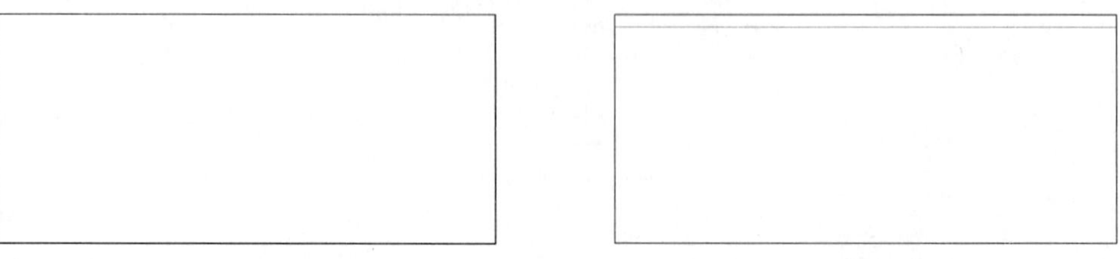

图 7-62 绘制多段线 1　　图 7-63 分解多段线 1

（3）单击“默认”选项卡“修改”面板中的“偏移”按钮⊆，将步骤（2）中偏移的多段线依次向下偏移，偏移距离为 800，偏移 18 次，如图 7-64 所示。

（4）单击“默认”选项卡“修改”面板中的“偏移”按钮⊆，将最左侧多段线向右偏移 1000，如图 7-65 所示。

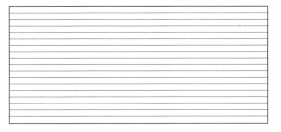

图 7-64　偏移直线 1

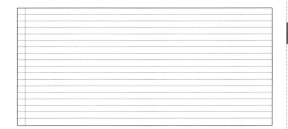

图 7-65　分解多段线 2

（5）单击“默认”选项卡“修改”面板中的“偏移”按钮⊆，将步骤（4）中偏移的多段线依次向右偏移，偏移距离分别为 800、1000、2000、1000、1000、1000、1000、1000、1000、1000、1000、1000、1590、5000、1500、1500、1000、1000、1000、1500、1000、1000 和 1000，结果如图 7-66 所示。

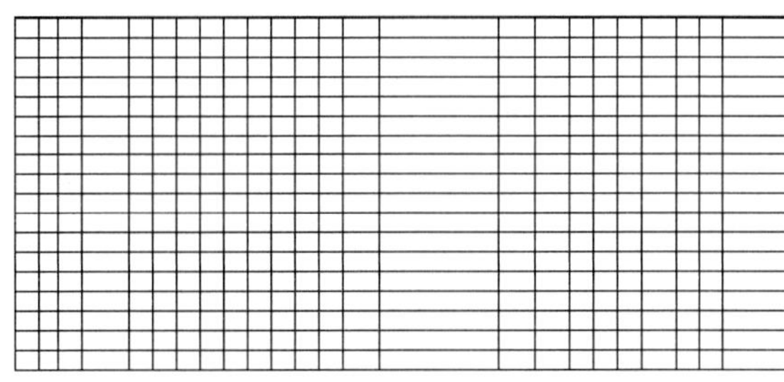

图 7-66　偏移直线 2

（6）单击“默认”选项卡“绘图”面板中的“多段线”按钮，设置线宽为 30，在图中合适的位置绘制一条水平多段线，如图 7-67 所示。

（7）单击“默认”选项卡“修改”面板中的“修剪”按钮，修剪掉多余的直线，结果如图 7-68 所示。

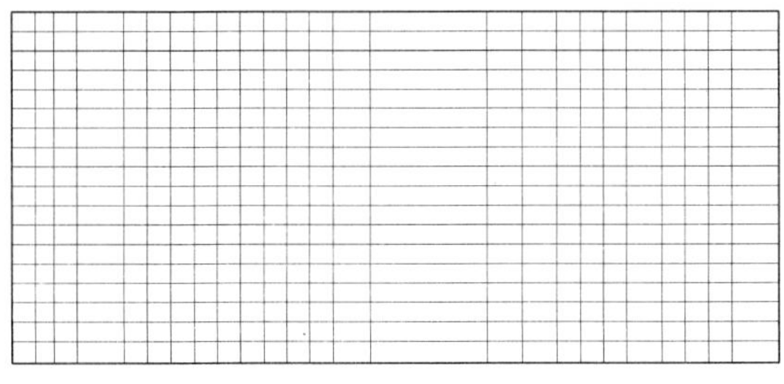

图 7-67　绘制多段线 2

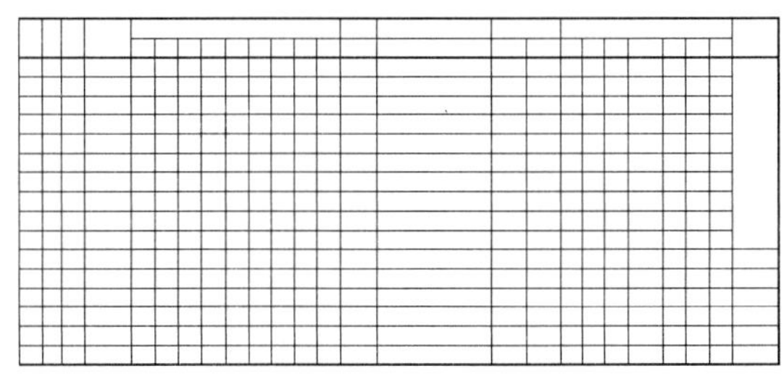

图 7-68　修剪直线

（8）单击“默认”选项卡“注释”面板中的“多行文字”按钮 A，调整文字高度，输入标题，如图 7-69 所示。

Note

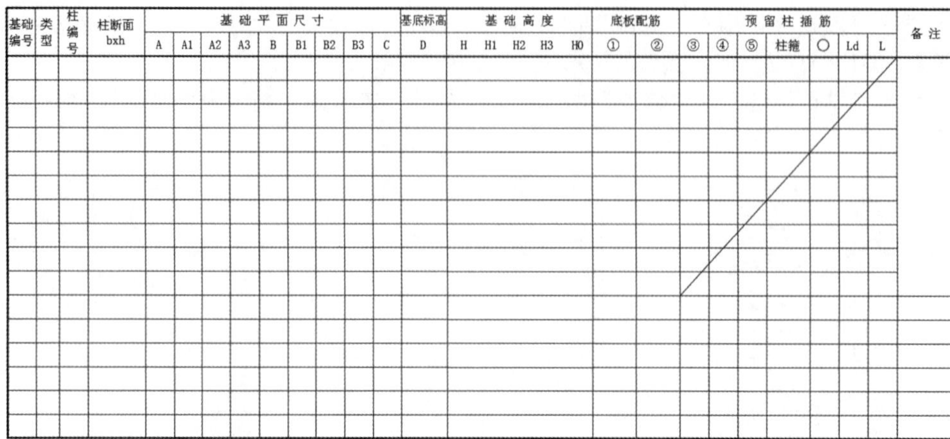

基础编号	类型	柱编号	柱断面bxh	基础平面尺寸									基底标高	基础高度					底板配筋		预留柱插筋							备注
				A	A1	A2	A3	B	B1	B2	B3	C	D	H	H1	H2	H3	H0	①	②	③	④	⑤	柱箍	○	Ld	L	

图 7-69　输入标题

（9）单击“默认”选项卡“注释”面板中的“多行文字”按钮 A，在表内输入文字内容，如图 7-70 所示。

基础编号	类型	柱编号	柱断面bxh	基础平面尺寸									基底标高	基础高度					底板配筋		预留柱插筋							备注
				A	A1	A2	A3	B	B1	B2	B3	C	D	H	H1	H2	H3	H0	①	②	③	④	⑤	柱箍	○	Ld	L	
J-1	I		见柱表	2800	350	变数		2800	350	变数			-2.25	700	350	350	0	1550	14@200	14@200								表中A1A2注明为变数的应根据具体柱子的尺寸确定
J-2	I		见柱表	3000	350	变数		2600	350	变数			-2.25	700	350	350	0	1550	14@200	14@200								
J-2a	I		见柱表	3000	350	变数		2600	350	变数			-2.25	700	350	350	0	1550	14@200	14@200								
J-3	I		见柱表	2500	350	变数		2300	350	变数			-2.25	700	350	350	0	1550	14@200	14@200								
J-3a			见柱表										-2.25	700	350	350	0	1550	14@200	14@200				见柱表				
J-4	I		见柱表	2400	300	变数		2400	300	变数			-2.25	600	300	300	0	1650	12@200	14@200								
J-5	I		见柱表	2300	300	变数		2500	300	变数			-2.25	600	300	300	0	1650	12@200	12@200								
J-6	I		见柱表	2500	300	变数		2300	300	变数			-2.25	600	300	300	0	1650	12@200	12@200								
J-7			见柱表										-2.25	700	350	350	0	1550	12@150	12@150								
J-8	I		见柱表	2200	300	变数		2200	300	变数			-2.25	500	300	200	0	1750	12@200	12@200								

图 7-70　输入文字

（10）将“文字”图层设置为当前图层，单击“默认”选项卡“注释”面板中的“多行文字”按钮 A，在图中右侧标注文字说明，如图 7-71 所示。

说明:

1本表尺寸单位为毫米 ， 标高为米,±0.000 相对绝对标高为现场确定,内外地台高差为450毫米.

2.本工程基础混凝土用C20 级,垫层C10级.钢筋Ⅱ级(Φ): fy=310N/mm². 及Ⅰ级(Φ) fy=210 N/mm²,基础钢筋保护层厚度为35 mm, 柱插筋为 45d.

3.本图以柱中心线为准,柱中线与轴线关系及基础.柱位尺寸详见基础平面图所注尺寸,并以基础平面图为准.

4.当底边长度 A或B大于3米时,该方向的钢筋长度可缩短 10% ,并交错放置,且与柱断面h方向平行的基础底板筋放在下层. J-3a、J-7 钢筋长度不缩短 .

5.基础的预留柱子插筋位置.数量.直径、接驳次数.柱箍直径和型式应与首层柱配筋相同,并以该柱柱表为准.接头区段及L范围柱箍筋加密为Φ8@100基础内稳定箍筋为三个， 其直径同首层柱箍

6.一种基础有多种柱编号或联合基础内柱断面不同时,基础内柱插筋及柱断面尺寸应按首层柱表及基础平面图中柱位施工.

图 7-71　标注文字说明

将绘制完成后的详图及柱表摆放到合适的位置，然后单击“插入”选项卡“块”面板中的“插入”按钮，将“源文件\图库\A2 图签”插入图中合适的位置，结果如图 7-72 所示。

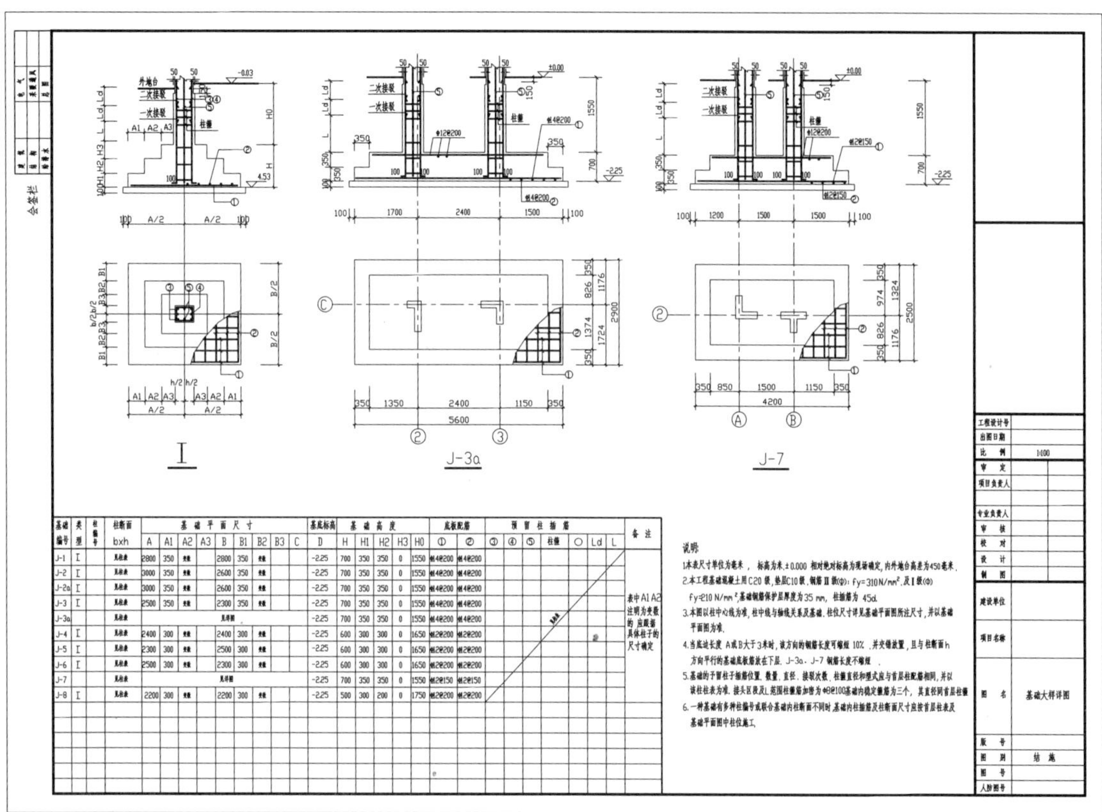

图 7-72　插入图框

7.6　实践与操作

通过前面的学习，读者对本章知识有了大体的了解。本节通过几个操作练习使读者进一步掌握本章知识要点。

7.6.1　绘制楼梯详图

1. 目的要求

本练习绘制如图 7-73 所示的楼梯详图。楼梯详图主要包括楼梯的平面图、楼梯侧立面图及楼梯的梁板配筋详图。绘制楼梯详图时，首先要注意楼梯的轴线位置，并且要表达清楚楼梯板的配筋情况。楼梯台阶绘制时可采用“矩形阵列”或者“复制”命令。在绘制楼梯侧立面图时，采用“镜像”命令以简化绘图过程。

2. 操作提示

（1）绘图准备。

（2）绘制楼梯平面图。

Note

（3）绘制 A-A 剖面图。

（4）绘制梁截面配筋图。

（5）文字说明及插入图框。

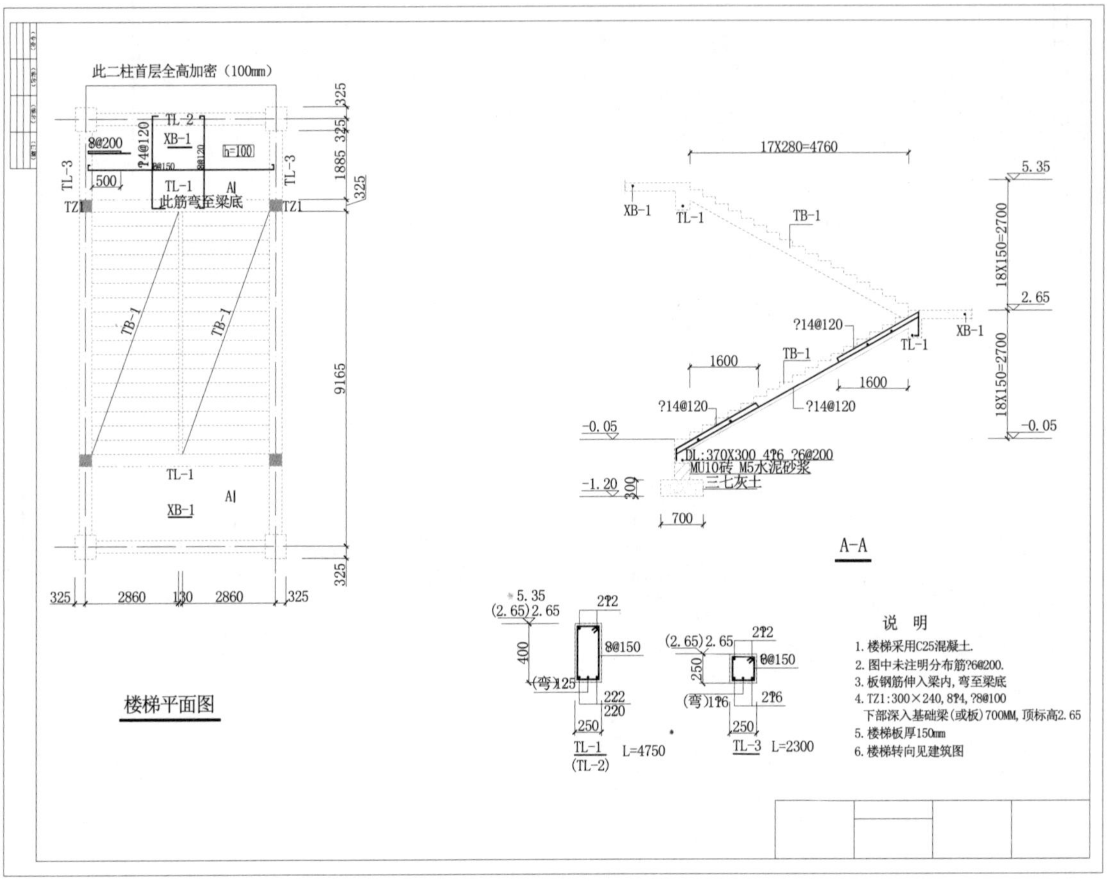

说　明

1. 楼梯采用C25混凝土.
2. 图中未注明分布筋?6@200.
3. 板钢筋伸入梁内，弯至梁底
4. TZ1:300×240，8?4，?8@100 下部深入基础梁（或板）700MM，顶标高2.65
5. 楼梯板厚150mm
6. 楼梯转向见建筑图

图 7-73　楼梯详图

7.6.2　绘制基础平面详图

1. 目的要求

绘制如图 7-74 所示的基础平面详图，要求读者通过练习熟悉和掌握基础平面详图的绘制方法。

2. 操作提示

（1）绘制基础。

（2）绘制钢筋。

（3）尺寸标注。

（4）文字标注。

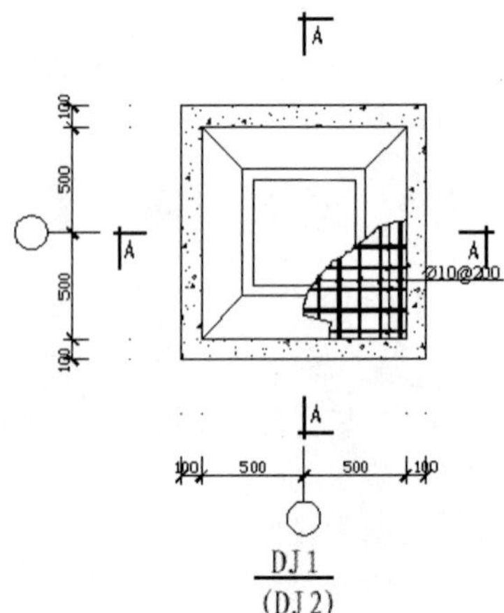

图 7-74　基础平面详图

柱设计

柱设计属于土木工程结构平面图中的重要内容。本章以别墅柱布置平面图和柱详图设计为例介绍土木工程设计中柱设计的内容，同时，详细讲解柱设计图纸的绘制方法，使读者在逐步了解设计过程的同时，掌握绘图的操作方法。

- ☑ 钢筋符号
- ☑ 别墅框架柱布置图绘制实例
- ☑ 别墅柱配筋详图绘制实例
- ☑ 别墅柱纵剖面图绘制实例
- ☑ 别墅柱截面型式图绘制实例
- ☑ 别墅箍筋大样图绘制实例
- ☑ 别墅柱表绘制实例

任务驱动&项目案例

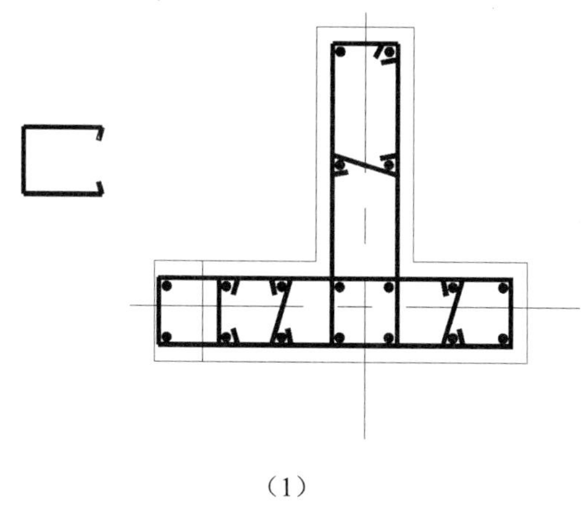

（1）

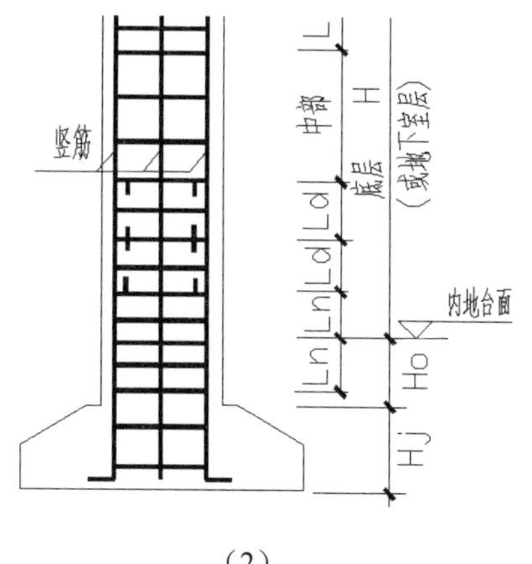

（2）

8.1 钢筋符号

钢筋是现代建筑结构中必不可少的建筑材料和构件，在建筑结构图中，有各种各样的钢筋符号，下面进行简要说明。

8.1.1 一般钢筋的表示方法

钢筋混凝土结构中包含各种各样的钢筋，需要用不同的图例来表示，普通钢筋的表示方法如表 8-1 所示。

表 8-1 普通钢筋的表示方法

序号	名称	图例	说明
1	钢筋横断面		
2	无弯钩的钢筋端部		表示长、短钢筋投影重叠时，短钢筋的端部用 45° 斜画线表示
3	带半圆形弯钩的钢筋端部		
4	带直钩的钢筋端部		
5	带丝扣的钢筋端部		
6	无弯钩的钢筋搭接		
7	带半圆弯钩的钢筋搭接		
8	带直钩的钢筋搭接		
9	花篮螺丝钢筋接头		
10	机械连接的钢筋接头		用文字说明机械连接的方式（如冷挤压或锥螺纹等）

预应力钢筋的表示方法如表 8-2 所示。

表 8-2 预应力钢筋的表示方法

序号	名称	图例
1	预应力钢筋或钢绞线	
2	后张法预应力钢筋断面 无黏结预应力钢筋断面	
3	单根预应力钢筋断面	
4	张拉端锚具	
5	固定端锚具	
6	锚具的端视图	
7	可动连接件	
8	固定连接件	

Note

8.1.2　钢筋焊接接头的表示方法

钢筋焊接接头有特殊的表示方法，如表 8-3 所示。

表 8-3　钢筋焊接接头的表示方法

序　　号	名　　称	标 注 方 法
1	单面焊接的钢筋接头	
2	双面焊接的钢筋接头	
3	用帮条单面焊接的钢筋接头	
4	用帮条双面焊接的钢筋接头	
5	接触对焊的钢筋接头（闪光焊、压力焊）	
6	坡口平焊的钢筋接头	60° b
7	坡口立焊的钢筋接头	45° b
8	用角钢或扁钢做连接板焊接的钢筋接头	
9	钢筋或螺（锚）栓与钢板穿孔塞焊的接头	

8.1.3　钢筋在构件中的表示方法

在结构中，钢筋应按照以下规定进行绘制，如表 8-4 所示。

Note

表 8-4　钢筋在构件中的表示方法

序　　号	说　　明	图　　例
1	在结构平面图中配置双层钢筋时，底层钢筋的弯钩应向上或向左，顶层钢筋的弯钩则向下或向右	
2	钢筋混凝土墙体配双层钢筋时，在配置立面图中，远面钢筋的弯钩应向上或向左，而近面钢筋的弯钩应向下或向右（JM 近面；YM 远面）	JM JM YM YM JM JM YM YM
3	若在断面图中不能表达清楚的钢筋布置，应在断面图外增加钢筋大样图（如钢筋混凝土墙、楼梯等）	
4	图中所表示的箍筋、环筋等。若布置复杂时，可加画钢筋大样及说明	
5	每组相同的钢筋、箍筋或环筋，可用一根粗实线表示，同时用一两端带斜短画线的横穿细线，表示其余钢筋及起止范围	

说明：❶ 钢筋、钢丝束的说明应给出钢筋的代号、直径、数量、间距、编号及所在位置，其说明应沿钢筋的长度标注或在相关钢筋的引出线上。

❷ 钢筋网片的编号应标注在对角线上。网片的数量应与网片的编号标注在一起。

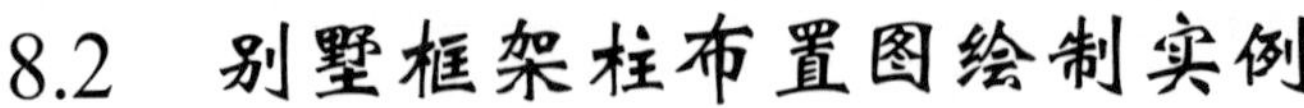

8.2　别墅框架柱布置图绘制实例

视频讲解

框架结构的柱网布置既要满足生产工艺和建筑平面布置的要求，又要使结构受力合理，施工方便。柱网尺寸及层高应根据建筑功能要求、施工条件及材料设备等各方面因素来确定。

8.2.1　编辑旧文件

为了绘图方便，一般是在原有的类似结构的图形上进行修改，本例是在“基础梁平面配筋图”的基础上进行修改的。

（1）打开 AutoCAD 2024 应用程序，选择菜单栏中的“文件”→“打开”命令，打开“选择文件”对话框，选择在初步设计中已经绘制的图形文件“基础梁平面配筋图”；或者在最近打开的文档列表中选择“基础梁平面配筋图”，双击打开文件，将文件另存为“框架柱布置图.dwg”并保存，打

Note

开后的图形如图 8-1 所示。

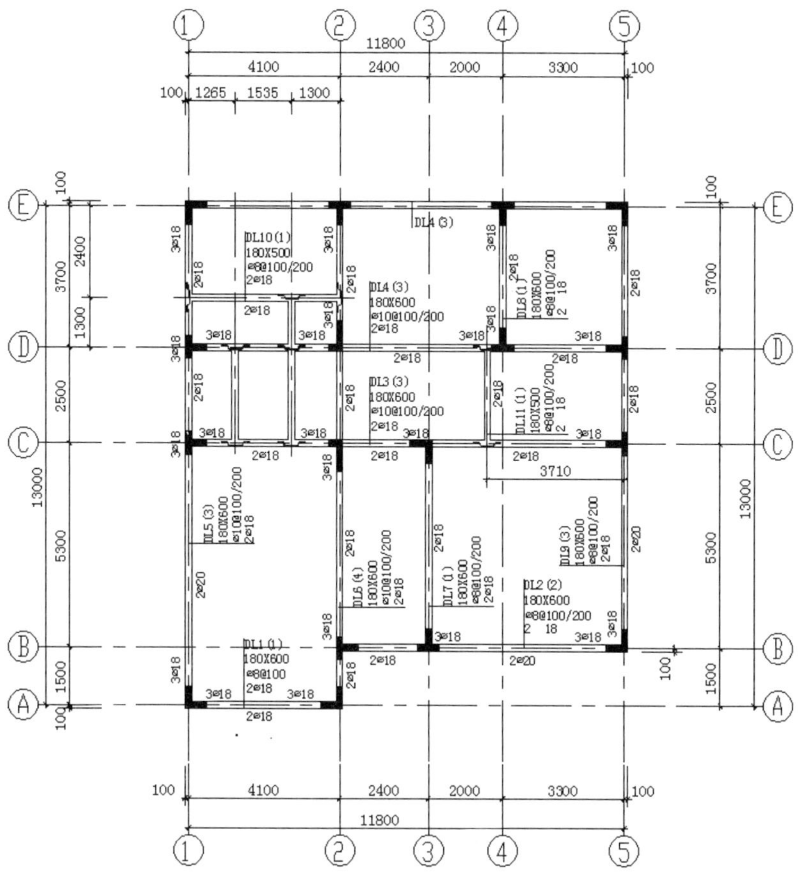

图 8-1　打开另存的“框架柱布置图”施工图

（2）单击“默认”选项卡“修改”面板中的“删除”按钮，将图中的梁、吊筋、文字标注以及部分尺寸标注删除，然后整理图形，结果如图 8-2 所示。

技巧： 删除梁等内容时也可以采用编辑图层的方法，如在“图层特性管理器”对话框中选中“梁”图层，然后单击“删除”按钮，则删除“梁”图层，绘图区域中“梁”图层中的所有图形也被随之删除。如果“梁”图层在后面的绘图中有可能用到，则可不进行删除操作，可以通过编辑“梁”图层中的“开关”“冻结”“锁定”等属性来控制图层的状态。

☑ 开关：关闭图层后，该层上的实体不能在屏幕上显示或由绘图仪输出。重新生成图形时，层上的实体仍将重新生成 。

☑ 冻结：冻结图层后，该层上的实体不能在屏幕上显示或由绘图仪输出。重新生成图形时，冻结层上的实体将不被重新生成。

☑ 锁定：图层上锁后，用户只能观察该层上的实体，不能对其进行编辑和修改，但实体仍可以显示和输出。

根据上述各状态开关的功能，如果想达到如图 8-2 所示的图形效果，则直接冻结图层即可。

（3）单击“默认”选项卡“绘图”面板中的“直线”按钮，在图中合适的位置分别绘制长为 90、180、90 的直线，如图 8-3 所示。

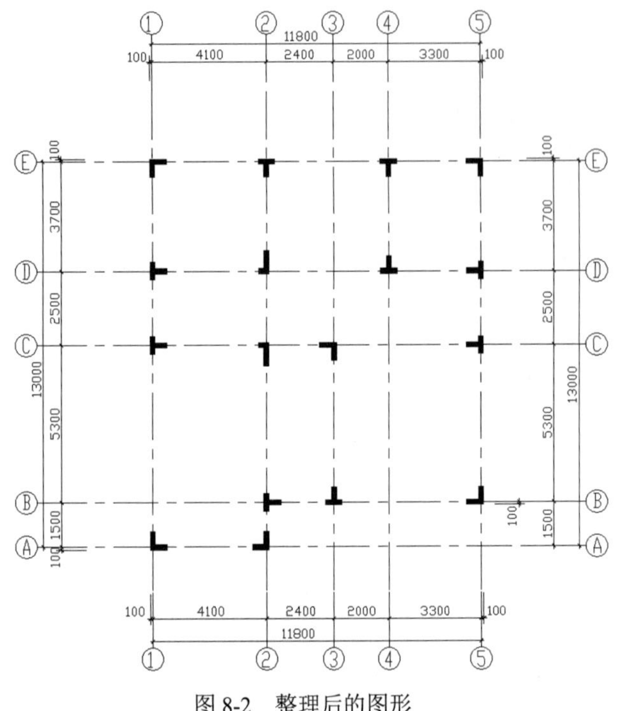

图 8-2　整理后的图形

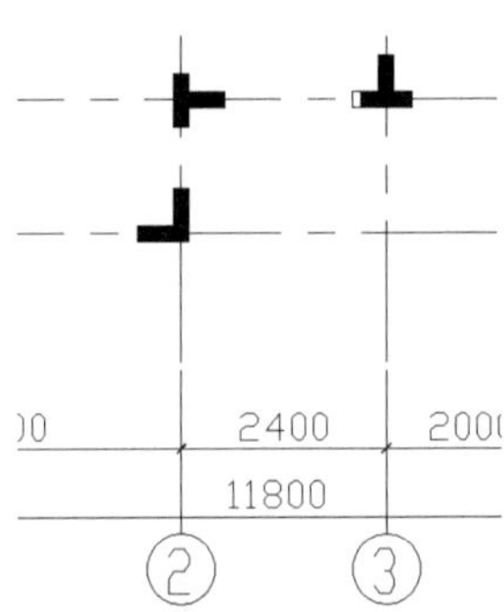

图 8-3　绘制直线

（4）单击“默认”选项卡“绘图”面板中的“图案填充”按钮，打开“图案填充创建”选项卡，将“图案填充图案”设置为SOLID。选择填充区域，然后填充图形，结果如图8-4所示。

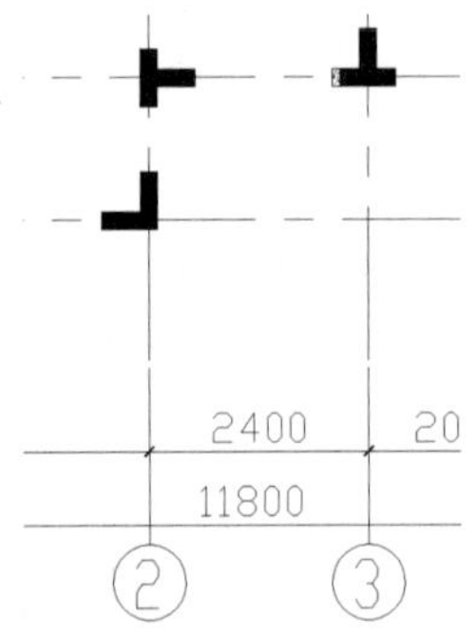

图 8-4　填充图形

8.2.2　标注尺寸

首先按照要求对标注样式进行设置，然后利用“线性”等命令对图形进行标注。

（1）单击“默认”选项卡“注释”面板中的“标注样式”按钮，打开“标注样式管理器”对话框，单击“修改”按钮，打开“修改标注样式：ISO-25”对话框，然后分别对各个选项卡进行设置，可参照前面章节的介绍，这里不再赘述。

（2）单击“注释”选项卡“标注”面板中的“线性”按钮，为图形进行尺寸标注，结果如图8-5所示。

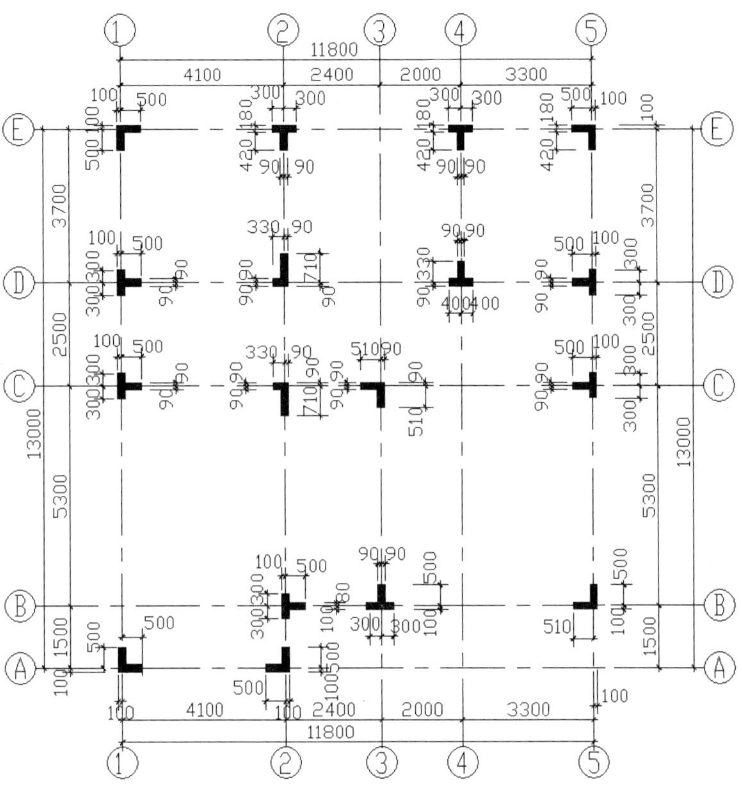

图 8-5　标注尺寸

8.2.3　标注文字

文字标注主要利用“直线”和“多行文字”等命令进行标注。

（1）单击“默认”选项卡“绘图”面板中的“直线”按钮，在图中引出直线，如图 8-6 所示。

（2）单击“默认”选项卡“注释”面板中的“多行文字”按钮 A，在直线上方输入文字，如图 8-7 所示。

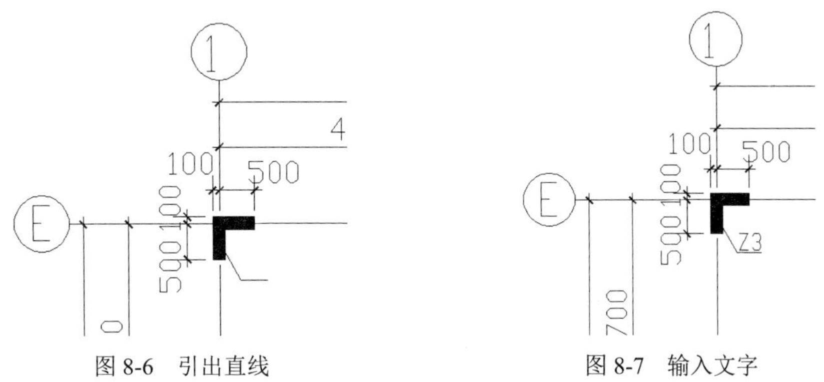

图 8-6　引出直线　　　　图 8-7　输入文字

（3）同理，标注其他位置的文字，结果如图 8-8 所示。

Note

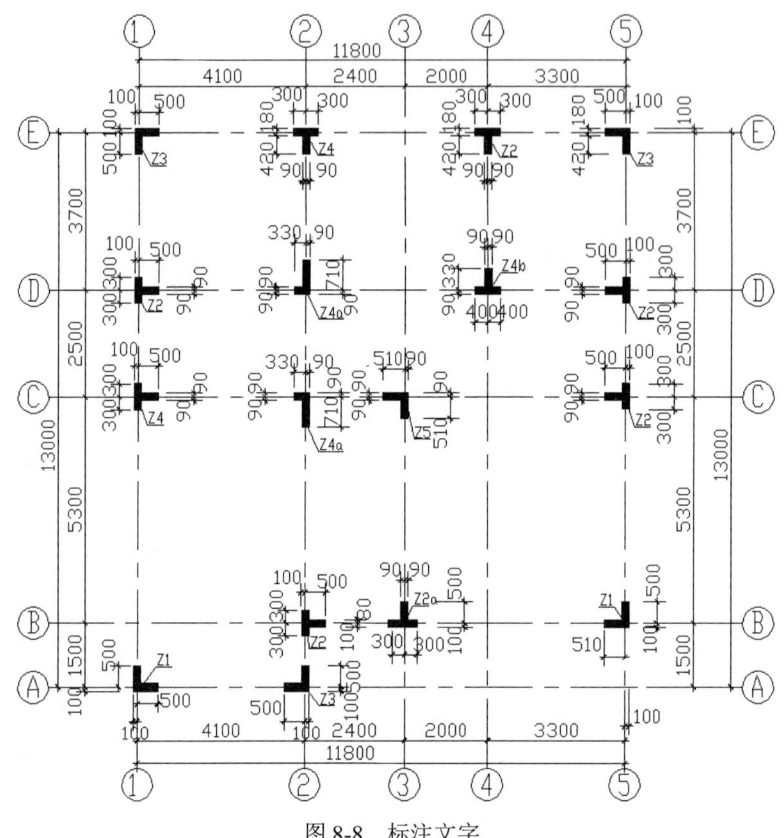

图 8-8　标注文字

（4）单击“默认”选项卡“注释”面板中的“多行文字”按钮A，在图形下方输入图名“框架柱布置图”。

（5）单击“默认”选项卡“绘图”面板中的“多段线”按钮，在文字下方绘制一条多段线，然后单击“默认”选项卡“绘图”面板中的“直线”按钮，绘制一条水平线，最终完成图名的绘制，结果如图 8-9 所示。

框架柱布置图 1:100

图 8-9　标注图名

8.3　别墅柱配筋详图绘制实例

对于截面尺寸相同，配筋也相同的柱子，可以绘制一个扩大图，首先对配筋的形式进行详细绘制，然后对相同的柱子进行统一编号，这样既详细绘制出了配筋详图，又使图面整洁美观。下面将详细讲解其中一种柱子配筋详图的绘制方法，其他柱配筋详图与此类似，这里不再赘述。

8.3.1　绘制配筋

视频讲解

结构设计的配筋是指把构件计算出的（或规范构造要求的）钢筋截面积，如何选择直径、根数、间距等，布置在图纸上达到设计正确且便于施工的目的。

（1）单击“默认”选项卡“图层”面板中的“图层特性”按钮，打开“图层特性管理器”对话框，新建图层并设置其名称为“钢筋”，线型采用实线，线宽设置为 0.3mm，如图 8-10 所示。

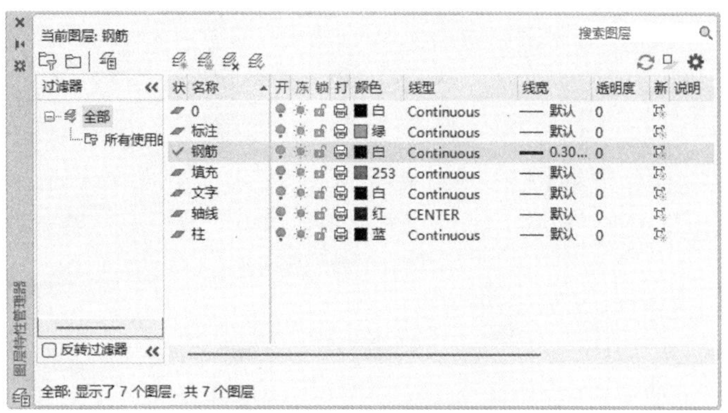

图 8-10　新建“钢筋”图层

（2）选择 3 号轴与 B 号轴间的交点柱，将此柱扩大 5 倍，缩放时以轴线的交点为基点。

（3）将“钢筋”图层设置为当前图层，单击“默认”选项卡“修改”面板中的“删除”按钮，将缩放后柱子的填充图案删除，如图 8-11 所示。

（4）单击“默认”选项卡“绘图”面板中的“多段线”按钮，绘制钢筋，如图 8-12 所示。

（5）单击“默认”选项卡“绘图”面板中的“多段线”按钮，在图形右上角绘制 135° 弯钩，如图 8-13 所示。

图 8-11　删除填充图案　　图 8-12　绘制钢筋

（6）单击“默认”选项卡“绘图”面板中的“多段线”按钮，绘制图中其他位置的箍筋，如图 8-14 所示。

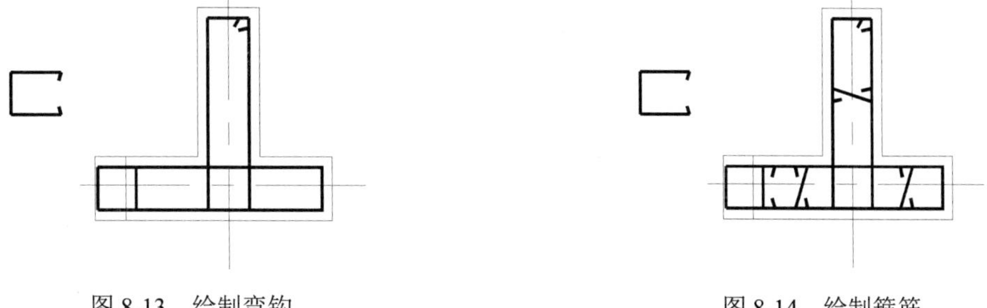

图 8-13　绘制弯钩　　图 8-14　绘制箍筋

技巧： 由于原来柱放大了 5 倍，则绘制的箍筋也要随之放大 5 倍，这样才能放置到柱中，大小匹配，但是在绘制时仍按照实际尺寸进行绘制，这样有利于尺寸的确定。

说明： 在结构混凝土设计中，考虑构件耐久性的影响，构件要满足一定的保护层厚度（钢筋的外边缘至混凝土表面的距离），保护层厚度不但与构件类别有关，还与构件所处的环境、混

凝土的强度等级有关。根据《混凝土结构设计规范》中表 8.2.1 规定，对于混凝土强度等级为 C25～C45，环境类别为二类 a 时，柱的保护层厚度为 25mm。9.2.10 条中规定：受扭所需箍筋的末端应做成 135°弯钩，弯钩端头平直段长度不应小于 10*d*，*d* 为箍筋直径。

（7）单击“默认”选项卡“绘图”面板中的“圆”按钮，在图中绘制一个圆，如图 8-15 所示。

（8）单击“默认”选项卡“绘图”面板中的“图案填充”按钮，填充圆，如图 8-16 所示。

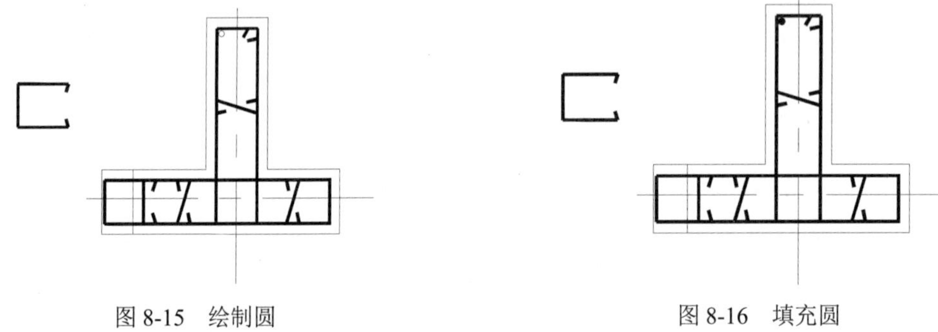

图 8-15　绘制圆　　　　图 8-16　填充圆

（9）单击“默认”选项卡“修改”面板中的“复制”按钮，将圆复制到图中其他位置，完成纵筋的绘制，结果如图 8-17 所示。

技巧： 合理地选择操作命令，可以达到简化绘图步骤、精确定位的效果。对于规则的图形，可以通过“镜像”命令进行大批量的复制；对于非规则的图形，要通过“复制”命令或其他命令进行操作。

原来设定的标注样式只能标注 1∶1 比例绘制的实际尺寸，而绘制钢筋时，将柱子扩大了 5 倍，即绘图比例为 5∶1，因此需要重新建立新的标注样式来标注扩大后的柱子。

（1）单击“默认”选项卡“注释”面板中的“标注样式”按钮，打开“标注样式管理器”对话框，单击“新建”按钮，如图 8-18 所示。打开“创建新标注样式”对话框，给标注样式命名为“扩大柱”，如图 8-19 所示。

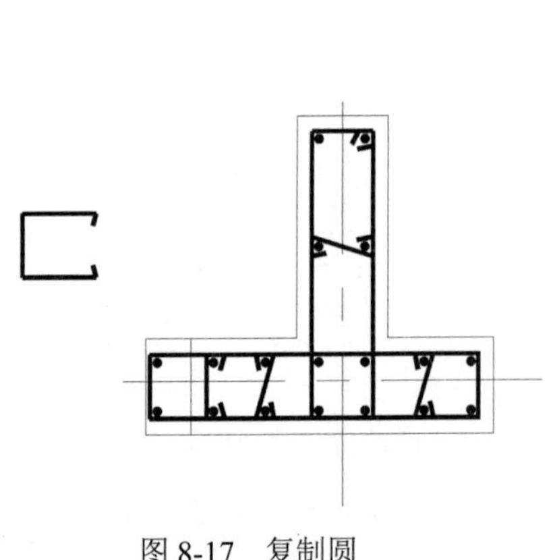

图 8-17　复制圆

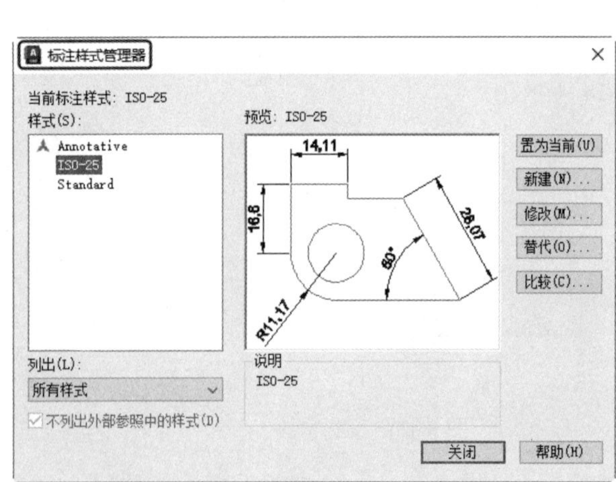

图 8-18　“标注样式管理器”对话框

（2）单击“继续”按钮，打开“新建标注样式：扩大柱”对话框，在“主单位”选项卡中将“比例因子”设置为 0.2，如图 8-20 所示。

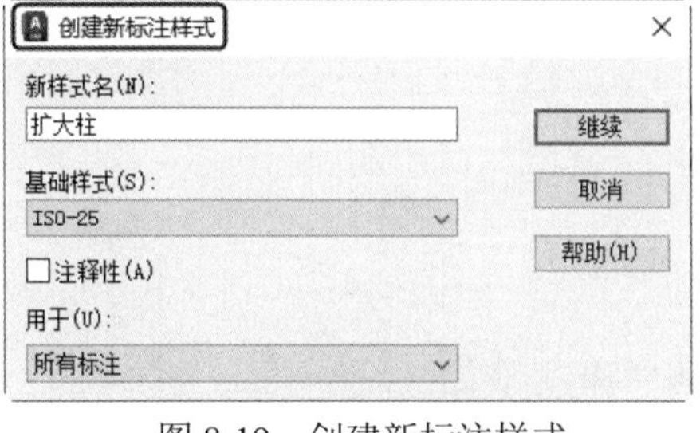

图 8-19　创建新标注样式

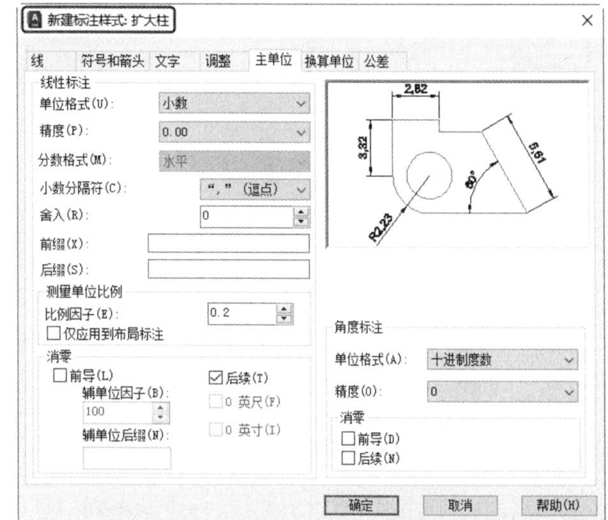

图 8-20　修改比例因子

说明： 在“创建新标注样式”对话框中，3 个选项的功能如下。① 新样式名，设置新创建的尺寸样式名称。② 基础样式，选择该下拉列表框中某一已定义的尺寸标注样式后，AutoCAD 将根据该样式创建新的尺寸标注样式。但往往新的尺寸标注样式在某些特征参数上和原尺寸标注样式有些不同，这也正是要创建新的尺寸标准样式的理由。③ 用于，利用该下拉列表框，用户可选择是要创建全局尺寸标注样式还是特定尺寸标注子样式。选择“所有标注”选项，表明用户将创建全局尺寸标注样式。该尺寸标注样式与原尺寸标注样式的地位是并列的。选择其他选项，表明用户将创建特定尺寸标注子样式，该子样式是从属于原尺寸标注样式的。通常子样式都是相对某一具体的尺寸标注类型而言的，即子样式仅仅适用于某一种尺寸标注类型，而全局尺寸标注样式一般都是应用于较普遍或大部分尺寸变形的设置。设置在全局尺寸标注样式上的参数作用于每一个子样式，而子样式在其尺寸标注样式中设置的参数又优先于全局尺寸标注样式。当标注某一类尺寸时，如果当前样式是全局尺寸标注样式，那么 AutoCAD 将进行搜索，看其下是否有与该类型尺寸相对应的子样式。如果有，AutoCAD 将按照该子样式中设置的模式来标注尺寸；若没有子样式，AutoCAD 将按全局标注样式所设置的模式来标注尺寸。

技巧： 比例因子是用来控制线性尺寸的比例的，AutoCAD 规定系统变量 DIMLFAC 来保存该值。如果按 1∶10 的比例绘制图形（即图纸上的某线段实际长度为 100，但要标注其尺寸长度为 1000），那么可输入 10。如果用户按 5∶1 的比例绘制图形（即图纸上所画的某线段实际长度为 500，但要将其尺寸长度标注为 100），那么可在该增量框中输入 0.2。同理，如果用户按 1∶1 的比例绘制图形，那么在该增量框中输入 1。

使用不同的比例因子标注出来的效果分别如图 8-21 和图 8-22 所示。

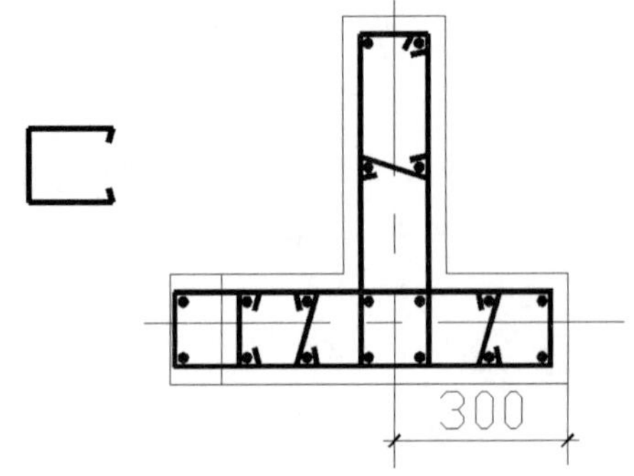

图 8-21　比例因子为 3 的标注

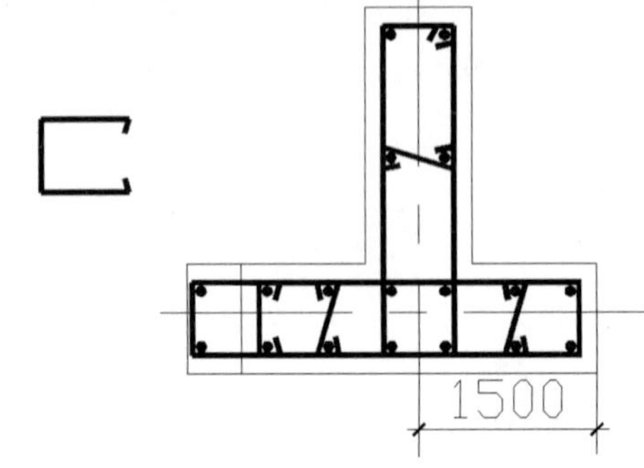

图 8-22　比例因子为 1 的标注

（3）同理，单击“注释”选项卡“标注”面板中的“线性”按钮，完成柱配筋详图的标注，结果如图 8-23 所示。

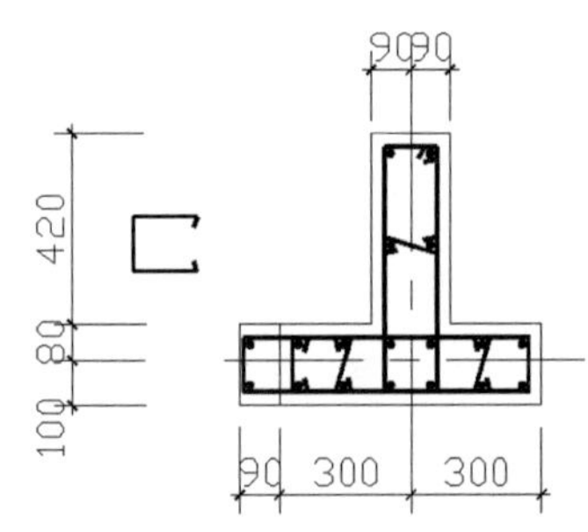

图 8-23　标注柱配筋详图

8.3.2 标注文字

文字标注是施工图中重要的部分，这里主要利用了“直线”“多行文字”等命令。

（1）单击“默认”选项卡“绘图”面板中的“直线”按钮，在图中引出直线，如图 8-24 所示。

（2）单击“默认”选项卡“注释”面板中的“多行文字”按钮 A，在直线上方输入文字，如图 8-25 所示。

视频讲解

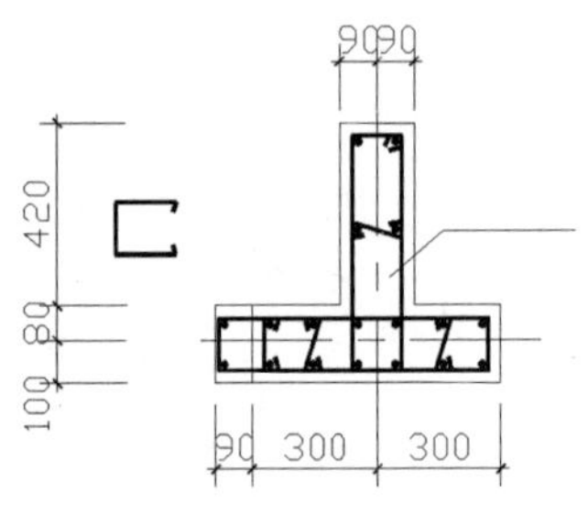

图 8-24　引出直线

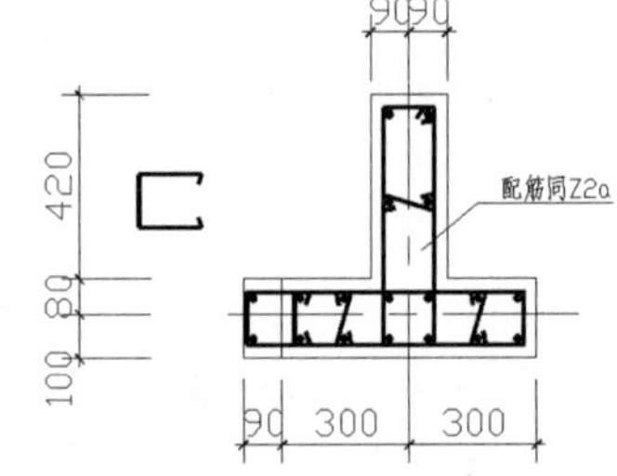

图 8-25　输入文字

（3）同理，标注其他位置的文字，结果如图 8-26 所示。

（4）单击“默认”选项卡“注释”面板中的“多行文字”按钮 A、“绘图”面板中的“直线”按钮和“多段线”按钮，标注图名，如图 8-27 所示。

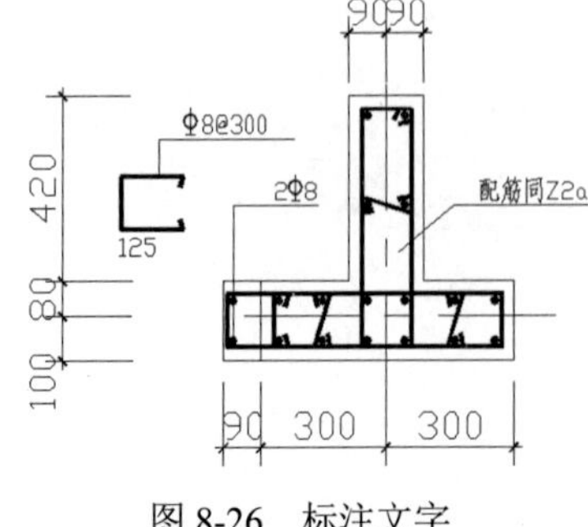

图 8-26　标注文字

图 8-27　标注图名

视频讲解

8.4　别墅柱纵剖面图绘制实例

顺着物体轴心线的方向切断物体后所呈现出的表面为纵剖面。如圆柱体的纵剖面是一个长方形。本例介绍别墅柱纵剖面图的绘制方法及技巧。

8.4.1　绘制钢筋

钢筋是结构图中的主要组成部分，这里主要采用“多段线”“偏移”“镜像”“复制”等命令。

（1）单击“默认”选项卡“绘图”面板中的“多段线”按钮，设置线宽为 45，绘制一条竖向多段线，如图 8-28 所示。

（2）单击“默认”选项卡“修改”面板中的“偏移”按钮，将步骤（1）中绘制的多段线向两侧偏移适当的距离，如图 8-29 所示。

（3）单击“默认”选项卡“绘图”面板中的“多段线”按钮，以偏移后的多段线的下端点为起点，分别向两侧绘制较短的多段线，如图 8-30 所示。

（4）单击“默认”选项卡“绘图”面板中的“多段线”按钮，以偏移后的多段线的上端点为起点，绘制多段线，如图 8-31 所示。

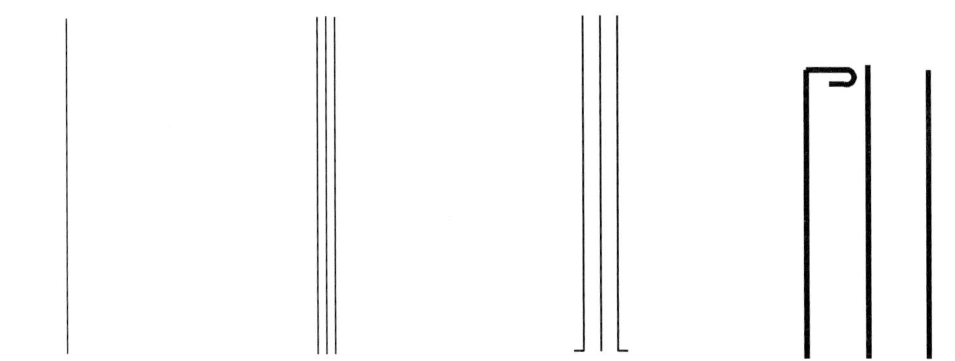

图 8-28　绘制竖向多段线　　图 8-29　偏移多段线　　图 8-30　绘制较短多段线　　图 8-31　绘制多段线

（5）单击“默认”选项卡“修改”面板中的“镜像”按钮，将步骤（4）中绘制的多段线镜像到另外一侧，完成竖筋的绘制，如图 8-32 所示。

（6）单击“默认”选项卡“绘图”面板中的“多段线”按钮，在竖筋内侧绘制水平多段线，如图 8-33 所示。

（7）单击“默认”选项卡“修改”面板中的“复制”按钮，将水平多段线向下依次进行复制，完成箍筋的绘制，如图 8-34 所示。

（8）单击“默认”选项卡“绘图”面板中的“多段线”按钮，在箍筋上绘制较短的多段线，如图 8-35 所示。

（9）同理，绘制其他位置的较短多段线，如图 8-36 所示。

（10）单击“默认”选项卡“修改”面板中的“镜像”按钮，将绘制的较短多段线镜像到另外一侧，如图 8 37 所示。

（11）单击“默认”选项卡“修改”面板中的“复制”按钮，复制多段线，细化图形，如图 8-38 所示。

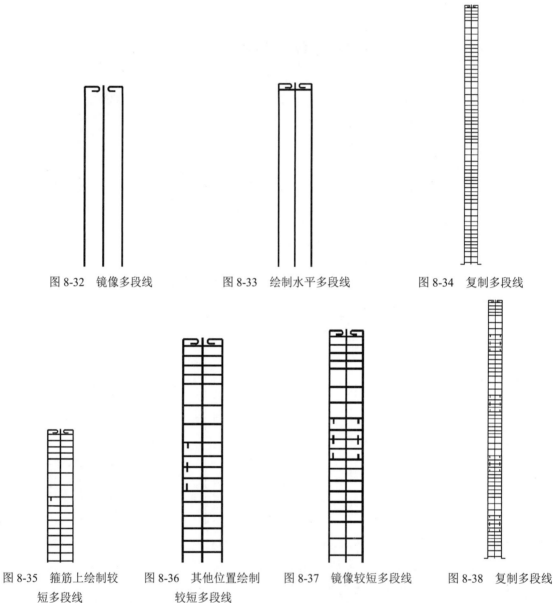

图 8-32　镜像多段线　　图 8-33　绘制水平多段线　　图 8-34　复制多段线

图 8-35　箍筋上绘制较短多段线　　图 8-36　其他位置绘制较短多段线　　图 8-37　镜像较短多段线　　图 8-38　复制多段线

8.4.2　绘制柱断面

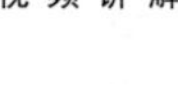

结构图中柱断面图也是体现柱子内部构造的重要部分。

（1）单击“默认”选项卡“绘图”面板中的“多段线”按钮，线宽保持默认，绘制一条水平多段线，如图 8-39 所示。

（2）单击“默认”选项卡“绘图”面板中的“多段线”按钮，在合适的位置处绘制连续多段线，如图 8-40 所示。

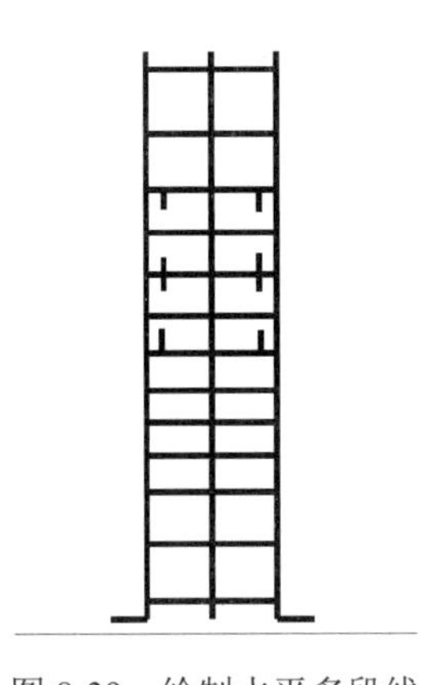
图 8-39　绘制水平多段线

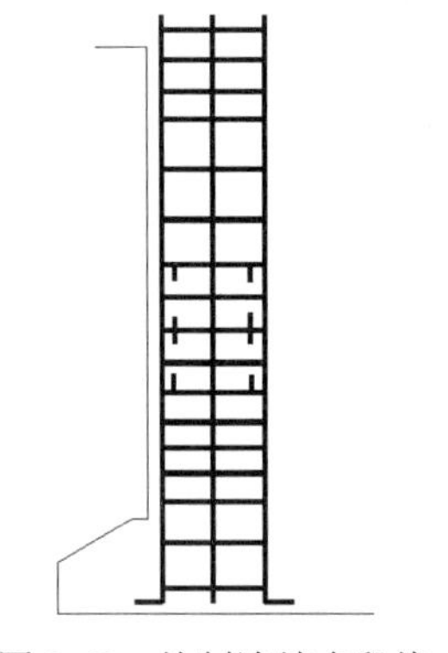
图 8-40　绘制连续多段线

（3）同理，完成其他位置处多段线的绘制，如图 8-41 所示。

（4）单击“默认”选项卡“绘图”面板中的“直线”按钮，绘制折断线，如图 8-42 所示。

（5）单击“默认”选项卡“修改”面板中的“复制”按钮，将绘制的折断线复制到图中其他位置处，如图 8-43 所示。

（6）单击“默认”选项卡“修改”面板中的“镜像”按钮，将左侧绘制的图形镜像到右侧，如图 8-44 所示。

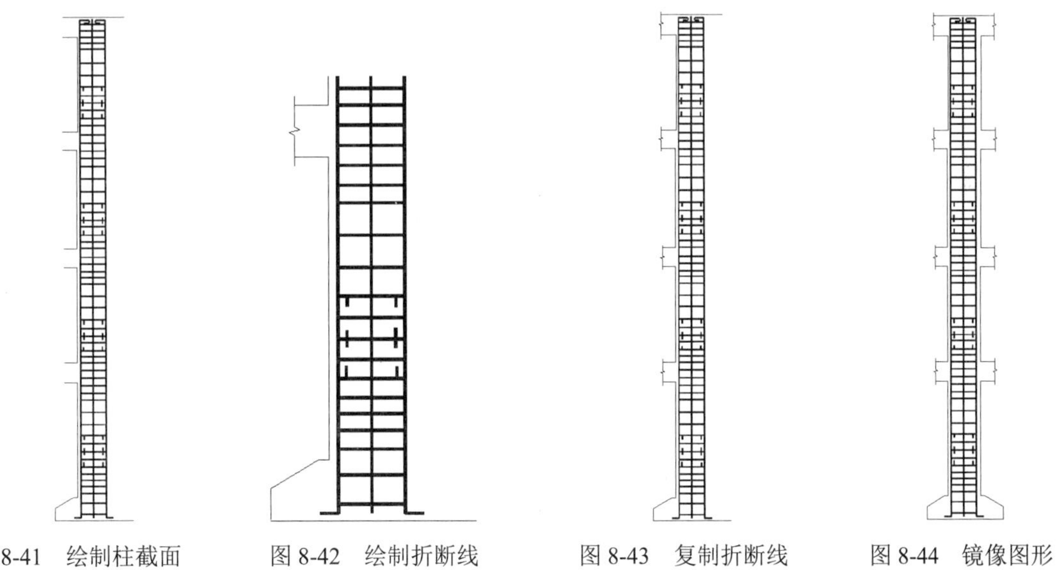
图 8-41　绘制柱截面　　图 8-42　绘制折断线　　图 8-43　复制折断线　　图 8-44　镜像图形

8.4.3　标注尺寸

视频讲解

尺寸标注是每个图纸中必不可少的。

（1）单击“注释”选项卡“标注”面板中的“线性”按钮，为图形进行尺寸标注，如图 8-45 所示。

（2）单击“默认”选项卡“绘图”面板中的“直线”按钮，在图中合适的位置绘制标高符号，如图 8-46 所示。

（3）单击“默认”选项卡“注释”面板中的“多行文字”按钮 A，在标高符号上方输入文字，如图 8-47 所示。

Note

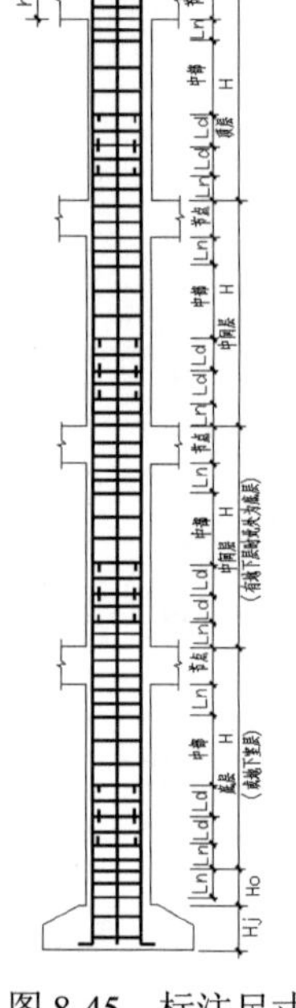
图 8-45　标注尺寸

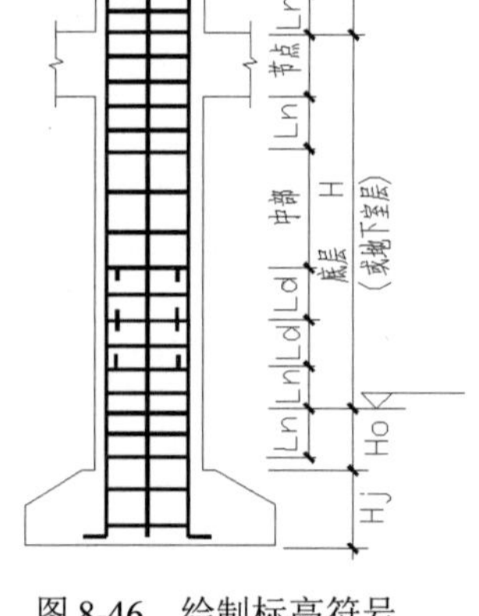
图 8-46　绘制标高符号

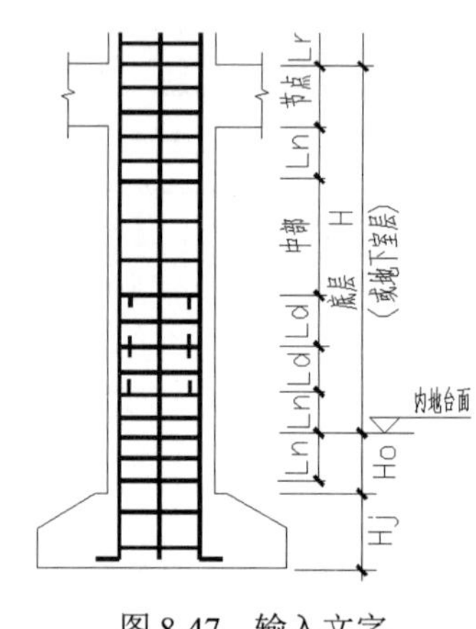

图 8-47　输入文字

8.4.4　标注文字

视频讲解

文字标注在读图过程中起到了举足轻重的作用。

（1）单击“默认”选项卡“绘图”面板中的“直线”按钮╱，在图中引出直线，如图 8-48 所示。

（2）单击“默认”选项卡“注释”面板中的“多行文字”按钮A，在步骤（1）中绘制的直线上方输入文字，如图 8-49 所示。

（3）同理，完成其他位置文字的标注，结果如图 8-50 所示。

（4）单击“默认”选项卡“注释”面板中的“多行文字”按钮A、“绘图”面板中的“直线”按钮╱和“多段线”按钮⤺，标注图名，如图 8-51 所示。

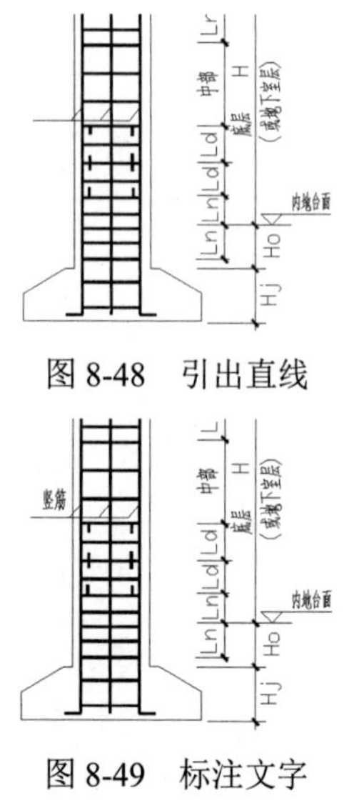
图 8-48　引出直线

图 8-49　标注文字

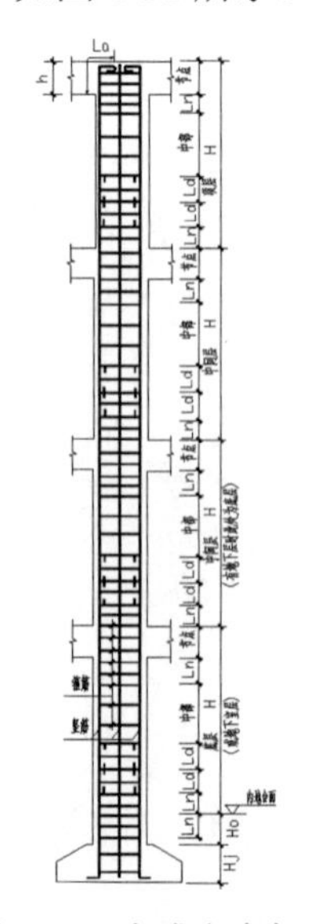
图 8-50　完成文字标注

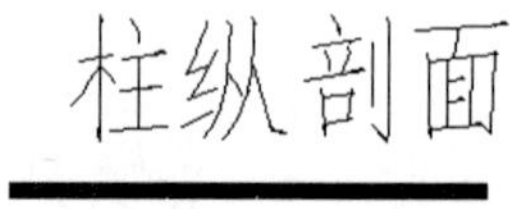

柱纵剖面

图 8-51　标注图名

8.5　别墅柱截面型式图绘制实例

Note

柱按截面形式分方柱、圆柱、管柱、矩形柱、工字形柱、H 型柱、T 型柱、L 型柱、十字形柱、双肢柱、格构柱等，本实例介绍如下几种柱截面的操作步骤与技巧。

8.5.1　绘制上下柱边平型式

视频讲解

绘制上下柱边平型式主要利用了“多段线”“直线”“线性”“多行文字”等命令。

（1）单击“默认”选项卡“绘图”面板中的“多段线”按钮，设置宽度为 45，竖直向下绘制一条多段线，如图 8-52 所示。

（2）单击“默认”选项卡“绘图”面板中的“多段线”按钮，设置宽度为 45，绘制插筋，如图 8-53 所示。

（3）单击“默认”选项卡“绘图”面板中的“直线”按钮，绘制折断线，如图 8-54 所示。

（4）单击“注释”选项卡“标注”面板中的“线性”按钮，为图形标注尺寸，如图 8-55 所示。

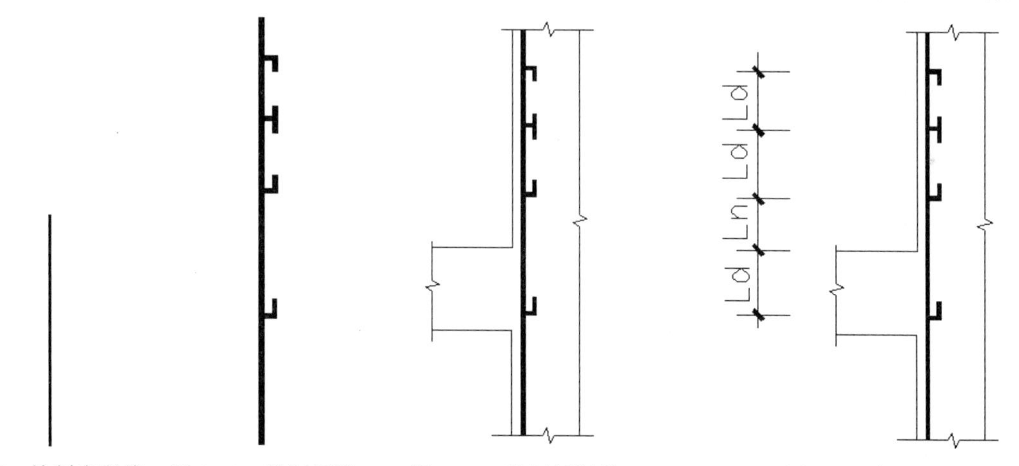

图 8-52　绘制多段线　图 8-53　绘制插筋　图 8-54　绘制折断线　图 8-55　标注尺寸

（5）单击“默认”选项卡“绘图”面板中的“直线”按钮和“注释”面板中的“多行文字”按钮 A，标注文字，如图 8-56 所示。

（6）单击“默认”选项卡“注释”面板中的“多行文字”按钮 A 和“绘图”面板中的“圆”按钮，绘制标号，如图 8-57 所示。

（7）单击“默认”选项卡“注释”面板中的“多行文字”按钮 A、“绘图”面板中的“直线”按钮和“多段线”按钮，标注图名，如图 8-58 所示。

8.5.2　绘制 C<6e 柱截面

视频讲解

绘制 C<6e 柱截面主要利用了“多段线”“直线”“线性”“多行文字”等命令。

（1）单击“默认”选项卡“绘图”面板中的“多段线”按钮，绘制上柱竖筋，如图 8-59 所示。

（2）单击“默认”选项卡“绘图”面板中的“多段线”按钮，绘制下柱钢筋，如图 8-60 所示。

（3）单击“默认”选项卡“绘图”面板中的“多段线”按钮，绘制插筋，如图 8-61 所示。

（4）单击“默认”选项卡“绘图”面板中的“直线”按钮╱，细化图形，如图 8-62 所示。

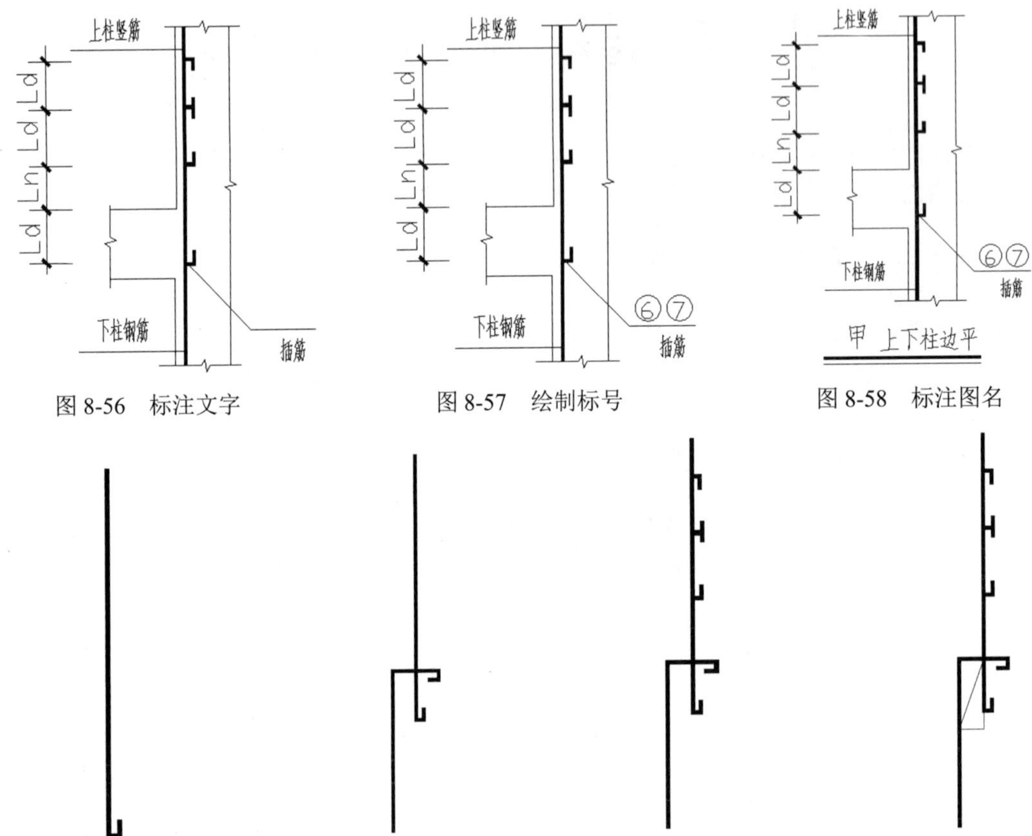

图 8-56　标注文字　　图 8-57　绘制标号　　图 8-58　标注图名

图 8-59　绘制上柱竖筋　　图 8-60　绘制下柱钢筋　　图 8-61　绘制插筋　　图 8-62　细化图形

（5）单击“默认”选项卡“绘图”面板中的“直线”按钮╱，绘制折断线，如图 8-63 所示。

（6）单击“注释”选项卡“标注”面板中的“线性”按钮├┤，为图形标注尺寸，如图 8-64 所示。

（7）单击“默认”选项卡“绘图”面板中的“直线”按钮╱和“注释”面板中的“多行文字”按钮A，标注文字，如图 8-65 所示。

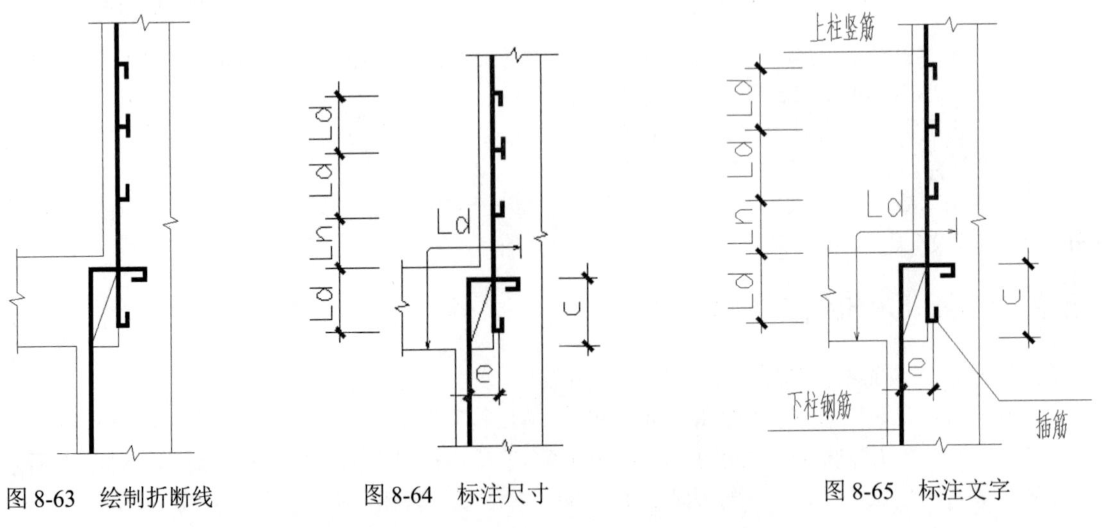

图 8-63　绘制折断线　　图 8-64　标注尺寸　　图 8-65　标注文字

Note

（8）单击“默认”选项卡“注释”面板中的“多行文字”按钮A和“绘图”面板中的“圆”按钮，绘制标号，如图 8-66 所示。

（9）单击“默认”选项卡“注释”面板中的“多行文字”按钮A、“绘图”面板中的“直线”按钮和“多段线”按钮，标注图名，如图 8-67 所示。

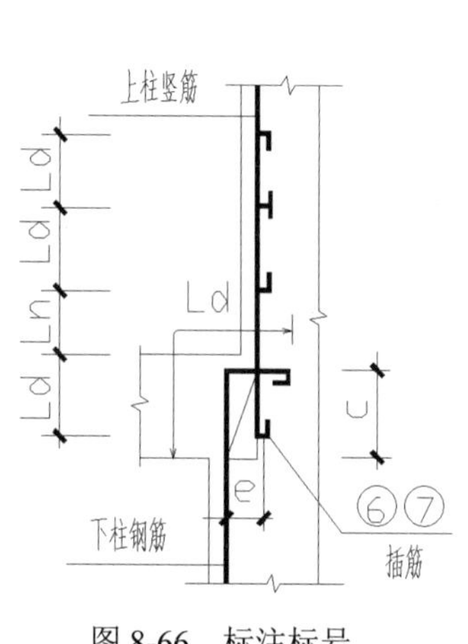

图 8-66　标注标号

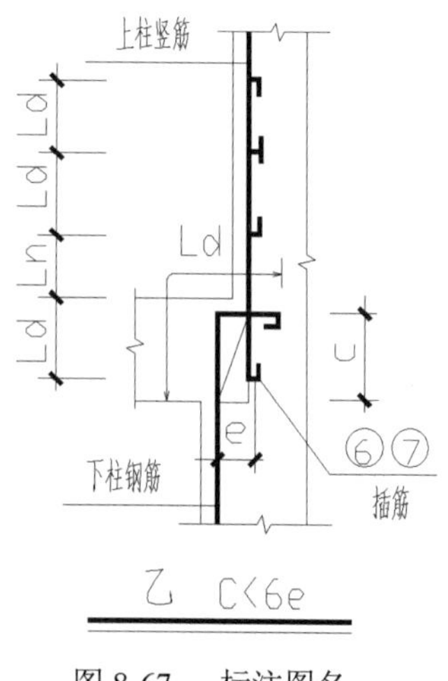

图 8-67　标注图名

8.5.3　绘制 C≥6e 柱截面

绘制 C≥6e 柱截面与 C<6e 柱截面类似，这里不再赘述，结果如图 8-68 所示。

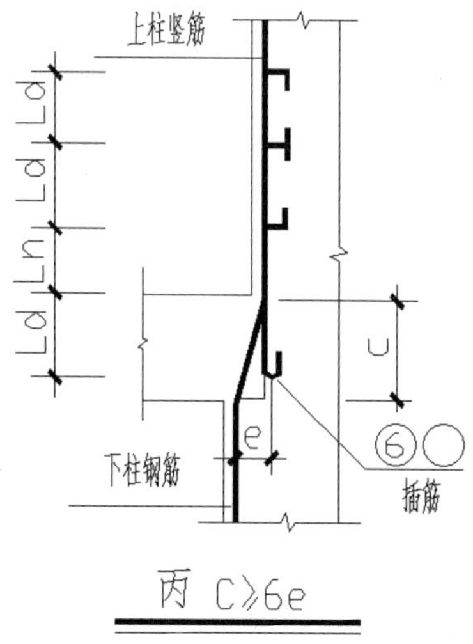

图 8-68　绘制 C≥6e 柱截面

8.5.4　绘制 A 型柱截面

绘制 A 型柱截面主要利用了“多段线”“矩形”“线性”“图案填充”等命令。

（1）单击“默认”选项卡“绘图”面板中的“矩形”按钮，绘制一个矩形，如图 8-69 所示。

（2）单击“默认”选项卡“绘图”面板中的“多段线”按钮，设置线宽为 45，绘制箍筋，如图 8-70 所示。

视频讲解

Note

（3）单击“默认”选项卡“绘图”面板中的“圆”按钮⊙，绘制一个圆，如图 8-71 所示。

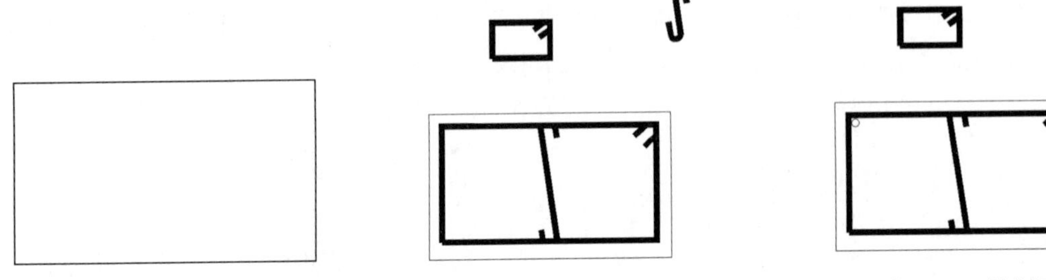

图 8-69　绘制矩形　　图 8-70　绘制箍筋　　图 8-71　绘制圆

（4）单击“默认”选项卡“绘图”面板中的“图案填充”按钮▦，填充圆，如图 8-72 所示。

（5）单击“默认”选项卡“修改”面板中的“复制”按钮，将填充圆复制到图中其他位置，完成插筋的绘制，如图 8-73 所示。

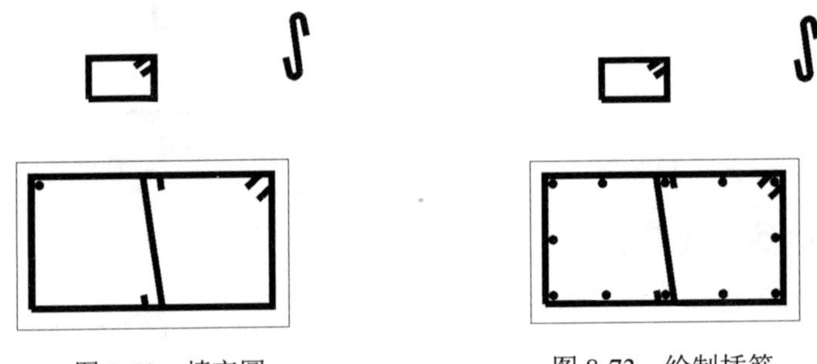

图 8-72　填充圆　　图 8-73　绘制插筋

（6）单击“注释”选项卡“标注”面板中的“线性”按钮⊢⊣，为图形标注尺寸，如图 8-74 所示。

（7）单击“默认”选项卡“绘图”面板中的“直线”按钮╱，在图中引出直线。

（8）单击“默认”选项卡“注释”面板中的“多行文字”按钮**A**和“绘图”面板中的“圆”按钮⊙，绘制标号，如图 8-75 所示。

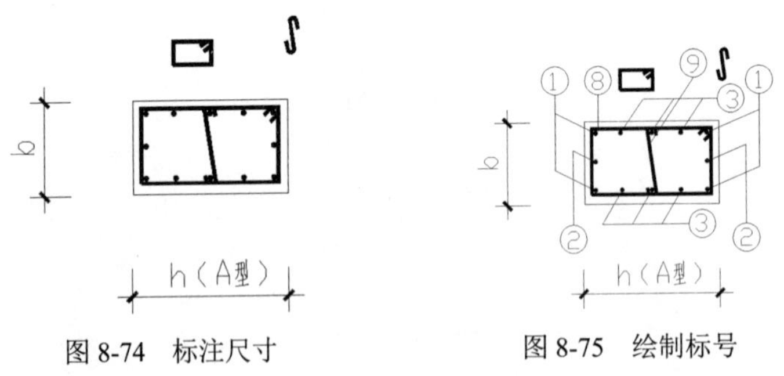

图 8-74　标注尺寸　　图 8-75　绘制标号

8.5.5　绘制 F 型柱截面

视频讲解

绘制 F 型柱截面主要利用了“多段线”“圆”“线性”“多行文字”等命令。

（1）单击“默认”选项卡“绘图”面板中的“直线”按钮╱，绘制框架柱，如图 8-76 所示。

（2）单击“默认”选项卡“绘图”面板中的“多段线”按钮，设置宽度为 45，绘制箍筋，如图 8-77 所示。

（3）单击“默认”选项卡“绘图”面板中的“圆”按钮⊙，绘制一个圆，如图 8-78 所示。

（4）单击“默认”选项卡“绘图”面板中的“图案填充”按钮▨，填充圆，如图 8-79 所示。

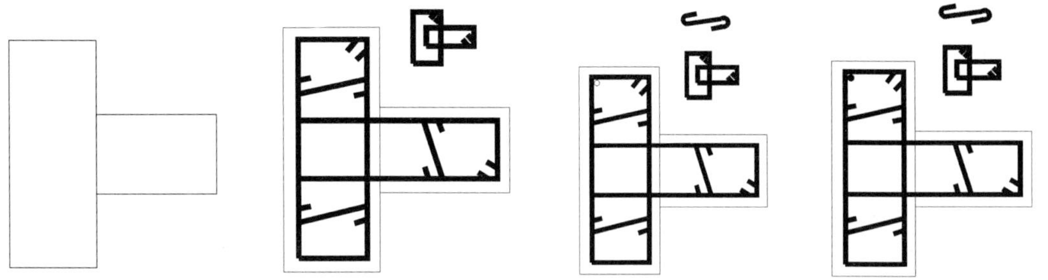

Note

图 8-76　绘制框架柱　　图 8-77　绘制箍筋　　图 8-78　绘制圆　　图 8-79　填充圆

（5）单击“默认”选项卡“修改”面板中的“复制”按钮，将填充圆复制到图中其他位置，完成插筋的绘制，如图 8-80 所示。

（6）单击“注释”选项卡“标注”面板中的“线性”按钮，标注尺寸，如图 8-81 所示。

（7）单击“默认”选项卡“绘图”面板中的“直线”按钮，在图中引出直线。

（8）单击“默认”选项卡“注释”面板中的“多行文字”按钮A和“绘图”面板中的“圆”按钮，绘制标号，如图 8-82 所示。

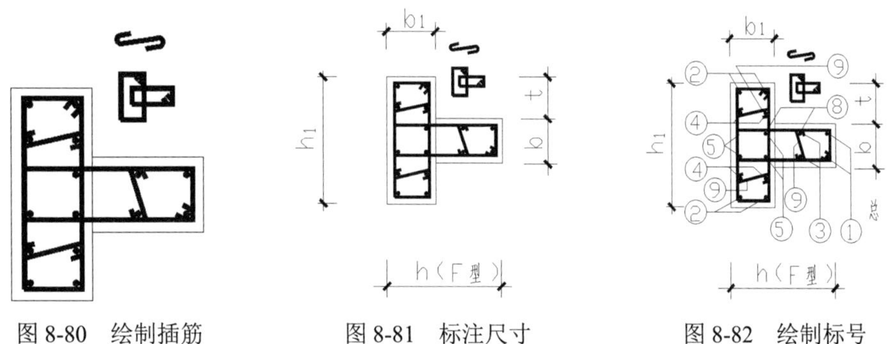

图 8-80　绘制插筋　　图 8-81　标注尺寸　　图 8-82　绘制标号

8.5.6　绘制 I 型柱截面

绘制 I 型柱截面主要利用了“多段线”“圆”“线性”“多行文字”等命令。

（1）单击“默认”选项卡“绘图”面板中的“圆”按钮，绘制一个圆，如图 8-83 所示。

（2）单击“默认”选项卡“绘图”面板中的“多段线”按钮，设置宽度为 45，绘制箍筋，如图 8-84 所示。

视频讲解

（3）单击“默认”选项卡“绘图”面板中的“圆”按钮，绘制一个小圆，如图 8-85 所示。

图 8-83　绘制圆　　图 8-84　绘制箍筋　　图 8-85　绘制小圆

（4）单击“默认”选项卡“绘图”面板中的“图案填充”按钮，填充小圆，如图8-86所示。

（5）单击“默认”选项卡“修改”面板中的“复制”按钮，将填充圆复制到图中其他位置，完成插筋的绘制，如图8-87所示。

（6）单击“注释”选项卡“标注”面板中的“线性”按钮，标注尺寸，如图8-88所示。

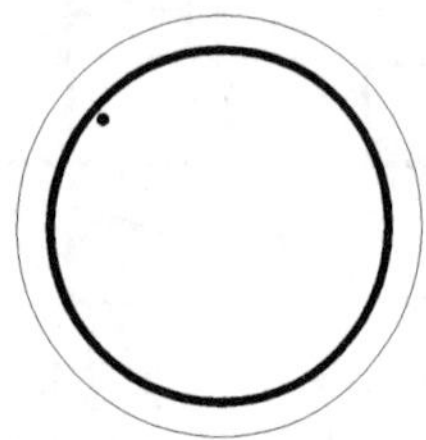

图8-86　填充小圆

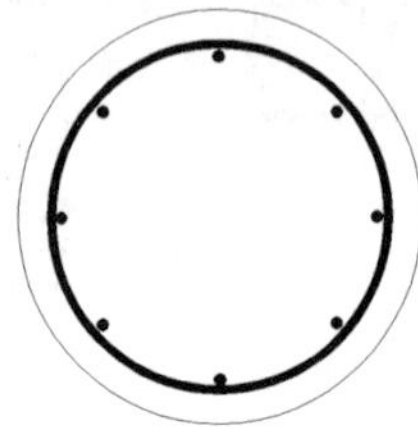

图8-87　绘制插筋

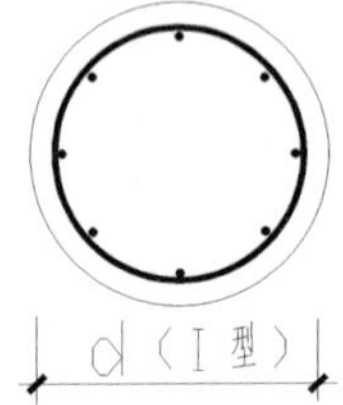

图8-88　标注尺寸

（7）单击“默认”选项卡“绘图”面板中的“直线”按钮，在图中引出直线。

（8）单击“默认”选项卡“注释”面板中的“多行文字”按钮A和“绘图”面板中的“圆”按钮，绘制标号，如图8-89所示。

（9）其他柱截面型式的绘制方法与类似，这里不再赘述，结果如图8-90～图8-96所示。

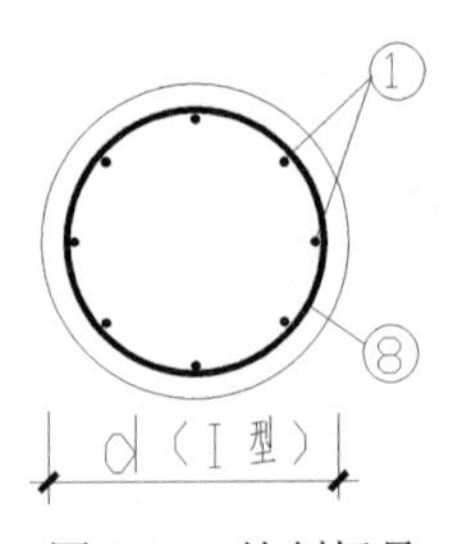

图8-89　绘制标号

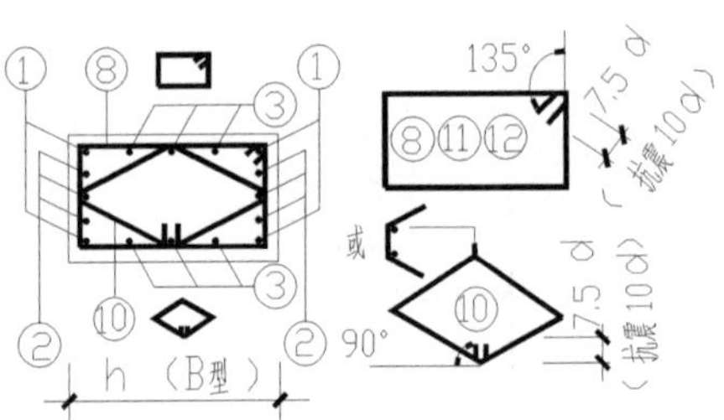

图8-90　绘制B型柱截面

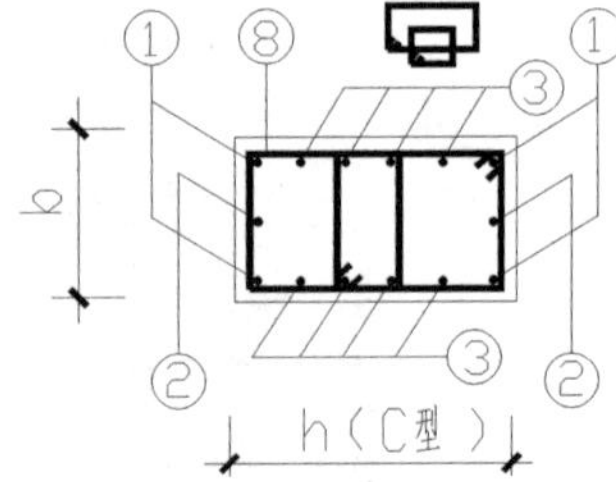

图8-91　绘制C型柱截面

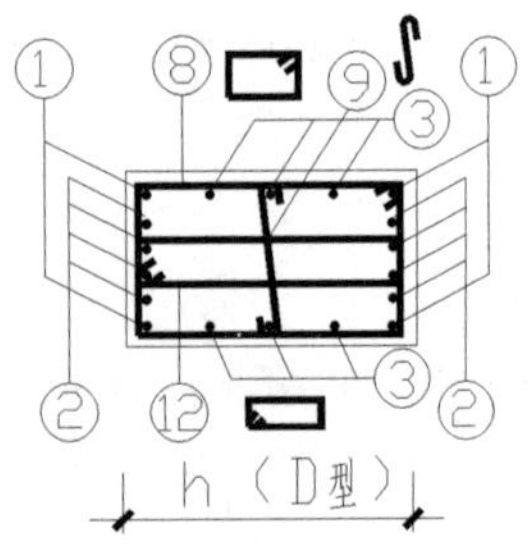

图8-92　绘制D型柱截面

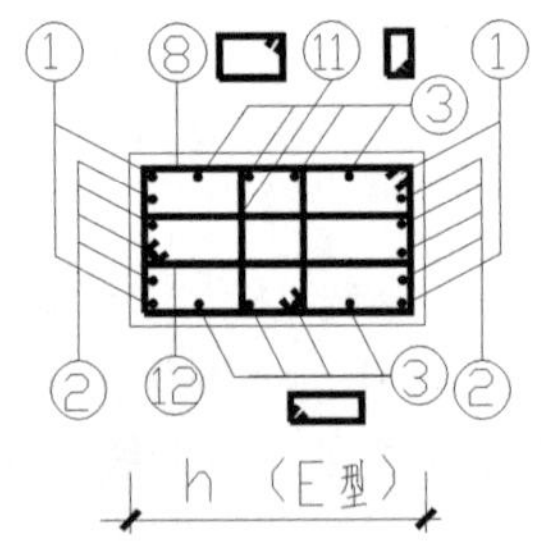

图8-93　绘制E型柱截面

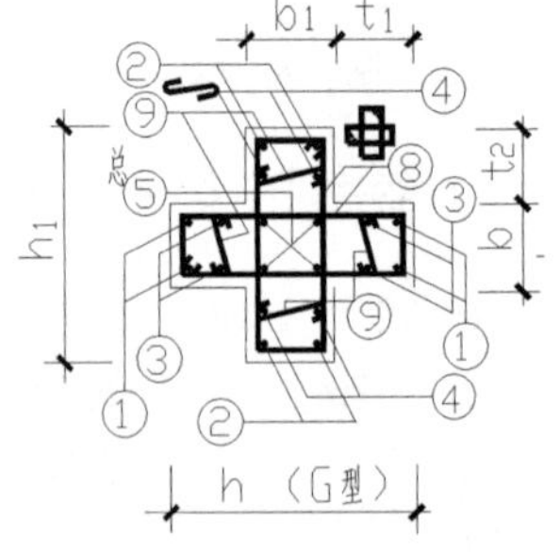

图8-94　绘制G型柱截面

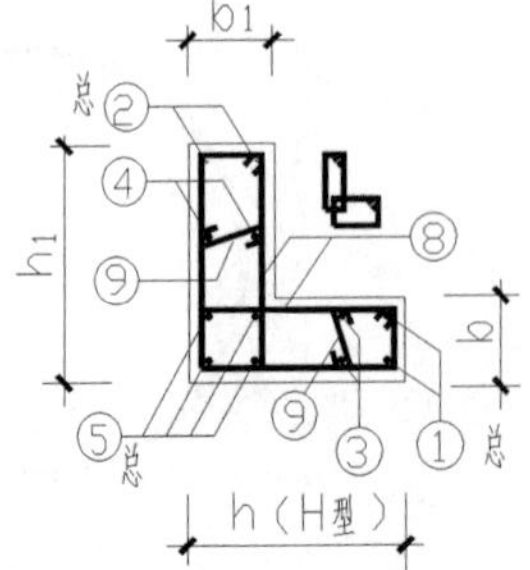

图8-95　绘制H型柱截面

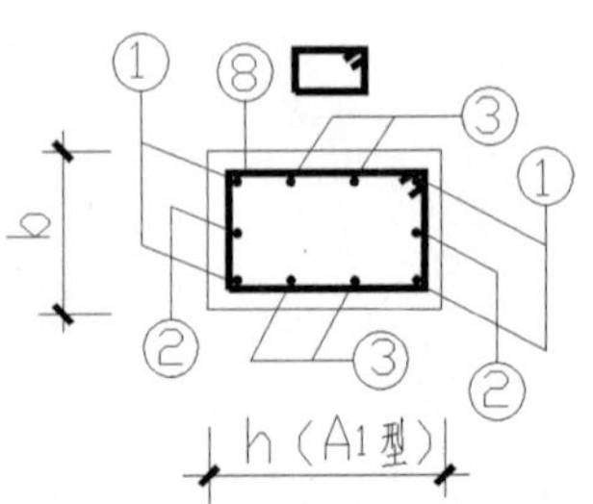

图8-96　绘制A1型柱截面

8.6 别墅箍筋大样图绘制实例

Note

视频讲解

箍筋是用来满足斜截面抗剪强度，并联结受力主筋和受压区混筋骨架的钢筋，分为单肢箍筋、开口矩形箍筋、封闭矩形箍筋、菱形箍筋、多边形箍筋、井字形箍筋和圆形箍筋等。箍筋应根据计算确定，箍筋的最小直径与梁高 h 有关，当 h≤800mm 时，不宜小于 6mm；当 h>800mm 时，不宜小于 8mm。梁支座处的箍筋一般从梁边（或墙边）50mm 处开始设置。支承在砌体结构上的钢筋混凝土独立梁，在纵向受力钢筋的锚固长度 Las 范围内应设置不少于两道的箍筋，当梁与混凝土梁或柱整体连接时，支座内可不设置箍筋，本节以别墅箍筋大样图为例，讲解箍筋的绘制方法和技巧。

（1）单击“默认”选项卡“绘图”面板中的“多段线”按钮，绘制箍筋，如图 8-97 所示。

（2）单击“注释”选项卡“标注”面板中的“线性”按钮和“文字”面板中的“多行文字”按钮A，标注尺寸，如图 8-98 所示。

（3）单击“默认”选项卡“注释”面板中的“多行文字”按钮A和“绘图”面板中的“圆”按钮，绘制标号，如图 8-99 所示。

（4）单击“默认”选项卡“绘图”面板中的“直线”按钮、“多段线”按钮和“注释”面板中的“多行文字”按钮A，标注图名，如图 8-100 所示。

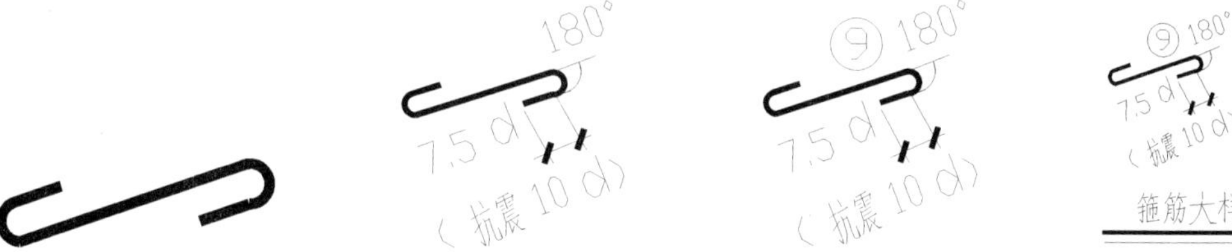

图 8-97　绘制箍筋　　图 8-98　标注尺寸　　图 8-99　绘制标号　　图 8-100　标注图名

（5）单击“默认”选项卡“注释”面板中的“多行文字”按钮A，在图形下方输入文字说明，如图 8-101 所示。

说明

1. 表中竖筋数量指柱截面单侧用量，另一侧对称配置。但竖筋编号旁注有“总”字者则为总用量。
2. 表中注有（二）、（三）字样的竖筋表示配置在第二、三排，各排钢筋之净距为50。
3. 表中钢筋 Ⅰ 级（Φ），Ⅱ 级（Φ），强度详见结构统一说明。
4. 本工程按 七 度 Ⅲ 级抗震设防。柱竖筋接头采用绑扎接头。
   采用绑扎接头时 Ld=42d（d为竖筋直径）。
5. 上柱竖筋与下柱竖筋或上柱竖筋与预插筋一般按图甲、乙、丙分两次搭接，当每侧竖筋不多于四根时可一次搭接。在竖筋搭接范围内，箍筋间距为 100，直径同该层箍筋。当为抗震设防时竖筋接驳应避开柱端箍筋加密区Ln范围。
6. A 至E型截面，⑥ 号插筋与①、②号筋对应，⑦号插筋与③号筋对应。F 至I 型截面⑥号插筋与①号筋对应，⑦ 号插筋与 ②号筋对应。⑥号、⑦号筋插入下柱的锚固长度等于L=45d。
7. 图中⑨号箍筋的安放应紧靠竖筋并勾住封闭箍，其中F至H型截面⑨号箍筋设置另详有关图纸或说明。当每侧竖筋为六或七根时，⑩号箍筋拐角处分别箍二或三根竖筋。
8. 柱与砌体连接面沿高度每隔500 预埋 2Φ6钢筋，埋入柱内200，抗震设防时外伸 1000或等于墙垛长，非抗震时外伸500，两者末端均弯直勾。
9. 当柱混凝土强度等级高于梁混凝土强度等级时，梁柱接头处必须按柱的强度等级施工。
10. 顶层柱竖筋上端锚入节点的长度不少于 La=45d及h-30（如纵剖面图示）。在边柱时两侧竖筋均弯入有梁一侧。

图 8-101　标注文字说明

8.7 别墅柱表绘制实例

视频讲解

利用“矩形”“分解”“偏移”命令绘制表格的大体轮廓，然后利用“修剪”命令修剪多余线段创

建别墅柱表格，最后利用“多行文字”“复制”等命令添加文字。也可以利用“表格”命令来创建表格。

（1）单击“默认”选项卡“绘图”面板中的“矩形”按钮▭，在图形空白区域任选一点为矩形起点，绘制长为30526、宽为20651的矩形，如图8-102所示。

（2）单击“默认”选项卡“修改”面板中的“分解”按钮，选择矩形为分解对象，按Enter键确认，将矩形分解成4条独立边。

（3）单击“默认”选项卡“修改”面板中的“偏移”按钮，选择左侧竖直直线段为偏移对象将其向右偏移，偏移距离分别为843、2880、1334、843、1686、1686、1264、2107、1686、843、843、1686、1686、1686、1686、1686、1686、1686、843，将上侧水平直线段向下偏移，偏移距离分别为850、850、850、850、850、850、930、930、941、850、850、850、850、850、850、850、850、850、850、850、850、850、850和850，结果如图8-103所示。

（4）单击“默认”选项卡“修改”面板中的“修剪”按钮，选择步骤（3）中偏移线段为修剪对象，修剪掉多余的直线段，如图8-104所示。

图8-102　绘制矩形

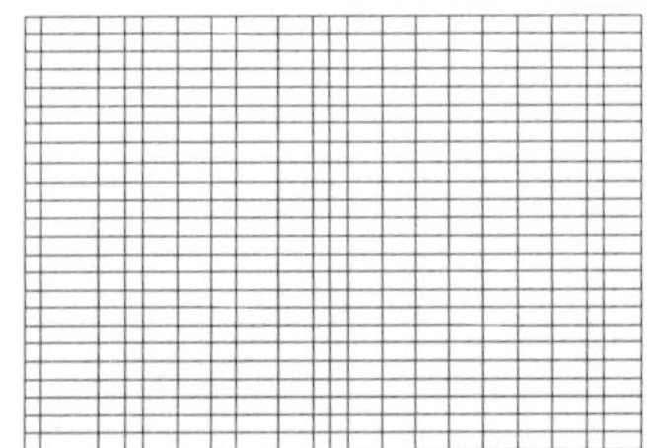

图8-103　偏移直线段

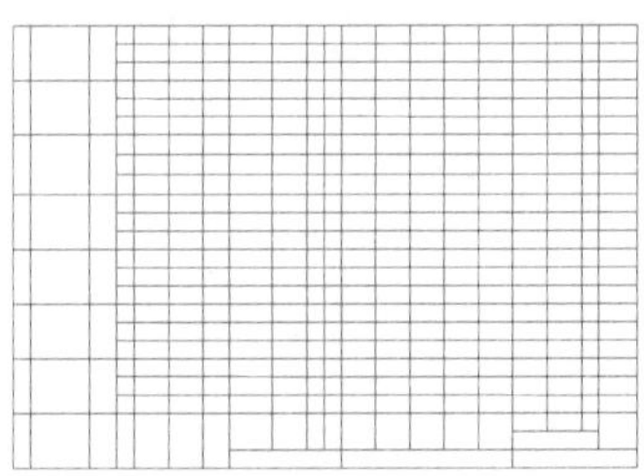

图8-104　修剪直线段

（5）单击“默认”选项卡“注释”面板中的“多行文字”按钮A和“修改”面板中的“复制”按钮，输入标题，如图8-105所示。

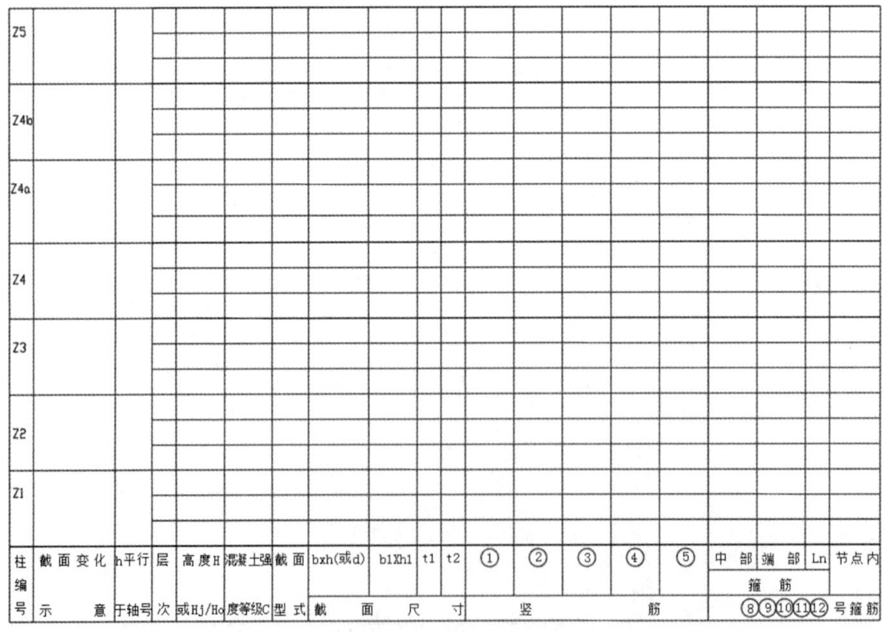

图8-105　输入标题

（6）单击“默认”选项卡“修改”面板中的“复制”按钮，选择不同类型的框架柱为复制对象将其复制到表内，如图8-106所示。

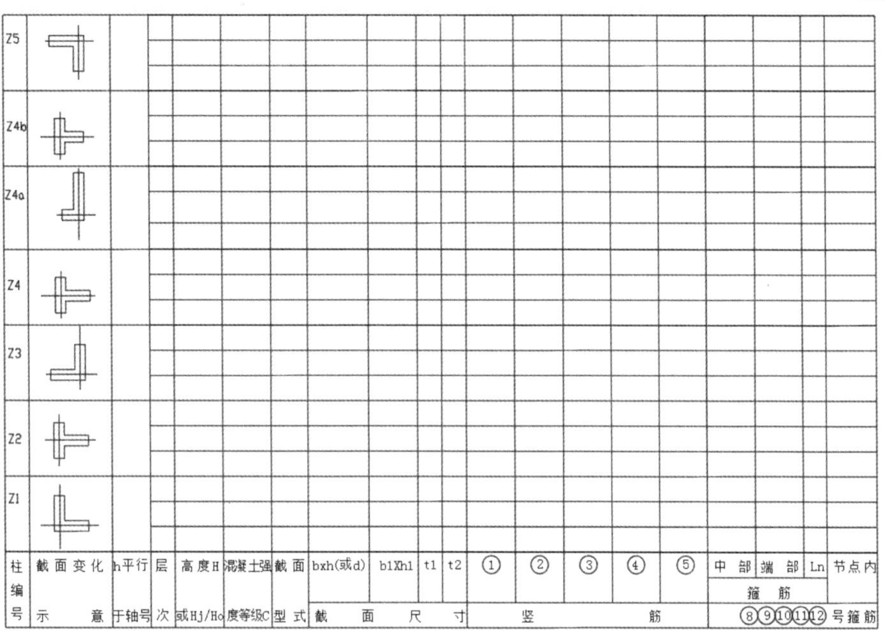

图 8-106　复制框架柱

（7）单击“注释”选项卡“标注”面板中的“线性”按钮，标注框架柱尺寸，如图 8-107 所示。

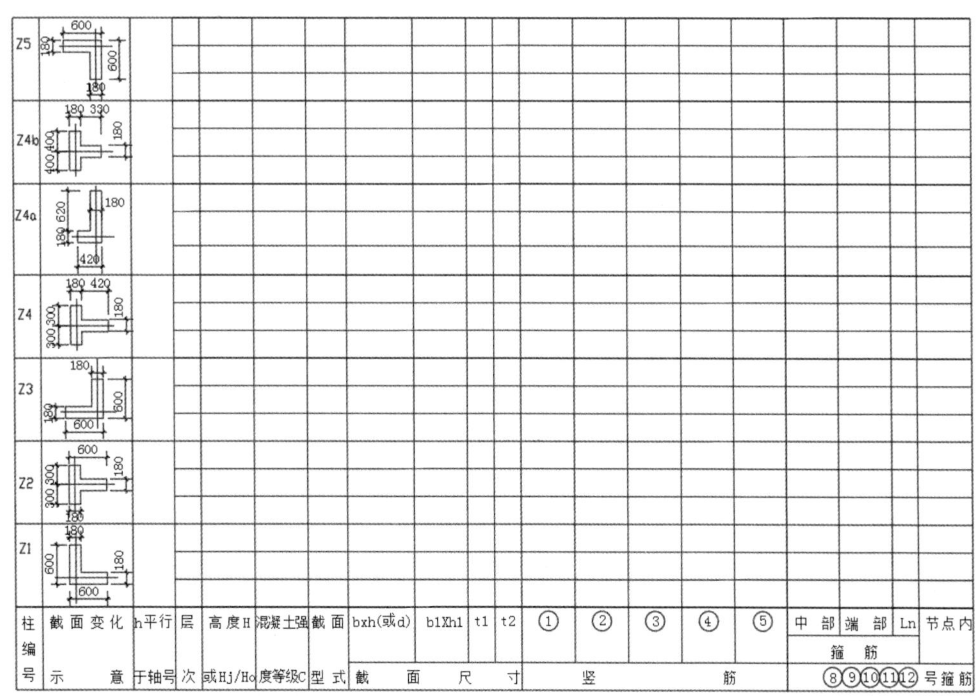

图 8-107　标注尺寸

（8）单击“默认”选项卡“注释”面板中的“多行文字”按钮 A，在表内输入相应的内容，最终完成柱表的绘制，结果如图 8-108 所示。

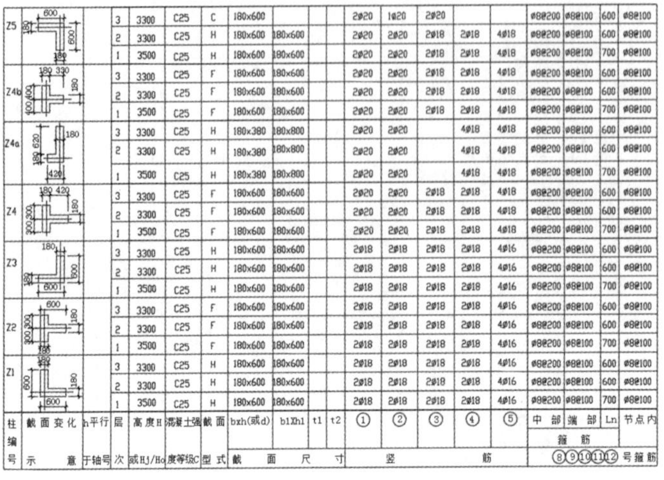

柱编号	截面变化示意	h平行于轴号	层次	高度H或Hj/Ho	混凝土强度等级C	截面型式	bxh(或d)	b1Xh1	t1	t2	①	②	③	④	⑤	箍筋 中部	箍筋 端部	Ln	节点内⑧⑨⑩⑪⑫号箍筋
Z5			3	3300	C25	C	180x600				2ø20	1ø20	2ø20			ø8@200	ø8@100	600	ø8@100
			2	3300	C25	H	180x600	180x600			2ø20	2ø20	2ø18	2ø18	4ø18	ø8@200	ø8@100	600	ø8@100
			1	3500	C25	H	180x600	180x600			2ø20	2ø20	2ø18	2ø18	4ø18	ø8@200	ø8@100	700	ø8@100
Z4b			3	3300	C25	F	180x600	180x600			2ø20	2ø20	2ø18	2ø18	4ø18	ø8@200	ø8@100	600	ø8@100
			2	3300	C25	F	180x600	180x600			2ø20	2ø20	2ø18	2ø18	4ø18	ø8@200	ø8@100	600	ø8@100
			1	3500	C25	F	180x600	180x600			2ø20	2ø20	2ø18	2ø18	4ø18	ø8@200	ø8@100	700	ø8@100
Z4a			3	3300	C25	H	180x380	180x800			2ø20	2ø20		4ø18	4ø18	ø8@200	ø8@100	600	ø8@100
			2	3300	C25	H	180x380	180x800			2ø20	2ø20		4ø18	4ø18	ø8@200	ø8@100	600	ø8@100
			1	3500	C25	H	180x380	180x800			2ø20	2ø20		4ø18	4ø18	ø8@200	ø8@100	700	ø8@100
Z4			3	3300	C25	F	180x600	180x600			2ø20	2ø20	2ø18	2ø18	4ø18	ø8@200	ø8@100	600	ø8@100
			2	3300	C25	F	180x600	180x600			2ø20	2ø20	2ø18	2ø18	4ø18	ø8@200	ø8@100	600	ø8@100
			1	3500	C25	F	180x600	180x600			2ø20	2ø20	2ø18	2ø18	4ø18	ø8@200	ø8@100	700	ø8@100
Z3			3	3300	C25	H	180x600	180x600			2ø18	2ø18	2ø18	2ø18	4ø16	ø8@200	ø8@100	600	ø8@100
			2	3300	C25	H	180x600	180x600			2ø18	2ø18	2ø18	2ø18	4ø16	ø8@200	ø8@100	600	ø8@100
			1	3500	C25	H	180x600	180x600			2ø18	2ø18	2ø18	2ø18	4ø16	ø8@200	ø8@100	700	ø8@100
Z2			3	3300	C25	F	180x600	180x600			2ø18	2ø18	2ø18	2ø18	4ø16	ø8@200	ø8@100	600	ø8@100
			2	3300	C25	F	180x600	180x600			2ø18	2ø18	2ø18	2ø18	4ø16	ø8@200	ø8@100	600	ø8@100
			1	3500	C25	F	180x600	180x600			2ø18	2ø18	2ø18	2ø18	4ø16	ø8@200	ø8@100	700	ø8@100
Z1			3	3300	C25	H	180x600	180x600			2ø18	2ø18	2ø18	2ø18	4ø16	ø8@200	ø8@100	600	ø8@100
			2	3300	C25	H	180x600	180x600			2ø18	2ø18	2ø18	2ø18	4ø16	ø8@200	ø8@100	600	ø8@100
			1	3500	C25	H	180x600	180x600			2ø18	2ø18	2ø18	2ø18	4ø16	ø8@200	ø8@100	700	ø8@100

图 8-108　绘制柱表

将绘制好的图框插入绘图区域，调整布局大小，结果如图 8-109 所示。

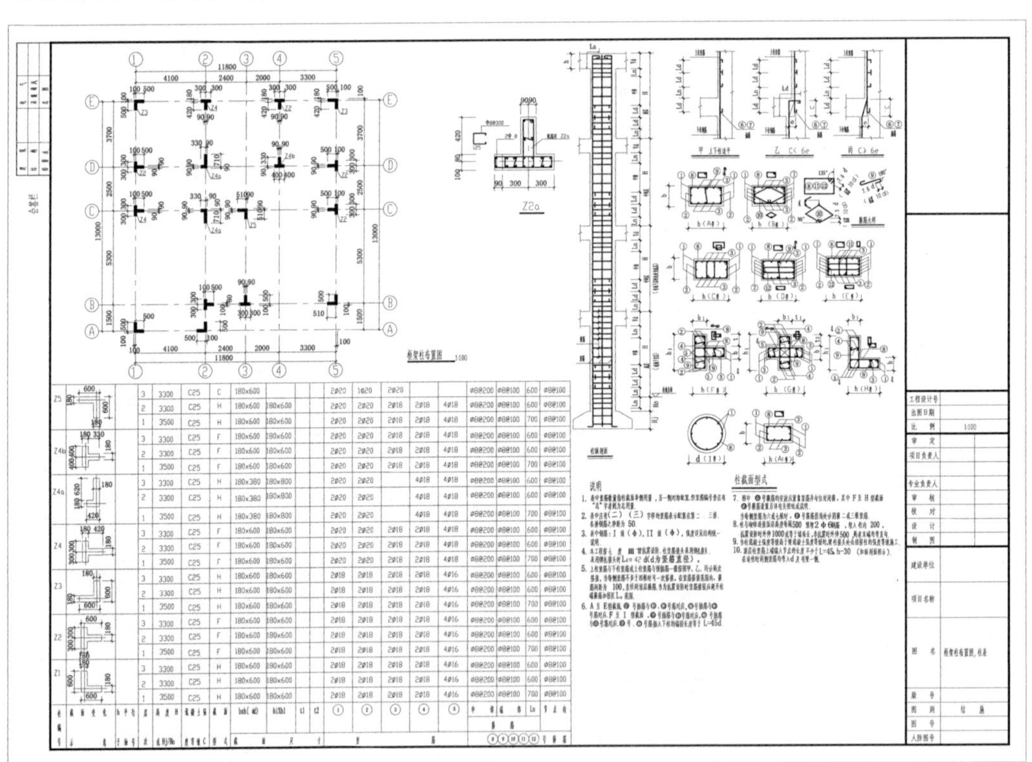

图 8-109　插入图框

8.8　实践与操作

通过前面的学习，读者对本章知识也有了大体的了解，本节通过一个操作练习使读者进一步掌握本章知识要点。

1. 目的要求

绘制如图 8-110 所示的体育馆基础平面及梁配筋图，要求读者通过练习熟悉和掌握体育馆基础平面及梁配筋图的绘制方法。

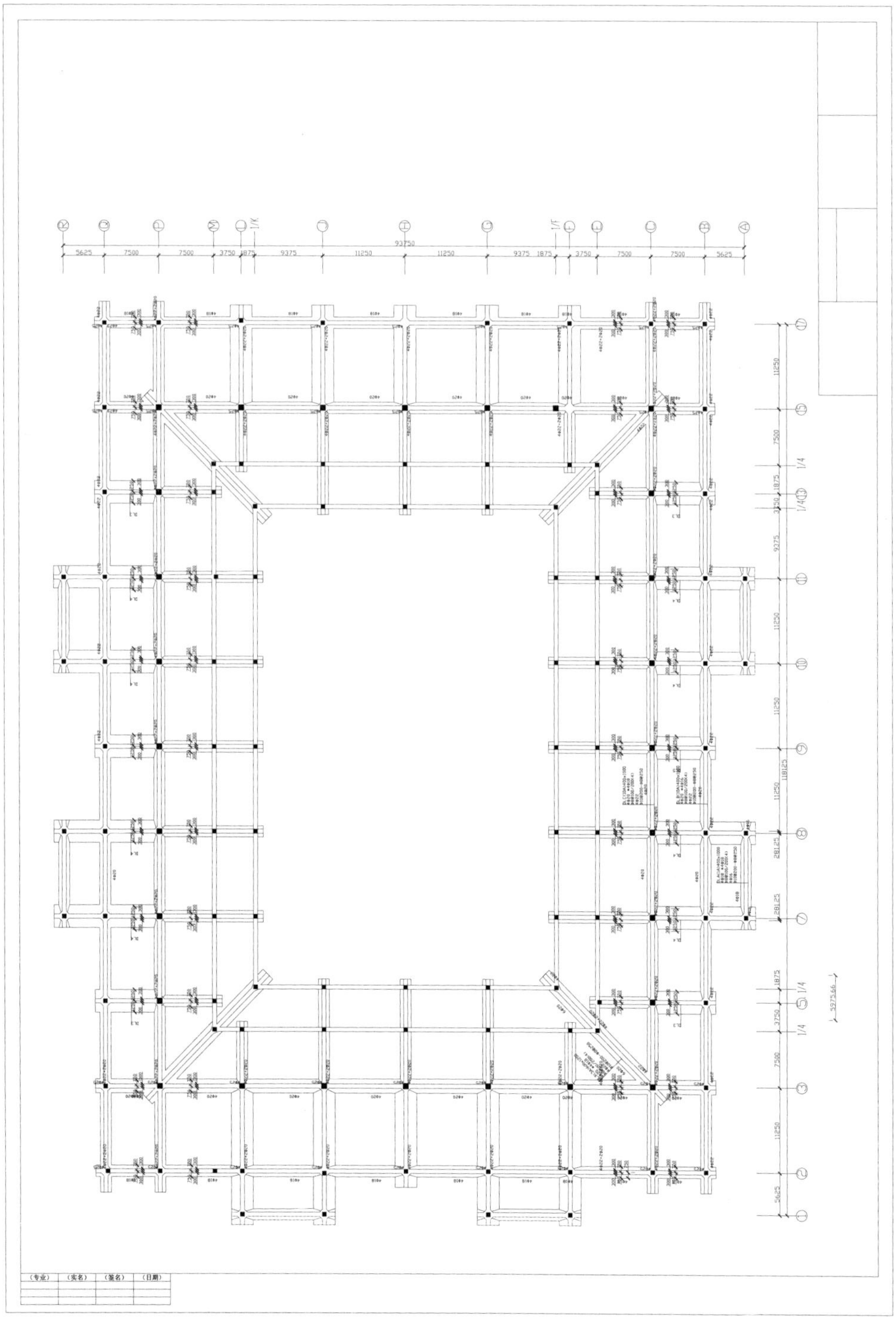

图 8-110　体育馆基础平面及梁配筋图

2. 操作提示

（1）建立新文件。

（2）绘制轴线。

（3）绘制柱子。

（4）绘制基础梁。

（5）绘制梁配筋标注。

（6）尺寸标注。

（7）插入图框。

第9章 梁设计平面图

本章着重介绍梁的平法标注规则和要求，以及梁设计平面图的绘制方法，同时，详细讲解梁的土木工程图纸的绘制要求及内容，使读者在逐步了解设计过程的同时，进一步掌握绘图的操作方法。

- ☑ 梁平法标注规则
- ☑ 别墅二层梁平面配筋图绘制实例
- ☑ 别墅三层梁平面配筋图绘制实例
- ☑ 绘制标高10.070梁平面配筋图
- ☑ 绘制斜屋面梁平面配筋图

任务驱动&项目案例

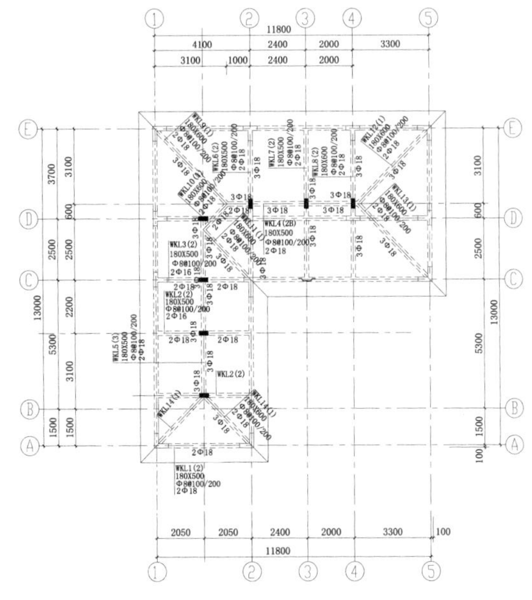

9.1 梁平法标注规则

Note

9.1.1 梁平法施工图的表示方法

（1）梁平法施工图是在梁平面布置图上采用平面注写方式或截面注写方式表达。

（2）梁平面布置图，应分别按梁的不同结构层（标准层），将全部梁和与其相关联的柱、墙、板一起采用适当比例绘制，并且要按规定注明各结构层的顶面标高及相应的结构层号。对于轴线未居中的梁，应标注其偏心定位尺寸（贴柱边的梁可不标注）。

9.1.2 平面注写方式

（1）平面注写方式是在梁平面布置图上，分别在不同编号的梁中各选一根梁，在其上注写截面尺寸和配筋具体数值的方式来表达梁平法施工图。

平面注写包括集中标注与原位标注，集中标注表达梁的通用数值，原位标注表达梁的特殊数值。当集中标注中的某项数值不适用于梁的某部位时，则该项数值原位标注，施工时，原位标注取值优先，如图 9-1 和图 9-2 所示。

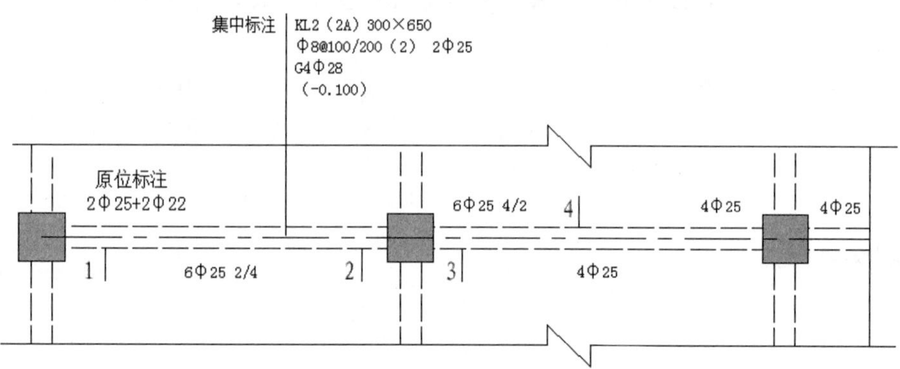

图 9-1 平面注写方式示例

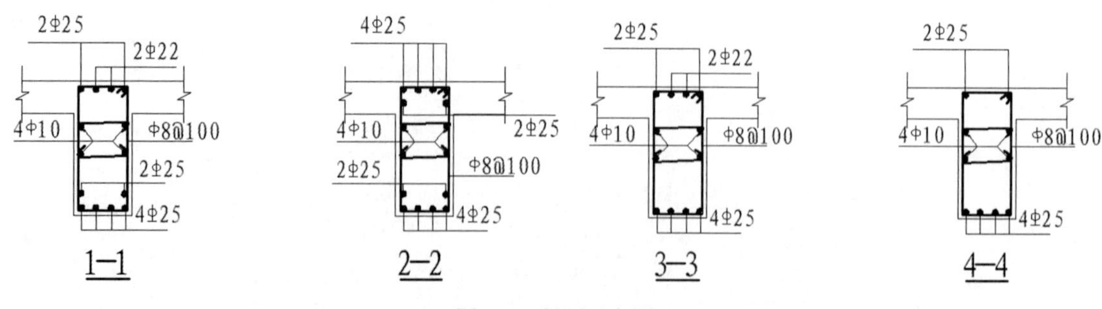

图 9-2 断面示意图

说明：图 9-2 中 4 个梁截面采用传统表示方法绘制，用于对比按平面注写方式表达的同样内容。实际上采用平面注写方式表达时，不需绘制梁截面配筋图和相应的截面号。

（2）梁编号由梁类型、代号、序号、跨数及有无悬挑代号几项组成，应符合如表 9-1 所示的规定。

表 9-1　梁编号表

梁　类　型	代　　号	序　　号	跨数及是否带有悬挑
楼层框架梁	KL	XX	(XX)、(XXA) 或 (XXB)
屋面框架梁	WKL	XX	(XX)、(XXA) 或 (XXB)
框支梁	KZL	XX	(XX)、(XXA) 或 (XXB)
非框架梁	L	XX	(XX)、(XXA) 或 (XXB)
悬挑梁	XL	XX	
井字梁	JZL	XX	(XX)、(XXA) 或 (XXB)

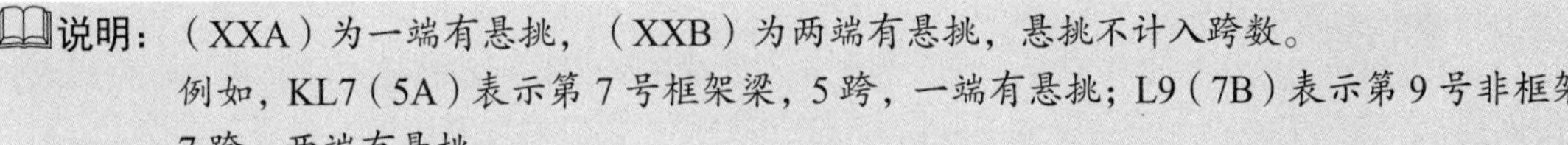
说明：（XXA）为一端有悬挑，（XXB）为两端有悬挑，悬挑不计入跨数。
例如，KL7（5A）表示第 7 号框架梁，5 跨，一端有悬挑；L9（7B）表示第 9 号非框架梁，7 跨，两端有悬挑。

9.1.3　梁集中标注的内容

梁集中标注有 5 项必注值及一项选注值（集中标注可以从梁的任意一跨引出），规定如下。

（1）梁编号：见 9.1.2 节中的梁编号表，该项为必注值。

（2）梁截面尺寸：该项为必注值，当为等截面梁时，用 $b\times h$ 表示；当为加腋梁时，用 $b\times h$ Y$C_1\times C_2$ 表示，其中 C_1 为腋长，C_2 为腋高，如图 9-3 所示；当有悬挑梁且根部和端部的高度不同时，用斜线分隔根部与端部的高度值，即为 $b\times h_1/h_2$，如图 9-4 所示。

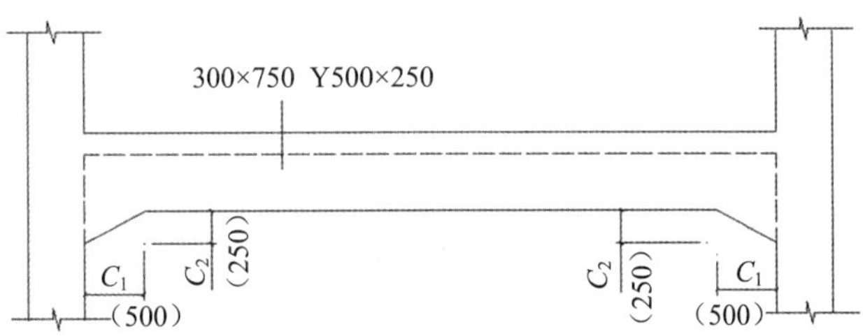

图 9-3　加腋梁截面尺寸注写示意

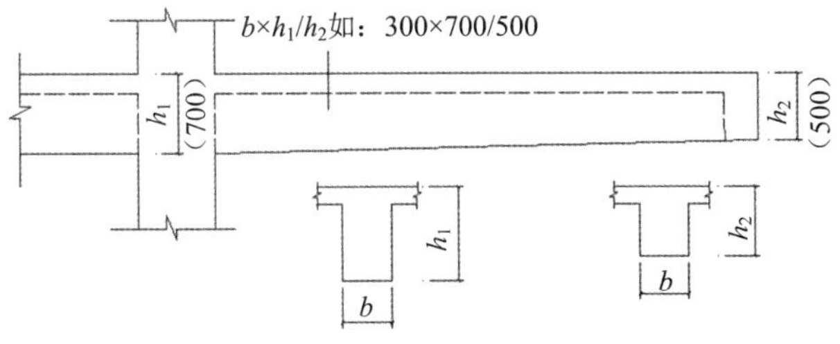

图 9-4　悬挑梁不等高截面尺寸注写示意

（3）梁箍筋：此项应包括钢筋级别、直径、加密区与非加密区间距及肢数，为必注值。箍筋加密区与非加密区的不同间距及肢数需用斜线“/”分隔；当梁箍筋为同一种间距及肢数时，则不需用斜线；当加密区与非加密区的箍筋肢数相同时，则将肢数注写一次；箍筋肢数应写在括号内。加密区范围见相应抗震级别的标准构造详图。

例如，Φ10@100/200（4），表示箍筋为 I 级钢筋，直径为 10mm，加密区间距为 100mm，非加密

区间距为 200mm，为四肢箍。

Φ8@100/200（2），表示箍筋为 I 级钢筋，直径为 8mm，加密区间距为 100mm，非加密区间距为 200mm，为两肢箍。

当抗震结构中的非框架梁、悬挑梁、井字梁及非抗震结构中的各类梁采用不同的箍筋间距及肢数时，也用斜线“/”将其分隔开来。注写时，先注写梁支座端部的箍筋（包括箍筋的箍数、钢筋级别、直径、间距及肢数），在斜线后注写梁跨中部分的箍筋间距及肢数。

例如，13Φ10@150/200（4），表示箍筋为 I 级钢筋，直径为 10mm；梁的两端各有 13 个四肢箍，间距为 150mm；梁跨中部分间距为 200mm，为四肢箍。

18Φ12@150（4）/200（2），表示箍筋为 I 级钢筋，直径为 12mm；梁的两端各有 18 个四肢箍，间距为 150mm；梁跨中部分间距为 200mm，为双肢箍。

（4）梁上部通长筋或架立筋配置：通长筋可为相同或不同直径采用搭接连接、机械连接或对焊连接的钢筋，该项为必注值。所注规格与根数应根据结构受力要求及箍筋肢数等构造要求而定。当同排纵筋中既有通长筋又有架立筋时，应用加号“＋”将通长筋和架立筋相连。注写时须将角部纵筋写在加号的前面，架立筋写在加号后面的括号内，以示不同直径及与通长筋的区别。当全部采用架立筋时，则将其写入括号内。

例如，2Φ22 用于双肢箍；2Φ22＋（4Φ12）用于六肢箍，其中 2Φ22 为通长筋，4Φ12 为架立筋。

当梁的上部纵筋和下部纵筋为全跨相同，且多数跨配筋相同时，此项可加注下部纵筋的配筋值，用分号“；”将上部与下部纵筋的配筋值分隔开来，少数跨不同者，按相关规定处理。

例如，“3Φ22；3Φ20”表示梁的上部配置 3Φ22 的通长筋，梁的下部配置 3Φ20 的通长筋。

（5）梁侧面纵向构造钢筋或受扭钢筋配置：该项为必注值。当梁腹板高度 hw≥450mm 时，须配置纵向构造钢筋，所注规格与根数应符合规范规定。此项注写值以大写字母 G 打头，注写设置在梁两个侧面的总配筋值，且对称配置。

例如，G4Φ12，表示梁的两个侧面共配置 4Φ12 的纵向构造钢筋，每侧各配置 2Φ12。

当梁侧面须配置受扭钢筋时，此项注写值以大写字母 N 打头，继续注写配置在梁两个侧面的总配筋值，且对称配置。受扭纵向钢筋应满足梁侧面纵向构造钢筋的间距要求，且不再重复配置纵向构造钢筋。

例如，N6Φ22，表示梁的两个侧面共配置 6Φ22 的受扭纵向钢筋，每侧各配置 3Φ22。

说明： ❶ 当为梁侧面构造钢筋时，其搭接与锚固长度可取为 15d。

❷ 当为梁侧面受扭纵向钢筋时，其搭接长度为 l_l 或 l_{lE}（抗震）；其锚固长度与方式同框架梁下部纵筋。

（6）梁顶面标高高差：此项为选注值。

梁顶面标高高差指相对于结构层楼面标高的高差值，对于位于结构夹层的梁，则指相对于结构夹层楼面标高的高差。有高差时，须将其写入括号内，无高差时不注。

说明： 当某梁的顶面高于所在结构层的楼面标高时，其标高高差为正值，反之为负值。例如，某结构层的楼面标高为 44.950m 和 49.250m，当某梁的梁顶面标高高差注写为（-0.050）时，即表明该梁顶面标高分别相对于 44.950m 和 49.250m 低 0.05m。

9.1.4 梁原位标注的内容

（1）梁支座上部纵筋，该部位含通长筋在内的所有纵筋。

❶ 当上部纵筋多于一排时，用斜线“/”将各排纵筋自上而下分开。

例如，梁支座上部纵筋注写为 6Φ25 4/2，则表示上一排纵筋为 4Φ25，下一排纵筋为 2Φ25。

❷ 当同排纵筋有两种直径时，用加号“+”将两种直径的纵筋相连，注写时将角部纵筋写在前面。

例如，梁支座上部有 4 根纵筋，2Φ25 放在角部，2Φ22 放在中部，在梁支座上部应注写为 2Φ22+2Φ25。

❸ 当梁中间支座两边的上部纵筋不同时，须在支座两边分别标注；当梁中间支座两边的上部纵筋相同时，可仅在支座的一边标注配筋值，另一边省去不注，如图 9-5 所示。端支座截面示意图如图 9-6 所示。

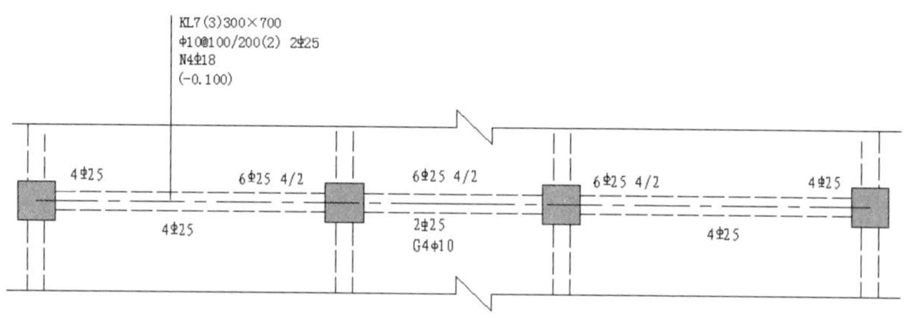

图 9-5　大小跨梁的注写实例

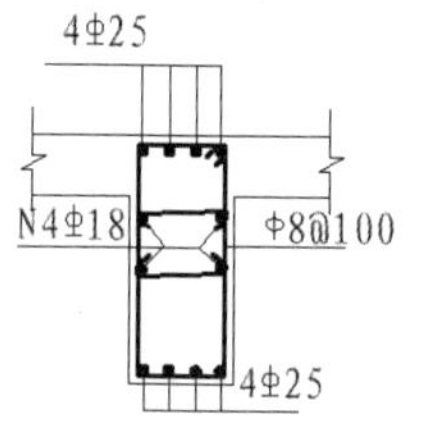

图 9-6　端支座截面示意图

📖说明：设计时应注意以下方面。

❶ 对于支座两边不同配筋值的上部纵筋，宜尽可能选用相同直径（不同根数），使其贯穿支座，避免支座两边不同直径的上部纵筋均在支座内锚固。

❷ 对于以边柱、角柱为端支座的屋面框架梁，当能够满足配筋截面面积要求时，其梁的上部钢筋应尽可能只配置一层，以避免梁柱纵筋在柱顶处因层数过多、密度过大导致不方便施工和影响混凝土浇筑质量。

（2）梁下部纵筋。

❶ 当下部纵筋多于一排时，用斜线“/”将各排纵筋自上而下分开。

例如，梁下部纵筋注写为 6Φ25 2/4，则表示上一排纵筋为 2Φ25，下一排纵筋为 4Φ25，全部伸入支座。

❷ 当同排纵筋有两种直径时，用加号“+”将两种直径的纵筋相连，注写时角筋写在前面。

❸ 当梁下部纵筋不全部伸入支座时，将梁支座下部纵筋减少的数量写在括号内。

例如，梁下部纵筋注写为 6Φ25 2（-2）/4，则表示上排纵筋为 2Φ25，且不伸入支座；下一排纵筋为 4Φ25，全部伸入支座。

梁下部纵筋注写为 2Φ25＋3Φ22（-3）/5Φ25，则表示上排纵筋为 2Φ25 和 3Φ22，其中 3Φ22 不伸入支座；下一排纵筋为 5Φ25，全部伸入支座。

❹ 当梁的集中标注已经按照相应规定分别注写了梁上部和下部均为通长的纵筋值时，则不需在梁下部重复做原位标注。

（3）附加箍筋和吊筋，将其直接画在平面图中的主梁上，用线引注总配筋值（附加箍筋的肢数注在括号内），如图 9-7 所示，当多数附加箍筋或吊筋相同时，可在梁平法施工图上统一注明，少数与统一注明值不同时，再原位引注。

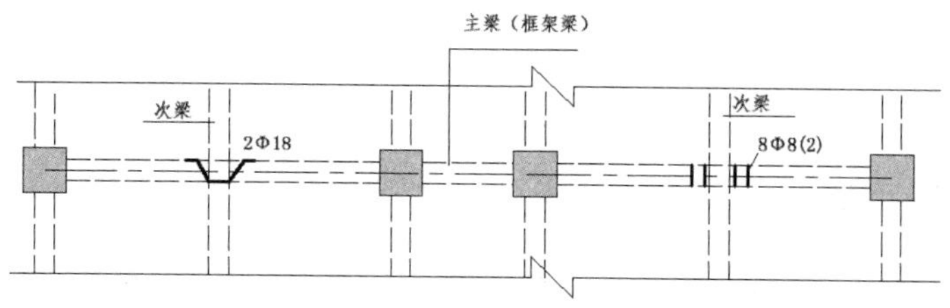

图 9-7　附加箍筋和吊筋的画法实例

9.2 别墅二层梁平面配筋图绘制实例

Note

本节以别墅二层梁平面配筋图的绘制为例，使读者掌握梁平面配筋的绘制方法和技巧。

9.2.1 编辑旧文件

视频讲解

为了绘图快捷方便，通常在原有的文件上进行编辑修改。

（1）打开 AutoCAD 2024 应用程序，选择菜单栏中的“文件”→“打开”命令，打开“选择文件”对话框，选择在初步设计中已经绘制的图形文件“基础梁平面配筋图”；或者在最近打开的文档列表中选择“基础梁平面配筋图”，双击打开文件，将文件另存。打开后的图形如图 9-8 所示。

说明：之所以采用打开同一张图纸的方法进行绘制，就是想让读者对同一工程的各个部分都能进行系统的绘制，以此来加深对结构施工图的理解。

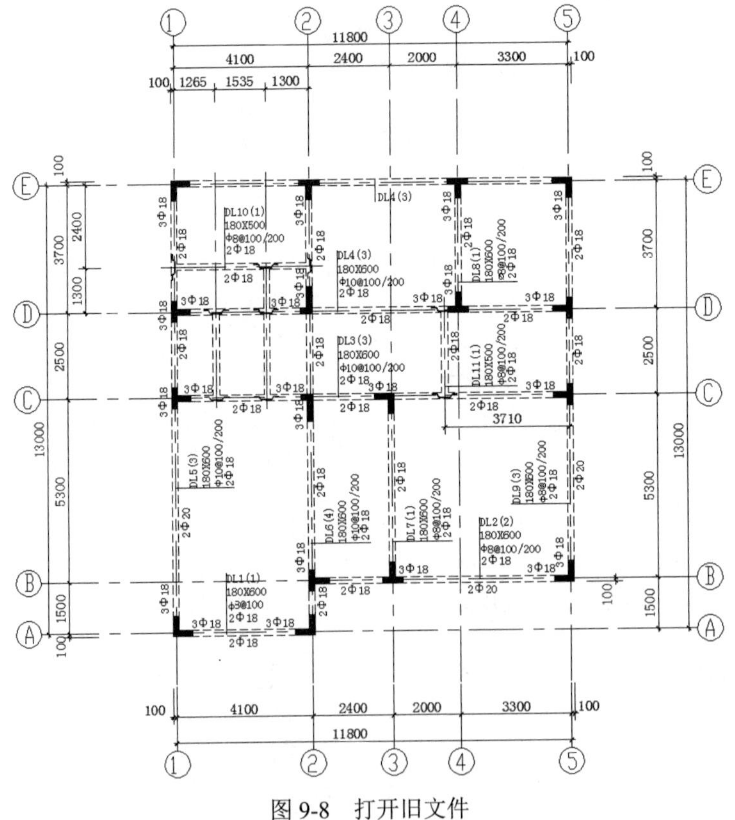

图 9-8 打开旧文件

（2）单击“默认”选项卡“修改”面板中的“删除”按钮，删除多余的图形，如图 9-9 所示。

9.2.2 绘制框架梁

框架结构就是由柱子和梁组成的受力结构，然后在上面设置楼板与墙体，这里的柱子叫框架柱、梁即框架梁。

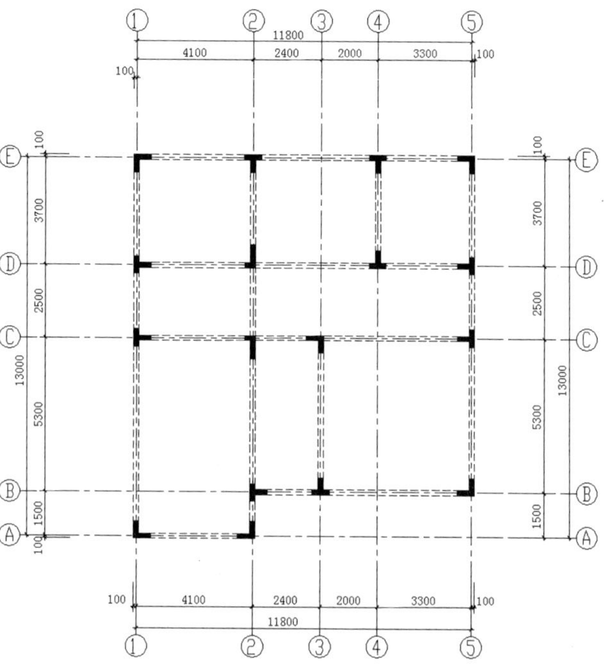

图 9-9　删除多余图形

（1）单击“默认”选项卡“修改”面板中的“偏移”按钮⊆，选择 1 号轴线为偏移对象，将其向右偏移 2800，D 号轴线向上偏移 1300，C 号轴线向下偏移 2200，5 号轴线向左偏移 3450，如图 9-10 所示。

（2）选择菜单栏中的“格式”→“多线样式”命令，打开“多线样式”对话框，如图 9-11 所示。

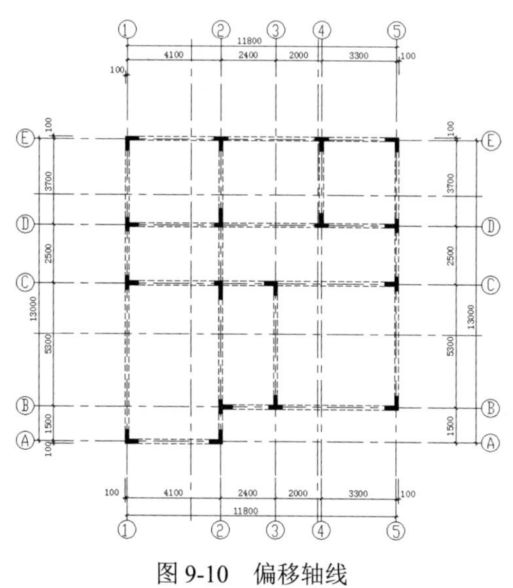

图 9-10　偏移轴线

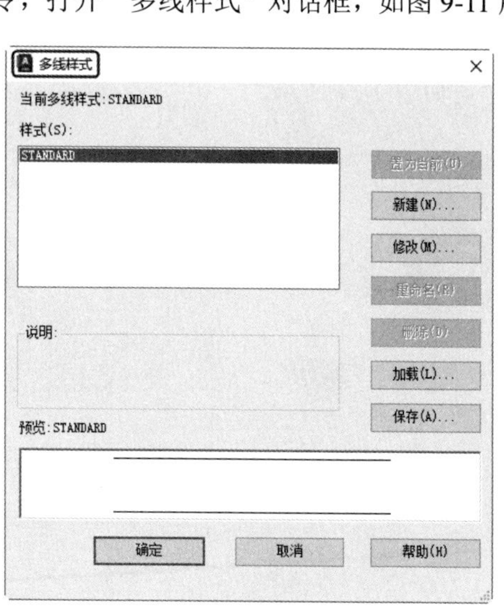

图 9-11　“多线样式”对话框

（3）单击“新建”按钮，打开“创建新的多线样式”对话框，在“新样式名”文本框中输入“梁”，如图 9-12 所示。

（4）单击“继续”按钮，打开“新建多线样式：梁”对话框，在“偏移”文本框中设置偏移量为 90 和−90，如图 9-13 所示。

Note

图 9-12　“创建新的多线样式”对话框

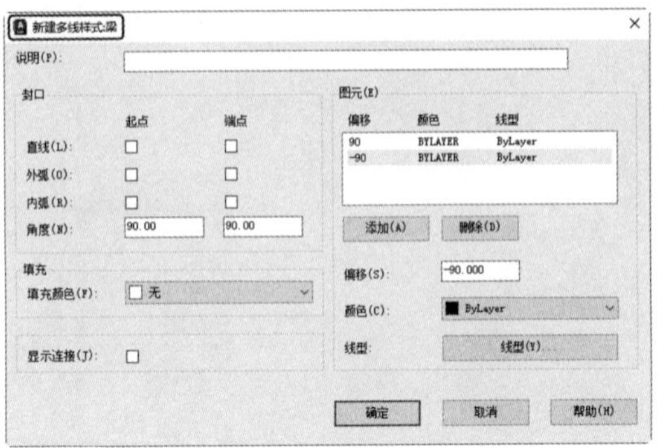

图 9-13　创建梁的多线样式

（5）选择菜单栏中的“绘图”→“多线”命令，设置比例为 1，对正类型为无，根据轴线绘制梁，命令行提示与操作如下。

```
命令: _mline
当前设置: 对正=上, 比例=20.00, 样式=梁
指定起点或 [对正(J)/比例(S)/样式(ST)]: S↙
输入多线比例 <20.00>: 1↙
当前设置: 对正=上, 比例=1.00, 样式=梁
指定起点或 [对正(J)/比例(S)/样式(ST)]: J↙
输入对正类型 [上(T)/无(Z)/下(B)] <上>: Z↙
当前设置: 对正=无, 比例=1.00, 样式=梁
指定起点或 [对正(J)/比例(S)/样式(ST)]:
指定下一点:
指定下一点或 [放弃(U)]:
```

结果如图 9-14 所示。

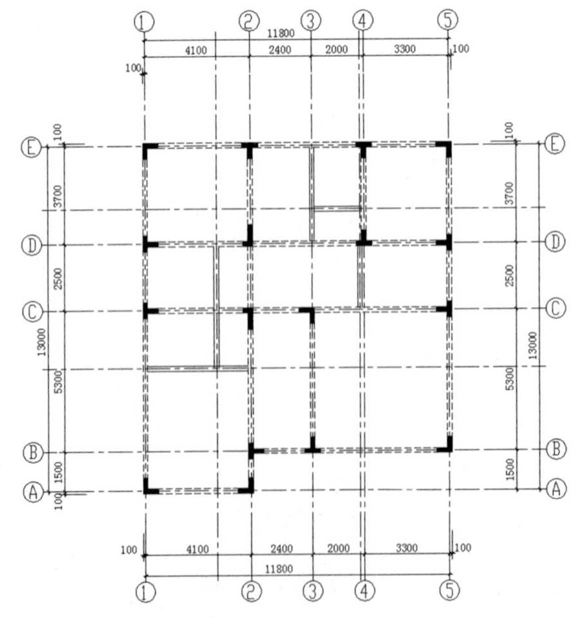

图 9-14　绘制多线

（6）单击“默认”选项卡“修改”面板中的“分解”按钮，将多线分解，然后单击“默认”选项卡“特性”面板中的“特性匹配”按钮，修改线型，如图 9-15 所示。

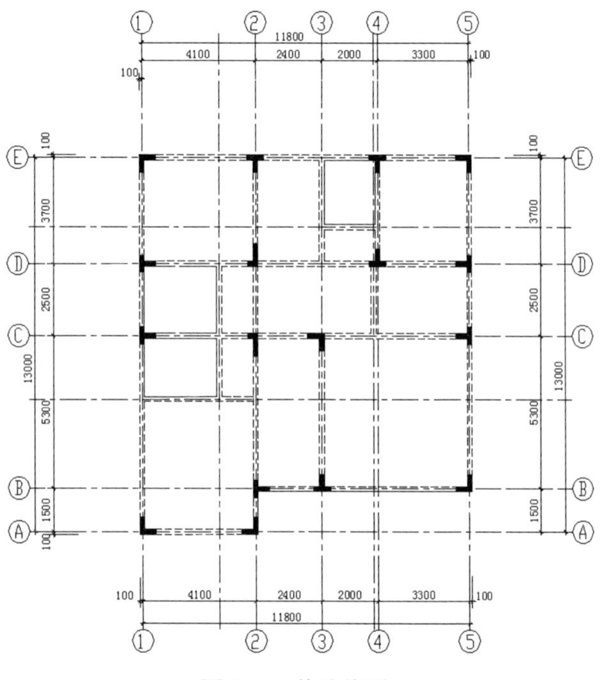

图 9-15　修改线型 1

（7）单击“默认”选项卡“修改”面板中的“修剪”按钮，修剪掉多余的直线，如图 9-16 所示。

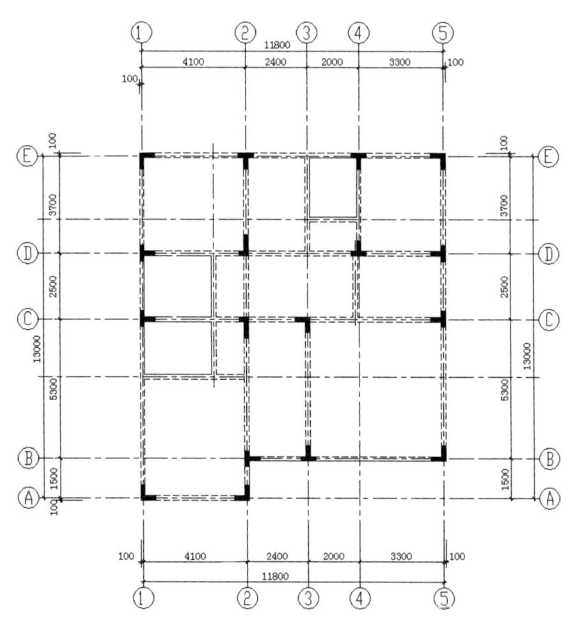

图 9-16　修剪多余直线 1

（8）单击“默认”选项卡“修改”面板中的“偏移”按钮，将 5 号轴线向右偏移 1600，B 号

Note

轴线向上偏移 2200，如图 9-17 所示。

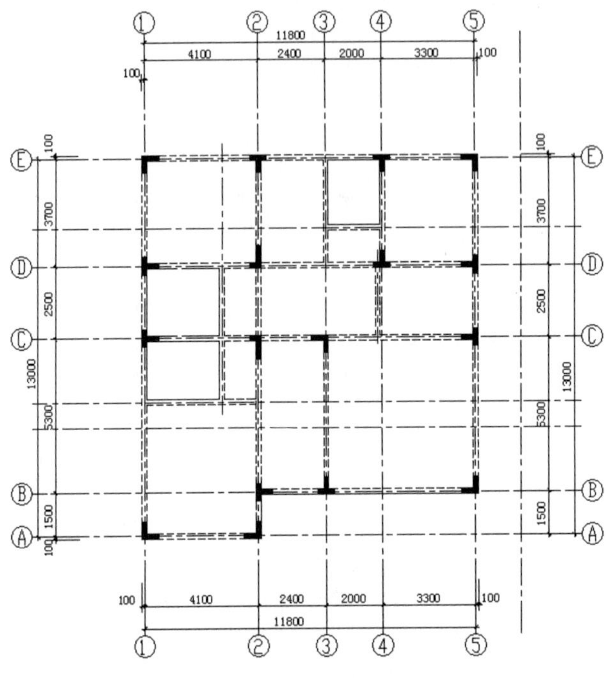

图 9-17　偏移轴线

（9）单击“默认”选项卡“绘图”面板中的“多段线”按钮，绘制其他位置的梁，如图 9-18 所示。

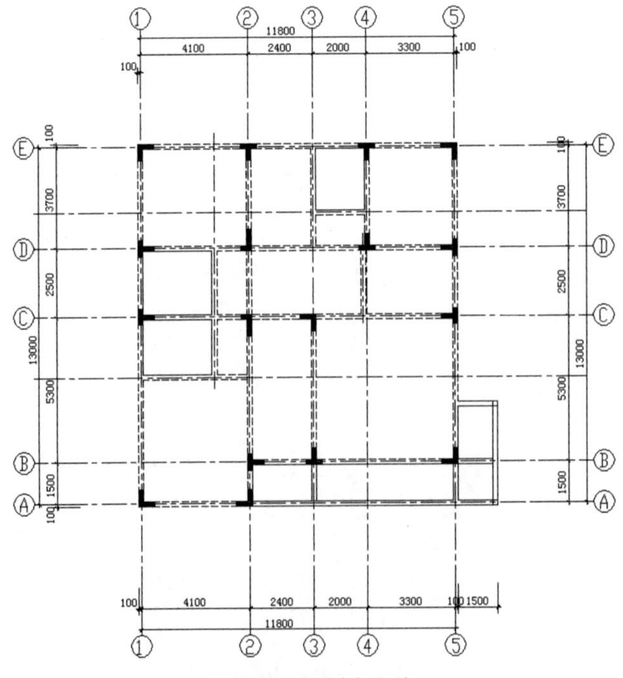

图 9-18　绘制多段线

（10）单击“默认”选项卡“修改”面板中的“修剪”按钮，修剪掉多余的直线，如图 9-19 所示。

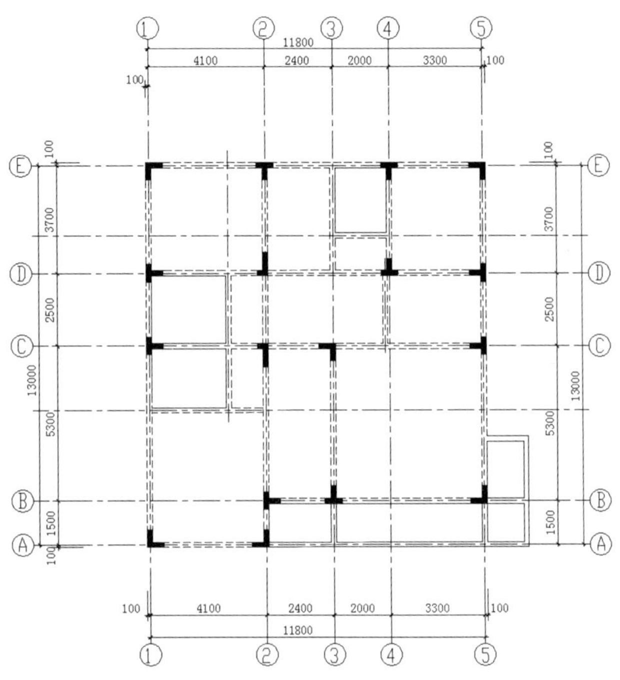

图 9-19　修剪多余直线 2

（11）单击“默认”选项卡“特性”面板中的“特性匹配”按钮，修改线型，最终完成梁的绘制，如图 9-20 所示。

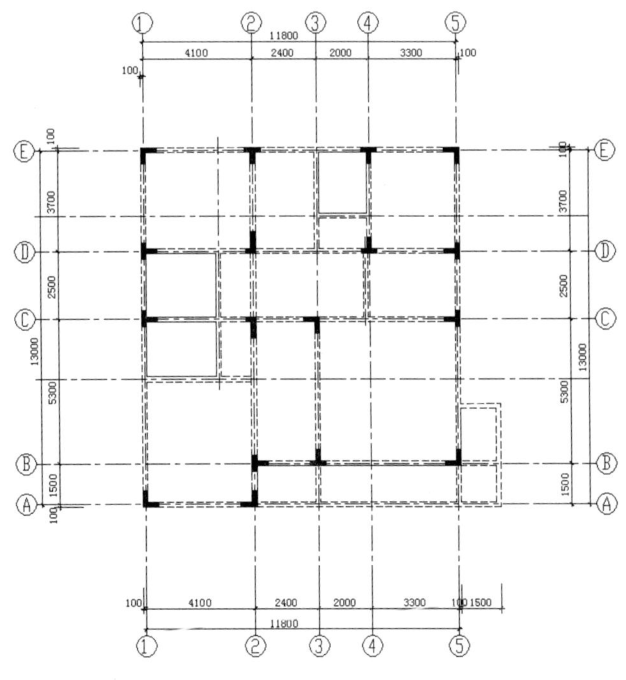

图 9-20　修改线型 2

视频讲解

📖**说明：** 在绘制梁时，有两种方法，一种利用“多线”命令绘制，另外一种利用“多段线”命令绘制，根据图纸需要，选择合适的绘制方法，以便快速完成梁的绘制。

9.2.3　绘制吊筋

吊筋是将作用于混凝土梁式构件底部的集中力传递至顶部，是提高梁承受集中荷载抗剪能力的一种钢筋，形状如元宝，又称为元宝筋，下面介绍如何绘制吊筋。

（1）单击“默认”选项卡“绘图”面板中的“多段线”按钮，设置宽度为20，绘制吊筋，如图9-21所示。

（2）单击“默认”选项卡“修改”面板中的“复制”按钮，将步骤（1）中绘制的吊筋复制到图中其他位置，然后单击“默认”选项卡“修改”面板中的“旋转”按钮，将吊筋旋转到合适的角度，结果如图9-22所示。

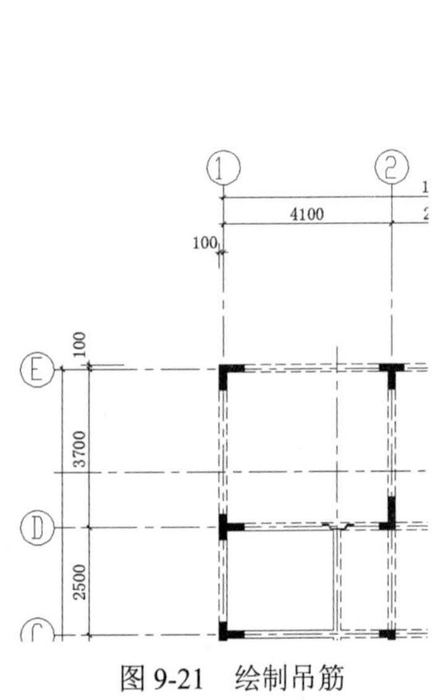

图9-21　绘制吊筋

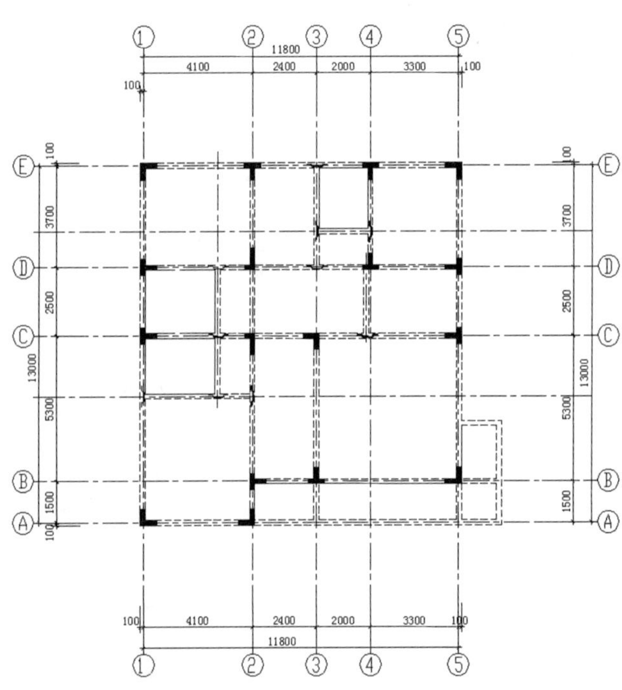

图9-22　复制吊筋并旋转

9.2.4　标注尺寸

首先根据图纸要求设置标注样式，然后利用“线性”“连续”命令，标注尺寸。

（1）单击“默认”选项卡“注释”面板中的“标注样式”按钮，打开“标注样式管理器”对话框。

（2）单击“修改”按钮，打开“修改标注样式：ISO-25”对话框，在“线”选项卡中设置“超出尺寸线”数值为50，“起点偏移量”数值为50，其他按默认设置；在“符号和箭头”选项卡中设置“第一个”和“第二个”为“建筑标记”，“箭头大小”为100，其他按默认设置；在“文字”选项卡中设置“文字高度”为300，“文字位置”选项组中“垂直”设置为“上”，“水平”设置为“居中”，“文字对齐”设置为“与尺寸线对齐”，其他按默认设置。

（3）单击“默认”选项卡“图层”面板中的“图层特性”按钮，打开“图层特性管理器”对

话框，将“标注”图层设置为当前图层。

（4）单击“注释”选项卡“标注”面板中的“线性”按钮，为图形标注尺寸，如图 9-23 所示。

（5）单击“注释”选项卡“标注”面板中的“连续”按钮，快速完成图形的尺寸标注，如图 9-24 所示。

Note

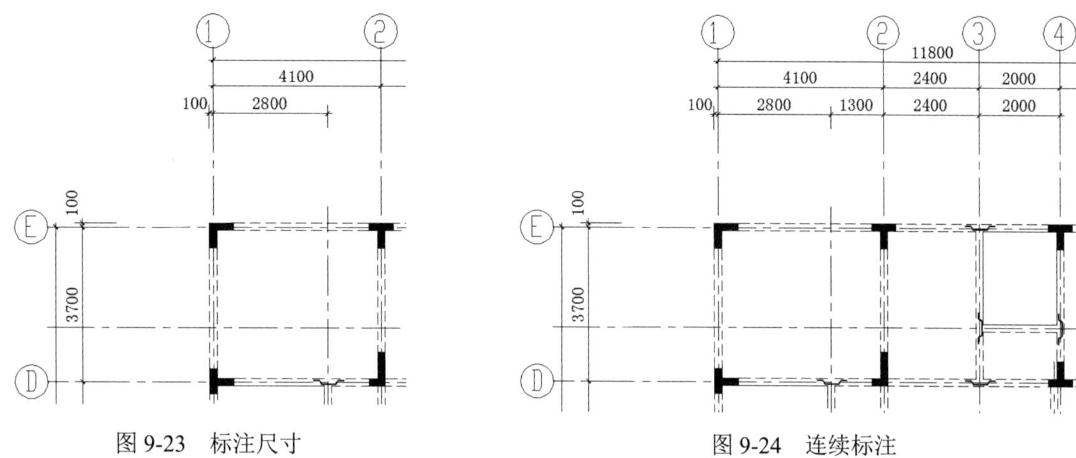

图 9-23　标注尺寸　　　　图 9-24　连续标注

（6）同理，标注图形其他位置的尺寸，结果如图 9-25 所示。

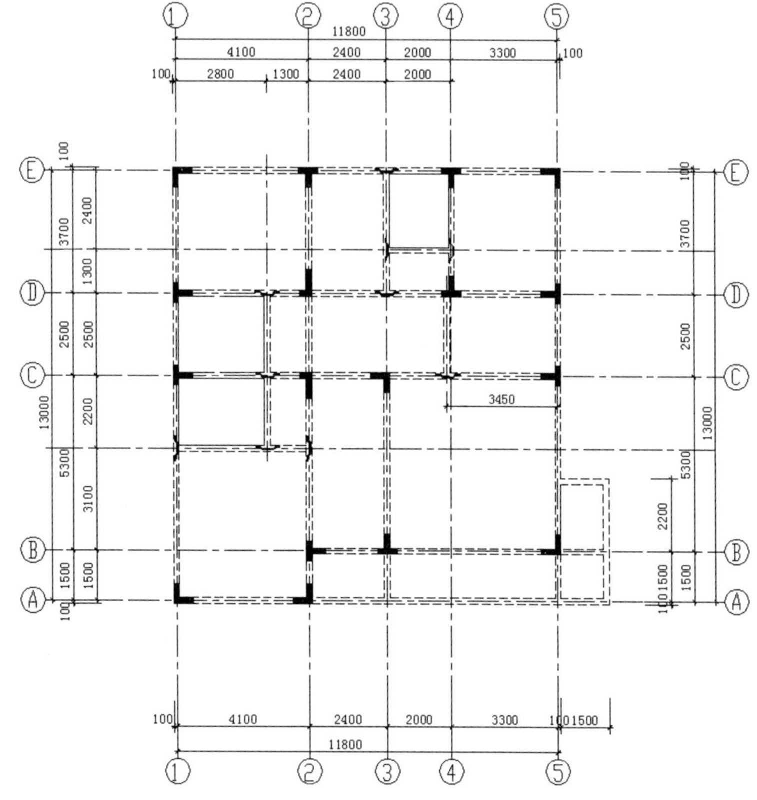

图 9-25　标注尺寸效果

9.2.5 标注文字

该实例的文字标注包括梁和配筋的说明、图名以及其他的文字说明。

（1）单击“默认”选项卡“绘图”面板中的“直线”按钮╱，在图中引出直线，如图 9-26 所示。

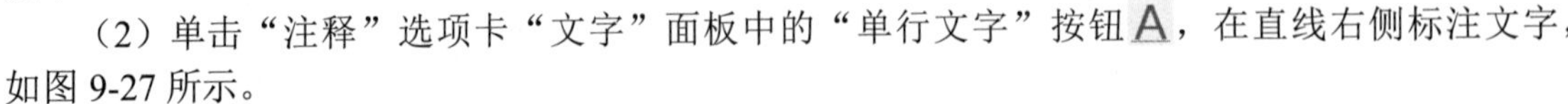

（2）单击“注释”选项卡“文字”面板中的“单行文字”按钮A，在直线右侧标注文字，如图 9-27 所示。

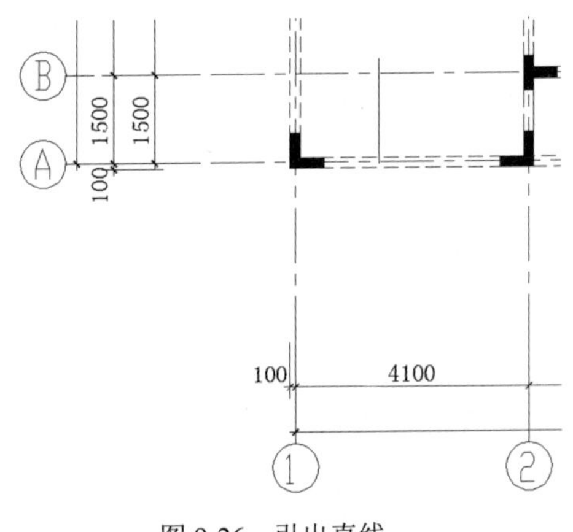

图 9-26　引出直线

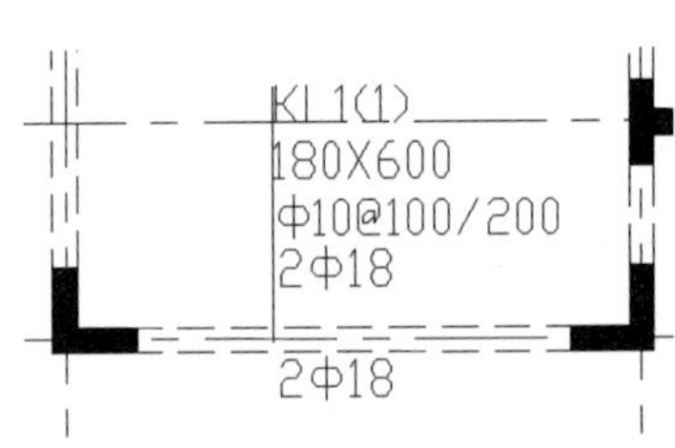

图 9-27　标注文字 1

（3）单击“默认”选项卡“修改”面板中的“复制”按钮，将文字复制到图中其他位置，如图 9-28 所示，然后双击文字，修改文字内容，如图 9-29 所示。

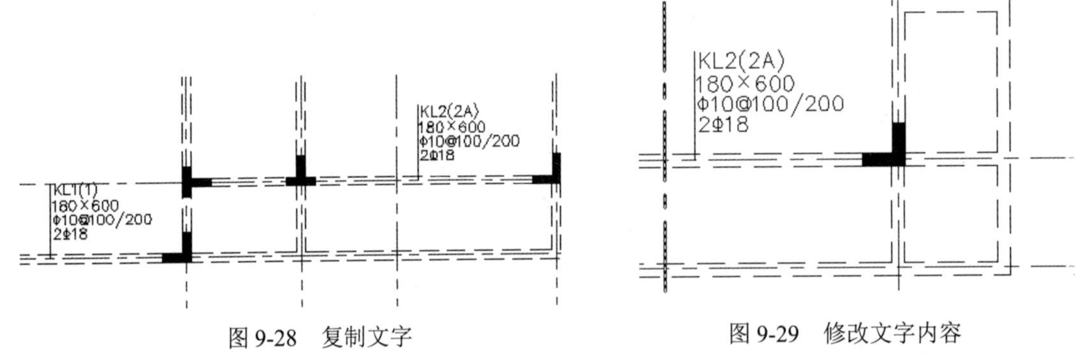

图 9-28　复制文字　　　图 9-29　修改文字内容

技巧： 在复制的过程中，要尽量选择容易控制的点作为复制的基点，这样容易控制复制的位置，在本次复制中，选择引线的一端可以直接捕捉另一条梁的轴线，即可定位复制的位置。

（4）同理，标注其他位置的文字，结果如图 9-30 所示。

（5）单击“默认”选项卡“注释”面板中的“多行文字”按钮A和“绘图”面板中的“多段线”按钮，标注图名，如图 9-31 所示。

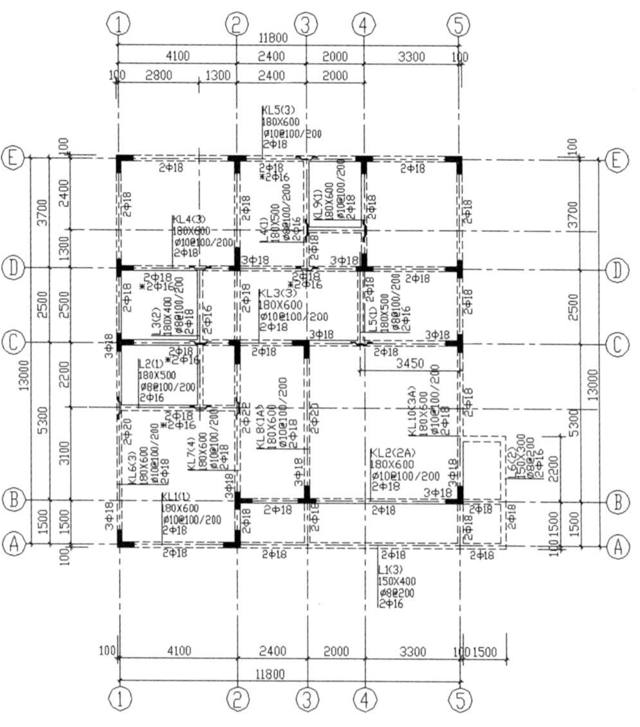

图 9-30　标注文字 2

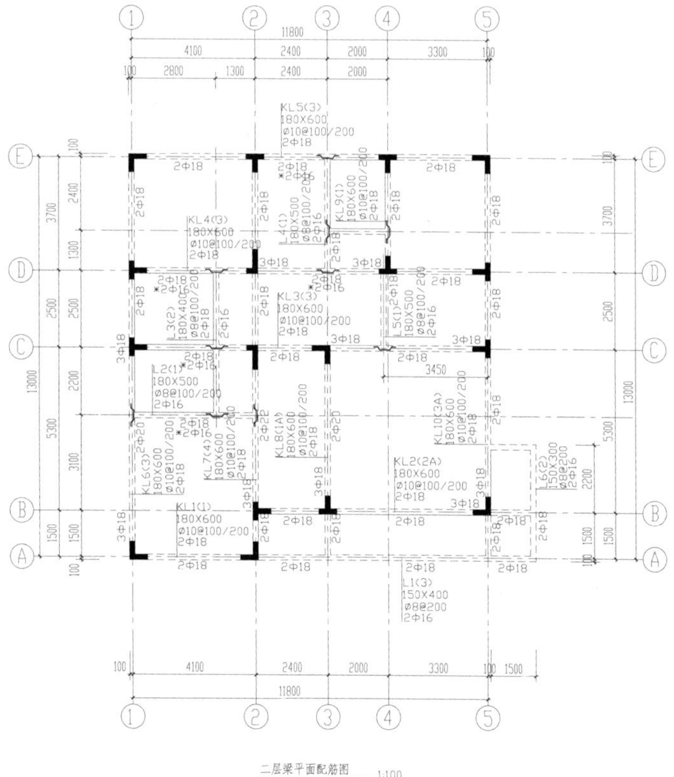

图 9-31　标注图名

9.3 别墅三层梁平面配筋图绘制实例

Note

本节以别墅三层梁平面配筋图的绘制为例，帮助读者掌握梁平面配筋的绘制方法和技巧。

9.3.1 编辑旧文件

视频讲解

为了绘图快捷方便，通常在原有的文件上进行编辑修改。

（1）打开 AutoCAD 2024 应用程序，选择菜单栏中的“文件”→“打开”命令，打开“选择文件”对话框，选择在初步设计中已经绘制的图形文件“二层梁平面配筋图”；或者在最近打开的文档列表中选择“二层梁平面配筋图”，双击打开文件，将文件另存。打开后的图形如图 9-32 所示。

（2）单击“默认”选项卡“修改”面板中的“删除”按钮，删除多余的图形，并修改线型，如图 9-33 所示。

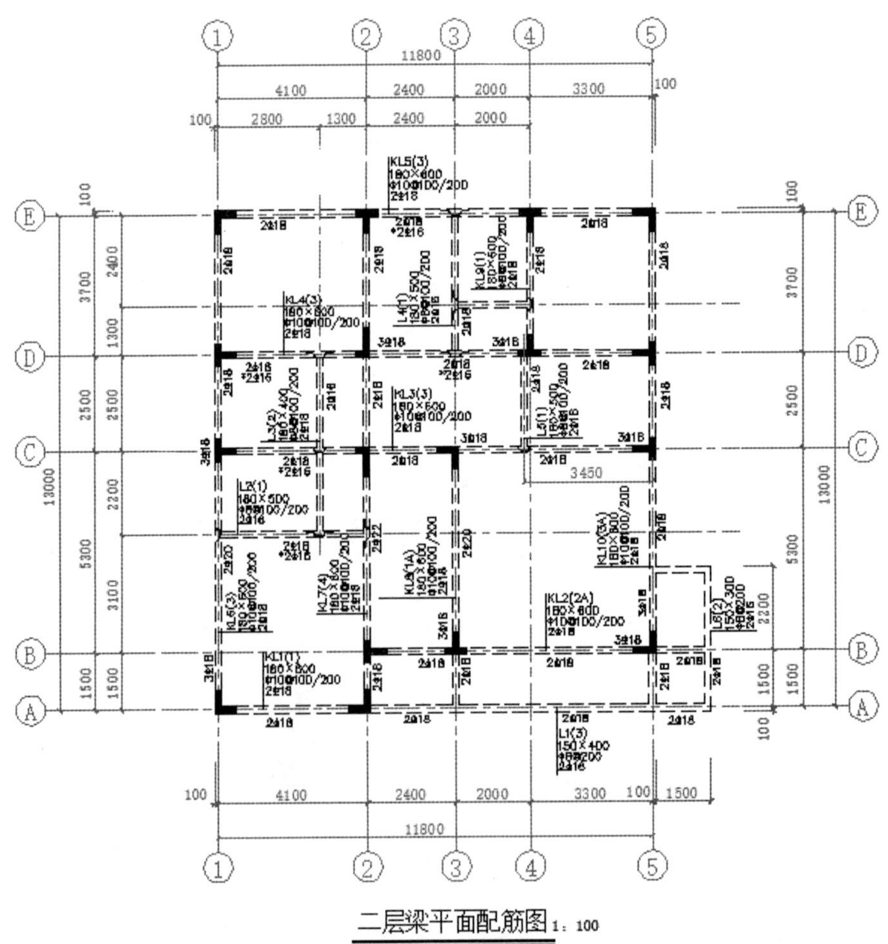

图 9-32 打开旧文件

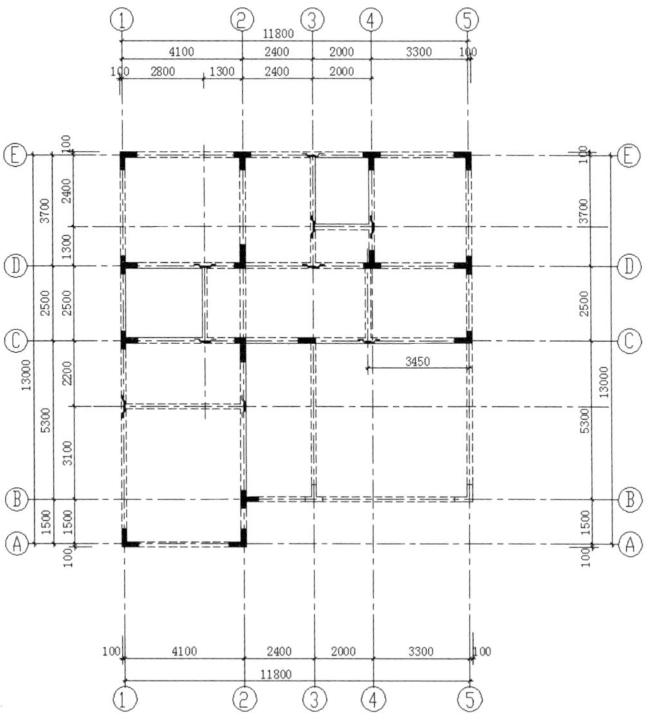

图 9-33　删除多余图形和修改线型

9.3.2　标注文字

文字标注主要利用了“直线”“多行文字”“复制”“多段线”命令。

（1）单击“默认”选项卡“绘图”面板中的“直线”按钮／，在图形底部位置绘制竖直直线，如图 9-34 所示。

（2）单击“注释”选项卡“文字”面板中的“单行文字”按钮 A，在步骤（1）中绘制的直线右侧标注文字，如图 9-35 所示。

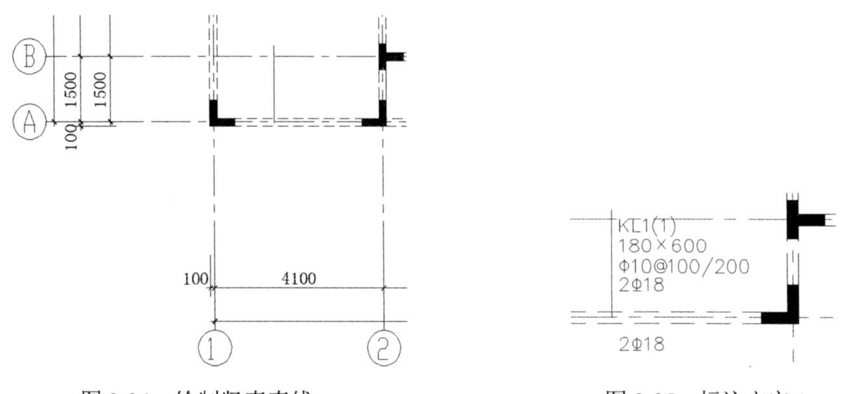

图 9-34　绘制竖直直线

图 9-35　标注文字 1

（3）单击“默认”选项卡“修改”面板中的“复制”按钮，选择步骤（2）中标注文字为复制对象，将其复制到图中其他位置，如图 9-36 所示，然后双击文字，修改文字内容，如图 9-37 所示。

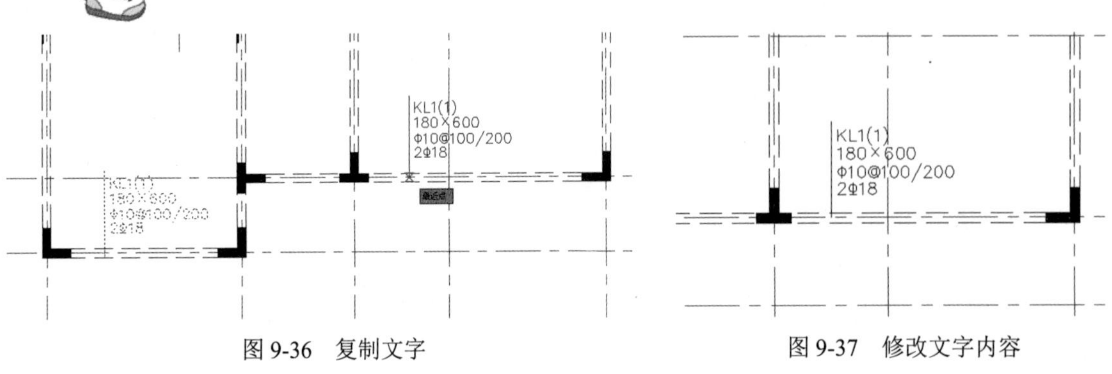

图 9-36 复制文字　　　　　　图 9-37 修改文字内容

（4）同理，标注其他位置的文字，结果如图 9-38 所示。

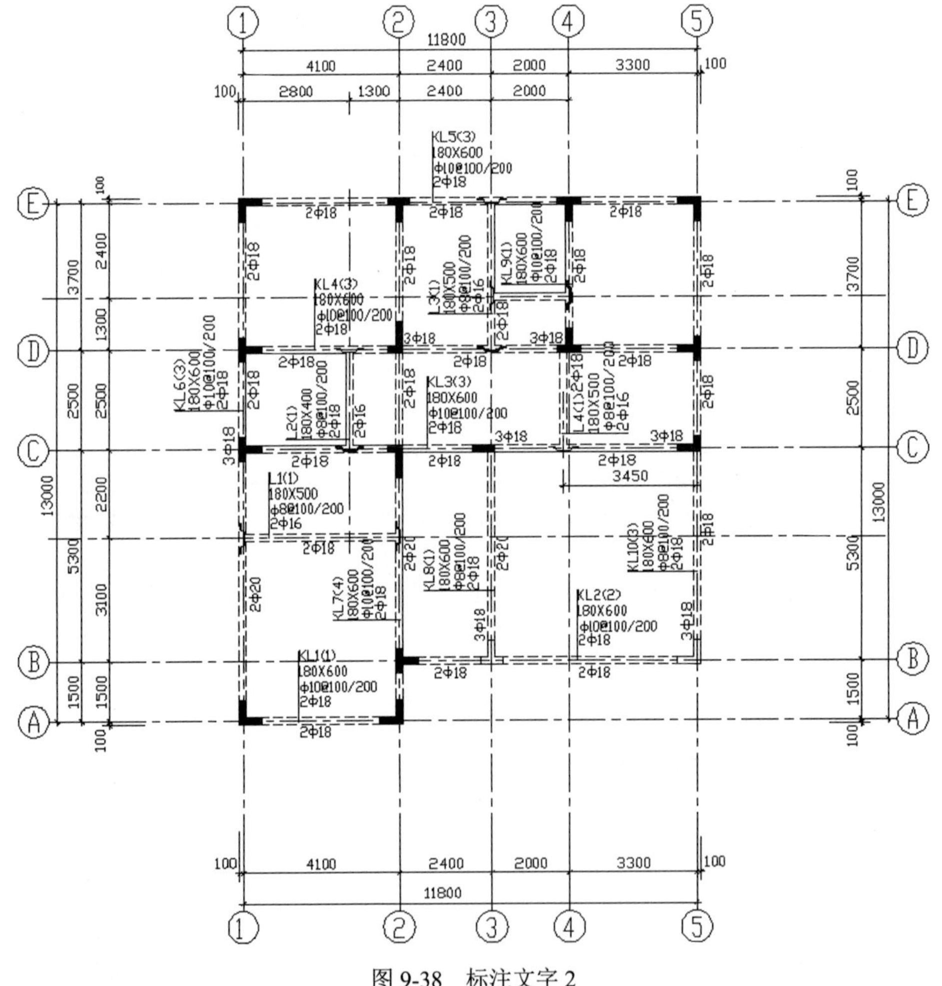

图 9-38 标注文字 2

（5）单击“默认”选项卡“注释”面板中的“多行文字”按钮A和“绘图”面板中的“多段线”按钮，标注图名，如图 9-39 所示。

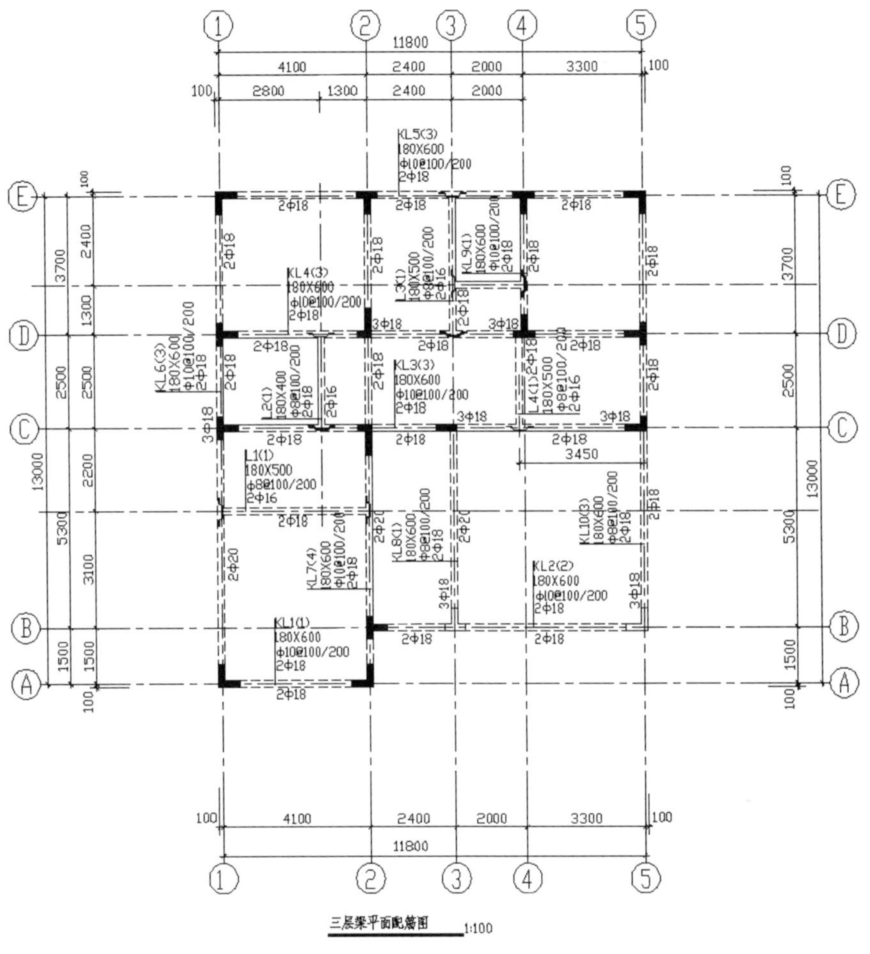

图 9-39　标注图名

9.4　绘制标高 10.070 梁平面配筋图

本节以绘制标高 10.070 梁平面配筋图为例，使读者进一步掌握梁平面配筋的技巧，步骤与 9.3 节不尽相同。

9.4.1　编辑旧文件

为了绘图快捷方便，通常在原有的文件上进行编辑修改。

（1）打开 AutoCAD 2024 应用程序，选择菜单栏中的“文件”→“打开”命令，打开“选择文件”对话框，选择在初步设计中已经绘制的图形文件“基础梁平面配筋图”；或者在最近打开的文档列表中选择“基础梁平面配筋图”，双击打开文件，再另存一份。打开后的图形如图 9-40 所示。

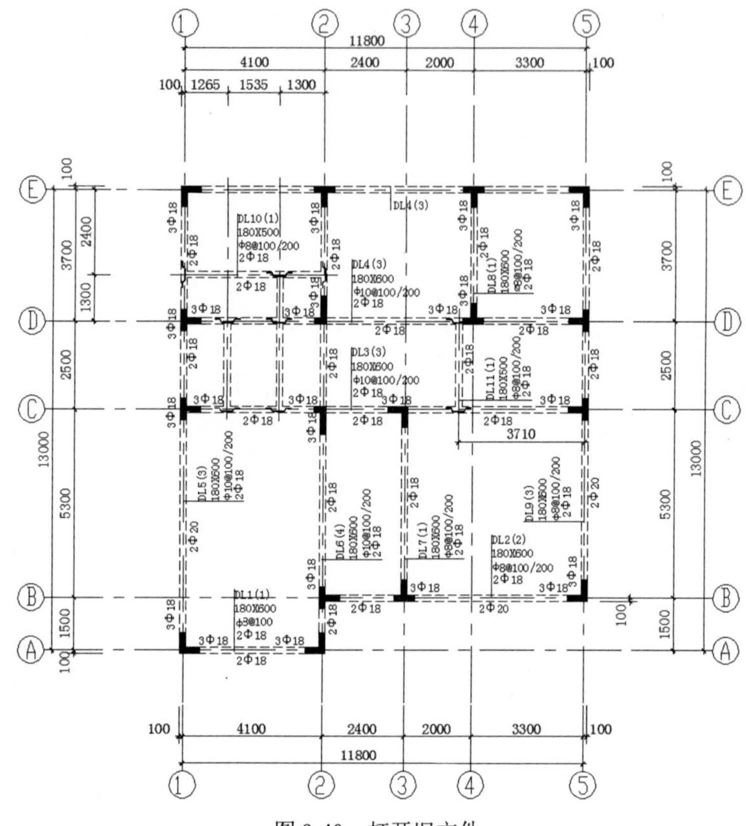

图 9-40　打开旧文件

（2）单击“默认”选项卡“修改”面板中的“删除”按钮，删除多余的图形，如图 9-41 所示。

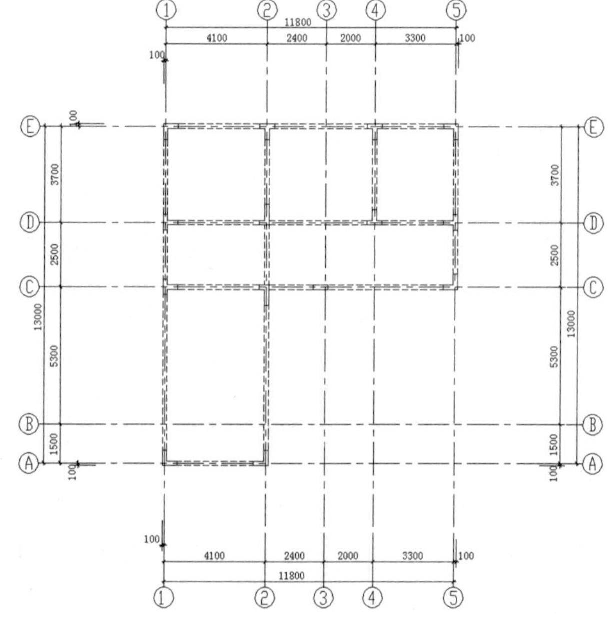

图 9-41　删除多余图形

9.4.2　绘制框架梁

（1）单击“默认”选项卡“修改”面板中的“偏移”按钮⊆，将1号轴线向右偏移2050，A号轴线向上偏移2050，B号轴线向上偏移3100，如图9-42所示。

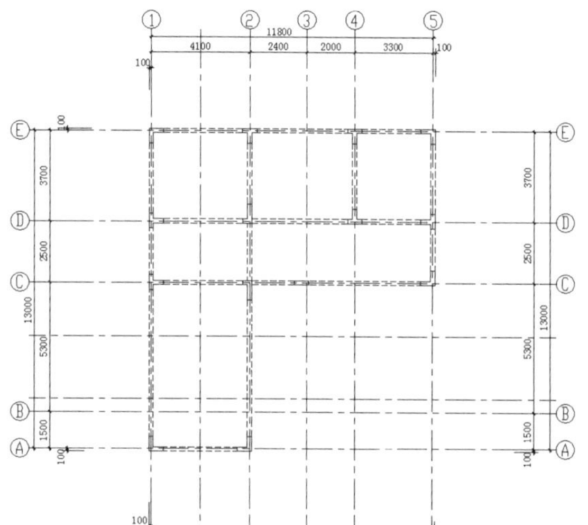

图9-42　偏移轴线

（2）选择菜单栏中的“格式”→“多线样式”命令，打开“多线样式”对话框。

（3）单击“新建”按钮，打开“创建新的多线样式”对话框，在“新样式名”文本框中输入“梁”。

（4）单击“继续”按钮，打开“新建多线样式：梁”对话框，在“偏移”文本框中设置偏移量为90和-90。

（5）选择菜单栏中的“绘图”→“多线”命令，设置比例为1，对正类型为无，根据轴线绘制梁，如图9-43所示。

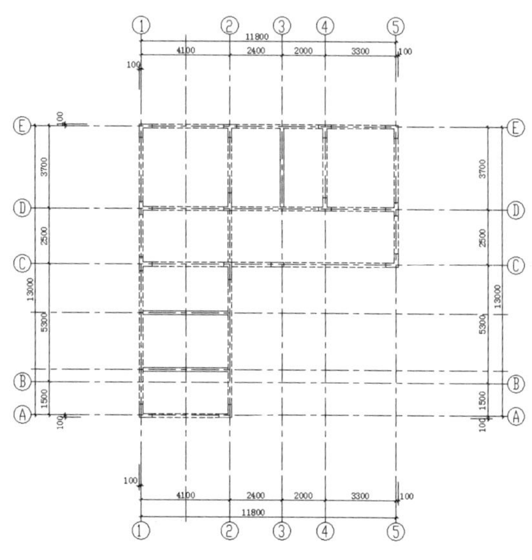

图9-43　绘制梁

Note

（6）单击“默认”选项卡“修改”面板中的“分解”按钮，将多线分解，然后单击“默认”选项卡“特性”面板中的“特性匹配”按钮，修改线型，如图 9-44 所示。

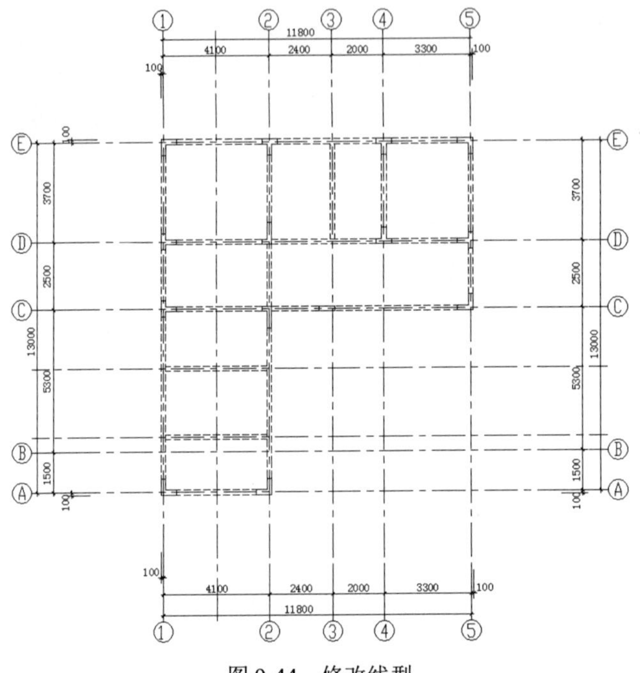

图 9-44　修改线型

（7）单击“默认”选项卡“修改”面板中的“修剪”按钮，修剪掉多余的直线，如图 9-45 所示。

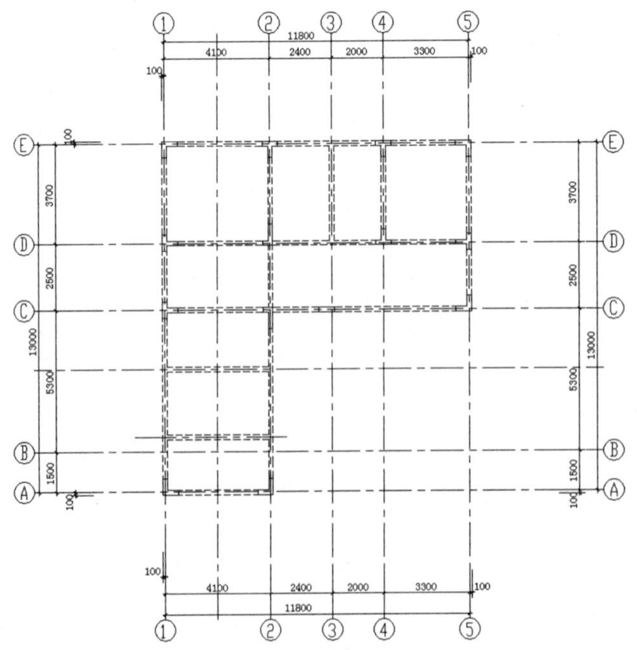

图 9-45　修剪多余直线

9.4.3　绘制框架柱

框架柱的绘制主要利用了“偏移”“直线”“图案填充”等命令。

（1）单击“默认”选项卡“修改”面板中的“偏移”按钮⊆，将D号轴线依次向上偏移400、400，1号轴线依次向右偏移1850、400，如图9-46所示。

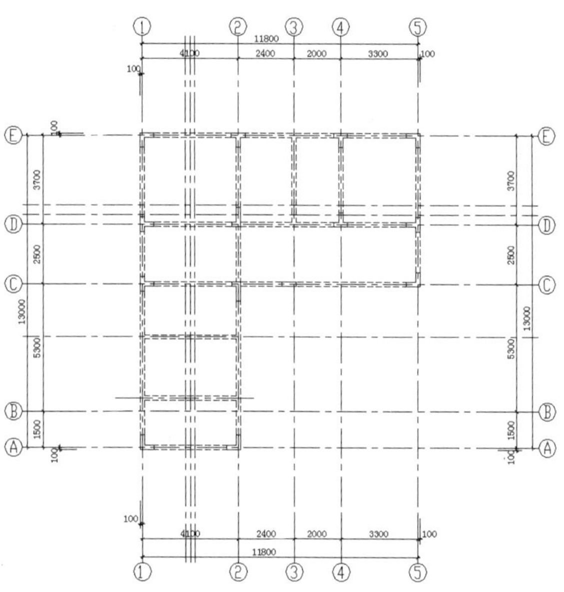

图9-46　偏移轴线

（2）单击“默认”选项卡“绘图”面板中的“直线”按钮╱，根据偏移的轴线绘制框架柱，然后单击“默认”选项卡“修改”面板中的“删除”按钮，将多余的轴线删除，如图9-47所示。

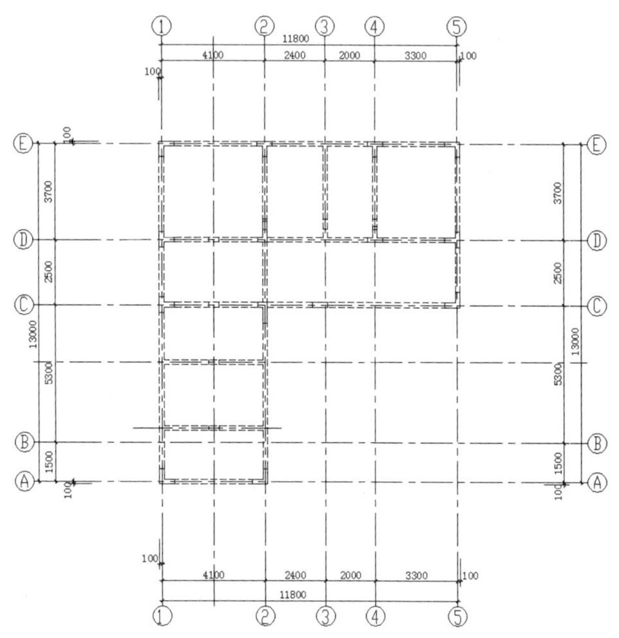

图9-47　绘制框架柱

Note

（3）单击“默认”选项卡“绘图”面板中的“图案填充”按钮▦，填充框架柱，如图 9-48 所示。

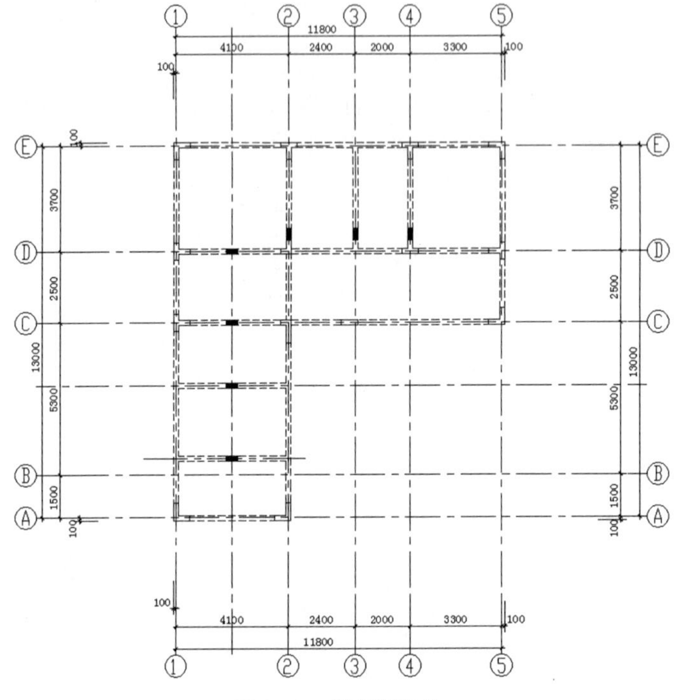

图 9-48　填充框架柱

9.4.4　绘制吊筋

视频讲解

本节介绍了吊筋的绘制方法和技巧，使读者进一步熟练吊筋的绘制。

（1）单击“默认”选项卡“绘图”面板中的“多段线”按钮↩，设置线宽为 20，绘制吊筋，如图 9-49 所示。

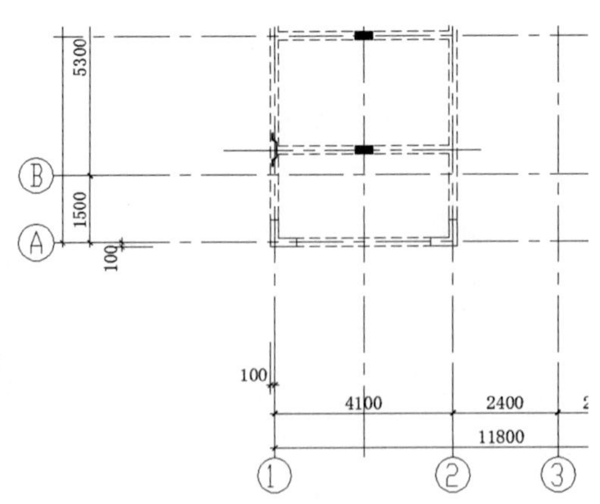

图 9-49　绘制吊筋

（2）单击“默认”选项卡“修改”面板中的“复制”按钮⁂，将步骤（1）中绘制的吊筋复制到图中其他位置，然后单击“默认”选项卡“修改”面板中的“旋转”按钮↻，将吊筋旋转到合适的角度，结果如图 9-50 所示。

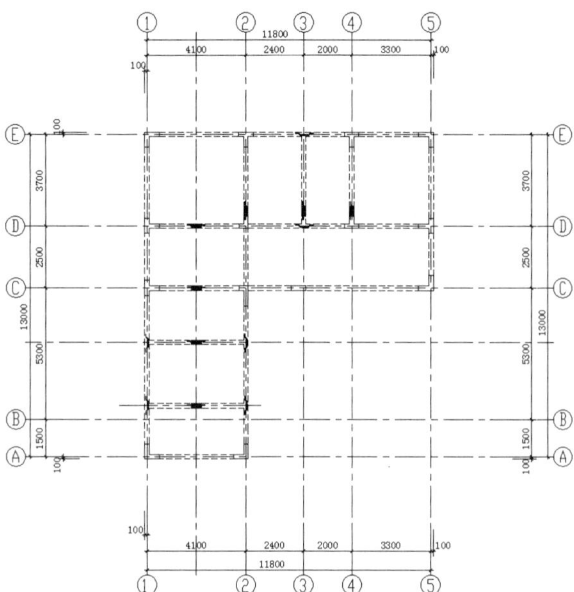

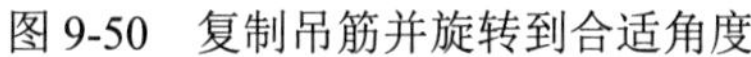
图 9-50　复制吊筋并旋转到合适角度

（3）单击“默认”选项卡“绘图”面板中的“直线”按钮╱和“修改”面板中的“偏移”按钮⊆，绘制剩余图形，如图 9-51 所示。

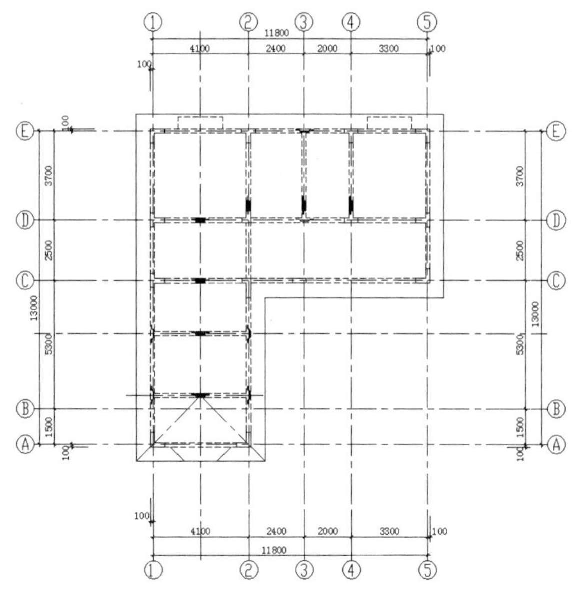

图 9-51　绘制剩余图形

9.4.5　标注尺寸

首先根据图纸要求设置标注样式，然后利用“线性”“连续”命令，标注尺寸。

（1）单击“默认”选项卡“注释”面板中的“标注样式”按钮，打开“标注样式管理器”对话框。

（2）单击“修改”按钮，打开“修改标注样式：ISO-25”对话框，在“线”选项卡中设置“超

出尺寸线”数值为50，“起点偏移量”数值为50，其他按默认设置；在“符号和箭头”选项卡中设置“第一个”和“第二个”为“建筑标记”，“箭头大小”为100，其他按默认设置；在“文字”选项卡中设置“文字高度”为 300，“文字位置”选项组中“垂直”设置为“上”，“水平”设置为“居中”，“文字对齐”设置为“与尺寸线对齐”，其他按默认设置。

Note

（3）单击“默认”选项卡“图层”面板中的“图层特性”按钮，打开“图层特性管理器”对话框，将“标注”图层设置为当前图层。

（4）单击“注释”选项卡“标注”面板中的“线性”按钮，为图形标注尺寸，如图 9-52 所示。

（5）单击“注释”选项卡“标注”面板中的“连续”按钮，快速完成图形的尺寸标注，如图 9-53 所示。

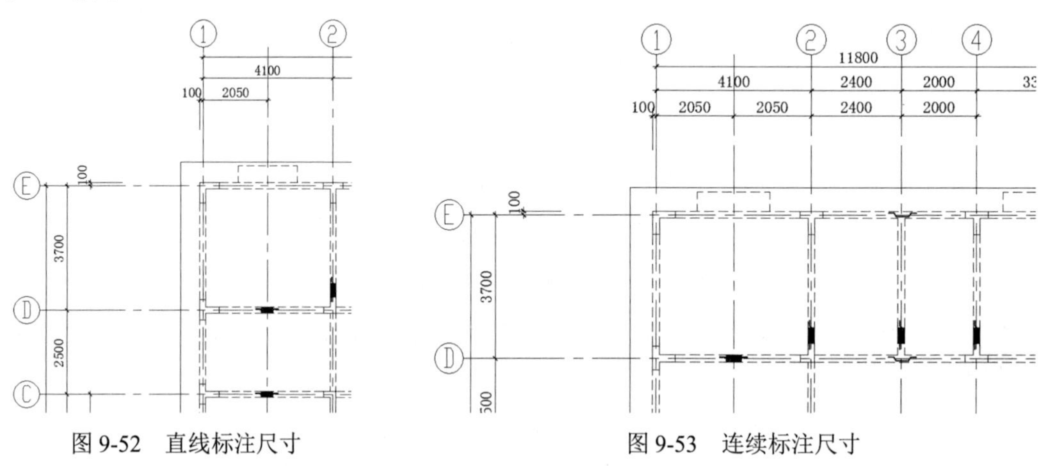

图 9-52　直线标注尺寸　　　　图 9-53　连续标注尺寸

（6）同理，标注图形其他位置的尺寸，结果如图 9-54 所示。

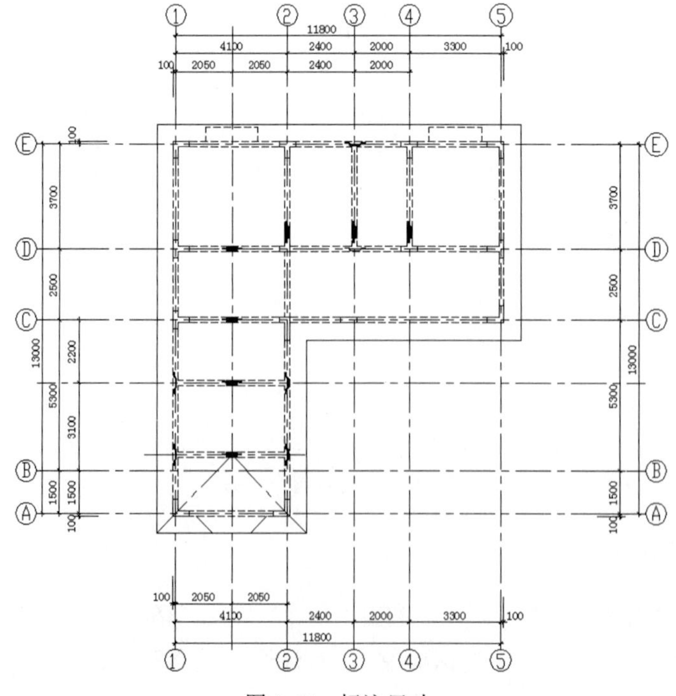

图 9-54　标注尺寸

Note

9.4.6　标注文字

文字标注主要利用了“直线”“多行文字”“复制”“圆”命令。

（1）单击“默认”选项卡“绘图”面板中的“直线”按钮╱，在图中引出直线，如图 9-55 所示。

（2）单击“注释”选项卡“文字”面板中的“单行文字”按钮A，在直线右侧标注文字，如图 9-56 所示。

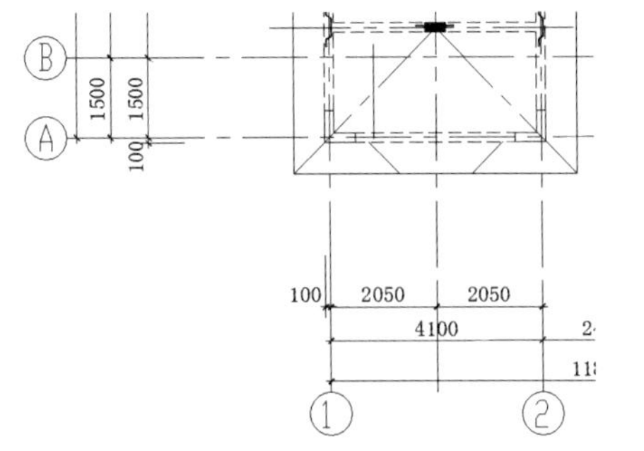

图 9-55　引出直线

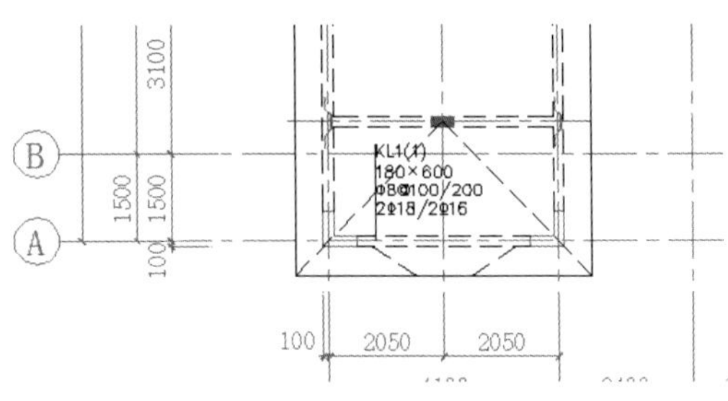

图 9-56　标注文字 1

（3）单击“默认”选项卡“修改”面板中的“复制”按钮，将文字复制到图中其他位置，然后双击文字，修改文字内容，完成集中标注的绘制，如图 9-57 所示。

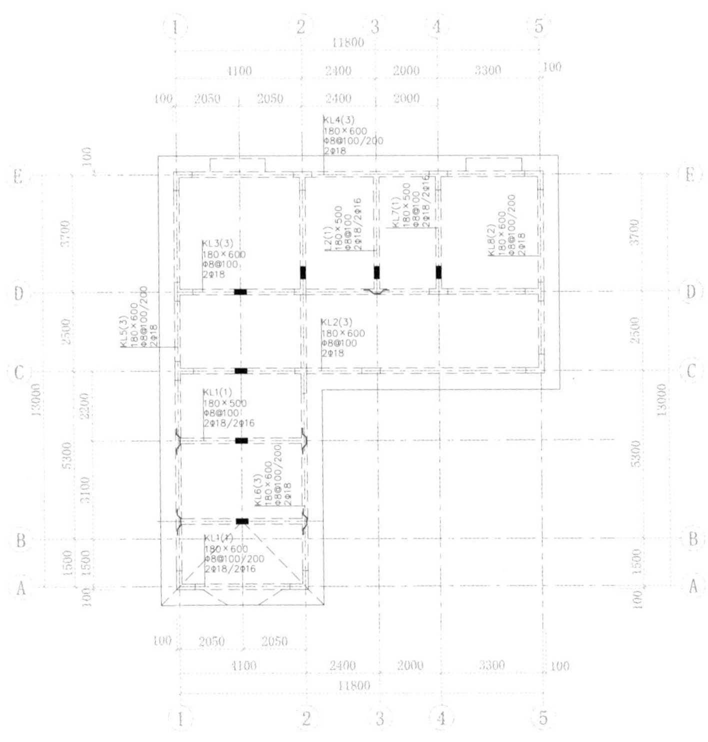

图 9-57　集中标注

（4）同理，单击“注释”选项卡“文字”面板中的“单行文字”按钮A，添加原位标注，如图 9-58 所示。

Note

（5）单击“注释”选项卡“文字”面板中的“单行文字”按钮A，绘制其他位置的文字，如图 9-59 所示。

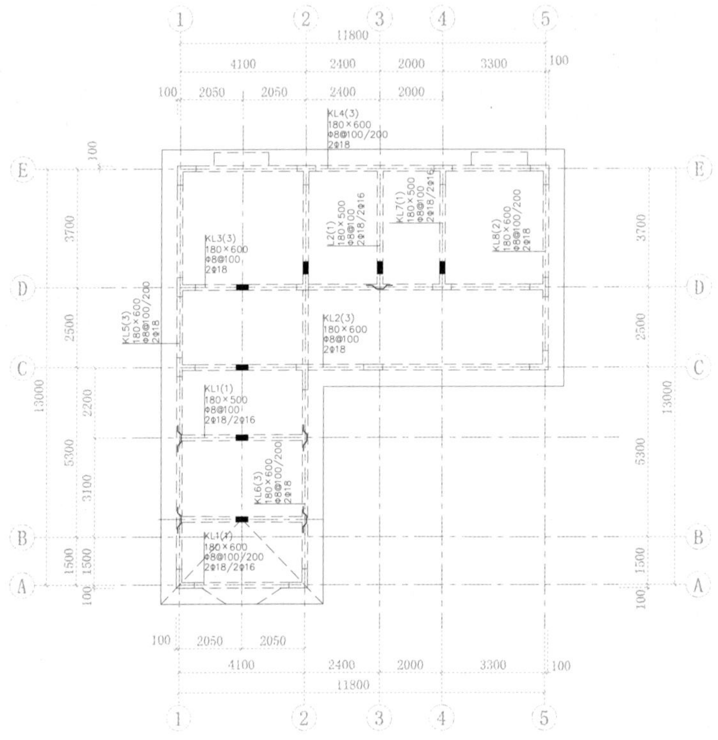

图 9-58 原位标注

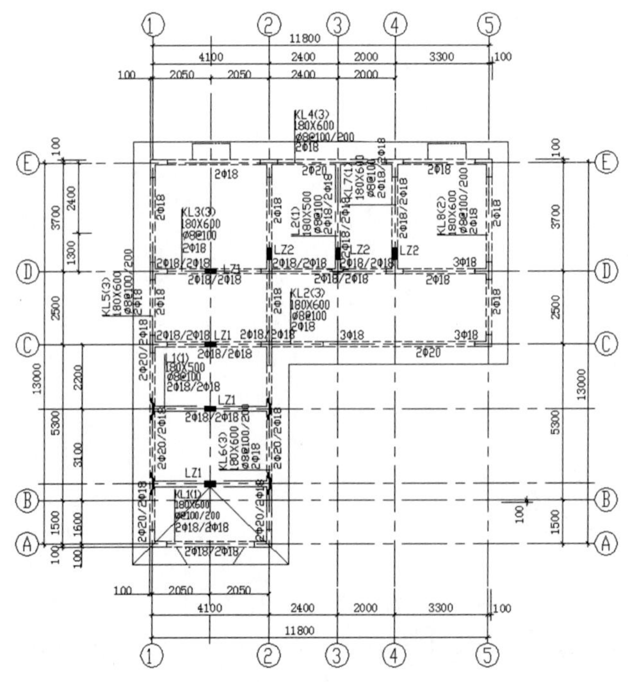

图 9-59 标注文字 2

（6）单击“默认”选项卡“绘图”面板中的“圆”按钮⊘，在图形左侧位置绘制一个适当半径的圆，如图 9-60 所示。

（7）单击“注释”选项卡“文字”面板中的“单行文字”按钮A，在步骤（6）中绘制的圆内添加文字，如图 9-61 所示。

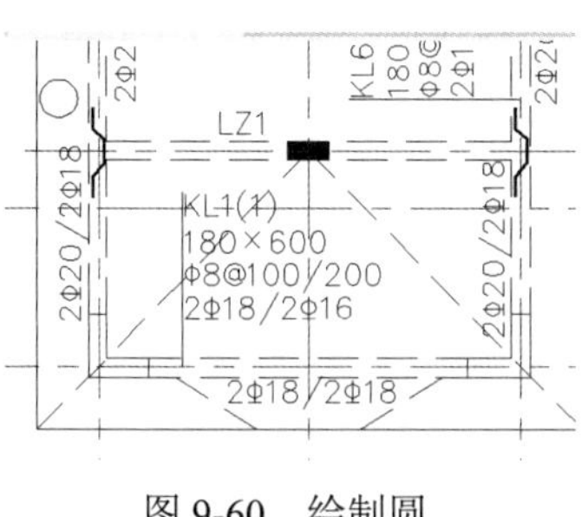

图 9-60　绘制圆

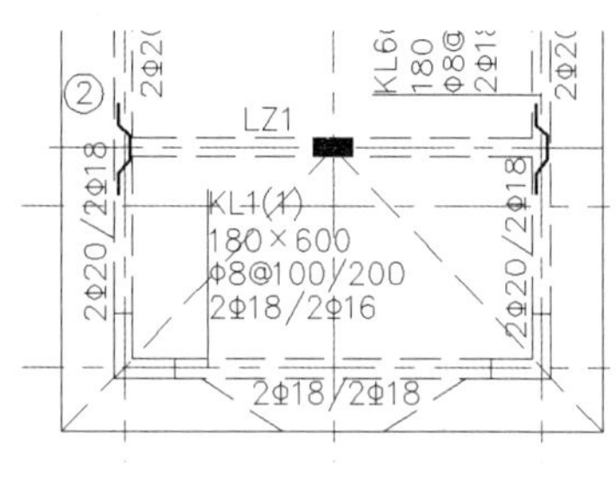

图 9-61　输入文字

（8）单击“默认”选项卡“修改”面板中的“复制”按钮⚇，将标号复制到图中其他位置，然后修改文字内容，如图 9-62 所示。

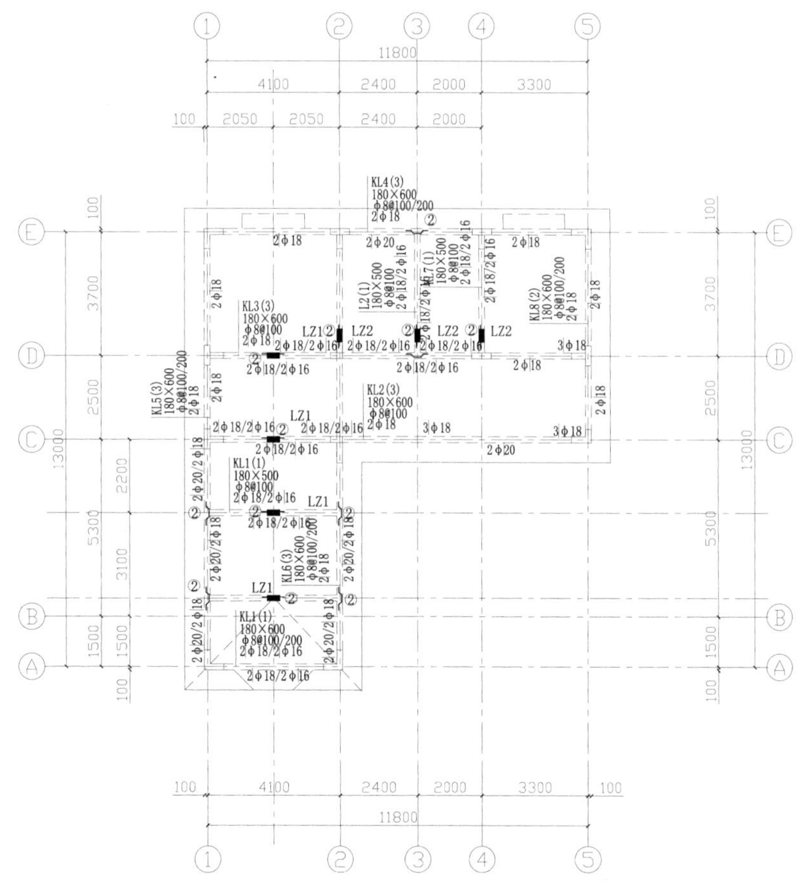

图 9-62　复制标号

9.4.7　绘制剖切符号

剖切符号用粗实线表示，剖切方向线的边长度为 6～10mm；投射方向线应垂直于剖切位置线，

Note

视频讲解

Note

长度为 4～6mm。即长边的方向表示切的方向，短边的方向表示看的方向，下面介绍剖切符号的绘制方法。

（1）单击“默认”选项卡“绘图”面板中的“多段线”按钮，在图中合适的位置绘制一条多段线，如图 9-63 所示。

（2）单击“注释”选项卡“文字”面板中的“单行文字”按钮A，输入文字，如图 9-64 所示。

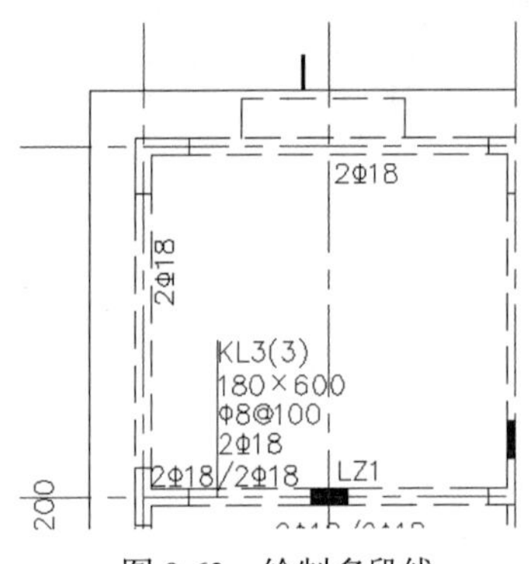

图 9-63　绘制多段线

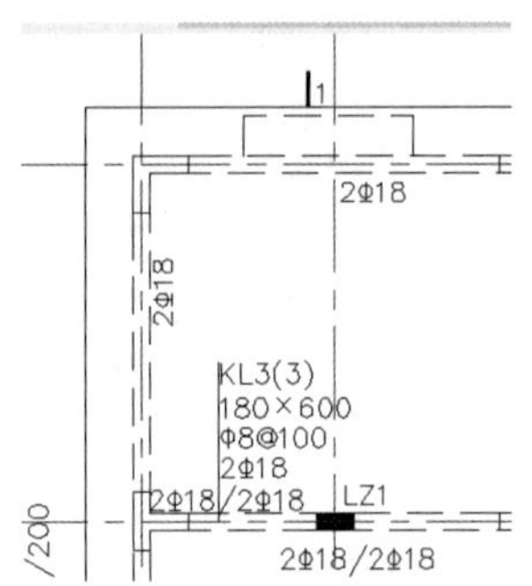

图 9-64　输入文字

（3）同理，绘制其他位置的剖切符号，如图 9-65 所示。

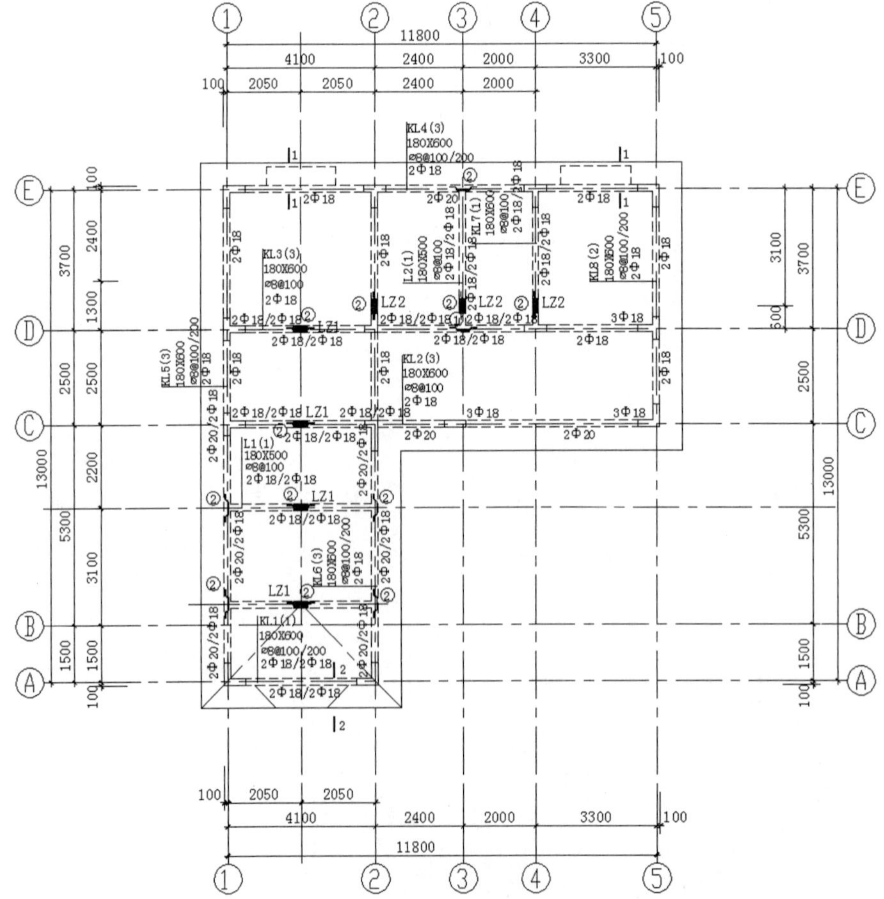

图 9-65　绘制剖切符号

Note

（4）单击“默认”选项卡“注释”面板中的“多行文字”按钮 A 和“绘图”面板中的“多段线”按钮，标注图名，如图 9-66 所示。

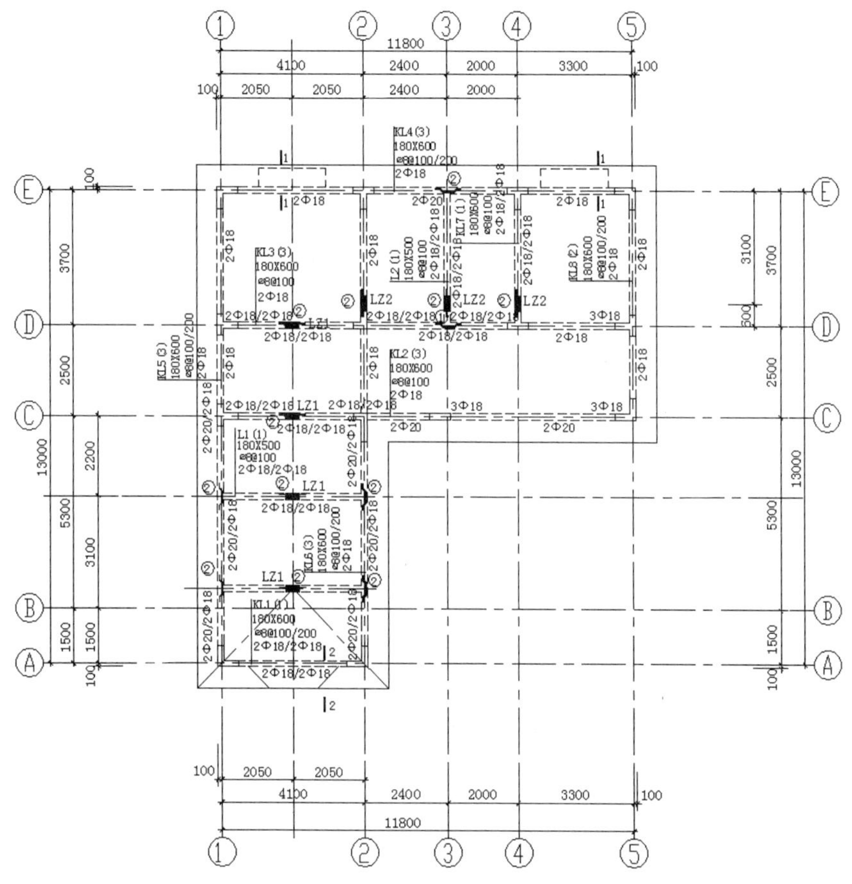

图 9-66　标注图名

9.5　绘制斜屋面梁平面配筋图

绘制斜屋面梁平面配筋图与前面章节其他楼层梁平面配筋图的绘制步骤相同。

9.5.1　编辑旧文件

为了绘图快捷方便，通常在原有的文件上进行编辑修改。

视频讲解

打开 AutoCAD 2024 应用程序，选择菜单栏中的“文件”→“打开”命令，打开“选择文件”对话框，将“绘制标高 10.070 梁平面配筋图”文件打开，然后将图形另存，单击“默认”选项卡“修改”面板中的“删除”按钮，删除多余的图形，如图 9-67 所示。

Note

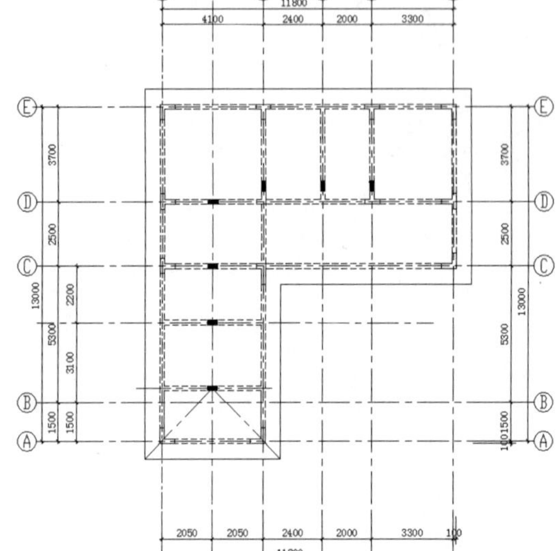
图 9-67　删除多余的图形

9.5.2　绘制框架梁

对现浇框架结构房屋，一般楼屋面板和梁的结构标高取相同值，这样构造较简单，梁的高度包含板厚，即为板面（梁顶）标高减去梁底标高；理论上板可以设置在梁高范围内任何高度位置上，卫生间、厨房、阳台等为避免积水倒灌房间可适当减低板面标高，使其与一般房间的板面形成一定的高差。对于装配式或者装配整体式框架结构，当框架梁采用矩形截面时，梁的标高一般比板的标高低一个板厚，当框架梁采用花篮梁和十字梁时，则设计时梁高不扣除板厚度。

（1）单击“默认”选项卡“修改”面板中的“偏移”按钮⊆，将 1 号轴线向右偏移 3100，D 号轴线向上偏移 600，如图 9-68 所示。

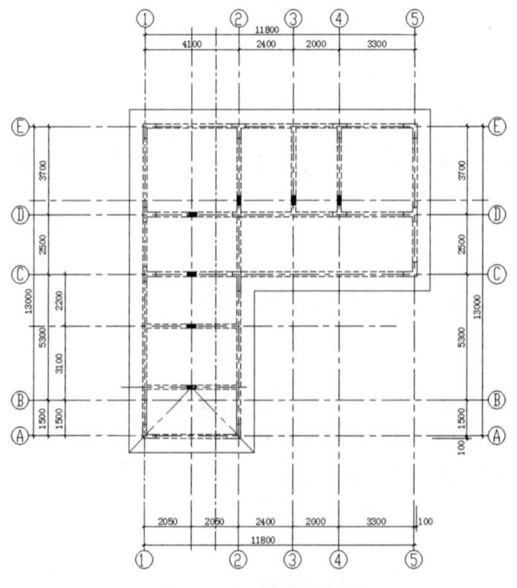
图 9-68　偏移轴线

（2）单击“默认”选项卡“绘图”面板中的“直线”按钮╱和“特性”面板中的“特性匹配”按钮，绘制轴线，如图9-69所示。

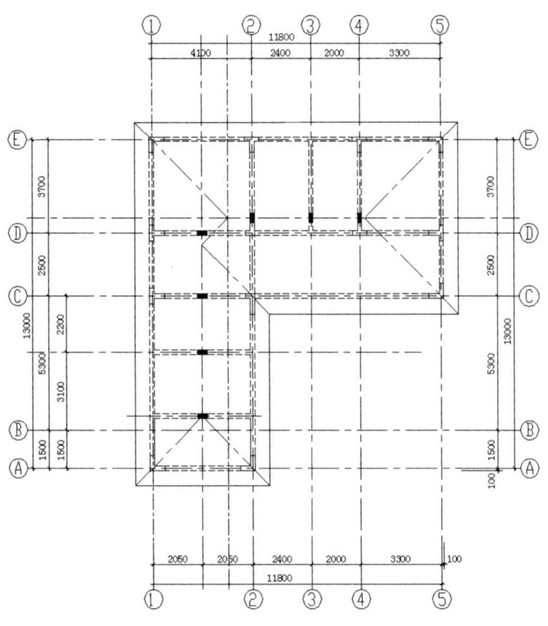

图9-69　绘制轴线

（3）选择菜单栏中的“格式”→“多线样式”命令，打开“新建多线样式：梁”对话框，设置多线样式，偏移量为90和-90。

（4）选择菜单栏中的“绘图”→“多线”命令，设置比例为1，输入对正类型为无，根据偏移后的轴线绘制多线，如图9-70所示。

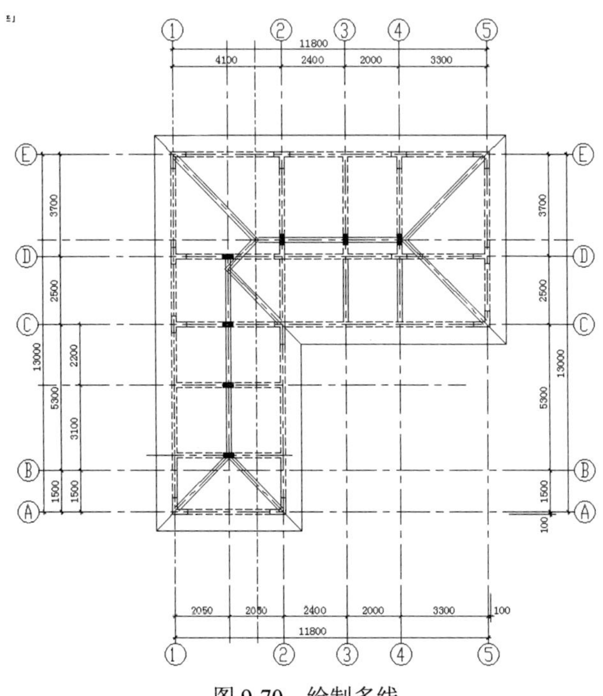

图9-70　绘制多线

（5）单击“默认”选项卡“修改”面板中的“删除”按钮，将多余的轴线删除，并调整轴线长度，如图 9-71 所示。

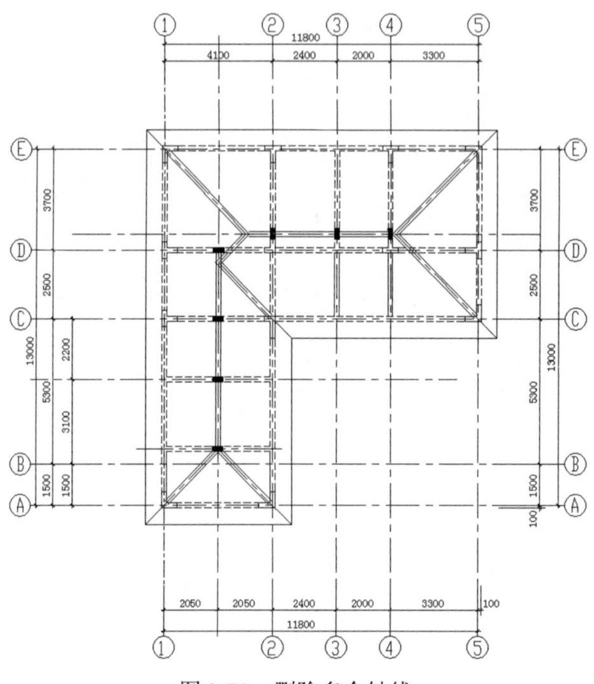

图 9-71　删除多余轴线

（6）单击“默认”选项卡“修改”面板中的“分解”按钮，将多线分解，然后单击“默认”选项卡“特性”面板中的“特性匹配”按钮，修改线型，如图 9-72 所示。

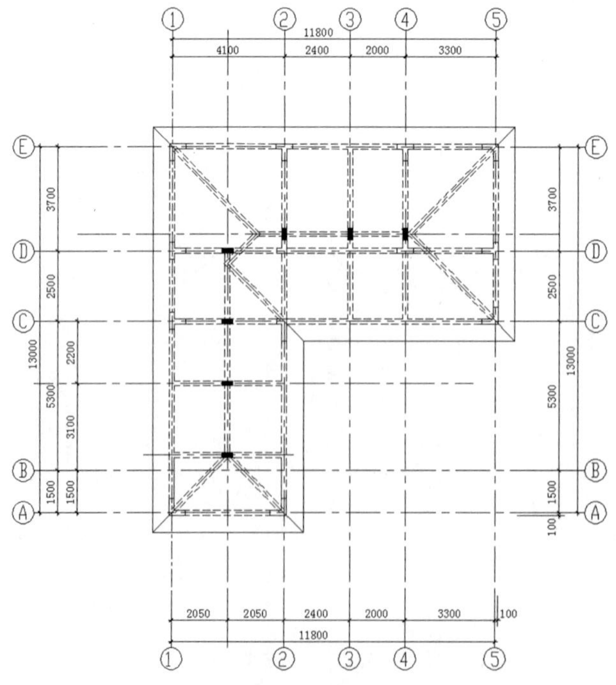

图 9-72　修改线型

（7）单击“默认”选项卡“修改”面板中的“修剪”按钮✂，修剪掉多余的直线，如图 9-73 所示。

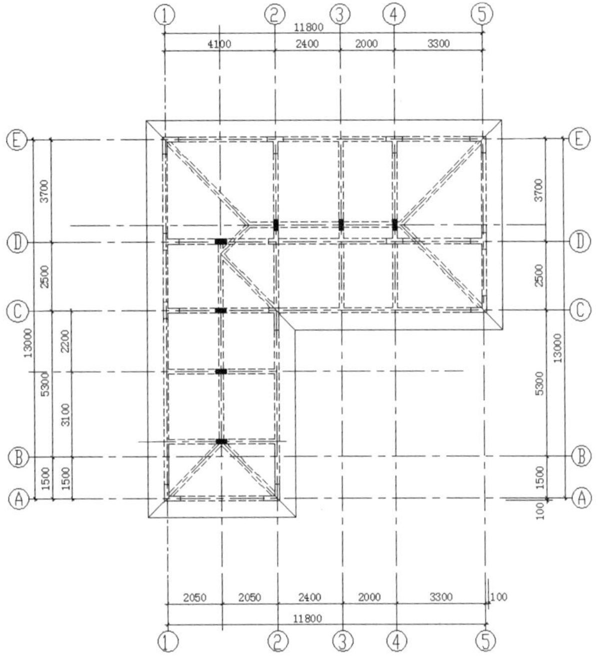

图 9-73　修剪多余直线

9.5.3　绘制吊筋

绘制吊筋主要利用了“多段线”命令。

单击“默认”选项卡“绘图”面板中的“多段线”按钮⊃，绘制吊筋，如图 9-74 所示。

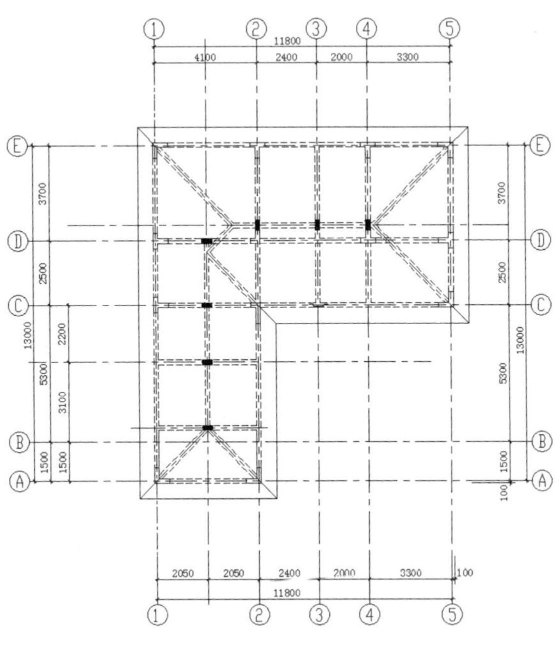

图 9-74　绘制吊筋

9.5.4　标注尺寸

Note

尺寸标注主要利用了“线性”命令。

单击“默认”选项卡“注释”面板中的“线性”按钮，标注尺寸，如图 9-75 所示。

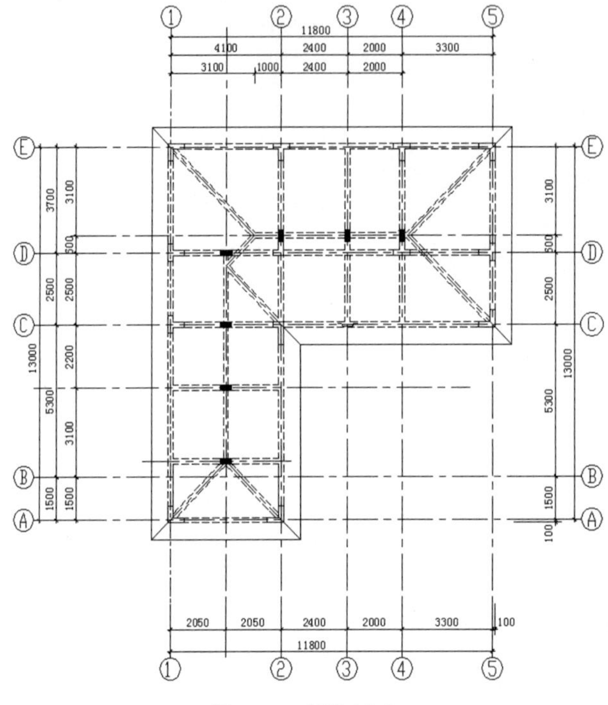

图 9-75　标注尺寸

9.5.5　标注文字

视频讲解

文字标注主要利用了“直线”“多行文字”“复制”“圆”命令。

（1）单击“默认”选项卡“绘图”面板中的“直线”按钮和“注释”选项卡“文字”面板中的“单行文字”按钮A，标注文字，如图 9-76 所示。

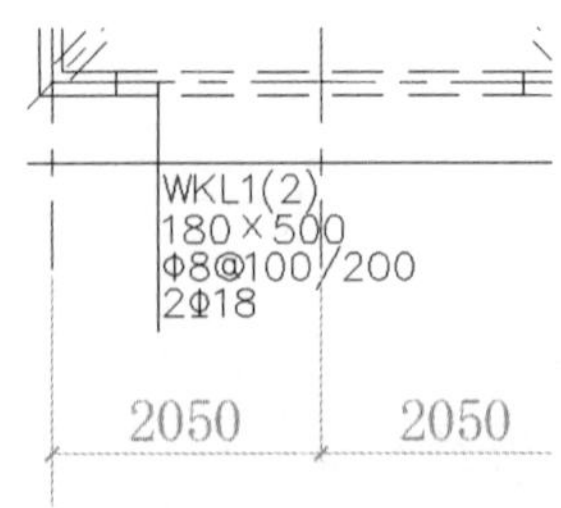

图 9-76　标注文字

（2）单击“默认”选项卡“修改”面板中的“复制”按钮，将文字标注复制到图中其他位置，然后双击文字进行修改，完成集中标注的绘制，如图 9-77 所示。

（3）同理，单击“注释”选项卡“文字”面板中的“单行文字”按钮A，标注原位标注，如图 9-78 所示。

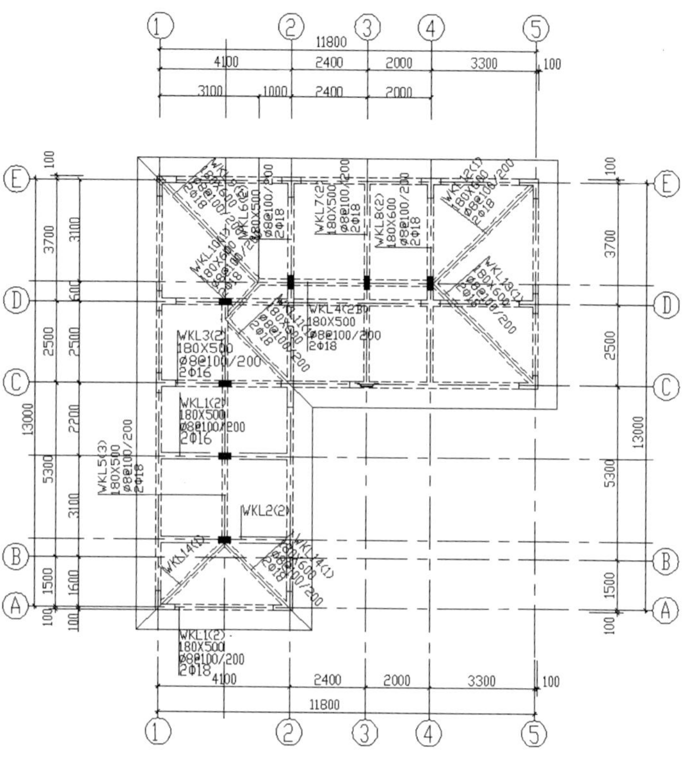

图 9-77　集中标注

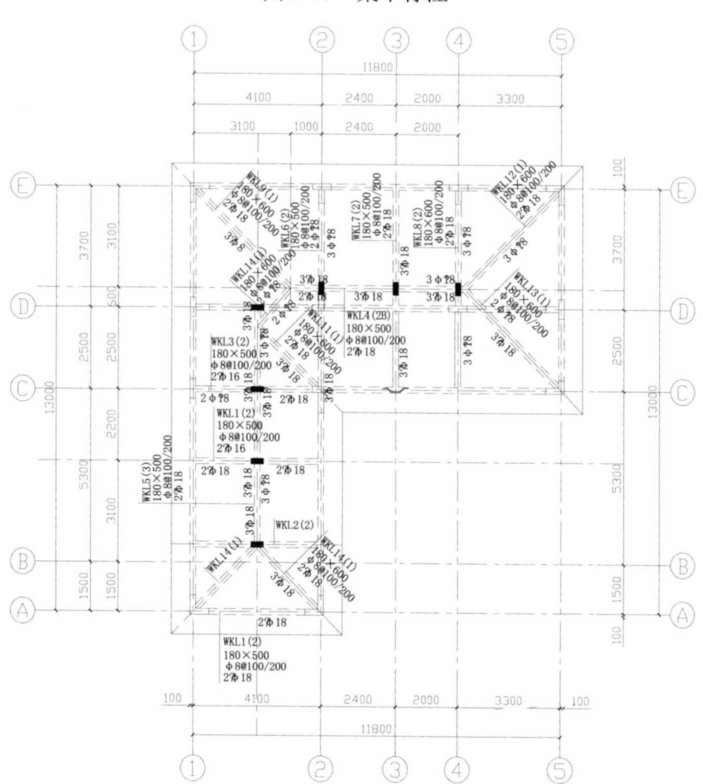

图 9-78　原位标注

Note

（4）单击“默认”选项卡“绘图”面板中的“圆”按钮，在图中合适的位置绘制一个圆，如图 9-79 所示。

（5）单击“注释”选项卡“文字”面板中的“单行文字”按钮A，在圆内输入文字，如图 9-80 所示。

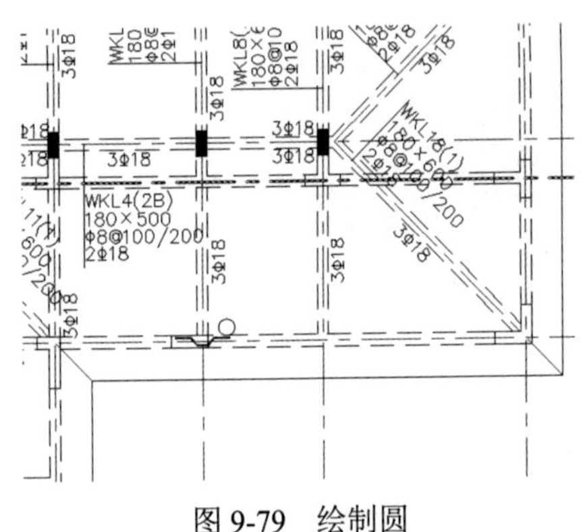

图 9-79　绘制圆

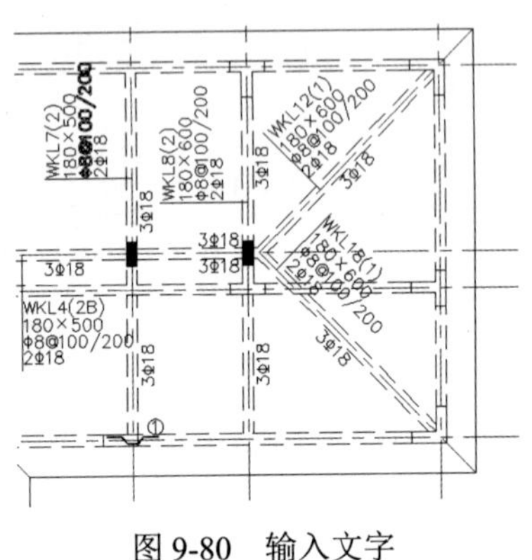

图 9-80　输入文字

（6）单击“注释”选项卡“文字”面板中的“多行文字”按钮A和“默认”选项卡“绘图”面板中的“多段线”按钮，标注图名，如图 9-81 所示。

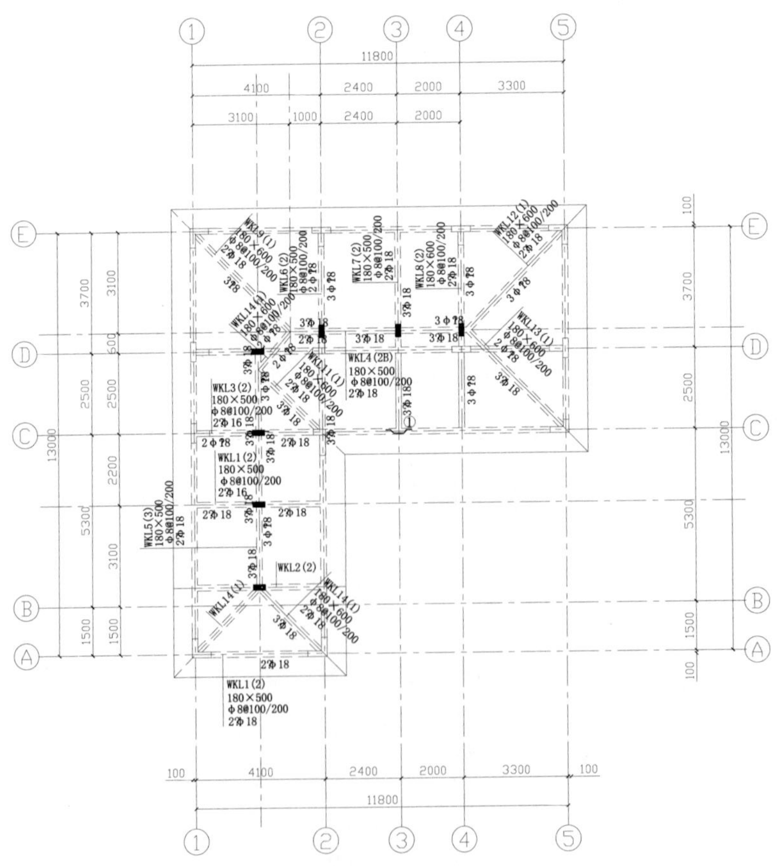

图 9-81　标注图名

（7）单击“注释”选项卡“文字”面板中的“多行文字”按钮A，在图形下方标注文字说明，如图 9-82 所示。

说明：
1. 未注明梁边到轴线尺寸的梁，其中心线与轴线重合.
2. ⌒ 为吊筋，规格为：①2Φ18，②2Φ22，两边各3Φ10，间距50.

图 9-82　标注文字说明

9.6　实践与操作

通过前面的学习，读者对本章知识也有了大体的了解，本节通过一个操作练习帮助读者进一步掌握本章知识要点。

1. 目的要求

绘制如图 9-83 所示的梁配筋图，要求读者通过练习熟悉和掌握梁配筋图的绘制方法。

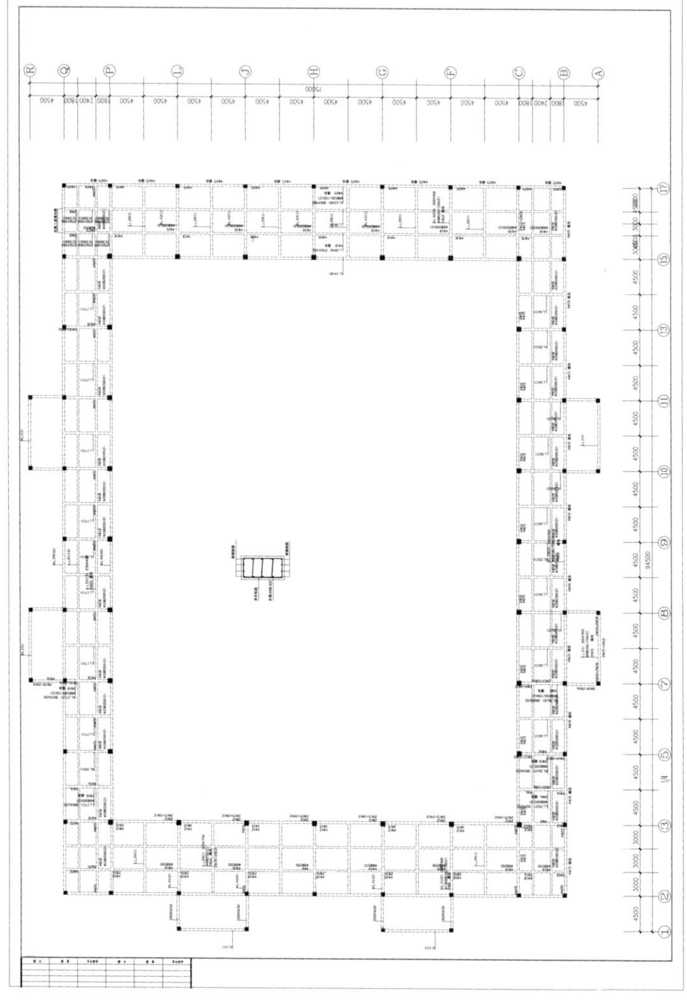

图 9-83　梁配筋图

Note

2. 操作提示

（1）绘图准备。

（2）绘制轴线。

（3）绘制梁。

（4）插入钢筋标注。

（5）绘制梁截面配筋图。

（6）绘制水箱。

板设计平面图

对于任何一项工程来说，都离不开板的设计，与梁、柱相比，板的安全储备系数较低，因此，板的设计过程也较为简单。本章详细讲解板平面配筋图的绘制，使读者在逐步了解设计过程的同时，进一步掌握绘图的操作方法。

☑ 别墅二层板平面配筋图绘制实例

☑ 绘制斜屋面板平面配筋图

☑ 别墅三层板平面配筋图绘制实例

任务驱动&项目案例

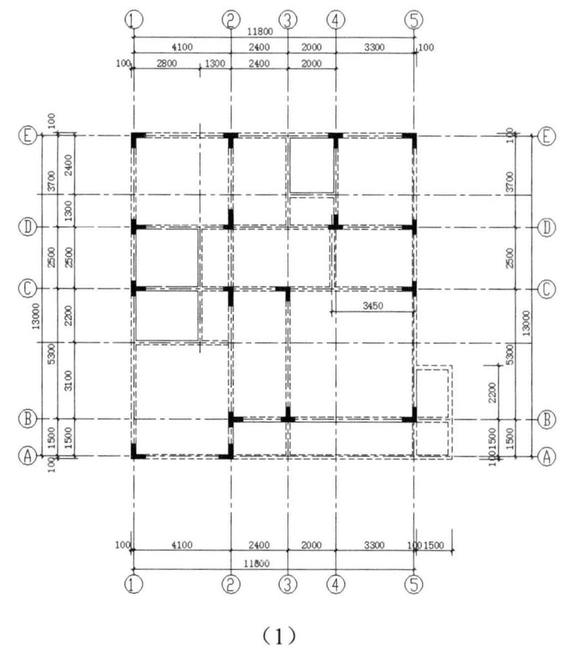

(1)

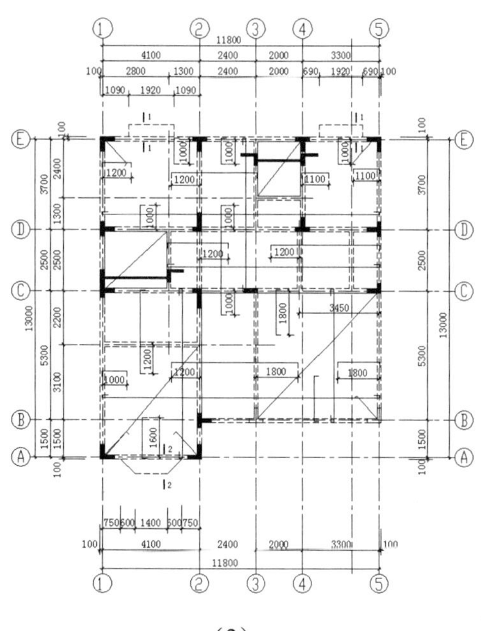

(2)

10.1　别墅二层板平面配筋图绘制实例

Note

钢筋混凝土现浇板的结构详图包括配筋平面图和断面图。通常板的配筋用平面图表示即可，必要时也可加画断面图。每种规格的钢筋只需画一根并标出其规格、间距。断面图反映板的配筋形式、钢筋位置及板厚。板的配筋有分离式和弯起式两种：如果板的上下钢筋分别单独配置，称为分离式；如果支座附近的上部钢筋是由下部钢筋弯起得到，就称为弯起式。本节以别墅二层板平面配筋图为例，使读者掌握板配筋的绘制方法。

10.1.1　编辑旧文件

视频讲解

为了绘图快捷方便，通常在原有的文件上进行编辑修改。

打开 AutoCAD 2024 应用程序，选择菜单栏中的“文件”→“打开”命令，打开“选择文件”对话框，将“别墅二层梁平面配筋图”打开，然后将图形另存，单击“默认”选项卡“修改”面板中的“删除”按钮，删除多余的图形，如图 10-1 所示。

说明： 从板的受力形式来看，板可以分为单向板和双向板。当板的长边与短边的比大于 2 时，此板为单向板，单向板的传力途径为短边方向；当板的长边与短边的比小于 2 时，此板为双向板，双向板的传力途径为四周梯形传递。对于单向板来说，短边为主受力方向，因此在短边方向配主筋，而在长边方向配构造筋；对于双向板来说，两方向均为主受力方向，均应配置主筋。

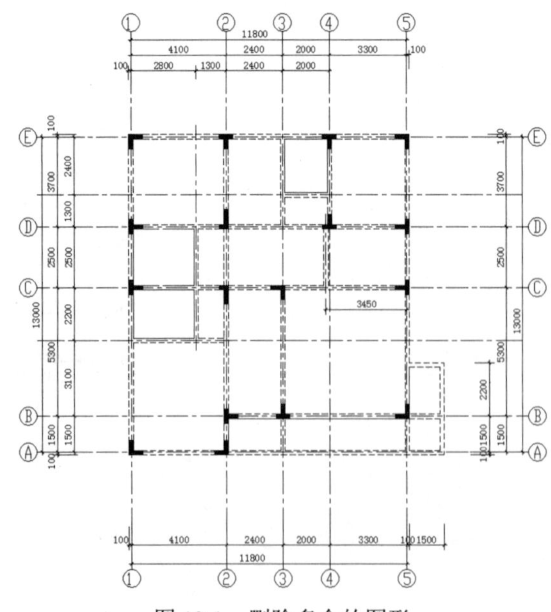

图 10-1　删除多余的图形

10.1.2　绘制板

板的绘制主要利用了“偏移”“直线”“图案填充”等命令。

Note

（1）单击“默认”选项卡“图层”面板中的“图层特性”按钮，打开“图层特性管理器”对话框，新建图层名称为“板”，其余不变，结果如图 10-2 所示。

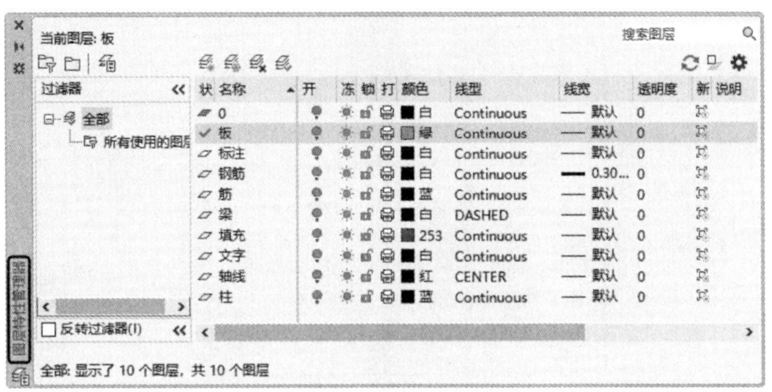

图 10-2　新建“板”图层

（2）单击“默认”选项卡“修改”面板中的“偏移”按钮，将 C 号轴线向上偏移，偏移距离分别为 615、136、100、264 和 100，然后将 1 号轴线向右偏移，偏移距离为 3437，如图 10-3 所示。

（3）单击“默认”选项卡“绘图”面板中的“直线”按钮，根据偏移的轴线绘制墙体，并将多余的轴线删除，如图 10-4 所示。

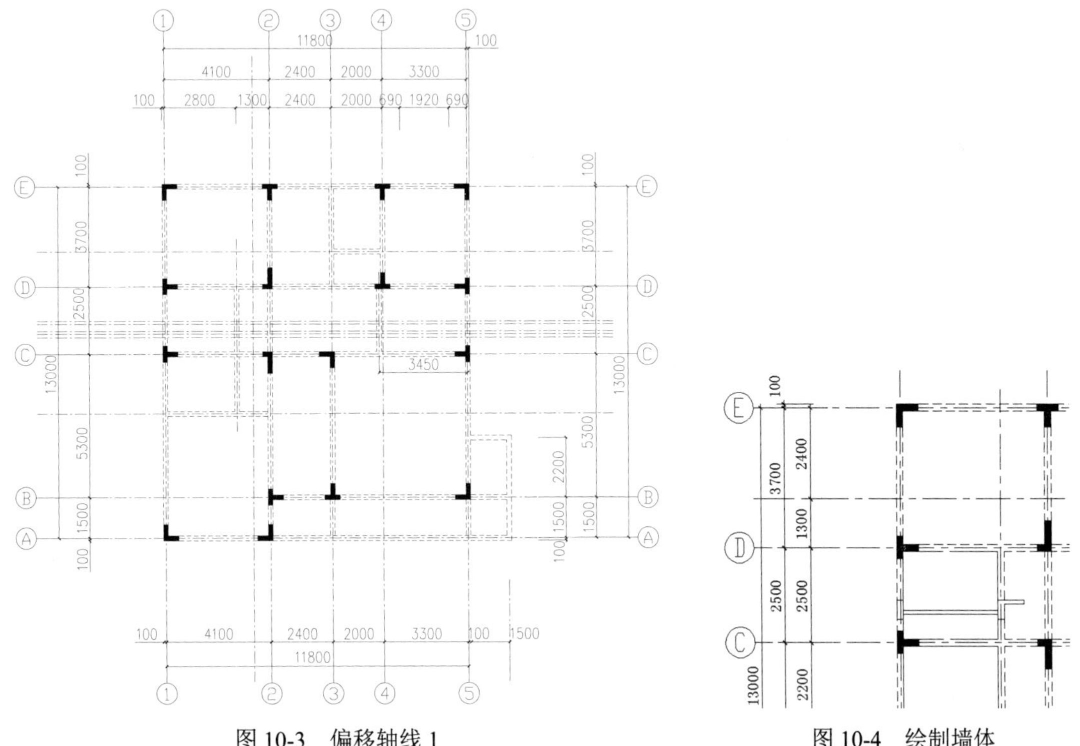

图 10-3　偏移轴线 1　　　　图 10-4　绘制墙体

（4）单击“默认”选项卡“绘图”面板中的“图案填充”按钮，打开“图案填充创建”选项卡，设置“图案填充图案”为 SOLID，填充墙体，结果如图 10-5 所示。

Note

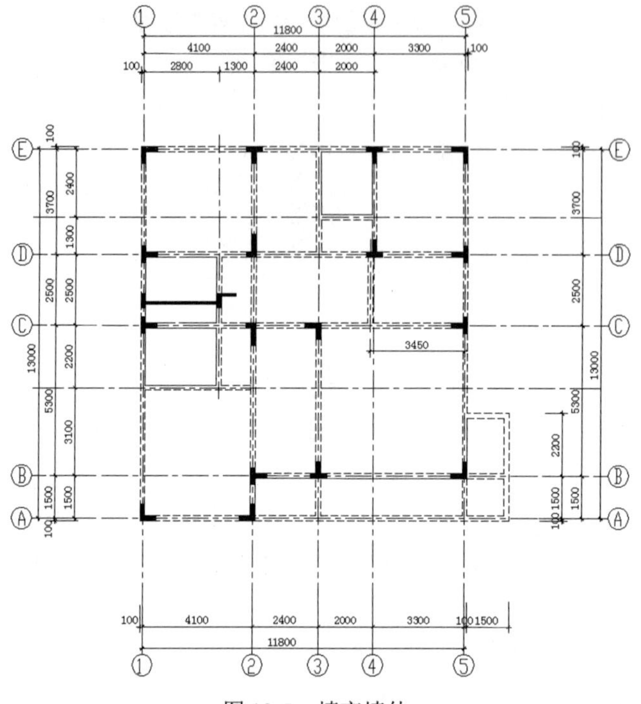

图 10-5　填充墙体

（5）单击“默认”选项卡“修改”面板中的“偏移”按钮⊆，将 E 号轴线向下偏移，偏移距离分别为 579、100、137、100 和 163，将 3 号轴线向左偏移 637，4 号轴线向右偏移 637，如图 10-6 所示。

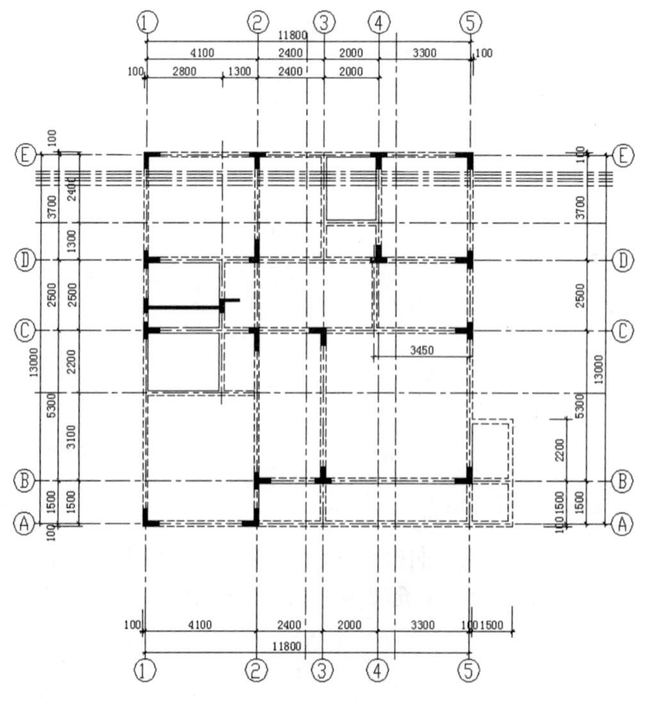

图 10-6　偏移轴线 2

（6）单击“默认”选项卡“绘图”面板中的“直线”按钮╱，根据偏移的轴线绘制其他位置的墙体，然后将多余的轴线删除，如图 10-7 所示。

（7）单击“默认”选项卡“绘图”面板中的“图案填充”按钮▨，填充墙体，如图 10-8 所示。

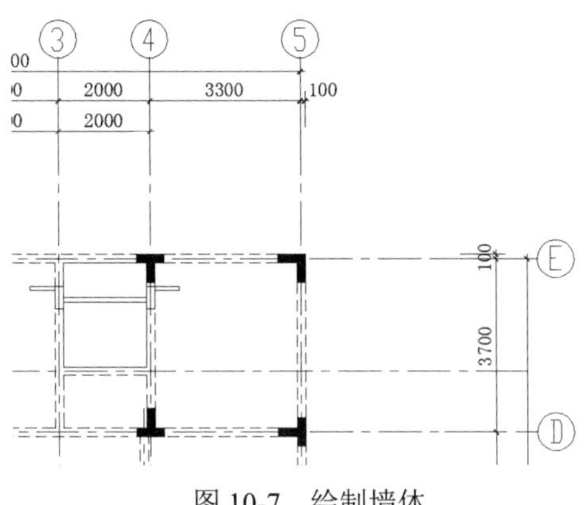

图 10-7　绘制墙体

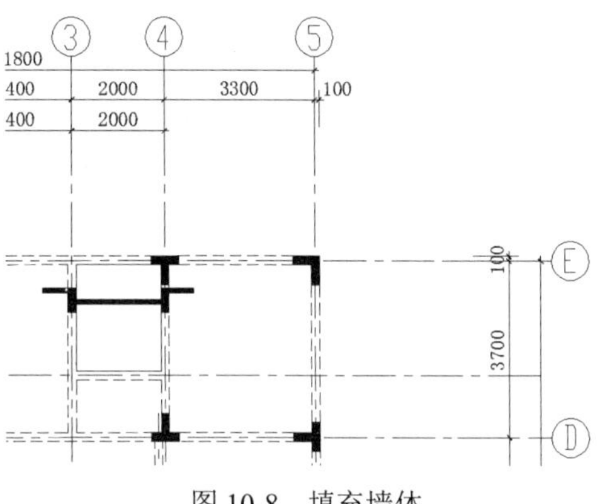

图 10-8　填充墙体

（8）单击“默认”选项卡“绘图”面板中的“直线”按钮╱，绘制斜线，如图 10-9 所示。

（9）同理，绘制其他位置的斜线，完成板的绘制，如图 10-10 所示。

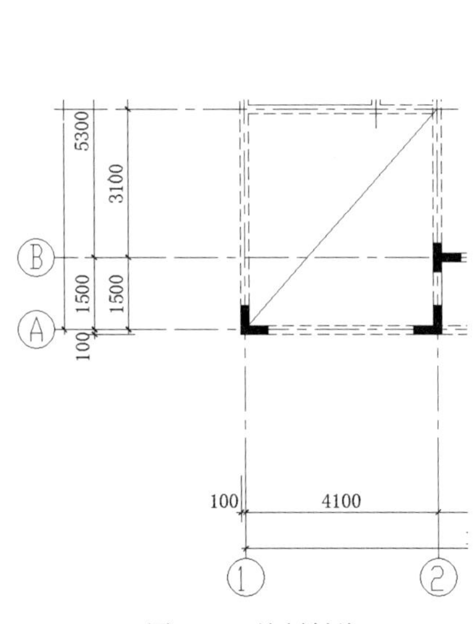

图 10-9　绘制斜线

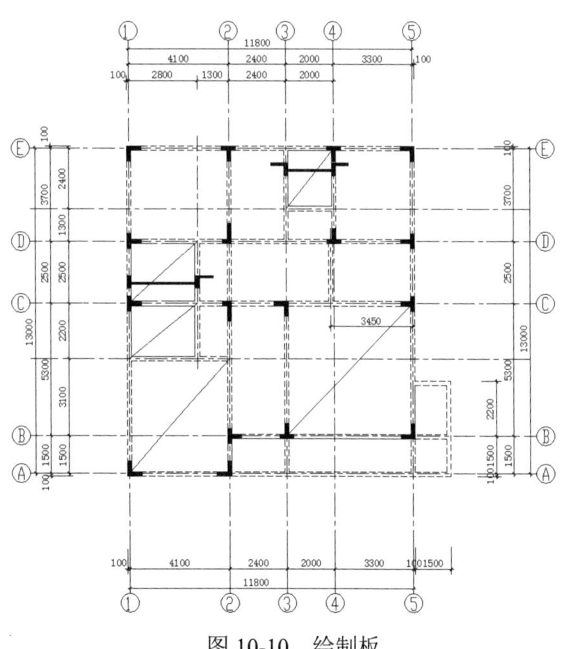

图 10-10　绘制板

10.1.3　绘制配置的钢筋

视频讲解

钢筋的绘制主要利用了“图层”“直线”等命令。

（1）单击“默认”选项卡“图层”面板中的“图层特性”按钮，打开“图层特性管理器”对话框，将“钢筋”图层设置为当前图层。

（2）对于普通的板，为了施工方便，通常对配筋进行归并，尽量采用同一规格的钢筋，并且将钢筋通长配置，单击“默认”选项卡“绘图”面板中的“直线”按钮╱，绘制钢筋，如图 10-11 所示。

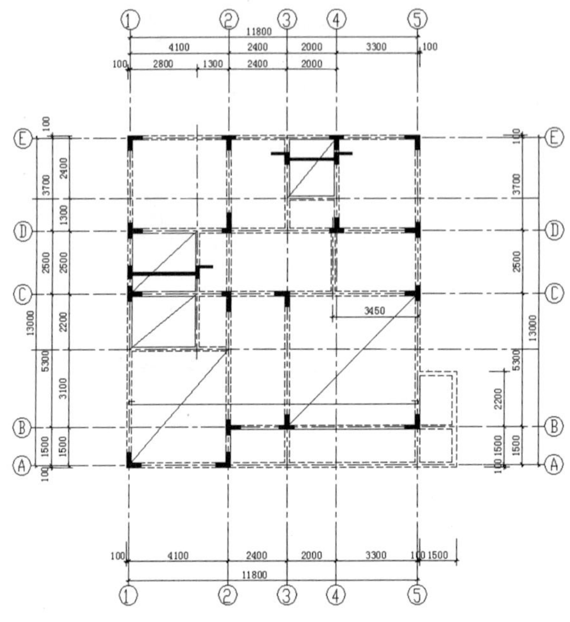

图 10-11　绘制钢筋

（3）同理，可以绘制其他区域的钢筋，结果如图 10-12 所示。

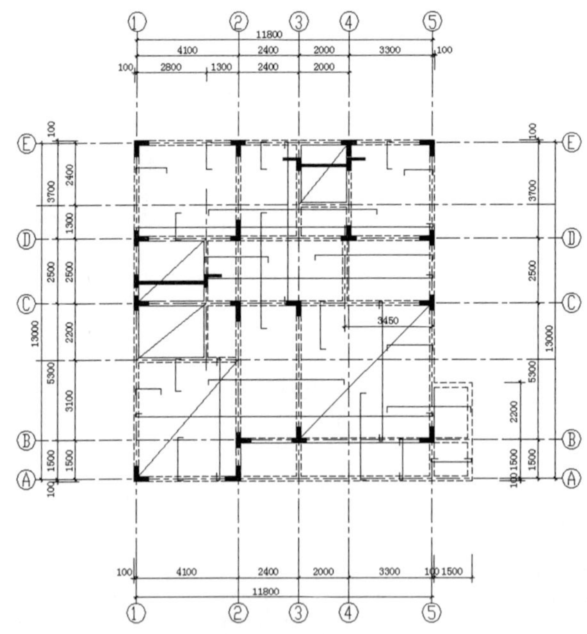

图 10-12　绘制总体钢筋

（4）单击“默认”选项卡“绘图”面板中的“直线”按钮╱，绘制转角筋，如图 10-13 所示。

（5）单击“默认”选项卡“绘图”面板中的“直线”按钮╱，绘制剩余图形，结果如图 10-14 所示。

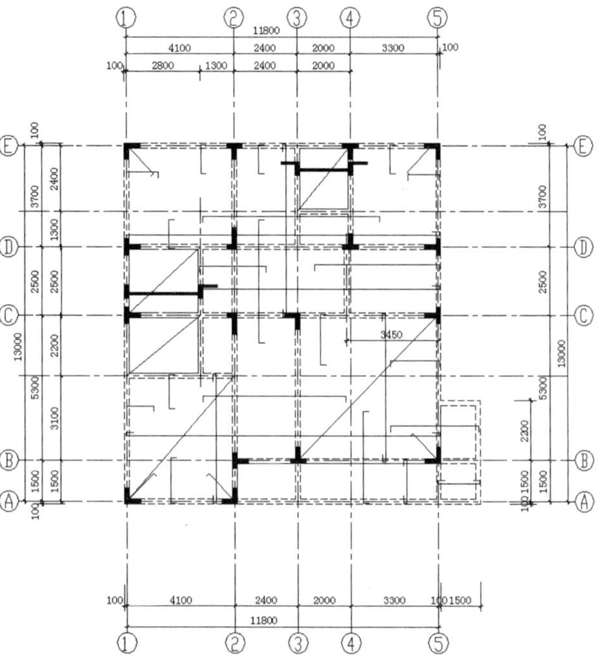

图 10-13 绘制转角筋

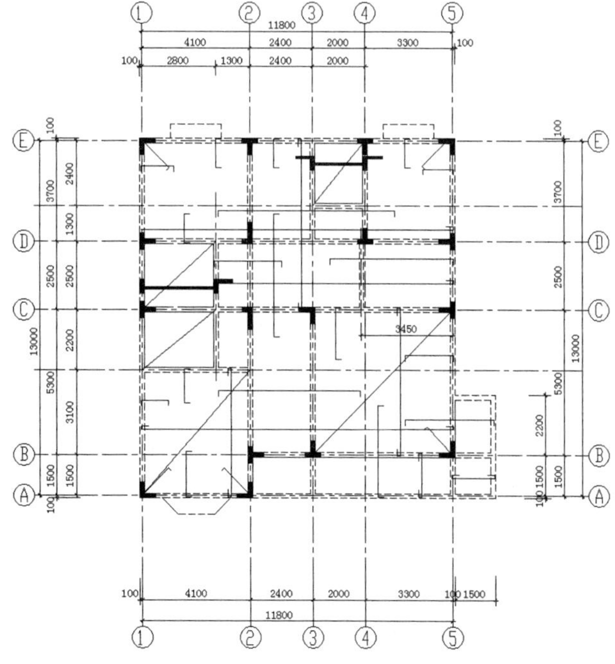

图 10-14 绘制剩余图形

10.1.4 标注尺寸

尺寸标注主要利用了“线性”命令。

（1）单击“注释”选项卡“标注”面板中的“线性”按钮，标注外部尺寸，如图 10-15 所示。

Note

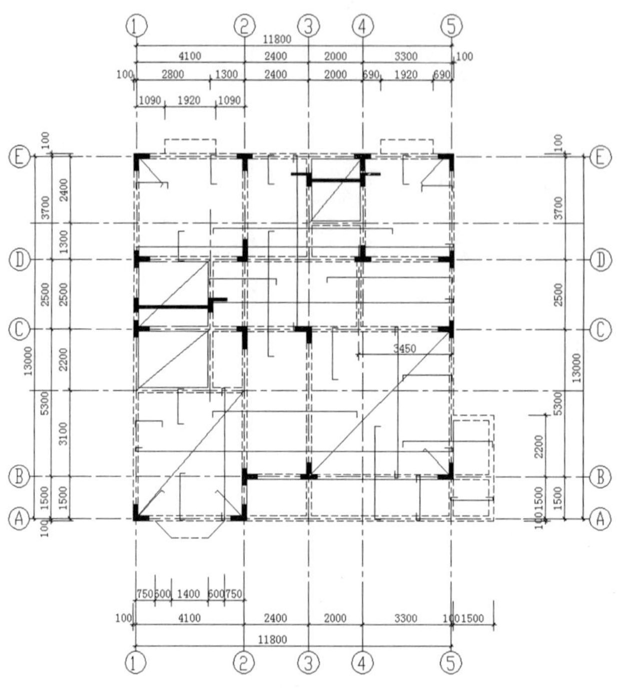

图 10-15　标注外部尺寸

（2）单击“注释”选项卡“标注”面板中的“线性”按钮，标注内部尺寸，如图 10-16 所示。

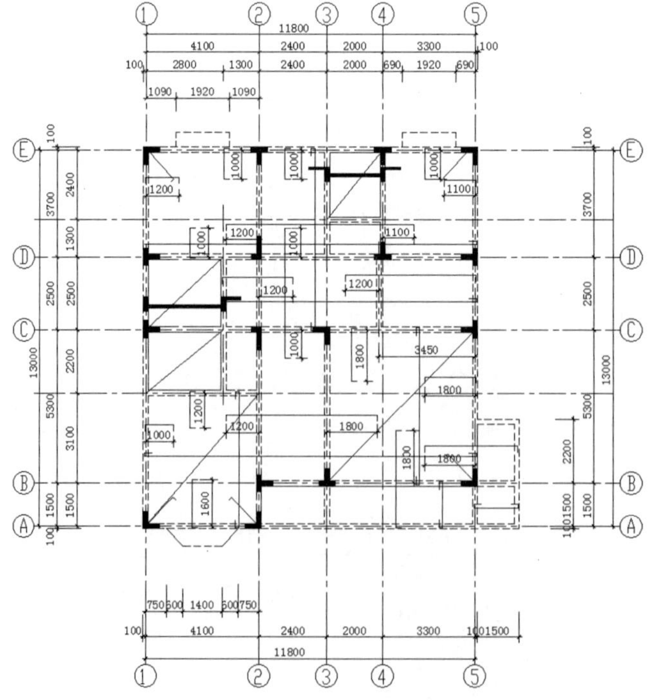

图 10-16　标注内部尺寸

Note

视频讲解

10.1.5　标注文字

该实例的文字标注包括标注标高、剖切符号以及其他的文字说明。

（1）单击“默认”选项卡“绘图”面板中的“直线”按钮╱，绘制标高符号，如图 10-17 所示。

（2）单击“默认”选项卡“注释”面板中的“单行文字”按钮A，输入标高数值，如图 10-18 所示。

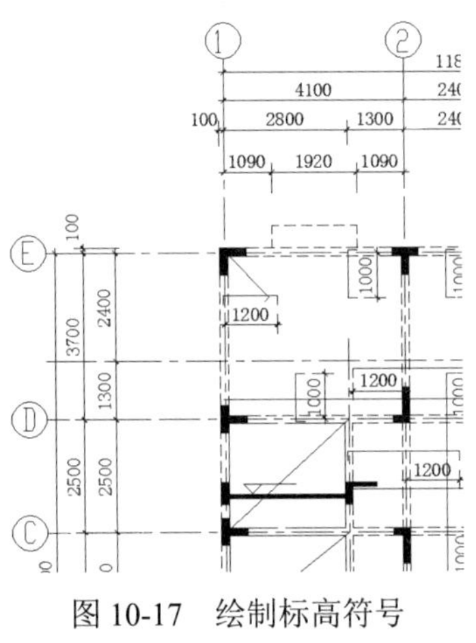

图 10-17　绘制标高符号

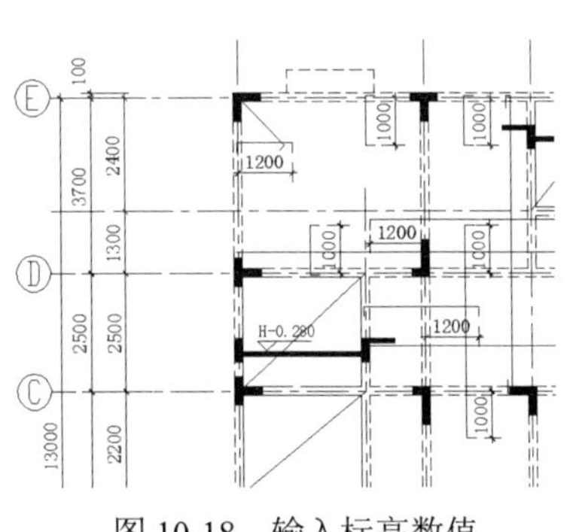

图 10-18　输入标高数值

（3）单击“默认”选项卡“修改”面板中的“复制”按钮⚇，将绘制的标高复制到其他位置，如图 10-19 所示。

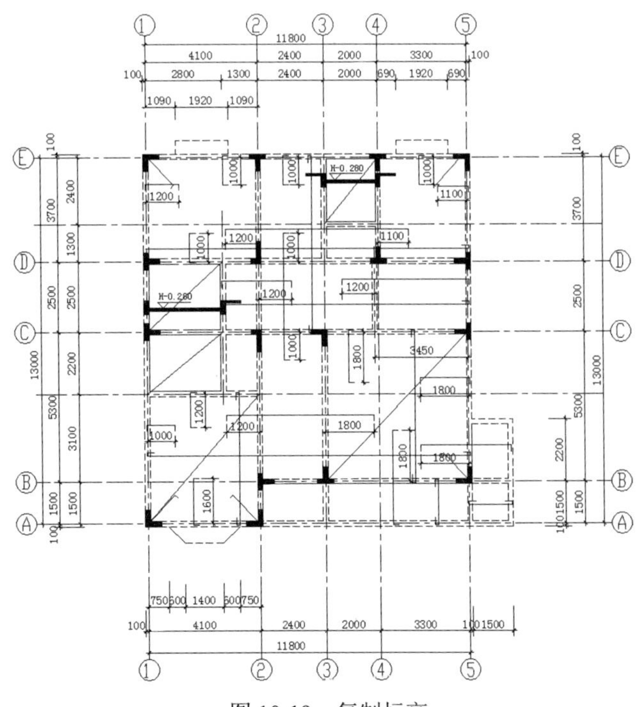

图 10-19　复制标高

（4）单击“默认”选项卡“注释”面板中的“多行文字”按钮A，标注板厚，然后单击“默认”

Note

选项卡“修改”面板中的“旋转”按钮 ，将文字旋转到合适的角度，如图 10-20 所示。

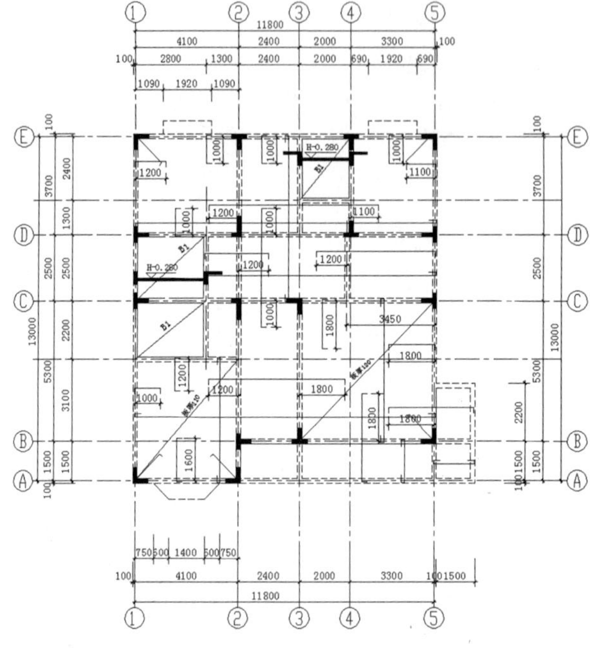

图 10-20　标注板厚并旋转文字

（5）单击“默认”选项卡“注释”面板中的“多行文字”按钮 A，标注其他位置的文字，如图 10-21 所示。

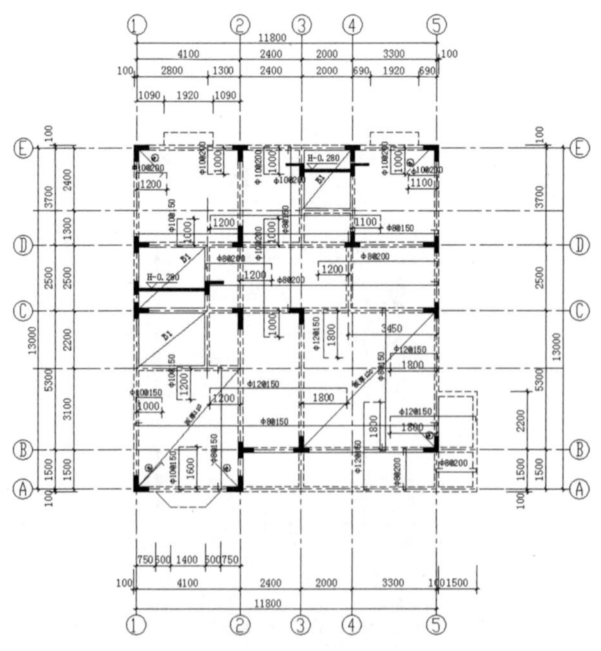

图 10-21　标注其他文字

（6）单击“默认”选项卡“绘图”面板中的“多段线”按钮，设置为 30，绘制剖切符号，如图 10-22 所示。

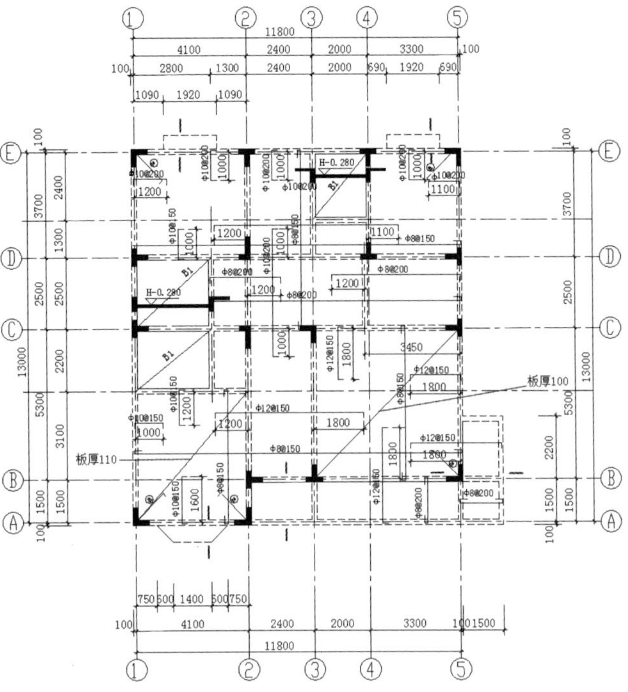

图 10-22　绘制剖切符号

（7）单击“默认”选项卡“注释”面板中的“多行文字”按钮 A，输入剖切数值，如图 10-23 所示。

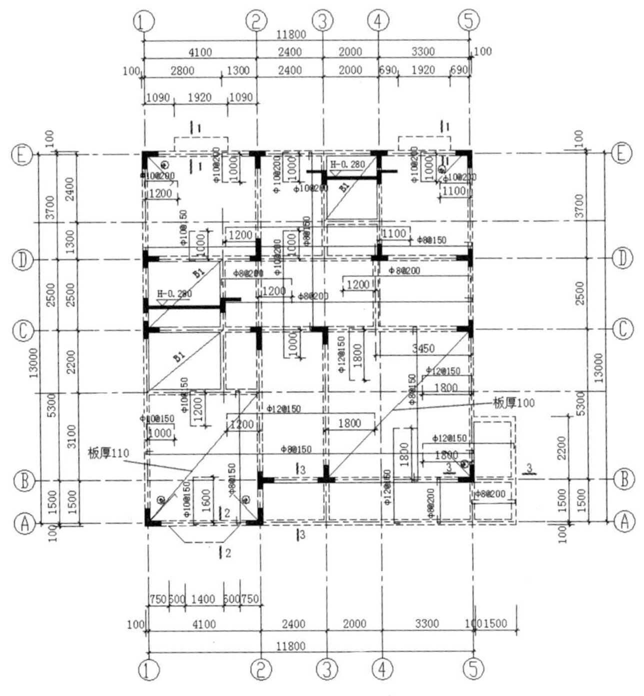

图 10-23　输入剖切数值

（8）单击“默认”选项卡“注释”面板中的“多行文字”按钮 A、“绘图”面板中的“直线”按钮╱和“多段线”按钮↩，标注图名，如图 10-24 所示。

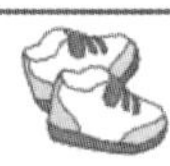

Note

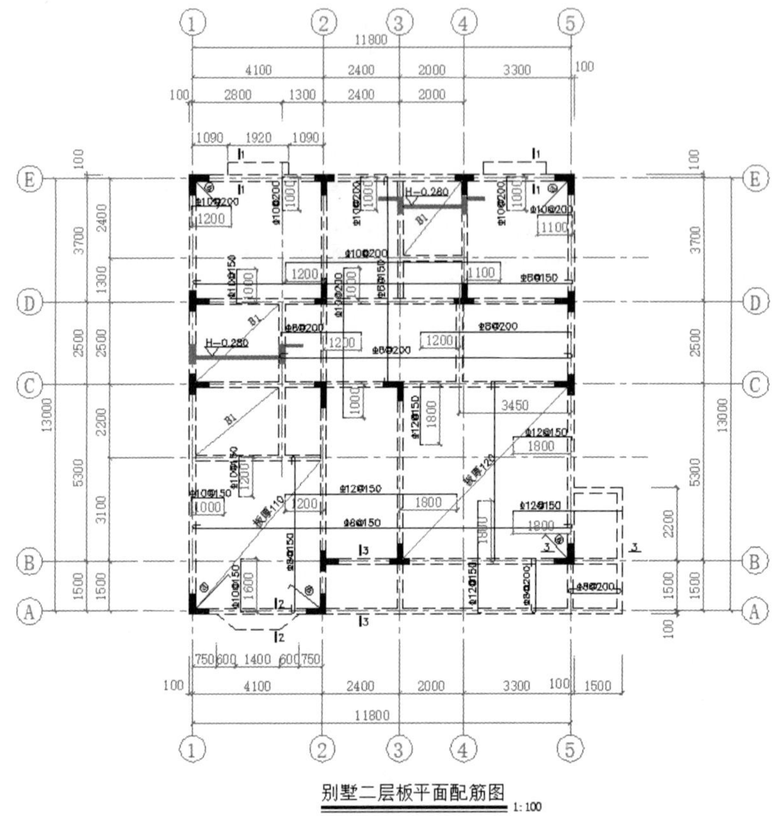

图 10-24　标注图名

10.2　别墅三层板平面配筋图绘制实例

本节以别墅三层板平面配筋图的绘制为例，使读者掌握板平面配筋的绘制方法和技巧。

视频讲解

10.2.1　编辑旧文件

为了绘图快捷方便，通常在原有的文件上进行编辑修改。

打开 AutoCAD 2024 应用程序，选择菜单栏中的“文件”→“打开”命令，打开“选择文件”对话框，找到“别墅二层板平面配筋图”文件并打开，然后将图形另存，单击“默认”选项卡“修改”面板中的“删除”按钮，删除多余的图形，并进行整理，如图 10-25 所示。

10.2.2　绘制梁

梁的绘制主要利用了“偏移”“直线”等命令。

（1）单击“默认”选项卡“图层”面板中的“图层特性”按钮，打开“图层特性管理器”对话框，将“梁”图层设置为当前图层。

（2）单击“默认”选项卡“修改”面板中的“偏移”按钮，将 4 号轴线向右偏移，偏移距离为 2100，如图 10-26 所示。

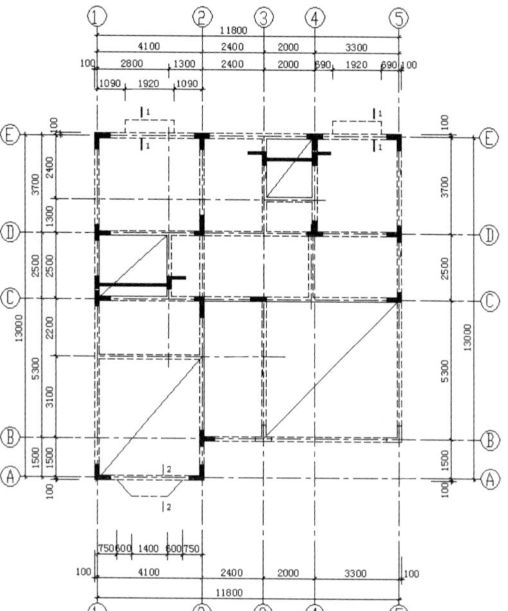

图 10-25　删除多余的图形

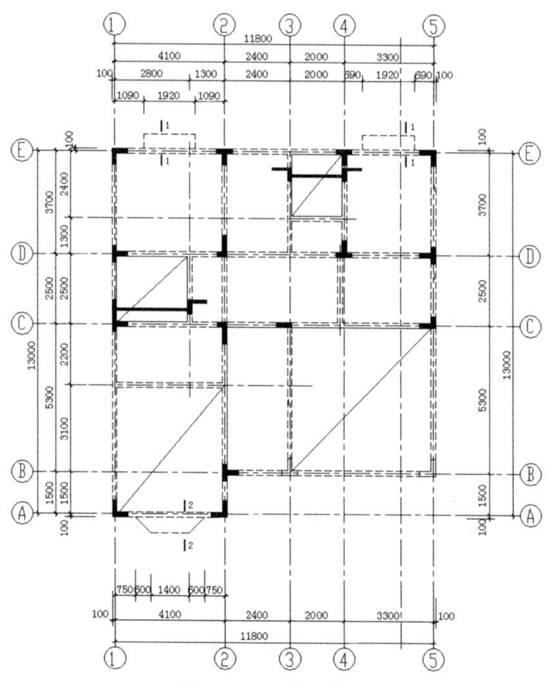

图 10-26　偏移轴线

（3）选择菜单栏中的“格式”→“多线样式”命令，打开“新建多线样式：梁 1”对话框，设置多线样式，偏移量为 90 和-90。

（4）选择菜单栏中的“绘图”→“多线”命令，设置比例为 1，输入对正类型为无，根据偏移后的轴线绘制梁，如图 10-27 所示。

（5）单击“默认”选项卡“修改”面板中的“分解”按钮，将多线分解。

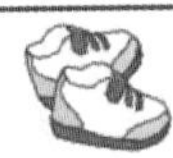

（6）单击“默认”选项卡“修改”面板中的“修剪”按钮，修剪掉多余的直线，如图 10-28 所示。

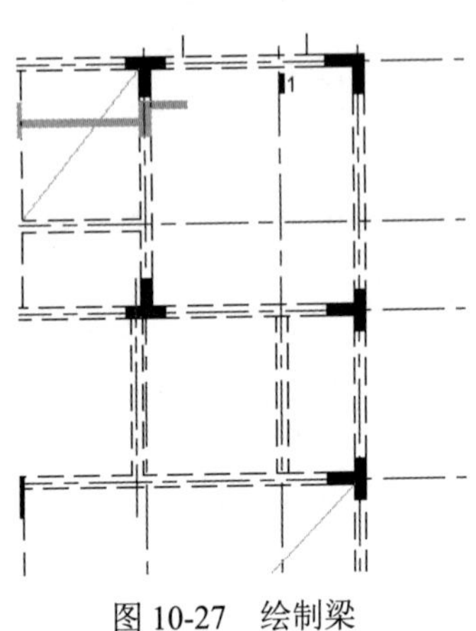

图 10-27　绘制梁

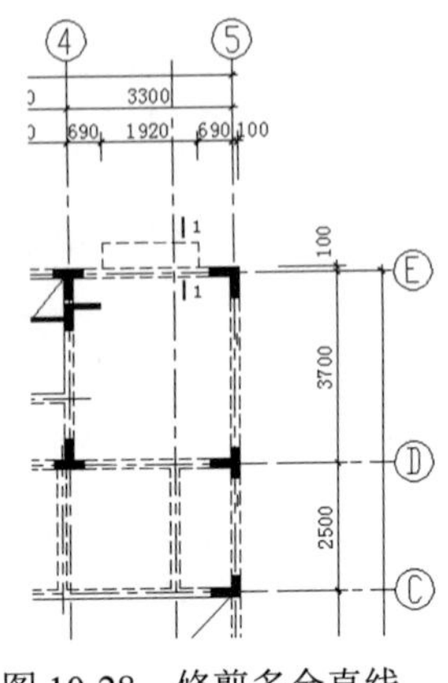

图 10-28　修剪多余直线

10.2.3　绘制配置的钢筋

钢筋的绘制主要利用了“直线”等命令。

（1）单击“默认”选项卡“图层”面板中的“图层特性”按钮，打开“图层特性管理器”对话框，将“钢筋”图层设置为当前图层。

（2）对于普通的板，为了施工方便，通常对配筋进行归并，尽量采用同一规格的钢筋，并且将钢筋通长配置，单击“默认”选项卡“绘图”面板中的“直线”按钮，绘制钢筋，如图 10-29 所示。

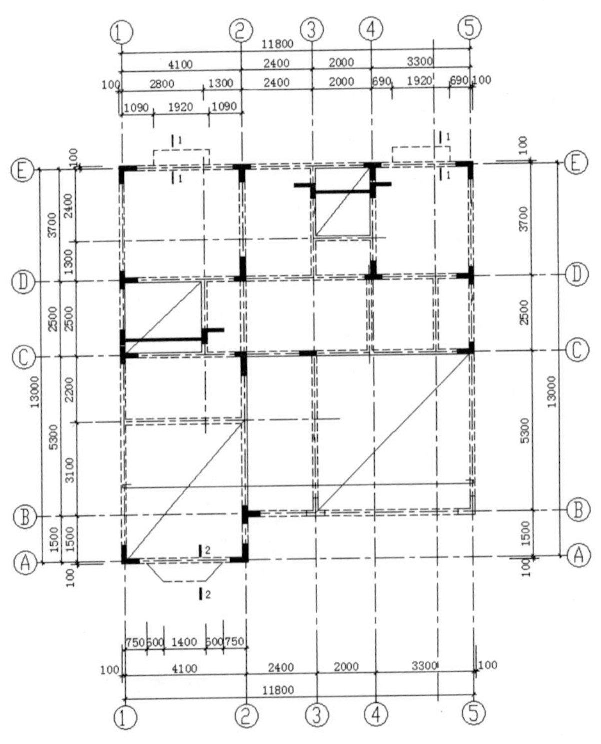

图 10-29　绘制钢筋

（3）同理，可以绘制其他区域的钢筋，结果如图 10-30 所示。

（4）单击“默认”选项卡“绘图”面板中的“直线”按钮╱，绘制转角筋，如图 10-31 所示。

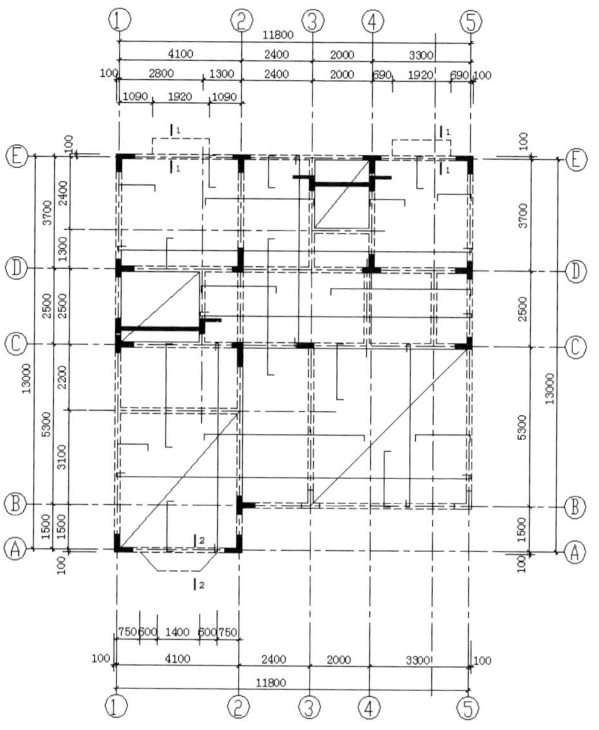

图 10-30　绘制总体钢筋

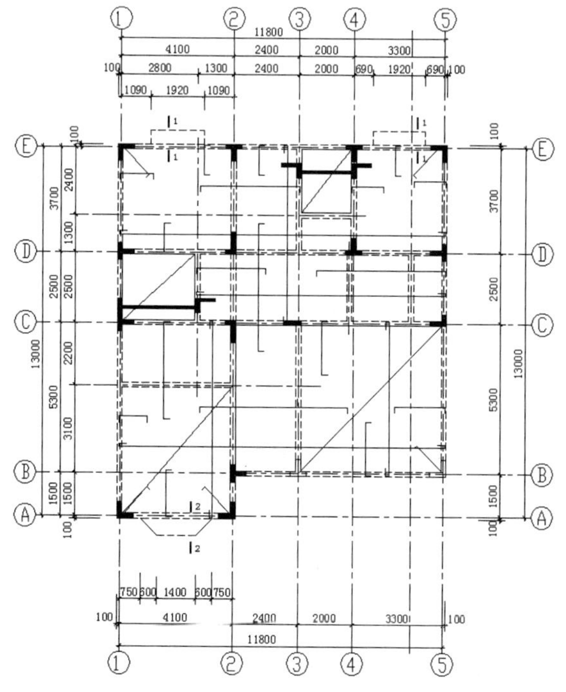

图 10-31　绘制转角筋

10.2.4 标注尺寸

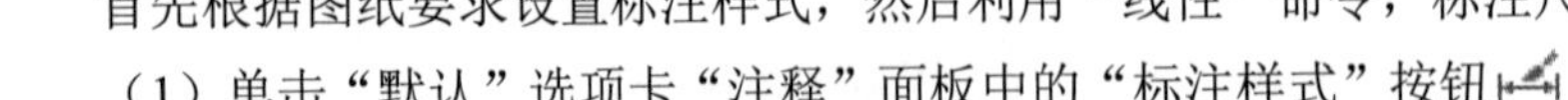

首先根据图纸要求设置标注样式，然后利用“线性”命令，标注尺寸。

Note

视频讲解

（1）单击“默认”选项卡“注释”面板中的“标注样式”按钮，打开“标注样式管理器”对话框，单击“修改”按钮，打开“修改标注样式：ISO-25”对话框，然后分别对各个选项卡进行设置，可参照前面章节的介绍，这里不再赘述。

（2）单击“默认”选项卡“图层”面板中的“图层特性”按钮，打开“图层特性管理器”对话框，将“标注”图层设置为当前图层。

（3）单击“注释”选项卡“标注”面板中的“线性”按钮，标注尺寸，如图 10-32 所示。

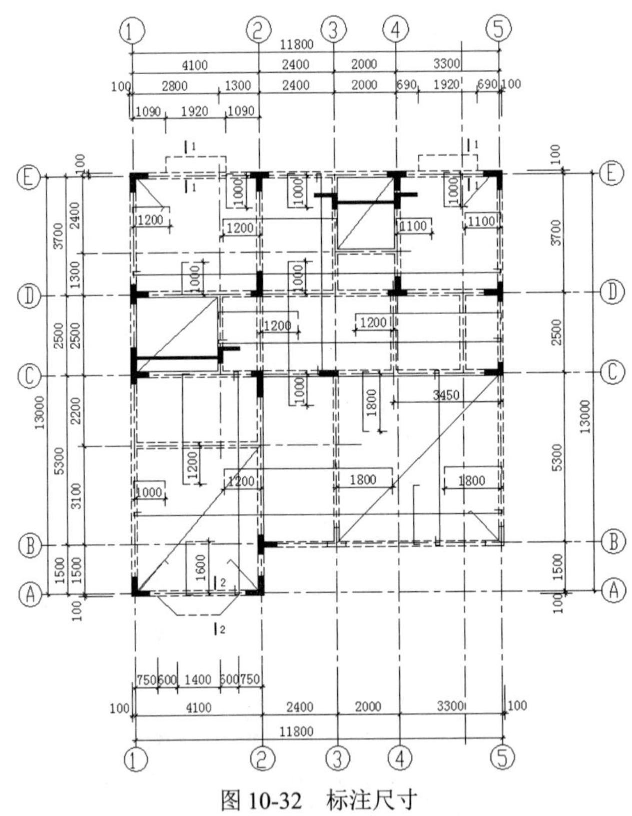

图 10-32　标注尺寸

10.2.5 标注文字

该实例的文字标注包括标注标高、图名以及其他的文字说明。

（1）单击“默认”选项卡“图层”面板中的“图层特性”按钮，打开“图层特性管理器”对话框，将“文字”图层设置为当前图层。

（2）单击“默认”选项卡“绘图”面板中的“直线”按钮，绘制标高符号，如图 10-33 所示。

（3）单击“默认”选项卡“注释”面板中的“多行文字”按钮A，输入标高数值，如图 10-34 所示。

（4）单击“默认”选项卡“修改”面板中的“复制”按钮，将绘制的标高复制到其他位置，如图 10-35 所示。

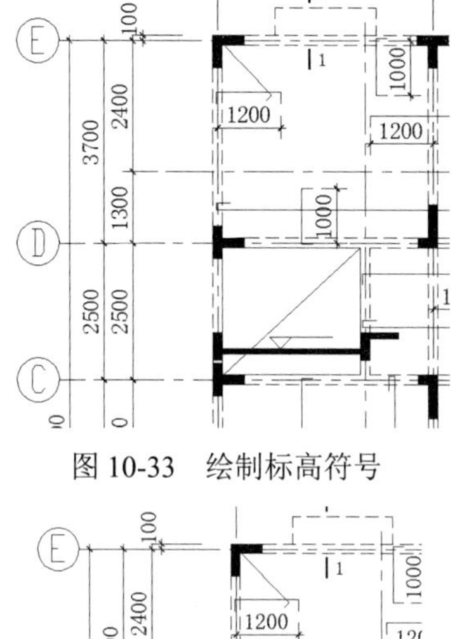

图 10-33　绘制标高符号

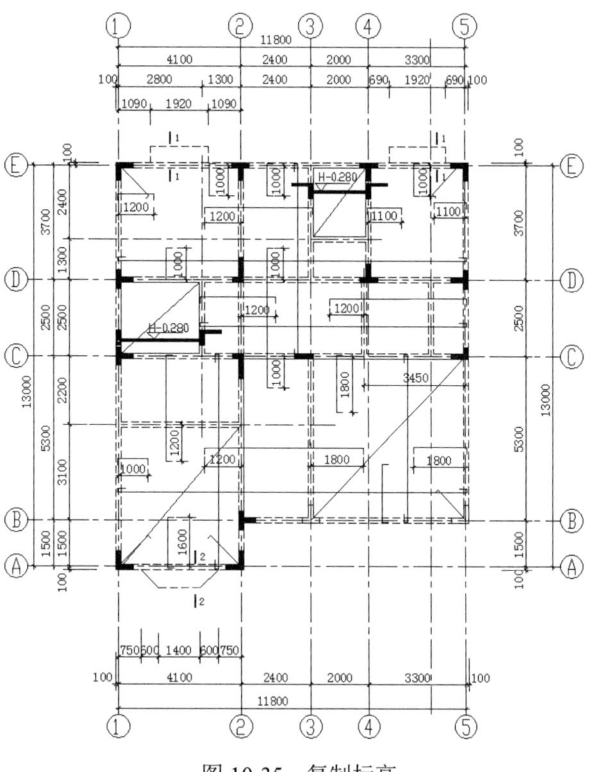

图 10-34　输入标高数值　　　　图 10-35　复制标高

（5）单击“默认”选项卡“注释”面板中的“多行文字”按钮A，标注板厚，然后单击“默认”选项卡“修改”面板中的“旋转”按钮，将文字旋转到合适的角度，如图 10-36 所示。

（6）单击“默认”选项卡“注释”面板中的“单行文字”按钮A，标注其他位置的文字，如图 10-37 所示。

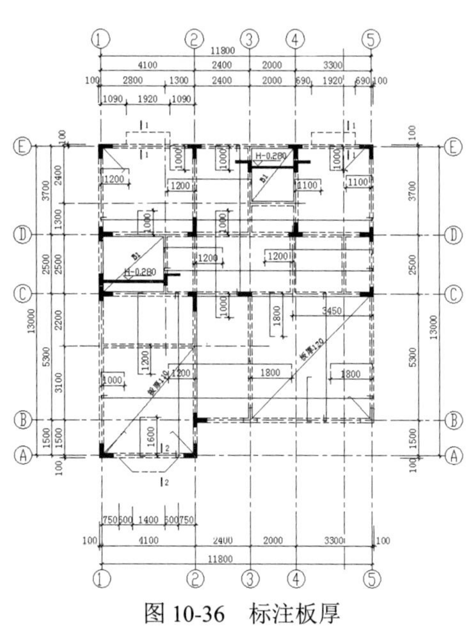

图 10-36　标注板厚

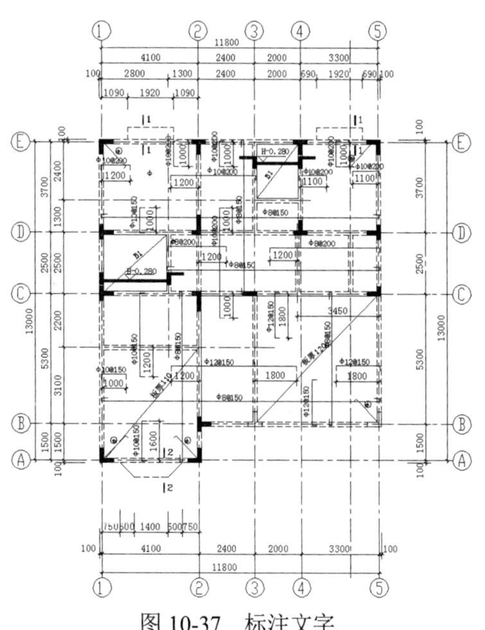

图 10-37　标注文字

（7）单击“默认”选项卡“注释”面板中的“多行文字”按钮A、“绘图”面板中的“直线”按钮╱和“多段线”按钮⊃，标注图名，如图 10-38 所示。

（8）单击“默认”选项卡“注释”面板中的“多行文字”按钮A，在图形下方标注文字说明，如图 10-39 所示。

Note

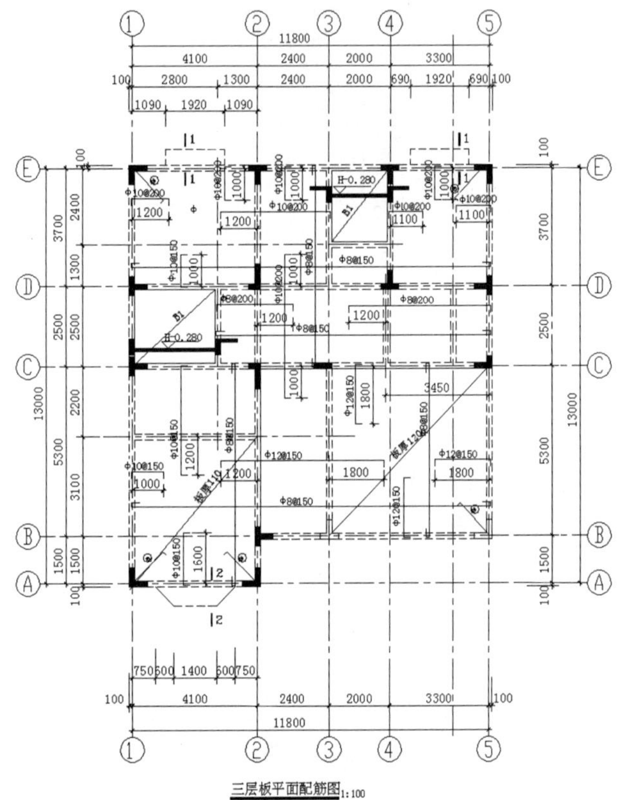

图 10-38　标注图名

说明：

1. 本图板面标高，梁面标高为6.77m，卫生间板面标高为6.75m.
2. 未注明梁梁边到轴线尺寸的梁，其中心线与轴线重合.
3. 未注明配筋梁上下纵筋均为2Φ18，箍筋为Φ8@200，未注明配筋梁截面为180×400.
4. 除注明外板厚均为h=90mm.
5. 转角筋ⓐ为5Φ10@100，l=1500.
6. ～ 为吊筋，规格为:2Φ18，两边各3Φ10，间距50.
7. 卫生间板B1配筋为双面钢筋网，上下Φ12@150. 其余未标配筋板底筋为Φ8@150，负筋为Φ10@200.

图 10-39　标注文字说明

10.3　绘制斜屋面板平面配筋图

本节以绘制斜屋面板平面配筋图为例，使读者进一步掌握板平面配筋的技巧，步骤与 10.2 节不尽相同。

10.3.1　编辑旧文件

视频讲解

为了绘图快捷方便，通常在原有的文件上进行编辑修改。

打开 AutoCAD 2024 应用程序，选择菜单栏中的“文件”→“打开”命令，打开“选择文件”对话框，找到“斜屋面梁平面配筋图”文件并打开，然后将图形另存，单击“默认”选项卡“修改”面板中的“删除”按钮，删除多余的图形进行整理，如图 10-40 所示。

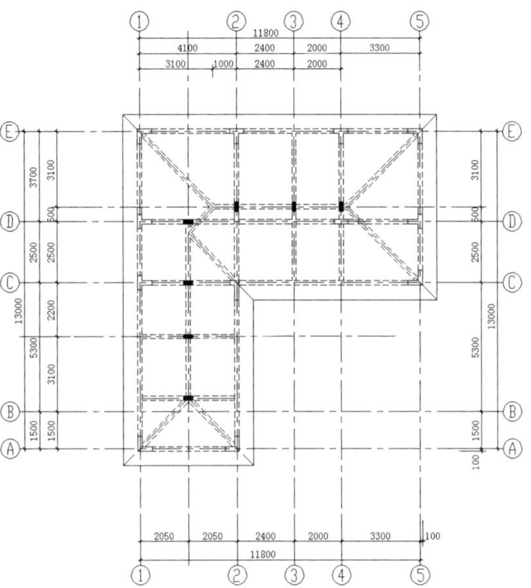

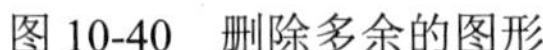

图 10-40　删除多余的图形

10.3.2　绘制配置的钢筋

钢筋的绘制主要利用了“直线”“镜像”等命令。

（1）单击“默认”选项卡“图层”面板中的“图层特性”按钮，打开“图层特性管理器”对话框，将“钢筋”图层设置为当前图层。

（2）对于普通的板，为了施工方便，通常对配筋进行归并，尽量采用同一规格的钢筋，并且将钢筋通长配置，单击“默认”选项卡“绘图”面板中的“直线”按钮，绘制钢筋，如图 10-41 所示。

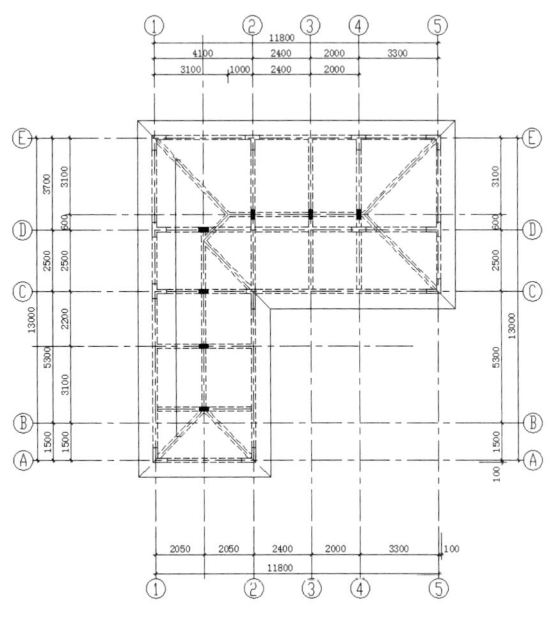

图 10-41　绘制钢筋

（3）同理，可以绘制其他区域的竖向配筋，结果如图 10-42 所示。

Note

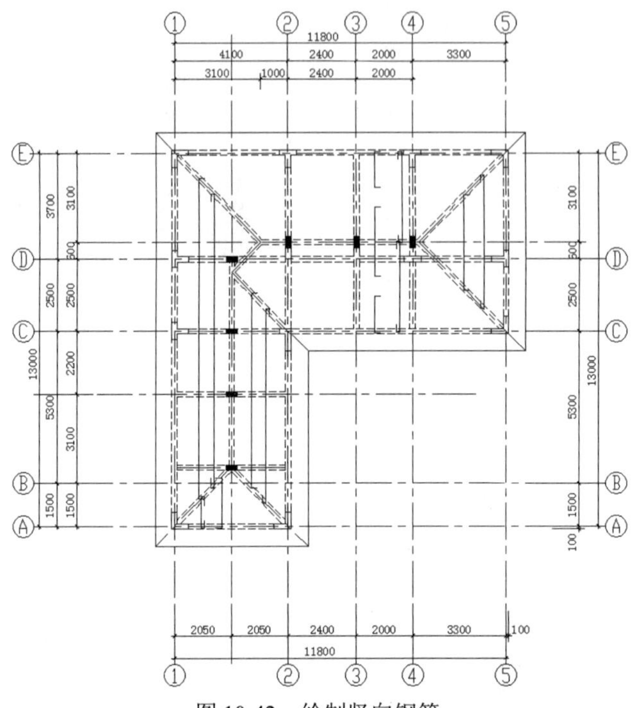

图 10-42　绘制竖向钢筋

（4）单击“默认”选项卡“绘图”面板中的“直线”按钮╱，绘制横向钢筋，如图 10-43 所示。

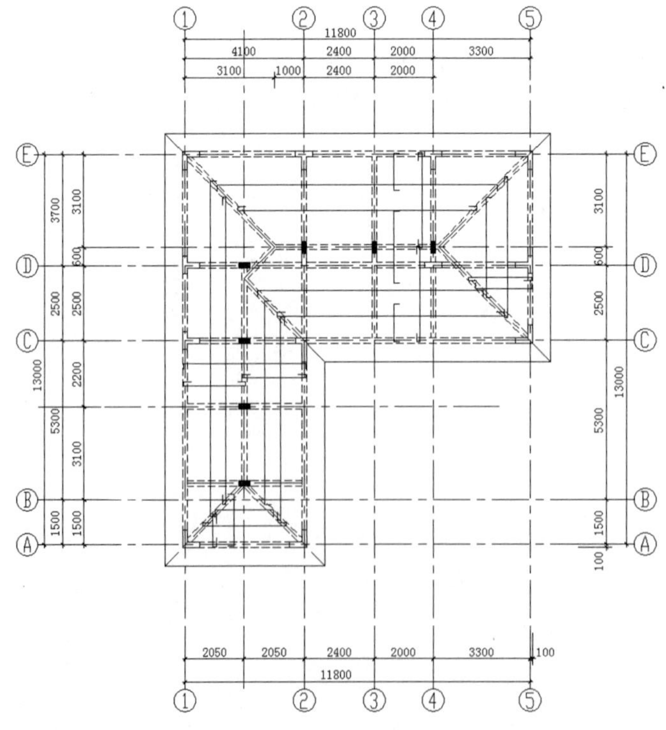

图 10-43　绘制横向钢筋

（5）单击“默认”选项卡“绘图”面板中的“直线”按钮╱，在图形左上角绘制转角筋，如

图 10-44 所示。

（6）单击“默认”选项卡“修改”面板中的“镜像”按钮⚠，将步骤（5）中绘制的转角筋镜像到另外一侧，如图 10-45 所示。

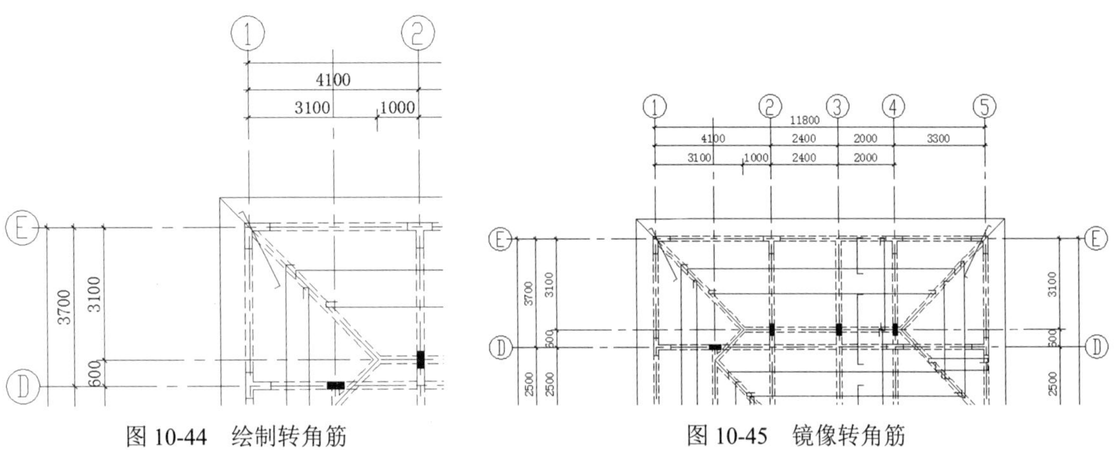

图 10-44　绘制转角筋　　　　图 10-45　镜像转角筋

（7）同理，绘制其他位置的转角筋，如图 10-46 所示。

（8）单击“默认”选项卡“绘图”面板中的“直线”按钮╱，在图中合适的位置绘制一条竖向直线，然后修改线型，如图 10-47 所示。

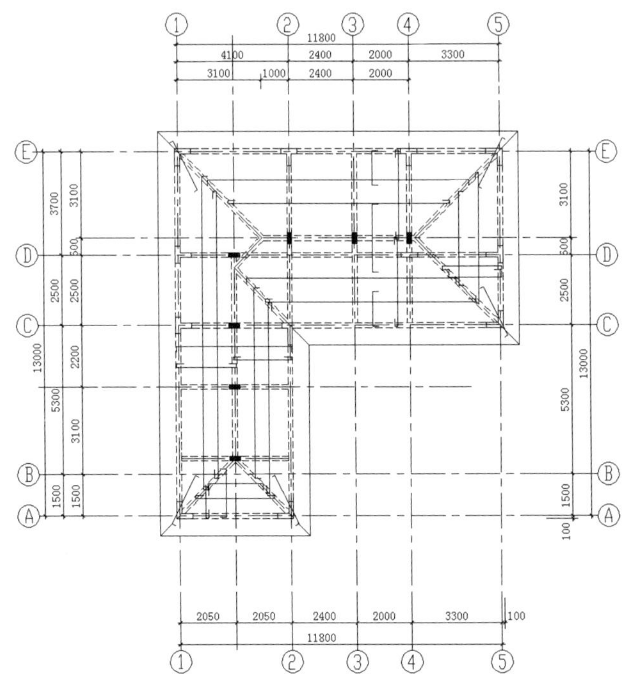

图 10-46　绘制其他转角筋

10.3.3　标注尺寸

首先根据图纸要求设置标注样式，然后利用“线性”命令，标注尺寸。

（1）单击“默认”选项卡“注释”面板中的“标注样式”按钮⊢⊣，打开“标注样式管理器”对

视频讲解

Note

话框，单击“修改”按钮，打开“修改标注样式：ISO-25”对话框，然后分别对各个选项卡进行设置，可参照前面章节的介绍，这里不再赘述。

（2）单击“注释”选项卡“标注”面板中的“线性”按钮，标注尺寸，如图 10-48 所示。

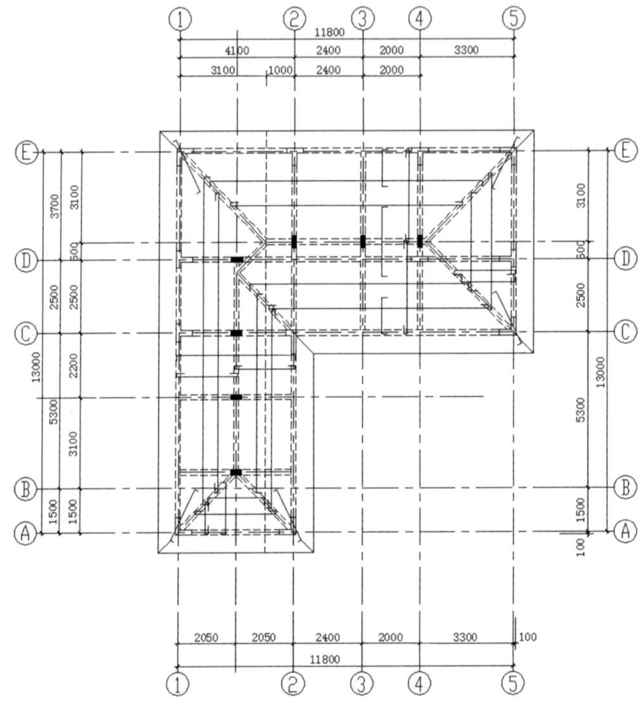

图 10-47 绘制直线及修改线型

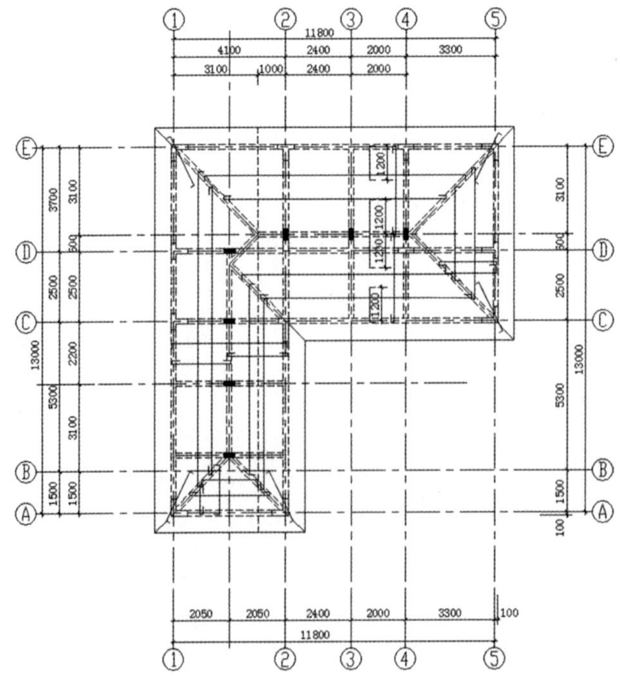

图 10-48 标注尺寸

10.3.4 标注文字

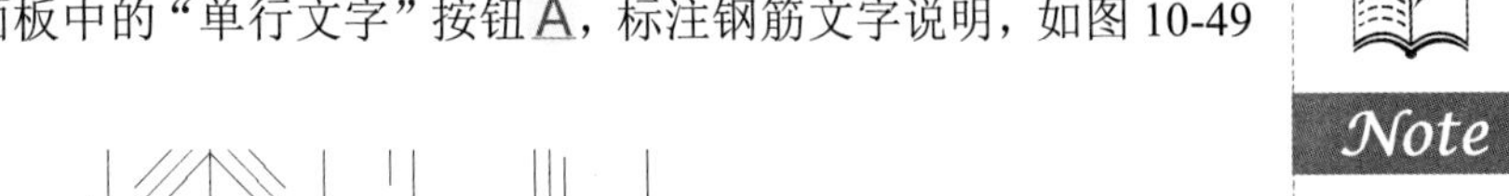

该实例的文字标注包括钢筋文字说明、剖切符号以及图名等。

（1）单击“默认”选项卡“注释”面板中的“单行文字”按钮A，标注钢筋文字说明，如图 10-49 所示。

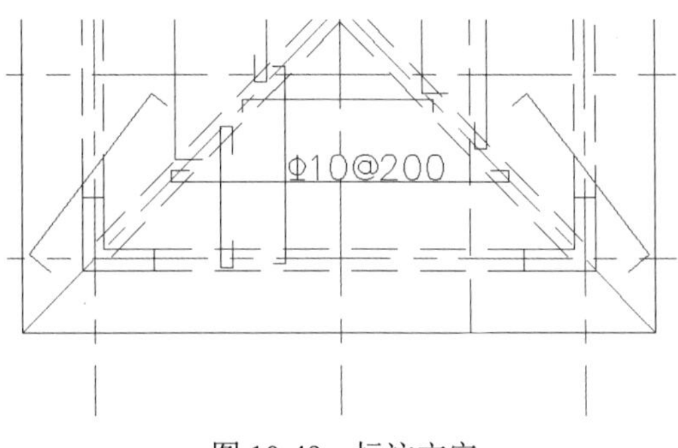

图 10-49 标注文字

（2）单击“默认”选项卡“修改”面板中的“复制”按钮，将标注文字复制到图中其他位置，对于不同的标注内容，双击文字，修改文字内容，如图 10-50 所示。

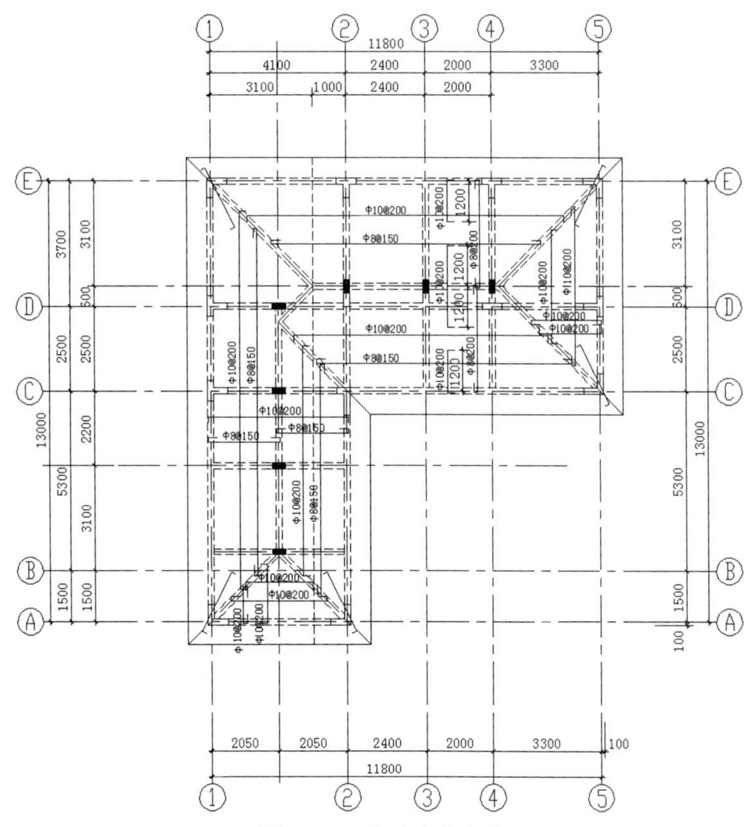

图 10-50 修改文字内容

（3）单击“默认”选项卡“绘图”面板中的“圆”按钮，在图中绘制一个圆，如图 10-51 所示。

（4）单击“默认”选项卡“注释”面板中的“多行文字”按钮A，在圆内输入 a，如图 10-52 所示。

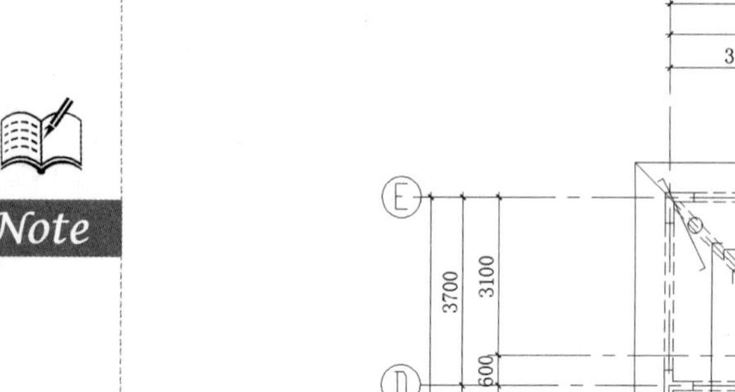

图 10-51　绘制圆　　　　图 10-52　输入文字

（5）单击“默认”选项卡“修改”面板中的“复制”按钮，将文字标注复制到图中其他位置，并结合“修改”面板中的“旋转”按钮，将文字旋转到合适的角度，最终完成转角筋的文字标注说明，结果如图 10-53 所示。

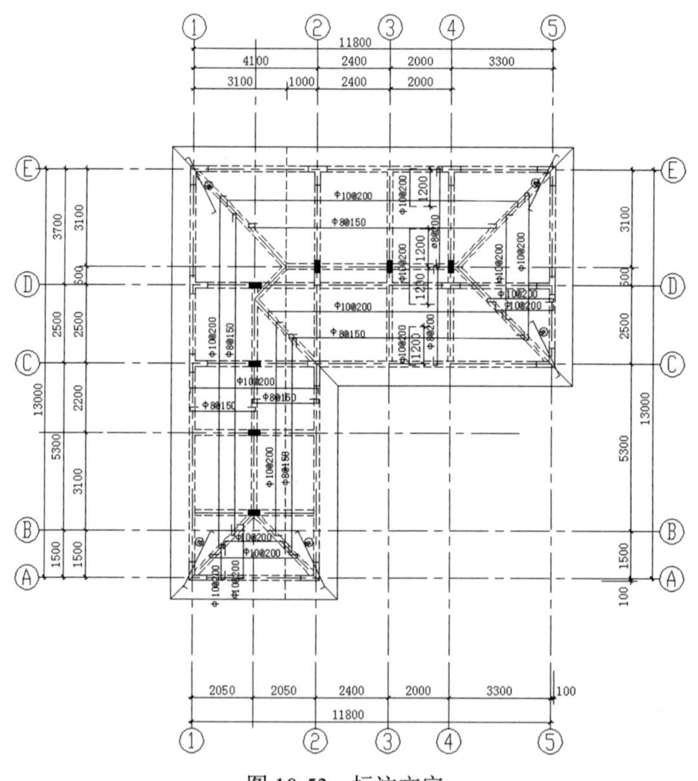

图 10-53　标注文字

（6）单击“默认”选项卡“绘图”面板中的“多段线”按钮，设置起点宽度为 40，端点宽度为 40，绘制剖切符号，如图 10-54 所示。

（7）单击“默认”选项卡“注释”面板中的“多行文字”按钮 A，输入剖切数值，如图 10-55 所示。

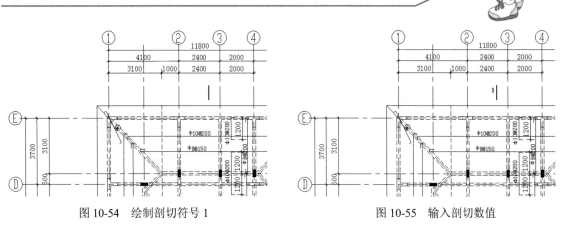

图 10-54　绘制剖切符号 1

图 10-55　输入剖切数值

（8）同理，绘制其他位置的剖切符号，如图 10-56 所示。

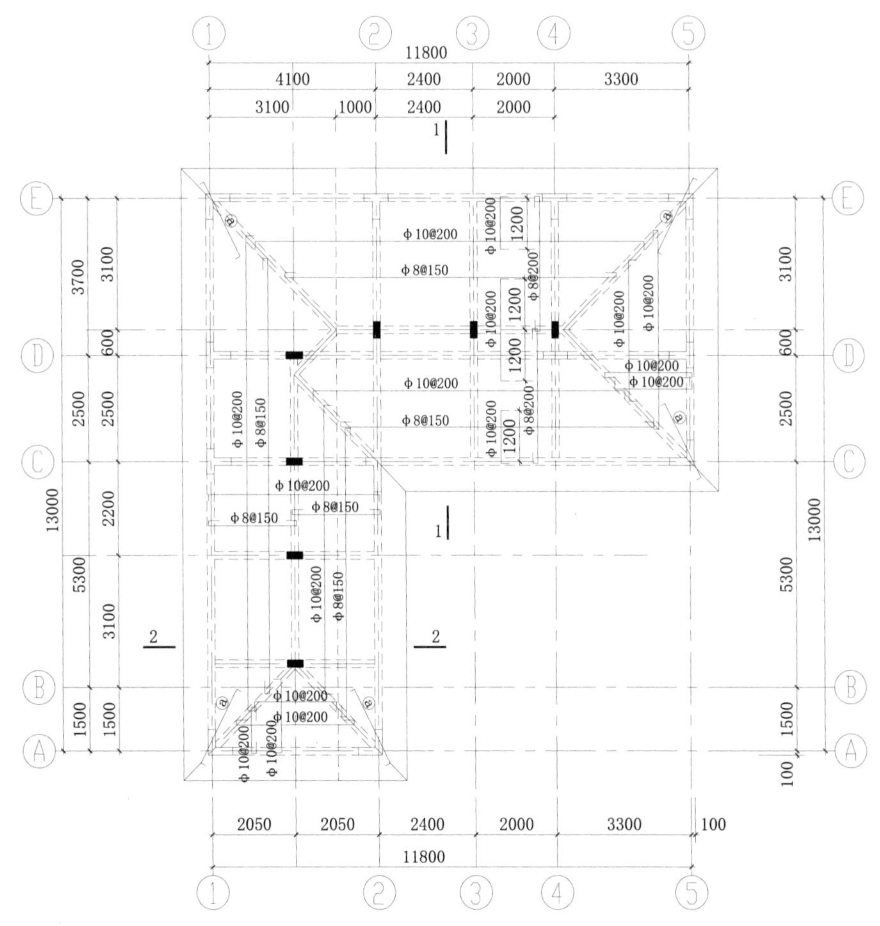

图 10-56　绘制剖切符号 2

（9）单击“默认”选项卡“注释”面板中的“多行文字”按钮A、“绘图”面板中的“直线”按钮╱和“多段线”按钮，标注图名，如图 10-57 所示。

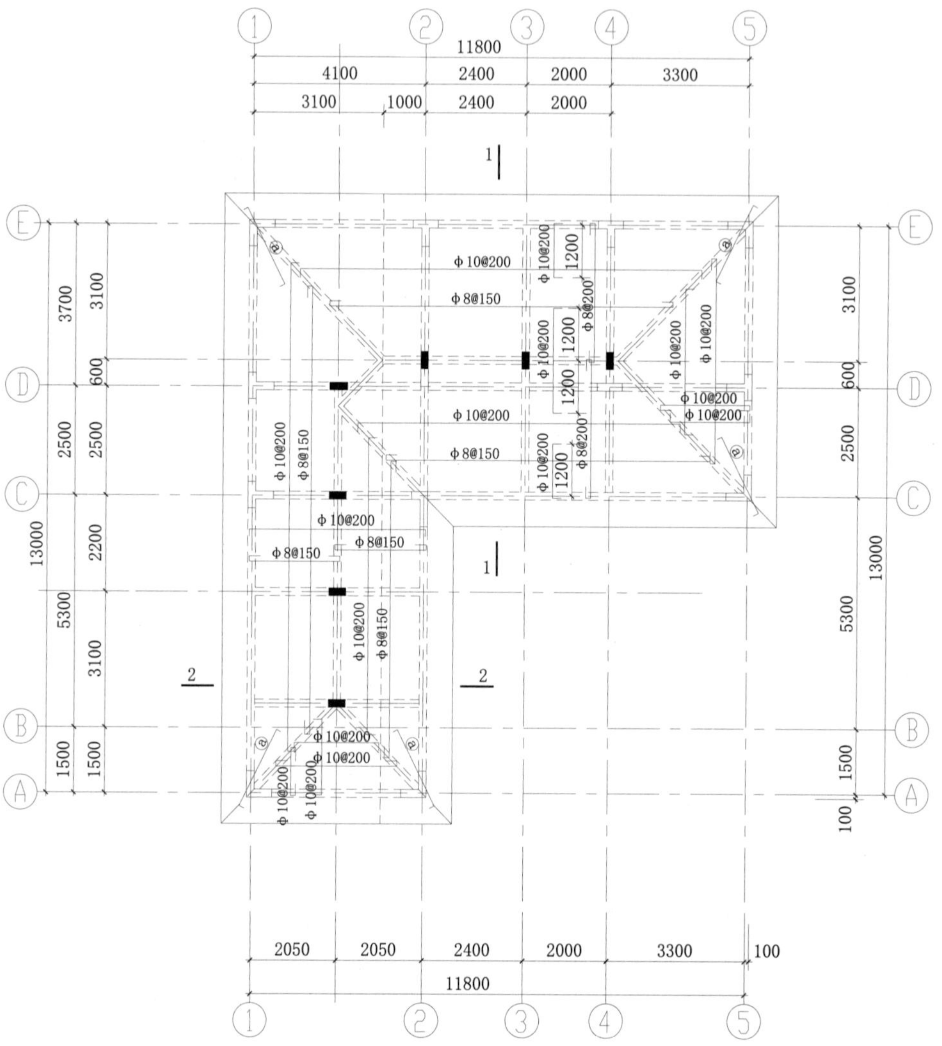

斜屋面板平面配筋图 1 : 100

图 10-57　标注图名

10.4　实践与操作

通过前面的学习，读者对本章知识也有了大体的了解，本节将通过一个操作练习帮助读者进一步掌握本章所学知识要点。

1. 目的要求

绘制如图 10-58 所示的基础梁节点配筋构造图，要求读者通过练习熟悉和掌握基础梁节点配筋图的绘制方法，能够独立完成整个节点配筋图的绘制。

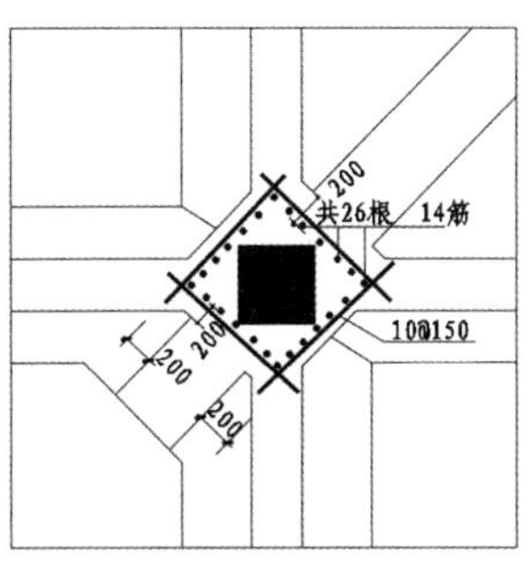

节点一

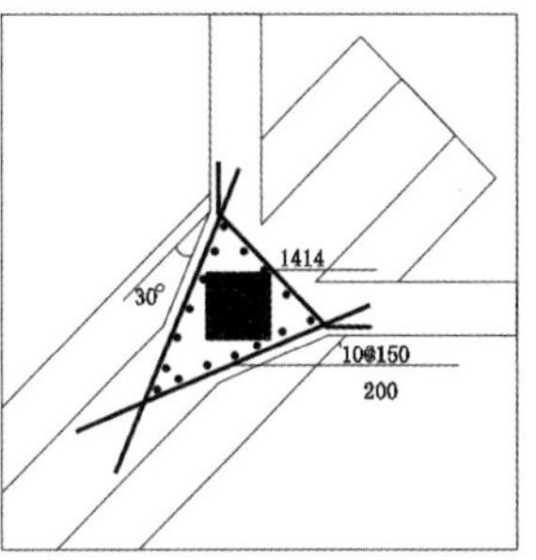

节点二

图 10-58　绘制基础梁节点配筋构造图

2. 操作提示

（1）绘制梁。

（2）绘制节点配筋。

（3）标注配筋。

梁设计与板设计详图

详图（包括剖面图）是梁设计和板设计中除了平面图外，另外一种重要的图样形式，用来补充表达平面图所不能表达的信息。本章将着重介绍梁设计与板设计详图的绘制方法，使读者在逐步了解土木工程设计过程的同时，进一步掌握绘图的操作方法。

- ☑ 剖面图绘制概述
- ☑ 建筑详图绘制概述
- ☑ 别墅二层详图绘制实例
- ☑ 别墅标高 10.070 与斜屋面梁配筋详图绘制实例
- ☑ 别墅三层剖面图绘制实例
- ☑ 别墅斜屋面板平面配筋详图与剖面图绘制实例
- ☑ 插入图框

任务驱动&项目案例

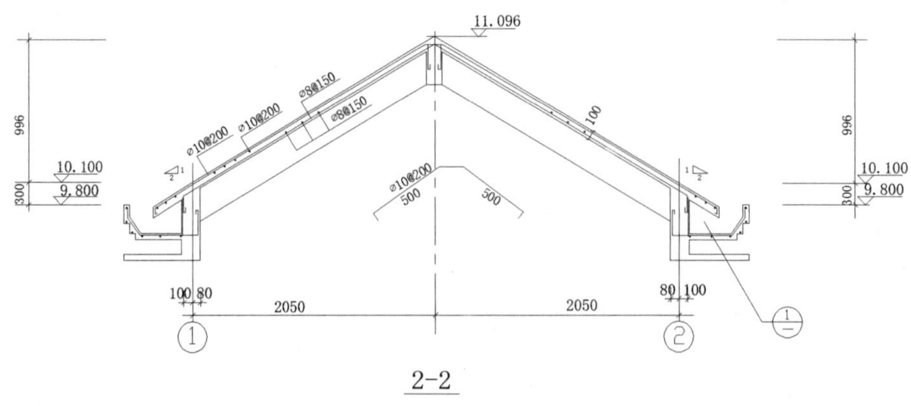

2-2

11.1　剖面图绘制概述

假想用一个或多个垂直于外墙轴线的铅垂剖切面将房屋剖开，所得的投影图称为建筑剖面图，简称剖面图。剖面图用以表示房屋内部的结构或构造形式、分层情况和各部位的联系、材料及其高度等，是与平、立面图相互配合的不可缺少的重要图样之一。

剖面图是指用一剖切面将建筑物的某一位置剖开，移去一侧后，剩下的一侧沿剖视方向的正投影图。根据工程的需要，绘制一个剖面图可以选择一个剖切面、两个平行的剖切面或两个相交的剖切面，如图 11-1 所示。剖面图与断面图的区别在于：剖面图除了表示剖切到的部位，还应表示出在投射方向看到的构配件轮廓（即所谓的“看线”）；而断面图只需要表示剖切到的部位。

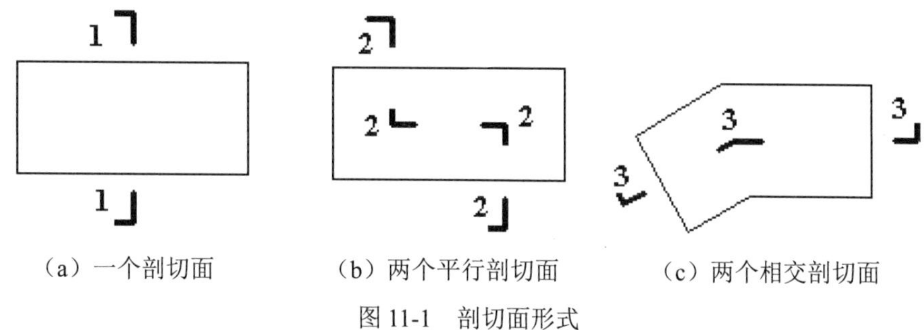

（a）一个剖切面　（b）两个平行剖切面　（c）两个相交剖切面

图 11-1　剖切面形式

对于不同的设计深度，图示内容也有所不同。

方案阶段重点在于表达剖切部位的空间关系、建筑层数、高度、室内外高度差等。剖面图中应注明室内外地坪标高、楼层标高、建筑总高度（室外地面至檐口）、剖面标号、比例或比例尺等。如果有建筑高度控制，还需标明最高点的标高。

初步设计阶段需要在方案图基础上增加主要内外承重墙、柱的定位轴线和编号，更加详细、清晰、准确地表达出建筑结构、构件（剖切到的或看到的墙、柱、门窗、楼板、地坪、楼梯、台阶、坡道、雨篷、阳台等）本身及相互关系。

施工阶段在优化、调整和丰富初级设计图的基础上，图示内容最为详细。一方面是剖切到的和看到的构配件图样准确、详尽、到位，另一方面是标注详细。除了标注室内外地坪、楼层、屋面突出物、各构配件的标高，还需要标注竖向尺寸和水平尺寸。竖向尺寸包括外部 3 道尺寸（与立面图类似）和内部地坑、隔断、吊顶、门窗等部位的尺寸；水平尺寸包括两端和内部剖切到的墙、柱定位轴线间的尺寸及轴线编号。

11.2　建筑详图绘制概述

在正式介绍用 AutoCAD 绘制建筑详图之前，本节简要介绍详图绘制的基本知识和绘制步骤。

11.2.1　详图的概念

前面介绍的平、立、剖面图均是全局性的图形，由于比例的限制，不可能将一些复杂的细部或局部做法表示清楚，因此需要将这些细部、局部的构造、材料及相互关系用较大的比例详细绘制出来，以指导施工。这样的建筑图形称为建筑详图，也称详图。对局部平面（如厨房、卫生间）进行放大绘

制的图形，习惯叫作放大图。需要绘制详图的位置一般包括室内外墙节点、楼梯、电梯、厨房、卫生间、门窗、室内外装饰等。

内外墙节点一般用平面和剖面表示，常用比例为1∶20。平面节点详图表示出墙、柱或构造柱的材料和构造关系。剖面节点详图即常说的墙身详图，需要表示出墙体与室内外地坪、楼面、屋面的关系，同时表示出相关的门窗洞口、梁或圈梁、雨篷、阳台、女儿墙、檐口、散水、防潮层、屋面防水、地下室防水等构造的做法。墙身详图可以从室内外地坪、防潮层处开始一直画到女儿墙压顶。为了节省图纸，可以在门窗洞口处断开，也可以重点绘制地坪、中间层和屋面处的几个节点，而将中间层重复使用的节点集中到一个详图中表示。节点一般由上到下进行编号。

Note

就图形而言，详图兼有平、立、剖面图的特征，综合了平、立、剖面图绘制的基本操作方法，并具有自己的特点，只要熟悉一定的绘图程序，绘图难度应不大。真正的难度在于对建筑构造、建筑材料、建筑规范等相关知识的掌握。

11.2.2　详图的特点

1. 比例较大

建筑平面图、立面图、剖面图互相配合，反映房屋的全局，而建筑详图是建筑平面图、立面图和剖面图的补充。在详图中尺寸标注齐全，图文说明详尽、清晰，因而详图常用较大比例。

2. 图示详尽清楚

建筑详图是建筑细部的施工图，根据施工要求，将建筑平面图、立面图和剖面图中的某些建筑构配件（如门、窗、楼梯、阳台、各种装饰等）或某些建筑剖面节点（如檐口、窗台、明沟或散水以及楼地面层、屋顶层等）的详细构造（包括样式、层次、做法、用料等）用较大比例清楚地表达出来的图样。详图中表示构造合理，用料及做法适宜，因而应该图示详尽、清楚。

3. 尺寸标注齐全

建筑详图的作用在于指导现场人员具体施工，使之更为清楚地了解局部的详细构造及做法、用料、尺寸等，因此具体的尺寸标注必须齐全。

4. 数量灵活

数量的选择，与建筑的复杂程度及平、立、剖面图的内容及比例有关。建筑详图的图示方法视细部的构造复杂程度而定。一般来说，墙身剖面图只需要一个剖面详图就能表示清楚，而楼梯间、卫生间可能需要增加平面详图，门窗玻璃隔断等则可能需要增加立面详图。

11.3　别墅二层详图绘制实例

详图是因为在原图纸上无法进行表述而进行详细制作的图纸，也叫节点大样等，下面以别墅二层详图为例绘制大样图，包括绘制窗台节点、绘制线角节点、绘制主次梁相交节点处附加箍筋图、绘制3-3剖面图。

11.3.1　绘制窗台节点

视频讲解

窗台的绘制主要利用了“直线”命令。

（1）单击“默认”选项卡“绘图”面板中的“直线”按钮╱，任选一点为直线起点，水平向右绘制长为1550的水平直线段，如图11-2所示。

图 11-2　绘制水平直线段

（2）单击“默认”选项卡“绘图”面板中的“直线”按钮，以步骤（1）中绘制的水平直线段左侧端点为起点，绘制连续线段，设置短线长为 300，如图 11-3 所示。

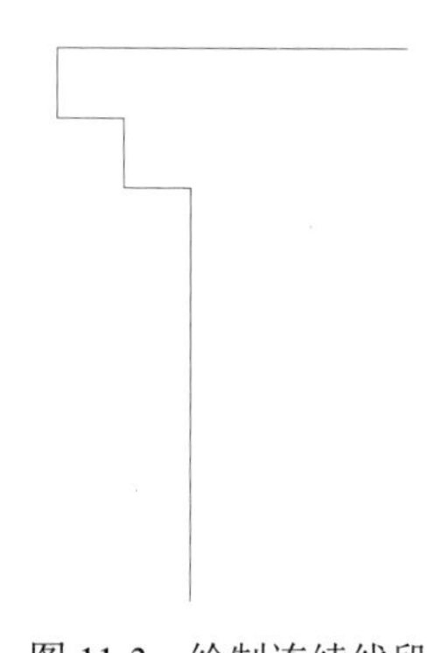

图 11-3　绘制连续线段

（3）单击“默认”选项卡“绘图”面板中的“直线”按钮，以水平直线段右侧端点为起点，竖直向下绘制直线，如图 11-4 所示。

（4）单击“默认”选项卡“绘图”面板中的“直线”按钮，在图形下侧绘制折断线，如图 11-5 所示。

（5）单击“默认”选项卡“绘图”面板中的“直线”按钮，绘制钢筋，如图 11-6 所示。

（6）单击“默认”选项卡“绘图”面板中的“圆”按钮，在图中合适的位置绘制一个圆，如图 11-7 所示。

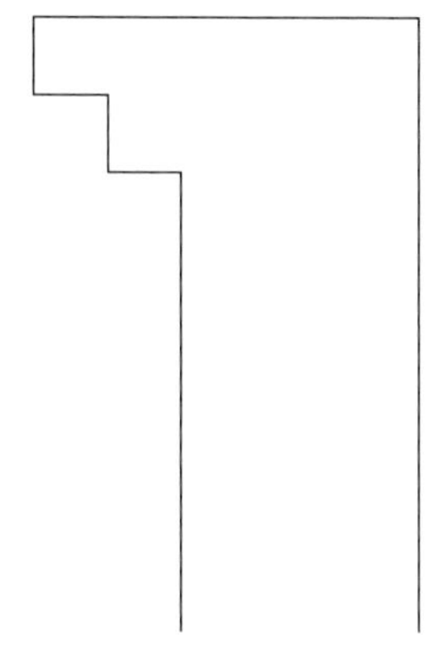

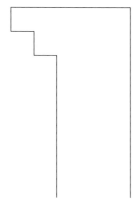

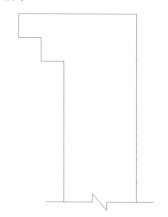

图 11-4　绘制竖向直线

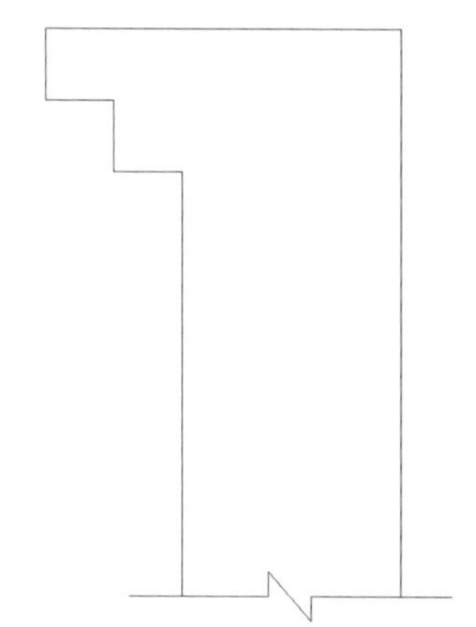

图 11-5　绘制折断线

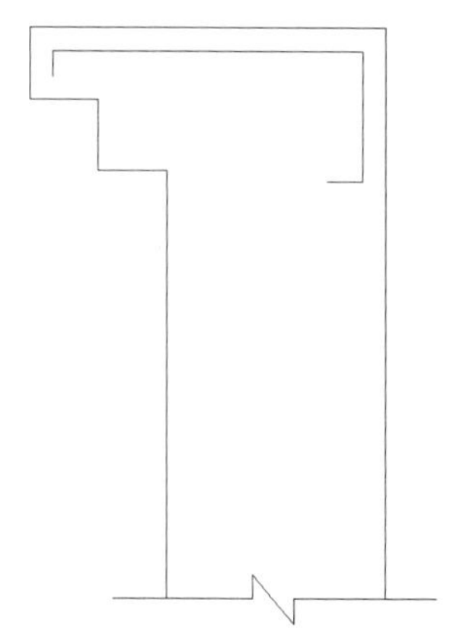

图 11-6　绘制钢筋

（7）单击“默认”选项卡“绘图”面板中的“图案填充”按钮，选择 SOLID 图案填充圆，如图 11-8 所示。

（8）单击“默认”选项卡“修改”面板中的“复制”按钮，将填充圆复制到图中其他位置，如图 11-9 所示。

（9）单击“默认”选项卡“注释”面板中的“标注样式”按钮，打开“标注样式管理器”对话框，单击“新建”按钮，创建一个新的标注样式，单击“继续”按钮，打开“新建标注样式：副本 ISO-25”对话框，在“主单位”选项卡中设置“比例因子”为 0.2。

（10）单击“注释”选项卡“标注”面板中的“线性”按钮，标注尺寸，如图 11-10 所示。

（11）单击“默认”选项卡“绘图”面板中的“直线”按钮，在图中引出直线。

（12）单击“默认”选项卡“注释”面板中的“单行文字”按钮，标注文字，如图 11-11 所示。

（13）单击“默认”选项卡“绘图”面板中的“直线”按钮和“注释”面板中的“多行文字”按钮，标注图名，结果如图 11-12 所示。

Note

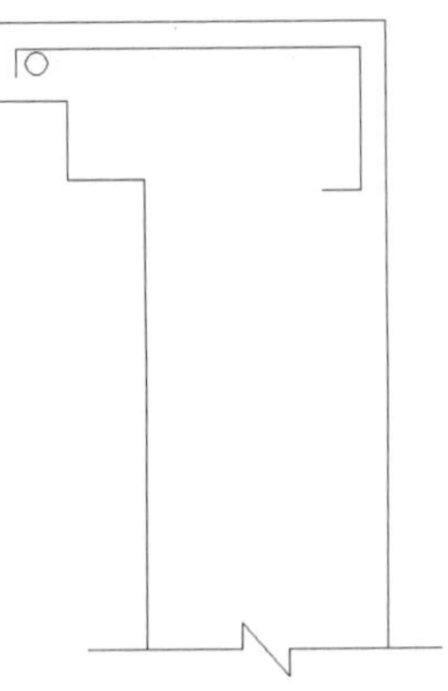

图 11-7　绘制圆

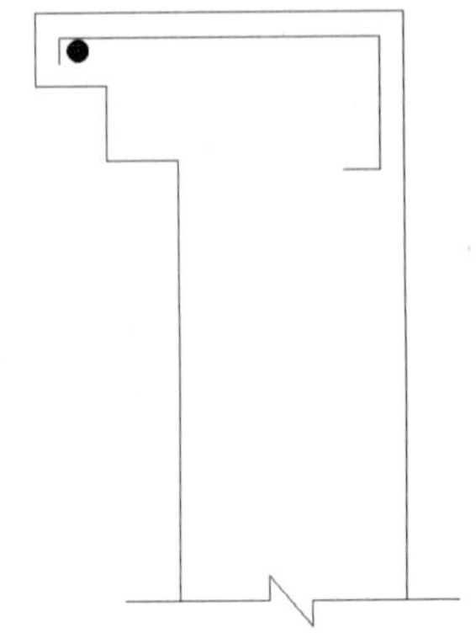

图 11-8　填充圆

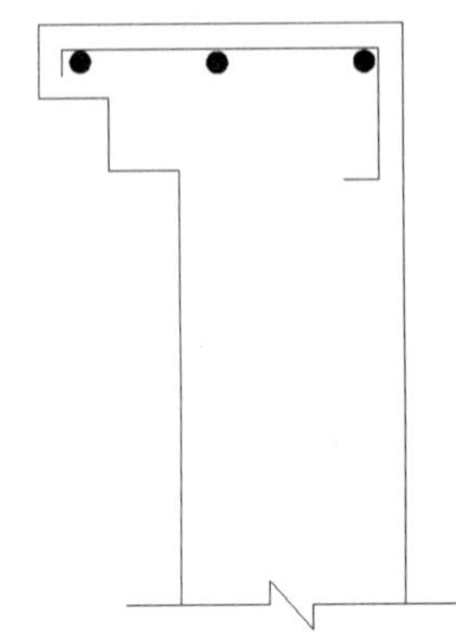

图 11-9　复制填充圆

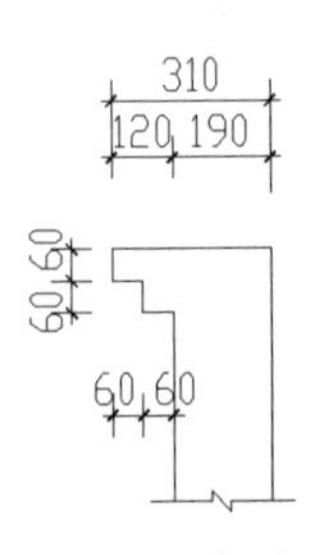

图 11-10　标注尺寸

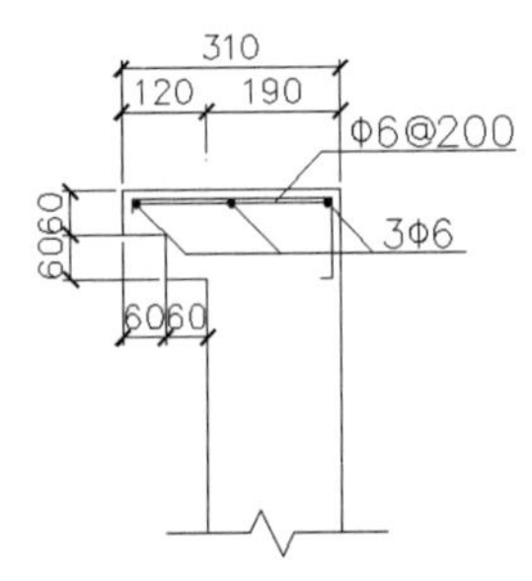

图 11-11　标注文字

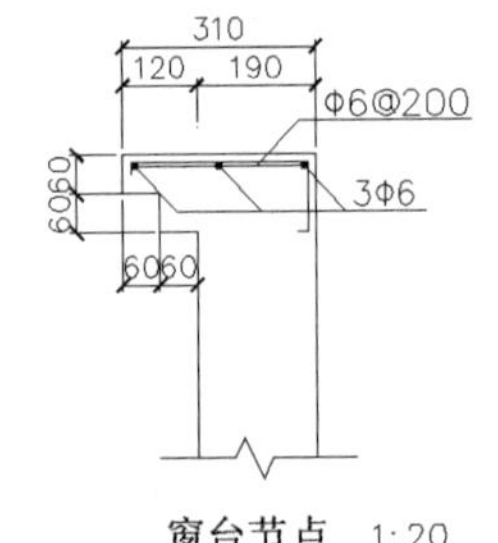

图 11-12　标注图名

11.3.2　绘制线角节点

视频讲解

线角节点的绘制主要利用了“直线”“偏移”“修剪”“图案填充”等命令。

（1）单击“默认”选项卡“绘图”面板中的“直线”按钮，绘制长为 1550 的水平直线，如图 11-13 所示。

图 11-13　绘制水平直线

（2）单击“默认”选项卡“修改”面板中的“偏移”按钮，将水平直线向下偏移，偏移距离分别为 400、400、800 和 400，如图 11-14 所示。

（3）单击“默认”选项卡“绘图”面板中的“直线”按钮，根据偏移后的直线绘制连续线段，然后单击“默认”选项卡“修改”面板中的“修剪”按钮，修剪掉多余的直线，结果如图 11-15 所示。

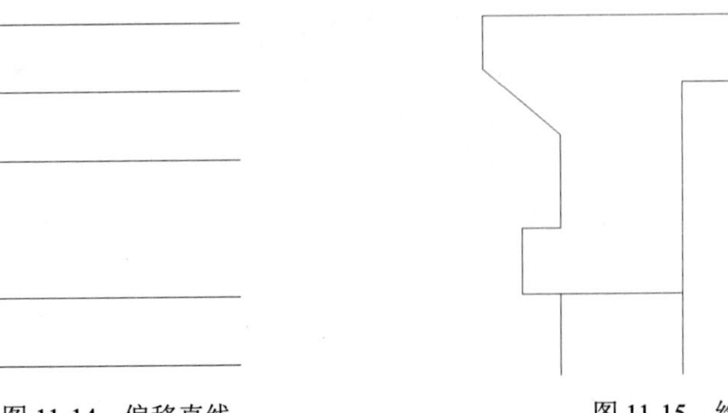

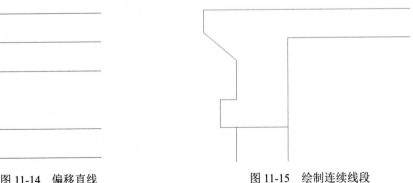

图 11-14　偏移直线

图 11-15　绘制连续线段

（4）单击“默认”选项卡“绘图”面板中的“直线”按钮╱，绘制折断线，如图 11-16 所示。

（5）单击“默认”选项卡“绘图”面板中的“直线”按钮╱，绘制板支座负筋，如图 11-17 所示。

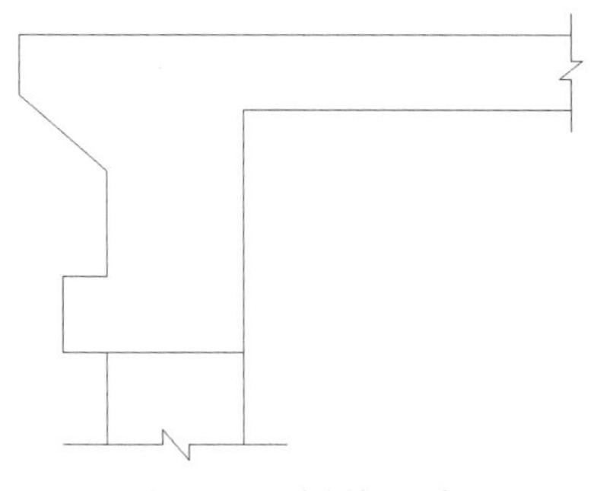

图 11-16　绘制折断线

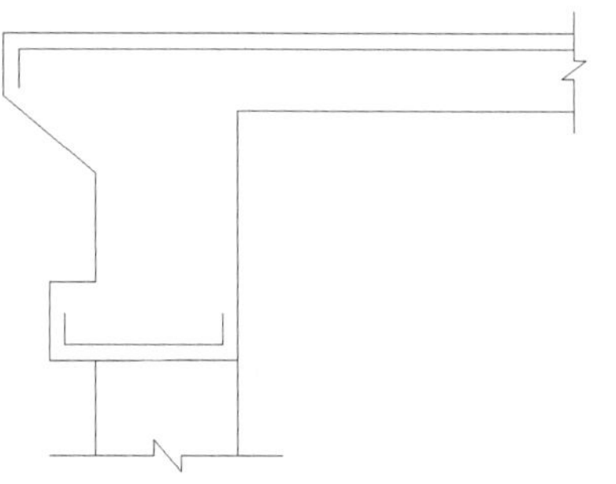

图 11-17　绘制板支座负筋

（6）单击“默认”选项卡“绘图”面板中的“圆”按钮⊙，在图中合适的位置绘制一个圆，如图 11-18 所示。

（7）单击“默认”选项卡“绘图”面板中的“图案填充”按钮▨，填充圆，如图 11-19 所示。

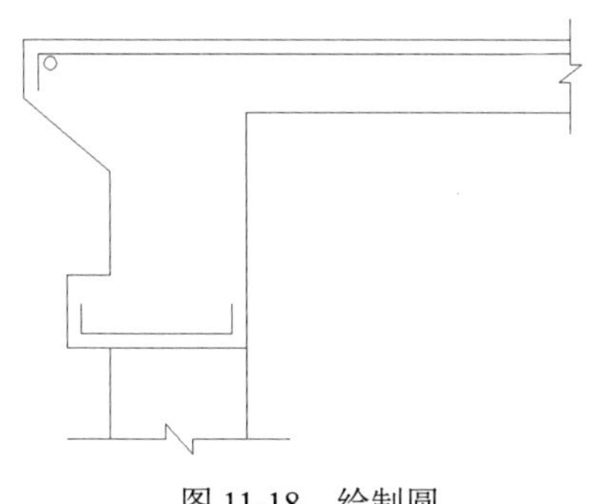

图 11-18　绘制圆

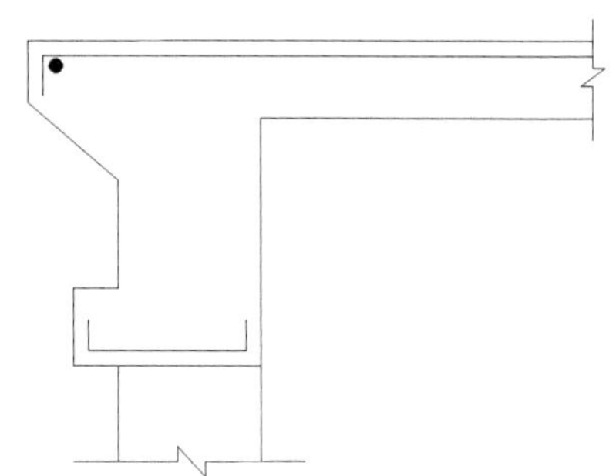

图 11-19　填充圆

（8）单击“默认”选项卡“修改”面板中的“复制”按钮，将填充圆复制到图中其他位置，结果如图 11-20 所示。

（9）单击“注释”选项卡“标注”面板中的“线性”按钮，标注尺寸，如图 11-21 所示。

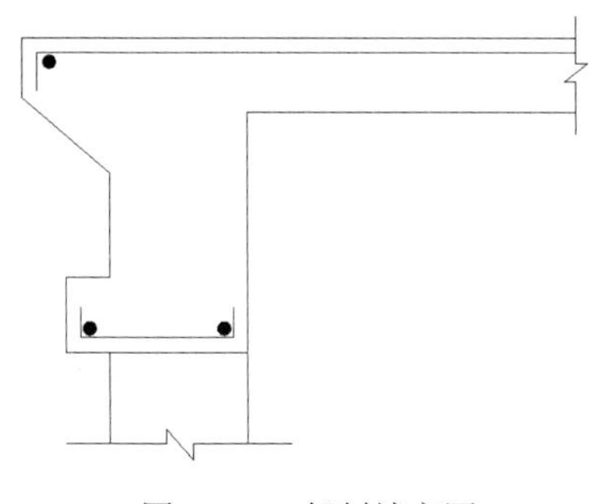

图 11-20　复制填充圆

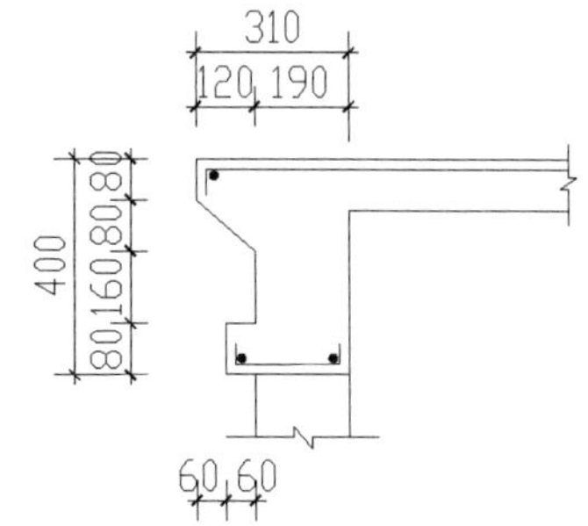

图 11-21　标注尺寸

（10）单击“默认”选项卡“绘图”面板中的“直线”按钮╱，绘制标高符号，如图 11-22 所示。

（11）单击“默认”选项卡“注释”面板中的“单行文字”按钮 A，输入标高数值，如图 11-23 所示。

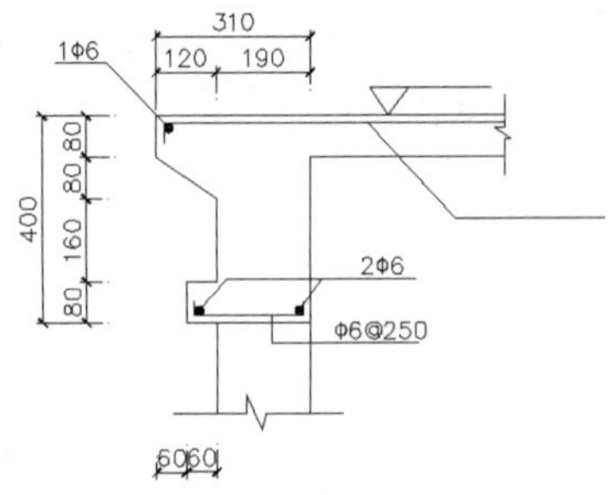

图 11-22　绘制标高符号

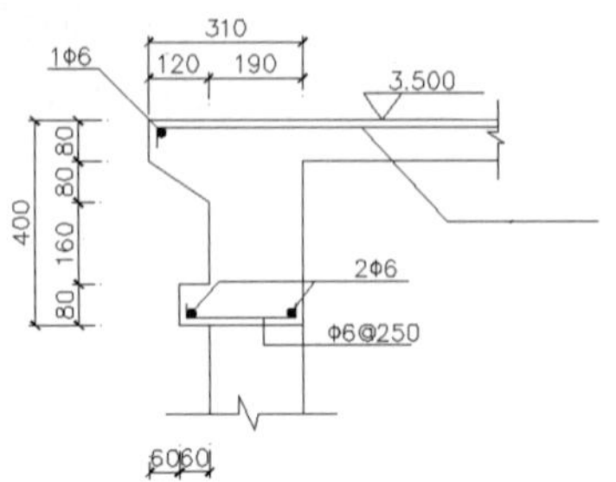

图 11-23　输入标高数值

（12）单击“默认”选项卡“绘图”面板中的“直线”按钮╱，在图中引出直线。

（13）单击“默认”选项卡“注释”面板中的“多行文字”按钮A，标注文字，如图 11-24 所示。

（14）单击“默认”选项卡“绘图”面板中的“直线”按钮╱和“注释”面板中的“多行文字”按钮A，标注图名，结果如图 11-25 所示。

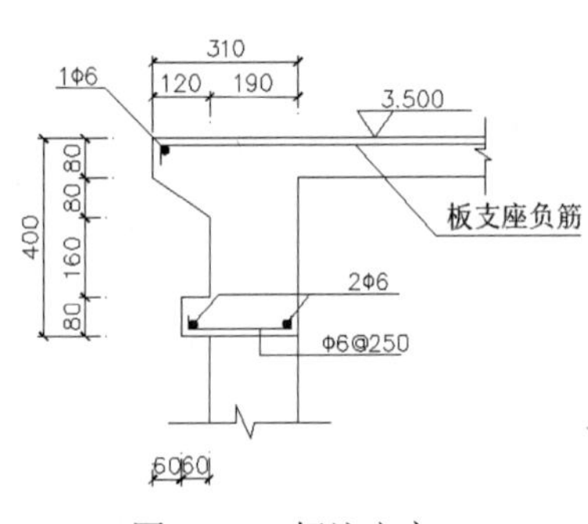

图 11-24　标注文字

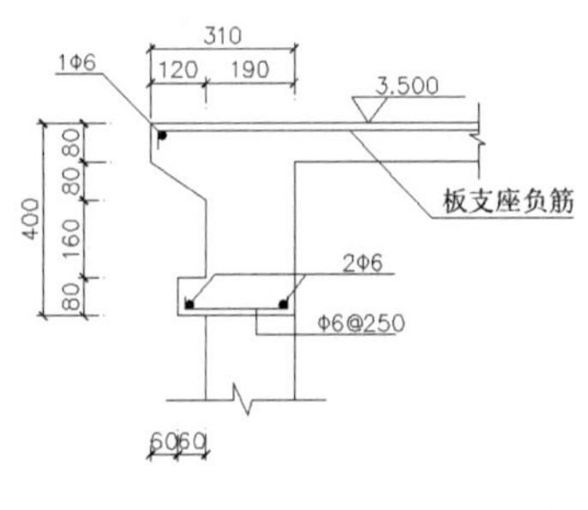

图 11-25　标注图名

11.3.3　绘制主次梁相交节点处附加箍筋图

箍筋图的绘制主要利用了“直线”“偏移”“修剪”“多行文字”等命令。

（1）单击“默认”选项卡“绘图”面板中的“直线”按钮╱，绘制一条水平直线，如图 11-26 所示。

图 11-26　绘制水平直线

（2）单击“默认”选项卡“修改”面板中的“偏移”按钮⊆，将水平直线向下偏移，如图 11-27 所示。

（3）单击“默认”选项卡“绘图”面板中的“直线”按钮╱，绘制折断线，如图 11-28 所示。

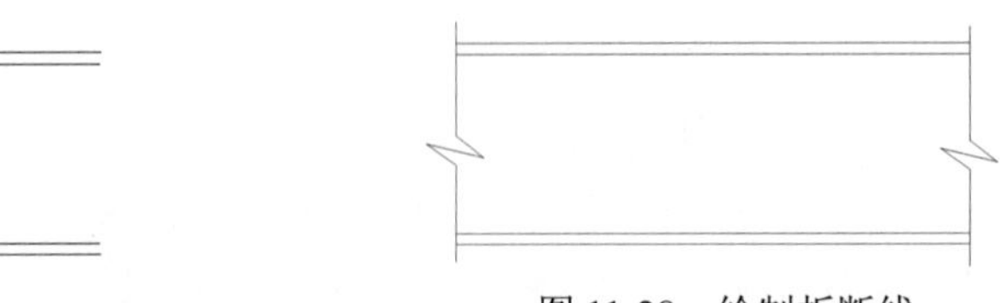

图 11-27　偏移直线

图 11-28　绘制折断线

（4）单击“默认”选项卡“绘图”面板中的“直线”按钮╱，在内侧绘制竖直直线段，如图 11-29 所示。

（5）单击“默认”选项卡“绘图”面板中的“直线”按钮╱，绘制次梁，并设置线型，如图 11-30 所示。

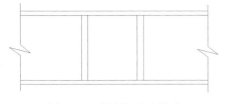

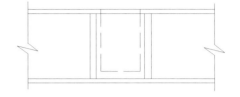

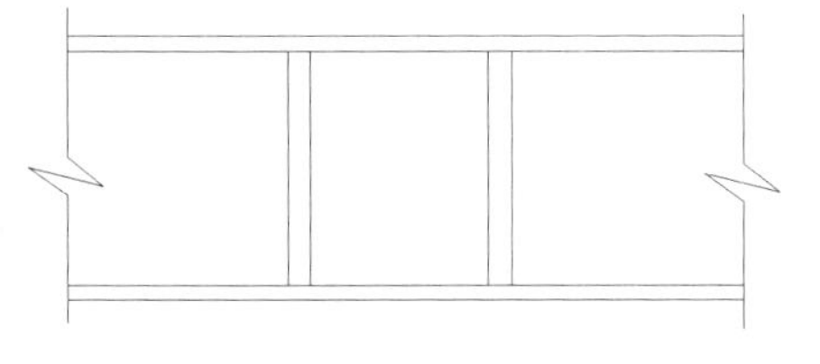
图 11-29　绘制竖直直线段

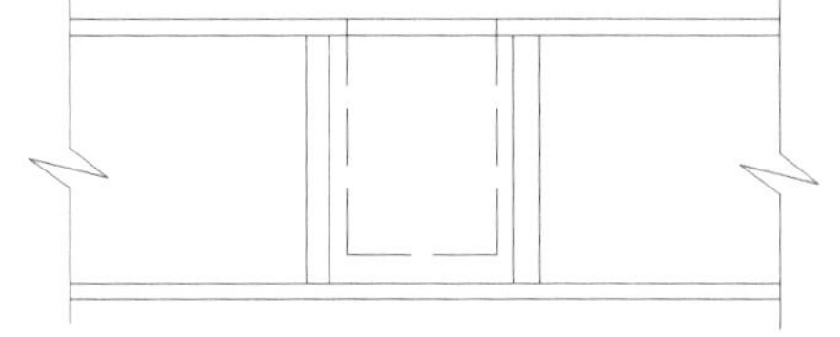
图 11-30　绘制次梁

（6）单击“默认”选项卡“绘图”面板中的“直线”按钮╱，在图中引出直线。

（7）单击“默认”选项卡“注释”面板中的“单行文字”按钮A，标注文字，如图 11-31 所示。

（8）单击“默认”选项卡“绘图”面板中的“直线”按钮╱和“注释”面板中的“多行文字”按钮A，标注图名，结果如图 11-32 所示。

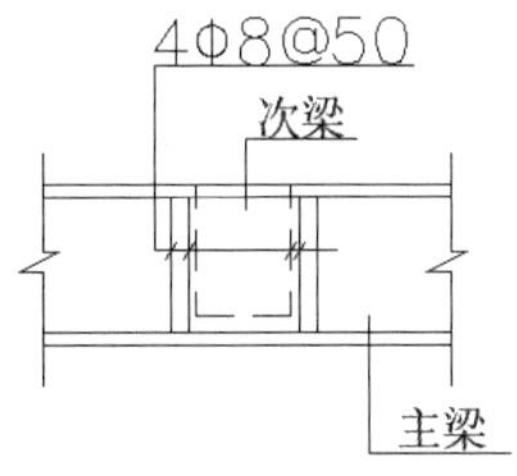

图 11-31　标注文字

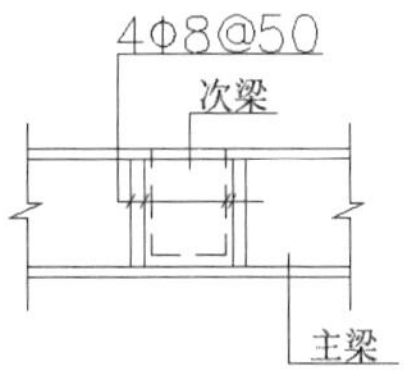

图 11-32　标注图名

11.3.4　绘制 3-3 剖面图

剖面图能反映出看不到的内部部分，该部分的绘制主要利用了“直线”“圆”“修剪”“多行文字”等命令。

视频讲解

（1）单击“默认”选项卡“绘图”面板中的“直线”按钮╱，绘制连续线段，如图 11-33 所示。

（2）单击“默认”选项卡“绘图”面板中的“直线”按钮╱，绘制折断线，如图 11-34 所示。

（3）单击“默认”选项卡“绘图”面板中的“直线”按钮╱，绘制钢筋，如图 11-35 所示。

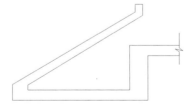

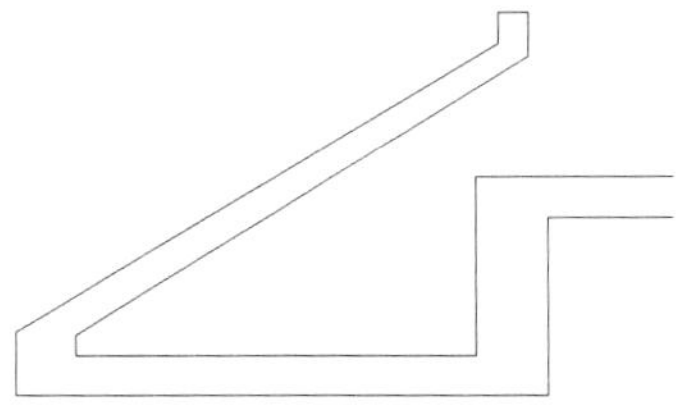
图 11-33　绘制连续线段

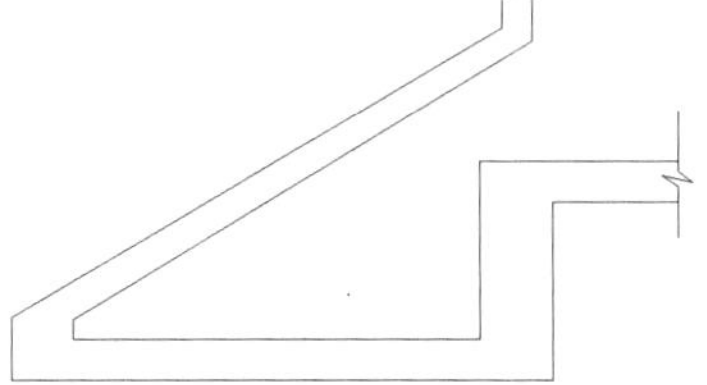
图 11-34　绘制折断线

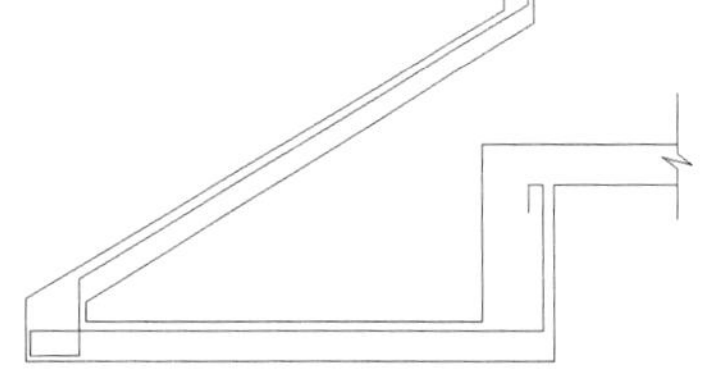
图 11-35　绘制钢筋

（4）单击“默认”选项卡“绘图”面板中的“圆”按钮⊙，绘制一个圆，如图 11-36 所示。

（5）单击“默认”选项卡“绘图”面板中的“图案填充”按钮▨，填充圆，如图 11-37 所示。

（6）单击“默认”选项卡“修改”面板中的“复制”按钮∞，将填充圆复制到图中其他位置，如图 11-38 所示。

（7）单击“注释”选项卡“标注”面板中的“线性”按钮⊢⊣，为图形标注尺寸，并利用 DDEDIT 命令修改尺寸，如图 11-39 所示。

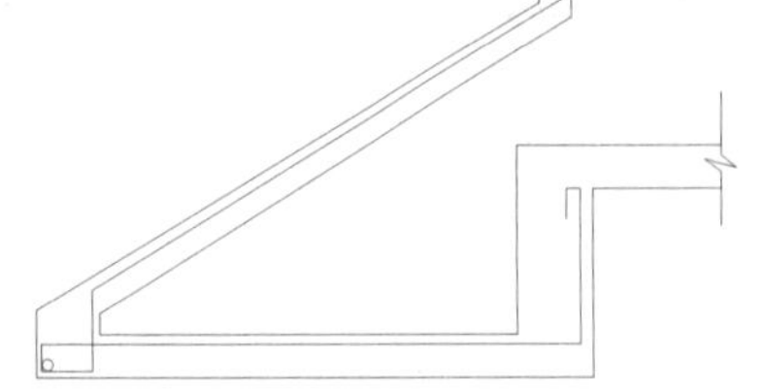

图 11-36 绘制圆

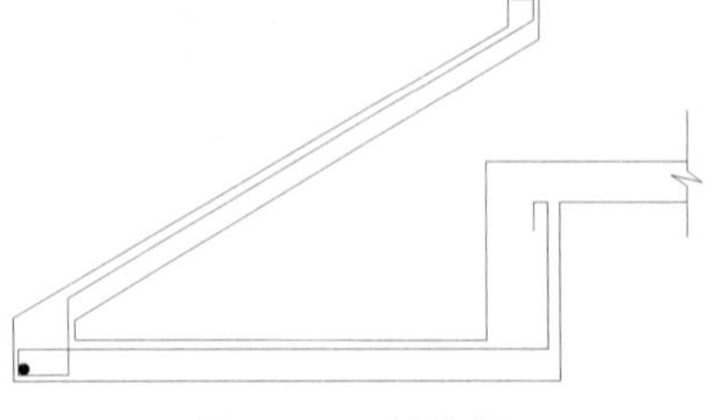

图 11-37 填充圆

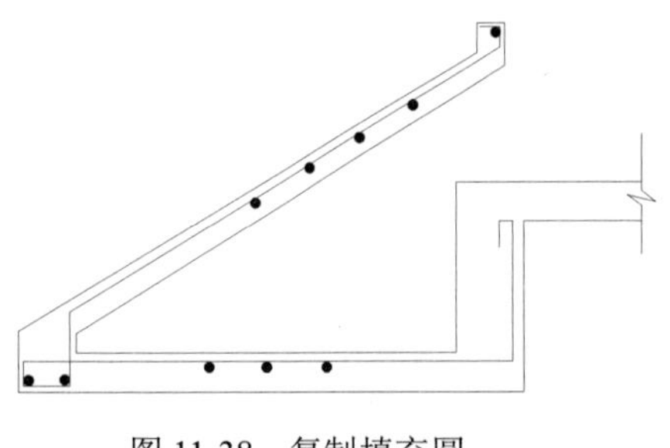

图 11-38 复制填充圆

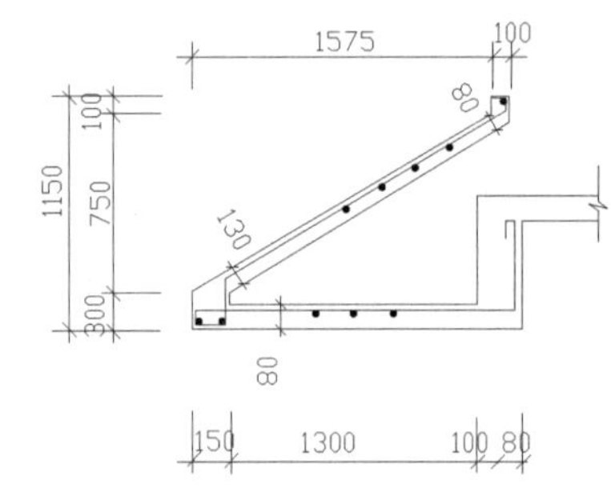

图 11-39 标注尺寸

（8）单击“默认”选项卡“绘图”面板中的“直线”按钮╱，绘制标高符号，如图 11-40 所示。

（9）单击“默认”选项卡“注释”面板中的“多行文字”按钮A，输入标高数值，如图 11-41 所示。

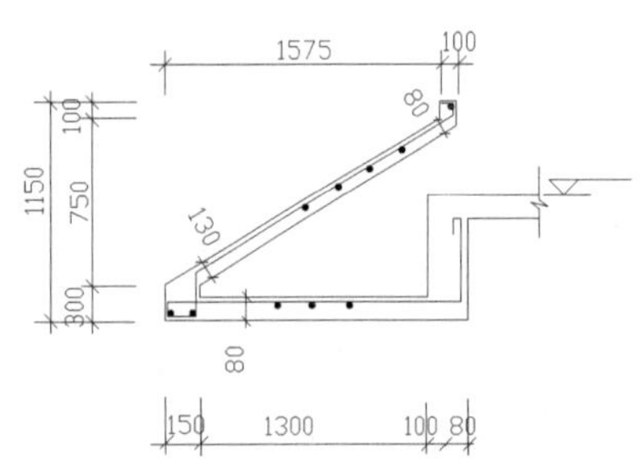

图 11-40 绘制标高符号

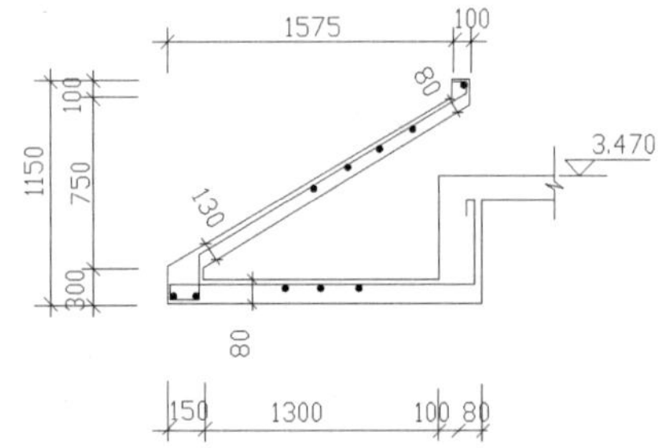

图 11-41 输入标高数值

（10）单击“默认”选项卡“修改”面板中的“复制”按钮，将标高复制到图中其他位置，然后双击文字，修改标高数值，完成其他位置标高的绘制，结果如图 11-42 所示。

（11）单击“默认”选项卡“绘图”面板中的“圆”按钮，绘制轴号，如图 11-43 所示。

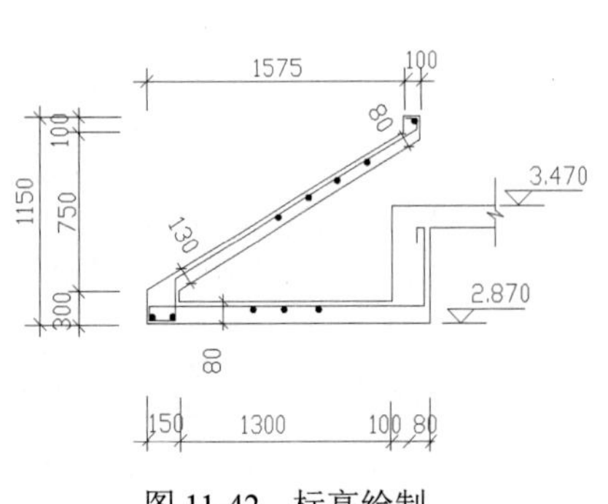

图 11-42 标高绘制

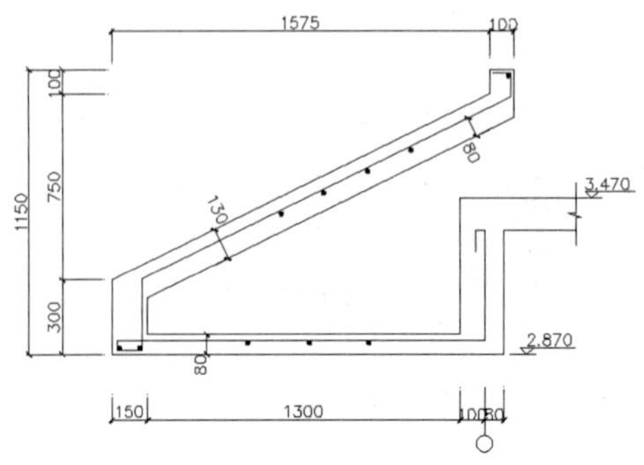

图 11-43 绘制轴号

（12）单击“默认”选项卡“绘图”面板中的“直线”按钮╱和“注释”面板中的“单行文字”按钮A，标注图名，结果如图 11-44 所示。

（13）单击“默认”选项卡“注释”面板中的“多行文字”按钮A，在图形下方输入文字说明，如图 11-45 所示。

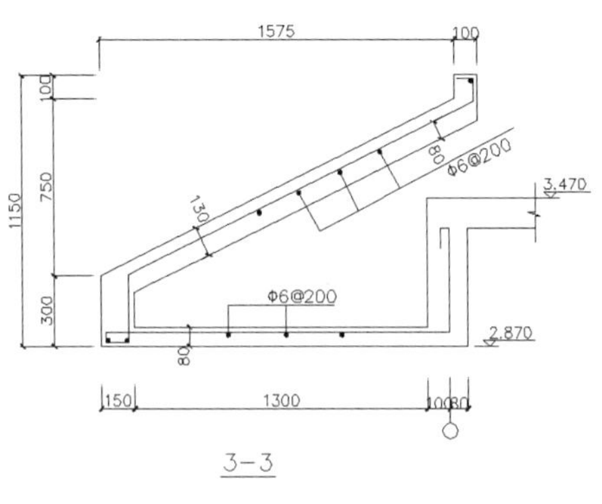

图 11-44　标注图名

说明：

1. 梁顶标高为 3.470
2. 未注明梁梁边到轴线尺寸的梁，其中心线与轴线重合.
3. 未注明配筋梁上下纵筋均为2Φ18，箍筋为⌀8@200.
   未注明配筋梁截面为180×400.
4. 未注明板厚为90.
5. 转角筋 ⓐ 为5⌀10@100，L=1500.
6. ⌒ 为吊筋，规格为：2Φ18，两边各3Φ10，间距50.
7. 卫生间板B1配筋为双面钢筋网，上下Φ12@150.
   其余未标配筋板底筋为Φ8@150. 负筋为Φ10@200.

图 11-45　标注文字说明

11.4　别墅标高 10.070 与斜屋面梁配筋详图绘制实例

以绘制详图 1 和绘制详图 2 为例。

11.4.1　绘制详图 1

详图 1 的绘制主要利用了“直线”“镜像”“线性”“多行文字”等命令。

（1）单击“默认”选项卡“绘图”面板中的“直线”按钮╱，绘制一条竖向直线，如图 11-46 所示。

（2）单击“默认”选项卡“绘图”面板中的“直线”按钮╱，以轴线上一点为起点绘制一条斜线，如图 11-47 所示。

（3）单击“默认”选项卡“绘图”面板中的“直线”按钮╱，在轴线左侧绘制连续线段，如图 11-48 所示。

（4）单击“默认”选项卡“修改”面板中的“镜像”按钮⚠，将轴线左侧图形镜像到另外一侧，如图 11-49 所示。

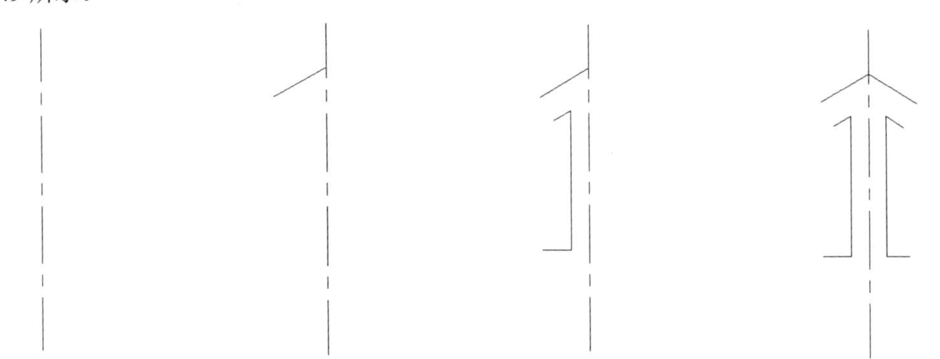

图 11-46　绘制竖向直线　　图 11-47　绘制斜线　　图 11-48　绘制连续线段　　图 11-49　镜像图形

Note

（5）单击“默认”选项卡“绘图”面板中的“直线”按钮╱，在图形下侧绘制一条水平直线，如图 11-50 所示。

（6）单击“默认”选项卡“绘图”面板中的“直线”按钮╱，绘制折断线，如图 11-51 所示。

（7）单击“默认”选项卡“绘图”面板中的“直线”按钮╱，在图中合适的位置绘制竖向箍筋，如图 11-52 所示。

（8）单击“默认”选项卡“绘图”面板中的“直线”按钮╱，绘制横向箍筋，如图 11-53 所示。

（9）单击“默认”选项卡“绘图”面板中的“直线”按钮╱，绘制剩余图形，如图 11-54 所示。

（10）单击“注释”选项卡“标注”面板中的“线性”按钮┌┐，为图形标注尺寸，如图 11-55 所示。

（11）单击“默认”选项卡“绘图”面板中的“直线”按钮╱，绘制标高符号，如图 11-56 所示。

（12）单击“默认”选项卡“注释”面板中的“多行文字”按钮A，输入标高数值，如图 11-57 所示。

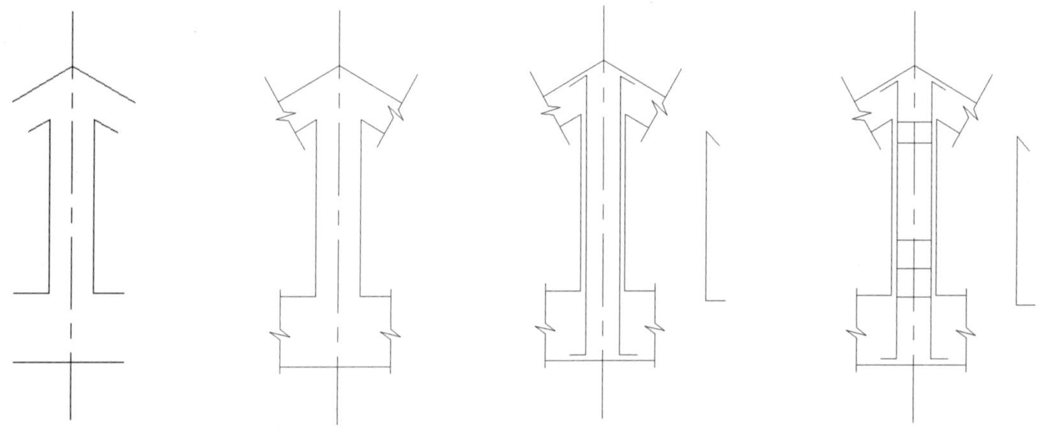

图 11-50　绘制水平直线　图 11-51　绘制折断线　图 11-52　绘制竖向箍筋　图 11-53　绘制横向箍筋

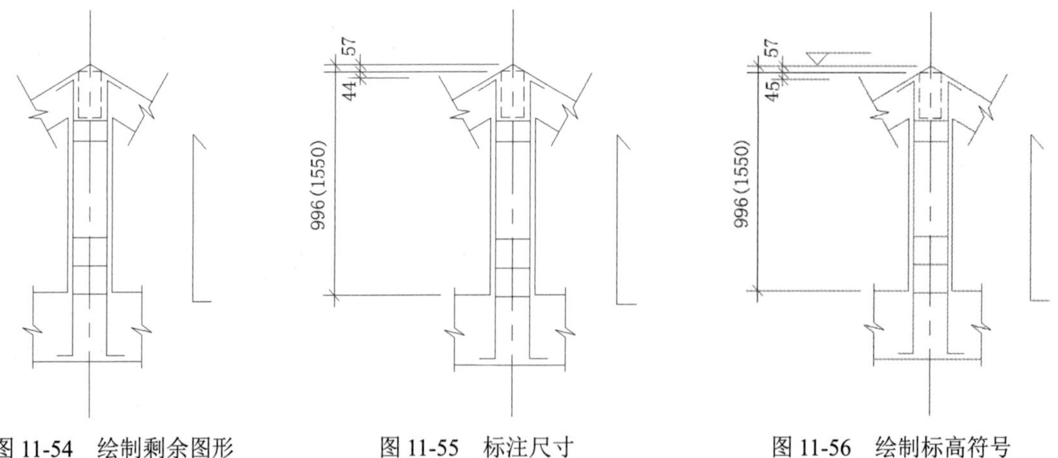

图 11-54　绘制剩余图形　图 11-55　标注尺寸　图 11-56　绘制标高符号

（13）单击“默认”选项卡“修改”面板中的“复制”按钮，将标高符号复制到图中其他位置，并修改标高数值，完成标高的绘制，如图 11-58 所示。

（14）单击“默认”选项卡“注释”面板中的“单行文字”按钮A，标注文字，如图 11-59 所示。

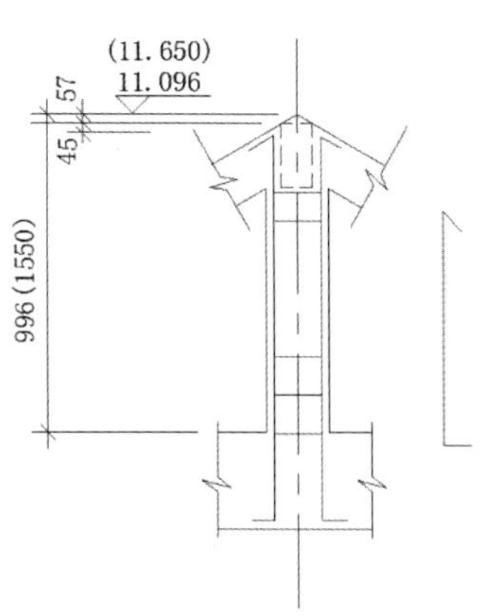

图 11-57　输入标高数值

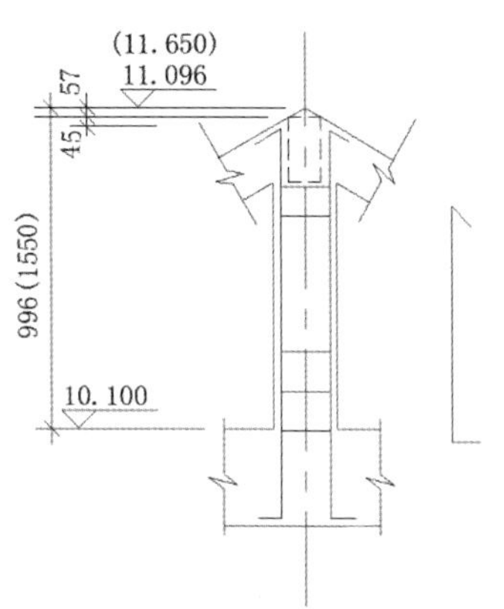

图 11-58　复制标高符号

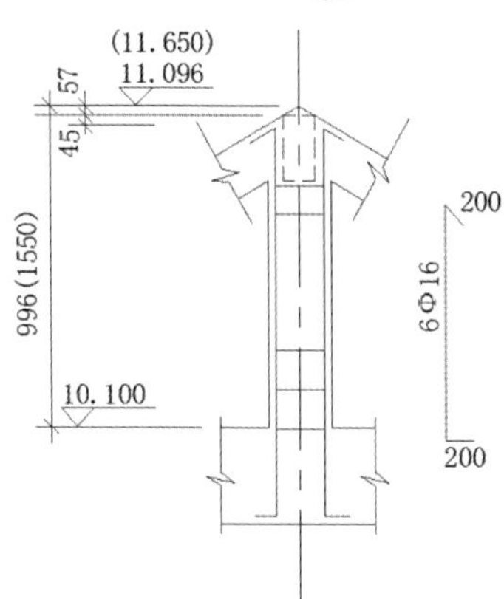

图 11-59　标注文字

（15）单击“默认”选项卡“绘图”面板中的“直线”按钮，在图中适当位置绘制直线，如图 11-60 所示。

（16）单击“默认”选项卡“绘图”面板中的“圆”按钮和“注释”面板中的“多行文字”按钮A，绘制标号，如图 11-61 所示。

（17）单击“默认”选项卡“绘图”面板中的“直线”按钮和“注释”面板中的“多行文字”按钮A，绘制剖切符号，如图 11-62 所示。

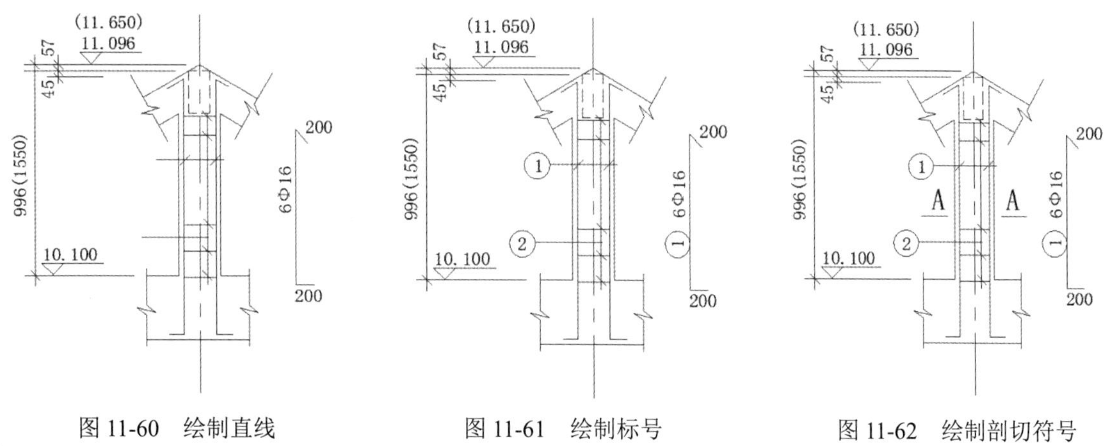

图 11-60　绘制直线　　图 11-61　绘制标号　　图 11-62　绘制剖切符号

（18）单击“默认”选项卡“绘图”面板中的“直线”按钮和“注释”面板中的“多行文字”按钮A，绘制图名，如图 11-63 所示。

11.4.2　绘制详图 2

详图 2 的绘制主要利用了“直线”“矩形”“线性”“多行文字”等命令。

（1）单击“默认”选项卡“绘图”面板中的“矩形”按钮，在图形空白位置任选一点为矩形起点，绘制一个适当大小的矩形，如图 11-64 所示。

（2）单击“默认”选项卡“绘图”面板中的“直线”按钮，在步骤（1）中绘制的矩形内绘制连续直线，绘制箍筋，如图 11-65 所示。

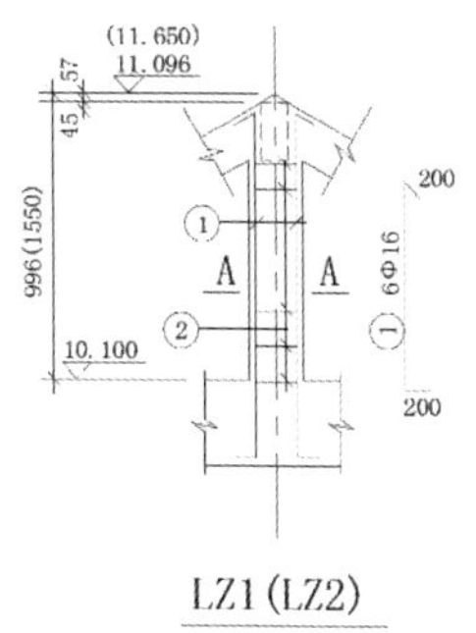

图 11-63　绘制图名

视频讲解

（3）单击“默认”选项卡“绘图”面板中的“圆”按钮⊘，在步骤（2）中绘制的连续直线内部选取一点为圆的圆心，绘制一个适当半径的圆，如图 11-66 所示。

图 11-64　绘制矩形

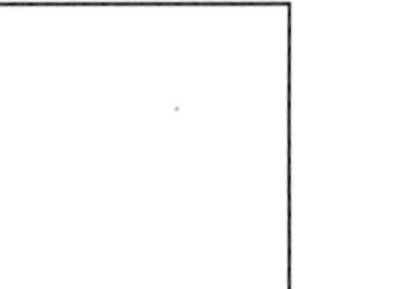

图 11-65　绘制箍筋

图 11-66　绘制圆

（4）单击“默认”选项卡“绘图”面板中的“图案填充”按钮▨，打开“图案填充创建”选项卡，将“图案填充图案”设置为 SOLID，选择步骤（3）中绘制的圆为填充区域，结果如图 11-67 所示。

（5）单击“默认”选项卡“修改”面板中的“复制”按钮♲，选择步骤（4）中填充的圆图形为复制对象进行连续复制，如图 11-68 所示。

（6）单击“默认”选项卡“绘图”面板中的“直线”按钮╱，绘制两条斜向直线，如图 11-69 所示。

图 11-67　填充圆

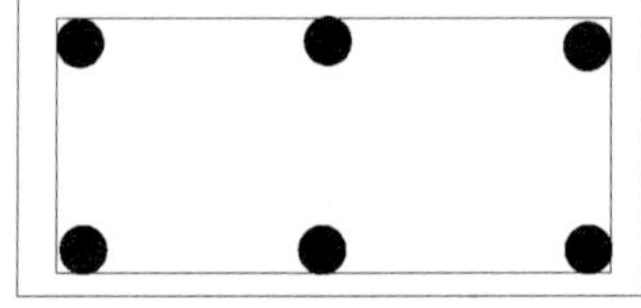

图 11-68　复制填充圆

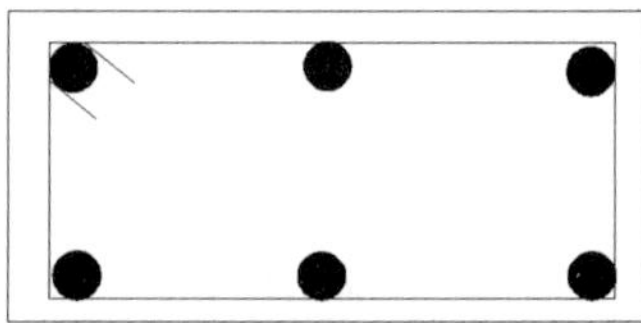

图 11-69　绘制斜向直线

（7）单击“注释”选项卡“标注”面板中的“线性”按钮⊢⊣，标注尺寸，如图 11-70 所示。

（8）单击“默认”选项卡“绘图”面板中的“直线”按钮╱，在步骤（7）图形内右侧位置选取一点为直线起点，向右绘制一条水平直线，如图 11-71 所示。

（9）单击“默认”选项卡“注释”面板中的“单行文字”按钮A，在直线上方输入文字，如图 11-72 所示。

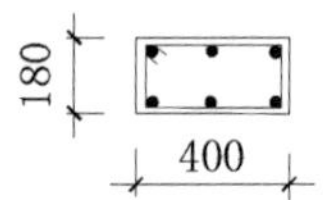

图 11-70　标注尺寸

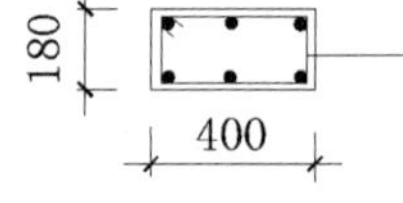

图 11-71　引出直线 1

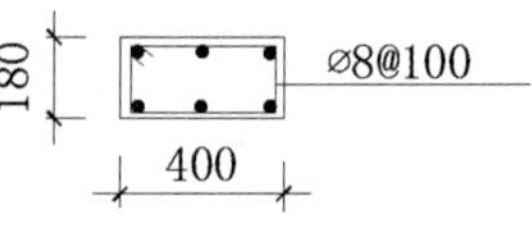

图 11-72　输入文字

（10）单击“默认”选项卡“绘图”面板中的“直线”按钮╱，在图形上方引出直线，如图 11-73 所示。

（11）单击“默认”选项卡“绘图”面板中的“圆”按钮⊘和“注释”面板中的“多行文字”按钮A，绘制标号，如图 11-74 所示。

（12）单击“默认”选项卡“绘图”面板中的“直线”按钮╱和“注释”面板中的“多行文字”按钮A，标注图名，结果如图 11-75 所示。

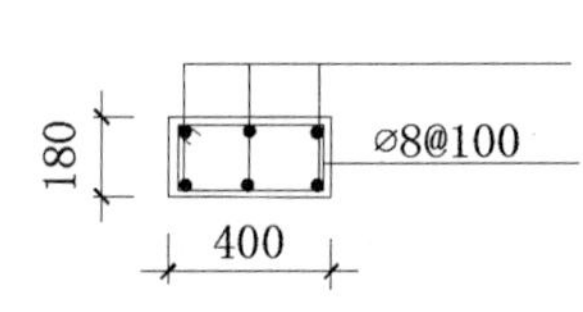

图 11-73　引出直线 2

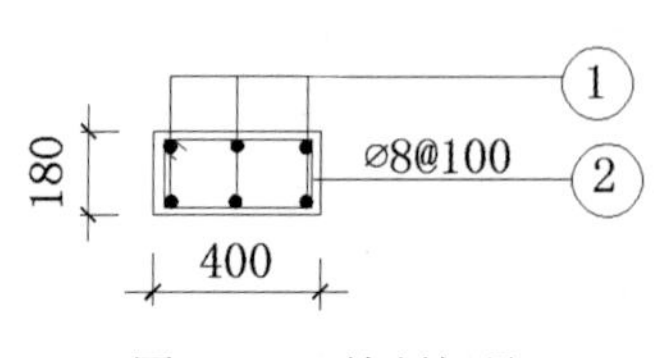

图 11-74　绘制标号

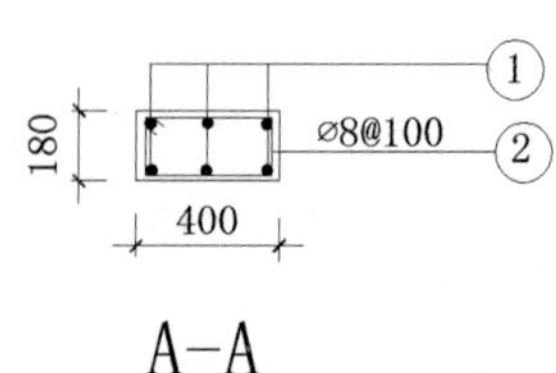

图 11-75　标注图名

Note

视频讲解

11.5　别墅三层剖面图绘制实例

本节以别墅 1-1 剖面图和 2-2 剖面图的绘制为例，帮助读者掌握剖面图的绘制方法和技巧。

11.5.1　绘制 1-1 剖面图

1-1 剖面图的绘制主要利用了“直线”“偏移”“线性”“多行文字”等命令。

（1）单击“默认”选项卡“绘图”面板中的“直线”按钮╱，绘制一条长为 680 的水平直线段，如图 11-76 所示。

图 11-76　绘制水平直线段

（2）单击“默认”选项卡“修改”面板中的“偏移”按钮⋐，将水平直线段向下偏移，偏移距离分别为 80、320、720 和 80，如图 11-77 所示。

（3）单击“默认”选项卡“绘图”面板中的“直线”按钮╱，以上方直线段右端点为起点，竖直向下绘制一条直线段，如图 11-78 所示。

（4）单击“默认”选项卡“修改”面板中的“偏移”按钮⋐，将右侧直线向左偏移，偏移距离分别为 80、100 和 500，如图 11-79 所示。

（5）单击“默认”选项卡“修改”面板中的“修剪”按钮✂，修剪掉多余的直线，如图 11-80 所示。

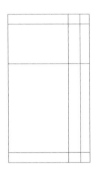

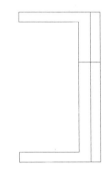

图 11-77　偏移直线　　图 11-78　绘制竖向直线

图 11-79　偏移竖直直线

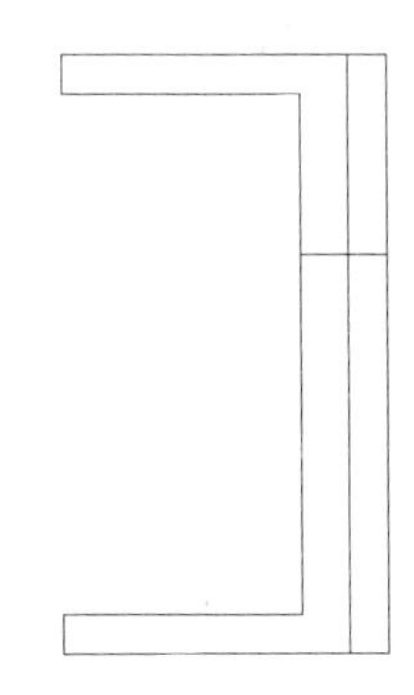

图 11-80　修剪多余直线

（6）单击“默认”选项卡“绘图”面板中的“直线”按钮╱，绘制折断线，如图 11-81 所示。

（7）单击“默认”选项卡“绘图”面板中的“直线”按钮╱，绘制箍筋和纵筋，如图 11-82 所示。

（8）单击“默认”选项卡“绘图”面板中的“圆”按钮⊙，绘制一个圆，如图 11-83 所示。

（9）单击“默认”选项卡“绘图”面板中的“图案填充”按钮▨，填充圆，如图 11-84 所示。

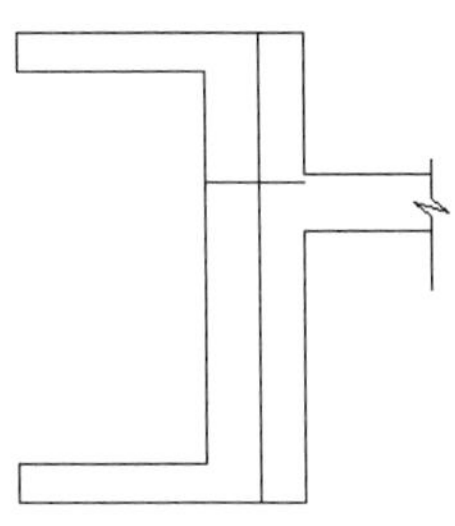

图 11-81　绘制折断线

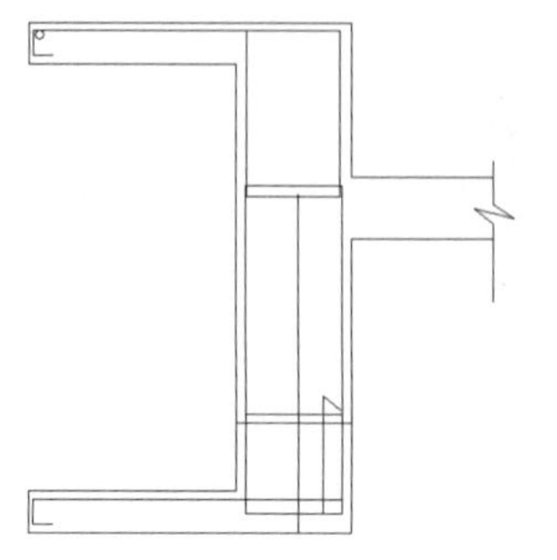
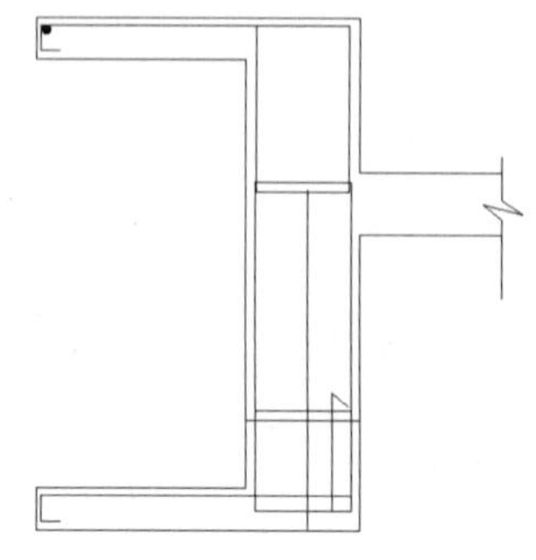

图 11-82　绘制箍筋和纵筋　　图 11-83　绘制圆 1　　图 11-84　填充圆

（10）单击“默认”选项卡“修改”面板中的“复制”按钮，选择步骤（9）中的填充圆为复制对象将其复制到图中其他位置，如图 11-85 所示。

（11）单击“默认”选项卡“绘图”面板中的“直线”按钮，绘制剩余图形，如图 11-86 所示。

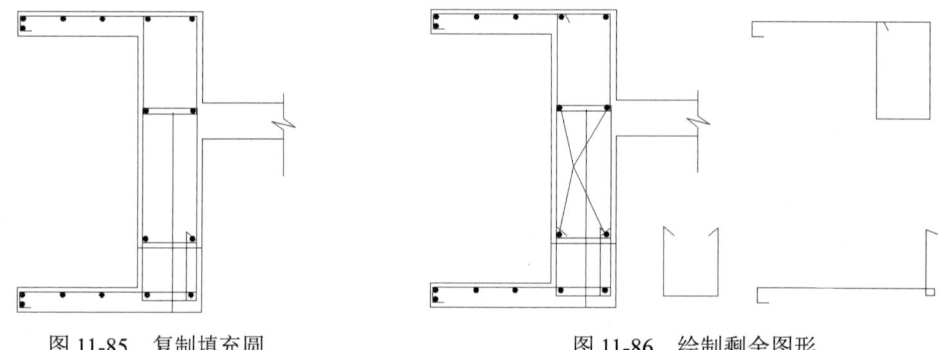

图 11-85　复制填充圆　　图 11-86　绘制剩余图形

（12）单击“注释”选项卡“标注”面板中的“线性”按钮，标注尺寸，如图 11-87 所示。

（13）单击“默认”选项卡“绘图”面板中的“直线”按钮，在图中绘制标高符号，如图 11-88 所示。

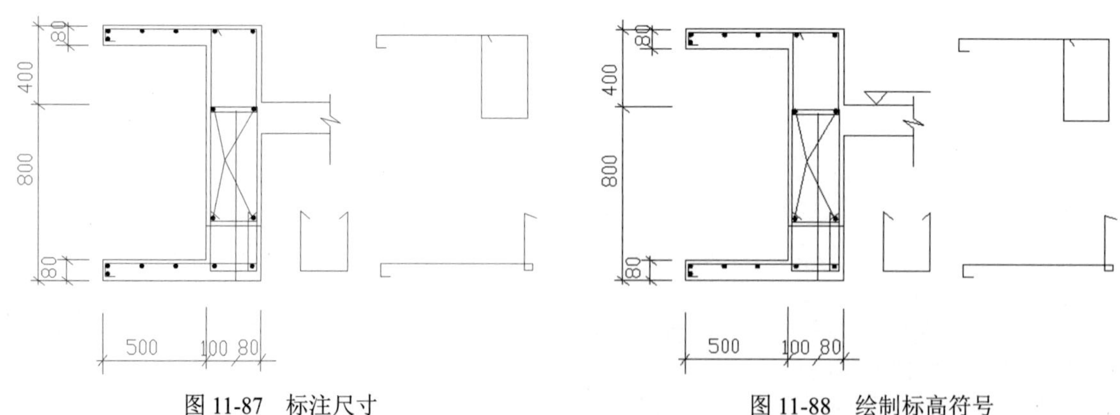

图 11-87　标注尺寸　　图 11-88　绘制标高符号

（14）单击“默认”选项卡“注释”面板中的“多行文字”按钮 A，输入标高数值，如图 11-89 所示。

（15）单击“默认”选项卡“绘图”面板中的“直线”按钮，在图中引出直线，如图 11-90 所示。

（16）单击“默认”选项卡“注释”面板中的“单行文字”按钮 A，在直线上方输入文字，如图 11-91 所示。

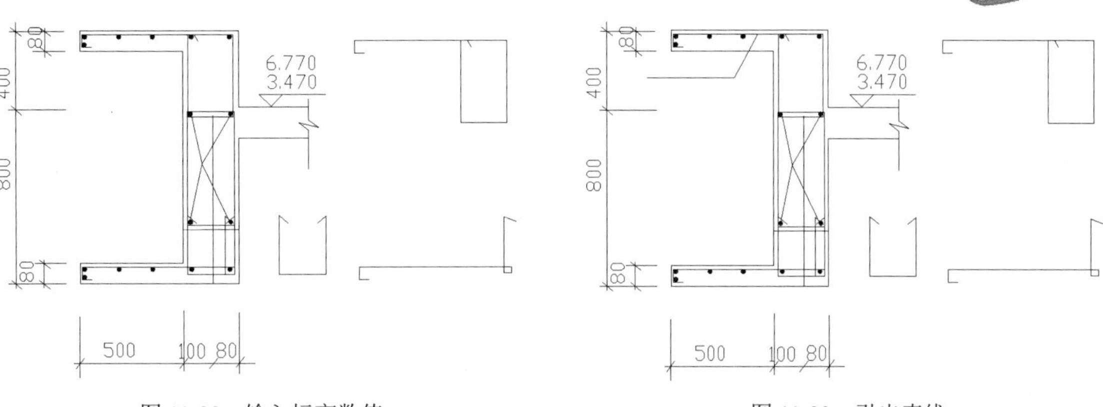

图 11-89 输入标高数值　　图 11-90 引出直线

（17）同理，绘制其他位置的文字，如图 11-92 所示。

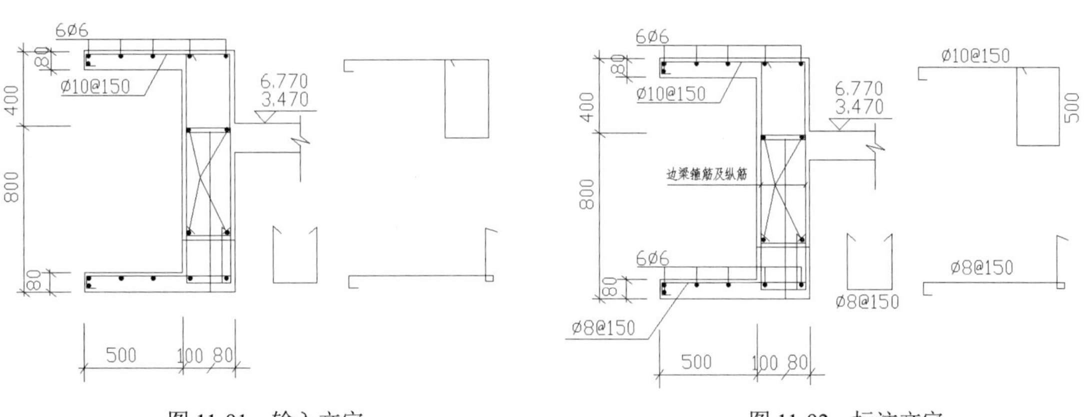

图 11-91 输入文字　　图 11-92 标注文字

（18）单击“默认”选项卡“绘图”面板中的“圆”按钮，在轴线下方绘制一个圆，如图 11-93 所示。

（19）单击“默认”选项卡“注释”面板中的“多行文字”按钮 A，输入轴号，如图 11-94 所示。

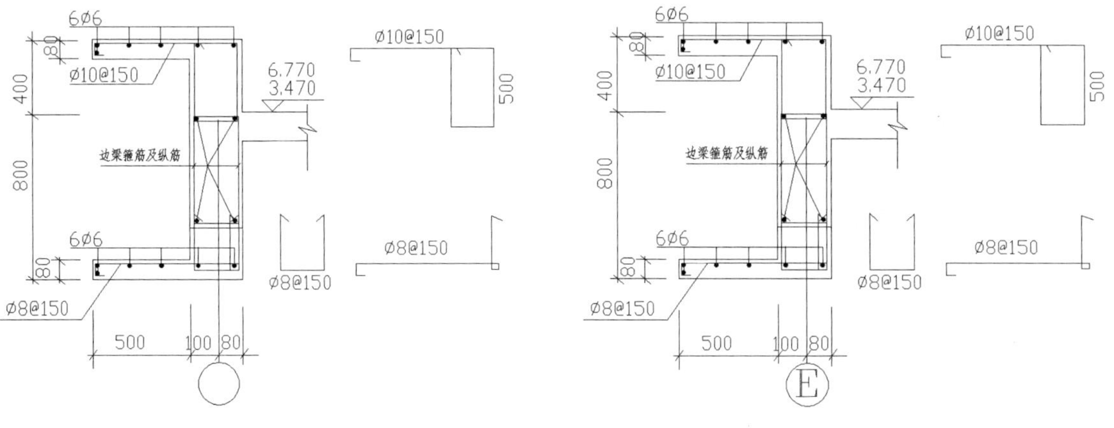

图 11-93 绘制圆 2　　图 11-94 输入轴号

（20）单击“默认”选项卡“绘图”面板中的“直线”按钮和“注释”面板中的“多行文字”按钮 A，标注图名，并缩放图形，调至合适的比例，结果如图 11-95 所示。

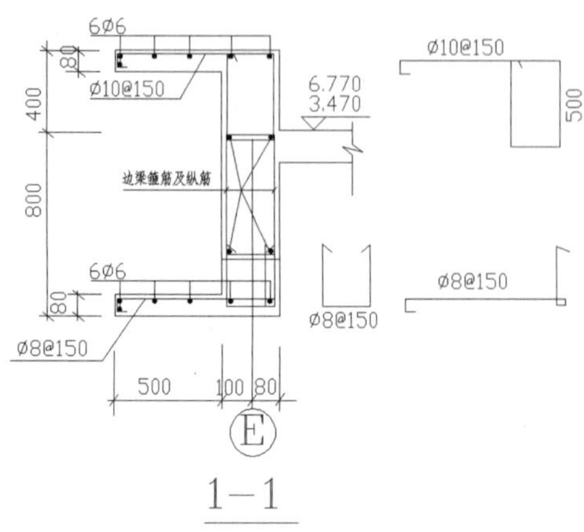

图 11-95　标注图名

11.5.2　绘制 2-2 剖面图

2-2 剖面图的绘制方法与 1-1 剖面图的绘制方法类似，这里不再赘述，结果如图 11-96 所示。

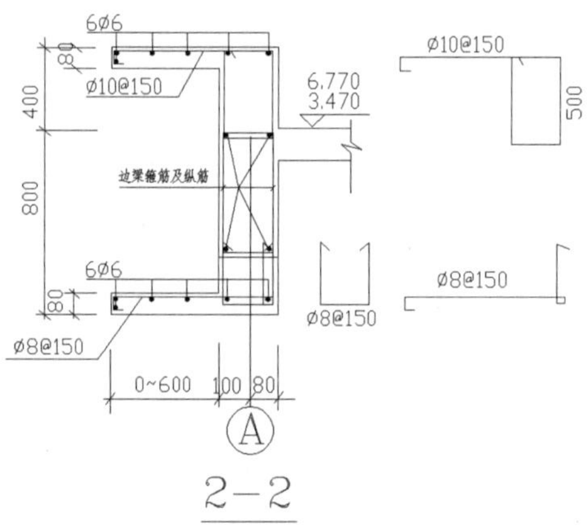

图 11-96　绘制 2-2 剖面图

11.6　别墅斜屋面板平面配筋详图与剖面图绘制实例

本节以别墅详图 1、1-1 剖面图和 2-2 剖面图的绘制为例，帮助读者掌握结构图的绘制方法和技巧。

11.6.1　绘制详图 1

视频讲解

详图 1 的绘制主要利用了“直线”“圆”“线性”“多行文字”等命令。

（1）单击“默认”选项卡“绘图”面板中的“直线”按钮╱，绘制一条竖向轴线，如图 11-97 所示。

（2）单击“默认”选项卡“绘图”面板中的“圆”按钮⊘，在轴线下端点绘制一个半径为 400 的圆，如图 11-98 所示。

（3）单击“默认”选项卡“绘图”面板中的“直线”按钮╱，在图中合适的位置绘制一条长 3000 的水平直线段，水平直线段与轴线间的距离为 500，如图 11-99 所示。

（4）单击“默认”选项卡“修改”面板中的“偏移”按钮⊆，将水平直线段依次向上偏移，如图 11-100 所示。

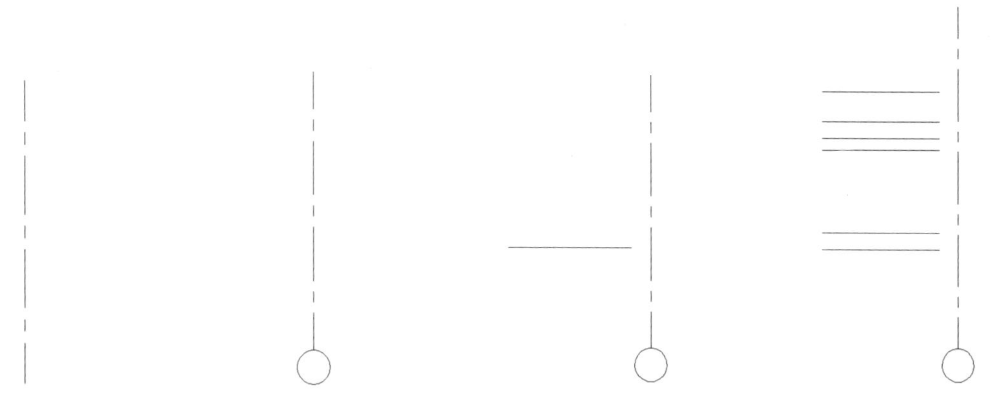

图 11-97　绘制轴线　　图 11-98　绘制圆　　图 11-99　绘制水平直线段　　图 11-100　偏移水平直线段 1

（5）单击“默认”选项卡“绘图”面板中的“直线”按钮╱，在左侧绘制一条竖向直线段，如图 11-101 所示。

（6）单击“默认”选项卡“修改”面板中的“偏移”按钮⊆，将竖向直线段向右依次偏移 300，如图 11-102 所示。

（7）单击“默认”选项卡“修改”面板中的“修剪”按钮✂，修剪掉多余的直线，并整理图形，如图 11-103 所示。

（8）单击“默认”选项卡“修改”面板中的“偏移”按钮⊆，将从下往上数第 4 条水平直线段向上偏移，偏移距离分别为 900 和 500，如图 11-104 所示。

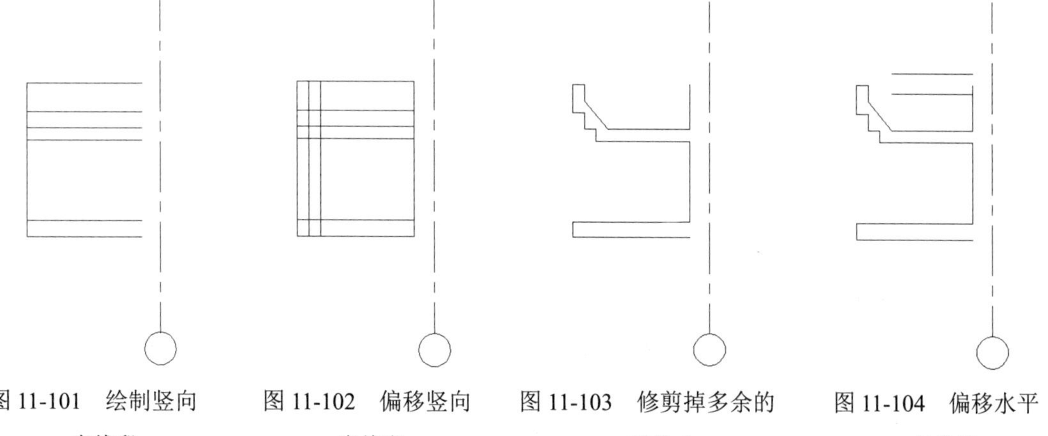

图 11-101　绘制竖向直线段　　图 11-102　偏移竖向直线段　　图 11-103　修剪掉多余的直线 1　　图 11-104　偏移水平直线段 2

（9）单击“默认”选项卡“修改”面板中的“偏移”按钮⊆，将右侧竖直直线段向左偏移 1500，如图 11-105 所示。

（10）单击“默认”选项卡“绘图”面板中的“直线”按钮╱，以偏移后的水平直线和竖直直线的交点为起点，绘制一条倾斜角为 30° 的斜线，如图 11-106 所示。

视频讲解

（11）单击“默认”选项卡“修改”面板中的“复制”按钮〇〇，将步骤（10）中绘制的斜线向上

复制，如图 11-107 所示。

（12）单击“默认”选项卡“修改”面板中的“修剪”按钮，修剪掉多余的直线，如图 11-108 所示。

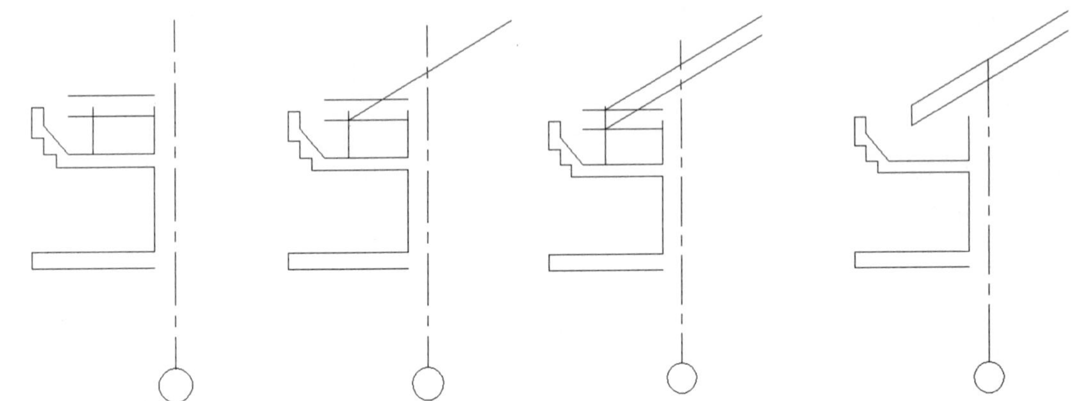

图 11-105　偏移竖直直线段　图 11-106　绘制斜线　图 11-107　复制斜线　图 11-108　修剪掉多余的直线 2

（13）单击“默认”选项卡“修改”面板中的“偏移”按钮，将轴线向右偏移 500，如图 11-109 所示。

（14）单击“默认”选项卡“绘图”面板中的“直线”按钮，根据偏移的轴线绘制图形，如图 11-110 所示。

（15）单击“默认”选项卡“修改”面板中的“修剪”按钮，修剪掉多余的直线，如图 11-111 所示。

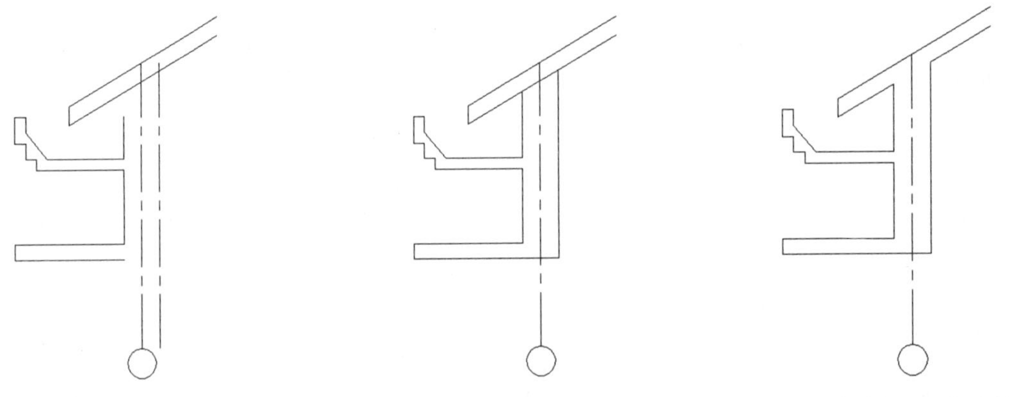

图 11-109　偏移轴线　图 11-110　绘制图形　图 11-111　修剪掉多余的直线 3

（16）单击“默认”选项卡“绘图”面板中的“直线”按钮，在右侧绘制折断线，如图 11-112 所示。

（17）单击“默认”选项卡“绘图”面板中的“直线”按钮和“修改”面板中的“偏移”按钮，绘制钢筋，如图 11-113 所示。

（18）单击“默认”选项卡“绘图”面板中的“圆”按钮，在图中绘制一个圆，如图 11-114 所示。

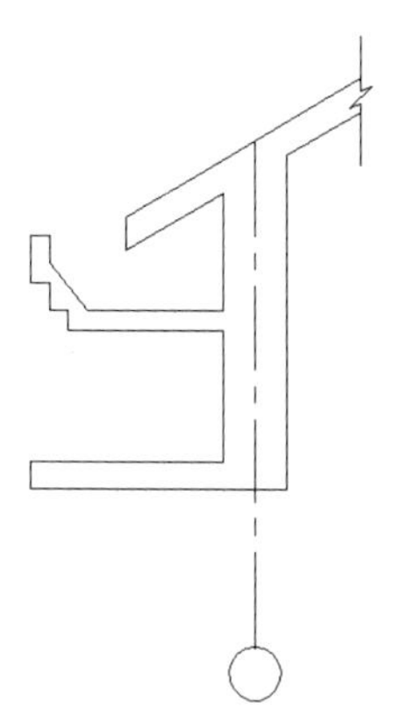
图 11-112　绘制折断线

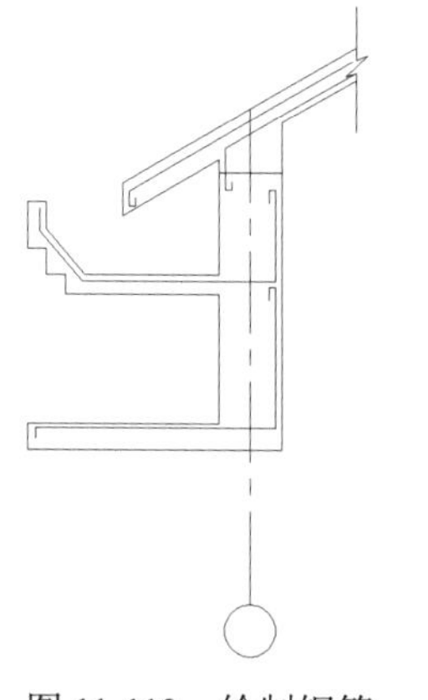
图 11-113　绘制钢筋

图 11-114　绘制圆

（19）单击“默认”选项卡“绘图”面板中的“图案填充”按钮，打开“图案填充创建”选项卡，将“图案填充图案”设置为 SOLID，填充圆，结果如图 11-115 所示。

（20）单击“默认”选项卡“修改”面板中的“复制”按钮，将填充圆复制到图中其他位置，如图 11-116 所示。

（21）单击“默认”选项卡“注释”面板中的“标注样式”按钮，打开“标注样式管理器”对话框，单击“新建”按钮，打开“创建新标注样式”对话框，然后单击“继续”按钮，打开“新建标注样式：副本 ISO-25”对话框，在“主单位”选项卡中将“比例因子”设置为 0.2。

（22）单击“注释”选项卡“标注”面板中的“线性”按钮和“连续”按钮，标注第一道尺寸，如图 11-117 所示。

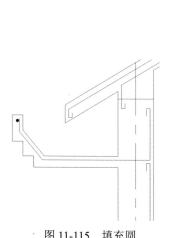

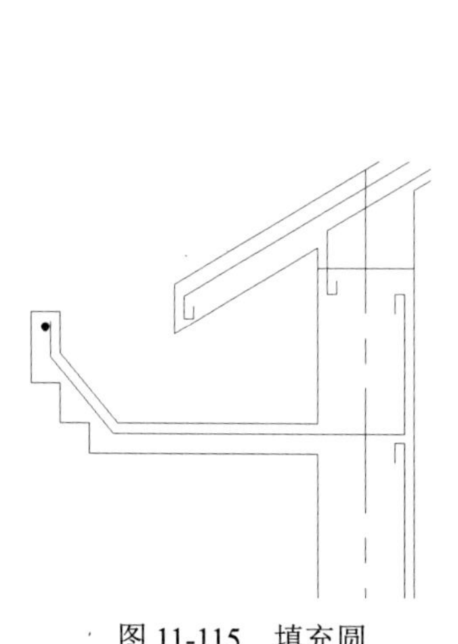
图 11-115　填充圆

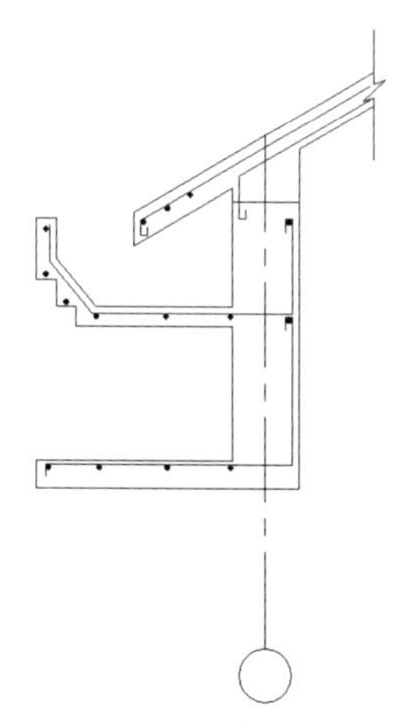
图 11-116　复制填充圆

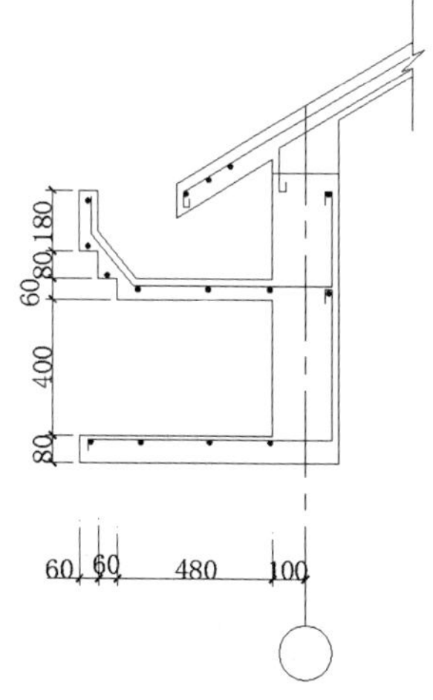

图 11-117　标注第一道尺寸

（23）单击“注释”选项卡“标注”面板中的“线性”按钮，标注总尺寸，如图 11-118 所示。

（24）单击“注释”选项卡“标注”面板中的“线性”按钮，标注内部尺寸，如图 11-119 所示。

（25）单击“默认”选项卡“绘图”面板中的“直线”按钮，绘制标高符号，如图 11-120 所示。

（26）单击“默认”选项卡“注释”面板中的“多行文字”按钮 A，输入标高数值，如图 11-121 所示。

（27）单击“默认”选项卡“绘图”面板中的“直线”按钮，在图中引出直线，如图 11-122 所示。

Note

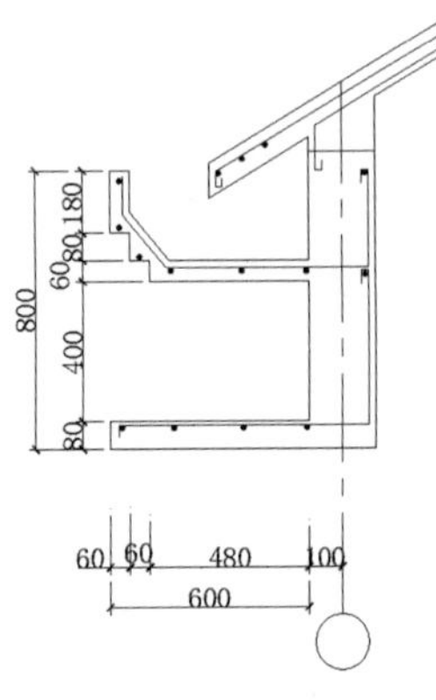

图 11-118　标注总尺寸

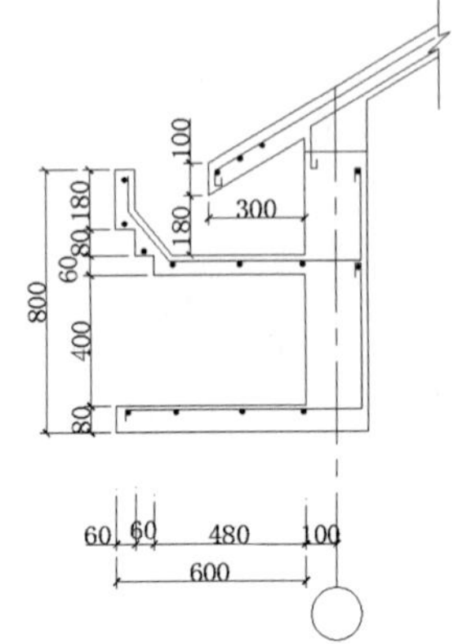

图 11-119　标注内部尺寸

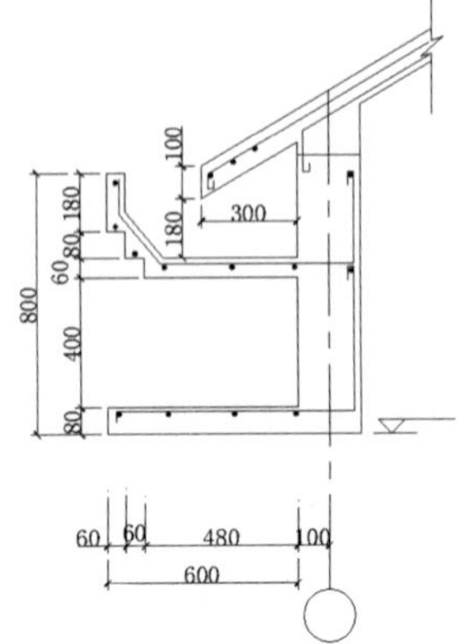

图 11-120　绘制标高符号

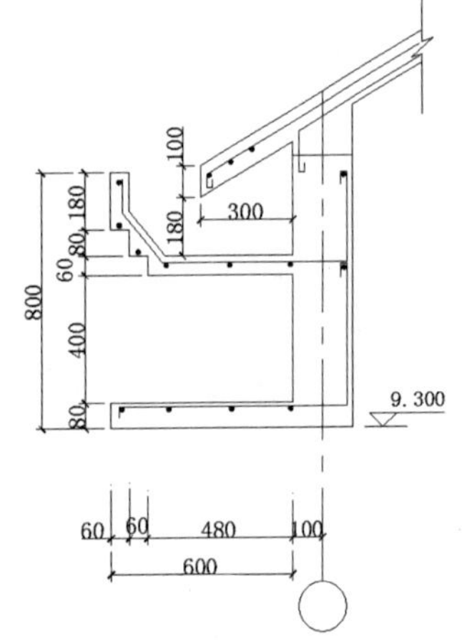

图 11-121　输入标高数值

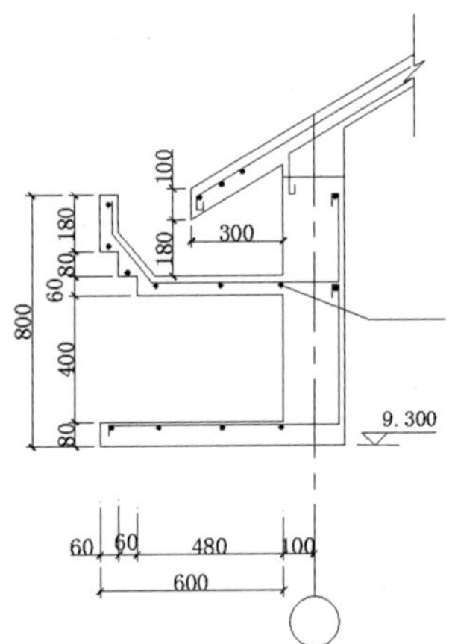

图 11-122　引出直线

（28）单击“默认”选项卡“注释”面板中的“单行文字”按钮A，在直线上方输入文字，如图 11-123 所示。

（29）同理，标注其他位置的文字说明，结果如图 11-124 所示。

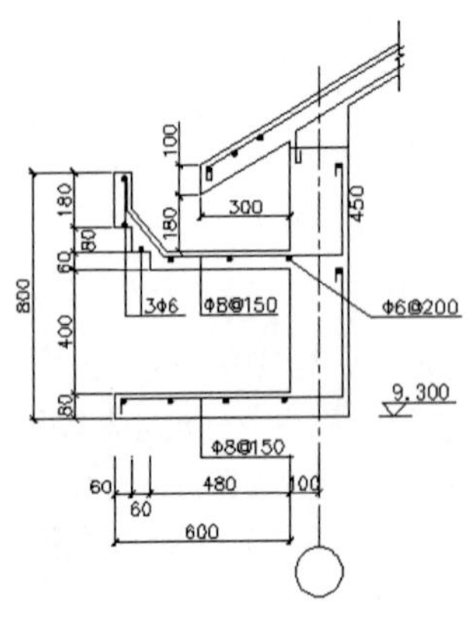

图 11-123　输入文字

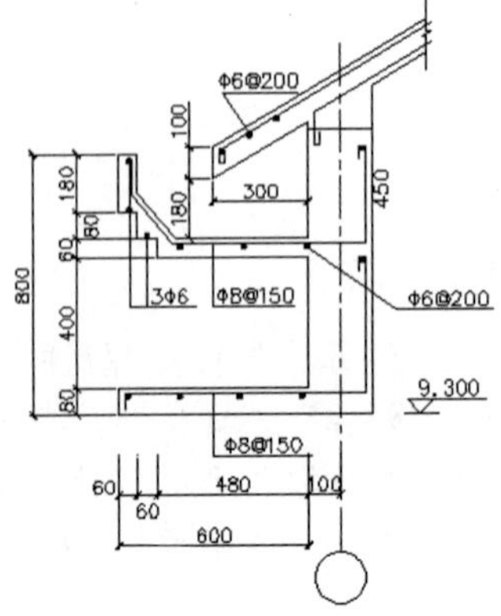

图 11-124　标注文字

（30）单击“默认”选项卡“绘图”面板中的“圆”按钮和“注释”面板中的“多行文字”按钮A，绘制标号，如图 11-125 所示。

（31）单击“默认”选项卡“注释”面板中的“多行文字”按钮A，输入比例 1∶20，标注图名，结果如图 11-126 所示。

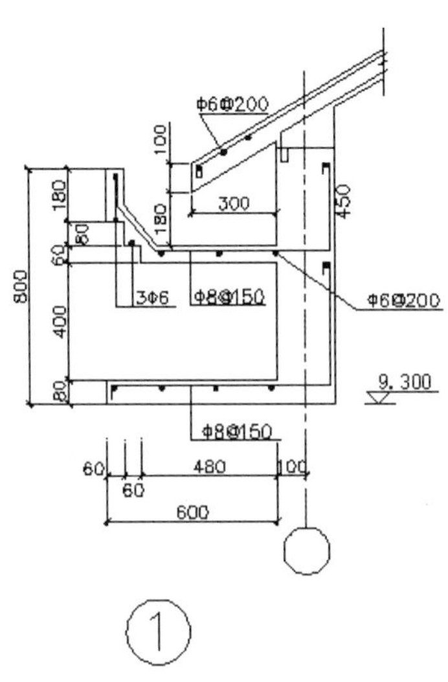

图 11-125　绘制标号

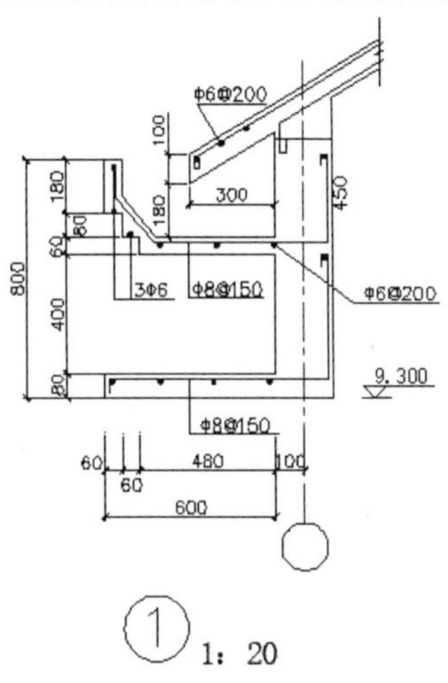

图 11-126　标注图名

11.6.2　绘制 1-1 剖面图

视 频 讲 解

1-1 剖面图的绘制分为两大块，即剖面图的绘制和尺寸标注，主要利用了“直线”“偏移”“修剪”“多行文字”等命令。

1. 绘制剖面图

（1）单击“默认”选项卡“绘图”面板中的“直线”按钮╱，绘制一条竖向轴线，如图 11-127 所示。

（2）单击“默认”选项卡“修改”面板中的“偏移”按钮⊆，将竖向轴线向两侧分别偏移，并调整轴线长短，如图 11-128 所示。

图 11-127　绘制竖向轴线

图 11-128　偏移轴线

（3）单击“默认”选项卡“绘图”面板中的“直线”按钮╱，绘制一条斜线，如图 11-129 所示。

（4）单击“默认”选项卡“修改”面板中的“偏移”按钮⊆，将斜线依次向下偏移，然后单击“默认”选项卡“修改”面板中的“修剪”按钮，修剪掉多余的直线，如图 11-130 所示。

Note

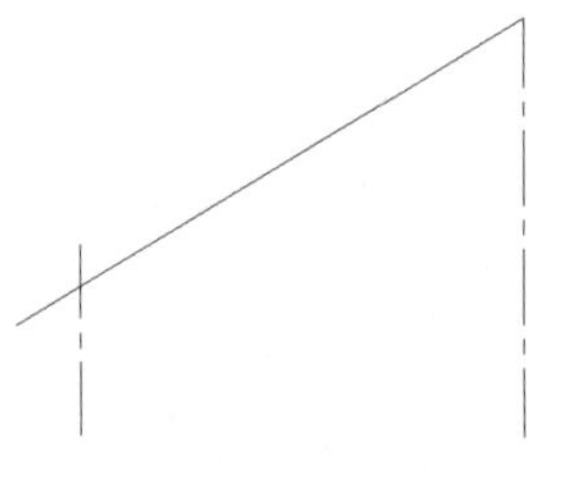

图 11-129　绘制斜线

图 11-130　偏移斜线

（5）单击“默认”选项卡“绘图”面板中的“直线”按钮╱，以最上侧斜线端点为起点，竖直向下绘制一条短的直线段，如图 11-131 所示。

（6）单击“默认”选项卡“绘图”面板中的“直线”按钮╱，绘制连续线段，如图 11-132 所示。

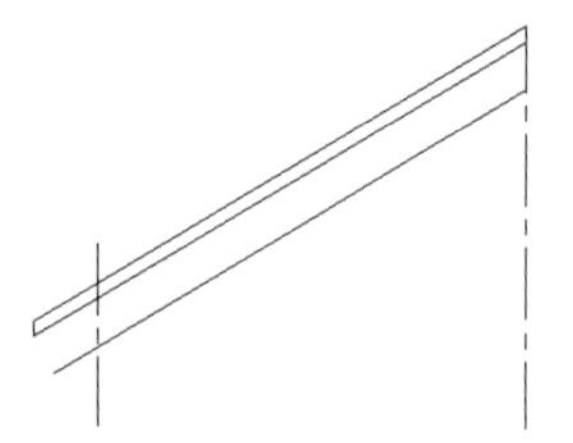

图 11-131　绘制竖直直线段

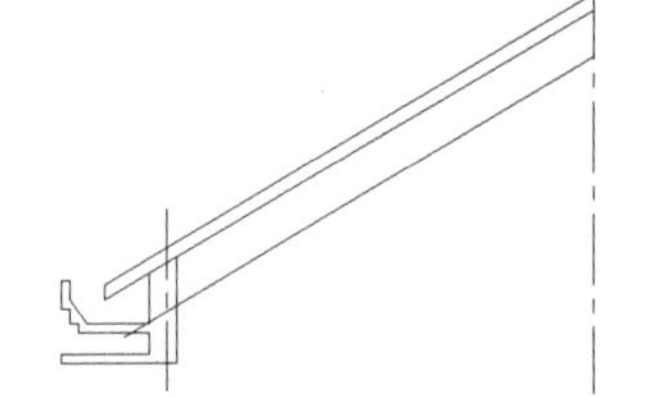

图 11-132　绘制连续线段

（7）单击“默认”选项卡“修改”面板中的“修剪”按钮✂，修剪掉多余的直线，如图 11-133 所示。

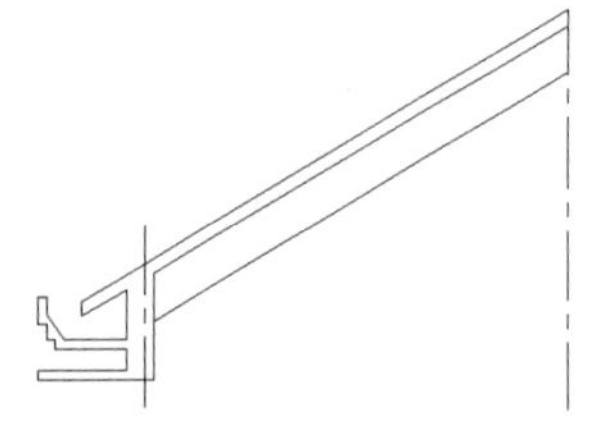

图 11-133　修剪掉多余的直线 1

（8）单击“默认”选项卡“绘图”面板中的“直线”按钮╱，在中间轴线的上侧绘制一条水平直线段，如图 11-134 所示。

（9）单击“默认”选项卡“绘图”面板中的“直线”按钮╱，以步骤（8）中绘制的水平直线段左端点为起点，绘制竖向直线段，如图 11-135 所示。

（10）单击“默认”选项卡“绘图”面板中的“直线”按钮╱，绘制钢筋，如图 11-136 所示。

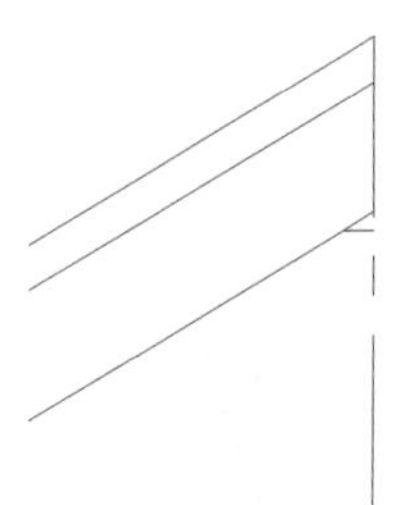

图 11-134　绘制水平直线段

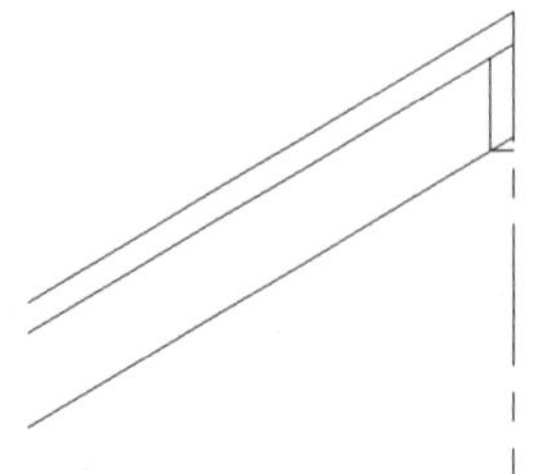

图 11-135　绘制竖向直线段

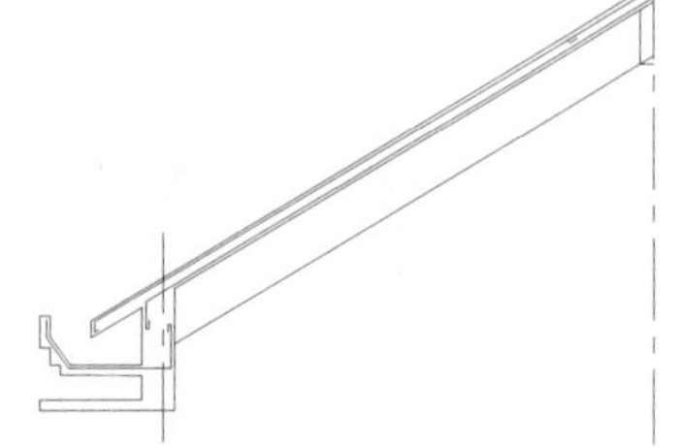

图 11-136　绘制钢筋

视频讲解

（11）单击“默认”选项卡“绘图”面板中的“直线”按钮╱，在合适的位置绘制一条水平直线

段，如图 11-137 所示。

（12）单击“默认”选项卡“修改”面板中的“修剪”按钮，修剪掉多余的直线，如图 11-138 所示。

（13）单击“默认”选项卡“绘图”面板中的“直线”按钮，绘制竖向钢筋，如图 11-139 所示。

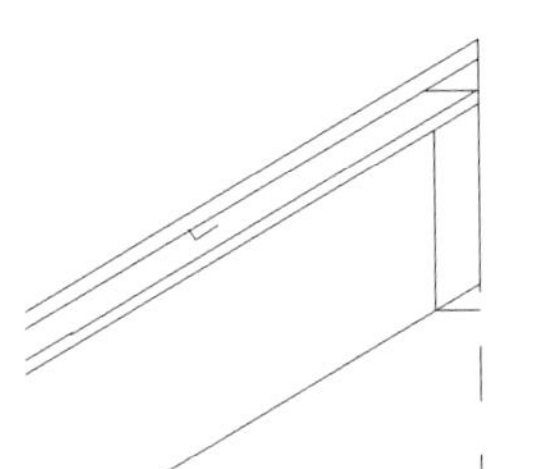

图 11-137　绘制直线

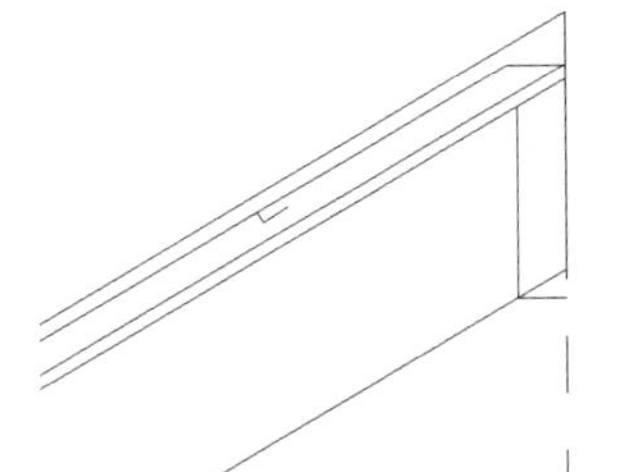

图 11-138　修剪掉多余的直线 2

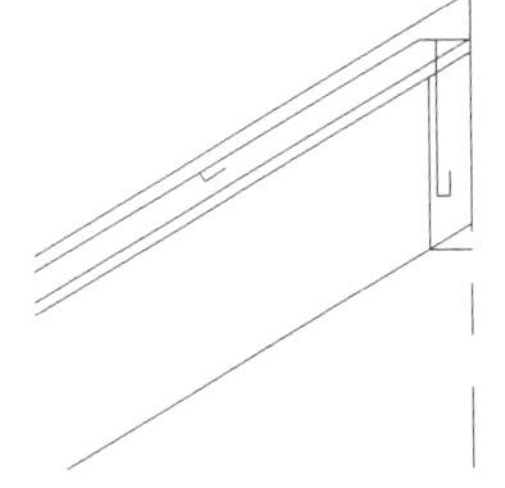

图 11-139　绘制竖向钢筋

（14）单击“默认”选项卡“修改”面板中的“镜像”按钮，将左侧绘制的图形镜像到另外一侧，如图 11-140 所示。

（15）单击“默认”选项卡“绘图”面板中的“圆”按钮，在图中绘制一个圆，如图 11-141 所示。

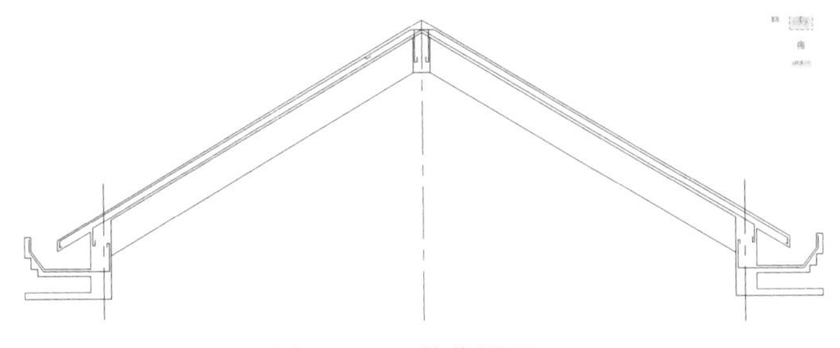

图 11-140　镜像图形

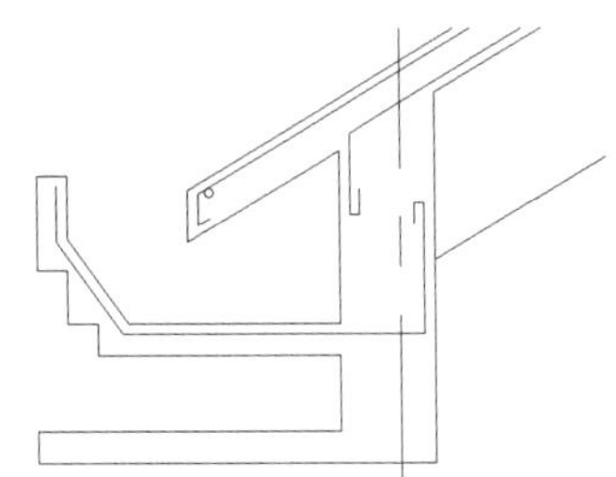

图 11-141　绘制圆 1

（16）单击“默认”选项卡“绘图”面板中的“图案填充”按钮，打开“图案填充创建”选项卡，将“图案填充图案”设置为 SOLID，填充圆，结果如图 11-142 所示。

（17）单击“默认”选项卡“修改”面板中的“复制”按钮，将填充圆复制到图中其他位置，如图 11-143 所示。

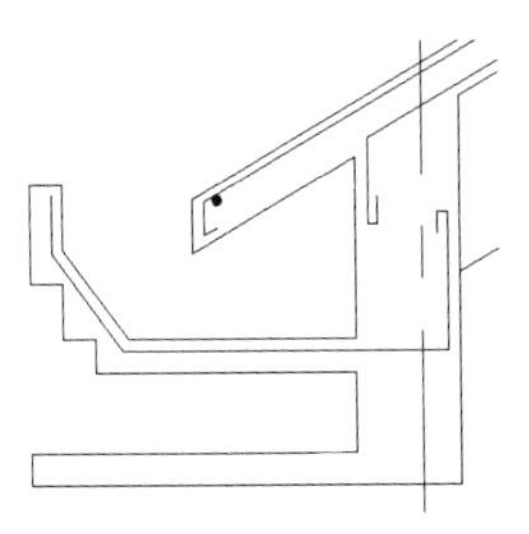

图 11-142　填充圆

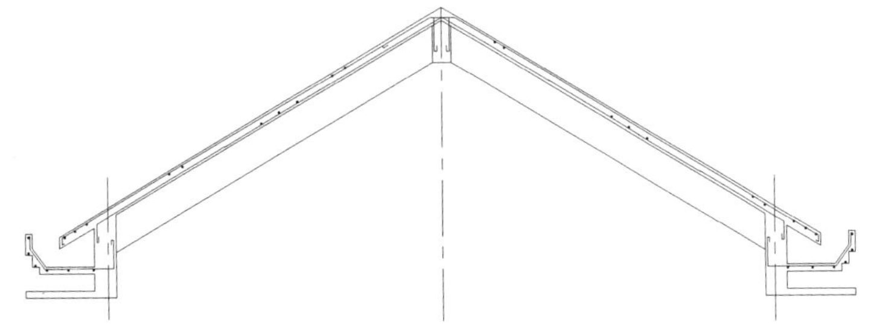

图 11-143　复制填充圆

（18）单击“默认”选项卡“绘图”面板中的“直线”按钮，绘制剩余图形，如图 11-144 所示。

2. 标注尺寸

（1）单击“注释”选项卡“标注”面板中的“线性”按钮，为图形标注尺寸，如图 11-145 所示。

Note

视频讲解

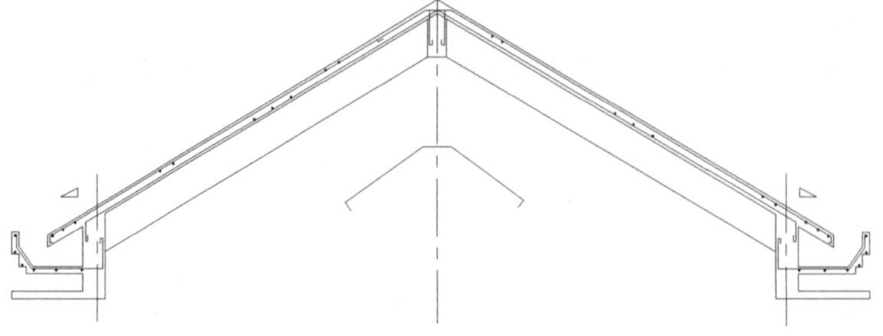

图 11-144　绘制剩余图形

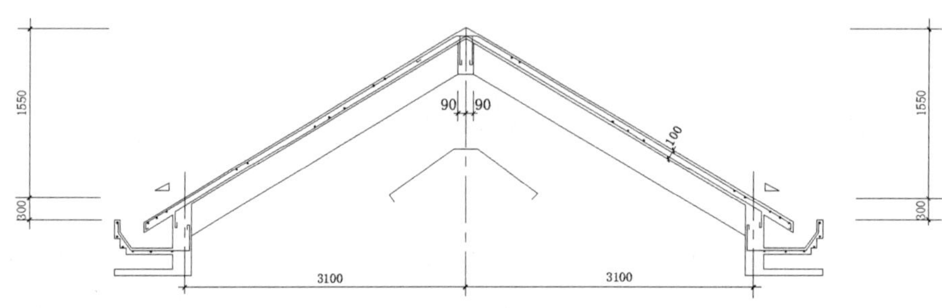

图 11-145　标注尺寸

（2）单击“默认”选项卡“绘图”面板中的“直线”按钮╱，绘制标高符号，如图 11-146 所示。

（3）单击“默认”选项卡“注释”面板中的“多行文字”按钮A，输入标高数值，如图 11-147 所示。

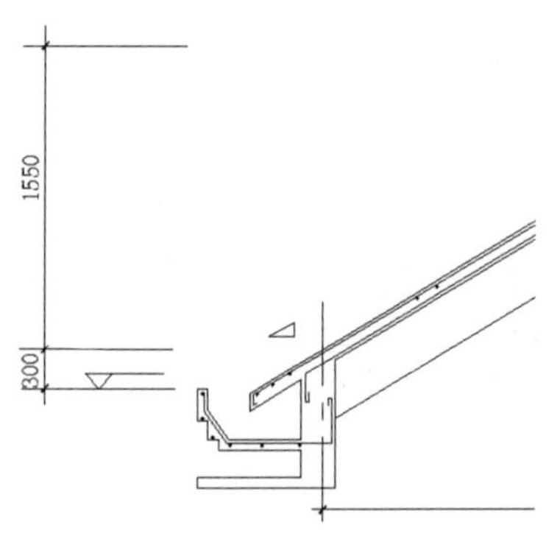

图 11-146　绘制标高符号

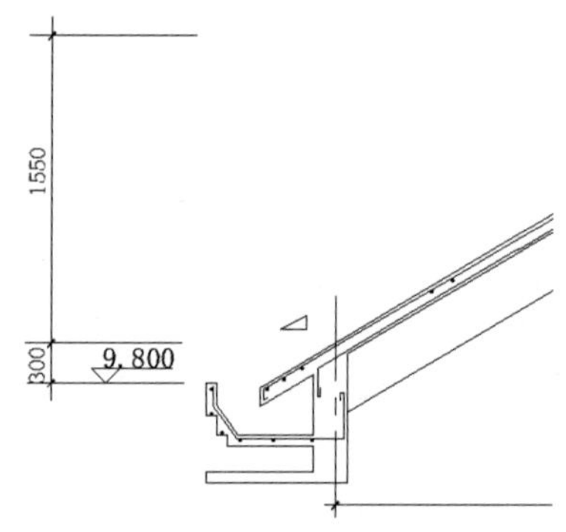

图 11-147　输入标高数值

（4）单击“默认”选项卡“修改”面板中的“复制”按钮，将标高复制到图中其他位置，并修改标高数值，如图 11-148 所示。

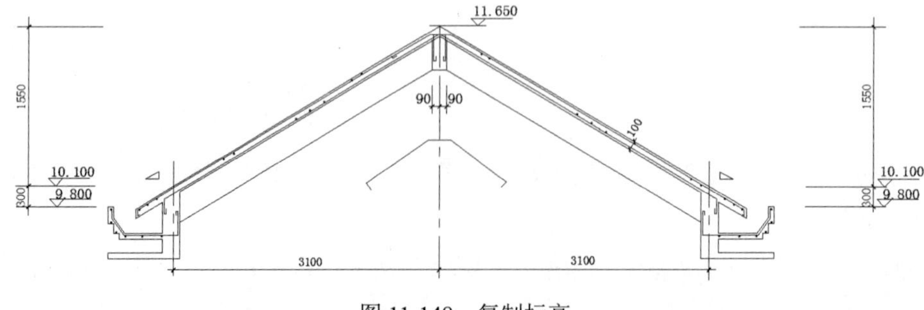

图 11-148　复制标高

（5）单击“默认”选项卡“绘图”面板中的“直线”按钮╱，在图中引出直线，如图 11-149 所示。

（6）单击“默认”选项卡“注释”面板中的“单行文字”按钮A，在直线上方输入文字，如图 11-150 所示。

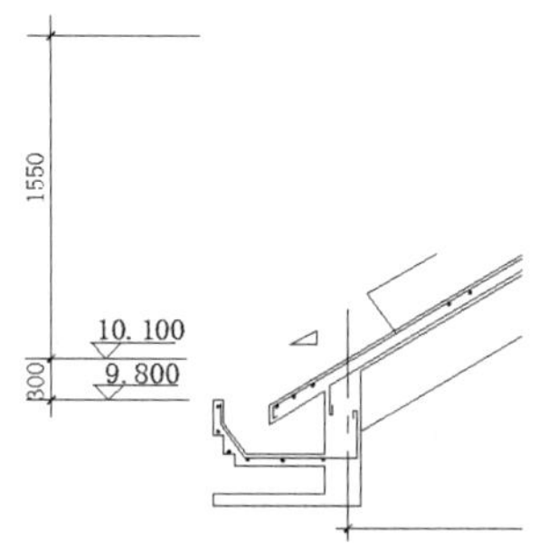

图 11-149　引出直线 1

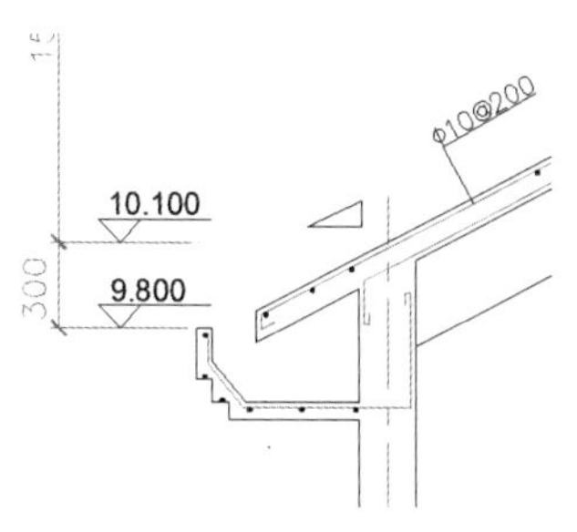

图 11-150　输入文字 1

（7）同理，标注其他位置的文字说明，如图 11-151 所示。

（8）单击“默认”选项卡“绘图”面板中的“直线”按钮╱，图形右侧引出直线，如图 11-152 所示。

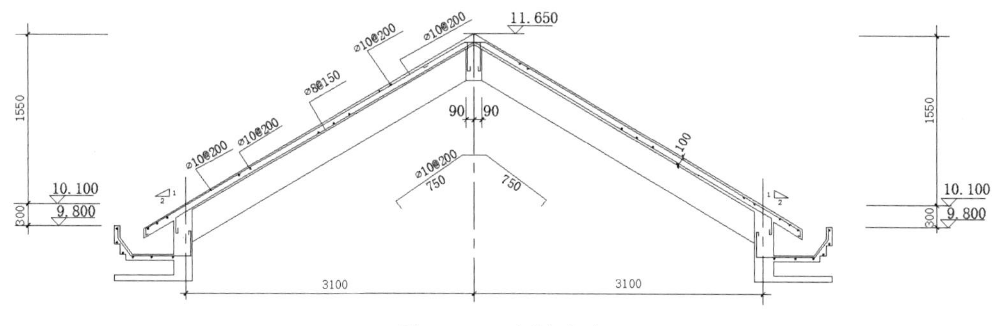

图 11-151　标注文字

（9）单击“默认”选项卡“绘图”面板中的“圆”按钮⊙，在图中合适的位置绘制一个圆，如图 11-153 所示。

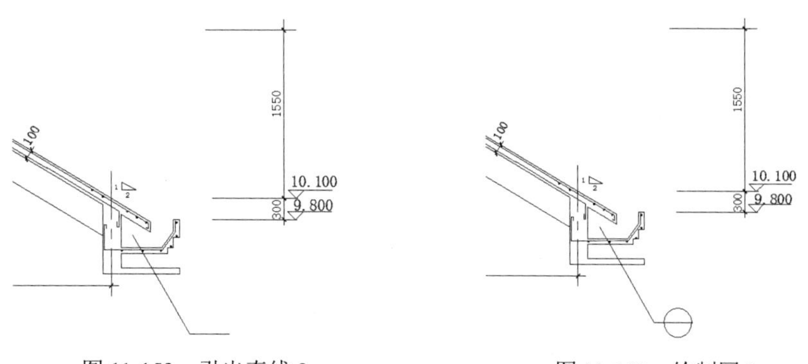

图 11-152　引出直线 2　　　　图 11-153　绘制圆 2

（10）单击“默认”选项卡“绘图”面板中的“直线”按钮╱和“注释”面板中的“多行文字”按钮A，在圆内输入文字，如图 11-154 所示。

（11）单击“默认”选项卡“绘图”面板中的“圆”按钮⊙和“注释”面板中的“多行文字”按钮A，绘制轴号，如图 11-155 所示。

Note

Note

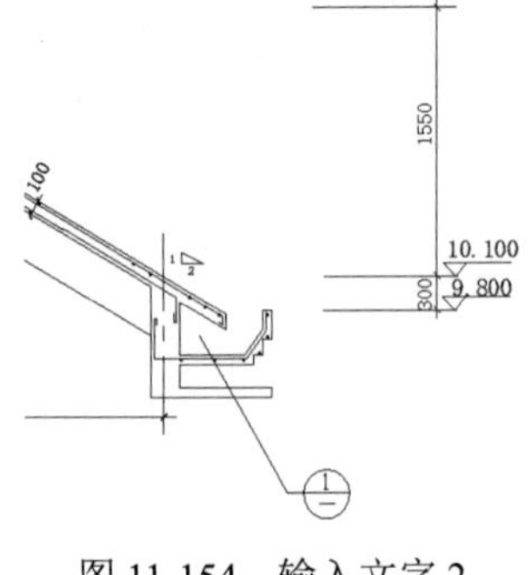

图 11-154　输入文字 2

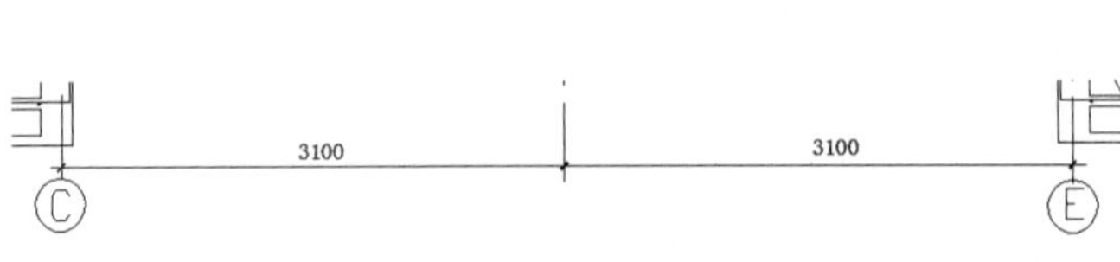

图 11-155　绘制轴号

（12）单击“默认”选项卡“绘图”面板中的“直线”按钮╱和“注释”面板中的“多行文字”按钮A，标注图名，如图 11-156 所示。

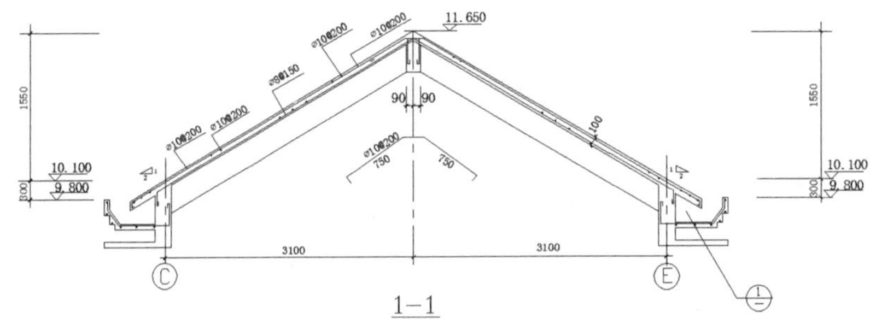

图 11-156　标注图名

11.6.3　绘制 2-2 剖面图

剖面图 2-2 的绘制方法与剖面图 1-1 的绘制方法类似，这里不再赘述，结果如图 11-157 所示。

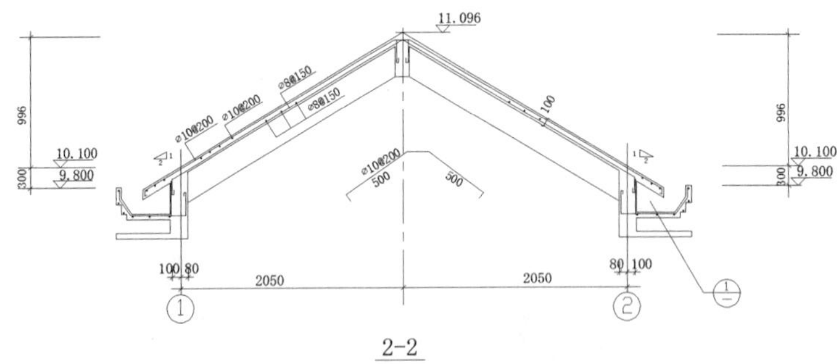

图 11-157　2-2 剖面图

11.7　插 入 图 框

图框的插入一般是绘图的最后一步，具体操作步骤如下。

（1）单击“插入”选项卡“块”面板中的“插入”按钮，将“源文件\图库\A2 图签”文件插入图中合适的位置，并将第 9 章和第 10 章绘制的图形进行一定的组合布置，结果如图 11-158 和图 11-159 所示。

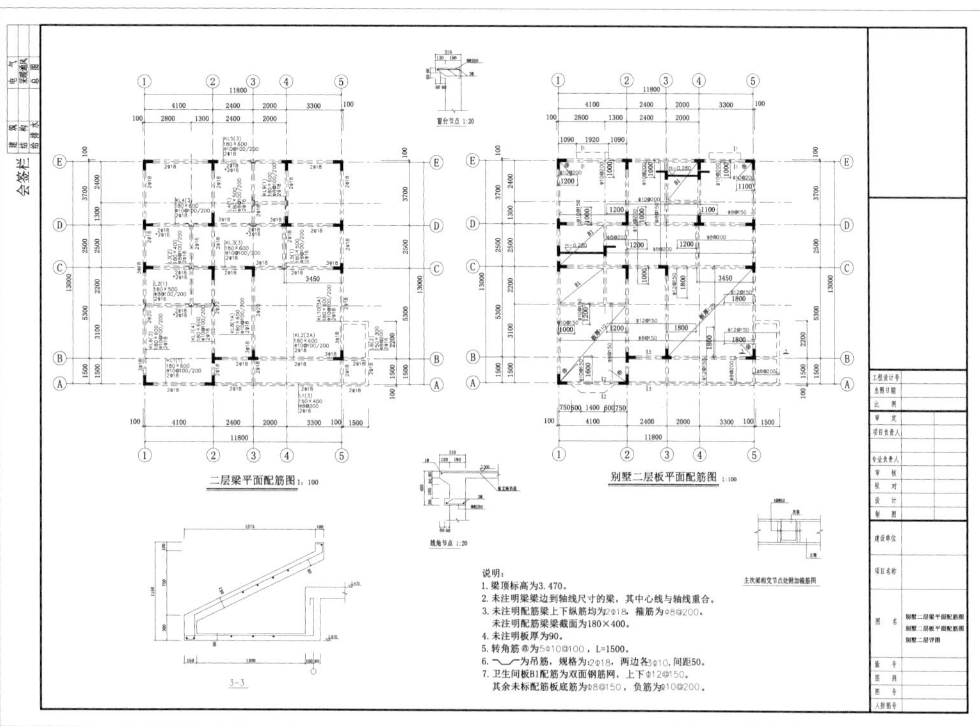

图 11-158　插入图框 1

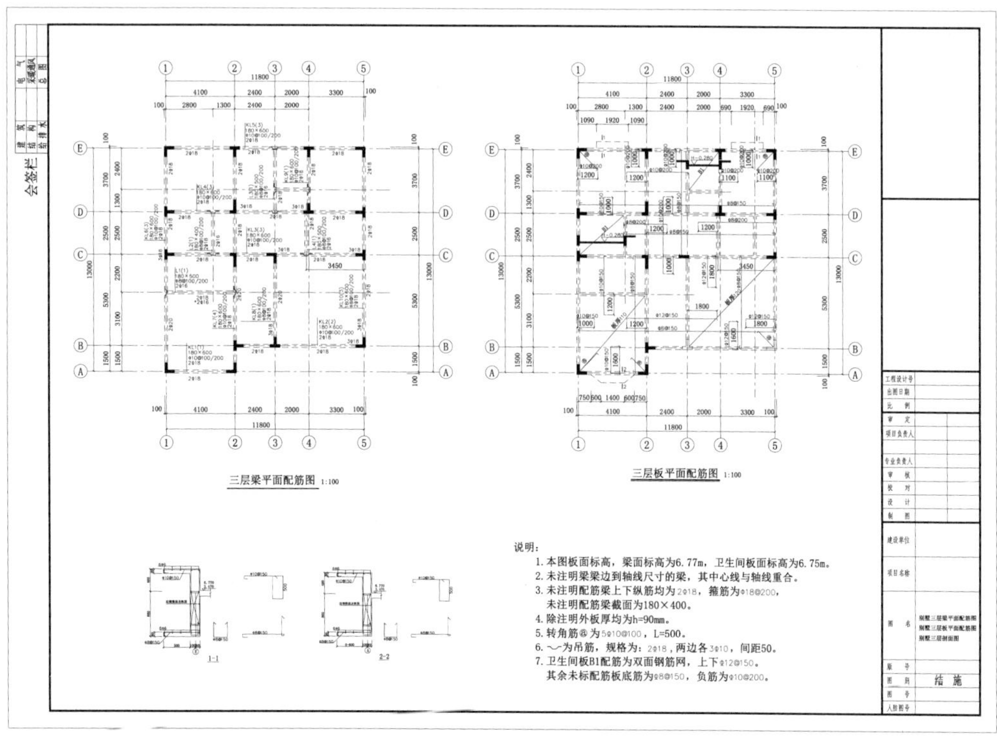

图 11-159　插入图框 2

（2）单击“插入”选项卡“块”面板中的“插入”按钮，将“源文件\图库\A2 图签”文件插入图中合适的位置，结果如图 11-160 和图 11-161 所示。

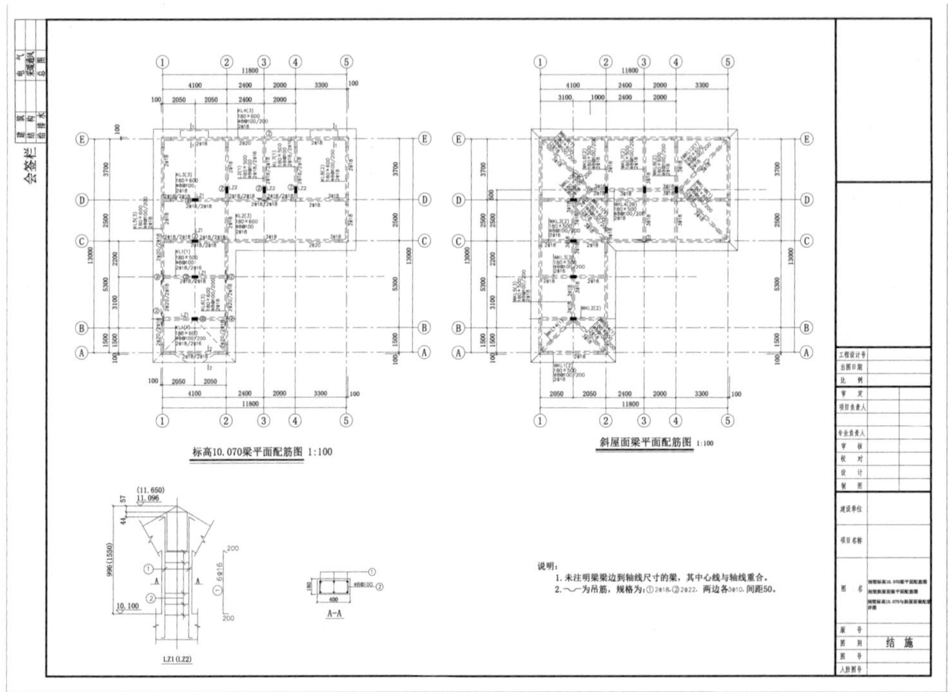

图 11-160　插入图框 3

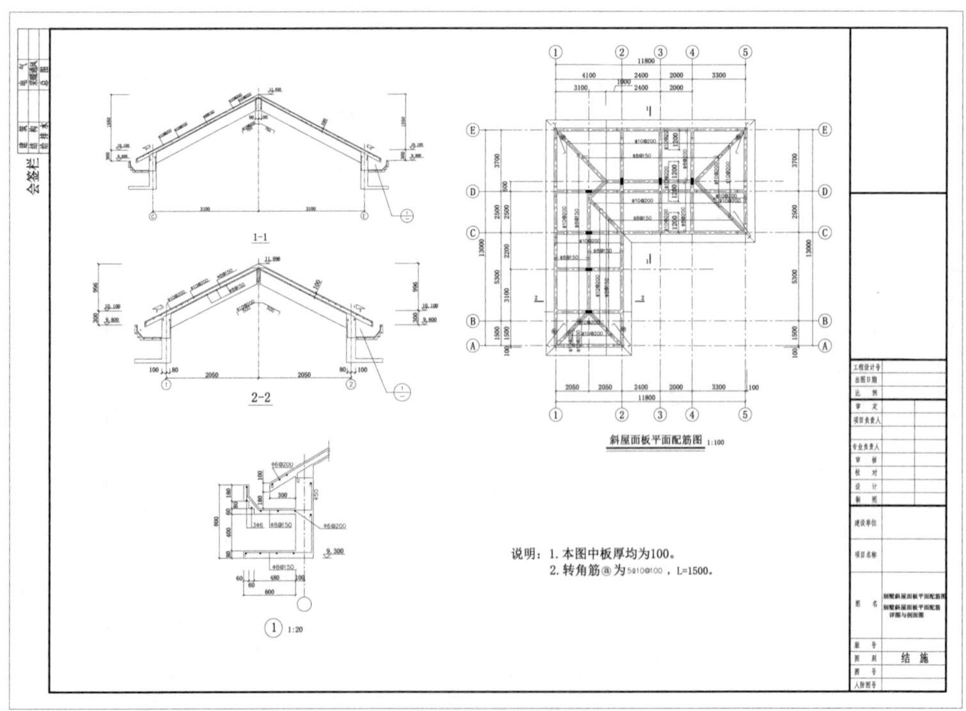

图 11-161　插入图框 4

11.8　实践与操作

通过前面的学习，读者对本章知识有了大体的了解。本节通过一个操作练习帮助读者进一步掌握本章知识要点。

1. 目的要求

对于任何一项工程来说，都离不开板的设计，与梁、柱相比，板的安全储备系数较低，因此板的设计过程也较为简单。本练习绘制的是如图 11-162 所示的板布置平面图，使读者在逐步了解设计过程的同时，进一步掌握绘图的操作方法。

2. 操作提示

（1）编辑旧文件。

（2）设置图层。

（3）绘制主配筋及构造配筋。

（4）标注主配筋及构造配筋。

（5）标注说明文字。

（6）插入图框。

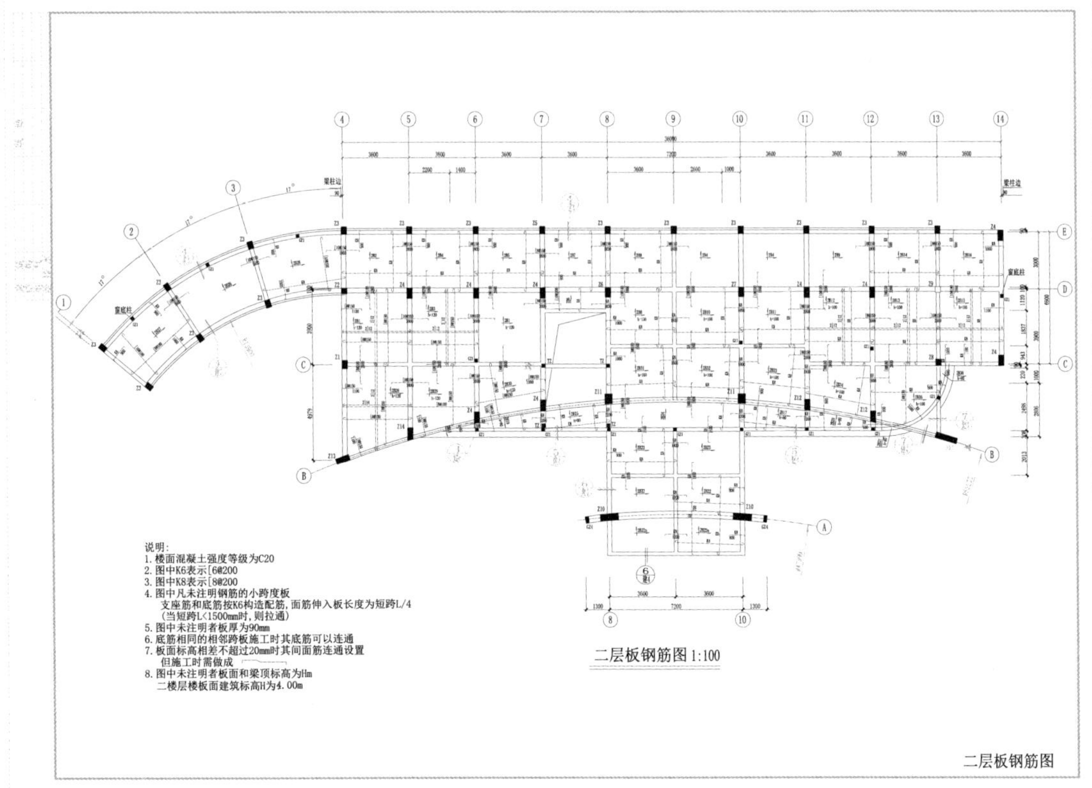

图 11-162　板布置平面图

第12章

楼梯详图

楼梯是多层房屋上下交通的主要设施，由楼梯段（简称梯段，包括踏步或斜梁）、平台（包括平台板和梁）和栏板（或栏杆）等组成。楼梯详图主要包括楼梯的平面图及楼梯的剖面图。

- ☑ 楼梯详图概述
- ☑ 别墅一层楼梯平面图绘制实例
- ☑ 别墅二层楼梯平面图绘制实例
- ☑ 别墅三层楼梯平面图绘制实例
- ☑ 别墅 1-1 剖面图绘制实例
- ☑ 插入图框

任务驱动&项目案例

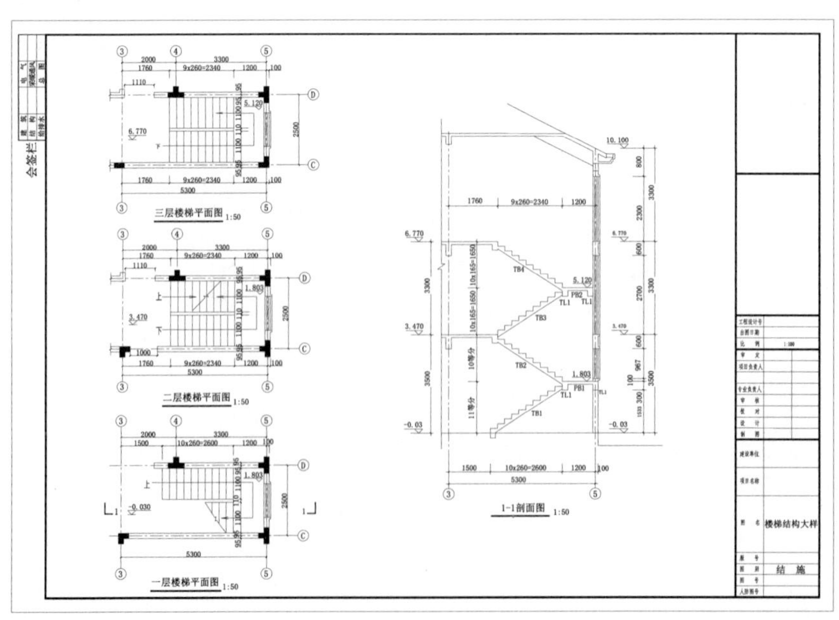

12.1 楼梯详图概述

楼梯图是土木工程设计的重要组成部分，应绘出每层楼梯结构平面布置及剖面图，注明尺寸、构件代号、标高；楼梯梁、楼梯板详图（可用列表法绘出）。

楼梯详图包括平面、剖面及节点 3 部分。平面、剖面详图常用 1∶50 的比例来绘制，而楼梯中的节点详图则可以根据对象大小酌情采用 1∶5、1∶10、1∶20 等比例。楼梯平面图与建筑平面图是不同的，它只需绘制出楼梯及其四面相接的墙体；而且楼梯平面图需要准确地表示出楼梯间净空尺寸、梯段长度、梯段宽度、踏步宽度和级数、栏杆（栏板）的大小及位置，以及楼面、平台处的标高等。楼梯剖面图只需绘制出与楼梯相关的部分，其相邻部分可用折断线断开。选择在底层第一跑梯段并能够剖到门窗的位置进行剖切，向底层另一跑梯段方向投射。尺寸需要标注层高、平台、梯段、门窗洞口、栏杆高度等竖向尺寸，还应标注出室内外地坪、平台、平台梁底面等的标高。水平方向需要标注定位轴线及编号、轴线尺寸、平台、梯段尺寸等。梯段尺寸一般用“踏步宽（高）×级数=梯段宽（高）”的形式表示。此外，楼梯剖面图上还应注明栏杆构造节点详图的索引编号。

楼梯详图主要表示楼梯的类型、结构形式、各部位的尺寸及装修做法。楼梯详图包括平面图、剖面图及踏步、栏板详图等，并尽可能画在同一张图纸内。平、剖面图比例要一致，以便对照阅读。踏步、栏板详图比例要大些，以便表达清楚该部分的构造情况，如图 12-1 所示。

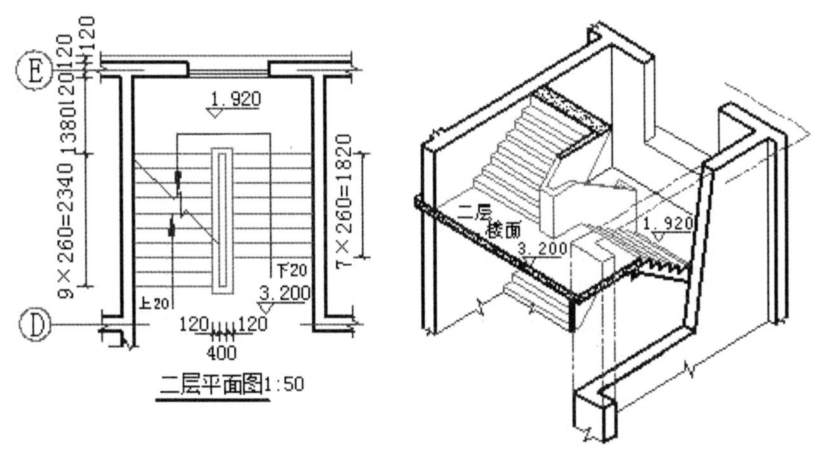

图 12-1 楼梯详图 1

假想用一铅垂面（4—4），通过各层的一个梯段和门窗洞将楼梯剖开，向另一未剖到的梯段方向投影，所做的剖面图即为楼梯剖面详图，如图 12-2 所示。

从图中的索引符号可知，踏步、扶手和栏板都另有详图，用更大的比例画出它们的形式、大小、材料及构造情况，如图 12-3 所示。

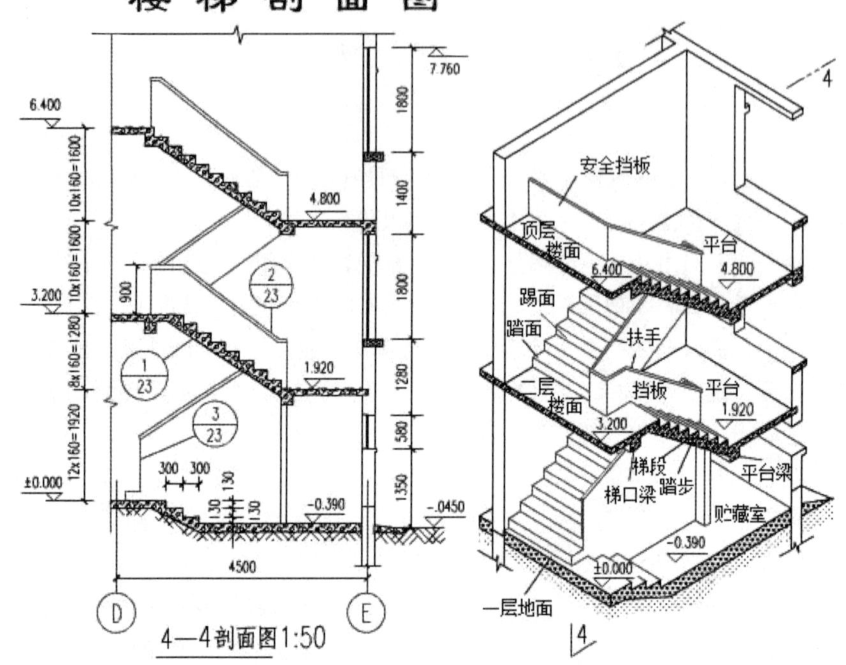

图 12-2　楼梯详图 2

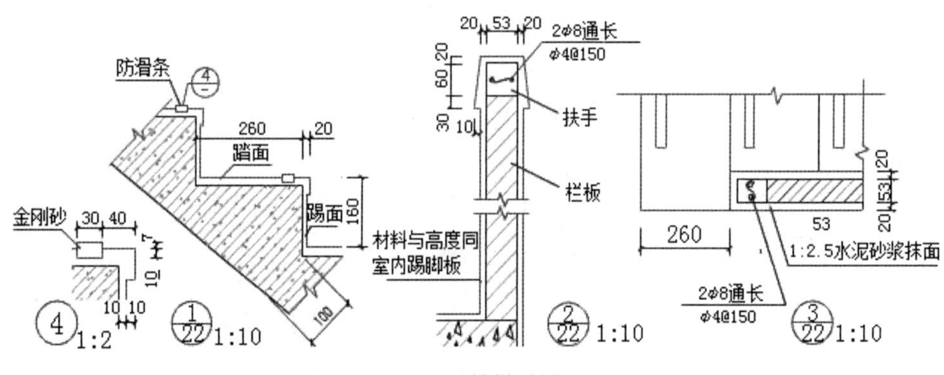

图 12-3　楼梯详图 3

12.2　别墅一层楼梯平面图绘制实例

楼梯平面图就是用于建筑施工的楼梯图纸，本节以别墅一层楼梯平面图的绘制为例，帮助读者掌握楼梯平面图的绘制方法和技巧。

12.2.1　绘制辅助轴线

视频讲解

在绘图之前，首先要对即将绘图的图纸勾勒一个总的定位轴线，并且遵循“先整体，后局部”的原则绘制，然后绘制细部的图形。

（1）以“无样板打开—公制”方式在 AutoCAD 中建立新文件，并保存为“别墅楼梯详图”。

（2）单击“图层”工具栏中的“图层特性管理器”按钮，打开“图层特性管理器”对话框，新建“轴线”“墙体”“楼梯”“标注”“文字”图层，如图 12-4 所示。

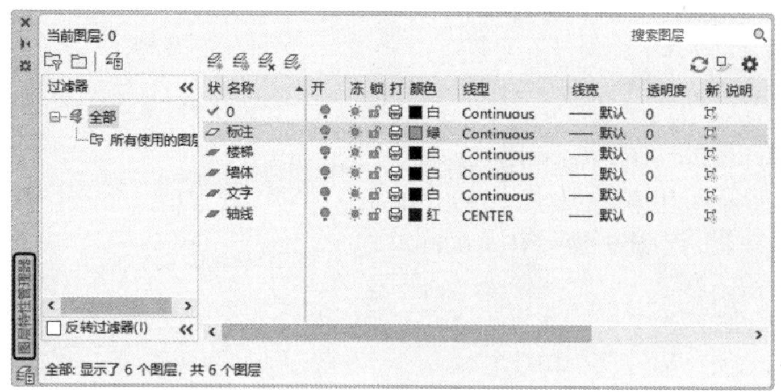

图 12-4　图层设置

（3）楼梯详图图幅应用 A2 图幅，楼梯平面图的绘制比例为 1∶50。为了准确定位楼梯图形的位置以及方便绘图，首先绘制辅助轴线。

（4）单击“默认”选项卡“图层”面板中的“图层特性”按钮，打开“图层特性管理器”对话框，将“轴线”图层设置为当前图层。

（5）单击“默认”选项卡“绘图”面板中的“直线”按钮，在图中绘制一条水平轴线，如图 12-5 所示。

图 12-5　绘制水平轴线

（6）单击“默认”选项卡“修改”面板中的“偏移”按钮，将水平轴线向下偏移，偏移距离为 5000，如图 12-6 所示。

（7）单击“默认”选项卡“绘图”面板中的“直线”按钮，绘制一条竖直轴线，如图 12-7 所示。

（8）单击“默认”选项卡“修改”面板中的“偏移”按钮，将竖直轴线向右偏移，偏移距离为 10600，如图 12-8 所示。

图 12-6　偏移水平轴线　　图 12-7　绘制竖直轴线　　图 12-8　偏移竖直轴线

12.2.2　绘制墙体

墙体是建筑物的重要组成部分。它的作用是承重或围护、分隔空间。墙体的绘制主要是利用“多线”命令，然后在此基础上做修改。

（1）单击“默认”选项卡“图层”面板中的“图层特性”按钮，打开“图层特性管理器”对话框，将“墙体”图层设置为当前图层。

（2）选择菜单栏中的“格式”→“多线样式”命令，打开“多线样式”对话框。

（3）单击“新建”按钮，打开“创建新的多线样式”对话框，在“新样式名”文本框中输入“墙体”，然后单击“继续”按钮，打开“新建多线样式：墙体”对话框，然后设置偏移量为 190 和-190，单击“确定”按钮，将其置为当前样式。

（4）选择菜单栏中的“绘图”→“多线”命令，将比例设置为 1，对正类型为无，然后根据轴线绘制墙体，如图 12-9 所示，命令行提示与操作如下。

Note

```
命令: _mline
当前设置: 对正=上，比例=20.00，样式=墙体
指定起点或 [对正(J)/比例(S)/样式(ST)]: S↙
输入多线比例 <20.00>: 1↙
当前设置: 对正=上，比例=1.00，样式=墙体
指定起点或 [对正(J)/比例(S)/样式(ST)]: J↙
输入对正类型 [上(T)/无(Z)/下(B)] <上>: Z↙
当前设置: 对正=无，比例=1.00，样式=墙体
指定起点或 [对正(J)/比例(S)/样式(ST)]:
指定下一点:
指定下一点或 [放弃(U)]:
指定下一点或 [闭合(C)/放弃(U)]:
```

（5）单击“默认”选项卡“修改”面板中的“分解”按钮，将多线分解。

（6）单击“默认”选项卡“修改”面板中的“偏移”按钮，将左侧轴线向右偏移 2410，如图 12-10 所示。

（7）单击“默认”选项卡“修改”面板中的“修剪”按钮，修剪掉多余的直线，如图 12-11 所示。

（8）单击“默认”选项卡“修改”面板中的“偏移”按钮，将左侧轴线向左偏移 207，向右依次偏移 190 和 380，将下侧直线向上偏移 190，向下依次偏移 190 和 380，如图 12-12 所示。

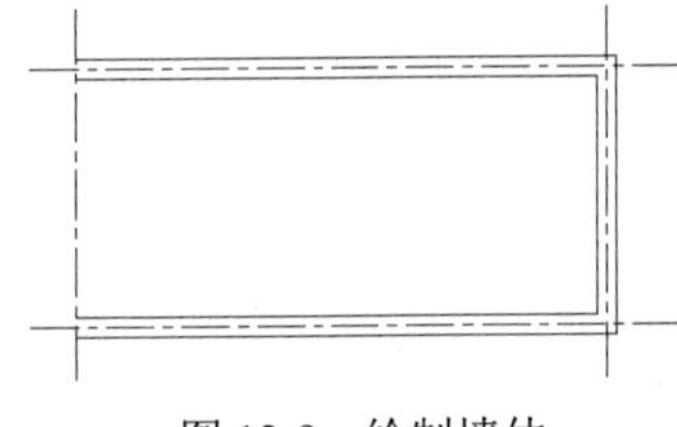

图 12-9　绘制墙体

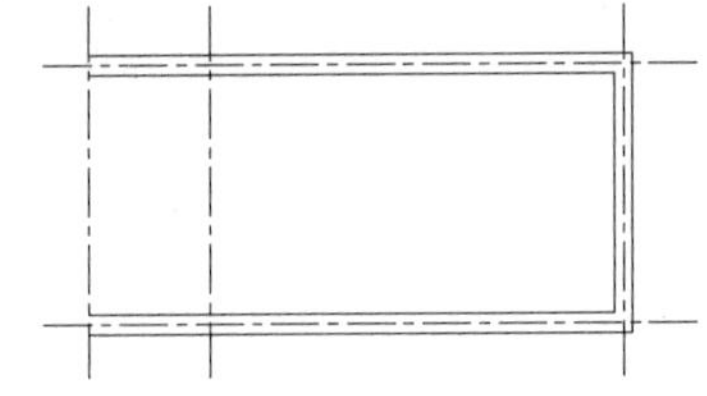

图 12-10　偏移轴线 1

（9）单击“默认”选项卡“修改”面板中的“修剪”按钮，修剪掉多余的直线，完成柱子的绘制，如图 12-13 所示。

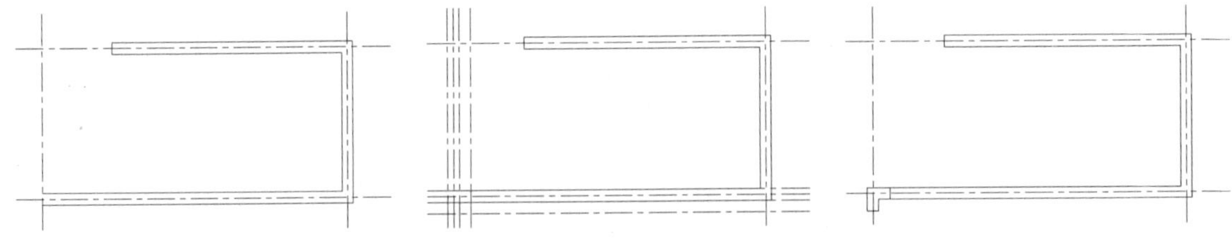

图 12-11　修剪掉多余的直线 1　　图 12-12　偏移轴线 2　　图 12-13　修剪掉多余的直线 2

（10）单击“默认”选项卡“绘图”面板中的“图案填充”按钮，打开“图案填充创建”选项卡，将“图案填充图案”设置为 SOLID，填充柱子，如图 12-14 所示。

（11）单击“默认”选项卡“修改”面板中的“偏移”按钮，将左侧轴线向右依次偏移 3410、400、190、190 和 400，将上侧轴线向下偏移 190，向上依次偏移 190 和 400，如图 12-15 所示。

Note

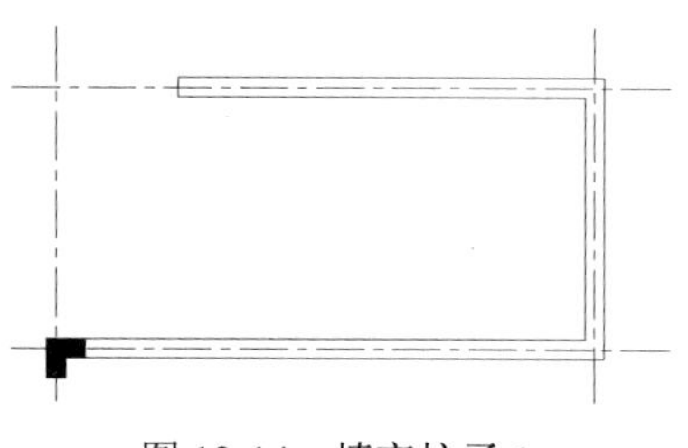

图 12-14 填充柱子 1

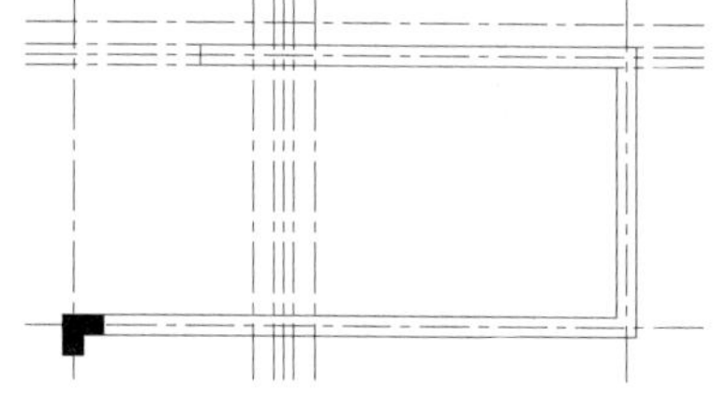

图 12-15 偏移轴线 3

（12）单击“默认”选项卡“修改”面板中的“修剪”按钮，修剪掉多余的直线，如图 12-16 所示。

（13）单击“默认”选项卡“绘图”面板中的“图案填充”按钮，填充柱子，如图 12-17 所示。

（14）单击“默认”选项卡“修改”面板中的“偏移”按钮，将右侧轴线向左依次偏移 190 和 400，向右偏移 190，将上侧轴线向上依次偏移 190 和 400，向下依次偏移 190 和 400，如图 12-18 所示。

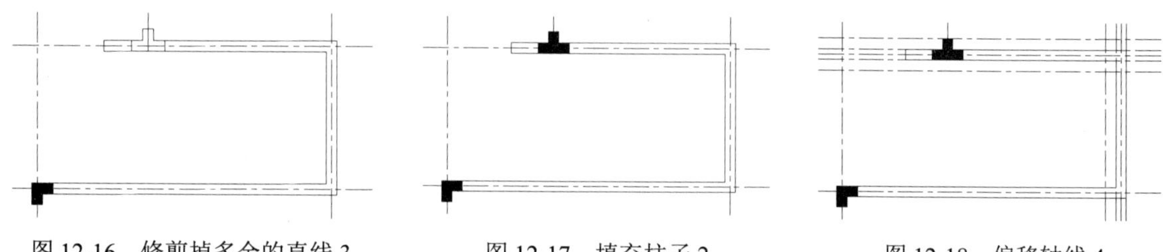

图 12-16 修剪掉多余的直线 3　　图 12-17 填充柱子 2　　图 12-18 偏移轴线 4

（15）单击“默认”选项卡“修改”面板中的“修剪”按钮，修剪掉多余的直线，如图 12-19 所示。

（16）单击“默认”选项卡“绘图”面板中的“图案填充”按钮，填充图形，如图 12-20 所示。

（17）单击“默认”选项卡“修改”面板中的“复制”按钮，以轴线的交点为捕捉点，将步骤（16）中绘制的柱子复制到下侧，如图 12-21 所示。

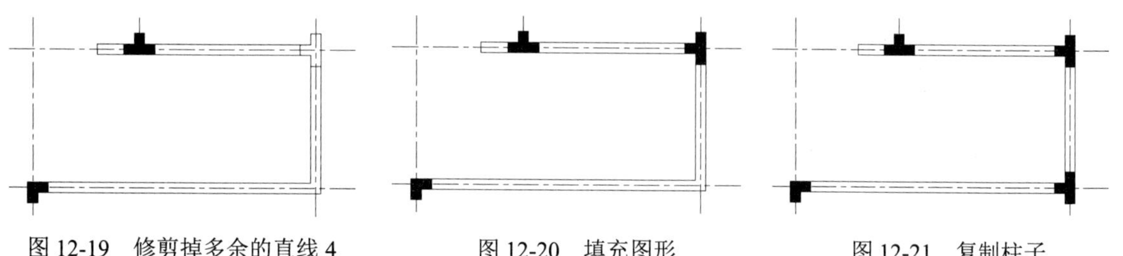

图 12-19 修剪掉多余的直线 4　　图 12-20 填充图形　　图 12-21 复制柱子

12.2.3 绘制窗户

窗户，在建筑学上是指墙或屋顶上建造的洞口，用于使光线或空气进入室内。下面介绍窗户的具体绘制方法和技巧。

视频讲解

（1）单击“默认”选项卡“修改”面板中的“偏移”按钮，将右侧轴线向右偏移 310，上侧轴线向下依次偏移 1180、120、2400 和 120，如图 12-22 所示。

（2）单击“默认”选项卡“修改”面板中的“修剪”按钮，修剪掉多余的直线，如图 12-23 所示。

（3）单击“默认”选项卡“绘图”面板中的“直线”按钮，在图形右侧合适的位置绘制一条竖向直线，然后单击“默认”选项卡“修改”面板中的“偏移”按钮，将右侧直线依次向右偏移 3 次，偏移距离为 127，完成窗线的绘制，如图 12-24 所示。

Note

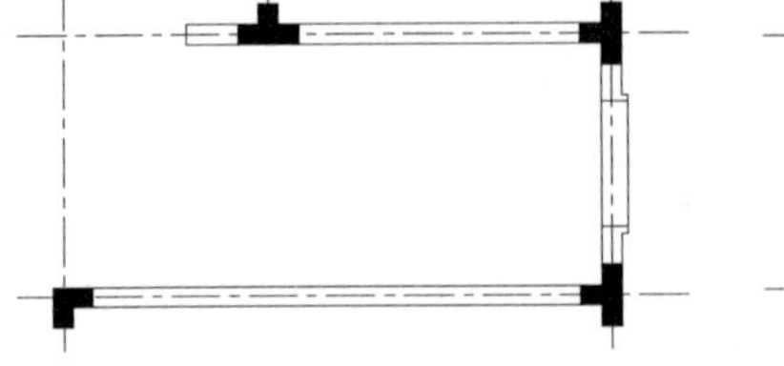
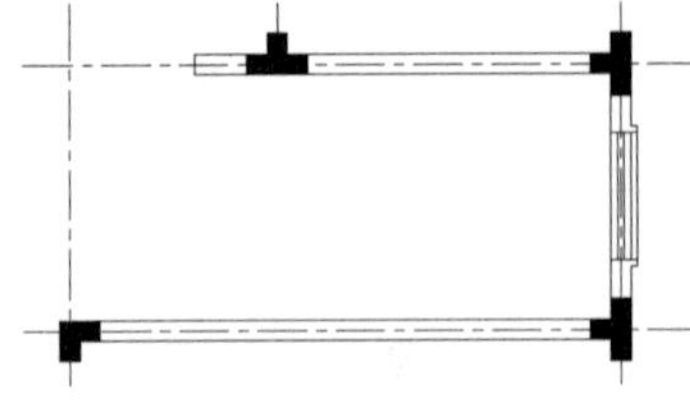

图 12-22　偏移轴线　　图 12-23　修剪掉多余的直线　　图 12-24　绘制窗线

12.2.4　绘制楼梯

视频讲解

楼梯的绘制主要利用了“偏移”“修剪”“直线”“多行文字”等命令。

（1）单击“默认”选项卡“修改”面板中的“偏移”按钮⊆，将左侧轴线向右偏移，偏移距离分别为 3000、520、520、520、520、520、520、520、520、520 和 520，如图 12-25 所示。

（2）单击“默认”选项卡“修改”面板中的“偏移”按钮⊆，将上侧墙体里侧的直线向下偏移，偏移距离分别为 2200、220 和 2200，如图 12-26 所示。

（3）单击“默认”选项卡“修改”面板中的“修剪”按钮✂，修剪掉多余的直线，并修改线型，如图 12-27 所示。

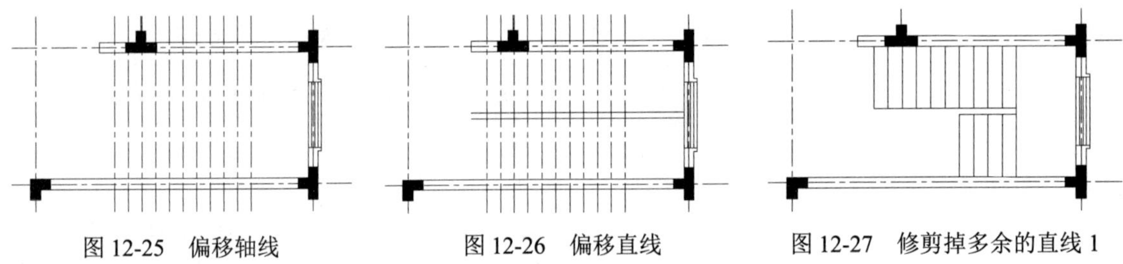

图 12-25　偏移轴线　　图 12-26　偏移直线　　图 12-27　修剪掉多余的直线 1

（4）单击“默认”选项卡“绘图”面板中的“直线”按钮╱，绘制折断线，如图 12-28 所示。

（5）单击“默认”选项卡“修改”面板中的“修剪”按钮✂，修剪掉多余的直线，如图 12-29 所示。

（6）单击“默认”选项卡“绘图”面板中的“直线”按钮╱，绘制指示箭头，如图 12-30 所示。

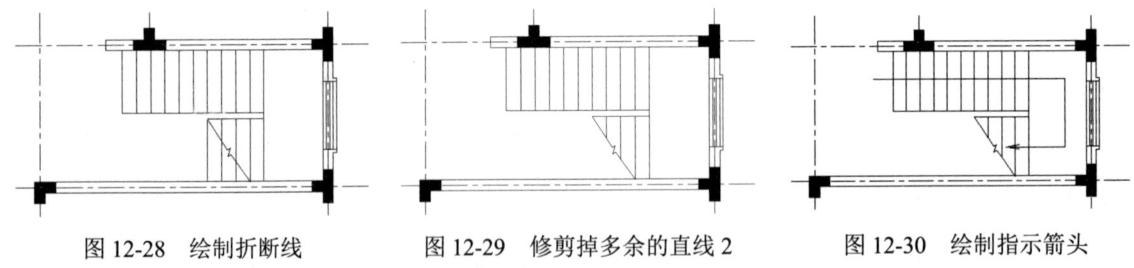

图 12-28　绘制折断线　　图 12-29　修剪掉多余的直线 2　　图 12-30　绘制指示箭头

（7）单击“默认”选项卡“注释”面板中的“多行文字”按钮A，输入指示文字，如图 12-31 所示。

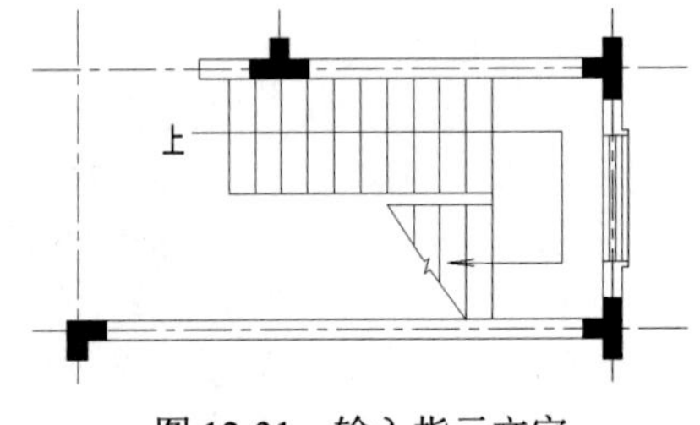

图 12-31　输入指示文字

视频讲解

12.2.5　尺寸标注

首先根据图纸要求设置标注样式，然后利用“线性”和“连续”命令标注尺寸。

（1）单击“默认”选项卡“注释”面板中的“标注样

式”按钮，打开“标注样式管理器”对话框。

（2）单击“新建”按钮，打开“创建新标注样式”对话框，创建一个新的标注样式，然后单击“继续”按钮，打开“新建标注样式：副本 ISO-25”对话框，在“线”选项卡中进行设置，将“超出尺寸线”设置为 50，“起点偏移量”设置为 50。

（3）在“符号和箭头”选项卡中，将“箭头”设置为“建筑标记”，“箭头大小”设置为 100。

（4）在“文字”选项卡中，将“文字高度”设置为 280，“从尺寸线偏移”设置为 0.625。

（5）在“主单位”选项卡中，将“精度”设置为 0，“比例因子”设置为 0.5。

（6）单击“注释”选项卡“标注”面板中的“线性”按钮，标注第一道尺寸，如图 12-32 所示。

（7）单击“注释”选项卡“标注”面板中的“线性”按钮，标注总尺寸，如图 12-33 所示。

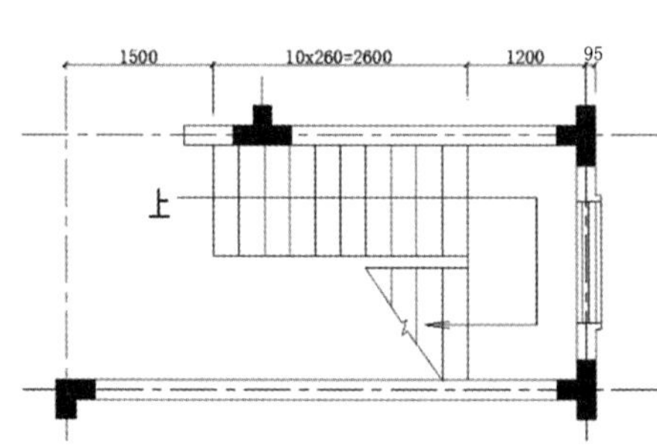

图 12-32　标注第一道尺寸

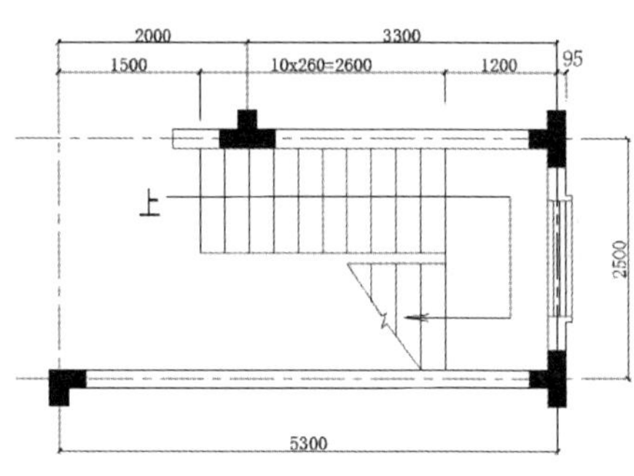

图 12-33　标注总尺寸

（8）单击“注释”选项卡“标注”面板中的“线性”按钮和“连续”按钮，标注内部尺寸，如图 12-34 所示。

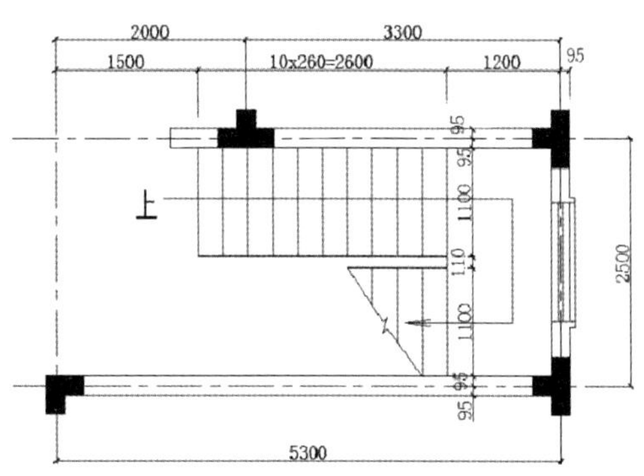

图 12-34　标注内部尺寸

12.2.6　文字标注

（1）单击“默认”选项卡“注释”面板中的“文字样式”按钮，打开“文字样式”对话框，将“字体”设置为宋体，“高度”设置为 200。

视频讲解

（2）设置完成后，单击“应用”按钮，将其设置为当前文字样式。

（3）单击“默认”选项卡“绘图”面板中的“直线”按钮，绘制标高符号，如图 12-35 所示。

（4）单击“默认”选项卡“注释”面板中的“多行文字”按钮 A，输入标高数值，如图 12-36 所示。

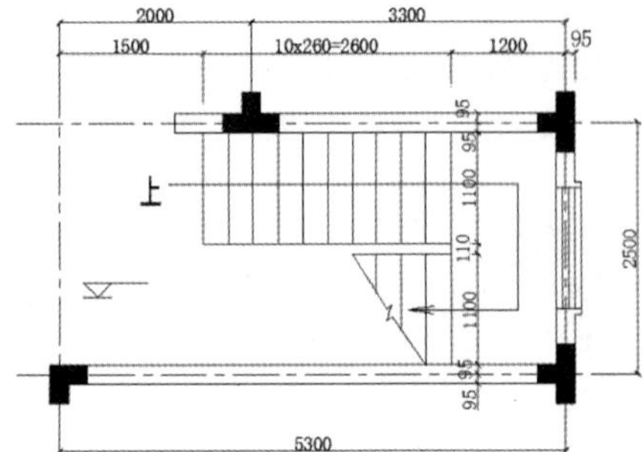

图 12-35　绘制标高符号

图 12-36　输入标高数值

（5）单击“默认”选项卡“修改”面板中的“复制”按钮，将标高复制到图中其他位置，然后双击文字，修改标高数值，如图 12-37 所示。

（6）单击“默认”选项卡“绘图”面板中的“直线”按钮，在轴线端点处绘制较短的直线段，如图 12-38 所示。

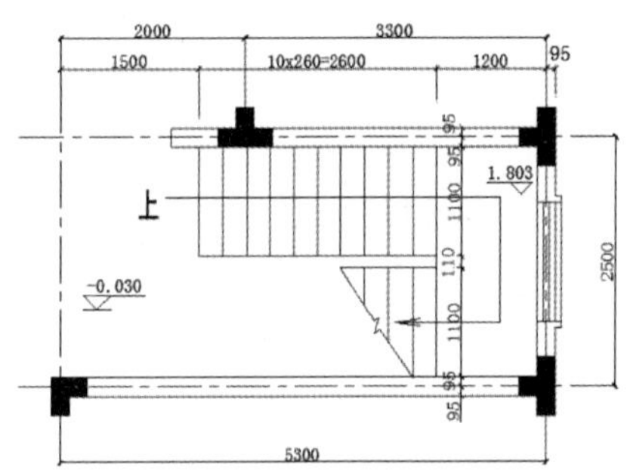

图 12-37　复制标高

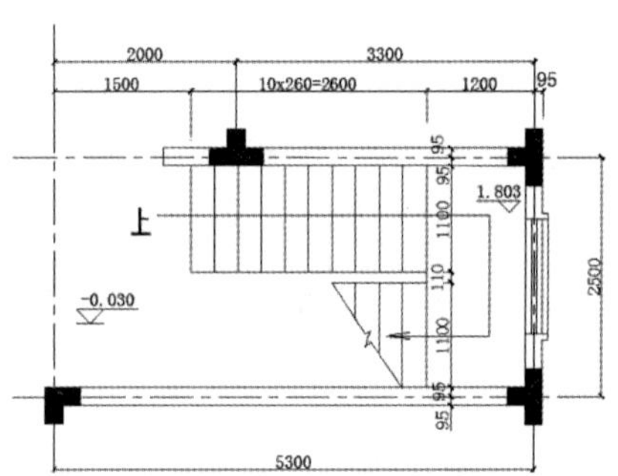

图 12-38　绘制短直线段

（7）单击“默认”选项卡“修改”面板中的“复制”按钮和“旋转”按钮，将短直线段复制到图中其他位置，并旋转到合适的角度，如图 12-39 所示。

（8）单击“默认”选项卡“绘图”面板中的“圆”按钮，绘制一个圆，如图 12-40 所示。

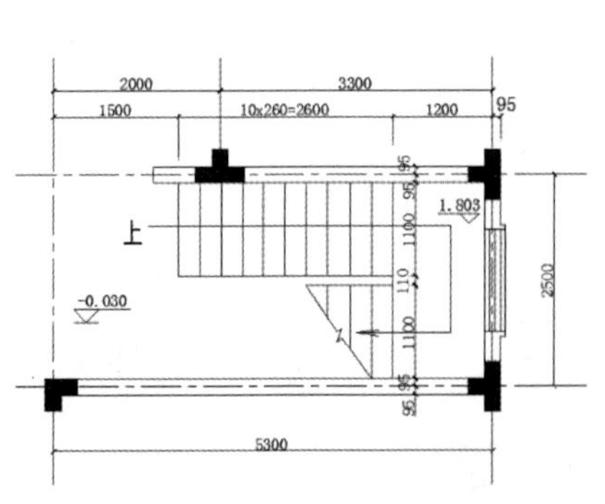

图 12-39　复制短直线段

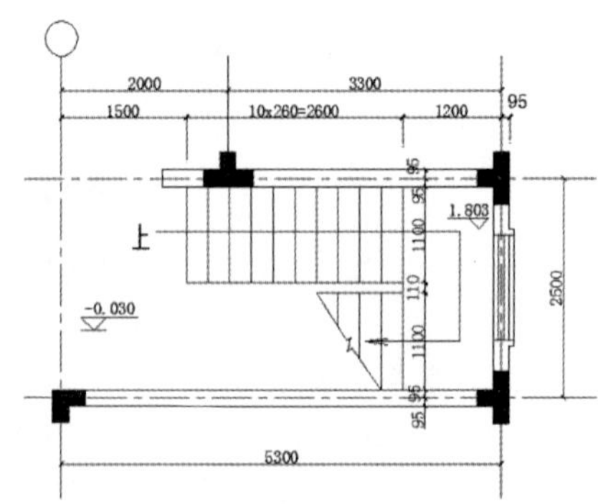

图 12-40　绘制圆

（9）单击“默认”选项卡“注释”面板中的“多行文字”按钮 A，在圆内输入文字，将文字高度设置为 450，完成轴号的绘制，如图 12-41 所示。

（10）单击“默认”选项卡“修改”面板中的“复制”按钮，将轴号复制到图中其他位置，并双击文字，修改文字内容，如图 12-42 所示。

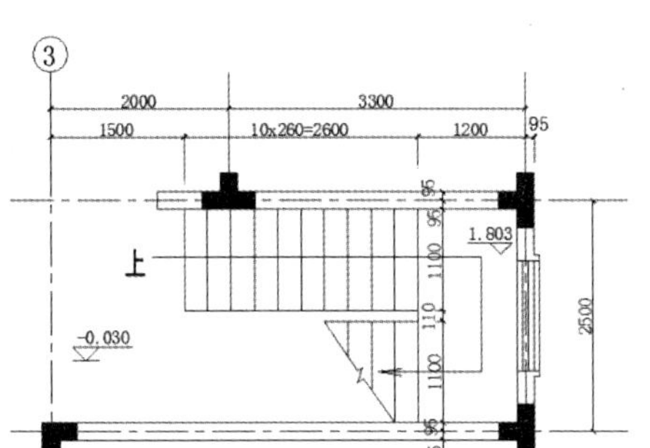

图 12-41　输入文字

图 12-42　复制轴号

（11）单击“默认”选项卡“绘图”面板中的“多段线”按钮，绘制剖切符号，如图 12-43 所示。

（12）单击“默认”选项卡“注释”面板中的“多行文字”按钮 A，输入剖切数值，如图 12-44 所示。

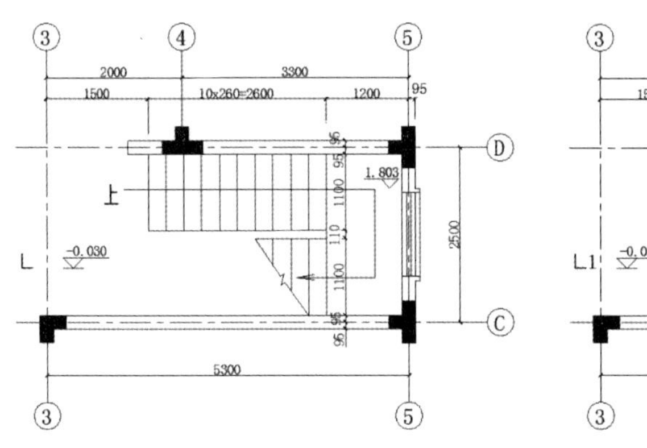

图 12-43　绘制剖切符号

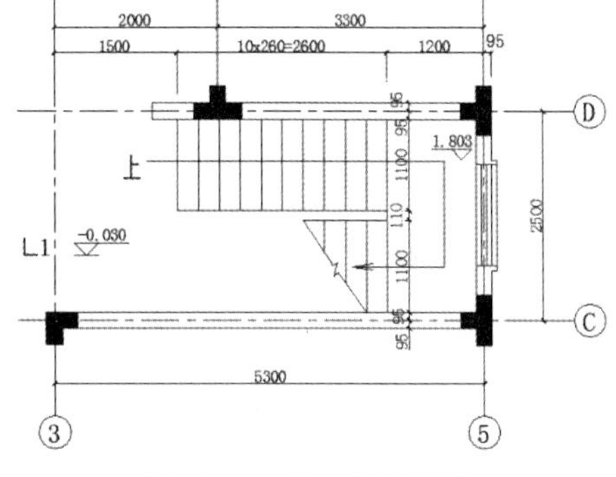

图 12-44　输入剖切数值

（13）单击“默认”选项卡“修改”面板中的“镜像”按钮，将绘制的剖切符号镜像到另外一侧，如图 12-45 所示。

（14）单击“默认”选项卡“绘图”面板中的“多段线”按钮和“注释”面板中的“多行文字”按钮 A，标注图名，如图 12-46 所示。

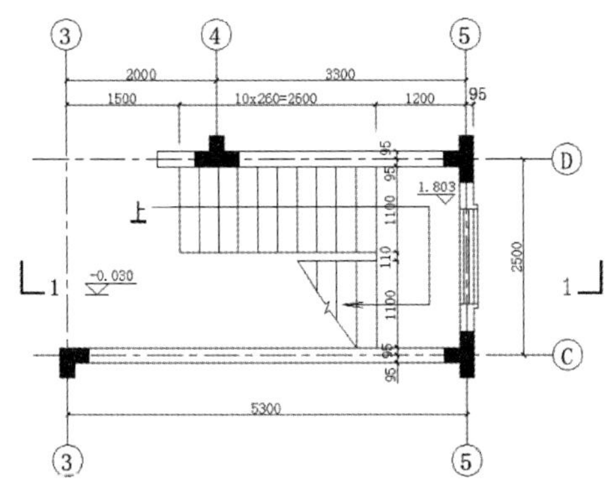

图 12-45　镜像剖切符号

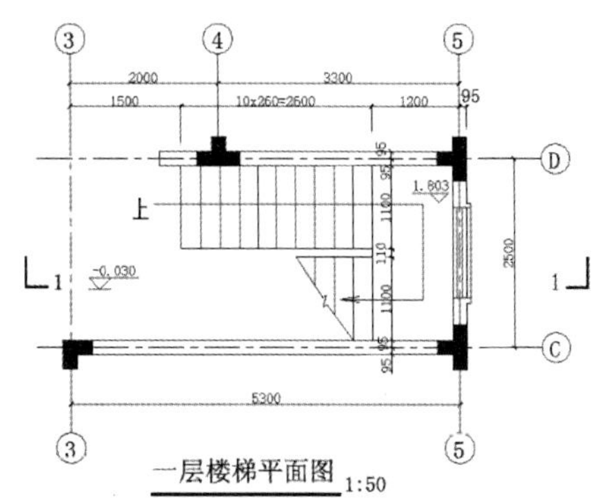

图 12-46　标注图名

12.3 别墅二层楼梯平面图绘制实例

Note

本节以绘制二层楼梯平面图为例，使读者进一步掌握楼梯平面图的绘制技巧。

12.3.1 绘制墙体

视频讲解

墙体的绘制主要利用了“偏移”“修剪”“直线”等命令，也可使用“多线”命令绘制。

（1）打开 AutoCAD 2024 应用程序，选择菜单栏中的“文件”→“打开”命令，打开“选择文件”对话框，找到“别墅一层楼梯平面图绘制.dwg”文件并打开，然后将其另存，单击“默认”选项卡“修改”面板中的“删除”按钮，删除多余的图形，整理图形，如图 12-47 所示。

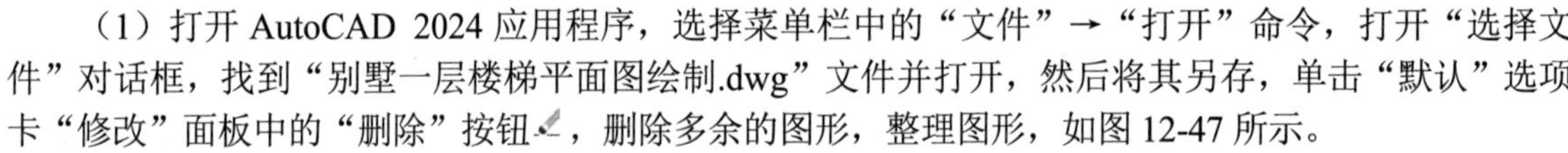

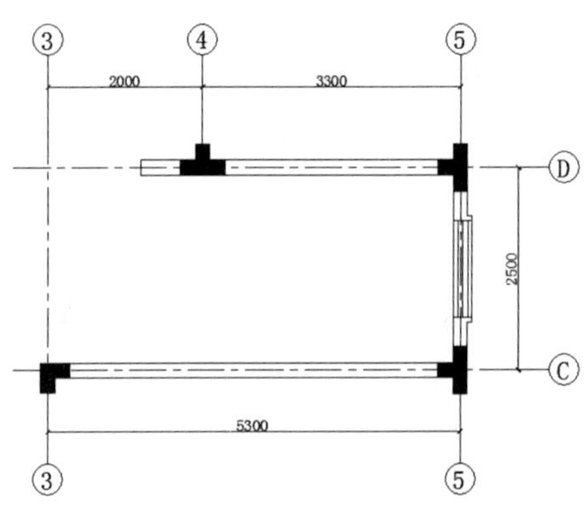

图 12-47 删除多余的图形

（2）单击“默认”选项卡“修改”面板中的“偏移”按钮，将 3 号轴线向右偏移 190，向左依次偏移 190 和 710，将 D 号轴线向上依次偏移 190 和 224，向下偏移 190，如图 12-48 所示。

（3）单击“默认”选项卡“修改”面板中的“修剪”按钮，修剪掉多余的直线，如图 12-49 所示。

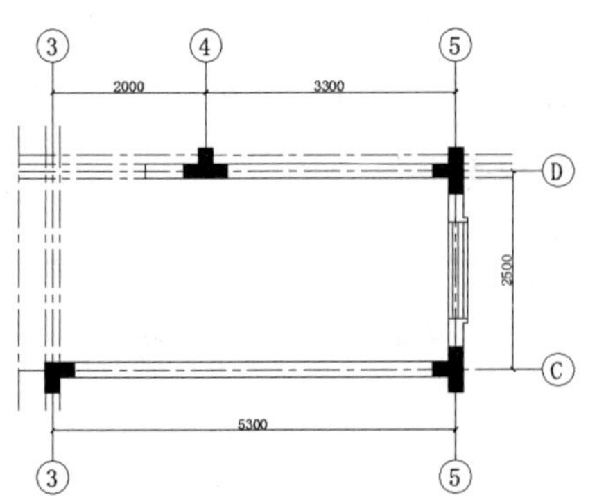

图 12-48 偏移轴线 1

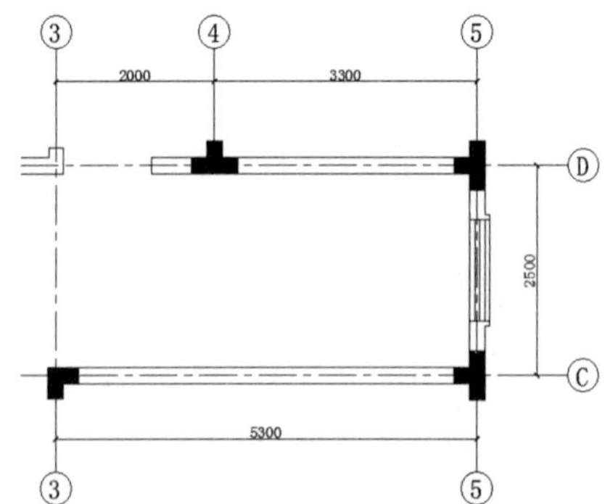

图 12-49 修剪掉多余的直线 1

（4）单击“默认”选项卡“绘图”面板中的“直线”按钮，绘制折断线，如图 12-50 所示。

（5）单击“默认”选项卡“修改”面板中的“偏移”按钮，将 3 号轴线向左偏移 900 和向右偏移 2573，C 号轴线向上偏移 190，向下偏移 190，如图 12-51 所示。

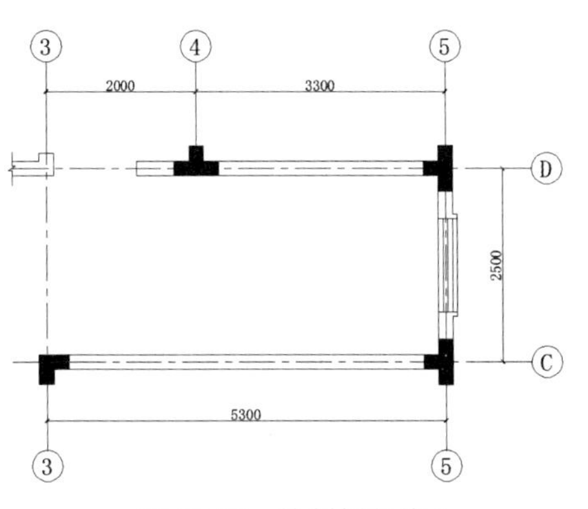

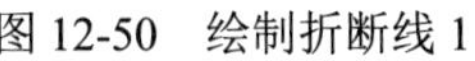

图 12-50 绘制折断线 1

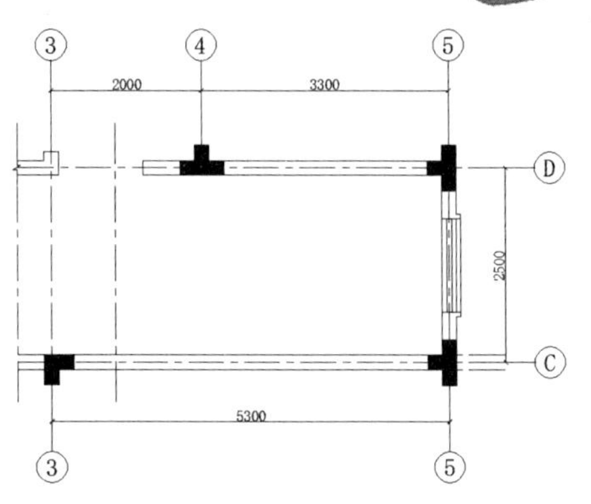

图 12-51 偏移轴线 2

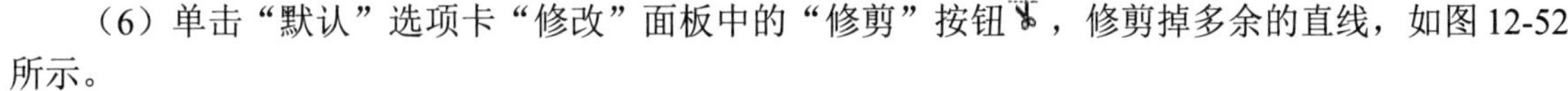

（6）单击“默认”选项卡“修改”面板中的“修剪”按钮，修剪掉多余的直线，如图 12-52 所示。

（7）单击“默认”选项卡“绘图”面板中的“直线”按钮，绘制折断线，最终完成墙体的绘制，如图 12-53 所示。

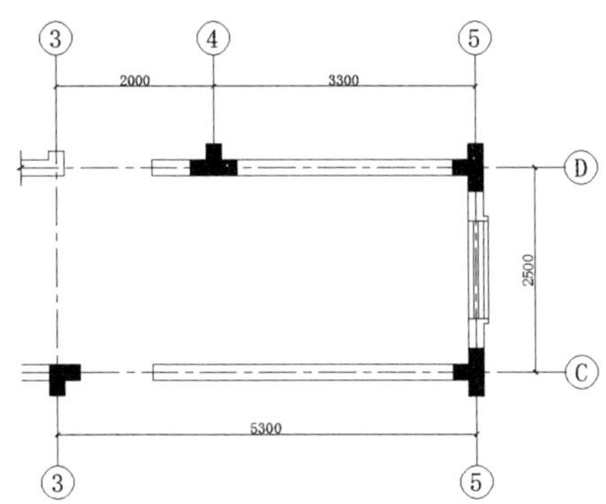

图 12-52 修剪掉多余的直线 2

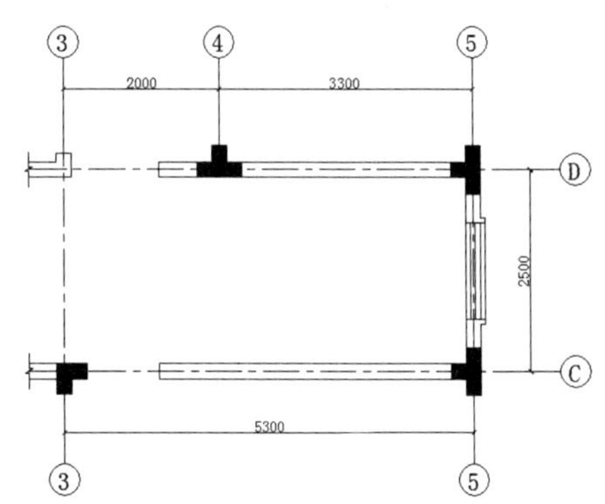

图 12-53 绘制折断线 2

12.3.2 绘制楼梯

视频讲解

楼梯的绘制主要利用了“偏移”“修剪”“直线”“多行文字”命令。

（1）单击“默认”选项卡“修改”面板中的“偏移”按钮，将 3 号轴线向右依次偏移 3530、520、520、520、520、520、520、520、520 和 520，如图 12-54 所示。

（2）单击“默认”选项卡“修改”面板中的“偏移”按钮，将上侧墙体的内侧直线段向下偏移，偏移距离分别为 2200、220 和 2200，如图 12-55 所示。

（3）单击“默认”选项卡“修改”面板中的“修剪”按钮，修剪掉多余的直线，并修改线型，如图 12-56 所示。

（4）单击“默认”选项卡“绘图”面板中的“直线”按钮，在图中合适的位置绘制折断线，如图 12-57 所示。

（5）单击“默认”选项卡“绘图”面板中的“直线”按钮，绘制指示箭头，如图 12-58 所示。

（6）单击“默认”选项卡“注释”面板中的“多行文字”按钮 A，输入文字，如图 12-59 所示。

Note

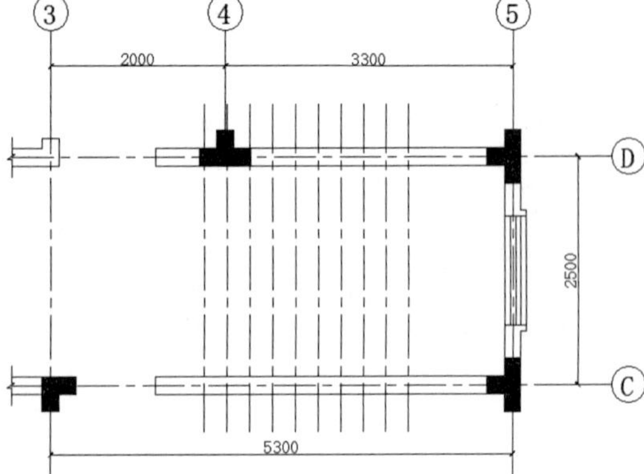

图 12-54 偏移轴线

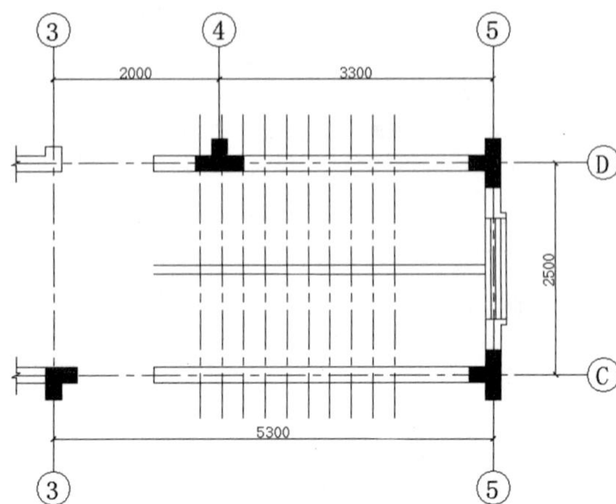

图 12-55 偏移直线段

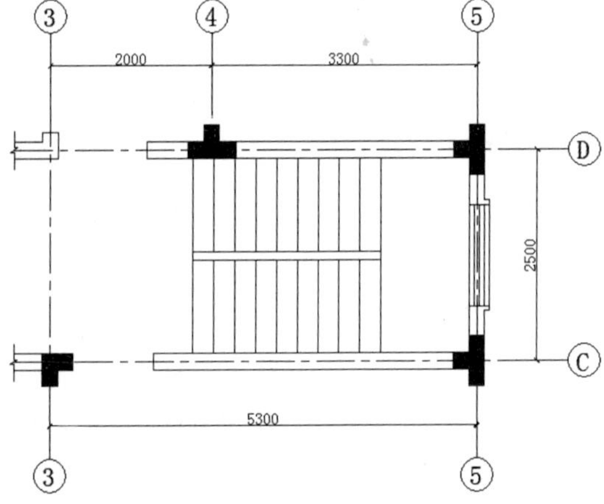

图 12-56 修剪掉多余的直线

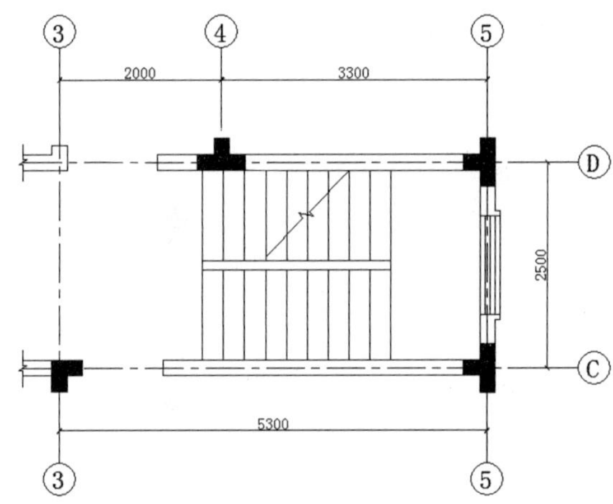

图 12-57 绘制折断线

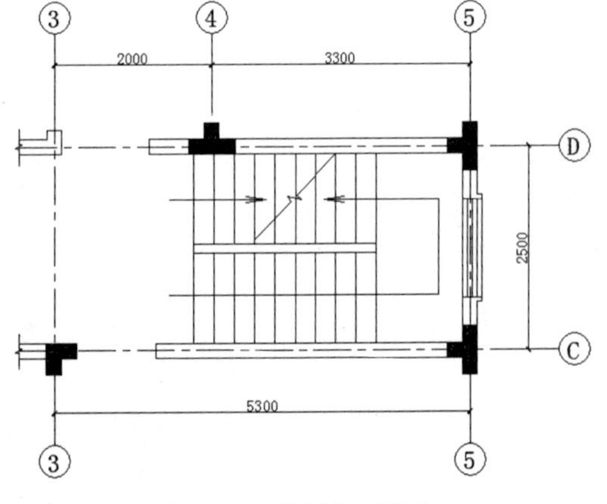

图 12-58 绘制指示箭头

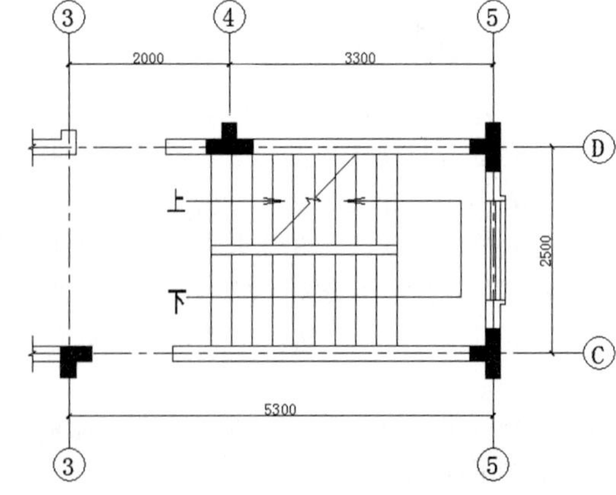

图 12-59 输入文字

12.3.3 尺寸标注

尺寸标注主要利用了“线性”和“连续”命令。

Note

(1) 单击“注释”选项卡“标注”面板中的“线性”按钮，标注外部尺寸，如图 12-60 所示。

(2) 单击“注释”选项卡“标注”面板中的“线性”按钮和“连续”按钮，标注内部尺寸，如图 12-61 所示。

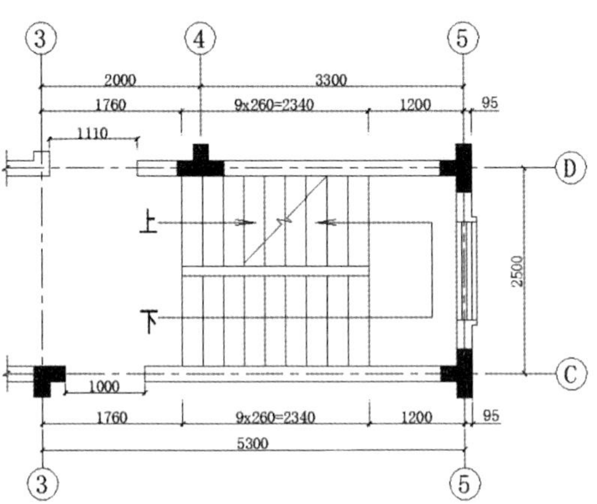

图 12-60　标注外部尺寸

图 12-61　标注内部尺寸

12.3.4　文字标注

视频讲解

该实例的文字标注包括标注标高、图名以及其他的文字说明。

(1) 单击“默认”选项卡“绘图”面板中的“直线”按钮，绘制标高符号，如图 12-62 所示。

(2) 单击“默认”选项卡“注释”面板中的“多行文字”按钮 A，输入标高数值，如图 12-63 所示。

(3) 单击“默认”选项卡“修改”面板中的“复制”按钮，将标高复制到图中其他位置，双击文字，修改文字内容，如图 12-64 所示。

(4) 单击“默认”选项卡“绘图”面板中的“多段线”按钮和“注释”面板中的“多行文字”按钮 A，标注图名，如图 12-65 所示。

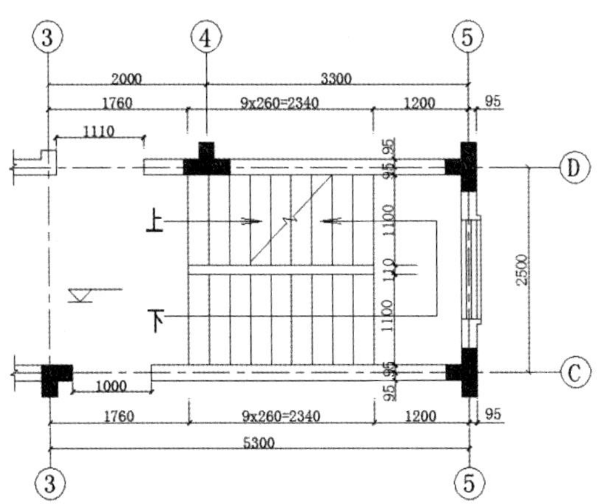

图 12-62　绘制标高符号

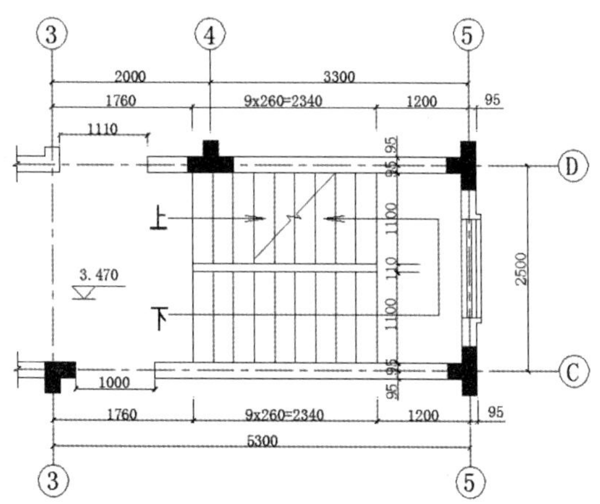

图 12-63　输入标高数值

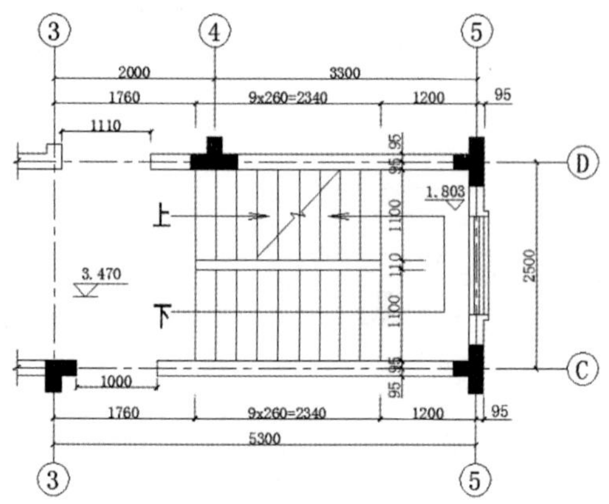

图 12-64　复制标高

二层楼梯平面图 1:50

图 12-65　标注图名

12.4　别墅三层楼梯平面图绘制实例

三层楼梯平面图的绘制方法与一、二层楼梯平面图的绘制方法类似，这里不再赘述，如图 12-66 所示。

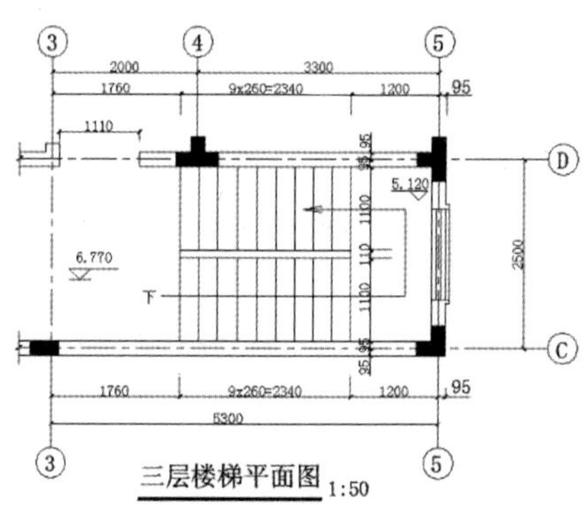

图 12-66　三层楼梯平面图

12.5　别墅 1-1 剖面图绘制实例

剖面图又称剖切图，是通过对有关的图形按照一定剖切方向所展示的内部构造图例，剖面图是假想用一个剖切平面将物体剖开，移去介于观察者和剖切平面之间的部分，对于剩余的部分向投影面所做的正投影图。本节以绘制别墅 1-1 剖面图为例，使读者进一步掌握剖面图的绘图技巧。

12.5.1　绘制轴线

视频讲解

建筑轴线是在建筑图纸中为了标示构件的详细尺寸，按照一般的习惯或标准人为虚设的一道线（在图纸上），习惯上标注在对称界面或截面构件的中心线上，如基础、梁、柱等结构上。

（1）单击“默认”选项卡“图层”面板中的“图层特性”按钮，打开“图层特性管理器”对

话框，将“轴线”图层设置为当前图层。

（2）单击“默认”选项卡“绘图”面板中的“直线”按钮，绘制长为 23605 的竖向轴线，如图 12-67 所示。

（3）单击“默认”选项卡“修改”面板中的“偏移”按钮，将轴线向右偏移 10600，如图 12-68 所示。

图 12-67　绘制竖向轴线　　图 12-68　偏移竖向轴线

12.5.2　绘制墙体

墙体的绘制主要利用了“偏移”“修剪”“直线”等命令，也可使用“多线”命令绘制。

（1）将“墙体”图层设置为当前图层，单击“默认”选项卡“修改”面板中的“偏移”按钮，将左侧竖向轴线向左偏移 538，如图 12-69 所示。

（2）单击“默认”选项卡“绘图”面板中的“直线”按钮，根据偏移的轴线绘制折断线，如图 12-70 所示。

（3）单击“默认”选项卡“绘图”面板中的“直线”按钮，绘制长为 11338 的水平直线，如图 12-71 所示。

（4）单击“默认”选项卡“修改”面板中的“偏移”按钮，将右侧轴线分别向左偏移 180，向右偏移 200，如图 12-72 所示。

图 12-69　偏移轴线 1

（5）单击“默认”选项卡“修改”面板中的“修剪”按钮，修剪掉多余的直线，并修改线型，如图 12-73 所示。

（6）单击“默认”选项卡“修改”面板中的“偏移”按钮，将水平直线向上偏移，偏移距离分别为 3747、120、2133、120、760、120、5600、120、760、120、4600、120、280 和 520，如图 12-74 所示。

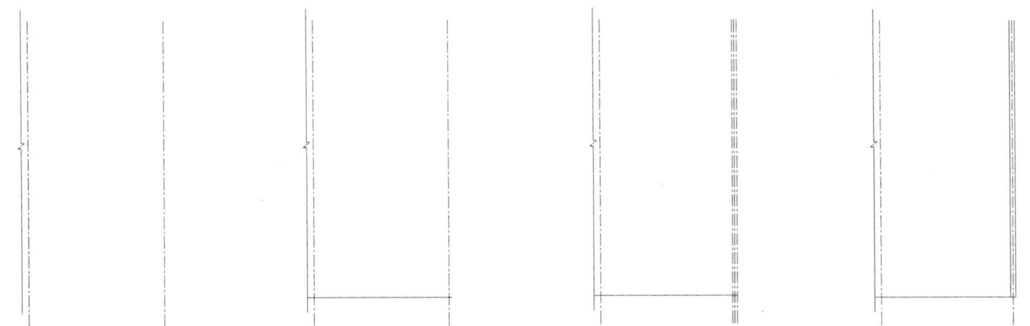

图 12-70　绘制折断线　图 12-71　绘制水平直线 1　图 12-72　偏移轴线 2　图 12-73　修剪掉多余的直线 1

视频讲解

Note

（7）单击“默认”选项卡“修改”面板中的“修剪”按钮，修剪掉多余的直线，如图12-75所示。

（8）单击“默认”选项卡“修改”面板中的“偏移”按钮，将右侧竖向轴线向左偏移200，向右偏移320，如图12-76所示。

（9）单击“默认”选项卡“修改”面板中的“修剪”按钮，修剪掉多余的直线，并修改线型，如图12-77所示。

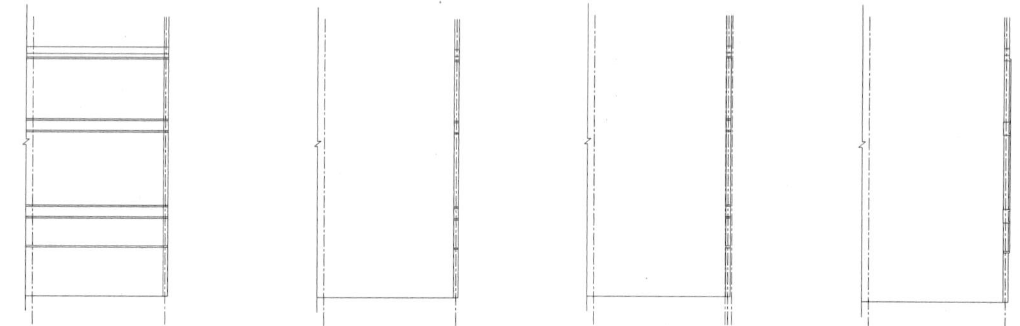

图12-74　偏移水平直线　图12-75　修剪掉多余的直线2　图12-76　偏移轴线3　图12-77　修剪掉多余的直线3

（10）单击“默认”选项卡“绘图”面板中的“直线”按钮，在图中合适的位置绘制一条竖向直线，如图12-78所示。

（11）单击“默认”选项卡“修改”面板中的“偏移”按钮，将步骤（10）中绘制的直线向右偏移，偏移距离分别为120、140和120，完成窗线的绘制，如图12-79所示。

（12）同理，绘制其他位置的窗线，如图12-80所示。

（13）单击“默认”选项卡“绘图”面板中的“直线”按钮，在图中顶部合适的位置绘制一条短的竖直直线，如图12-81所示。

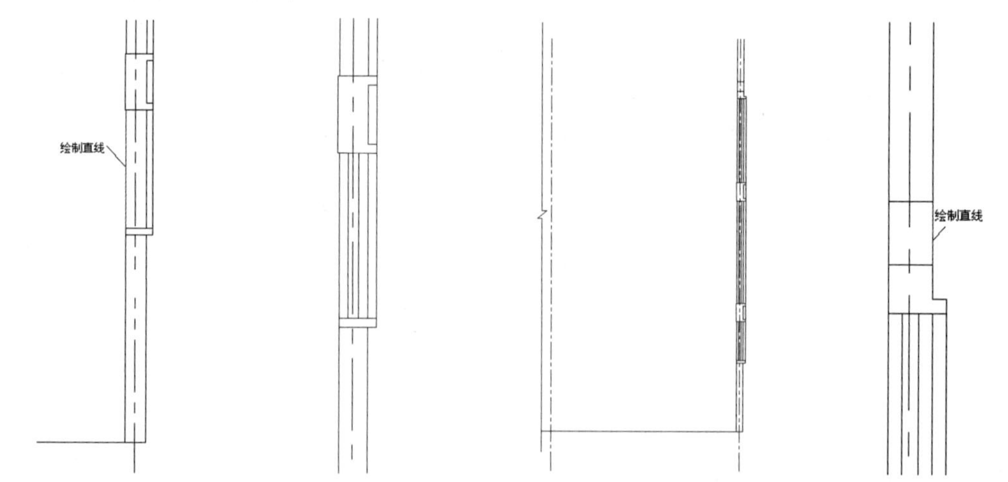

图12-78　绘制直线1　　图12-79　偏移直线1　　图12-80　绘制窗线　　图12-81　绘制直线2

（14）单击“默认”选项卡“修改”面板中的“偏移”按钮，将短直线向右偏移，偏移距离分别为960、120和120，如图12-82所示。

（15）单击“默认”选项卡“绘图”面板中的“直线”按钮，在顶部绘制一条水平直线，如图12-83所示。

（16）单击“默认”选项卡“修改”面板中的“偏移”按钮，将步骤（15）中绘制的水平直

线向上偏移，偏移距离分别为 120、200、120 和 240，如图 12-84 所示。

（17）单击“默认”选项卡“修改”面板中的“延伸”按钮和“修剪”按钮，修剪掉多余的直线，如图 12-85 所示。

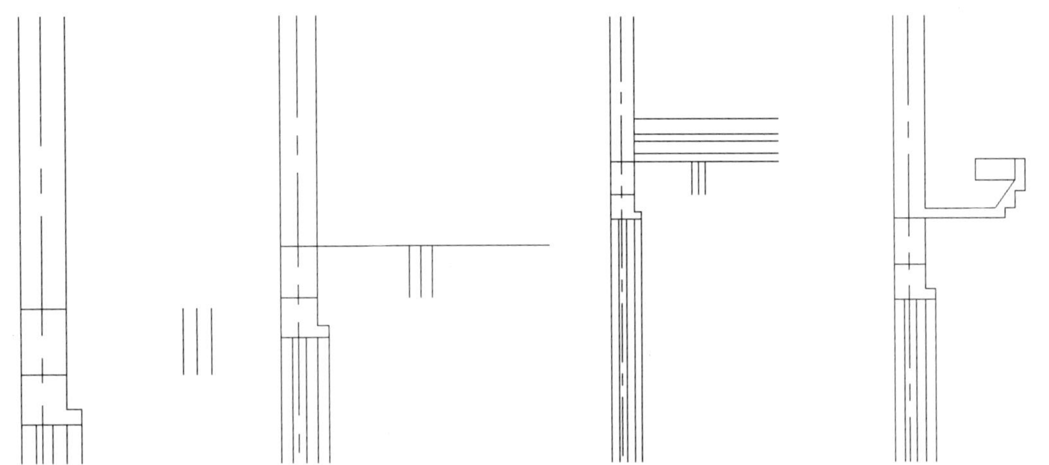

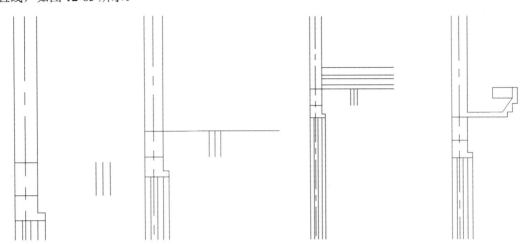

图 12-82　偏移直线 2　　图 12-83　绘制水平直线 2　　图 12-84　偏移直线 3　　图 12-85　修剪掉多余的直线 4

12.5.3　绘制楼梯

楼梯的绘制主要利用了“直线”“偏移”“修剪”等命令。

（1）单击“默认”选项卡“绘图”面板中的“直线”按钮，在图中合适的位置绘制一条竖向直线，将其与左侧轴线间的距离设置为 3010，如图 12-86 所示。

（2）单击“默认”选项卡“修改”面板中的“偏移”按钮，将步骤（1）中绘制的竖向直线向右偏移，偏移距离分别为 520、520、520、520、520、520、520、520 和 520，将最下侧水平直线向上偏移，偏移距离分别为 333、333、333、333、333、333、333、333、333 和 333，如图 12-87 所示。

（3）单击“默认”选项卡“修改”面板中的“修剪”按钮，修剪掉多余的直线，完成踏步的绘制，如图 12-88 所示。

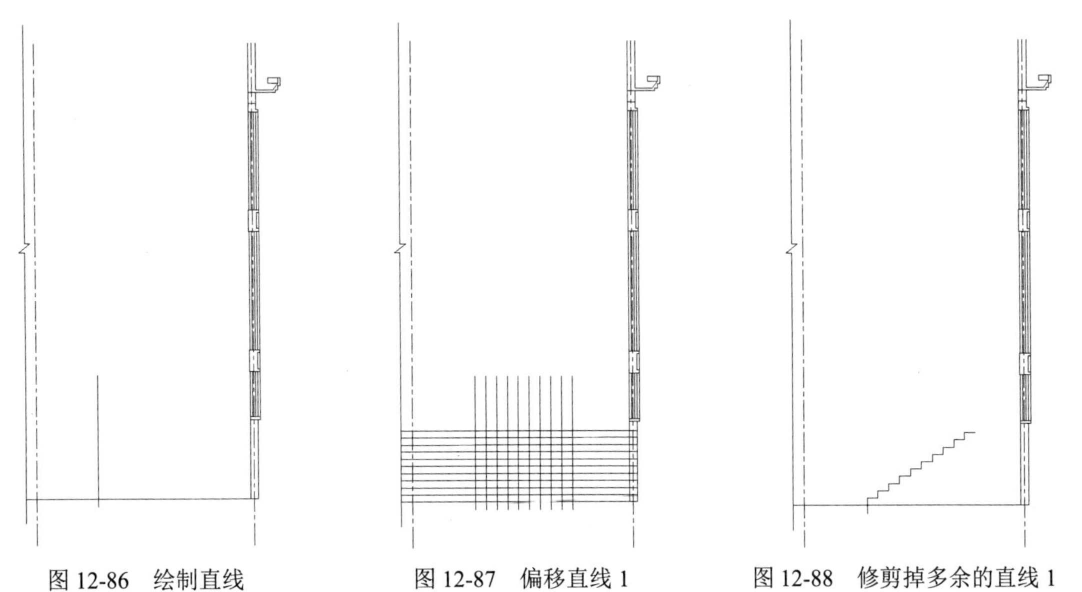

图 12-86　绘制直线　　图 12-87　偏移直线 1　　图 12-88　修剪掉多余的直线 1

（4）继续使用“偏移”命令，将下侧水平直线向上偏移，偏移距离分别为3467和200，将右侧墙体的内侧直线向左偏移，偏移距离分别为1810和400，如图12-89所示。

（5）单击“默认”选项卡“修改”面板中的“修剪”按钮，修剪掉多余的直线，完成楼板平台的绘制，如图12-90所示。

Note

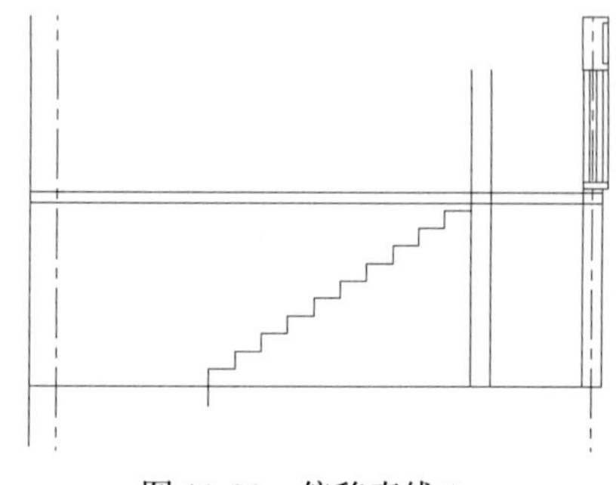

图12-89 偏移直线2

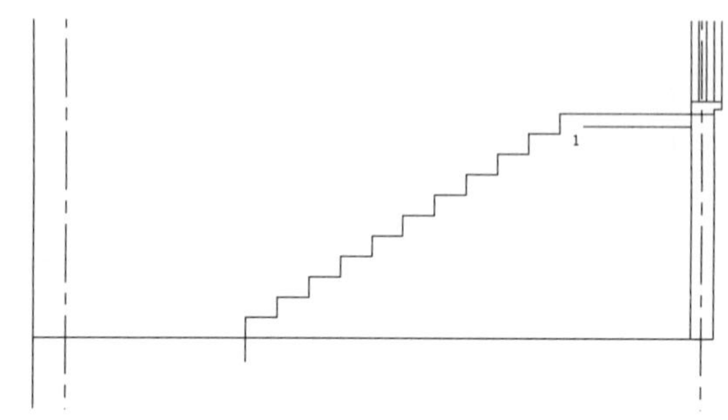

图12-90 修剪掉多余的直线2

（6）单击“默认”选项卡“绘图”面板中的“直线”按钮，以图12-90的1处端点为起点向左绘制连续线段，长、宽均为400，完成底梁的绘制，如图12-91所示。

（7）单击“默认”选项卡“绘图”面板中的“直线”按钮，绘制斜线，如图12-92所示。

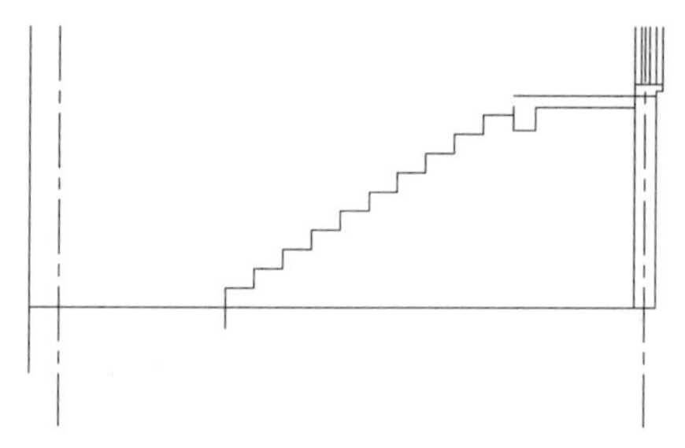

图12-91 绘制底梁

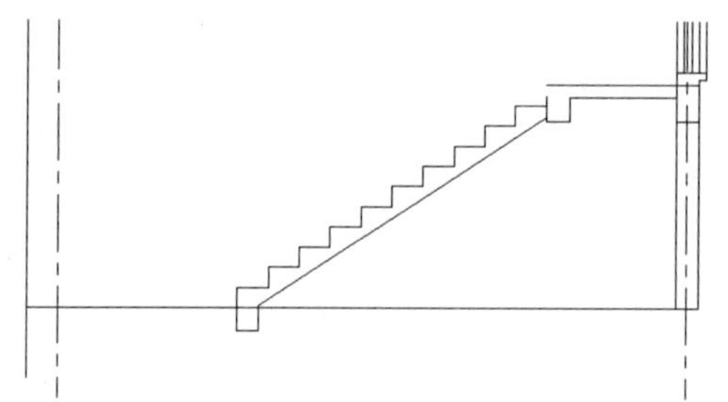

图12-92 绘制斜线

视频讲解

（8）单击“默认”选项卡“绘图”面板中的“多段线”按钮，设置线宽为0，绘制长为520、宽为333的踏步，如图12-93所示。

（9）单击“默认”选项卡“绘图”面板中的“直线”按钮，绘制水平直线，如图12-94所示。

（10）单击“默认”选项卡“修改”面板中的“偏移”按钮，将水平直线向下依次偏移200、800，将左侧竖直轴线向左偏移210，向右偏移190，如图12-95所示。

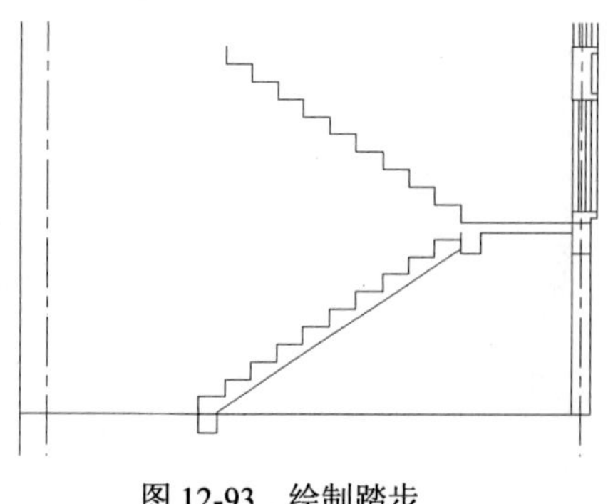

图12-93 绘制踏步

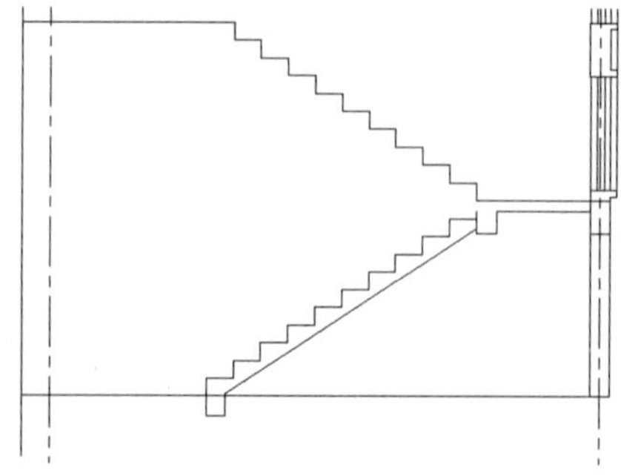

图12-94 绘制水平直线

（11）单击“默认”选项卡“修改”面板中的“修剪”按钮，修剪掉多余的直线，完成楼板的绘制，如图12-96所示。

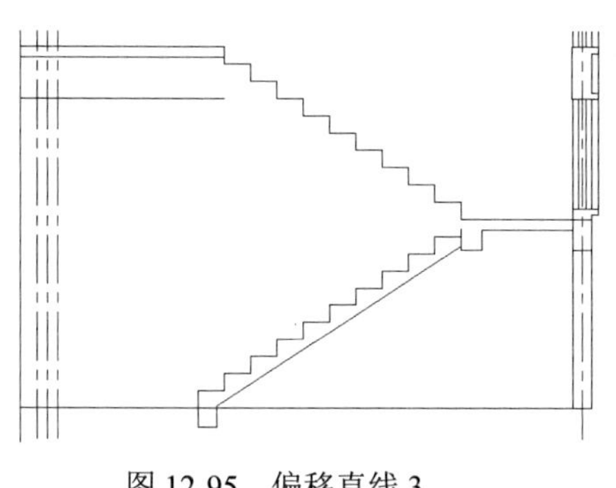

图 12-95　偏移直线 3

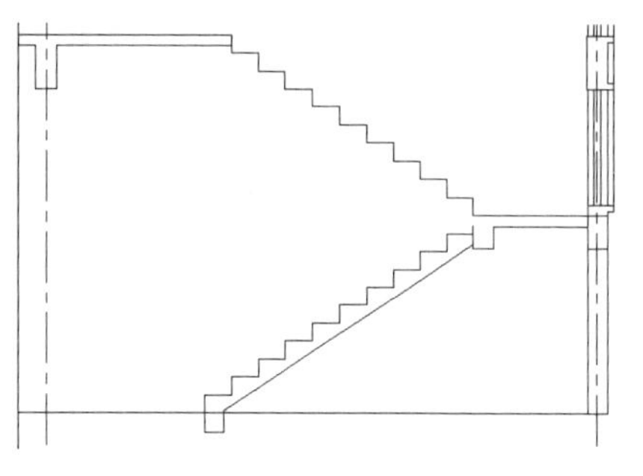

图 12-96　绘制楼板

（12）单击“默认”选项卡“修改”面板中的“偏移”按钮⊆，将左侧轴线向右偏移，偏移距离分别为 3130 和 400，如图 12-97 所示。

（13）单击“默认”选项卡“绘图”面板中的“直线”按钮╱，根据偏移的轴线绘制底梁，最终完成一层楼梯的绘制，如图 12-98 所示。

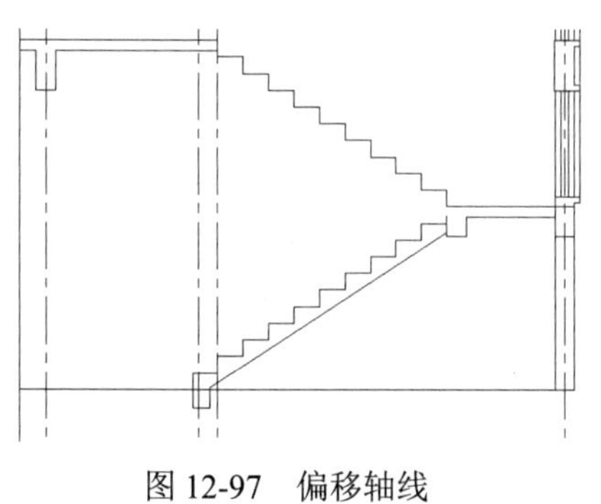

图 12-97　偏移轴线

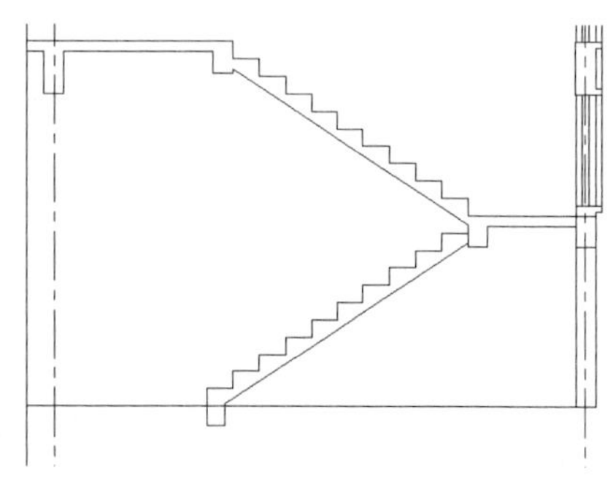

图 12-98　绘制一层楼梯

（14）单击“默认”选项卡“修改”面板中的“复制”按钮，将一层楼梯复制到二层，并整理图形，完成二层楼梯的绘制，如图 12-99 所示。

（15）单击“默认”选项卡“修改”面板中的“偏移”按钮⊆，将最下侧水平直线向上偏移，偏移距离分别为 20490、580 和 200，将左侧轴线向左偏移 210，向右偏移 190，如图 12-100 所示。

（16）单击“默认”选项卡“修改”面板中的“修剪”按钮，修剪掉多余的直线，如图 12-101 所示。

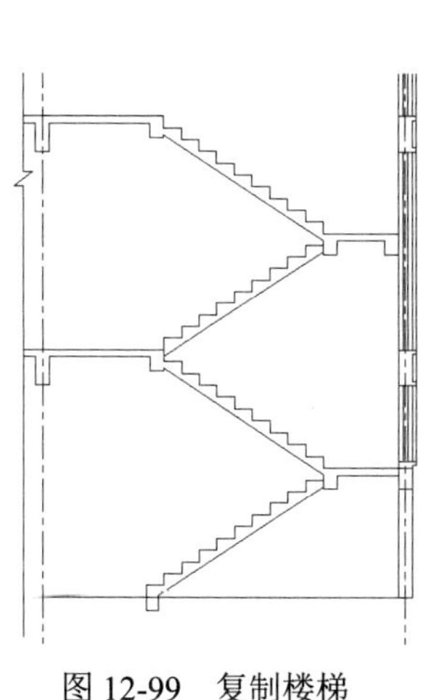

图 12-99　复制楼梯

图 12-100　偏移直线 4

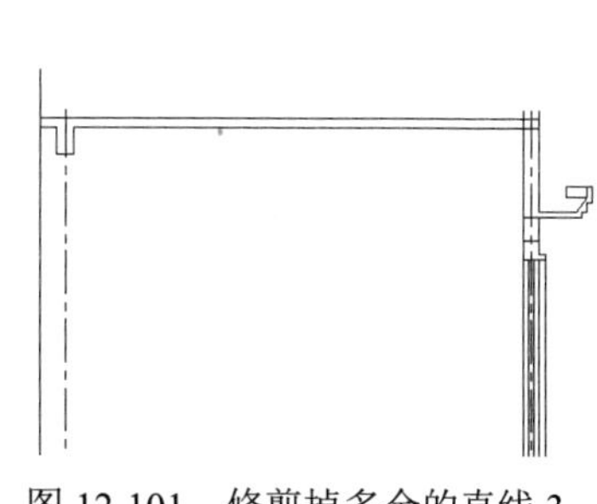

图 12-101　修剪掉多余的直线 3

Note

（17）单击“默认”选项卡“绘图”面板中的“直线”按钮和“修改”面板中的“修剪”按钮，绘制顶部图形，如图 12-102 所示。

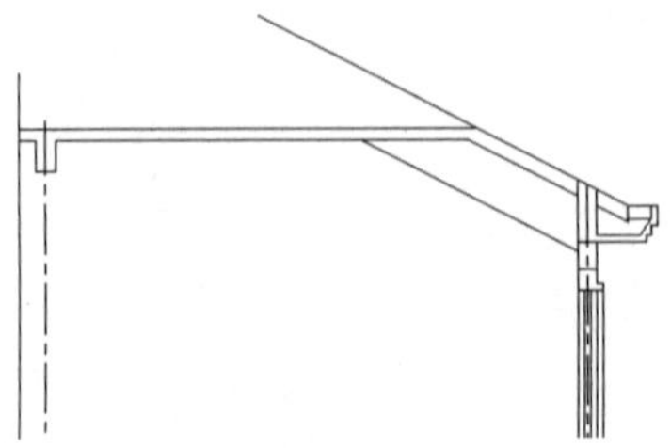

图 12-102　绘制顶部图形

视频讲解

12.5.4　尺寸标注

尺寸标注主要利用了“线性”和“连续”命令。

（1）单击“注释”选项卡“标注”面板中的“线性”按钮和“连续”按钮，为图形标注第一道尺寸，如图 12-103 所示。

（2）单击“注释”选项卡“标注”面板中的“线性”按钮和“连续”按钮，标注第二道尺寸，如图 12-104 所示。

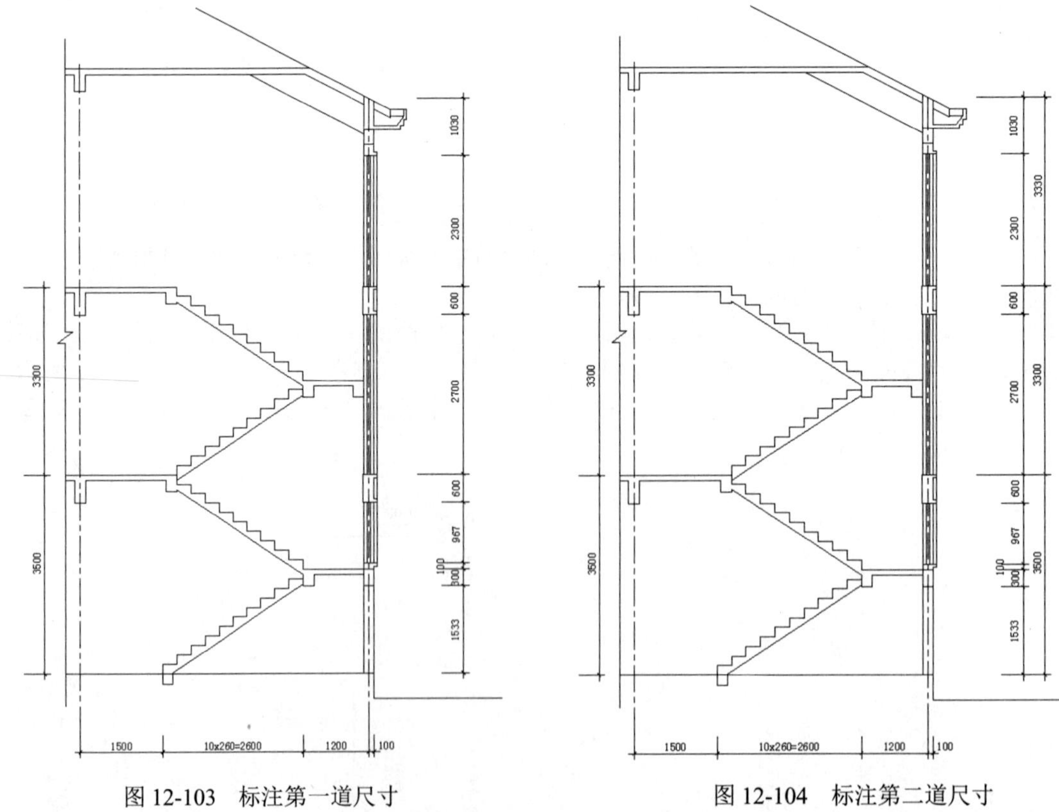

图 12-103　标注第一道尺寸　　图 12-104　标注第二道尺寸

（3）单击“注释”选项卡“标注”面板中的“线性”按钮，标注总尺寸，如图 12-105 所示。

（4）单击“注释”选项卡“标注”面板中的“线性”按钮和“连续”按钮，标注内部尺寸，如图 12-106 所示。

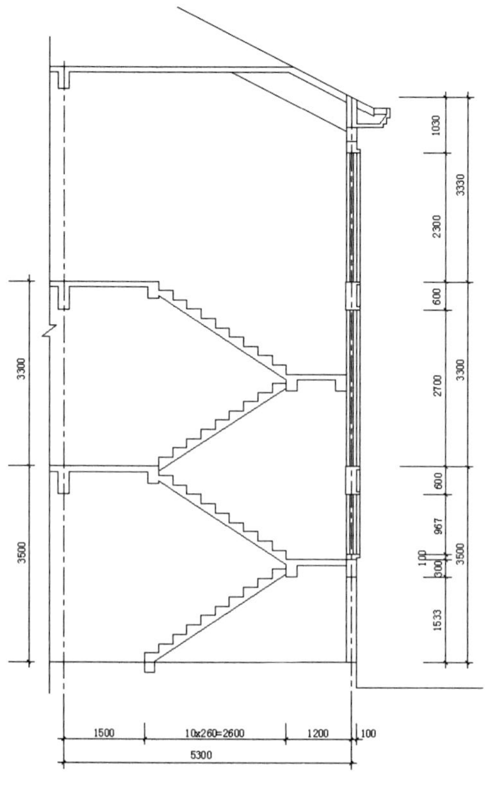

图 12-105　标注总尺寸

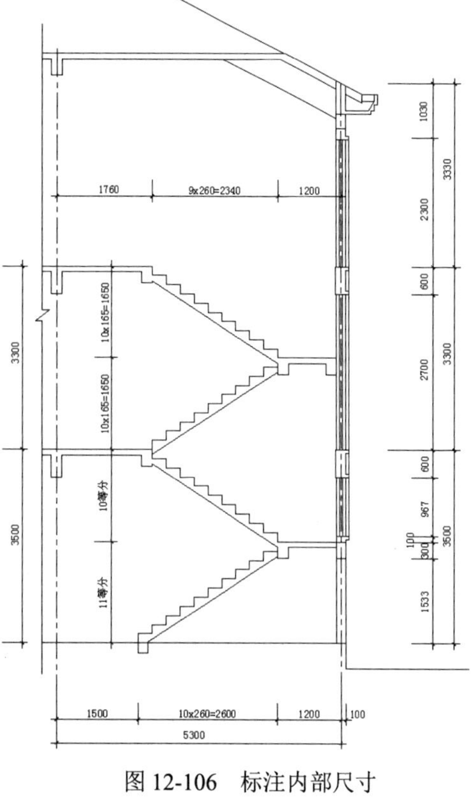

图 12-106　标注内部尺寸

12.5.5　文字标注

视频讲解

该实例的文字标注包括标注标高、轴号、图名以及其他的文字说明。

（1）单击“默认”选项卡“绘图”面板中的“直线”按钮╱，绘制标高符号，如图 12-107 所示。

（2）单击“默认”选项卡“注释”面板中的“多行文字”按钮 A，输入标高数值，如图 12-108 所示。

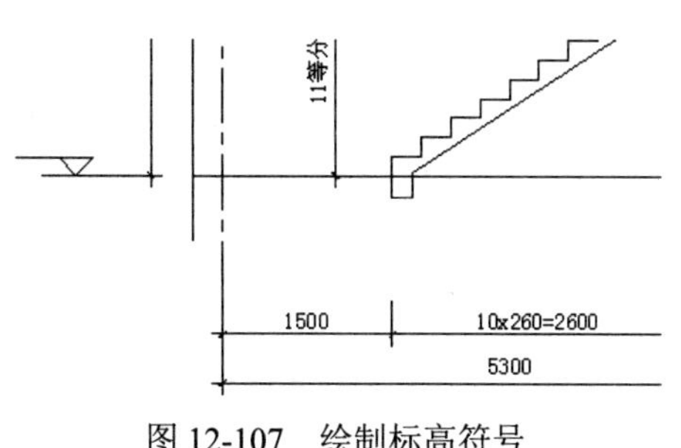

图 12-107　绘制标高符号

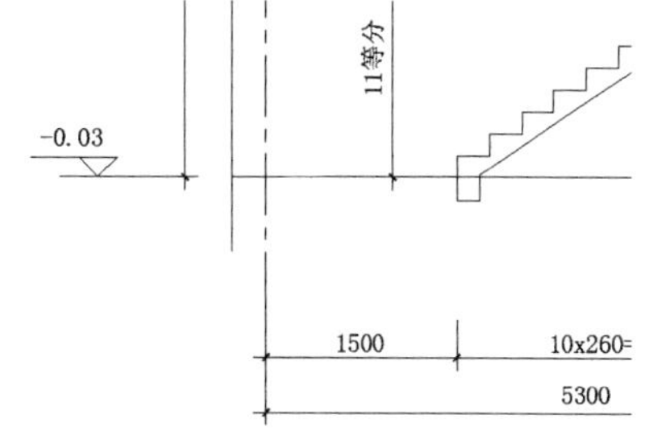

图 12-108　输入标高数值

（3）单击“默认”选项卡“修改”面板中的“复制”按钮，将标高复制到图中其他位置，双击文字修改文字内容，如图 12-109 所示。

（4）单击“默认”选项卡“注释”面板中的“多行文字”按钮 A，标注文字，如图 12-110 所示。

（5）单击“默认”选项卡“绘图”面板中的“圆”按钮和“注释”面板中的“多行文字”按钮 A，绘制轴号，如图 12-111 所示。

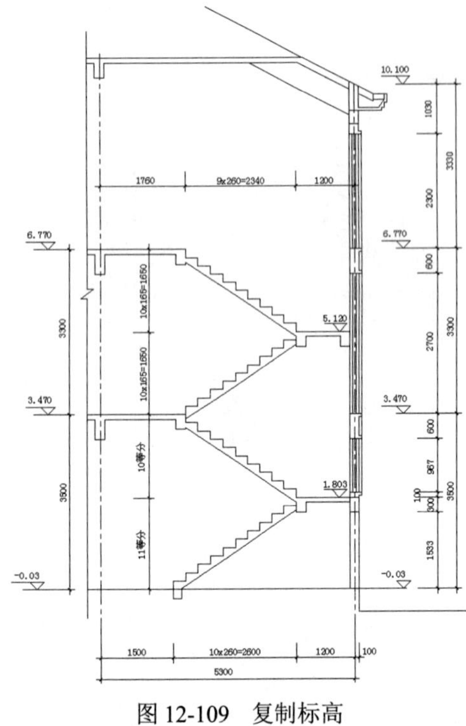

图 12-109　复制标高

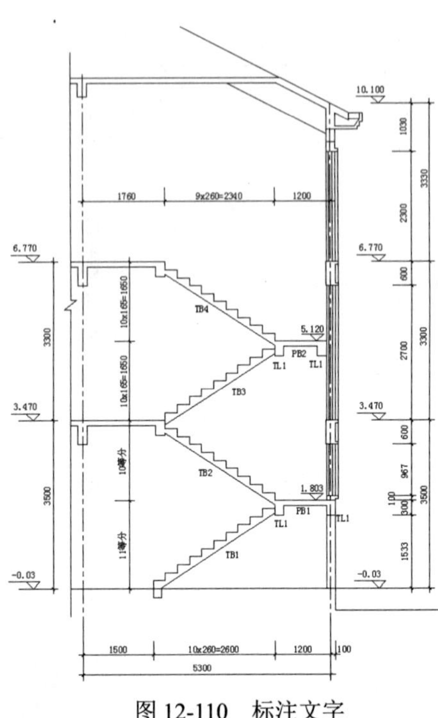

图 12-110　标注文字

（6）单击“默认”选项卡“绘图”面板中的“多段线”按钮和“注释”面板中的“多行文字”按钮A，标注图名，如图 12-112 所示。

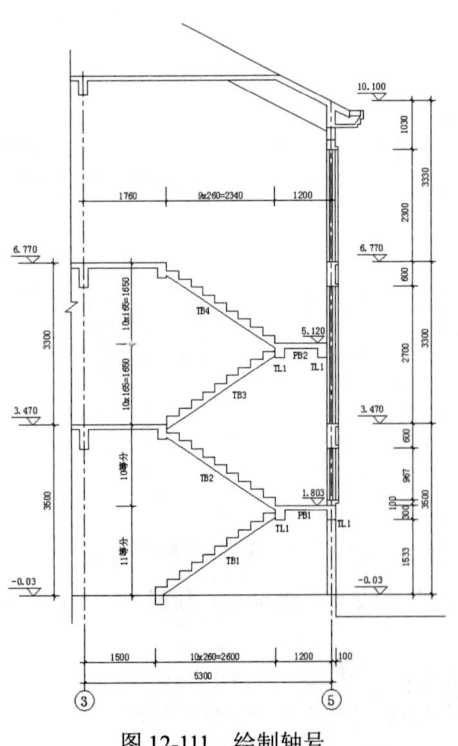

图 12-111　绘制轴号

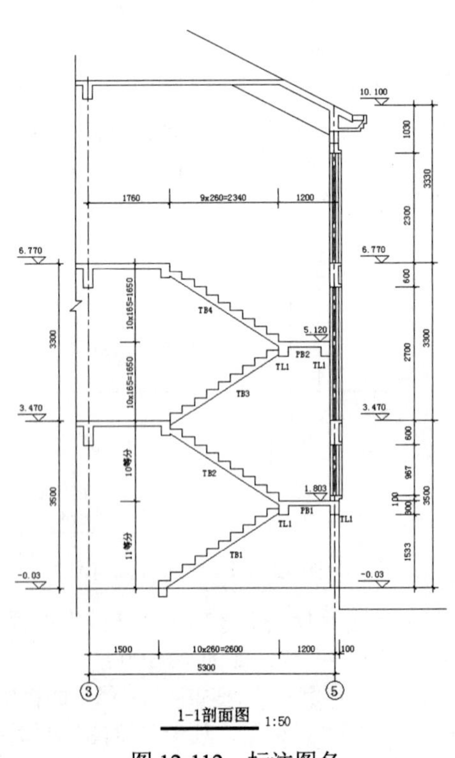

图 12-112　标注图名

12.6 插入图框

一个完整的施工图必须要有图框，图框的插入步骤如下。

单击“插入”选项卡“块”面板中的“插入”按钮，将“源文件\图库\A2图签”插入图中合适的位置，结果如图 12-113 所示。

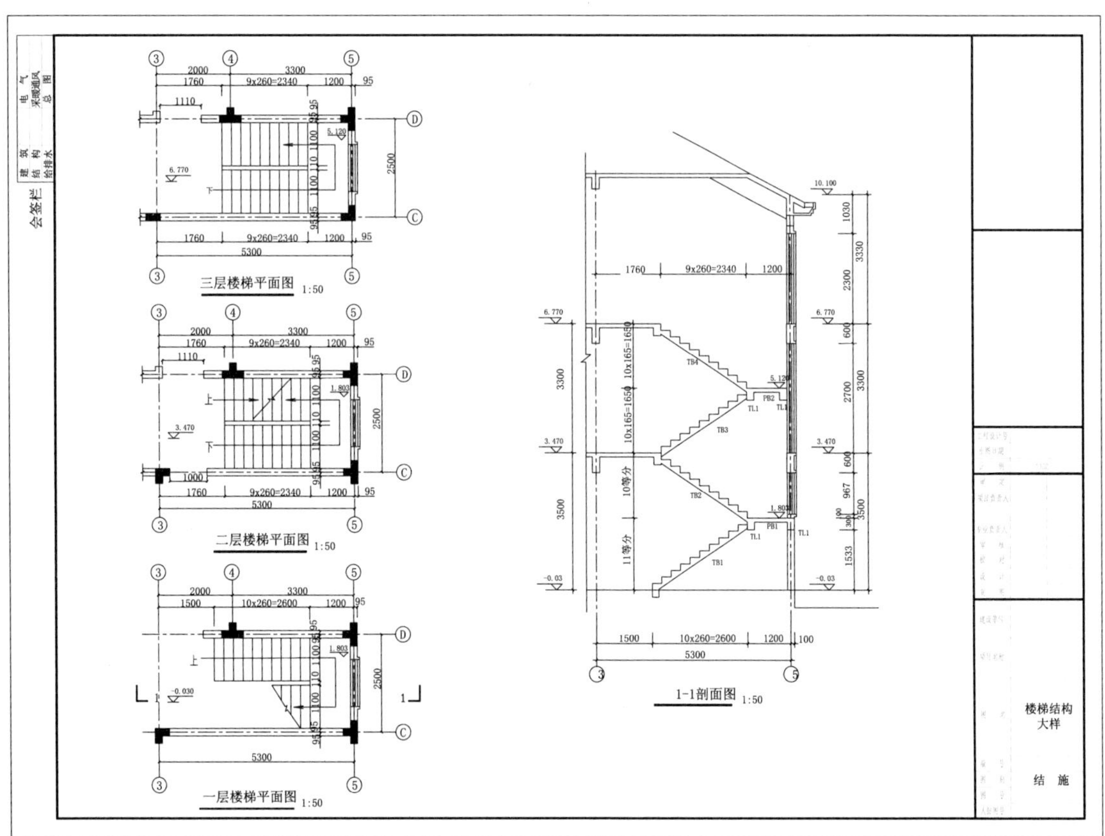

图 12-113 插入图框

12.7 实践与操作

通过前面的学习，读者对本章知识有了大体的了解。本节通过一个操作练习帮助读者进一步掌握本章知识要点。

1. 目的要求

图 12-114 所示为各个结构构件细部详图的集合，包括基础剖面示意图、基础平面图、墙基示意图、基础梁纵剖面示意图、梁节点做法、管沟详图、基础平面标注构造示意图、基础加腋处配筋详图、混凝土地梁后浇带做法。

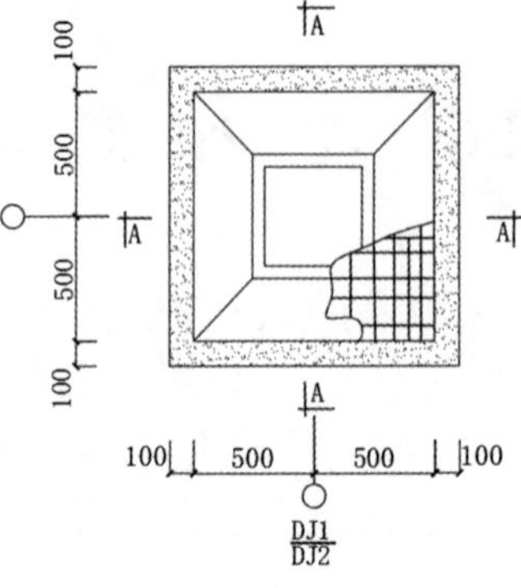

图 12-114　基础平面详图

2. 操作提示

（1）绘制梁。

（2）绘制节点配筋。

（3）标注钢筋。

第13章

楼梯表

当楼梯详图过多时，可以用楼梯表来集中表示，本章详细介绍楼梯表的内容以及楼梯表的绘制方法。通过本章的学习，读者能够进一步了解和掌握土木工程设计的完整内容。

- ☑ 绘图准备
- ☑ 别墅楼梯详图 A 绘制实例
- ☑ 别墅楼梯详图 E 绘制实例
- ☑ 别墅 1-1 剖面图绘制实例
- ☑ 别墅墙支撑绘制实例
- ☑ 别墅砖墙支座绘制实例
- ☑ 别墅详图 TL 绘制实例
- ☑ 别墅楼梯表绘制实例、插入图框

任务驱动&项目案例

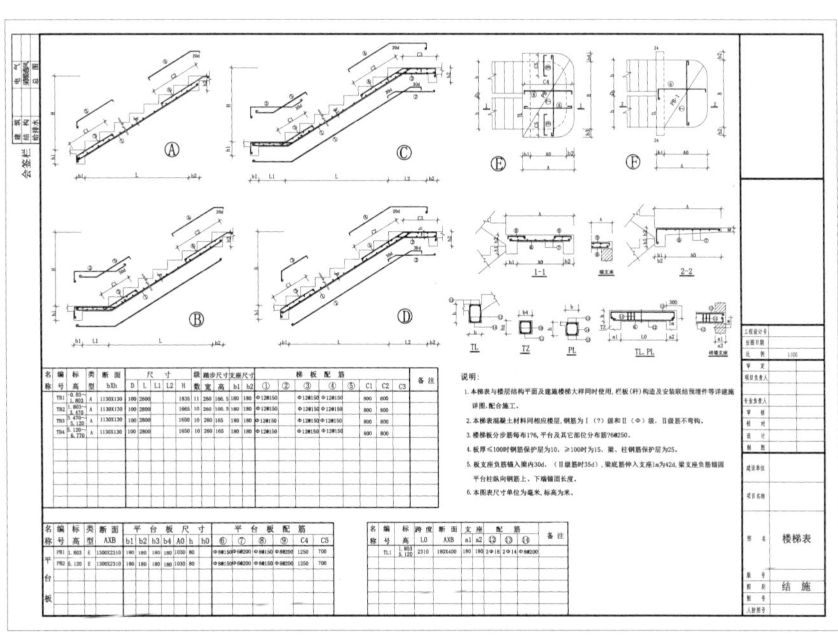

视频讲解

Note

13.1 绘图准备

在正式绘图前应该进行必要的准备工作，包括建立文件、设置图层等，下面进行简要介绍。

13.1.1 建立文件及设置图层

首先在 AutoCAD 中新建文件，并保存为“楼梯表”。在“图层特性管理器”对话框中设置“详图”“钢筋”“标注”“文字”“表”图层，如图 13-1 所示。

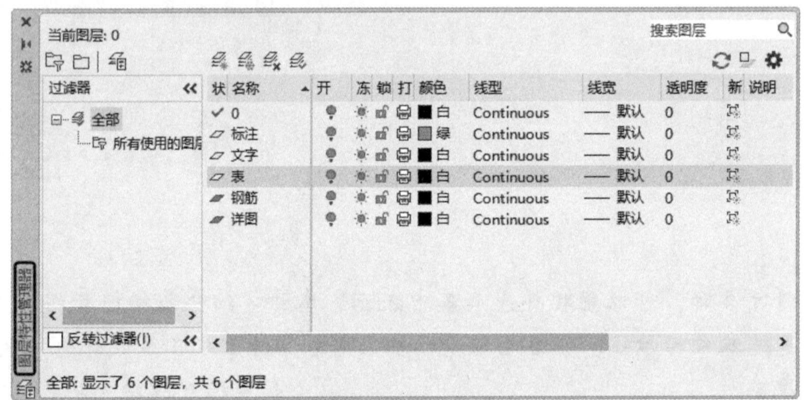

图 13-1 设置图层

13.1.2 设置标注样式

单击“默认”选项卡“注释”面板中的“标注样式”按钮，打开“标注样式管理器”对话框。单击“修改”按钮，打开“修改标注样式：ISO-25”对话框，将“文字高度”设置为 280，“超出尺寸线”设置为 100，“起点偏移量”设置为 100，“箭头”为“建筑标记”，“箭头大小”为 200。

13.1.3 文字样式

单击“默认”选项卡“注释”面板中的“文字样式”按钮，打开“文字样式”对话框，将文字字体设置为宋体，字符高度设置为 200。

13.2 别墅楼梯详图 A 绘制实例

楼梯的构造一般较复杂，需要另画详图表示。楼梯详图主要表示楼梯的类型、结构形式、各部位的尺寸及装修做法，是楼梯施工放样的主要依据。本节以别墅楼梯详图 A 的绘制为例，帮助读者熟练掌握楼梯详图的绘制方法和技巧。

13.2.1 绘制基础结构外形

视频讲解

基础结构外形的绘制主要利用了“图层”“直线”等命令。

（1）单击“默认”选项卡“图层”面板中的“图层特性”按钮，打开“图层特性管理器”对

话框，将“详图”图层设置为当前图层。

（2）根据前面章节楼梯的绘制方法绘制基础结构外形，单击“默认”选项卡“绘图”面板中的“直线”按钮，绘制踏步，如图 13-2 所示。

（3）单击“默认”选项卡“绘图”面板中的“直线”按钮，绘制底梁，如图 13-3 所示。

（4）单击“默认”选项卡“绘图”面板中的“直线”按钮，绘制折断线，如图 13-4 所示。

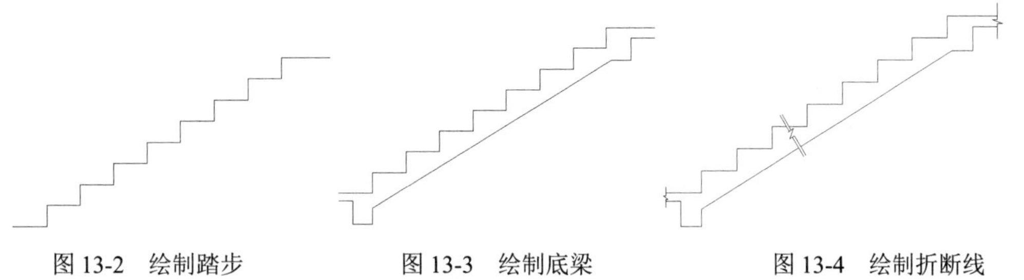

图 13-2　绘制踏步　　图 13-3　绘制底梁　　图 13-4　绘制折断线

13.2.2　绘制配筋

结构图中配筋相当重要，绘制过程中主要利用了“多段线”“圆”“图案填充”等命令。

（1）将“钢筋”图层设置为当前图层，单击“默认”选项卡“绘图”面板中的“多段线”按钮，设置线宽为 48，绘制钢筋，如图 13-5 所示。

（2）单击“默认”选项卡“绘图”面板中的“圆”按钮，绘制一个圆，如图 13-6 所示。

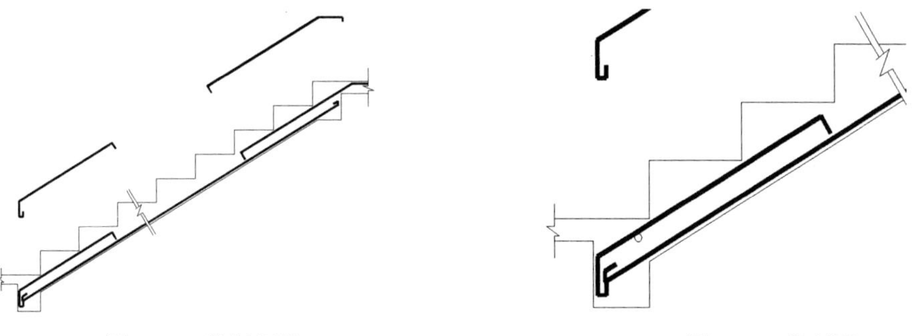

图 13-5　绘制钢筋　　图 13-6　绘制圆

（3）单击“默认”选项卡“绘图”面板中的“图案填充”按钮，打开“图案填充创建”选项卡，将“图案填充图案”设置为 SOLID，对圆进行填充，如图 13-7 所示。

（4）单击“默认”选项卡“修改”面板中的“复制”按钮，将填充圆复制到图中其他位置，如图 13-8 所示。

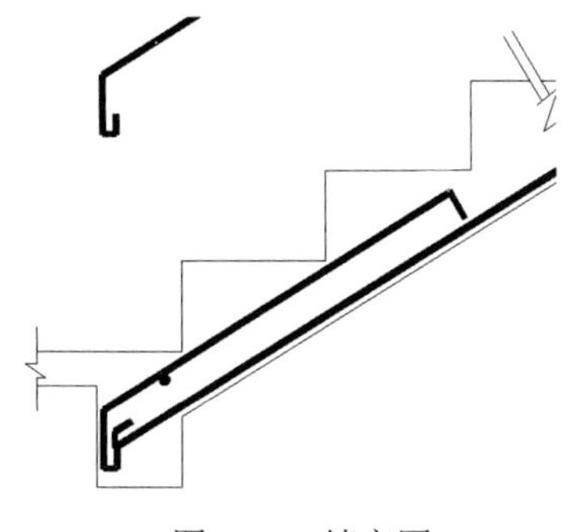

图 13-7　填充圆

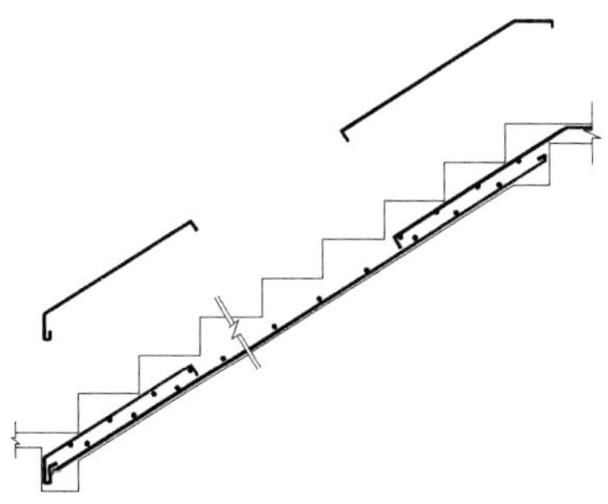

图 13-8　复制填充圆

视频讲解

13.2.3 标注尺寸

尺寸标注是每个图纸中必不可少的步骤。

（1）将“标注”图层设置为当前图层，单击“默认”选项卡“标注”面板中的“线性”按钮，为图形标注外部尺寸，如图 13-9 所示。

（2）单击“默认”选项卡“标注”面板中的“线性”按钮，为图形标注内部尺寸，如图 13-10 所示。

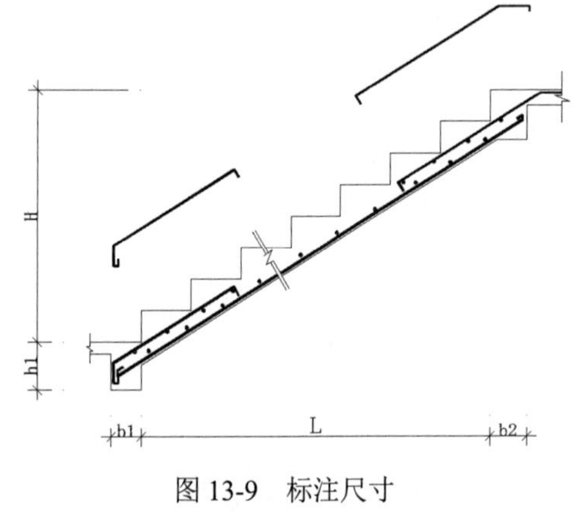

图 13-9　标注尺寸

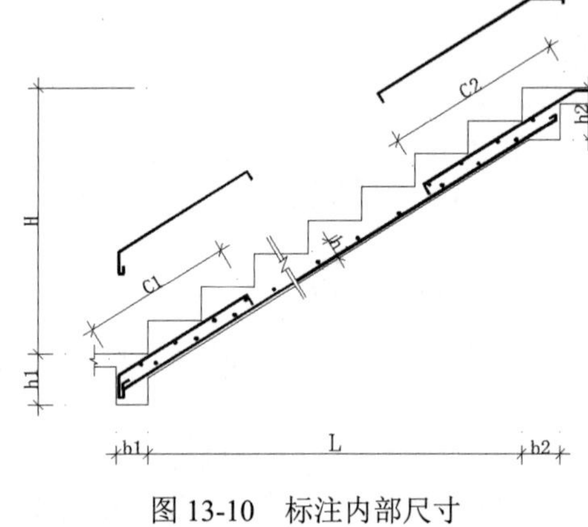

图 13-10　标注内部尺寸

13.2.4 标注文字

文字标注是结构图中的重要组成部分，主要标注楼梯和配筋的一些重要信息，使图形更加清楚，一目了然。

（1）单击“默认”选项卡“绘图”面板中的“直线”按钮，在图中引出直线段，如图 13-11 所示。

（2）单击“默认”选项卡“绘图”面板中的“圆”按钮，在步骤（1）中绘制的直线段端点处绘制一个圆，如图 13-12 所示。

（3）单击“默认”选项卡“注释”面板中的“多行文字”按钮 A，在圆内输入文字，如图 13-13 所示。

（4）单击“默认”选项卡“修改”面板中的“复制”按钮，将标号复制到图中其他位置，双击文字，修改文字内容，如图 13-14 所示。

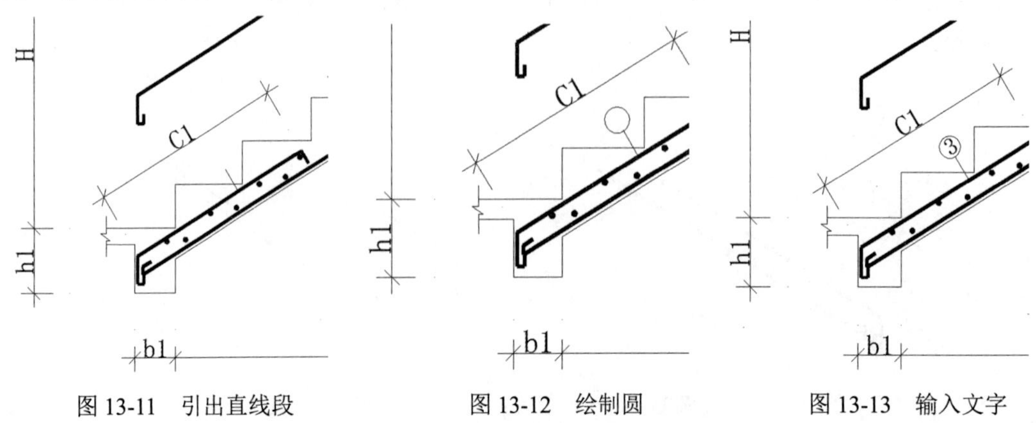

图 13-11　引出直线段　　图 13-12　绘制圆　　图 13-13　输入文字

（5）单击“默认”选项卡“注释”面板中的“多行文字”按钮A，标注文字，如图 13-15 所示。

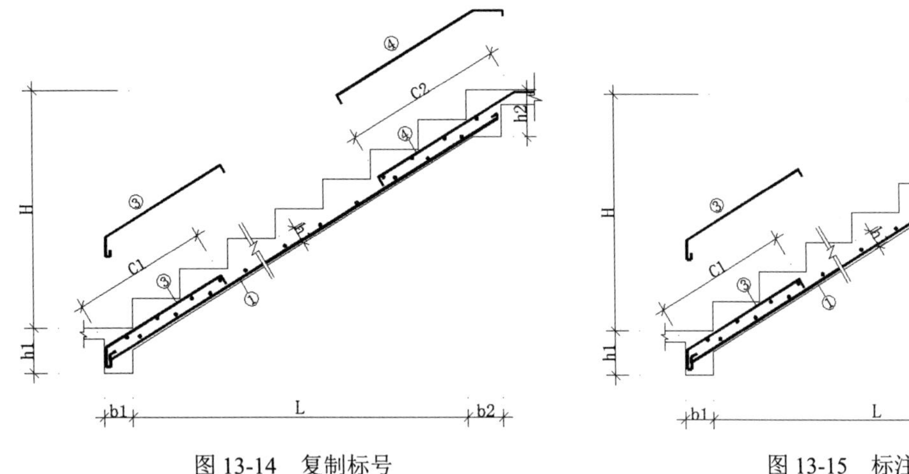

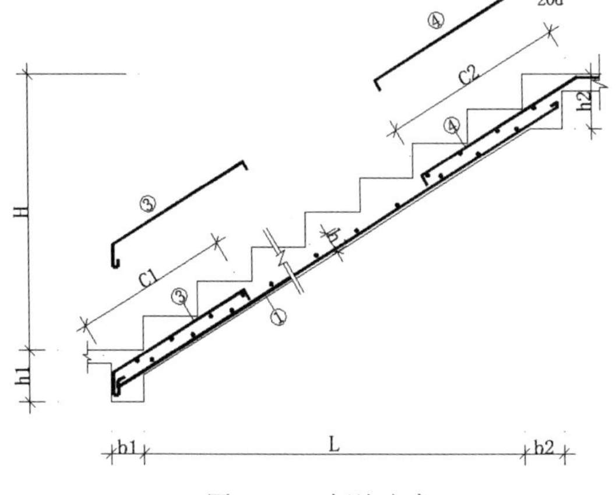

图 13-14　复制标号

图 13-15　标注文字

（6）单击“默认”选项卡“绘图”面板中的“圆”按钮⊙和“注释”面板中的“多行文字”按钮A，标注图名，如图 13-16 所示。

（7）详图 B、C、D 的绘制方法与详图 A 的绘制方法类似，结果如图 13-17～图 13-19 所示。

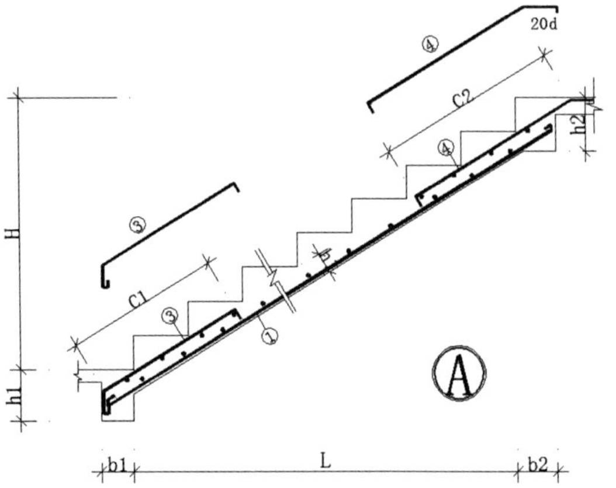

图 13-16　标注图名

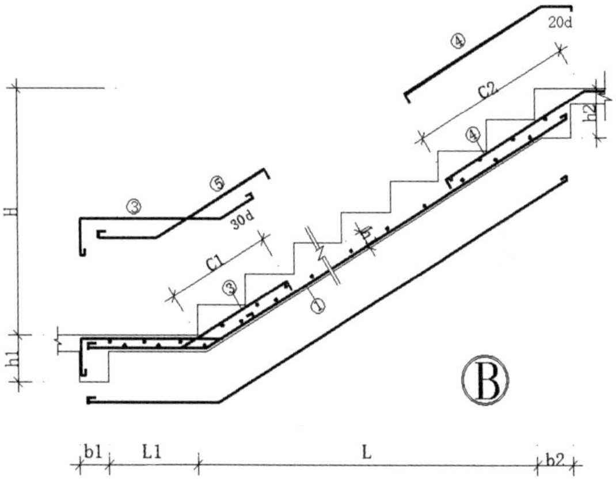

图 13-17　楼梯详图 B

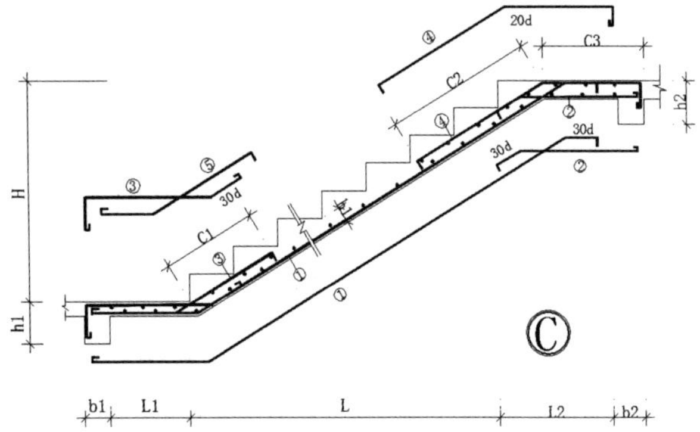

图 13-18　楼梯详图 C

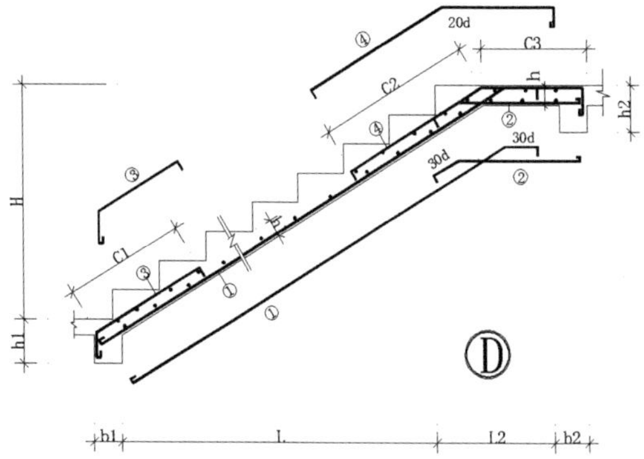

图 13-19　楼梯详图 D

13.3 别墅楼梯详图E绘制实例

Note

本实例以别墅楼梯详图E为例讲述详图的绘制方法，包括绘制基础结构外形、绘制配筋、标注尺寸和标注文字。

视频讲解

13.3.1 绘制基础结构外形

绘制详图时首先要绘制基础结构外形。

（1）单击“默认”选项卡“绘图”面板中的“直线”按钮╱，绘制一条水平直线，如图13-20所示。

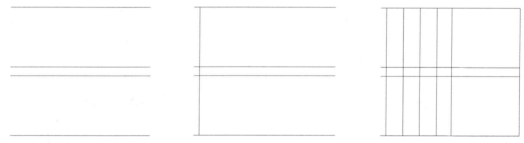

图13-20 绘制水平直线

（2）单击“默认”选项卡“修改”面板中的“偏移”按钮⊆，偏移水平直线，如图13-21所示。

（3）单击“默认”选项卡“绘图”面板中的“直线”按钮╱，绘制竖向直线，如图13-22所示。

（4）单击“默认”选项卡“修改”面板中的“偏移”按钮⊆，将步骤（3）中绘制的竖向直线向右偏移，如图13-23所示。

图13-21 偏移水平直线　　图13-22 绘制竖向直线　　图13-23 偏移竖向直线

（5）单击“默认”选项卡“修改”面板中的“修剪”按钮✂，修剪掉多余的直线，如图13-24所示。

（6）单击“默认”选项卡“修改”面板中的“圆角”按钮⌜，对图形进行圆角处理，如图13-25所示。

（7）单击“默认”选项卡“绘图”面板中的“直线”按钮╱，绘制折断线，如图13-26所示。

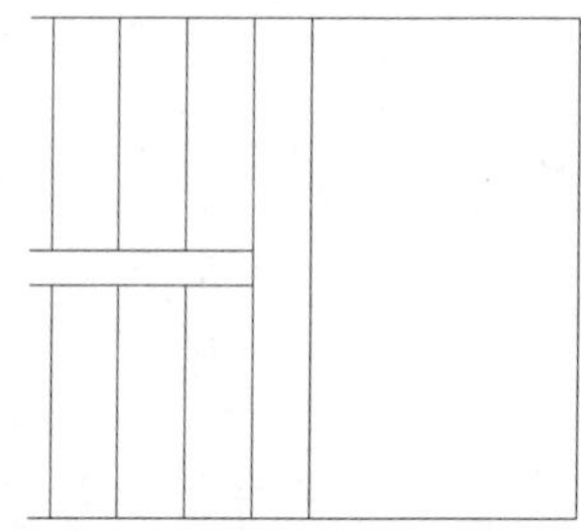

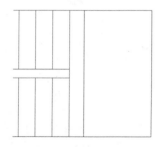

图13-24 修剪掉多余的直线

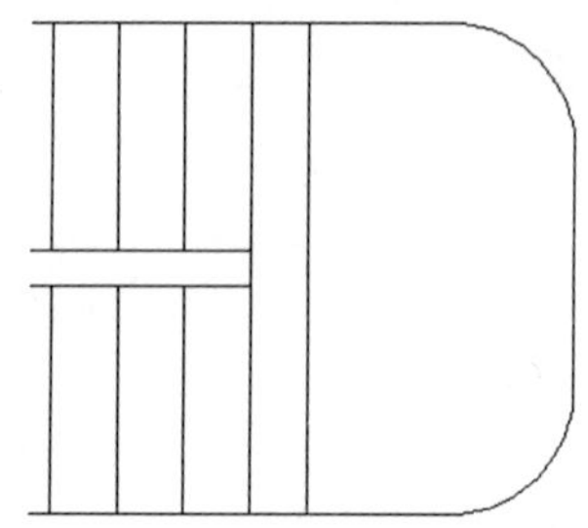

图13-25 绘制圆角

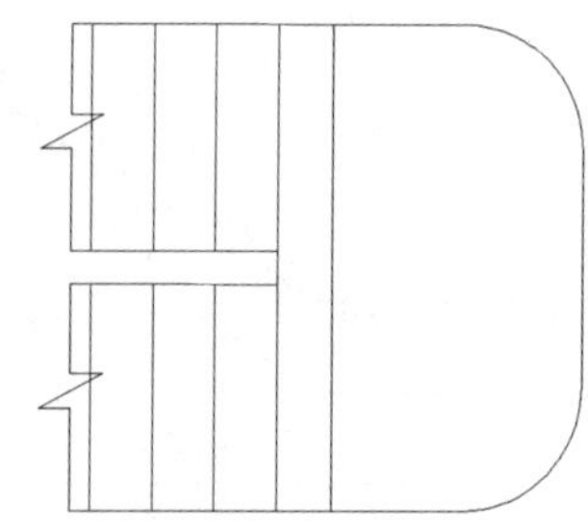

图13-26 绘制折断线

(8) 单击“默认”选项卡“修改”面板中的“偏移”按钮⊆，将外部直线和圆弧向外偏移，如图 13-27 所示。

(9) 单击“默认”选项卡“修改”面板中的“延伸”按钮→|，将直线延伸到合适的位置，如图 13-28 所示。

(10) 单击“默认”选项卡“绘图”面板中的“直线”按钮╱，绘制一条斜线，如图 13-29 所示。

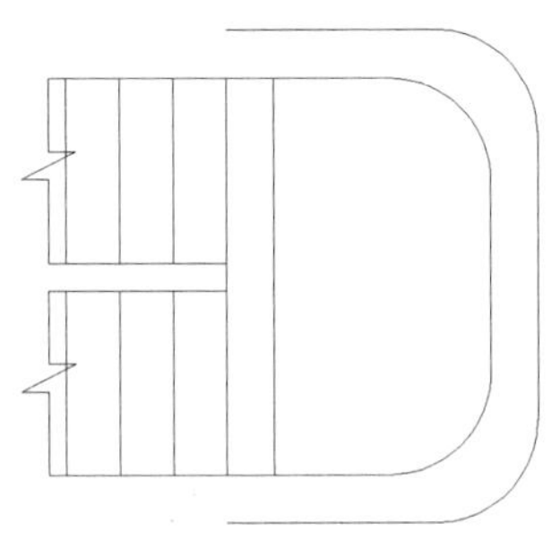

图 13-27　偏移直线

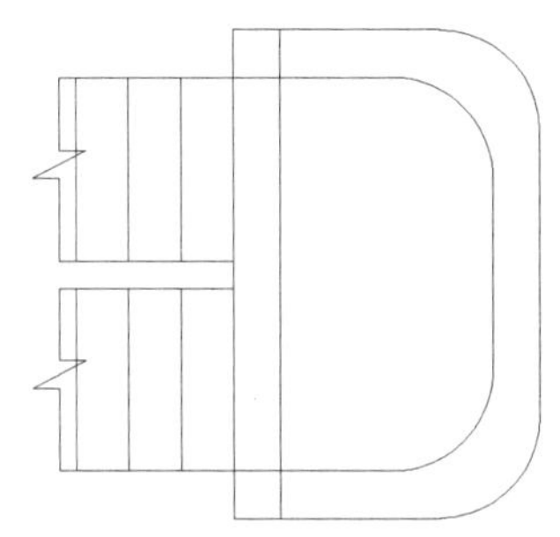

图 13-28　延伸直线

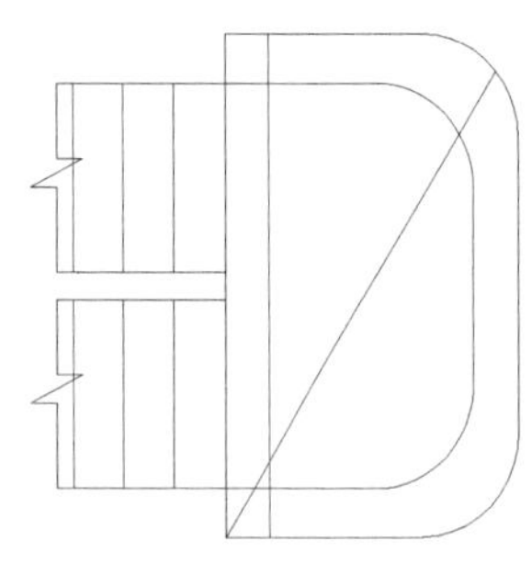

图 13-29　绘制斜线

13.3.2　绘制配筋

视频讲解

配筋能显示内部结构的重要信息，绘制配筋主要利用了“多段线”命令。

(1) 将“钢筋”图层设置为当前图层，单击“默认”选项卡“绘图”面板中的“多段线”按钮，设置线宽为 40，绘制横向箍筋，如图 13-30 所示。

(2) 同理，单击“默认”选项卡“绘图”面板中的“多段线”按钮，绘制竖向箍筋，如图 13-31 所示。

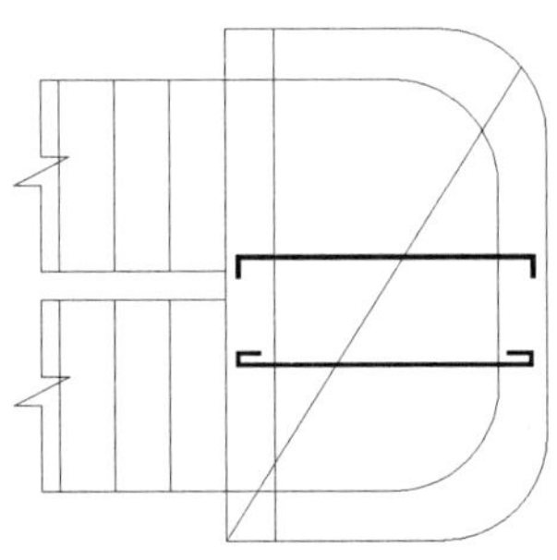

图 13-30　绘制横向箍筋

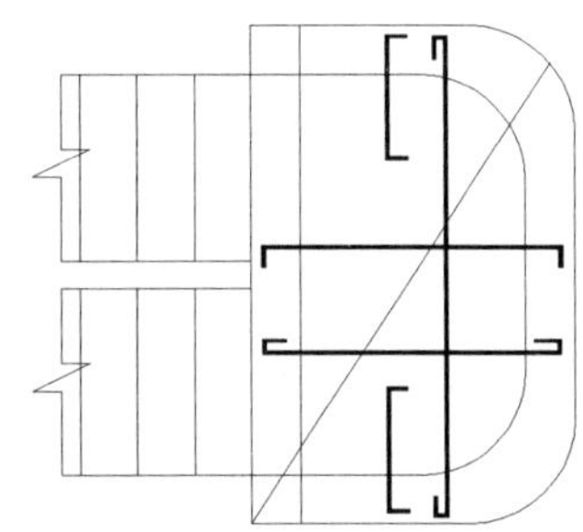

图 13-31　绘制竖向箍筋

13.3.3　标注尺寸

尺寸标注是每个图纸中必不可少的步骤，主要利用了“线性”命令。

(1) 将“标注”图层设置为当前图层，单击“默认”选项卡“标注”面板中的“线性”按钮，标注外部尺寸，如图 13-32 所示。

(2) 单击“默认”选项卡“标注”面板中的“线性”按钮，标注细节尺寸，如图 13-33 所示。

13.3.4　标注文字

视频讲解

文字标注主要利用了“复制”“圆”“多行文字”等命令。

(1) 单击“默认”选项卡“绘图”面板中的“圆”按钮⊙，在图中绘制一个圆，如图 13-34 所示。

Note

（2）单击“默认”选项卡“注释”面板中的“多行文字”按钮A，在圆内输入文字，如图13-35所示。

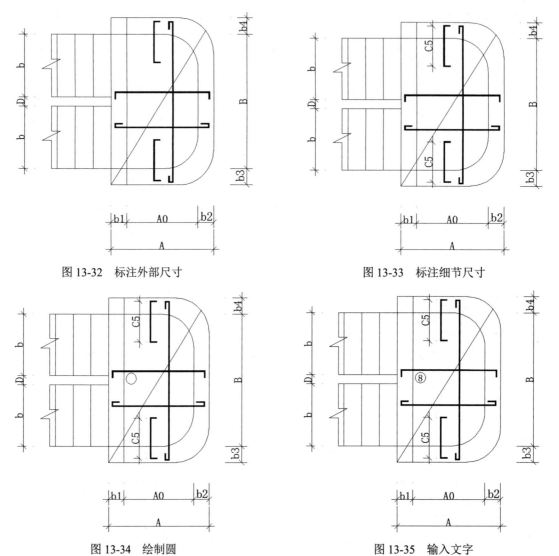

图13-32　标注外部尺寸

图13-33　标注细节尺寸

图13-34　绘制圆

图13-35　输入文字

（3）单击“默认”选项卡“修改”面板中的“复制”按钮，将绘制的标号复制到图中其他位置，并双击文字，修改文字内容，如图13-36所示。

（4）单击“默认”选项卡“绘图”面板中的“多段线”按钮，绘制剖切符号，如图13-37所示。

（5）单击“默认”选项卡“注释”面板中的“多行文字”按钮A，绘制剖切数值，如图13-38所示。

（6）单击“默认”选项卡“修改”面板中的“复制”按钮，将剖切符号复制到另外一侧，如图13-39所示。

（7）单击“默认”选项卡“绘图”面板中的“圆”按钮和“注释”面板中的“多行文字”按钮A，标注图名，并修改线型，如图13-40所示。

（8）详图 F 的绘制方法与详图 E 的绘制方法类似，结果如图 13-41 所示。

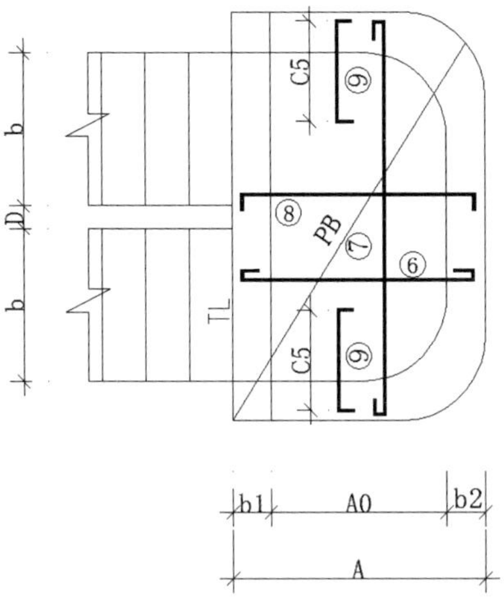

图 13-36 复制标号

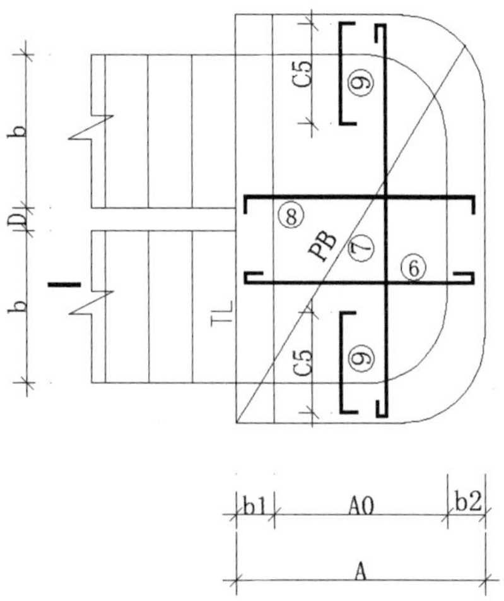

图 13-37 绘制剖切符号

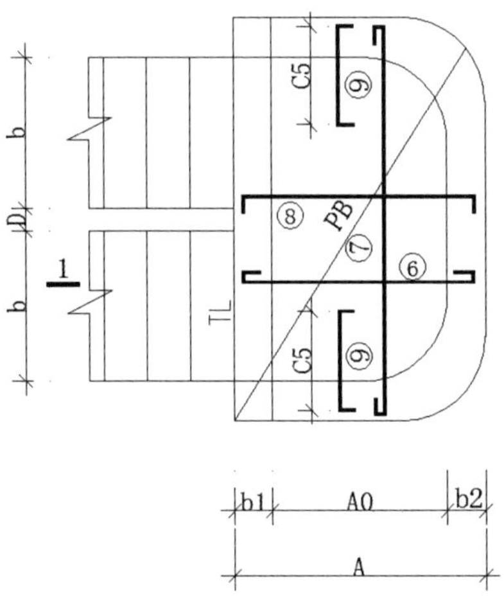

图 13-38 绘制剖切数值

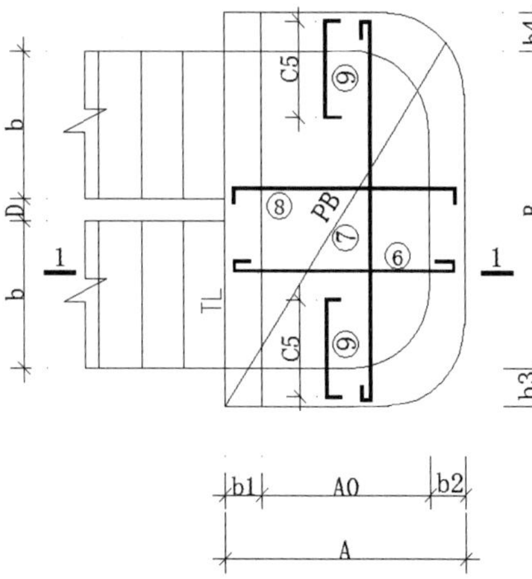

图 13-39 复制剖切符号

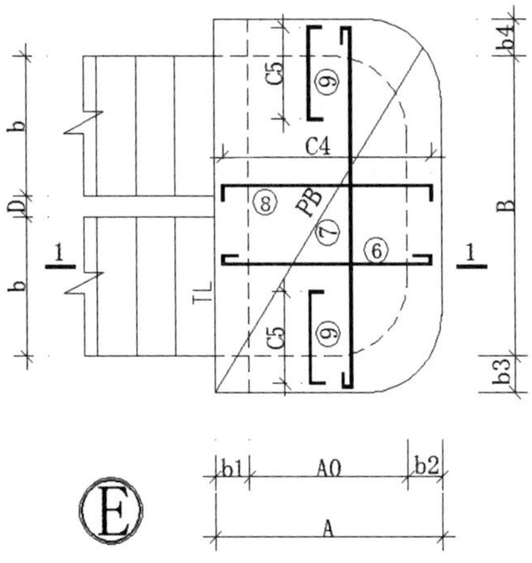

图 13-40 标注图名

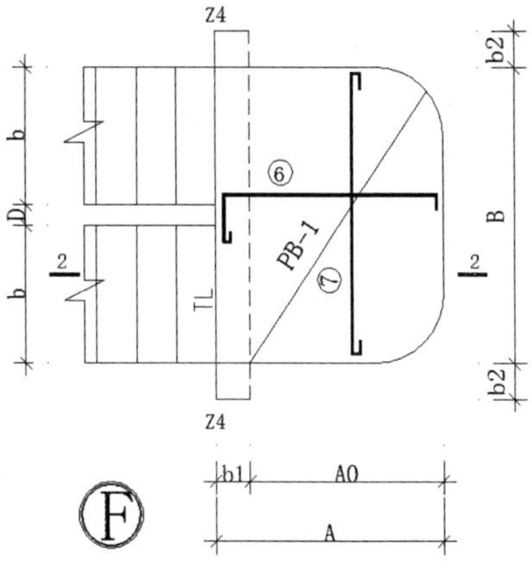

图 13-41 楼梯详图 F

13.4 别墅1-1剖面图绘制实例

Note

视频讲解

本实例以别墅1-1剖面图为例介绍剖面图的绘制方法和技巧，包括绘制基础结构外形、绘制配筋、标注尺寸、标注文字。

13.4.1 绘制基础结构外形

基础结构外形的绘制主要利用了“直线”命令。

（1）单击“默认”选项卡“绘图”面板中的“直线”按钮╱，绘制连续线段，如图13-42所示。

（2）单击“默认”选项卡“绘图”面板中的“直线”按钮╱，绘制折断线，如图13-43所示。

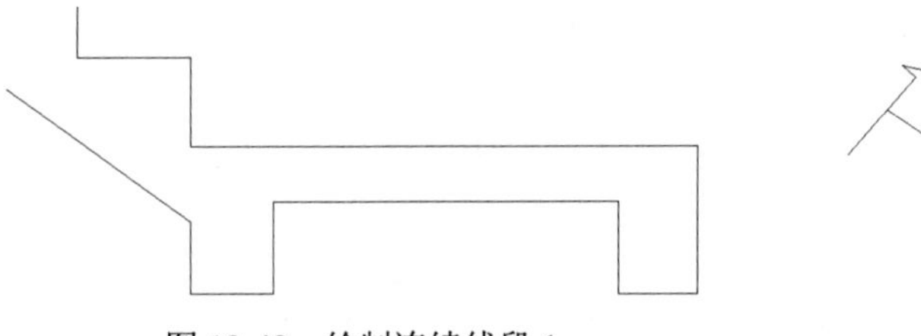

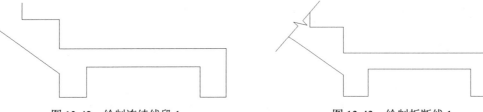

图13-42　绘制连续线段1

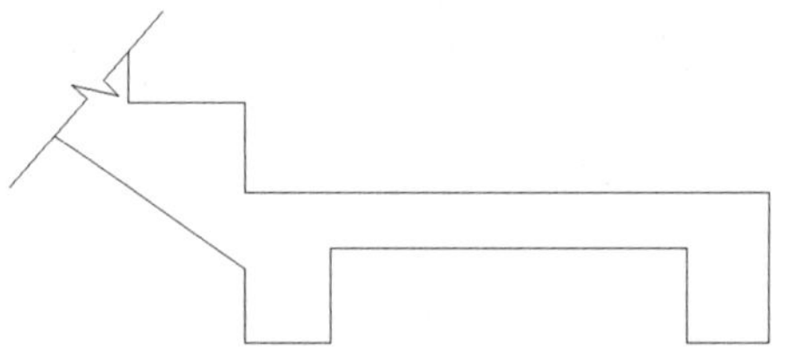

图13-43　绘制折断线1

（3）单击“默认”选项卡“绘图”面板中的“直线”按钮╱，在图中下侧绘制连续线段，如图13-44所示。

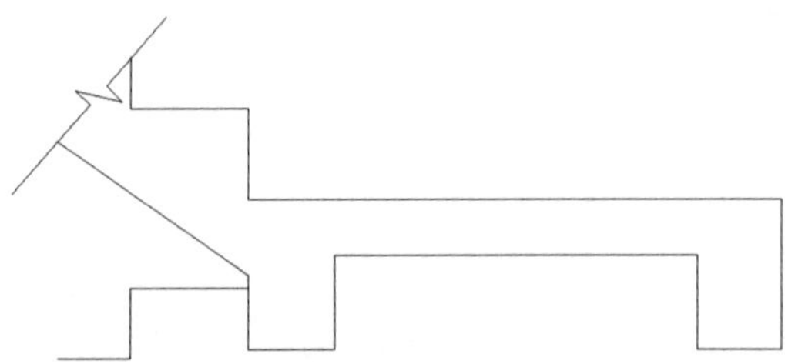

图13-44　绘制连续线段2

（4）单击“默认”选项卡“绘图”面板中的“直线”按钮╱，在图中合适的位置绘制一条斜线，如图13-45所示。

（5）单击“默认”选项卡“绘图”面板中的“直线”按钮╱，绘制折断线，如图13-46所示。

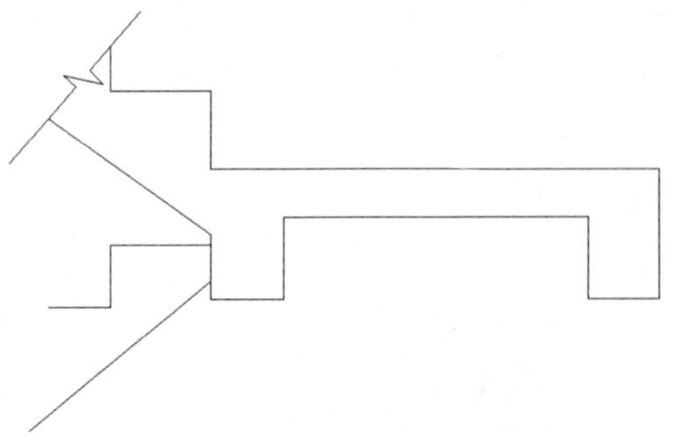

图13-45　绘制斜线

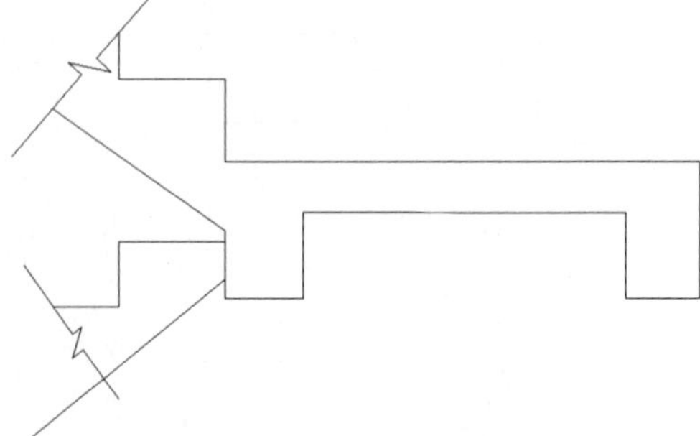

图13-46　绘制折断线2

13.4.2 绘制配筋

配筋的绘制主要利用了“多段线”“圆”“图案填充”等命令。

（1）将“钢筋”图层设置为当前图层，单击“默认”选项卡“绘图”面板中的“多段线”按钮，设置线宽为48，绘制钢筋，如图13-47所示。

（2）单击“默认”选项卡“修改”面板中的“复制”按钮，将步骤（1）中绘制的钢筋复制到图中其他位置，如图13-48所示。

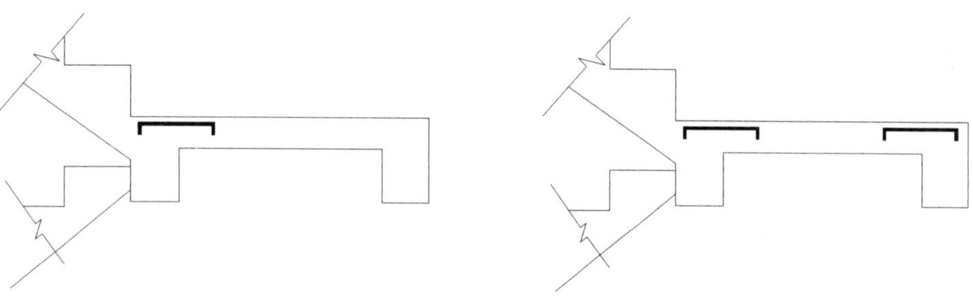

图13-47 绘制钢筋1　　图13-48 复制钢筋

（3）同理，绘制其他位置的钢筋，如图13-49所示。

（4）单击“默认”选项卡“绘图”面板中的“圆”按钮，绘制一个圆，如图13-50所示。

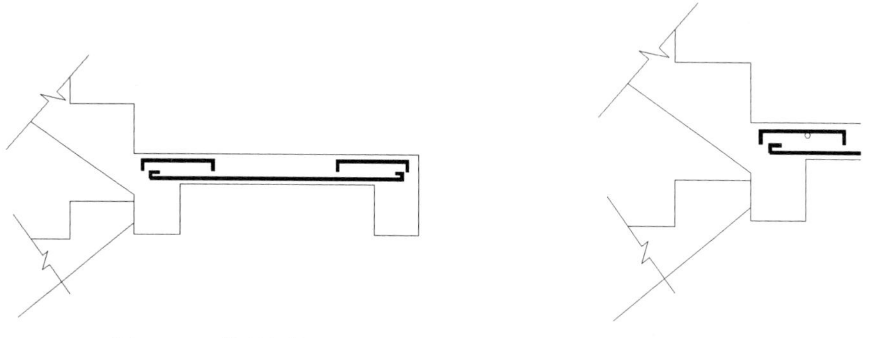

图13-49 绘制钢筋2　　图13-50 绘制圆

（5）单击“默认”选项卡“绘图”面板中的“图案填充”按钮，填充圆，如图13-51所示。

（6）单击“默认”选项卡“修改”面板中的“复制”按钮，复制填充圆，如图13-52所示。

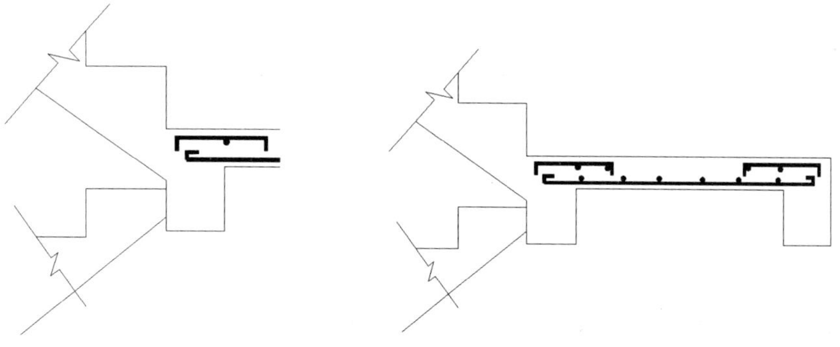

图13-51 填充圆　　图13-52 复制填充圆

视频讲解

Note

13.4.3 标注尺寸

尺寸标注主要利用了“图层特性”“线性”命令。

（1）单击“默认”选项卡“图层”面板中的“图层特性”按钮，打开“图层特性管理器”对话框，将“标注”图层设置为当前图层。

（2）单击“注释”选项卡“标注”面板中的“线性”按钮，为图形标注尺寸，如图 13-53 所示。

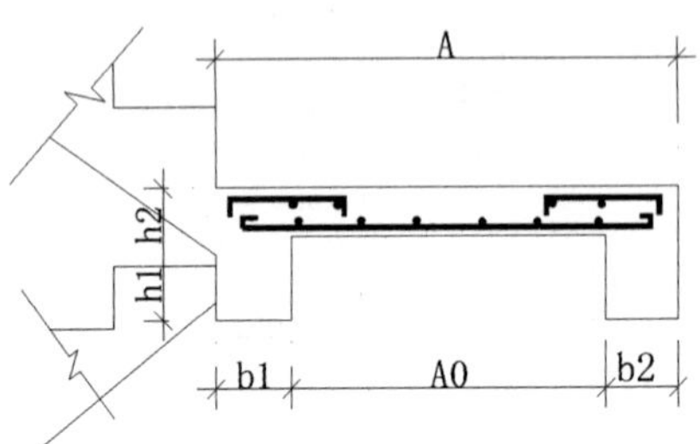

图 13-53 标注尺寸

13.4.4 标注文字

文字标注主要利用了“直线”“圆”“多行文字”等命令。

（1）单击“默认”选项卡“绘图”面板中的“直线”按钮，在图中引出直线段，如图 13-54 所示。

（2）单击“默认”选项卡“绘图”面板中的“圆”按钮，在直线段端点处绘制一个圆，如图 13-55 所示。

（3）单击“默认”选项卡“注释”面板中的“多行文字”按钮A，在圆内输入文字，如图 13-56 所示。

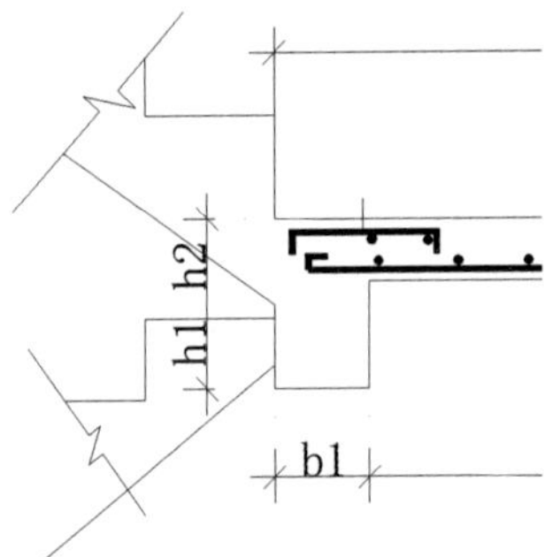

图 13-54 引出直线段

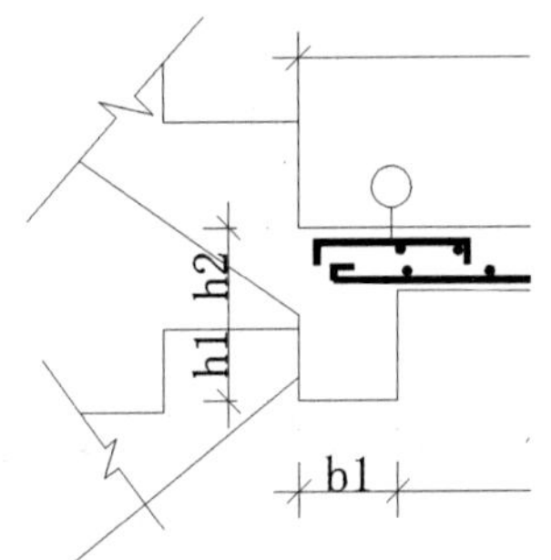

图 13-55 绘制圆

（4）单击“默认”选项卡“修改”面板中的“复制”按钮，将标号复制到图中其他位置，然后双击文字，修改文字内容，如图 13-57 所示。

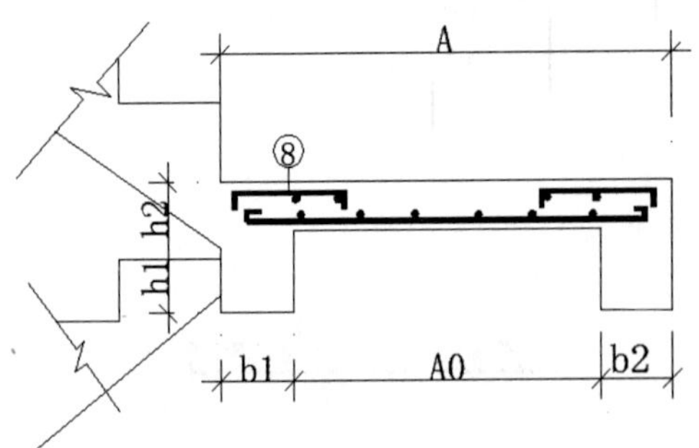

图 13-56 输入文字

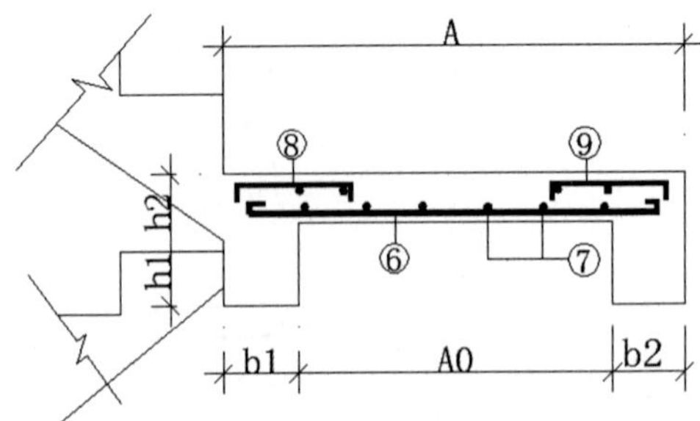

图 13-57 复制标号

（5）单击“默认”选项卡“绘图”面板中的“多段线”按钮和“注释”面板中的“多行文字”按钮A，标注图名，如图 13-58 所示。

（6）剖面图 2-2 的绘制方法与剖面图 1-1 的绘制方法类似，这里不再赘述，结果如图 13-59 所示。

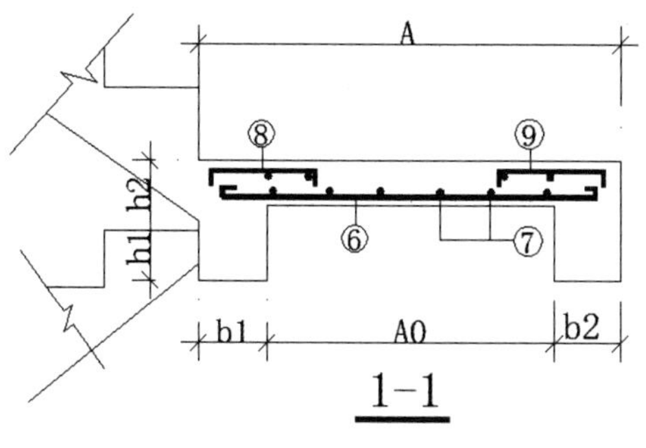

图 13-58　标注图名

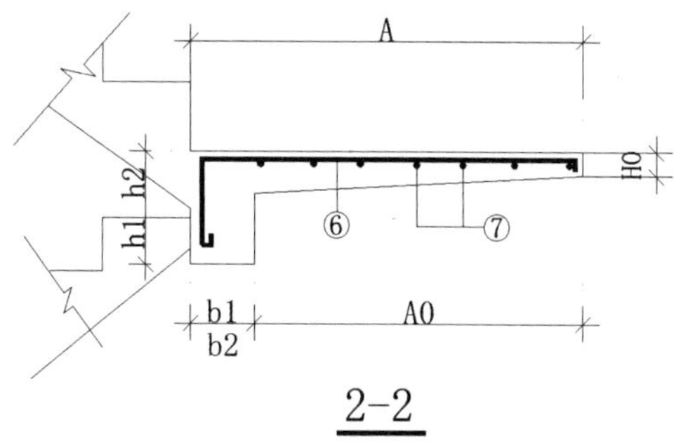

图 13-59　剖面图 2-2

13.5　别墅墙支撑绘制实例

本节以别墅墙支撑图的绘制为例使读者能够更熟练地运用二维绘图和编辑命令，包括绘制基础结构外形、绘制配筋、标注尺寸、标注文字。

13.5.1　绘制基础结构外形

基础结构外形的绘制主要利用了“直线”“图案填充”等命令。

（1）单击“默认”选项卡“绘图”面板中的“直线”按钮⁄，绘制一条竖向直线，如图 13-60 所示。

（2）单击“默认”选项卡“绘图”面板中的“直线”按钮⁄，绘制水平直线，如图 13-61 所示。

（3）单击“默认”选项卡“绘图”面板中的“直线”按钮⁄，绘制竖向直线，如图 13-62 所示。

（4）单击“默认”选项卡“绘图”面板中的“直线”按钮⁄，绘制折断线，如图 13-63 所示。

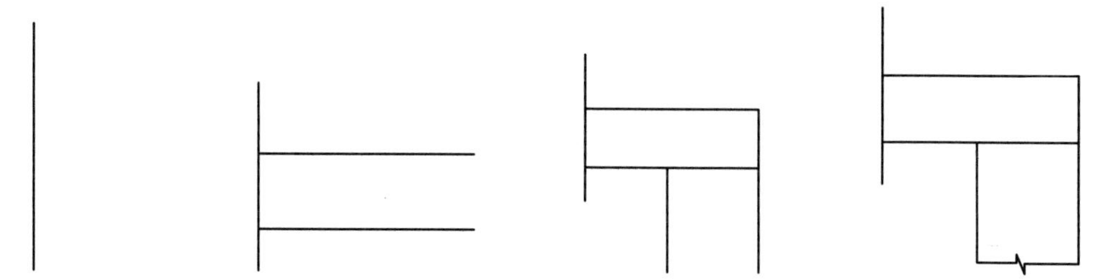

图 13-60　绘制竖向直线 1　　图 13-61　绘制水平直线　　图 13-62　绘制竖向直线 2　　图 13-63　绘制折断线

（5）单击“默认”选项卡“绘图”面板中的“图案填充”按钮▨，打开“图案填充创建”选项卡，选择 ANSI31 图案，填充图形，如图 13-64 所示。

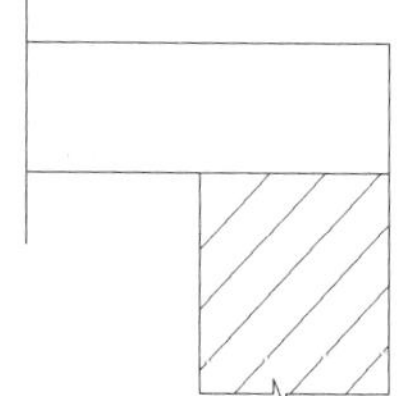

图 13-64　填充图形

13.5.2　绘制配筋

配筋的绘制主要利用了“直线”“图案填充”等命令。

（1）单击“默认”选项卡“绘图”面板中的“多段线”按钮⊃，设置线宽为 48，绘制多段线，如图 13-65 所示。

Note

（2）单击“默认”选项卡“绘图”面板中的“圆”按钮，绘制一个圆，如图13-66所示。

（3）单击“默认”选项卡“绘图”面板中的“图案填充”按钮，打开“图案填充创建”选项卡，将“图案填充图案”设置为SOLID，填充圆，如图13-67所示。

（4）单击“默认”选项卡“修改”面板中的“复制”按钮，将填充圆复制到图中其他位置，如图13-68所示。

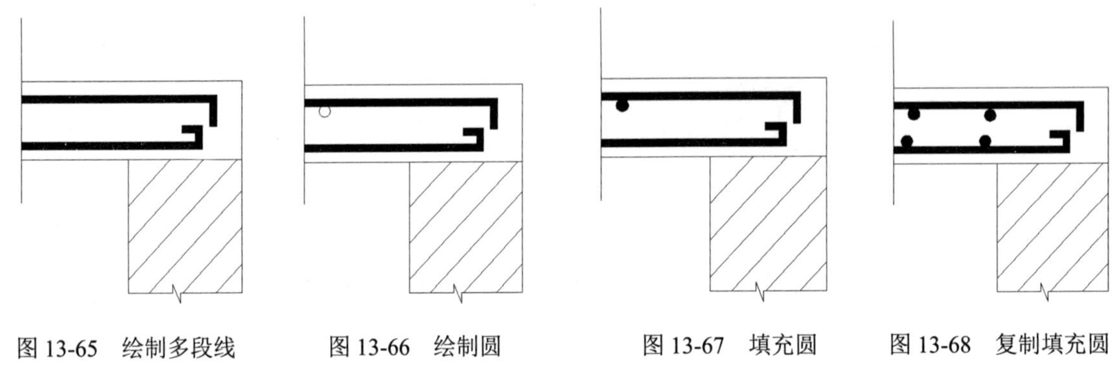

图13-65　绘制多段线　　图13-66　绘制圆　　图13-67　填充圆　　图13-68　复制填充圆

13.5.3　标注尺寸

尺寸标注主要利用了“图层特性”“线性”等命令。

（1）单击“默认”选项卡“图层”面板中的“图层特性”按钮，打开“图层特性管理器”对话框，将“标注”图层设置为当前图层。

（2）单击“注释”选项卡“标注”面板中的“线性”按钮，为图形标注尺寸，如图13-69所示。

13.5.4　标注文字

文字标注主要利用了“直线”“圆”“多行文字”“多段线”等命令。

（1）单击“默认”选项卡“绘图”面板中的“直线”按钮，在图中引出直线段，如图13-70所示。

（2）单击“默认”选项卡“绘图”面板中的“圆”按钮，在直线段端点处绘制圆，如图13-71所示。

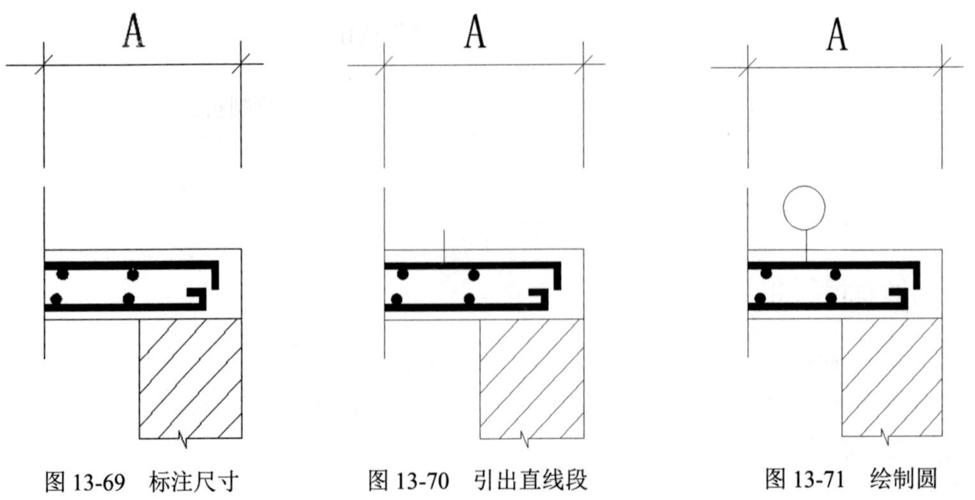

图13-69　标注尺寸　　图13-70　引出直线段　　图13-71　绘制圆

(3) 单击“默认”选项卡“注释”面板中的“多行文字”按钮A，在圆内输入文字，如图13-72所示。

(4) 单击“默认”选项卡“修改”面板中的“复制”按钮，将标号复制到图中其他位置，双击文字，修改文字内容，如图13-73所示。

(5) 单击“默认”选项卡“绘图”面板中的“多段线”按钮和“注释”面板中的“多行文字”按钮A，标注图名，如图13-74所示。

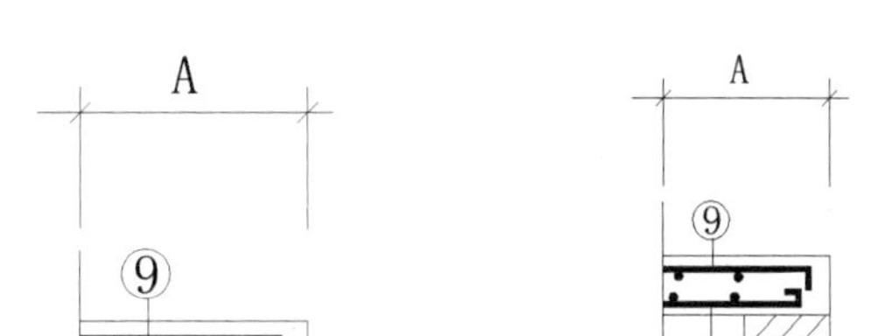

图13-72　输入文字　　图13-73　复制标号　　图13-74　标注图名

13.6　别墅砖墙支座绘制实例

视频讲解

本节以别墅砖墙支座绘制为例，详细介绍其绘制方法和技巧。

13.6.1　绘制基础结构外形

基础结构外形的绘制主要利用了“直线”“偏移”等命令。

(1) 单击“默认”选项卡“绘图”面板中的“直线”按钮，绘制一条水平直线，如图13-75所示。

图13-75　绘制水平直线

(2) 单击“默认”选项卡“修改”面板中的“偏移”按钮，将水平直线向下偏移，如图13-76所示。

图13-76　偏移直线

(3) 单击“默认”选项卡“绘图”面板中的“直线”按钮，绘制竖向直线，如图13-77所示。

(4) 单击“默认”选项卡“修改”面板中的“偏移”按钮，将步骤(3)中绘制的竖向直线向左偏移，如图13-78所示。

(5) 单击“默认”选项卡“绘图”面板中的“直线”按钮，绘制折断线，如图13-79所示。

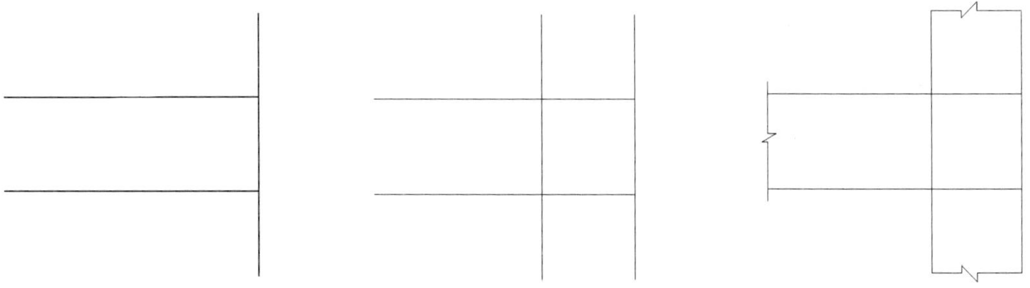

图13-77　绘制竖向直线　　图13-78　偏移竖向直线　　图13-79　绘制折断线

Note

（6）单击“默认”选项卡“绘图”面板中的“图案填充”按钮，打开“图案填充创建”选项卡，将“图案填充图案”设置为ANSI 31，填充图形，如图13-80所示。

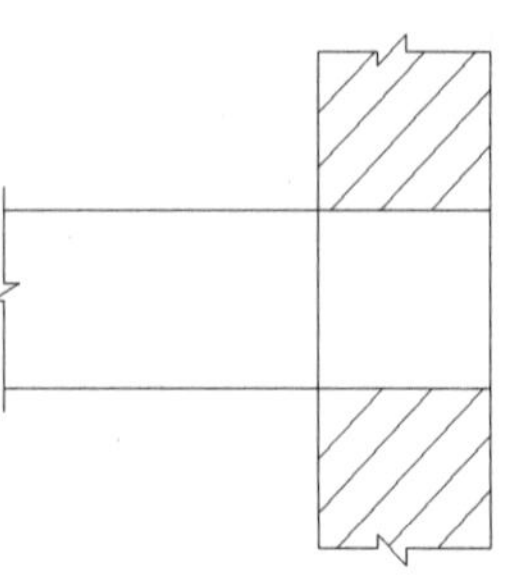

图13-80　填充图形

13.6.2　绘制配筋

绘制配筋主要利用了“多段线”等命令。

（1）单击“默认”选项卡“绘图”面板中的“多段线”按钮，设置线宽为48，绘制钢筋，如图13-81所示。

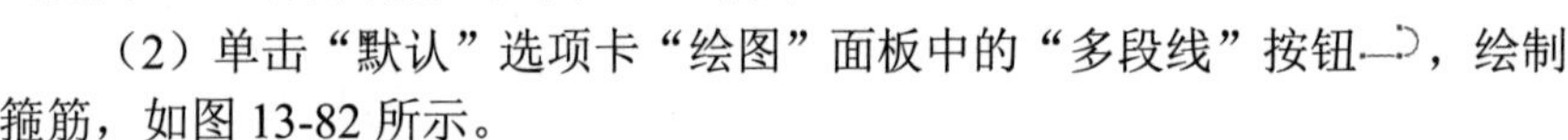

（2）单击“默认”选项卡“绘图”面板中的“多段线”按钮，绘制箍筋，如图13-82所示。

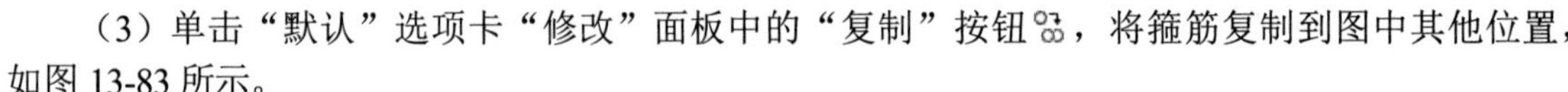

（3）单击“默认”选项卡“修改”面板中的“复制”按钮，将箍筋复制到图中其他位置，如图13-83所示。

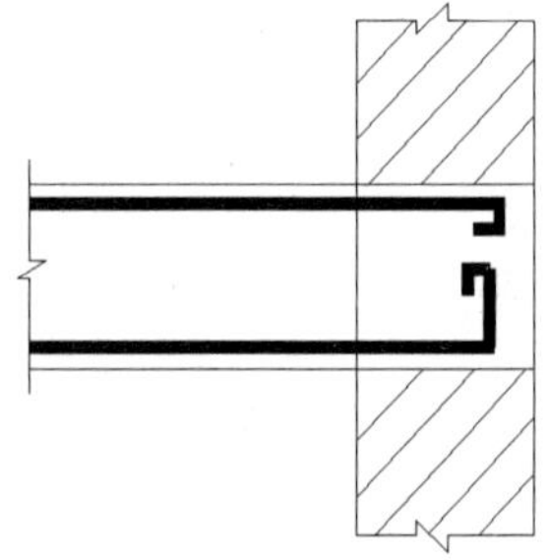

图13-81　绘制钢筋

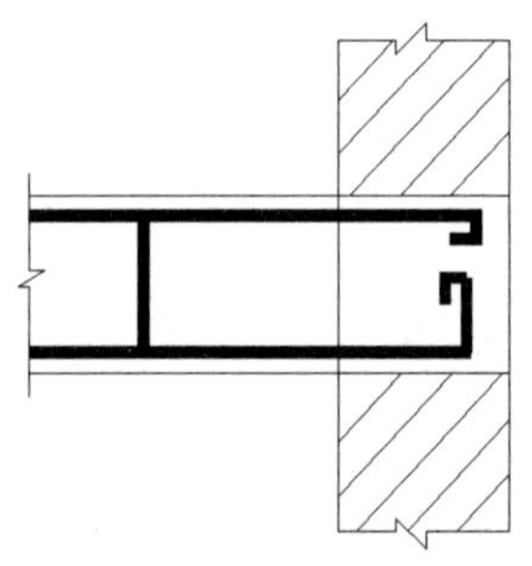

图13-82　绘制箍筋

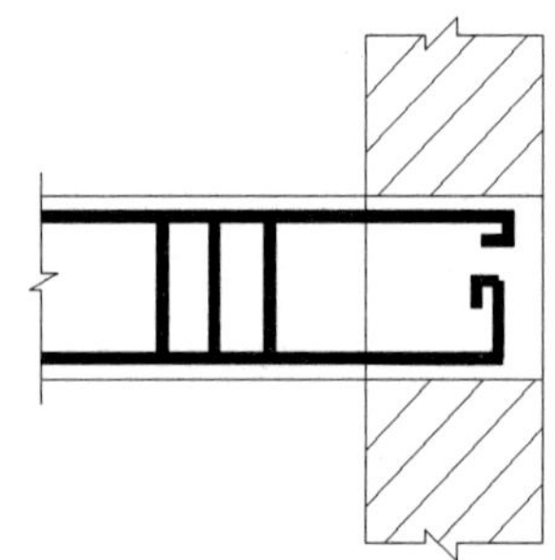

图13-83　复制箍筋

13.6.3　标注尺寸

尺寸标注主要利用了“图层特性”“线性”等命令。

（1）单击“默认”选项卡“图层”面板中的“图层特性”按钮，打开“图层特性管理器”对话框，将“标注”图层设置为当前图层。

（2）单击“默认”选项卡“标注”面板中的“线性”按钮，为图形标注尺寸，如图13-84所示。

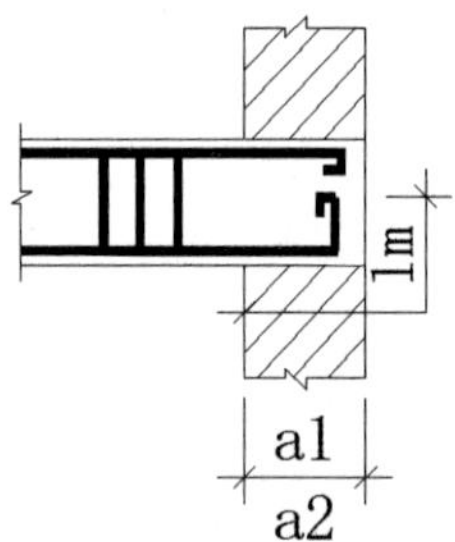

图13-84　标注尺寸

13.6.4　标注文字

文字标注主要利用了“直线”“圆”“多行文字”等命令。

（1）单击“默认”选项卡“绘图”面板中的“直线”按钮，在图中引出直线段，如图13-85所示。

（2）单击“默认”选项卡“绘图”面板中的“圆”按钮，在步骤（1）中绘制的直线段端点处绘制一个圆，如图13-86所示。

（3）单击“默认”选项卡“注释”面板中的“多行文字”按钮A，在圆内输入文字，如图13-87所示。

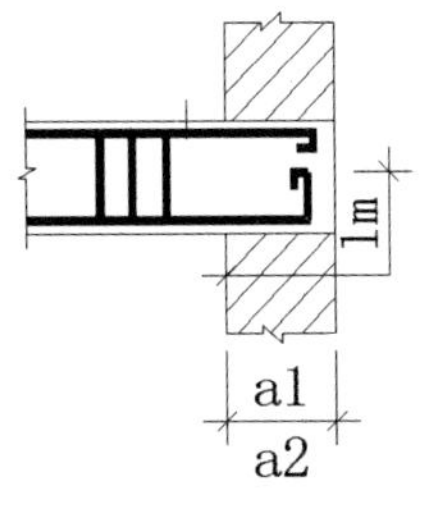

图 13-85　引出直线段

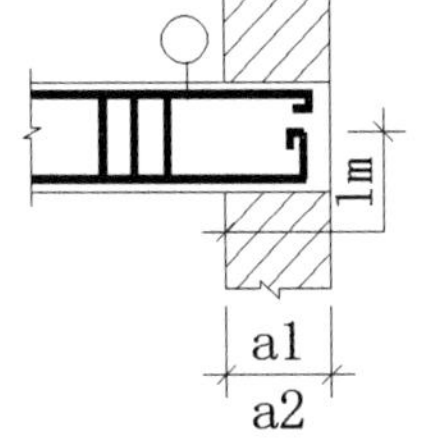

图 13-86　绘制圆

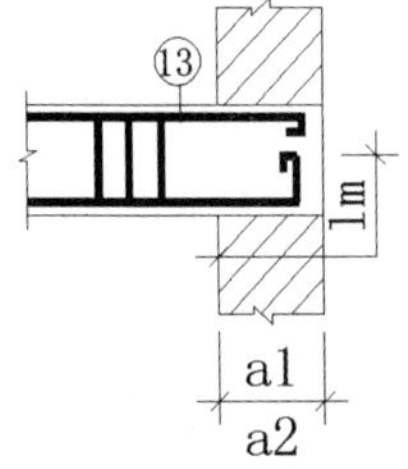

图 13-87　输入文字

（4）同理，标注其他位置的标号，如图 13-88 所示。

（5）单击“默认”选项卡“绘图”面板中的“多段线”按钮 和“注释”面板中的“多行文字”按钮 A，标注图名，如图 13-89 所示。

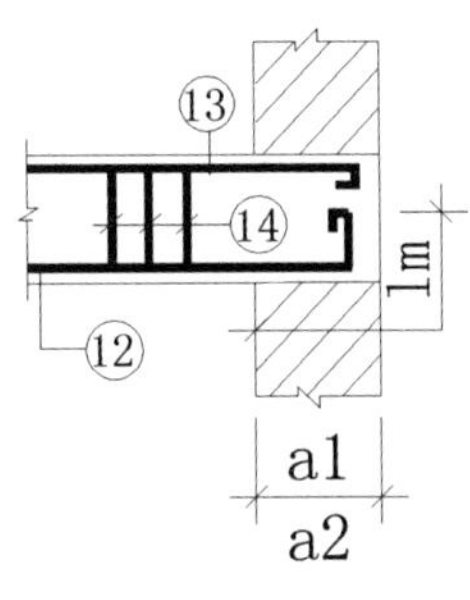

图 13-88　标注标号

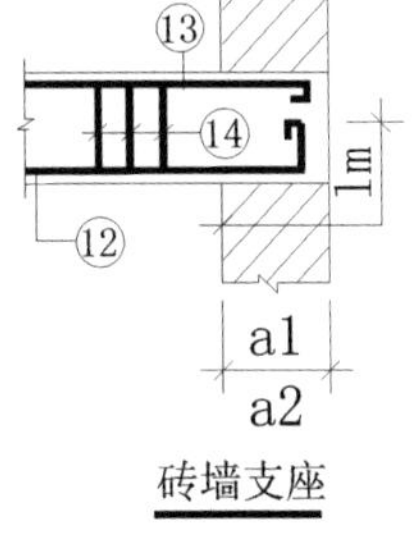

图 13-89　标注图名

13.7　别墅详图 TL 绘制实例

视频讲解

本节以别墅详图 TL 为例，详细介绍其绘制方法和技巧。

13.7.1　绘制基础结构外形

基础结构外形的绘制主要利用了“直线”命令。

（1）单击“默认”选项卡“绘图”面板中的“直线”按钮╱，绘制连续线段，如图 13-90 所示。

（2）同理，在图形下侧继续绘制连续线段，如图 13-91 所示。

（3）单击“默认”选项卡“绘图”面板中的“直线”按钮╱，绘制折断线，如图 13-92 所示。

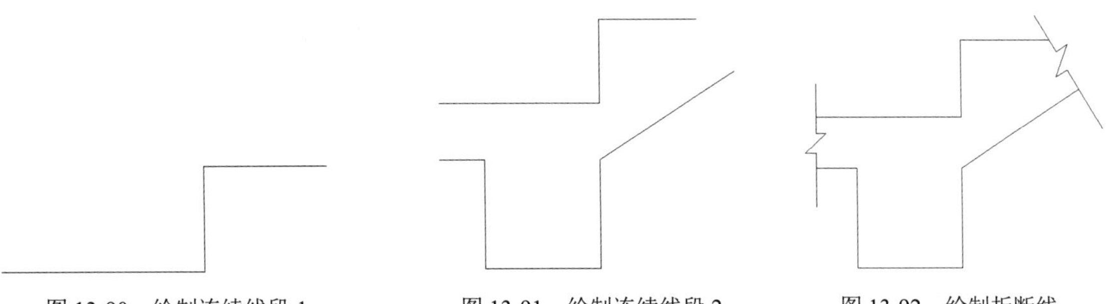

图 13-90　绘制连续线段 1　　图 13-91　绘制连续线段 2　　图 13-92　绘制折断线

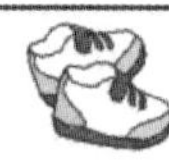

13.7.2 绘制配筋

配筋的绘制主要利用了“多段线”“圆”“图案填充”等命令。

（1）单击“默认”选项卡“绘图”面板中的“多段线”按钮，设置线宽为48，绘制钢筋，如图13-93所示。

（2）单击“默认”选项卡“绘图”面板中的“圆”按钮，在图中绘制一个圆，如图13-94所示。

（3）单击“默认”选项卡“绘图”面板中的“图案填充”按钮，打开“图案填充创建”选项卡，选择图案，将“图案填充图案”设置为SOLID。填充圆，如图13-95所示。

（4）单击“默认”选项卡“修改”面板中的“复制”按钮，将圆复制到图中其他位置，完成配筋的绘制，如图13-96所示。

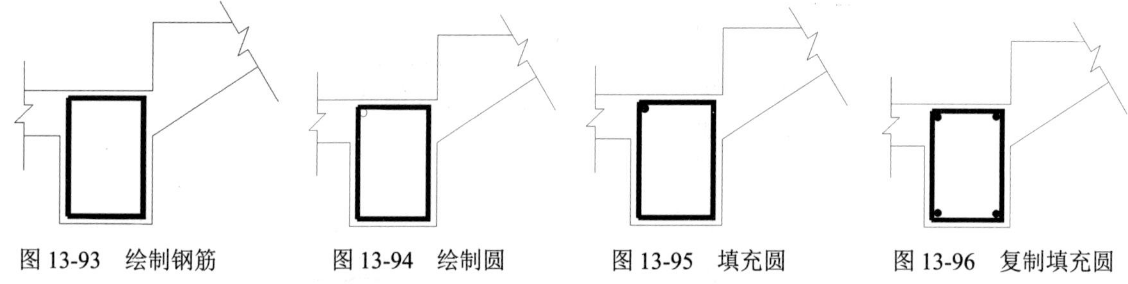

图13-93 绘制钢筋　　图13-94 绘制圆　　图13-95 填充圆　　图13-96 复制填充圆

13.7.3 标注尺寸

尺寸标注主要利用了“图层特性”“线性”命令。

（1）单击“默认”选项卡“图层”面板中的“图层特性”按钮，打开“图层特性管理器”对话框，将“标注”图层设置为当前图层。

（2）单击“注释”选项卡“标注”面板中的“线性”按钮，为图形标注尺寸，如图13-97所示。

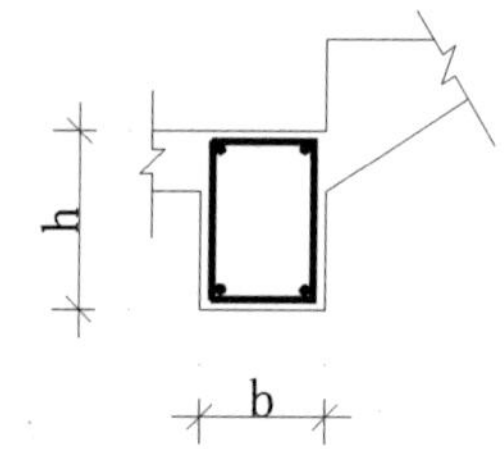

图13-97 标注尺寸

13.7.4 标注文字

文字标注主要利用了“直线”“圆”“多行文字”“复制”等命令。

（1）单击“默认”选项卡“绘图”面板中的“直线”按钮，在图中引出直线段，如图13-98所示。

（2）单击“默认”选项卡“绘图”面板中的“圆”按钮，在步骤（1）中绘制的直线段端点处绘制一个圆，如图13-99所示。

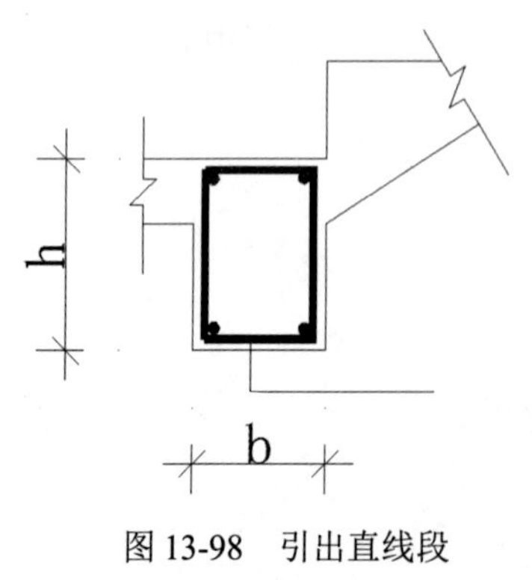

图13-98 引出直线段

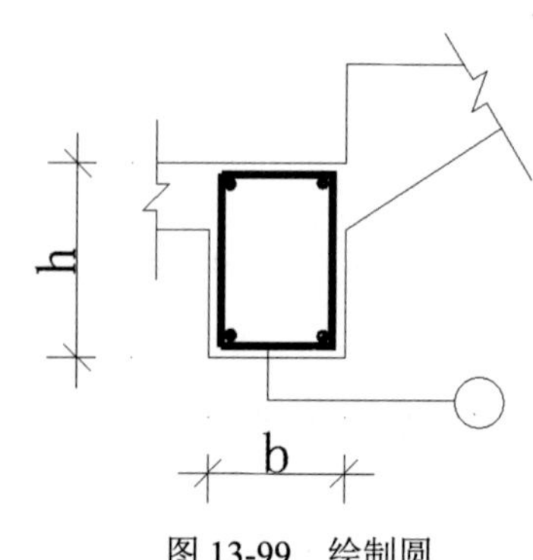

图13-99 绘制圆

（3）单击“默认”选项卡“注释”面板中的“多行文字”按钮A，在圆内输入文字，如图13-100所示。

（4）单击“默认”选项卡“修改”面板中的“复制”按钮，将标号复制到图中其他位置，并修改内容，如图13-101所示。

（5）单击“默认”选项卡“绘图”面板中的“多段线”按钮和“注释”面板中的“多行文字”按钮A，标注图名，如图13-102所示。

（6）其他详图的绘制与详图TL类似，这里不再赘述，如图13-103～图13-105所示。

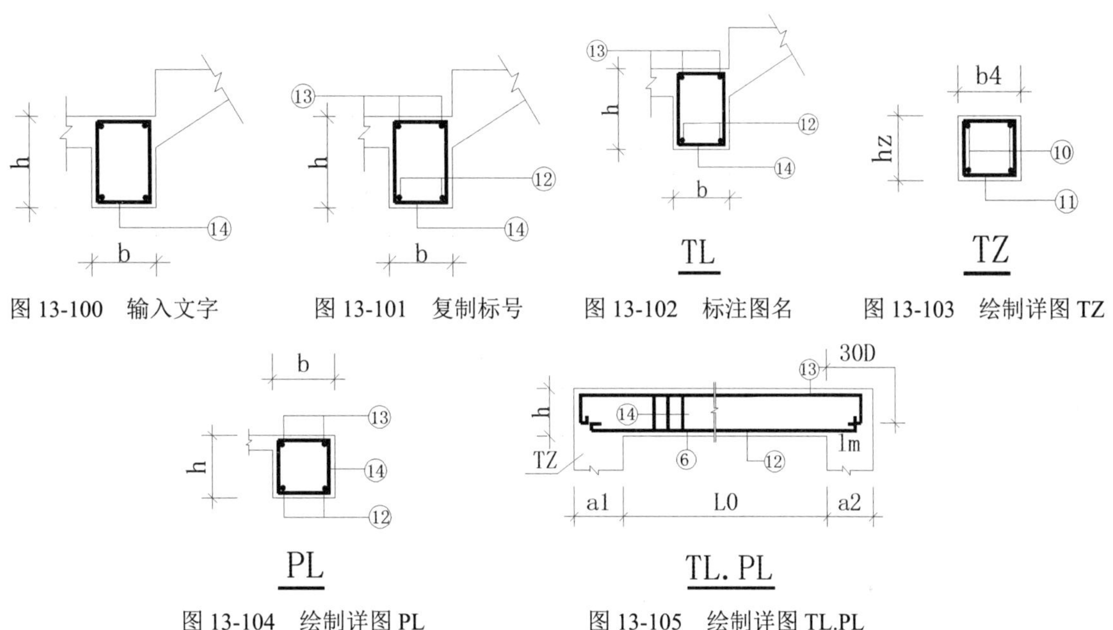

图13-100　输入文字　　图13-101　复制标号　　图13-102　标注图名　　图13-103　绘制详图TZ

图13-104　绘制详图PL　　图13-105　绘制详图TL.PL

13.8　别墅楼梯表绘制实例

本节以别墅楼梯表为例，包括绘制表1和表2，详细介绍其绘制方法和技巧。

13.8.1　绘制表1

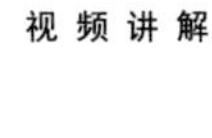

本节主要介绍绘制表1的详细过程和技巧。

（1）将“表”图层设置为当前图层，单击“默认”选项卡“绘图”面板中的“多段线”按钮，设置线宽为40，绘制一条长为20800的水平多段线，如图13-106所示。

图13-106　绘制水平多段线

（2）单击“默认”选项卡“修改”面板中的“偏移”按钮，将水平多段线向下偏移8次，偏移距离均为800，如图13-107所示。

（3）单击“默认”选项卡“绘图”面板中的“多段线”按钮，设置线宽为40，绘制竖向多段线，如图13-108所示。

图 13-107　偏移多段线

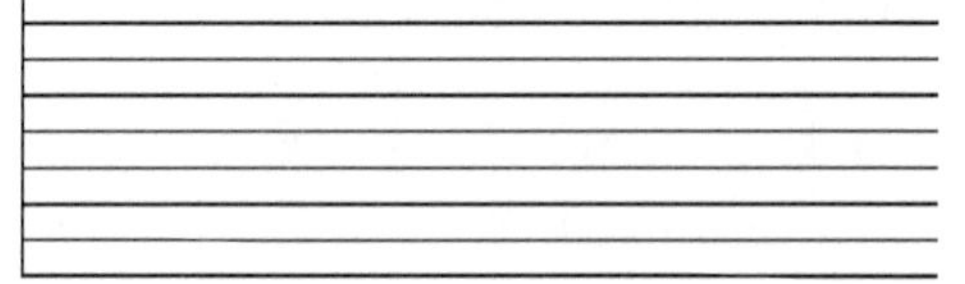

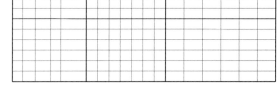

图 13-108　绘制竖向多段线

（4）单击“默认”选项卡“修改”面板中的“偏移”按钮，将竖向多段线向右偏移，偏移距离分别为 800、1000、1200、800、2000、900、900、900、900、900、900、900、1450、1450、1450、1450、1450 和 1450，如图 13-109 所示。

（5）单击“默认”选项卡“修改”面板中的“分解”按钮，将部分多段线分解变成细线，如图 13-110 所示。

（6）单击“默认”选项卡“修改”面板中的“修剪”按钮，修剪掉多余的直线，如图 13-111 所示。

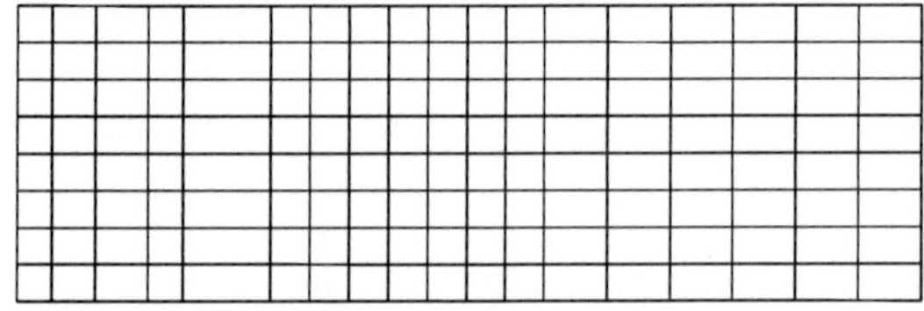

图 13-109　偏移竖向多段线

图 13-110　分解多段线

（7）单击“默认”选项卡“注释”面板中的“多行文字”按钮 A，在表内输入文字，如图 13-112 所示。

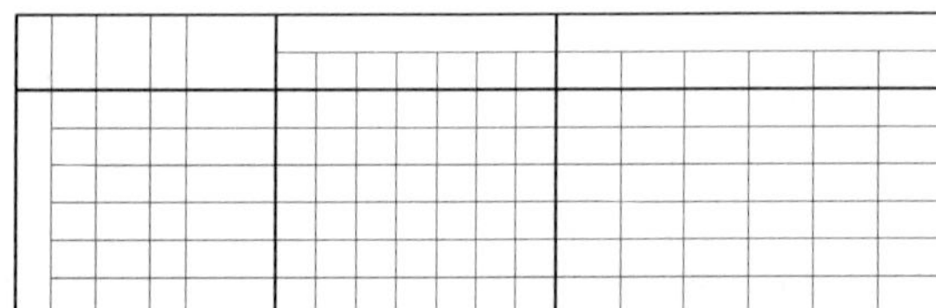

图 13-111　修剪掉多余的直线

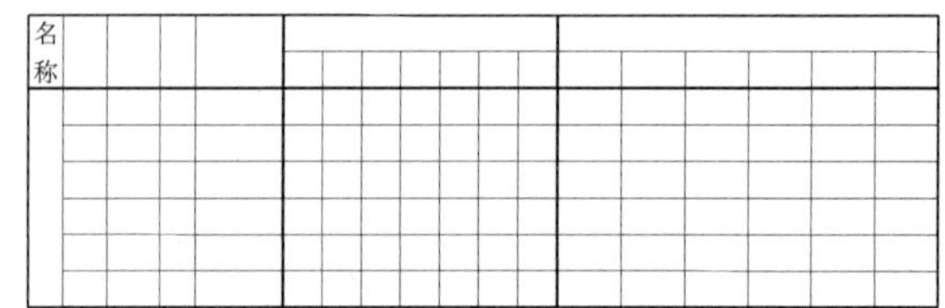

图 13-112　输入文字

（8）单击“默认”选项卡“修改”面板中的“复制”按钮，选择步骤（7）中输入的文字为复制对象，将文字复制到表格其他位置，然后双击文字，修改文字内容，最终完成标题的绘制，如图 13-113 所示。

名称	编号	标高	类型	断面 AXB	平台板尺寸							平台板配筋					
					b1	b2	b3	b4	A0	h	h0	⑥	⑦	⑧	⑨	C4	C5
平台板																	

图 13-113　绘制标题

（9）同理，单击“默认”选项卡“注释”面板中的“多行文字”按钮 A，在标题对应的表格内输入相应的内容，如图 13-114 所示。

名称	编号	标高	类型	断面 AXB	平台板尺寸							平台板配筋					
					b1	b2	b3	b4	A0	h	h0	⑥	⑦	⑧	⑨	C4	C5
平台板	PB1	1.803	E	1300X2310	180	180	180	180	1030	80		Φ8@150	Φ6@200	Φ8@150	Φ8@200	1250	700
	PB2	5.120	E	1300X2310	180	180	180	180	1030	80		Φ8@150	Φ6@200	Φ8@150	Φ8@200	1250	700

图 13-114　输入表格内容

13.8.2　绘制表 2

表 2 的绘制主要利用了“多段线”“偏移”“分解”等命令。

（1）单击“默认”选项卡“绘图”面板中的“多段线”按钮，设置宽度为 40，绘制一条水平多段线，如图 13-115 所示。

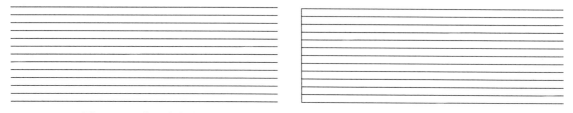

图 13-115　绘制水平多段线

（2）单击“默认”选项卡“修改”面板中的“偏移”按钮，将水平多段线向下偏移 12 次，偏移距离均为 800，如图 13-116 所示。

（3）单击“默认”选项卡“绘图”面板中的“多段线”按钮，设置线宽为 40，绘制竖向多段线，如图 13-117 所示。

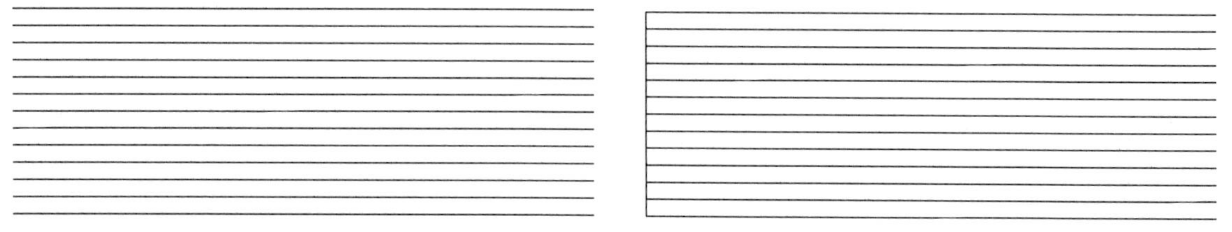

图 13-116　偏移多段线

图 13-117　绘制竖向多段线

（4）单击“默认”选项卡“修改”面板中的“偏移”按钮，选择竖向多段线为偏移对象将其向右偏移，偏移距离分别为 800、1000、1400、800、2000、900、900、900、900、1100、700、900、1100、900、900、1700、1200、1700、1700、1200、1200、1200、1200 和 2000，如图 13-118 所示。

（5）单击“默认”选项卡“修改”面板中的“分解”按钮，将部分多段线分解变成细线，如图 13-119 所示。

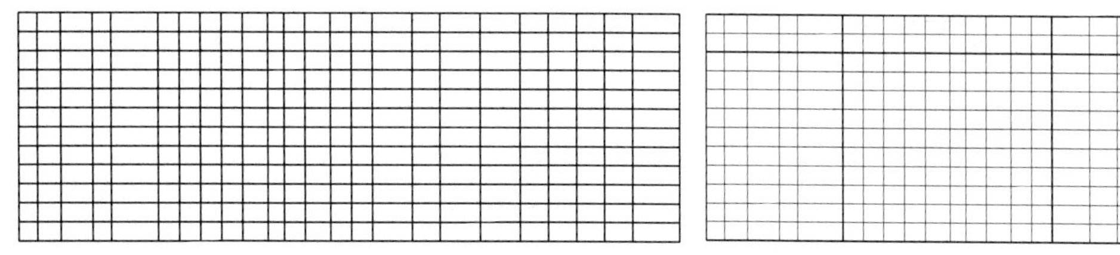

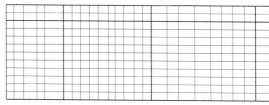

图 13-118　偏移竖向多段线

图 13-119　分解多段线

（6）单击“默认”选项卡“修改”面板中的“修剪”按钮，修剪掉多余的直线，如图 13-120 所示。

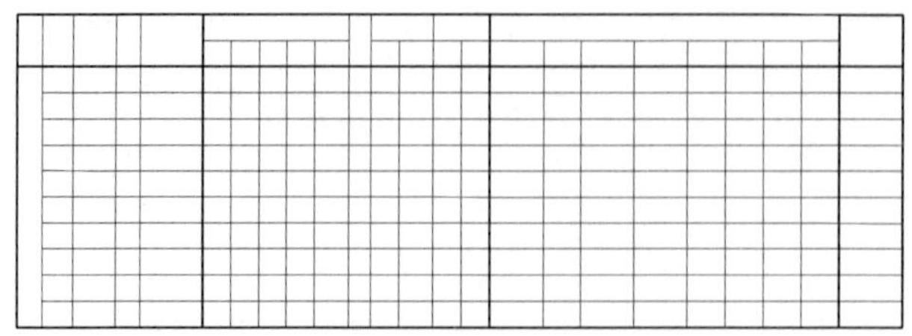

图 13-120　修剪掉多余的直线

（7）单击“默认”选项卡“注释”面板中的“多行文字”按钮A，在表内输入文字，如图 13-121 所示。

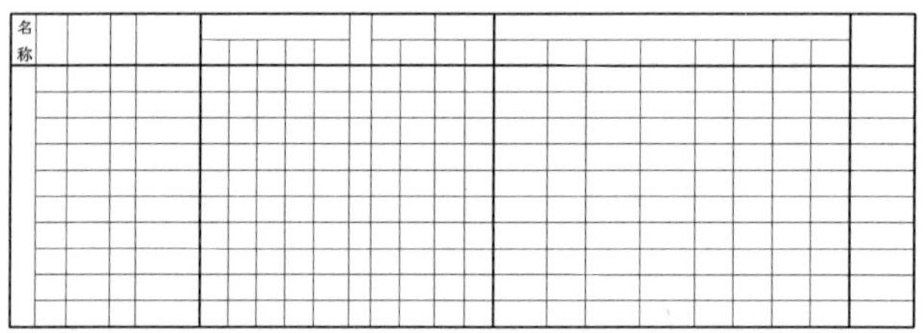

图 13-121　输入文字

（8）单击“默认”选项卡“修改”面板中的“复制”按钮，将步骤（7）中输入的文字复制到表格中的其他位置，然后双击文字，修改文字内容，最终完成标题的绘制，如图 13-122 所示。

名称	编号	标高	类型	断面	尺寸					级数	踏步尺寸		支座尺寸		梯板配筋								备注
				bXh	D	L	L1	L2	H		宽	高	b1	b2	①	②	③	④	⑤	C1	C2	C3	

图 13-122　绘制标题

（9）同理，单击“默认”选项卡“注释”面板中的“多行文字”按钮A，在标题对应的表格内输入相应的内容，如图 13-123 所示。

名称	编号	标高	类型	断面	尺寸					级数	踏步尺寸		支座尺寸		梯板配筋								备注
				bXh	D	L	L1	L2	H		宽	高	b1	b2	①	②	③	④	⑤	C1	C2	C3	
	TB1	-0.03~1.803	A	1130X130	100	2600			1835	11	260	166.5	180	180	Φ12@150		Φ12@150	Φ12@150		800	800		
	TB2	1.803~3.470	A	1130X130	100	2800			1665	10	260	166.5	180	180	Φ12@150		Φ12@150	Φ12@150		800	800		
	TB3	3.470~5.120	A	1130X130	100	2800			1650	10	260	165	180	180	Φ12@150		Φ12@150	Φ12@150		800	800		
	TB4	5.120~6.770	A	1130X130	100	2800			1650	10	260	165	180	180	Φ12@150		Φ12@150	Φ12@150		800	800		

图 13-123　输入表格内容

（10）单击“默认”选项卡“注释”面板中的“多行文字”按钮A，在图形下方标注文字说明，如图 13-124 所示。

（11）表 3 的绘制方法与表 1、2 的绘制方法类似，这里不再赘述，表 3 的完成效果如图 13-125 所示。

说明：

1. 本梯表与楼层结构平面及建施楼梯大样同时使用，栏板（杆）构造及安装联结预埋件等详建施详图，配合施工。
2. 本梯表混凝土材料同相应楼层，钢筋为Ⅰ（⌀）级和Ⅱ（Φ）级，Ⅱ级筋不弯钩。
3. 楼梯板分步筋每布1⌀6，平台及其他部位分布筋⌀6@250。
4. 板厚≤100时钢筋保护层为10，≥100时为15，梁、柱钢筋保护层为25。
5. 板支座负筋锚入梁内30d，（Ⅱ级筋时35d），梁底筋伸入支座1m为42d，梁支座负筋锚固平台柱纵向钢筋上、下端锚固长度。
6. 本图表尺寸单位为毫米，标高为米。

图 13-124 标注文字说明

名称	编号	标高	跨度 L0	断面 AXB	支座 a1	支座 a2	配筋 ⑫	配筋 ⑬	配筋 ⑭	备注
	TL1	1.803 5.120	2310	180X400	180	180	3Φ18	2Φ14	Φ8@200	

图 13-125 表 3

13.9 插入图框

最后插入图框，具体的操作步骤如下。

单击“插入”选项卡“块”面板中的“插入”按钮，将“源文件\图库\A2 图签”文件插入图中合适的位置，结果如图 13-126 所示。

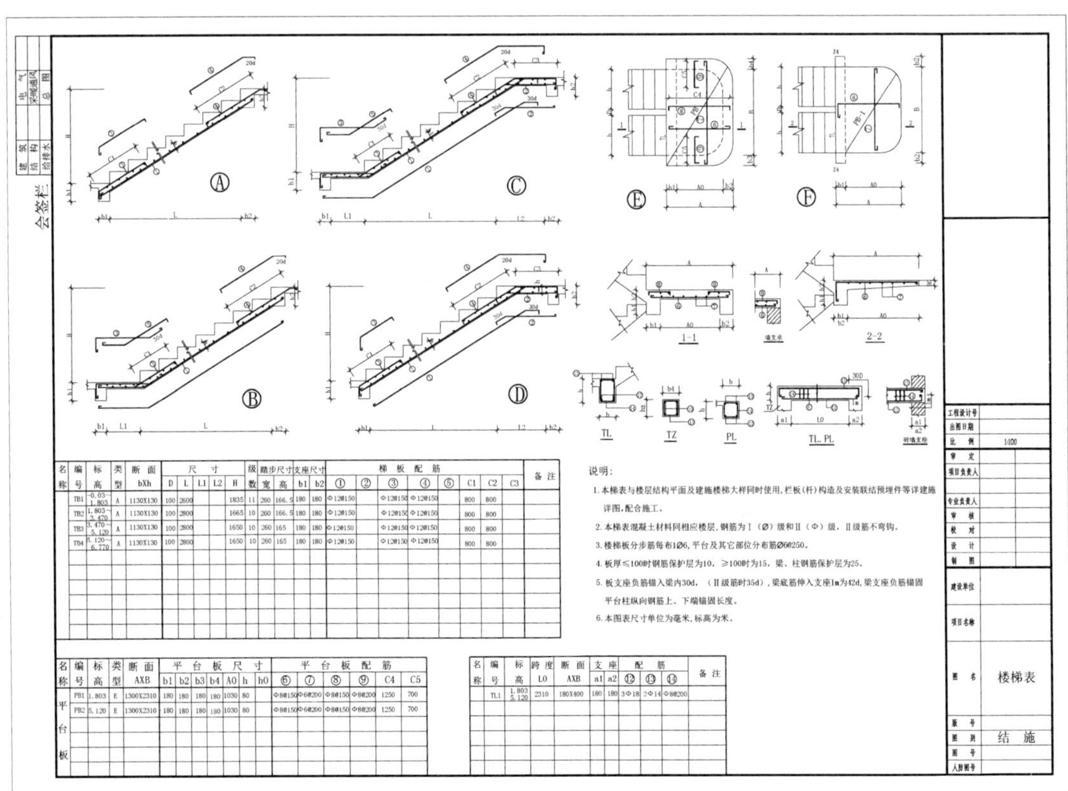

图 13-126 插入图框

13.10 实践与操作

通过前面的学习，读者对本章知识也有了大体的了解，本节将通过一个操作练习帮助读者进一步掌握本章所学知识要点。

1. 目的要求

绘制如图 13-127 所示的结构设计说明，要求读者通过练习熟悉和掌握结构设计说明的绘制方法，能够独立完成整个结构设计说明的绘制。

环境类别		板、墙、壳			梁			柱		
		≤C20	C25～C45	≥C50	≤C20	C25～C45	≥C50	≤C20	C25～C45	≥C50
一		20	15	15	30	25	25	30	30	30
二	*a*	—	20	20	—	30	30	—	30	30
	b	—	25	20	—	35	30	—	40	35

图 13-127　结构设计说明

2. 操作提示

（1）建立新文件。

（2）设置图层。

（3）编写结构设计说明。

（4）绘制表格。

书 目 推 荐（一）

◎ 面向初学者，分为标准版、CAXA、UG、SOLIDWORKS、Creo 等不同方向。

◎ 提供 AutoCAD、UG 命令合集，工程师案头常备的工具书。根据功能用途分类，即时查询，快速方便。

◎ 资深 3D 打印工程师工作经验总结，产品造型与 3D 打印实操手册。

◎ 选材+建模+打印+处理，快速掌握 3D 打印全过程。

◎ 涵盖小家电、电子、电器、机械装备、航空器材等各类综合案例。

书 目 推 荐（二）

◎ 视频演示：高清教学微视频，扫码学习效率更高。

◎ 典型实例：经典中小型实例，用实例学习更专业。

◎ 综合演练：不同类型综合练习实例，实战才是硬道理。

◎ 实践练习：上级操作与实践，动手会做才是真学会。